MANUAL DE DESENHO TÉCNICO PARA ENGENHARIA

DESENHO, MODELAGEM E VISUALIZAÇÃO

gen
Grupo
Editorial
Nacional

MANUAL DE DESENHO TÉCNICO PARA ENGENHARIA

DESENHO, MODELAGEM E VISUALIZAÇÃO

O GEN | Grupo Editorial Nacional – maior plataforma editorial brasileira no segmento científico, técnico e profissional – publica conteúdos nas áreas de ciências exatas, humanas, jurídicas, da saúde e sociais aplicadas, além de prover serviços direcionados à educação continuada e à preparação para concursos.

As editoras que integram o GEN, das mais respeitadas no mercado editorial, construíram catálogos inigualáveis, com obras decisivas para a formação acadêmica e o aperfeiçoamento de várias gerações de profissionais e estudantes, tendo se tornado sinônimo de qualidade e seriedade.

A missão do GEN e dos núcleos de conteúdo que o compõem é prover a melhor informação científica e distribuí-la de maneira flexível e conveniente, a preços justos, gerando benefícios e servindo a autores, docentes, livreiros, funcionários, colaboradores e acionistas.

Nosso comportamento ético incondicional e nossa responsabilidade social e ambiental são reforçados pela natureza educacional de nossa atividade e dão sustentabilidade ao crescimento contínuo e à rentabilidade do grupo.

MANUAL DE DESENHO TÉCNICO PARA ENGENHARIA

DESENHO, MODELAGEM E VISUALIZAÇÃO

Segunda Edição

James M. Leake

Department of Industrial & Enterprise Systems Engineering
University of Illinois at Urbana-Champaign

com contribuições especiais de

Jacob L. Borgerson

Paradigm Consultants, Inc.
Houston, Texas

Tradução e Revisão Técnica

Ronaldo Sérgio de Biasi, Ph.D.
Professor Emérito do Instituto Militar de Engenharia – IME

- **Atendimento ao cliente: (11) 5080-0751 | faleconosco@grupogen.com.br**
- Traduzido de:
ENGINEERING DESIGN GRAPHICS: SKETCHING, MODELING, AND VISUALIZATION, SECOND EDITION

ISBN: 978-1-118-07888-4

LTC — Livros Técnicos e Científicos Editora Ltda.
Uma editora integrante do GEN | Grupo Editorial Nacional
Travessa do Ouvidor, 11
Rio de Janeiro – RJ – CEP 20040-040
www.grupogen.com.br

- Capa: Rejane Megale
- Imagem da capa: traffic_analyzer/istockphoto.com
- Editoração eletrônica: R.O. Moura
- Ficha catalográfica

CIP-BRASIL. CATALOGAÇÃO NA PUBLICAÇÃO
SINDICATO NACIONAL DOS EDITORES DE LIVROS, RJ

G564p
B729m
2. ed.

Leake, James M.
Manual de desenho técnico para engenharia: desenho, modelagem e visualização / James M. Leake, Jacob L. Borgerson ; tradução Ronaldo Sérgio de Biasi. - 2. ed. - [Reimpr.]. - Rio de Janeiro : LTC, 2023.
il. ; 24 cm.

Tradução de: Engineering design graphics: sketching, modeling and, visualization
Inclui apêndice
Inclui bibliografia e índice
ISBN 978-85-216-2714-2

1. Projetos de engenharia. 2. Gráficos em engenharia. I. Título.

14-16542 CDD: 620.0042
CDU: 62-047.82

James M. Leake
dedica esta obra a
Stephanie e a nosso relacionamento

Jacob L. Borgerson
dedica esta obra a Erin

PREFÁCIO

O curso tradicional de desenho técnico ministrado no primeiro ano de engenharia sofreu mudanças importantes no último quarto de século. Embora o surgimento do projeto assistido por computador (CAD) e a ampliação da ementa de desenho técnico para incluir projetos tenham sido talvez as inovações mais significativas, entre as tendências mais recentes estão a substituição do CAD em duas dimensões pela modelagem paramétrica tridimensional, a ênfase no desenho à mão livre em lugar do desenho com instrumentos, e um destaque maior para o desenvolvimento da visão espacial. Tudo isso aconteceu, apesar de uma tendência concomitante no sentido de reduzir a ementa para acomodar outros cursos no currículo de graduação em engenharia.

Este livro aborda, de forma clara e concisa, os tópicos essenciais lecionados em um curso moderno de desenho técnico para estudantes de engenharia. A teoria da projeção fornece o arcabouço didático, e o desenho à mão livre é o instrumento usado para ensinar os importantes conceitos gráficos que constituem o cerne desta obra. O livro apresenta centenas de problemas de desenho que ajudam a desenvolver no estudante a capacidade de usar desenhos para inspiração e comunicação, além de estimular o poder de visualização. Entre as novidades desta segunda edição está a inclusão de 38 folhas de trabalho, com mais de 80 problemas de desenho. Incentivando os alunos a trabalhar diretamente no livro, estas páginas constituem uma excelente oportunidade para que eles pratiquem as diferentes técnicas apresentadas no texto. Outra novidade da segunda edição são dois exemplos detalhados, no Capítulo 5, que se destinam a reforçar a capacidade de visualização.

Os projetos de engenharia ajudam a fixar o conteúdo gráfico do livro, em um capítulo a respeito da execução de projetos de engenharia (o Capítulo 1) e em um capítulo sobre o desmonte de produtos (o Capítulo 12). Os assuntos abordados no Capítulo 1 foram selecionados tomando como base tópicos introdutórios encontrados em livros tradicionais de projetos de engenharia. O Capítulo 12 termina com imagens de projetos executados por grupos de estudantes, além de uma lista de produtos e dispositivos que foram submetidos, com sucesso, à engenharia reversa. Tipicamente, o grupo recebe um produto comercial, que é desmontado e submetido à engenharia reversa. No caso de projetos de tecnologia e história da tecnologia para os quais não existem produtos disponíveis, os estudantes trabalham a partir de desenhos, fotografias, descrições escritas etc.

Um capítulo a respeito de projetos assistidos por computador, com ênfase em modelagem tridimensional paramétrica, também faz parte do livro. Visando complementar, e não substituir, as informações contidas em pacotes específicos de CAD, o capítulo apresenta uma visão geral dos diferentes tipos de aplicativos de CAD, os conceitos gerais de modelagem paramétrica e uma discussão de algumas aplicações práticas dos modelos de CAD, como a impressão tridimensional. Na segunda edição, foi incluída neste capítulo uma seção a respeito da modelagem de superfícies com B-splines racionais não uniformes (NURBS), mais adequada que a modelagem paramétrica para lidar com a geometria de formas livres, tão popular nos produtos modernos. O capítulo descreve a criação da modelagem com NURBS, começando com os splines físicos, aborda a importante relação entre as curvas de Bézier e os B-splines e termina com uma discussão de superfícies, continuidade e curvatura na modelagem com NURBS.

Um capítulo a respeito de projeções e desenhos em perspectiva cônica foi incluído porque reflete o modo como o desenho técnico tem sido ensinado tradicionalmente na University of Illinois at Urbana-Champaign (UIUC), partindo do geral (projeções em perspectiva cônica) para o particular (projeções de vistas múltiplas).

Três novos capítulos foram introduzidos na segunda edição: Ferramentas de Engenharia Reversa, Ferramentas de Simulação Digital e Ferramentas de Projeto Conceitual. Esses capítulos abordam algumas das tendências recentes da tecnologia de projetos de engenharia. O capítulo sobre engenharia reversa inclui seções que tratam de escaneamento tridimensional e prototipagem rápida. A discussão envolve tanto o hardware de escaneamento, usado para digitalizar objetos, como o software de engenharia reversa, que converte a saída do escaneador (um mapa tridimensional) em uma malha poligonal ou em um arquivo de CAD. A prototipagem rápida completa o ciclo, convertendo um arquivo digital em um objeto real.

Depois de uma discussão inicial das vantagens de executar uma análise nos estágios iniciais de um projeto, os métodos de análise de tensões por elementos finitos e de análise cinemática são discutidos no capítulo sobre ferramentas de simulação digital. O capítulo que trata de ferramentas de projeto conceitual começa com seções sobre inovação, projeto industrial e projeto conceitual. Em seguida, as ferramentas de projeto conceitual são discutidas, incluindo desenhos digitais, modelagem direta e modelagem de formas livres.

Entre as características mais importantes deste livro estão as seguintes:

- Uma abordagem sucinta, simplificada, na qual os conceitos básicos são reduzidos a sua essência.
- Centenas de problemas de desenho, entre eles dezenas de problemas em folhas de trabalho, que ajudam o estudante a aprender a linguagem do desenho técnico e a desenvolver a capacidade de desenhar, visualizar e modelar.
- Problemas de montagem que vão além da simples extrusão e revolução, exigindo o uso de muitas outras ferramentas de modelagem.
- Muitos tópicos relacionados à visualização, como seções a respeito da visualização a partir de vistas bidimensionais e do processo de construção de vistas bidimensionais, problemas de vistas faltantes, problemas que obrigam o estudante a fazer girar mentalmente um objeto antes de desenhá-lo, problemas que exigem que o estudante encontre uma vista auxiliar parcial, uma vista faltante e uma vista em perspectiva quando são dadas duas vistas e problemas de construção de seções.
- Uma constante preocupação com os estudantes, com muitos exemplos mostrando o que os estudantes podem produzir em um curso de desenho técnico para engenharia.
- Um capítulo sobre projetos de engenharia que expõe as ideias de alguns dos maiores especialistas no assunto.
- Um capítulo sobre o desmonte de produtos, um tópico que normalmente não é encontrado nos manuais de desenho técnico.
- Uma abordagem unificada das projeções planas que estabelece uma base para a compreensão das relações entre os diferentes tipos de desenhos (perspectiva cônica, projeção oblíqua, projeção isométrica, vistas múltiplas) e também serve como introdução ao estudo de desenhos gerados em computador.
- Muitos problemas complexos de desenho resolvidos de forma detalhada, que oferecem ao estudante um guia geral para solução de problemas.
- Uma cobertura significativa de técnicas modernas, como escaneamento tridimensional, prototipagem rápida, desenhos digitais, modelagem direta, análise por elementos finitos, análise cinemática e modelagem NURBS.

Boa parte do conteúdo deste livro, em particular os Capítulos 2 a 6, 8 e 13, foi fortemente influenciada por um sistema de ensino de desenho técnico para engenharia desenvolvido, ao longo dos anos, no Departamento de Engenharia Geral da UIUC. Em particular, gostaria de destacar o trabalho de meu predecessor imediato, Michael H. Pleck. Entre os traços característicos dessa abordagem estão a ênfase na teoria das projeções planas, começando pelo caso geral das projeções em perspectiva cônica e passando para tipos mais especializados de projeção, e uma atenção especial para problemas de visão espacial. Quero deixar registrado um agradecimento especial aos numerosos estudantes de engenharia da UIUC que contribuíram de forma significativa para o conteúdo desta obra. O coautor do livro, Jacob Borgerson, é responsável por muitos dos problemas e folhas de trabalho que aparecem no final de cada capítulo, além de uma leitura atenta e comentários úteis a respeito do texto.

Agradecemos aos muitos revisores do livro, entre eles Brian Brady, Ferris State University; Randy Emert, Clemson University; Andrea Giorgioni, New Jersey Institute of Technology; Davyda Hammond, Germanna Community College; Ghodrat Karami, North Dakota State University; Michael Keefe, University of Delaware; Robert D. Knecht, Colorado School of Mines; Soo-Yen Lee, Central Michigan University; Anthony Maxwell, Buck's County Community College; Patrick McCuistion, Ohio University; Ramarathnam Narasimhan, University of Miami, College of Engineering; Jeff Raquet, University of North Carolina – Charlotte; e Ken Youssefi, University of California, Berkeley/San Jose State University.

A inspiração de alguns capítulos merece menção especial. O Capítulo 1, sobre projetos de engenharia, foi baseado nos capítulos introdutórios de alguns dos melhores livros sobre projetos de engenharia, entre eles os de G. Pahl e W. Beitz, George Dieter, Rudolph Eggert e Clive Dym. O Capítulo 9, que trata de ferramentas de engenharia reversa, deve muito à coleção de ensaios *Reverse Engineering: An Industrial Perspective*, editada por Vinesh Raja e Kiran J. Fernandes. O Capítulo 12, a respeito do desmonte de produtos, se baseia em grande parte nas obras de Sheri Sheppard, Kevin Otto e Kristin Wood, e Ronald Barr.

James M. Leake
Urbana, Illinois
Março de 2012

Material Suplementar

Este livro conta com os seguintes materiais suplementares:

- Apresentações em inglês para uso em sala de aula (.ppt) (exclusivo para professores);
- Ilustrações da obra em formato de apresentação (exclusivo para professores);
- Manual de Soluções, arquivos em formato (.pdf) contendo material de apoio às seções do livro-texto (exclusivo para professores).

O acesso ao material suplementar é gratuito. Basta que o leitor se cadastre e faça seu *login* em nosso *site* (www.grupogen.com.br), clicando em Ambiente de Aprendizagem, no *menu* superior do lado direito.

O acesso ao material suplementar online fica disponível até seis meses após a edição do livro ser retirada do mercado.

Caso haja alguma mudança no sistema ou dificuldade de acesso, entre em contato conosco (gendigital@grupogen.com.br).

SUMÁRIO

MANUAL DE DESENHO TÉCNICO PARA ENGENHARIA

DESENHO, MODELAGEM E VISUALIZAÇÃO

CAPÍTULO

1

PROJETOS DE ENGENHARIA

INTRODUÇÃO

A execução de projetos é a atividade principal do engenheiro. Um ***projeto de engenharia*** pode ser definido como uma série de processos de tomada de decisões e atividades que são usados para determinar a forma de um produto, componente, sistema, ou processo para que desempenhe as funções especificadas por um cliente.[1] O termo ***função*** se refere ao comportamento do projeto, ou seja, ao que o projeto precisa fazer. O termo ***forma***, por outro lado, tem a ver com a aparência do projeto. A forma de um produto pode ser, por exemplo, o tamanho, a aparência e a configuração do produto, além dos materiais e processos usados para fabricá-lo.

[1] Rudolph J. Eggert, *Engineering Design*, Pearson Prentice Hall, 2005.

O projeto de engenharia é parte do ***processo de criação do produto***. Como mostra a Figura 1-1, a criação de um produto começa com a necessidade de um cliente e termina com um produto acabado que atende a essa necessidade. O processo de criação de um produto é constituído por processos de projeto e fabricação que são usados para converter informações, matérias-primas e energia em um produto final. Os estágios desse processo incluem marketing e vendas, desenho industrial, projeto de engenharia, projeto de produção, fabricação, distribuição, assistência técnica e descarte. O termo ***desenvolvimento do produto*** é usado para designar os primeiros estágios do processo de criação do produto, que vão até o projeto de produção. Assim, o desenvolvimento do produto inclui, além do projeto de engenharia, os estágios de marketing e vendas, desenho industrial e projeto de produção.

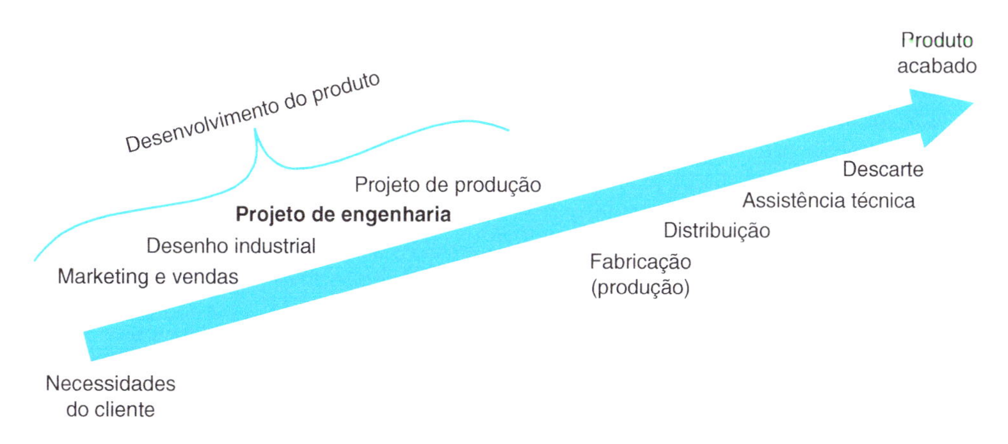

Figura 1-1 O processo de criação do produto. (*Engineering Design*, by Rudolph J. Eggert, copyright 2010. Reproduzido com permissão de High Peak Press, Meridian, ID.)

ASPECTOS DE UM PROJETO DE ENGENHARIA

A ideia de projeto de engenharia envolve vários aspectos diferentes. Trata-se de um ***processo*** que envolve atividades de ***solução de problemas*** e ***tomada de decisões***. Um projeto de engenharia emprega tanto ***análise*** como ***síntese***. É necessariamente ***interdisciplinar*** e ***iterativo***. Mesmo antes do surgimento de conceitos modernos como ***engenharia concorrente*** e grupos de projeto, os projetos de engenharia sempre tiveram um acentuado aspecto ***social***. Finalmente, em consonância com o tópico principal deste livro, os projetos de engenharia são caracterizados pelo uso abundante de elementos ***gráficos***.

O projeto de engenharia constitui, de fato, a solução de um problema. Na verdade, pode ser definido como "uma abordagem estruturada da solução de problemas".[2] O projeto consiste, basicamente, em identificar um problema, pesquisar e definir exaustivamente o problema para compreendê-lo melhor, gerar soluções criativas para resolvê-lo, avaliar possíveis soluções para verificar se são viáveis, fazer uma escolha racional e implementá-la. Um dos méritos ocultos do ensino de engenharia é que este método de solução de problemas se torna tão arraigado que pode ser facilmente adaptado para lidar com os muitos problemas da vida, técnicos ou não.

Embora a necessidade de tomar decisões seja evidente durante toda a execução de um projeto, a tomada de decisões relacionada ao projeto de engenharia normalmente se refere à parte do processo na qual as possíveis soluções são avaliadas, e dentre as quais é escolhida a melhor. Por causa dos vários ***prós e contras*** associados às diferentes opções, esse tipo de decisão muitas vezes é difícil de tomar. Eis alguns exemplos de prós e contras: resistência *versus* peso, custo versus desempenho, poder de tração *versus* velocidade. Quando otimizamos um parâmetro, frequentemente acontece que o valor ótimo de outro parâmetro é sacrificado. A tomada de decisões até hoje tem muito de arte, exigindo informações confiáveis, bons conselhos, uma experiência considerável e muito bom senso. Em décadas recentes, entretanto, foi criada uma ***teoria da decisão***, de base matemática, que é usada rotineiramente no desenvolvimento de produtos comerciais.

A síntese é o processo de combinar diferentes ideias, influências ou objetos para formar um todo coerente. Deste ponto de vista, o projeto de engenharia pode ser encarado como uma técnica de síntese usada para criar novos produtos com base nas necessidades dos clientes. Mais especificamente, síntese se refere a abordagens criativas usadas para gerar possíveis soluções para um problema de projeto.

A análise, por outro lado, é o processo de dividir um processo em várias partes para compreendê-lo melhor. Do ponto de vista dos projetos de engenharia, análise normalmente se refere a ferramentas usadas para prever o comportamento e o desempenho de possíveis soluções de um problema de projeto.

Um bom projeto requer tanto o pensamento divergente (ou seja, síntese), usado para expandir o espaço de projeto, como o pensamento convergente (ou seja, análise), usado para limitar o espaço de projeto, concentrando a atenção nas opções mais promissoras, com o objetivo final de encontrar a melhor solução.

Como um processo de síntese, o projeto de engenharia é necessariamente multidisciplinar. Embora dependa fortemente das ciências básicas, da matemática e das ciências da engenharia, o projeto conserva suas raízes artísticas. No livro *Engineering and the Mind's Eye*, Eugene Ferguson comenta que "muitas das decisões cumulativas que estabelecem o projeto de um produto não podem ser chamadas de ciência". Ele observa que, embora os engenheiros de projeto certamente tomem decisões com base em cálculos analíticos, muitas importantes decisões de projeto são baseadas na intuição dos engenheiros, em um senso de adequação e em preferências pessoais.[3]

Um elemento importante dos projetos de engenharia é a comunicação. Tem sido frequentemente observado que uma parte significativa do tempo de um engenheiro é gasta em comunicação (falar, escrever, escutar) com outras pessoas. Acrescente a isso o fato de que os projetos de engenharia modernos en-

---

[2] Arvid Eide et al., *Engineering Fundamentals and Problem Solving*, McGraw-Hill, 1997.

[3] Eugene Ferguson, *Engineering and the Mind's Eye*, MIT Press, 1997.

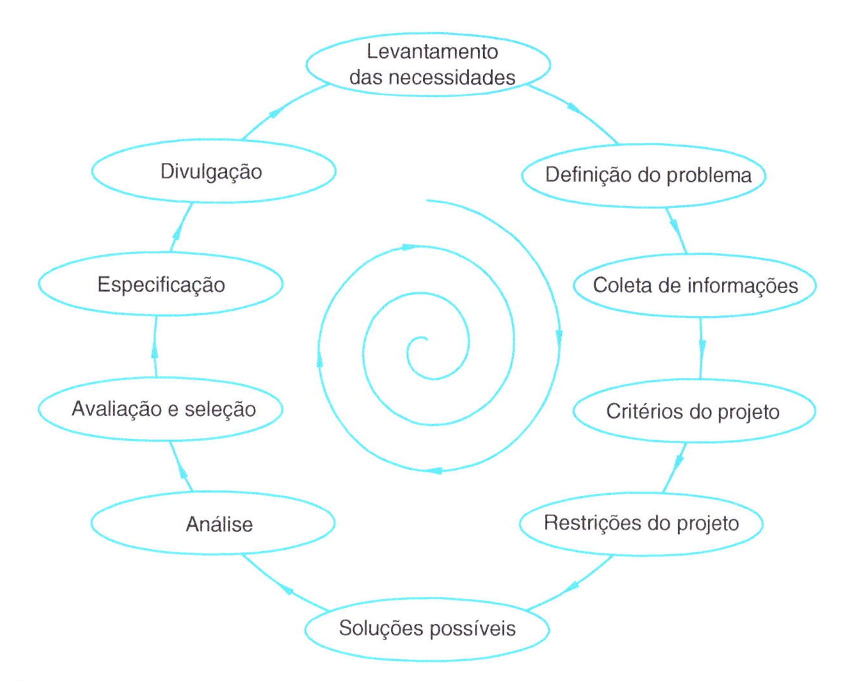

Figura 1-2 Estágios de um projeto de engenharia.

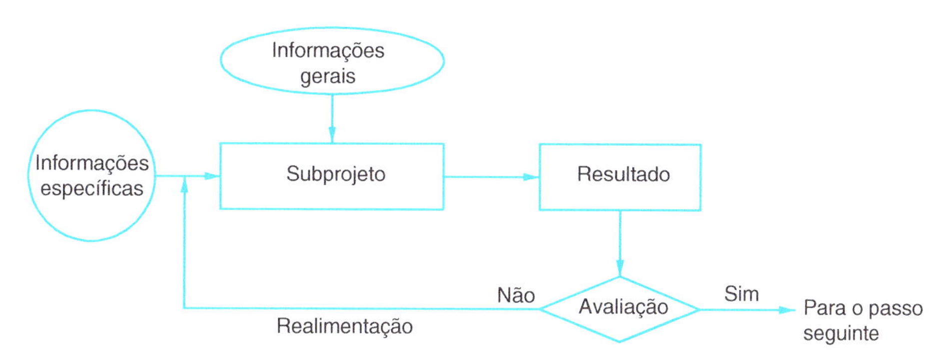

Figura 1-3 Laço de realimentação em um dos estágios de um projeto.

volvem métodos de tomada de decisões, otimização, economia, planejamento, estatística, seleção e processamento de materiais e fabricação, e a natureza interdisciplinar dos projetos de engenharia se torna clara.

Embora o projeto de engenharia seja frequentemente descrito como um processo sequencial unidirecional, pode também ser representado como uma espiral, na qual cada estágio é visitado mais de uma vez (veja a Figura 1-2). Seja como for, laços de realimentação, como o mostrado na Figura 1-3,[4] fazem parte de todos os estágios do processo. Muitas vezes é necessário repetir vários passos do projeto por causa de novas informações.

Na prática, como já foi mencionado, um projeto de engenharia não é tão estruturado, como sugerem os livros que tratam do assunto. Sempre houve um forte aspecto social no processo, que a imagem de um esboço traçado em um guardanapo ou nas costas de um envelope talvez reflita adequadamente.[5] Na verdade, uma definição razoável do projeto

[4] George Dieter, *Engineering Design: A Materials and Processing Approach*, McGraw-Hill, 1991.

[5] A Space Needle de Seattle, por exemplo, foi criada a partir de um esboço desenhado em um descanso de mesa em uma cafeteria de Seattle.

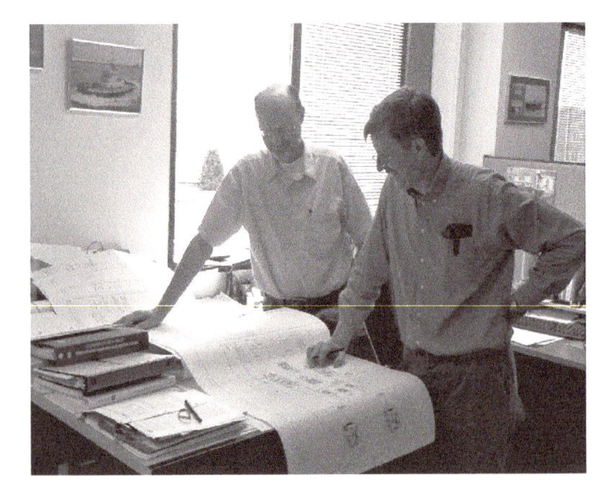

Figura 1-4 Engenheiros discutem um projeto. (Cortesia de Jensen Maritime Consultants, Inc.)

de engenharia pode ser "um processo social que identifica uma necessidade, define um problema e formula um plano que permite a outros construir a solução".[6] Este aspecto social do projeto de engenharia é reforçado ainda mais pela ênfase, em décadas recentes, nas equipes de projeto. A Figura 1-4 mostra dois engenheiros discutindo um projeto.

Desenhos são usados em todos os estágios dos projetos de engenharia. Os desenhos à mão livre são úteis tanto para gerar ideias como para disseminá-las. O projeto assistido por computador (CAD) é empregado não só para fins de documentação, como também para avaliar projetos alternativos. Modelos paramétricos digitais descrevem a geometria dos produtos, mas também podem ser usados em análises de desempenho, prototipagem rápida e processos de fabricação, além de aplicações na área de marketing e vendas. Na verdade, o modelo digital é uma base de dados tridimensional em CAD que representa todos os aspectos de um produto.

ANÁLISE E PROJETO

A ementa dos cursos de graduação em engenharia prevê estudos tanto de análise como de projeto. A análise utiliza ferramentas de física, matemática e computação para prever o comportamento de um projeto. Para isso, um problema complexo é dividido em partes mais fáceis de estudar. Além disso, uma situação complicada do mundo real é substituída por uma situação mais simples, descrita por um modelo. Em um problema de análise típico, os dados de entrada são fornecidos, e existe uma solução única para o problema.

Os problemas de projeto envolvem síntese e análise. Esses problemas quase sempre são abertos, ou seja, existe mais de uma solução, e a resposta correta é desconhecida. Por essa razão, a execução de um projeto frequentemente envolve o uso de técnicas de otimização e tomada de decisões. Os problemas de projeto normalmente estão sujeitos a limitações de tempo, de dinheiro e contratuais; são multidisciplinares e sua abrangência é indefinida.

ANATOMIA DO PRODUTO

Um ***produto*** é um objeto ou artefato que é comprado e usado como uma unidade.[7] A complexidade de um produto varia de acordo com o número, tipo e função dos componentes. Um ***componente*** é uma peça ou uma submontagem. Uma ***peça*** é um componente que não precisa ser montado, enquanto uma ***montagem*** é um conjunto de duas ou mais peças. Uma ***submontagem*** é uma montagem que é usada em outra montagem ou submontagem. Assim, por exemplo, uma bicicleta é um produto que pode ser considerado uma montagem composta por submontagens e peças. O cubo da roda traseira é uma submontagem da bicicleta, enquanto o guidom é uma peça. Tanto o cubo da roda como o guidom são componentes da bicicleta.

FASES DO PROJETO

Os projetos de produtos realizados por grandes empresas, como a Boeing e a Motorola, passam por várias fases (veja a Figura 1-5). Na fase de ***formulação***, são coletadas as informações necessárias para um perfeito entendimento do problema; em seguida, são

[6] Karl Smith, *Project Management and Teamwork*, McGraw-Hill, 2000.

[7] John Dixon e Corrado Poli, *Engineering Design and Design for Manufacturing: A Structured Approach*, Field Stone Publishing, 1999.

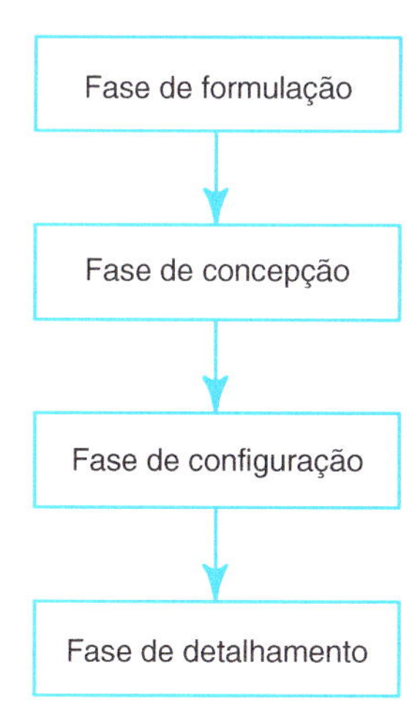

Figura 1-5 Fases de um projeto de engenharia.

definidos os requisitos do produto e os critérios de avaliação; finalmente, são estabelecidas as metas de desempenho. Na fase de ***projeto conceitual***, o produto é inicialmente decomposto em várias partes e funções para ser mais bem compreendido. Em seguida, possíveis soluções são formuladas para atender a todas as subfunções do produto; essas soluções são analisadas quanto à viabilidade, e seu mérito relativo é avaliado com base nos critérios estabelecidos. A fase de concepção termina com a escolha das melhores soluções para cada subfunção do produto. Na fase de ***configuração***, são determinados os tipos de componentes do produto, bem como o modo como serão montados e suas dimensões relativas. Na fase de ***detalhamento***, é preparado um pacote de informações que inclui desenhos e especificações suficientes para fabricar o produto.

VISÃO GERAL DE UM PROJETO

As fases do projeto de um produto descrevem o processo usado por uma empresa para levar novos produtos ao mercado. O projeto de engenharia, por outro lado, é mais um arcabouço didático usado para descrever os passos idealizados escolhidos por uma equipe de engenheiros para implementar um projeto.

Os livros sobre projetos de engenharia apresentam muitas versões diferentes do processo, cada uma com um número diferente de estágios ou passos. A estrutura do projeto (veja a Figura 1-2) adotada neste livro[8] consiste nos seguintes passos: (1) levantamento das necessidades, em que necessidades específicas (problemas) são identificadas; (2) definição do problema, em que o problema é explicitado; (3) coleta de informações, em que são buscadas informações adicionais a respeito do problema; (4) critérios do projeto, em que são definidas as características desejáveis do projeto; (5) restrições do projeto, em que são estabelecidos limites quantitativos que limitam as possíveis soluções do problema; (6) soluções alternativas, em que as possíveis soluções são geradas; (7) análise, em que as possíveis soluções são examinadas para verificar se são viáveis; (8) avaliação e seleção, em que as soluções consideradas viáveis são avaliadas de acordo com critérios bem definidos e a melhor solução é escolhida; (9) especificação, em que são criados os desenhos e especificações técnicas do projeto; (10) divulgação, em que são preparados relatórios escritos e apresentações orais que descrevem o projeto. Muitos dos passos (como, por exemplo, o de definição do problema) podem ser executados mais de uma vez, caso novas informações sejam obtidas. Além disso, os passos podem não ser executados na ordem em que foram apresentados, e alguns passos podem ser totalmente omitidos.

Convém notar que os escritórios de projetos de engenharia estão permanentemente preocupados com prazos. Se o número de horas dedicadas à elaboração do projeto que podem ser cobradas do cliente é limitado (o que sempre acontece), é frequentemente necessário adotar soluções de compromisso, abreviando, ou mesmo eliminando inteiramente, alguns dos passos citados acima.

LEVANTAMENTO DAS NECESSIDADES

Um projeto de engenharia começa com o reconhecimento de uma necessidade que pode ser satisfeita com o uso de tecnologia. Em muitos casos, as necessidades não são identificadas por engenheiros e sim pelo público em geral, às vezes com o auxílio de especialistas. O papel do usuário nos projetos de engenharia será discutido com maior profundi-

[8] Adaptada de Eide.

dade no Capítulo 11. Clientes em potencial procuram firmas de projeto com uma necessidade específica. Nas grandes empresas, o departamento de marketing ou de vendas mantém contato com os consumidores e identifica muitas dessas necessidades. Em uma abordagem mais sistemática, ideias para novos produtos são geradas por uma equipe de planejamento.

As necessidades podem ser de várias formas, entre elas as seguintes: (1) modificar um produto já existente para torná-lo mais lucrativo ou eficaz; (2) lançar uma nova linha de produtos; (3) proteger a saúde ou melhorar a qualidade de vida da população; (4) comercializar uma invenção; (5) tirar proveito das oportunidades criadas por um avanço científico ou uma nova tecnologia; (6) adaptar-se a uma mudança das normas ou regulamentos. O resultado do levantamento de necessidades é uma lista de necessidades e requisitos que se tornam parte da definição do problema.

DEFINIÇÃO DO PROBLEMA

Depois que uma lista de necessidades é criada, o passo seguinte do projeto consiste em formular com clareza o problema a ser resolvido. À primeira vista, este passo pode parecer trivial, mas a verdadeira natureza do problema nem sempre é óbvia. Um problema mal definido pode levar a uma busca de soluções infrutífera ou excessivamente limitada. Uma boa definição do problema deve se concentrar no comportamento funcional desejado da solução e não em soluções específicas. Assim, por exemplo, se o problema é fazer a manutenção de um gramado, "Projetar um cortador de grama melhor" pressupõe que a solução é conhecida. Definir o problema como "Projetar um método efetivo para fazer a manutenção de um gramado" mantém mais opções abertas.[9] Definido um problema da forma mais ampla possível, é menos provável que soluções novas ou pouco convencionais sejam ignoradas. Outro conselho útil é concentrar-se na causa do problema e não nos sintomas. Seja como for, uma definição completa do problema deve sempre incluir uma ***problematização*** formal.

A problematização procura capturar a essência do problema em uma ou duas frases. Todo problema possui três componentes: (1) um estado inicial indesejado; (2) um estado final desejado; (3) obstáculos à transição do estado indesejado para o desejado.[10] Uma boa problematização inicial deve, portanto, descrever a natureza do problema e o que o projeto deve realizar. Em iterações posteriores, os obstáculos à passagem para o estado final também podem ser incluídos.

COLETA DE INFORMAÇÕES

Depois que o problema é definido em linhas gerais, o passo seguinte do projeto de engenharia consiste em colher informações de modo a obter um conhecimento mais profundo do problema. São buscadas informações sobre o usuário, o ambiente operacional, possíveis restrições, soluções anteriores, etc. Entre as perguntas úteis que podem ser formuladas neste estágio estão as seguintes: O que já foi escrito a respeito? Qual é o objetivo principal do projeto? Que características ou atributos deve ter a solução? Já existe algum produto no mercado que possa resolver o problema? Quais são as vantagens e desvantagens dos produtos já existentes? Quais são as empresas que operam na área? Quais são os preços dos produtos disponíveis? Como esses produtos podem ser melhorados? O cliente estará disposto a pagar mais por um produto melhor?

Entre as possíveis fontes de informações estão os produtos já lançados no mercado, as bibliotecas, a Internet, revistas especializadas, documentos do governo, organizações de classe, catálogos de produtos e especialistas na área. No caso dos produtos já existentes, ***engenharia reversa*** é o processo de desmontar um produto para descobrir de que forma os componentes contribuem para o seu desempenho. As empresas usam técnicas de engenharia reversa para obter informações a respeito dos produtos dos competidores, o que permite identificar soluções do tipo ***melhor***

[9] Formular o problema nestes termos levou à invenção da máquina Weed Eater® para manutenção de gramados.

[10] G. Pahl e W. Beitz, *Engineering Design: A Systematic Approach*, Springer-Verlag, London, 1996.

na categoria para uma larga faixa de problemas comuns de engenharia. A engenharia reversa é examinada com mais detalhes nos Capítulos 9 e 12.

CRITÉRIOS DO PROJETO

Critérios do projeto[11] são características desejáveis da solução, identificadas a partir de experiências prévias, pesquisas, estudos de mercado, preferências de consumidores e necessidades dos clientes. Os critérios do projeto são usados, em um estágio posterior, para avaliar quantitativamente as soluções propostas. Os critérios do projeto podem ser classificados como gerais ou específicos. Entre os critérios que se aplicam a quase todos os projetos estão o custo, a segurança, a proteção ambiental, a aceitação por parte do público, a confiabilidade, o desempenho, a facilidade de operação, a facilidade de manutenção, o uso de componentes padronizados, a aparência, a compatibilidade e a durabilidade. Entre os critérios específicos de um projeto podem estar o peso, o tamanho, a forma, o consumo de energia, a força física necessária para utilizar o produto e o tempo de reação necessário para operá-lo. A Tabela 1-1 mostra alguns exemplos de critérios gerais e específicos do projeto de um rebocador, como o que aparece na Figura 1-6.

Tabela 1-1 Critérios do projeto de um rebocador

Específicos	Gerais
Bollard pull (tração estática)	Aparência
Habitabilidade	Custo
Capacidade de manobra	Durabilidade
Comportamento no mar	Facilidade de manutenção
Velocidade (sem carga)	Facilidade de operação
Estabilidade (segurança)	Proteção ambiental
Plataforma de trabalho estável	Confiabilidade
Visibilidade da ponte de comando	Uso de componentes padronizados
Acabamento	

[11] Nos textos sobre engenharia de projeto, os critérios do projeto são frequentemente chamados de objetivos do projeto ou metas do projeto.

Figura 1-6 Fotografia de um rebocador. (Cortesia de Jensen Maritime Consultants, Inc.)

RESTRIÇÕES DO PROJETO

As restrições de um projeto reduzem o número de soluções possíveis de um problema. Essas restrições são limites quantitativos impostos a cada objetivo do projeto, que estabelecem valores máximos, mínimos ou faixas de valores permitidos para os parâmetros físicos ou operacionais do projeto, condições ambientais que afetam o projeto ou o ambiente e necessidades ergonômicas, além de restrições de cunho econômico ou jurídico. Para ser considerada viável, uma solução deve respeitar todas essas restrições.

Entre as restrições mais comuns de um projeto estão as seguintes: (1) restrições *físicas* (espaço disponível, peso, material, etc.); (2) restrições *funcionais* ou *operacionais* (limites de vibração, de tempo de operação, de velocidade, etc.); (3) restrições *ambientais* (limites de temperatura, de ruído, de efeitos sobre a população); (4) restrições *econômicas* (o custo deve ser menor que o de produtos semelhantes já disponíveis no mercado); (5) restrições *jurídicas* (normas e regulamentos); (6) restrições *ergonômicas* ou humanas (força física, inteligência, dimensões anatômicas, etc.). Alguns exemplos de restrições do projeto, agrupados por categoria, são mostrados na Tabela 1-2 para o caso de um rebocador.

SOLUÇÕES POSSÍVEIS

Depois que o problema foi examinado em profundidade, o passo seguinte consiste em gerar, de forma sistemática, o maior número possível de soluções para serem posteriormente subme-

Tabela 1-2 Restrições do projeto de um rebocador (amostra)

Físicas

Casco feito de aço ASTM A-36
Água potável > 6000 galões
Combustível > 30.000 galões
Ângulo de banda menor que 1/4 de grau
Comprimento total < 100 pés
Altura da amurada > 39 polegadas

Funcionais/Operacionais

Acomodações para 6 tripulantes
Bollard pull > 30 toneladas
Potência > 2500 BHP
Velocidade máxima > 12 nós

Econômicas

Custo < 8 milhões de dólares

Ambientais

Nível de ruído da casa de máquinas < 120 decibéis

Legais (Órgãos Reguladores)

American Bureau of Shipping (ABS)
American Society of Mechanical Engineers (ASME)
American Society of Testing & Materials (ASTM)
Environmental Protection Agency (EPA)
International Maritime Organization (IMO)
Occupational Safety and Health Administration (OSHA)

Ergonômicas

Pé-direito das acomodações > 6 pés

tidas a análise, avaliação e seleção. A técnica mais comum para gerar ideias é a da ***tempestade cerebral***. O objetivo da tempestade cerebral é produzir o maior número possível de ideias dentro de um intervalo de tempo limitado. O tempo normal de uma sessão de tempestade cerebral é uma hora. O interesse principal está na quantidade e não na qualidade das ideias. A liberdade de pensamento é essencial; as ideias poderão ser avaliadas mais tarde. Às vezes, uma ideia pouco prática de um membro do grupo serve de inspiração para uma ideia mais viável de um companheiro. É importante que todos os membros do grupo participem em pé de igualdade. O líder do grupo pode dar início à sessão apresentando uma descrição clara do problema, convidando os outros membros a apresentar ideias para a solução e estabelecendo um limite de tempo. Convém usar um quadro com folhas de papel em branco e canetas hidrocor para registrar as sugestões e comentários para que fiquem à vista de todos. As tempestades cerebrais e outras ferramentas de projeto conceitual são discutidas com maior profundidade no Capítulo 11.

Um produto tem uma função primária, mas também tem funções secundárias ou subfunções. Por exemplo: a função primária de uma cafeteira é fazer café, mas para isso é preciso dispor de reservatórios para a água e o pó de café e água, além de um coador e um sistema para converter eletricidade em calor. Para garantir a solidez de um projeto, convém examinar várias soluções possíveis para cada subfunção do produto.

A ***carta morfológica*** é uma ferramenta que pode ser usada para aumentar o número de soluções a serem analisadas. As subfunções associadas às diferentes soluções são lançadas em colunas sucessivas de uma tabela na qual cada linha corresponde a uma subfunção. A Tabela 1-3 mostra a carta morfológica de um filtro de água potável. Combinando as soluções associadas a diferentes subfunções, é possível

Tabela 1-3 Carta morfológica de um filtro de água potável

Função	Solução 1	Solução 2	Solução 3	Solução 4	Solução 5
entrada da água	manual	mangueira	mangueira com boia	mangueira com boia e pré-filtro	
movimento da água	bomba manual	bomba de alavanca	bomba de engrenagens	bomba de pistão duplo	por gravidade
filtragem da água	filtro cerâmico	filtro cerâmico com núcleo de carvão	filtro de fibra de vidro	filtro tipo labirinto	filtro de resina iodada
armazenamento da água	manual	base rosqueada	reservatório fixo		

gerar um grande número de possíveis soluções para o produto. Embora algumas dessas soluções possam ser impraticáveis, outras podem ser inovadoras e mesmo revolucionárias.

Para poderem competir em escala global, as grandes empresas otimizam sistematicamente seus produtos a nível de subfunção. No caso de projetos executados por alunos do primeiro ano de engenharia, porém, pode ser suficiente gerar, avaliar e escolher soluções a nível de produto. Assim, por exemplo, cada membro do grupo de projeto pode propor uma solução alternativa para o problema, como mostra a Figura 1-7.

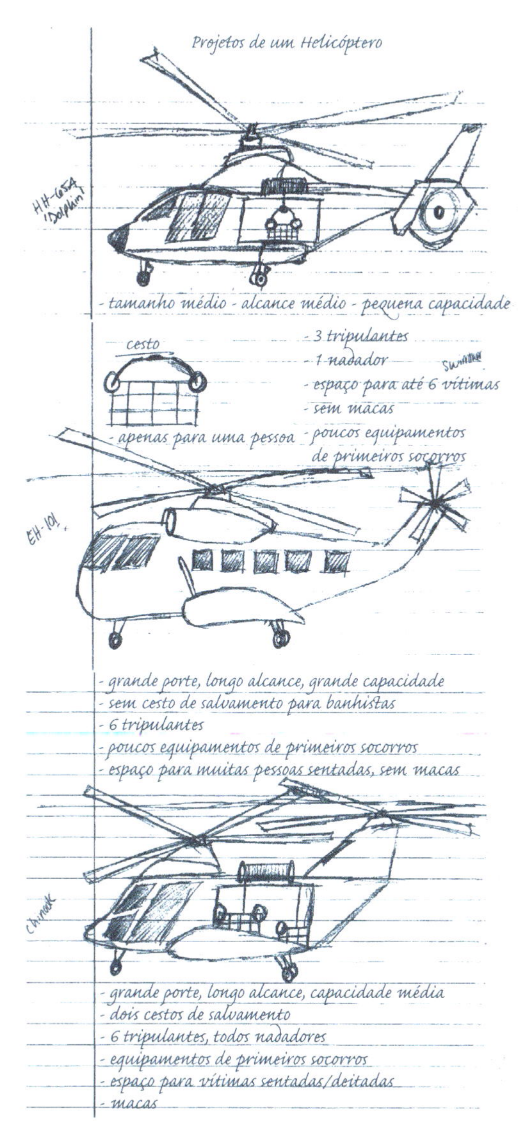

Figura 1-7 Soluções alternativas propostas por estudantes. (Cortesia de Matthew Patton.)

Em muitos casos, novas soluções foram surgindo com o passar do tempo. Hoje em dia, por exemplo, as pontes móveis podem ser pontes levadiças de um ou dois tabuleiros, pontes içáveis verticalmente e pontes giratórias (veja a Figura 1-8), cada tipo constituindo uma solução diferente para o problema da ponte móvel.

Os estudantes também podem apresentar soluções inovadoras para problemas antigos, como se pode ver na ponte móvel projetada por um estudante, a qual aparece na Figura 1-9.

ANÁLISE

As possíveis soluções geradas na etapa anterior devem ser analisadas e avaliadas para determinar quais são as que merecem ser investigadas mais a fundo. É possível que algumas soluções propostas não sejam viáveis, por uma razão qualquer. A análise, que utiliza princípios de matemática e engenharia para avaliar o desempenho de uma solução, pode ser usada para verificar a funcionalidade e exequibilidade das soluções. O objetivo é eliminar todas as soluções inviáveis. Embora os candidatos a essa altura não passem de conceitos abstratos, pode ser possível eliminar algumas possibilidades usando cálculos aproximados, levantando o custo dos componentes, etc.

AVALIAÇÃO E SELEÇÃO

Depois da análise, as soluções consideradas viáveis são avaliadas. A avaliação é uma etapa do processo na qual os resultados da análise das diferentes soluções são comparados para determinar a melhor solução. As possíveis soluções precisam ser avaliadas de acordo com critérios bem definidos. Esses critérios são criados em um dos primeiros estágios do processo, mas podem ter sido modificados e refinados com base nos conhecimentos adquiridos em estágios posteriores.

O grupo de projeto deve decidir coletivamente a respeito da importância relativa dos vários critérios de avaliação para que recebam pesos de acordo com sua importância. Em geral, esses pesos são calculados de tal forma que a soma seja igual a 100. Depois de estabelecidos os pesos, as soluções propostas para o produto (ou suas subfunções) podem ser avaliadas

(©Rudi 1976 | Dreamstime.com)

(©Rigamondis | Dreamstime.com)

(©Darryl Brooks | Dreamstime.com)

(©Modfos | Dreamstime.com)

Figura 1-8 Vários tipos de pontes móveis.

Figura 1-9 Solução inovadora proposta por um estudante para o problema da ponte móvel. (Cortesia de Yang Cui, Allison Dale, David Shier e Michael Marcinowski.)

Tabela 1-4 Processo de avaliação das diferentes versões de um projeto

Critérios de Avaliação e Pesos Correspondentes

Custo	30%
Segurança	10%
Peso e Potência	15%
Durabilidade	15%
Facilidade de Operação	20%
Simplicidade	10%

Avaliação dos Projetos (1–10)

Critérios de Avaliação	Projeto de Brian A.	Projeto de Dan	Projeto de John	Projeto de Brian S.	Projeto de Nilay
Custo	8	10	9	8	8
Segurança	7	8	6	9	10
Peso e Potência	10	6	9	10	7
Durabilidade	8	7	7	9	8
Facilidade de Operação	7	10	9	6	9
Simplicidade	9	7	6	8	8

Resultados Finais (Avaliações Multiplicadas pelos Pesos)

Critérios de Avaliação	Projeto de Brian A.	Projeto de Dan	Projeto de John	Projeto de Brian S.	Projeto de Nilay
Custo	2,4	3	2,7	2,4	2,4
Segurança	0,7	0,8	0,6	0,9	1
Peso e Potência	1,5	0,9	1,35	1,5	1,05
Durabilidade	1,2	1,05	1,05	1,35	1,2
Facilidade de Operação	1,4	2	1,8	1,2	1,8
Simplicidade	0,9	0,7	0,6	0,8	0,8
Total	**8,1**	**8,45**	**8,1**	**8,15**	**8,25**

Uma imagem do bugre projetado pelos estudantes aparece na Figura 1-10.
(Cortesia de Jensen Maritime Consultants, Inc.)

à luz dos critérios. A Tabela 1-4 mostra, por exemplo, o processo de avaliação usado por um grupo de estudantes do primeiro ano de engenharia que estavam projetando um bugre.

Figura 1-10 Um bugre projetado por estudantes. (Cortesia de Dan Fey, Nilay Patel, Jack Streinman, Brian Aggen e Brian Shea.)

Outro exemplo aparece nas Figuras 1-11 e 1-12. Nesse projeto financiado pela indústria, um grupo experiente recebeu a missão de desenvolver um mostruário moderno e eficiente para ser usado em supermercados e outros estabelecimentos comerciais. Com o objetivo de avaliar diferentes concepções do ponto de vista dos critérios do projeto, o grupo montou a matriz de avaliação que aparece na Figura 1-11. Cada coluna da Figura 1-11 corresponde a um critério diferente. Os critérios são os seguintes: modularidade, ajuste das prateleiras, mobilidade, aparência moderna, facilidade de limpeza, reposição de frascos, montagem e acabamento. Nas células de cada coluna aparecem imagens que ilustram diferentes formas de atender ao critério especificado no alto da coluna. Cada célula também contém um peso (número) que foi

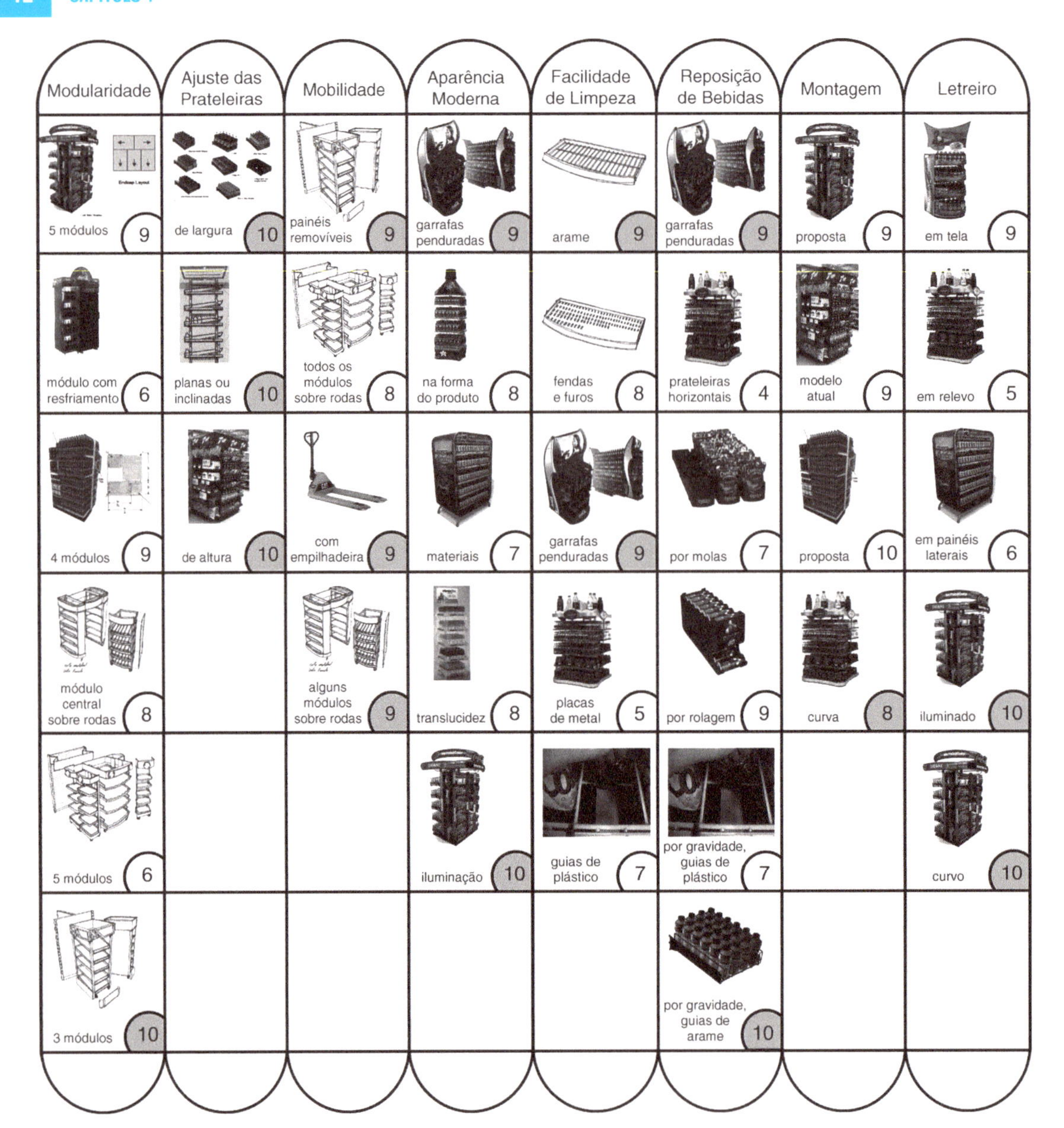

Figura 1-11 Matriz usada para avaliar a qualidade de um mostruário. (Cortesia de Franklin Wire and Display; Jennifer Bessette, Michelle Wentzler, Madison Major e Faye Hellman.)

atribuído pelo grupo e é mostrado no canto inferior direito da célula. Esse peso indica o grau de adequação da solução. Usando essa e outras técnicas, o grupo propôs o mostruário que aparece na Figura 1-12.

ESPECIFICAÇÃO

Depois de escolher as melhores soluções, ou, simplesmente, a melhor solução, está na hora de configurar e compatibilizar as diferentes peças e submontagens do produto usando a ferramenta conhecida como projeto assistido por computador (CAD). ***Configuração*** é o nome usado para designar a parte do desenvolvimento do produto na qual são determinados o número e o tipo de peças a serem usadas e o modo como devem ser montadas, bem como as dimensões relativas aproximadas das peças e submontagens.

Isso normalmente é feito através de um plano de arranjo geral ou de um plano de corte de chapa. A Figura 1-13 mostra o plano

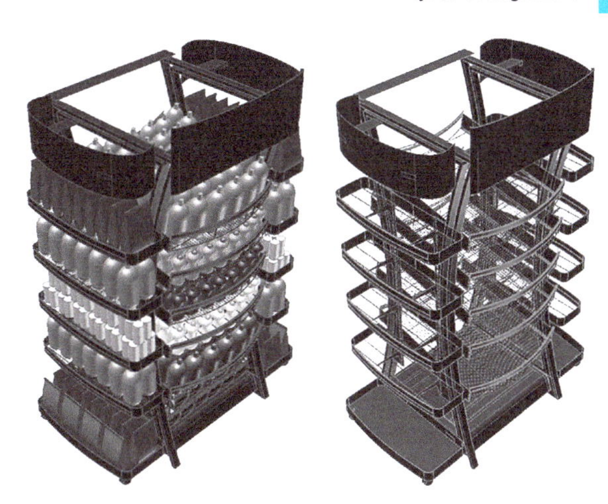

Figura 1-12 Versão final do mostruário. (Cortesia de Franklin Wire and Display; Jennifer Bessette, Michelle Wentzler, Madison Major e Faye Hellman.)

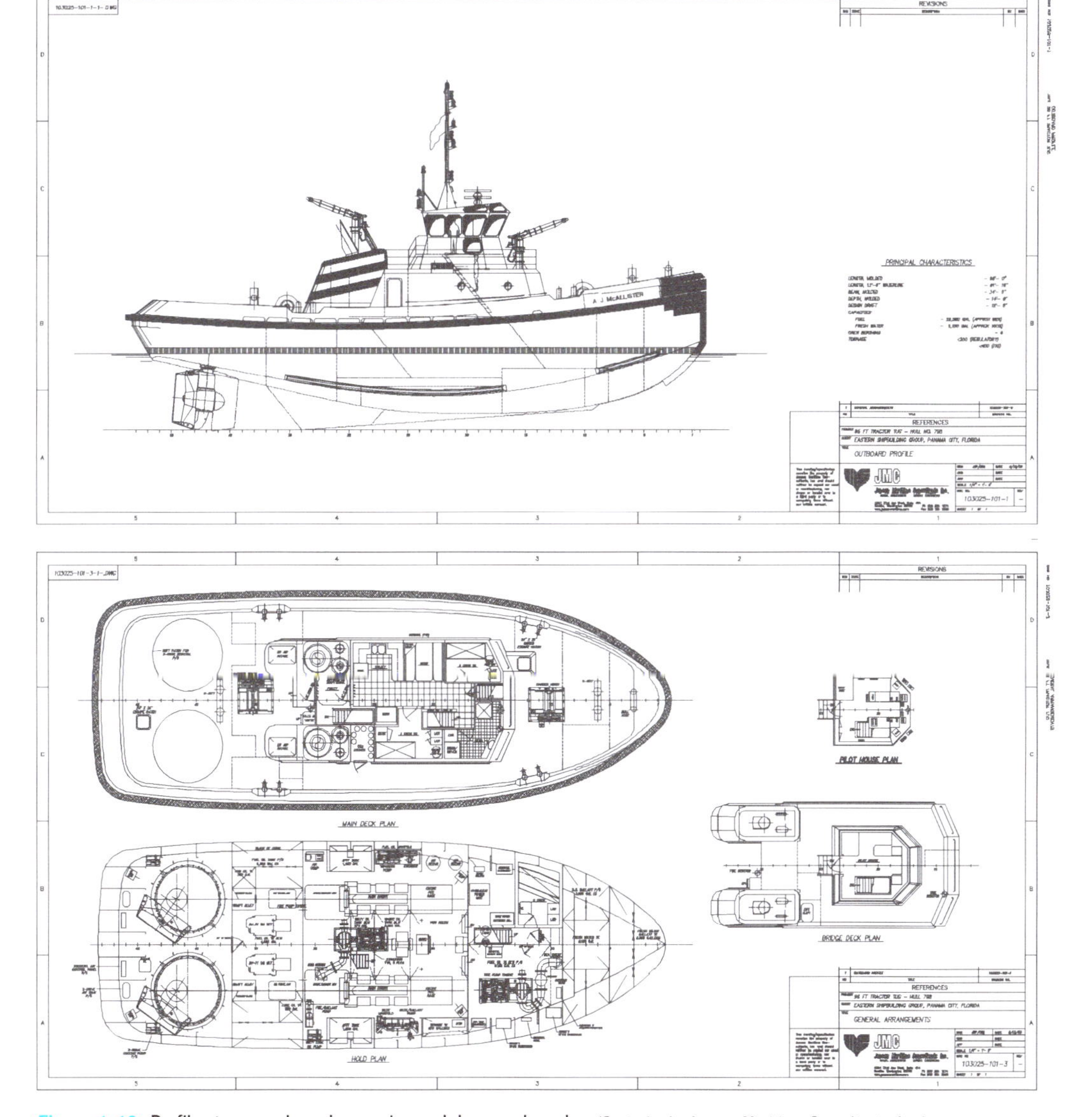

Figura 1-13 Perfil externo e plano de arranjo geral de um rebocador. (Cortesia de Jensen Maritime Consultants, Inc.)

de arranjo geral e o perfil externo de um rebocador. A embarcação dispõe de duas hélices na popa que podem girar 360 graus independentemente uma da outra, o que lhe confere características excepcionais de manobra e propulsão.

Além do plano de arranjo geral, um documento de especificações é normalmente elaborado nesta fase do projeto. De acordo com o dicionário, ***especificação*** é uma "descrição rigorosa e minuciosa das características que um material, uma obra ou um serviço deverão apresentar". O documento de especificações do projeto é, portanto, uma descrição completa do produto, que deve incluir os usos recomendados, as dimensões, os materiais usados, as condições de operação e as metas de desempenho, bem como os requisitos de funcionamento, manutenção, testes e entrega. Os regulamentos e normas que devem ser respeitados durante o projeto e fabricação também devem ser indicados nessas especificações. A Figura 1-14 mostra um trecho das especificações do rebocador que aparece na Figura 1-13.

GRUPO 100 — ESTRUTURA DO CASCO

SEÇÃO 101 — INFORMAÇÕES GERAIS

Veja a SEÇÃO 012 para equipamentos fornecidos pelo PROPRIETÁRIO.

O CONTRATADO deverá projetar e construir a principal estrutura do casco, da forma descrita a seguir. O casco e a cabine serão feitos de aço. Todas as placas serão ABS Grade A e/ou ASTM A-36. O aço será polido e pintado. Certificados de Aço serão fornecidos ao PROPRIETÁRIO, juntamente com a localização do aço certificado.

Toda a montagem e soldagem será executada de acordo com o que se segue:

> ABS "Rules for Building and Classing Steel Vessels Under 90 meters (295 feet) in Length" (para o Casco)
>
> ABS "Rules for Building and Classing Steel Vessels for Service on Rivers and Intracoastal Waterways", Part 3, Section 7, Passenger Vessels (para a Superestrutura)

Uma certificação da Classification Society para a estrutura não é necessária, mas cálculos estruturais que demonstrem que uma das Regras acima está sendo respeitada devem ser submetidos ao PROPRIETÁRIO para aprovação nas áreas em que o CONTRATADO propuser mudanças. Os cálculos deverão mostrar referências claras às regras utilizadas.

Os detalhes de construção deverão estar de acordo com a edição mais recente do "Guide for Shipbuilding and Repair Quality Standards for Hull Structures During Construction" da ABS. As placas deverão estar bem ajustadas e livres de empenamentos ou desníveis. Todas as placas e peças deverão apresentar o alinhamento, forma e curvatura previstos. Quando forem usadas flanges, as bordas devem ser bisotadas e livres de imperfeições. Não devem ser usados calços para corrigir ajustes imperfeitos. As peças devem estar bem alinhadas antes de ser iniciada a soldagem. Não deve ser usado nenhum tipo de revestimento. Empenamentos ou distorções que impeçam a instalação, na embarcação, da montagem final soldada não são aceitáveis.

"Ondulações" em qualquer placa do casco, da cabine ou do convés não são aceitáveis. Nenhum tipo de massa poderá ser usado para compensar irregularidades na estrutura da embarcação. Será feito o máximo esforço possível para construir uma embarcação com superfícies justas e sem distorções. Isto deverá incluir uma atenção para um ajuste meticuloso, o uso de sequências apropriadas de soldagens e a minimização do uso de conjuntos soldados para obter a resistência estrutural desejada.

O desajuste máximo entre os reforços do casco, do convés e da cabine deverá ser t/2, onde "t" é a espessura das placas.

As penetrações das placas do convés, dos anteparos e do casco deverão ser reforçadas de forma adequada para manter a integridade estrutural.

Todos os cortes devem ser feitos de forma limpa e precisa e as bordas limpas para soldagem. Todos os cantos vivos expostos a operários ou equipamentos devem ser protegidos ou usinados para evitar que as equipes de operação e manutenção se machuquem e os equipamentos sejam danificados. Os cantos internos devem ser filetados e os cantos externos devem ser arredondados. Bordas irregulares e projeções agudas devem ser removidas.

Todos os rasgos e perfurações da estrutura devem ser feitos com capricho e devem ter forma regular, com as rebarbas removidas e com cantos arredondados. "Buracos de rato" semicirculares devem ser instalados nas peças estruturais para a passagem de junções soldadas das placas associadas. Os rasgos e buracos de rato devem ser feitos a máquina.

Sempre que for necessário abrir furos para a passagem de fios, canos ou dutos pela estrutura da embarcação, métodos especiais de penetração devem ser usados para manter a integridade estrutural, a resistência ao fogo e a estanqueidade ao óleo, à água ou ao ar, conforme o caso. Todas as penetrações de zonas de fogo devem ser calçadas e isoladas dos dois lados e da forma que for necessária para atender às normas pertinentes. Em geral, as penetrações dos anteparos devem utilizar passafios Nelson Firestop 4" × 6" ou equivalente. Todos os detalhes dessas penetrações devem ser submetidos ao PROPRIETÁRIO para aprovação.

Todas as bordas ou cantos dos anteparos sobre os quais ou em torno dos quais uma mangueira de incêndio puder ser arrastada deverão ser protegidos por um cano de 1-1/2 a 2 polegadas de diâmetro (ou uma cantoneira equivalente).

O CONTRATADO deve tomar precauções para evitar a corrosão de placas expostas e soldas recentes. O PROPRIETÁRIO está muito preocupado com a possibilidade de que o excesso de ferrugem comprometa a capacidade da tinta de aderir firmemente à superfície, especialmente nas proximidades das soldas. A pintura deve ser executada em um ambiente controlado, protegido dos elementos, através do uso de estruturas permanentes ou portáteis. Veja a SEÇÃO 631 para uma descrição da preparação da superfície e outros requisitos para a pintura.

Figura 1-14 Parte do documento de especificações de um rebocador. (Cortesia de Jensen Maritime Consultants, Inc.)

Esses desenhos e especificações podem ser usados em um processo formal de concorrência conhecido como Solicitação de Propostas (RFP).* As informações sobre o produto são enviadas a diferentes fabricantes, no caso estaleiros, para que disputem, em termos financeiros, o direito de construir a embarcação. Supondo que o processo de RFP seja bem-sucedido e se chegue à conclusão de que o desenvolvimento do produto deve prosseguir,[12] o projeto passa da fase de configuração para a fase de ***detalhamento***. O resultado final da fase de detalhamento é um conjunto completo de informações que inclui um número muito maior de desenhos e especificações muito mais detalhadas, suficientes para que a firma que ganhou a concorrência seja capaz de fabricar o produto.

Esses desenhos, conhecidos como ***desenhos de trabalho***, também são chamados de desenhos de produção ou desenhos detalhados. Entre os desenhos de trabalho, que serão discutidos com detalhes no Capítulo 8, geralmente estão desenhos de peças, desenhos de montagem (veja a Figura 1-15) e uma lista de materiais (BOM)* ou lista de peças. A Figura 1-16 mostra um desenho de montagem com uma lista de materiais.

Note que o termo *especificação* também é usado nos projetos de engenharia para designar o valor numérico de um parâmetro usado para avaliar o sucesso de um projeto. Nesse sentido, as especificações começam a surgir logo no início do projeto, quando o projetista explica o problema ao cliente ou à empresa e discute as necessidades dos usuários em potencial. Seguem dois exemplos de especificações de desempenho, extraídos do mesmo documento de especificações que o texto da Figura 1-14.

- *O sistema de propulsão deverá ser composto por um par de motores diesel de 4 tempos aprovados pela EPA em Nível 1 com uma potência contínua mínima de aproximadamente 2480 BHP.*
- *A embarcação deverá ser submetida a um teste de resistência de duas horas com os motores funcionando na potência máxima. Durante este teste será demonstrado que to-*

* Do inglês, *Request for Proposals*. (N.T.)

[12] No caso de uma empresa privada, a decisão de continuar a desenvolver o produto além da fase de configuração seria tomada internamente.

* Do inglês, *Bill of Materials*. (N.T.)

das as peças mecânicas da unidade de propulsão e todos os sistemas auxiliares estão em condições de operação satisfatórias e que as condições do sistema de propulsão no regime estacionário estão dentro das tolerâncias do fabricante do motor. Serão realizadas inspeções para detectar vazamentos em tubulações e defeitos estruturais. As leituras de todos os medidores instalados serão feitas a intervalos de 15 minutos.

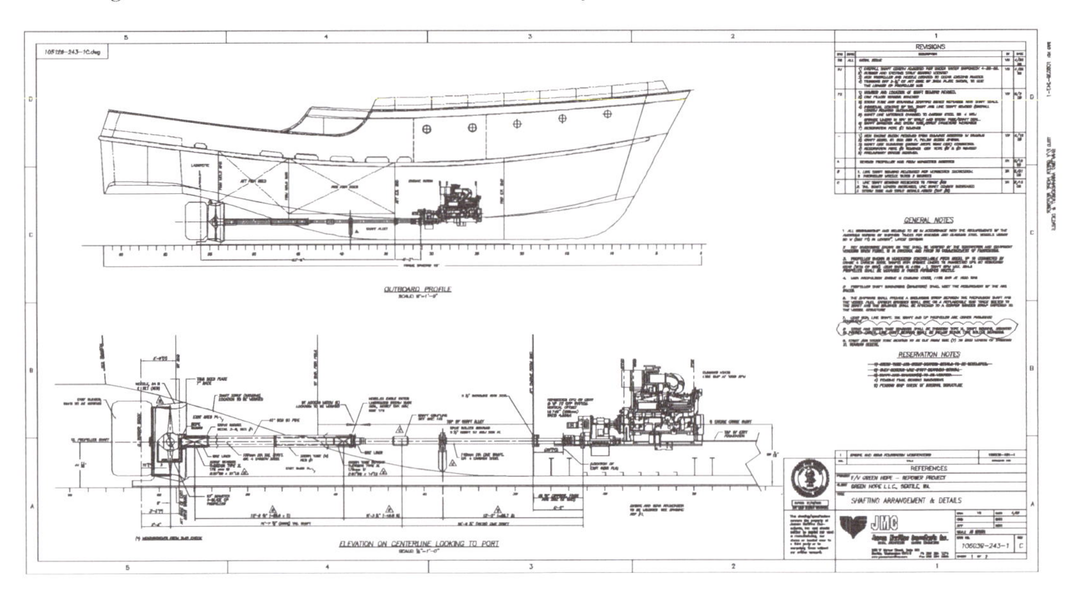

Figura 1-15 Desenho de montagem de um eixo. (Cortesia de Jensen Maritime Consultants, Inc.)

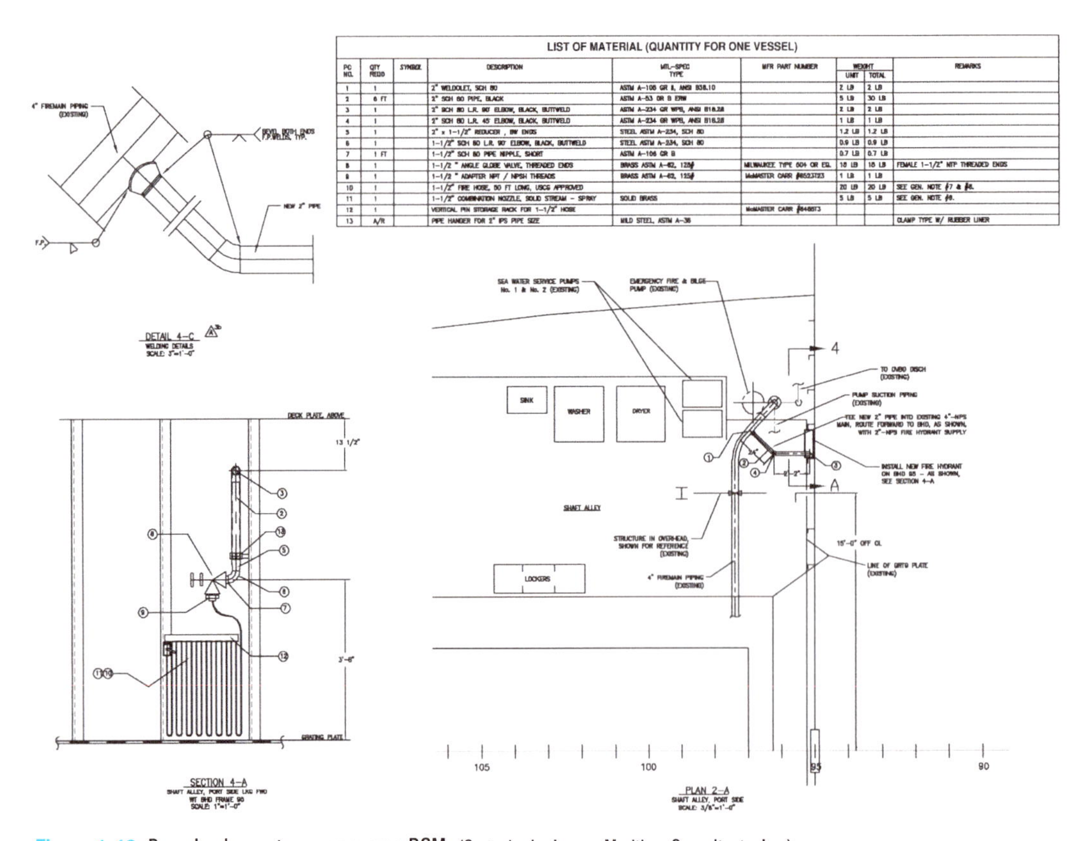

LIST OF MATERIAL (QUANTITY FOR ONE VESSEL)

PC NO.	QTY REQD	SYMBOL	DESCRIPTION	MTL-SPEC TYPE	MFR PART NUMBER	WEIGHT UNIT	WEIGHT TOTAL	REMARKS
1	1		2" WELDOLET, SCH 80	ASTM A-106 GR B, ANSI B36.10		2 LB	2 LB	
2	6 FT		2" SCH 80 PIPE, BLACK	ASTM A-53 OR B ERW		5 LB	30 LB	
3	1		2" SCH 80 L.R. 90° ELBOW, BLACK, BUTTWELD	ASTM A-234 GR WPB, ANSI B16.28		2 LB	2 LB	
4	1		2" SCH 80 L.R. 45° ELBOW, BLACK, BUTTWELD	ASTM A-234 GR WPB, ANSI B16.28		1 LB	1 LB	
5	1		2" x 1-1/2" REDUCER , BW ENDS	STEEL ASTM A-234, SCH 80		1.2 LB	1.2 LB	
6	1		1-1/2" SCH 80 L.R. 90° ELBOW, BLACK, BUTTWELD	STEEL ASTM A-234, SCH 80		0.9 LB	0.9 LB	
7	1 FT		1-1/2" SCH 80 PIPE NIPPLE, SHORT	ASTM A-106 GR B		0.7 LB	0.7 LB	
8	1		1-1/2 " ANGLE GLOBE VALVE, THREADED ENDS	BRASS ASTM A-62, 125#	MILWAUKEE TYPE 604 OR EQ.	18 LB	18 LB	FEMALE 1-1/2" NTP THREADED ENDS
9	1		1-1/2 " ADAPTER NPT / NPSH THREADS	BRASS ASTM A-62, 125#	McMASTER CARR #8523T23	1 LB	1 LB	
10	1		1-1/2" FIRE HOSE, 50 FT LONG, USCG APPROVED			20 LB	20 LB	SEE GEN. NOTE #7 & #8.
11	1		1-1/2" COMBINATION NOZZLE, SOLID STREAM - SPRAY	SOLID BRASS		5 LB	5 LB	SEE GEN. NOTE #8.
12	1		VERTICAL PIN STORAGE RACK FOR 1-1/2" HOSE		McMASTER CARR #8468T3			
13	A/R		PIPE HANGER FOR 2" IPS PIPE SIZE	MILD STEEL, ASTM A-36				CLAMP TYPE W/ RUBBER LINER

Figura 1-16 Desenho de montagem com uma BOM. (Cortesia de Jensen Maritime Consultants, Inc.)

DIVULGAÇÃO

Neste ponto, o desenvolvimento do produto passa da fase de projeto para a fase de fabricação. O estágio final do projeto de engenharia consiste em divulgar o projeto através de relatórios escritos e apresentações orais.

Relatórios Escritos

Embora mais conhecidos por sua capacidade matemática e oral, muitos engenheiros experientes na verdade sabem escrever muito bem. As comunicações por escrito consomem boa parte da semana de trabalho de um engenheiro. Os documentos escritos preparados por engenheiros são cartas, mensagens de e-mail, memorandos, relatórios técnicos, artigos técnicos e propostas. Os destinatários desses documentos técnicos são engenheiros, projetistas, supervisores, vendedores, órgãos reguladores e clientes. Seja qual for o destinatário e o tipo de documento, a redação técnica exige uma exposição clara e concisa do que podem ser questões, conceitos e argumentos muito complexos.

Um relatório técnico típico pode apresentar a seguinte estrutura:

Introdução
Antecedentes
Método
Resultados
Discussão (dos resultados)
Conclusões
Referências
Apêndices

Apresentações Orais

Uma vez ou outra, você será convidado a falar sobre um assunto de engenharia. O objetivo pode ser mostrar o que foi feito até o momento em um projeto, defender uma proposta ou apresentar um trabalho em um congresso. Seja qual for o caso, é importante preparar cuidadosamente a palestra e ensaiá-la. Ao planejar a apresentação, é importante conhecer qual será a plateia para saber o que se espera de você. O uso adequado de recursos gráficos é importante, bem como o desenvolvimento lógico, bem organizado, das ideias principais.

Passos recomendados para a elaboração de um relatório

Quando chega a hora de escrever um relatório ou artigo técnico, é aconselhável que o processo seja dividido em várias sessões. Procure iniciar cada sessão na parte do dia em que você se sente melhor (de manhã cedo, por exemplo, ou no final da tarde). Depois de iniciar uma sessão, procure não interrompê-la durante pelo menos algumas horas. Finalmente, espere um dia para iniciar a sessão seguinte. Apresentamos a seguir uma série de passos que podem ser usados para escrever artigos e relatórios técnicos.

1. *Tempestade cerebral* – Na primeira sessão, anote tudo que pretende dizer, sem se preocupar em organizar os tópicos. A ênfase deve estar no livre fluxo de ideias. Nessa sessão, é aconselhável usar lápis e papel.
2. *Roteiro preliminar* – Na segunda sessão, tente organizar os tópicos que você anotou na primeira sessão. Quais são os títulos e subtítulos? Qual é a melhor ordem para apresentar os assuntos? A essa altura, talvez seja conveniente passar do papel e lápis para o computador.
3. *Roteiro detalhado* – Leia o roteiro preliminar, revendo-o e ampliando-o de acordo com as necessidades. Mude a ordem dos assuntos, acrescente novos tópicos e remova outros. A transição de um assunto para outro é suave? Existem argumentos suficientes para provar suas afirmações? Se não, pode ser preciso estudar mais um pouco o problema. Amplie os tópicos, acrescentando detalhes de acordo com as necessidades. Transforme ideias soltas em frases completas.
4. *Comece a escrever* – Normalmente, mas não necessariamente, a partir da introdução. É aqui que começa a verdadeira luta. O progresso pode ser dolorosamente lento; concentração, determinação e garra são essenciais. Não perca de vista a coerência e a continuidade. Depois de uma luta extenuante, talvez você tenha que se contentar com menos. Contanto que tenha feito um esforço honesto, um novo começo quase sempre ajuda. Um bom resultado para um dia de trabalho são duas ou três páginas.
5. *Leia atentamente o que escreveu* e veja se está satisfatório em termos de coerência, continuidade, gramática. Reveja, reescreva, reorganize.
6. Releia o documento do começo ao fim, fazendo os ajustes finais que forem necessários.

Eis alguns conselhos úteis para quem vai falar em público:[13]

1. Fale com clareza para que todos na sala possam ouvi-lo.
2. Mude de vez em quando o tom de voz.
3. Fale com entusiasmo.
4. É natural que esteja nervoso na hora da palestra. Respire fundo e relaxe por um momento antes de começar.
5. Comece na hora e não exceda o tempo previsto.
6. Mantenha contato visual com a audiência. Escolha alguns indivíduos na plateia e olhe para eles durante a apresentação.
7. Use um apontador para mostrar detalhes na tela.
8. Não deixe de apresentar o título da palestra e o nome de todos os seus colaboradores.
9. Apresente um sumário da palestra, com uma lista dos tópicos que serão abordados.
10. As telas devem ser simples e claras. Certifique-se de que o contraste é suficiente para que o texto seja legível.
11. Use textos curtos, de preferência com não mais que cinco palavras.
12. As telas não devem ser autoexplicativas; cabe a você apresentar o trabalho à plateia.
13. As fotografias devem ser grandes e nítidas. Use legendas e setas para definir e mostrar aspectos importantes.
14. Ao mostrar um gráfico, defina os eixos e explique o que o gráfico se propõe a demonstrar.
15. Use com moderação os recursos do PowerPoint®.
16. Prepare-se adequadamente; conheça com detalhes o conteúdo de cada tela. Não inclua nenhuma informação em uma tela que você não seja capaz de explicar.
17. Ao apresentar suas ideias, vá do geral para o específico.
18. Se pretender distribuir algum material escrito, faça isso antes de começar a palestra.
19. Explique com clareza suas conclusões. Mostre de que forma as conclusões e as recomendações finais atingem os objetivos a que você se propôs.
20. Tenha à mão *telas de reserva* para a sessão de perguntas e respostas. Procure prever as perguntas da plateia e prepare telas que ajudem a respondê-las.
21. Quando estiver ensaiando, observe com que frequência você diz "hum", "né", etc. Procure evitar chavões.

[13] Adaptado do Manual de Projetos Avançados usado no curso GE 494, Projetos Avançados, da University of Illinois at Urbana-Champaign.

ENGENHARIA CONCORRENTE

Em face da competição global cada vez maior, as empresas empenhadas no desenvolvimento de produtos sentiram necessidade de (1) reduzir o tempo de desenvolvimento dos produtos, (2) melhorar a qualidade e desempenho dos produtos, (3) reduzir o custo dos produtos. A abordagem moderna usada para atender a essas exigências hercúleas recebe o nome de engenharia concorrente.

Nos anos que se seguiram à Segunda Guerra Mundial, o desenvolvimento de produtos pelas grandes empresas era essencialmente um processo serial, como mostra a Figura 1-17*a*. As funções especializadas da empresa, representadas por diferentes departamentos, eram executadas separadamente. A troca de informações entre os departamentos não era estimulada. O exemplo mais citado desse tipo de comportamento era o que ocorria na interface entre os departamentos de projeto e fabricação, pois o grupo de projeto desenvolvia os projetos isoladamente e depois os *jogava por cima do muro* para o departamento de fabricação. Cabia então ao departamento de fabricação alterar o projeto para atender às restrições de processamento, materiais e equipamentos. Embora essas mudanças fossem onerosas, a falta de competição fazia com que fossem toleráveis.

Com o surgimento, em décadas recentes, de uma grande competitividade global, essas ineficiências não podiam mais ser toleradas. ***Engenharia concorrente*** é uma abordagem de grupo para o projeto de um produto, na qual os membros de uma equipe, representando as funções mais importantes da empresa, trabalham sob a supervisão de um gerente. O grupo multifuncional é normalmente composto por membros de áreas como marketing e vendas, desenho industrial, projeto de engenharia, engenharia industrial, engenharia de produção, compras e produção. A Figura 1-17

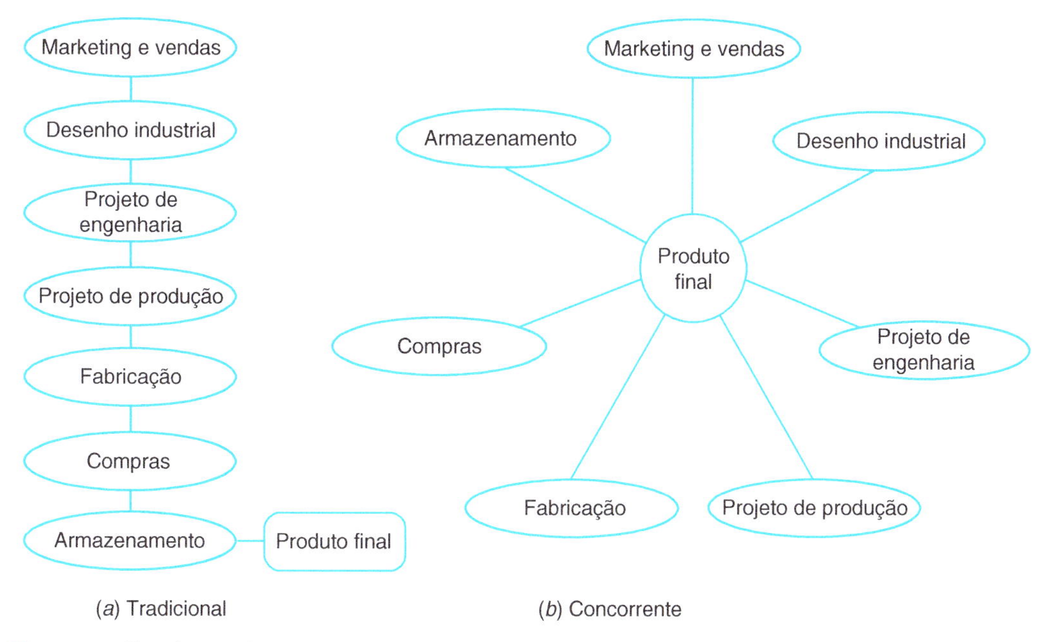

Figura 1-17 Engenharia tradicional e engenharia concorrente.

mostra uma comparação entre a engenharia tradicional (Figura 1-17*a*) e a engenharia concorrente (Figura 1-17*b*).

Uma das vantagens da abordagem de grupo associada à engenharia concorrente é o livre intercâmbio de informações sobre o produto. A engenharia concorrente é às vezes representada em associação com a fonte mais importante de informações sobre o produto, a base de dados CAD, como mostra a Figura 1-18.

Embora a engenharia concorrente procure incorporar ao desenvolvimento do produto todos os aspectos do seu ciclo de vida (projeto, fabricação, distribuição, manutenção e descarte), a motivação central é assegurar que

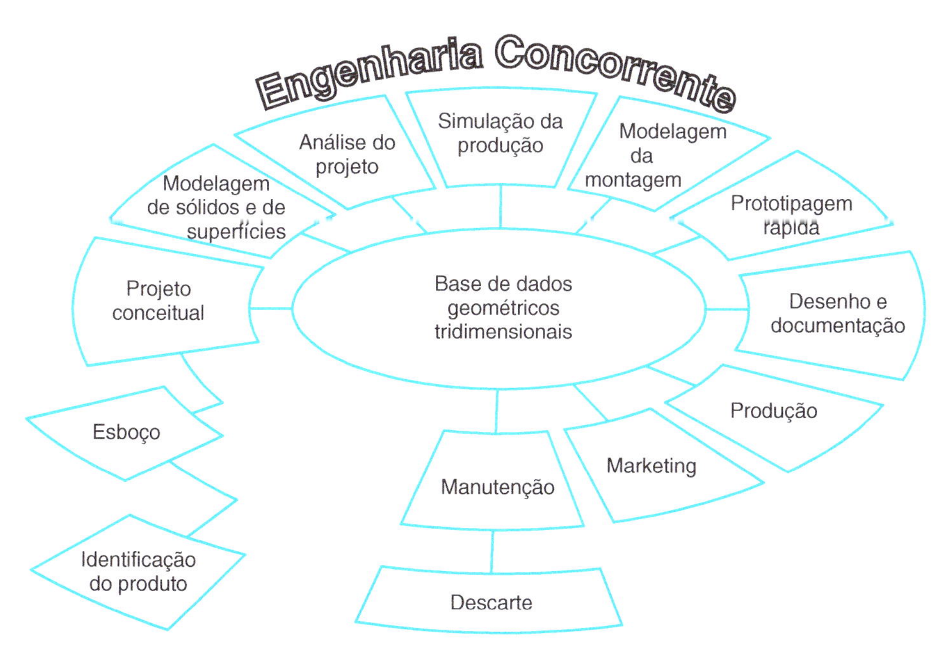

Figura 1-18 Engenharia concorrente e a base de dados CAD. (Cortesia de Barr, Kreuger e Juricic.)

os problemas de produção sejam levados em conta durante todo o processo de elaboração do projeto. Na próxima seção, que trata do projeto de produção e montagem, a questão é abordada com mais detalhes. O capítulo termina com uma discussão de outro atributo importante da engenharia concorrente: o trabalho de equipe.

Projeto de Produção e Montagem

As modificações de um projeto que ocorrem nas fases finais são especialmente danosas em termos de custo, qualidade e prazos. Projeto para Produção (DFM)* e seu primo, Projeto para Montagem (DFA),** são áreas relativamente novas que procuram minimizar essas mudanças tardias formalizando a relação entre projeto e fabricação.

Enquanto o Projeto para Produção procura melhorar o processo de fabricação de peças isoladas, o Projeto para Montagem busca reduzir o custo e o tempo necessários para montar um produto. Usadas em conjunto, a DFM e a DFA ajudam a assegurar que o produto e o processo de fabricação usado para obtê-lo sejam planejados de forma coordenada. Recentemente, um novo termo, Projeto para X (DFX)*** se tornou muito popular. DFX é usado para designar os métodos que envolvem aspectos particulares do processo de produção. Entre esses métodos estão, por exemplo, o Projeto para o Meio Ambiente, o Projeto para Confiabilidade, o Projeto para Segurança e o Projeto para Qualidade.

Entre os princípios mais importantes de DFM/DFA estão os seguintes:

- ***Minimizar o número de peças*** – Quanto menor for o número de peças, mais simples e rápida será a montagem do produto.
- ***Minimizar a variedade de peças*** – Isso pode ser conseguido, por exemplo, usando parafusos do mesmo tamanho em toda a montagem.
- ***Usar peças multifuncionais*** – Se algumas peças tiverem mais de uma função, o número total de peças será menor.
- ***Usar peças em mais de um produto*** – Se algumas peças puderem ser usadas em mais de um produto, a variedade de peças a serem fabricadas será menor.
- ***Usar peças fáceis de serem fabricadas*** – Os processos de fabricação que produzem as peças com a forma final (como, por exemplo, o processo de moldagem por injeção) são os melhores; evite a usinagem, sempre que for possível.
- ***Usar peças autotravadas*** – Dê preferência a peças que se encaixem por pressão; evite o uso de parafusos, rebites, etc.
- ***Usar um projeto modular*** – Projete elementos que possam ser montados de forma independente, em condições ideais, e depois unidos para formar o produto final.
- ***Minimizar as direções de montagem*** – Projete elementos que possam ser montados em uma única direção, de preferência a vertical.
- ***Minimizar as necessidades de manipulação durante a montagem*** – O posicionamento de peças é um processo oneroso; procure simplificar ao máximo o processo, evitando que as peças já colocadas atrapalhem a colocação das peças seguintes.
- ***Facilitar o alinhamento e a inserção dos componentes*** – Dê preferência a chanfros e perfis arredondados; use peças-guias; utilize um componente como base.

TRABALHO DE EQUIPE

A engenharia concorrente aumenta a produtividade dos processos de projeto e fabricação, permitindo que as empresas empenhadas no desenvolvimento de produtos mantenham ou mesmo ampliem sua participação no mercado, apesar do recente aumento da competição global. O trabalho de equipe é o fator isolado mais importante da filosofia da engenharia concorrente. As equipes estão se tornando cada vez mais comuns em projetos e em firmas de engenharia. Entretanto, mesmo antes desta tendência recente, o projeto de engenharia sempre foi uma atividade social baseada em qualidades do trabalho em equipe como comunicação, colaboração e cooperação.

Uma ***equipe*** é um grupo de pessoas com qualificações e conhecimentos complementa-

* Do inglês, *Design for Manufacture*. (N.T.)
** Do inglês, *Design for Assembly*. (N.T.)
*** Do inglês, *Design for X*. (N.T.)

Tabela 1-5 Normas de Cooperação de um grupo da Boeing Company, extraídas do manual de treinamento dos membros do grupo

1. Todos os membros são responsáveis pelo progresso e sucesso do grupo.
2. Compareça a todas as reuniões e seja pontual.
3. Venha preparado.
4. Execute suas tarefas no prazo.
5. Preste atenção e mostre respeito pelas contribuições dos outros membros; seja um ouvinte ativo.
6. Critique construtivamente as ideias, não as pessoas.
7. Resolva os conflitos construtivamente.
8. Preste atenção; evite um comportamento dispersivo.
9. Evite conversas paralelas.
10. Apenas uma pessoa deve falar de cada vez.
11. Todos participam; ninguém domina.
12. Seja sucinto; evite longas histórias e exemplos.
13. Todos na sala são iguais.
14. Respeite os ausentes.
15. Se não compreender alguma coisa, pergunte.
16. Atenda a suas necessidades pessoais a qualquer momento, mas evite interromper as atividades do grupo.
17. Divirta-se.

res, que trabalham juntas para um objetivo comum. A expressão ***trabalho de equipe***, por outro lado, é usada para designar uma atitude positiva e a capacidade de atingir as metas da equipe.

Naturalmente, nada garante que o desempenho de uma equipe seja melhor que o de um conjunto de indivíduos. De acordo com as pesquisas, existem equipes que (1) apresentam resultados piores que a média dos indivíduos que a compõem; (2) não funcionam muito bem, mas conseguem apresentar um desempenho igual ou ligeiramente melhor que o desempenho médio dos seus membros; (3) apresentam resultados satisfatórios; (4) apresentam resultados excepcionais, caso em que cada membro se interessa profundamente pelo sucesso e realização pessoal dos outros membros.[14] As pesquisas também sugerem que é necessário um certo tempo para que uma equipe atinja os níveis mais altos de desempenho.[15]

As equipes bem-sucedidas são caracterizadas por certos traços ou qualidades, como o uso de normas de grupo, além de métodos adequados de comunicação, liderança, tomada de decisões e gerenciamento de conflitos. ***Normas de grupo*** são padrões de comportamento que a equipe se compromete a adotar. Estabelecendo essas normas e respeitando-as, o grupo pode evitar muitos conflitos danosos. A Tabela 1-5[16] mostra um exemplo de normas de grupo.

A tomada de decisões em grupo é bem mais difícil que a tomada de decisões por parte de um indivíduo. Existem várias formas de um grupo chegar a uma decisão, desde a decisão por autoridade até a decisão por consenso. As decisões baseadas na autoridade são as que levam menos tempo, enquanto as decisões baseadas no consenso são mais demoradas, mas, em geral, são melhores. Uma decisão por consenso é aquela em que a equipe examina detidamente todas as questões e adota uma linha de ação à qual nenhum dos membros se opõe frontalmente.

É inevitável que surjam conflitos entre os membros de uma equipe. Um conflito é uma situação na qual a ação de uma pessoa interfere nas ações de outra pessoa. Os conflitos podem ser construtivos ou destrutivos. Em um conflito construtivo, existe um choque de ideias; em um conflito destrutivo, existe um choque de personalidades. Para que uma equipe funcione bem, deve formular regras que evitem conflitos destrutivos.

[14] Smith, 2000.
[15] Eggert, 2005.
[16] Extraído de Smith, 2000.

Existem várias estratégias para lidar com um conflito. Entre elas estão as seguintes:

1. ***Ignorar*** – Simplesmente fingir que o conflito não existe e torcer para que o problema se resolva com o tempo.
2. ***Ceder*** – Deixar que o outro lado faça o que quer.
3. ***Forçar*** – Impor a sua vontade.
4. ***Negociar*** – Ceder parcialmente para chegar a um meio-termo. Embora às vezes dê bons resultados, esta abordagem não vai às raízes do conflito.
5. ***Discutir construtivamente*** – Os dois lados procuram chegar às raízes da questão e em seguida procuram encontrar uma solução de consenso. Apenas esta abordagem oferece a possibilidade de resolver um conflito grave de forma satisfatória.

QUESTÕES

VERDADEIRO OU FALSO

1. Os projetos de engenharia envolvem o uso de métodos de análise e de síntese.
2. Um componente pode ser uma peça ou uma submontagem.
3. Os critérios de um projeto estabelecem limites quantitativos que limitam as possíveis soluções do problema.
4. Entre os princípios de DFM/DFA está o de minimizar o número de peças do produto.

MÚLTIPLA ESCOLHA

5. Qual das opções abaixo não é um estágio do processo de criação de um produto?
   a. Marketing e vendas
   b. Desenho industrial
   c. Projeto de engenharia
   d. Projeto de produção
   e. Fabricação
6. A problematização deve incluir:
   a. Um estado inicial indesejado
   b. Um estado final desejado
   c. Obstáculos à transição do estado indesejado para o desejado
   d. Todas as opções anteriores
7. ________ do projeto permitem avaliar quantitativamente as soluções propostas.
   a. Especificações
   b. Critérios
   c. Restrições
   d. Fases

CAPÍTULO

2 DESENHO À MÃO LIVRE

INTRODUÇÃO

Antes do aparecimento dos computadores pessoais no início da década de 1980 e do lançamento quase simultâneo de pacotes de projeto auxiliado por computador (CAD), como o AutoCAD®, quase todos os desenhos de engenharia eram executados manualmente, usando instrumentos como pantógrafos, réguas T, esquadros, compassos, etc. Hoje em dia, praticamente todos os desenhos de engenharia são executados com o auxílio de um sistema CAD. Esta mudança no modo como os desenhos técnicos são produzidos teve uma profunda influência na ementa da cadeira de desenho técnico. O desenho com instrumentos (régua T, esquadros, etc.), por exemplo, foi substituído em grande parte pelo ***desenho à mão livre***.

A engenharia é uma atividade criativa que remonta a grandes artistas italianos do Renascimento, como Leonardo, Michelangelo, Rafael e Donatelo. Embora a engenharia esteja ligada de perto à tecnologia, a rica tradição artística e criativa da disciplina não deve ser desprezada. A boa prática da engenharia se reflete tanto na capacidade de transmitir ideias através de desenhos à mão livre como na de manipular equações diferenciais, usar um computador ou, por que não, expressar-se de forma clara e elegante.

Embora algumas pessoas tenham um dom natural para o desenho, isso não é comum. Todos nós, porém, podemos melhorar, com a prática, nossa capacidade de mostrar, documentar e visualizar objetos através de desenhos à mão livre.

O desenho à mão livre tem muitas aplicações importantes. Os engenheiros muitas vezes precisam fazer esboços no local da obra. Esses esboços são mais tarde convertidos em CAD no escritório, para documentar as modificações a serem feitas em uma estrutura já existente. Os desenhos são usados como um meio versátil de comunicação entre engenheiros, técnicos e operários e também em demonstrações para clientes e supervisores. Desenhos à mão livre também são usados, de forma criativa, para expor ideias, inventar, investigar possibilidades, etc. A Figura 2-1 mostra, por exemplo, esboços preparados por estudantes de engenharia como parte de um projeto. Desenhar à mão livre ou com o auxílio de instrumentos é essencial para praticar a linguagem do desenho técnico. Em seus artigos, Sorby[1] demonstrou que o desenho à mão livre é uma forma excelente de melhorar a visão espacial.

Os engenheiros usam o desenho técnico para criar esboços preliminares que representam as características principais de um produto ou estrutura. Os desenhos à mão livre não precisam ser malfeitos; acima de tudo, preste atenção nas proporções. Embora não obedeçam a uma escala específica, os desenhos à mão devem ser bem proporcionados.

INSTRUMENTOS E MATERIAIS DE DESENHO

Para fazer desenhos, basta dispor de papel, lápis e borracha. O papel pode ser praticamente qualquer um; na maioria dos casos,

[1] S. Sorby, Developing 3-D Spatial Visualization Skills, *Engineering Design Graphics Journal*, Vol. 63, No. 2, Spring 1999.

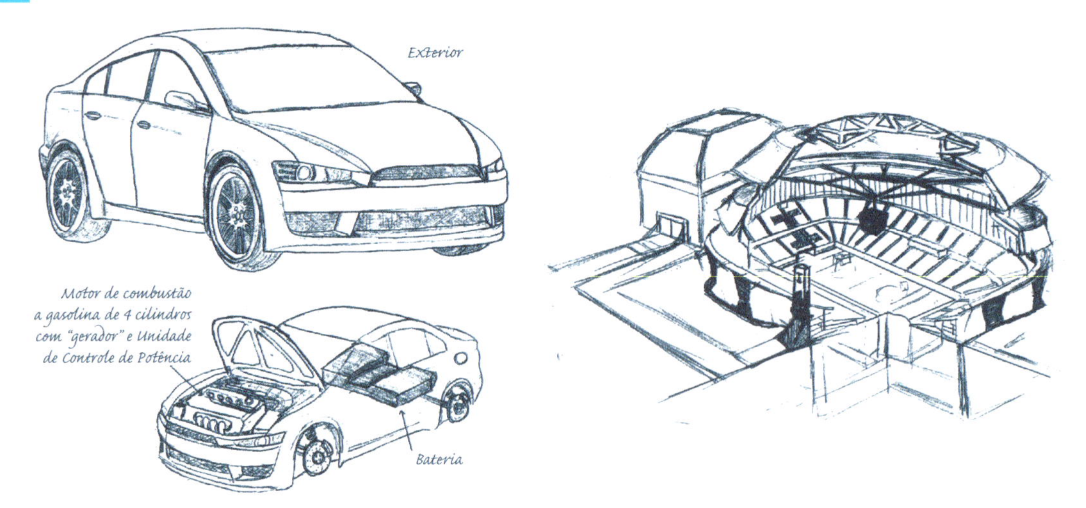

Figura 2-1 Esboços de um projeto de engenharia. (Cortesia de Jonathan Schmid e Donjin Lee.)

o lado em branco de uma folha usada é perfeitamente satisfatório. Existe quem prefira usar papel quadriculado. Muitas firmas de engenharia dispõem de blocos de papel milimetrado tamanho A4 (210 × 297 mm). As marcas na verdade ficam do outro lado do papel, mas são suficientemente escuras para serem vistas por transparência. O papel também dispõe de um espaço para o cabeçalho. Este tipo de papel é conveniente quando se deseja combinar textos, cálculos e desenhos.

O papel isométrico, mostrado na Figura 2-2, é útil para quem está aprendendo a fazer perspectivas isométricas. Este tipo de papel geralmente não é encontrado em firmas de projetos de engenharia.

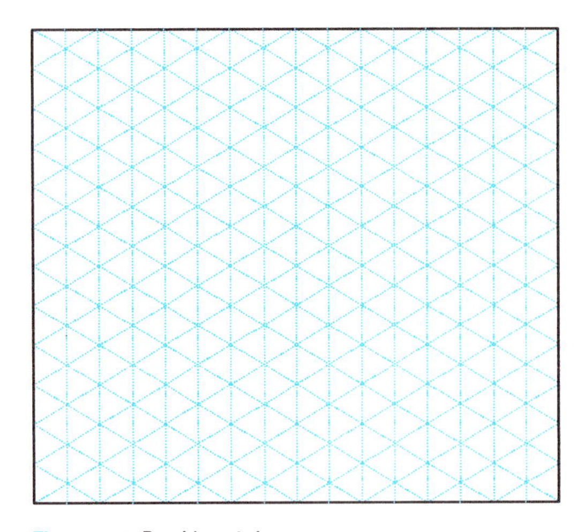

Figura 2-2 Papel isométrico.

A maioria dos engenheiros usa lapiseiras, como as da Figura 2-3, tanto para desenhar como para fazer cálculos. Cada lapiseira é projetada para usar um tamanho específico de grafite. Os tamanhos de grafite mais comuns são de 0,3 mm, 0,5 mm, 0,7 mm e 0,9 mm. Tamanho do grafite é a mesma coisa que diâmetro do grafite. O melhor tamanho para uso geral é 0,5 mm, enquanto o grafite de 0,7 mm pode ser usado para fazer traços mais grossos. Uma vantagem importante da lapiseira em relação ao lápis é o fato de que não precisa ser apontada.

Figura 2-3 Lapiseiras.

Os grafites também podem ter diferentes graus de dureza, como mostra a Tabela 2-1. Os grafites mais duros produzem linhas fracas, porém nítidas e menos sujeitas a borrões. Os grafites mais macios produzem linhas escuras, que tendem a borrar com facilidade. Os grafites de dureza média (3H, 2H, H, F, HB, B) são satisfatórios para uso geral; o grafite mais usado, de longe, é o HB.

Finalmente, uma boa borracha, que não borre os desenhos, é um acessório importante (veja a Figura 2-4).

Tabela 2-1 Dureza dos grafites de lapiseira

Dureza	Grau	Aplicação
Dura	9H, 8H, 7H, 6H, 5H, 4H	Precisão
Média	3H, 2H, H, F, **HB**, B	Uso geral
Macia	2B, 3B, 4B, 5B, 6B, 7B	Trabalhos artísticos
	mais dura → mais macia	

Figura 2-4 Borracha. (© Datacraft Co Ltd./Gatty Images, Inc.)

TÉCNICAS DE DESENHO

Traçado de Linhas

Um desenho à mão livre deve começar pelo traçado de ***linhas de construção***. As linhas de construção devem ser finas e fracas e servem de guia para as linhas que serão traçadas a seguir. Todas as outras linhas devem ser fortes, nítidas e de espessura uniforme e podem ser traçadas por cima das linhas de construção. Veja a Figura 2.5, na qual linhas de construção foram usadas para estabelecer as proporções do desenho e, em seguida, o desenho em si foi executado usando linhas mais fortes. Se o desenho for executado da forma correta, não será necessário apagar as linhas de construção. Um erro comum é fazer linhas de construção muito escuras, o que as torna difíceis de distinguir das linhas do desenho.

Além de claras ou escuras, as linhas usadas nos desenhos e esboços de engenharia podem ser grossas ou finas. As linhas contínuas que mostram as arestas visíveis dos objetos são grossas, enquanto as linhas que correspondem a arestas ocultas, eixos e linhas de construção são finas. A Figura 2-6 mostra as linhas mais usadas em engenharia.

Figura 2-5 Linhas de construção e um desenho em linhas mais fortes.

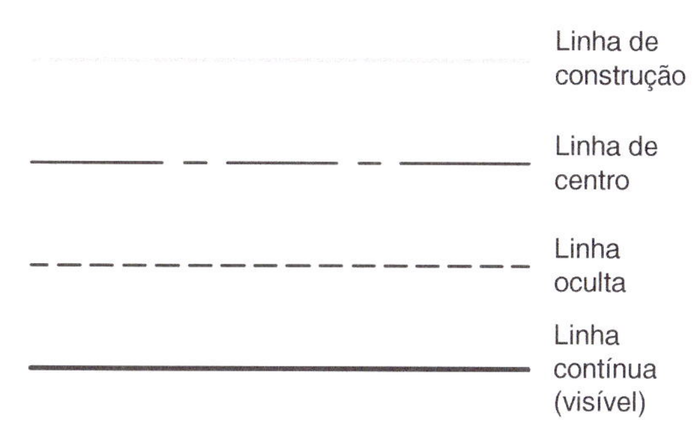

Figura 2-6 Tipos de linhas mais comuns.

Uma discussão mais completa dos estilos de linha usados em CAD é apresentada no final deste capítulo.

Traçado de Linhas Retas

Para traçar uma linha reta, comece por assinalar as duas extremidades da reta. Em seguida, coloque a ponta do lápis em uma das extremidades. Mantendo o olhar fixo no ponto em direção ao qual a linha vai ser traçada, desenhe a linha reta em um movimento único. Finalmente, escureça a linha. Veja a Figura 2-7.

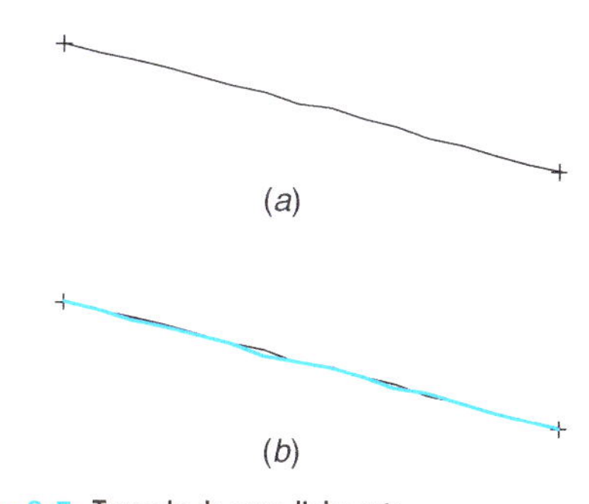

Figura 2-7 Traçado de uma linha reta.

Para traçar uma linha excepcionalmente comprida, desenhe vários trechos parcialmente superpostos e depois escureça a linha, como mostra a Figura 2.8. Pequenas ondulações são aceitáveis, contanto que a linha resultante seja reta. Interrupções ocasionais também são aceitáveis. Veja a Figura 2-9. Se a linha resultante fica torta, você provavelmente está segurando o lápis com força excessiva. A Figura 2-10 mostra um exemplo.

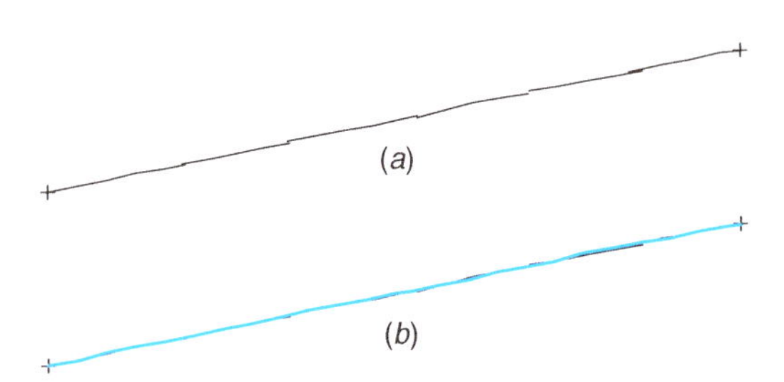

Figura 2-8 Traçado de uma linha reta e comprida.

Figura 2-9 Ondulações e interrupções em uma reta traçada à mão livre.

Figura 2-10 Linha traçada à mão livre que ficou torta porque o lápis foi segurado com força excessiva.

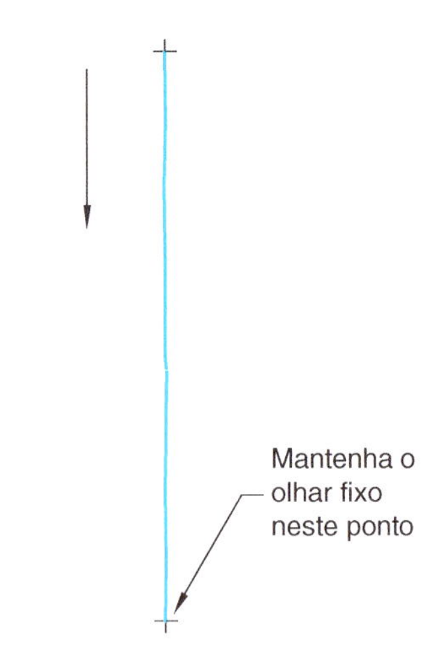

Figura 2-12 Traçado de linhas verticais.

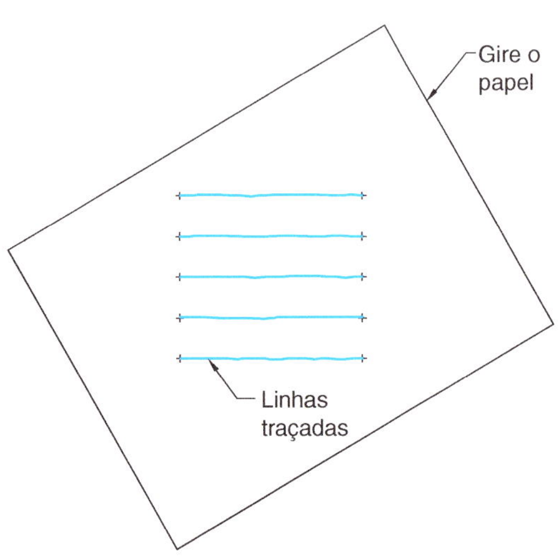

Figura 2-13 Girando o papel para traçar linhas inclinadas.

No caso de pessoas destras, as linhas horizontais em geral são traçadas da esquerda para a direita, como na Figura 2-11. As linhas verticais costumam ser traçadas de cima para baixo, como na Figura 2-12. Linhas inclinadas em certas orientações podem ser difíceis de traçar, caso em que o papel pode ser girado para uma orientação mais favorável antes que a linha comece a ser traçada, como mostra a Figura 2-13. Na verdade, para traçar uma linha com qualquer orientação, é aconselhável girar o papel para a posição que for mais confortável antes de traçar a linha.

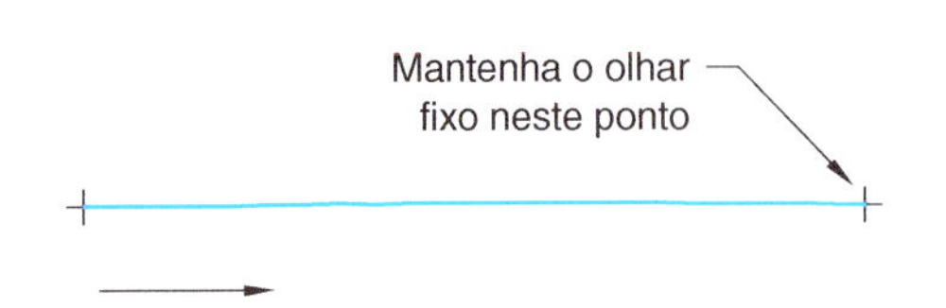

Figura 2-11 Traçado de linhas horizontais.

Traçado de Circunferências

Várias técnicas diferentes podem ser usadas para traçar uma circunferência. No método da tramela, usa-se uma tira de papel para assinalar pontos da circunferência. Em uma borda reta de um pedaço de papel, marque dois pontos cujo afastamento seja igual ao raio da circunferência. Mantendo um desses pontos no centro, gire o papel e marque um número razoável de pontos sobre a circunferência; em seguida, ligue esses pontos por arcos. A Figura 2-14 ilustra o uso do método da tramela.

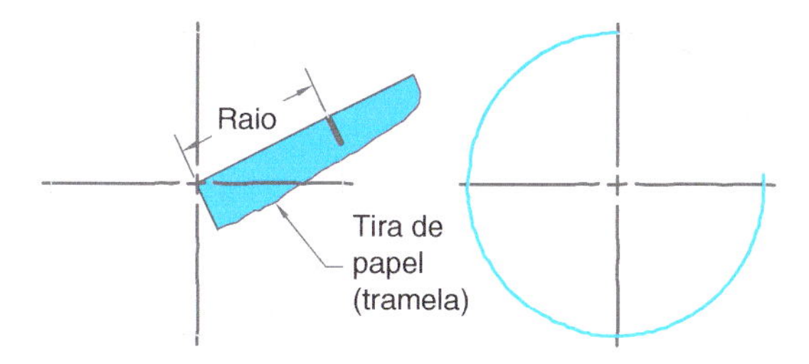

Figura 2-14 Método da tramela para traçar circunferências.

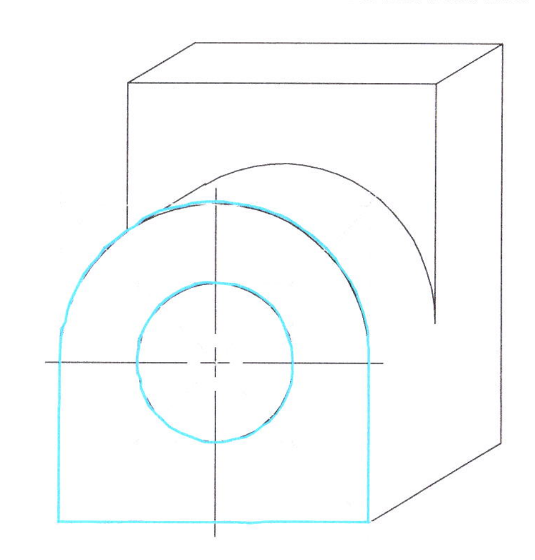

Figura 2-16 Traçado de circunferências e arcos de circunferência em um desenho em perspectiva oblíqua.

No método do quadrado, o primeiro passo consiste em traçar um quadrado circunscrito à circunferência que se pretende desenhar. Em seguida, são marcados os pontos médios dos lados do quadrado. Esses pontos são usados como quadrantes da circunferência. Finalmente, traça-se uma circunferência que passe pelos pontos quadrantes e seja tangente aos lados do quadrado. A Figura 2-15 mostra um exemplo do traçado de uma circunferência pelo método do quadrado. Note que, se traçarmos as diagonais do quadrado e marcarmos uma distância igual ao raio sobre essas diagonais, teremos mais quatro pontos para guiar o traçado da circunferência.

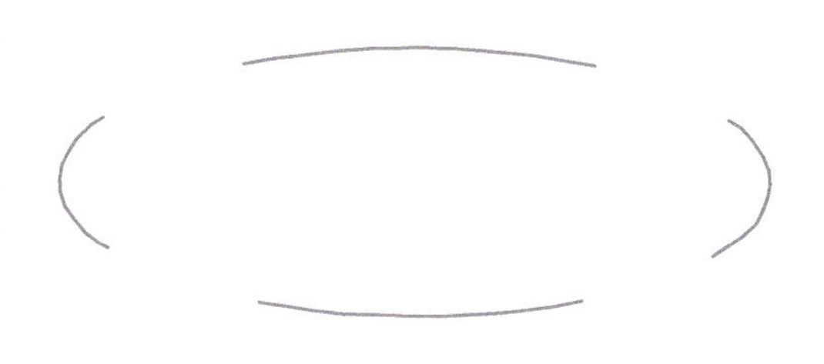

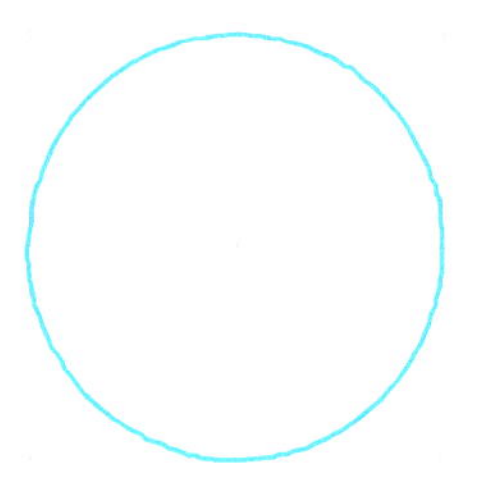

Figura 2-15 Método do quadrado para traçar circunferências.

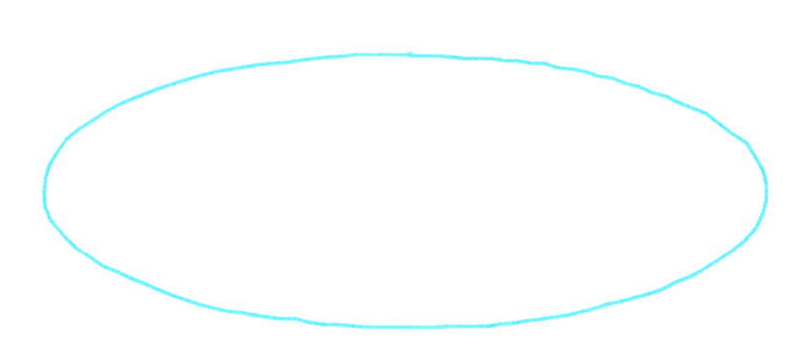

Figura 2-17 Método do retângulo para traçar elipses.

Qualquer dos dois métodos pode ser usado para traçar uma circunferência ou arco de circunferência em um ***desenho em perspectiva*** (veja o Capítulo 3), contanto que a face na qual a circunferência ou arco de circunferência aparece seja paralela ao plano de visualização. A Figura 2-16 mostra um exemplo para o caso de uma perspectiva ***oblíqua***.

Traçado de Elipses

O método do retângulo pode ser usado para traçar uma elipse. Construa um retângulo circunscrito à elipse e assinale os pontos médios dos lados do retângulo. Trace uma elipse que passe pelos pontos médios e que seja tangente aos lados do retângulo. O método está ilustrado na Figura 2-17.

Em um desenho em perspectiva, uma circunferência tem o aspecto de uma elipse, a menos que esteja em um plano paralelo ao plano de visualização. Para traçar a elipse, construa primeiro um paralelogramo circunscrito; a elipse deve passar pelos pontos médios dos lados do paralelogramo e ser tangente aos lados do paralelogramo. A Figura 2-18 mostra um exemplo do traçado de uma elipse em uma perspectiva ***isométrica***.

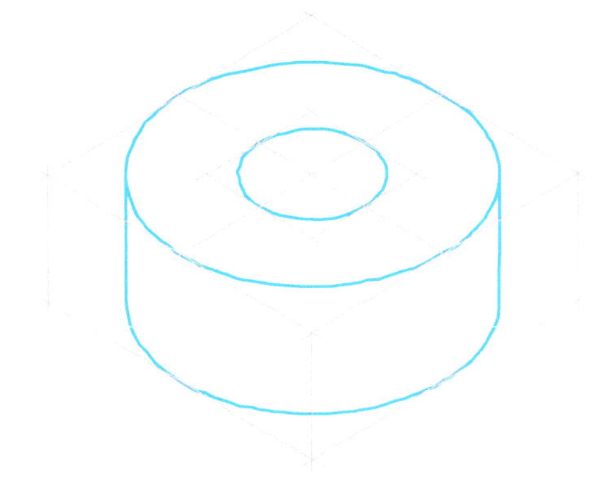

Figura 2-18 Método do paralelogramo para traçar elipses.

Comprimento

Largura

(*a*)

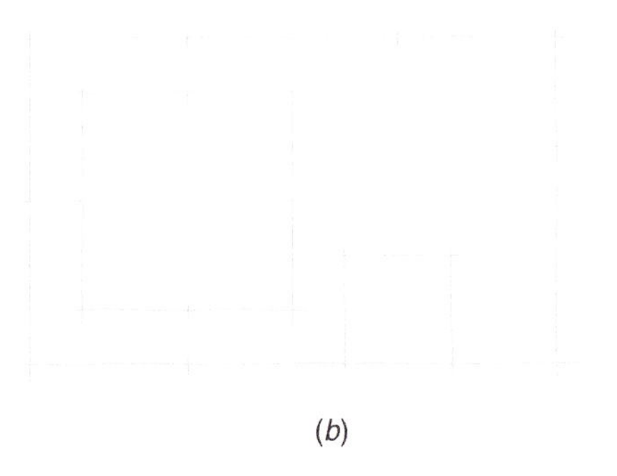

(*b*)

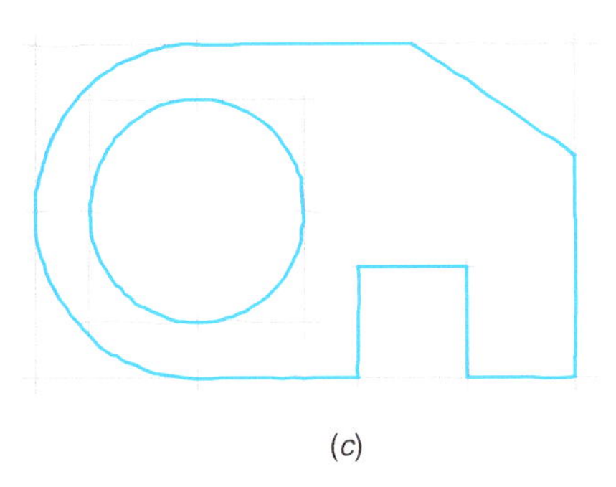

(*c*)

Figura 2-19 Estabelecendo as proporções das dimensões principais.

PROPORÇÕES

Embora os desenhos à mão livre não sejam feitos em escala, é importante manter as proporções relativas entre as principais dimensões do objeto. Para isso, estime as proporções entre as dimensões principais do objeto e assinale-as no papel através de um retângulo traçado de leve, como na Figura 2-19*a.* Isso permite estabelecer as proporções estimadas das outras dimensões em relação às dimensões principais, como mostra a Figura 2-19*b*. Procure adquirir a capacidade de dividir uma reta ao meio sem usar uma régua; as metades, por sua vez, podem ser divididas em quartas partes. Finalmente, use linhas grossas para definir o objeto, como na Figura 2-19*c*.

Embora esteja implícito que as réguas não devem ser usadas em desenhos à mão livre, uma ***tramela*** pode ser empregada para melhorar as proporções do desenho. Escolha uma unidade de comprimento adequada e transfira-a para a tramela. Graduações menores podem ser marcadas na tramela, que então pode ser usada como escala para estabelecer as proporções das diferentes partes do objeto. A Figura 2-20 mostra um exemplo do uso desta técnica. Observe também que a tramela pode ser dobrada para obter comprimentos iguais a metade ou um quarto do comprimento básico.

Estimativa das Dimensões de Objetos Reais

Às vezes é necessário fazer um desenho à mão livre de um objeto real. Para isso, segure o lápis na ponta do braço esticado e mantenha-o entre o olho e o objeto. Usando o lápis como alça de mira, estabeleça uma relação proporcional entre uma das bordas do objeto e o comprimento do lápis. Faça isso alinhando a extremidade do lápis com uma das extremidades da aresta do objeto. Deslize o polegar ao longo do lápis até que coincida com a outra extremidade da aresta. Use essa proporção para estimar o comprimento de outras regiões do objeto. A Figura 2-21 mostra um exemplo do uso dessa técnica. Uma técnica semelhante pode ser usada para estimar ângulos, como mostra a Figura 2-22.

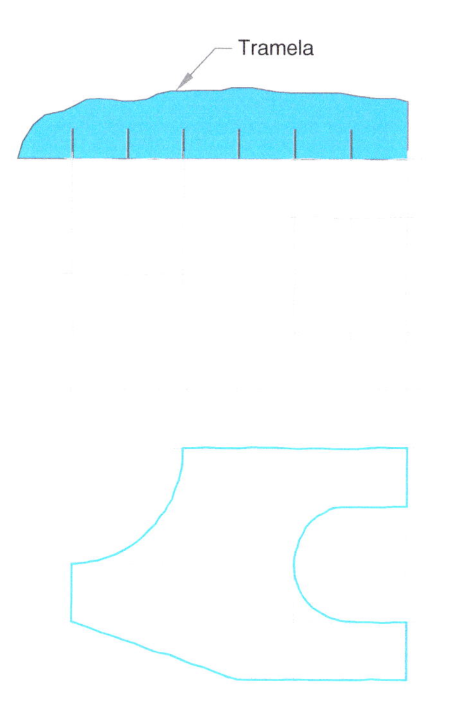

Figura 2-20 Uso de uma tramela para melhorar as proporções de um desenho.

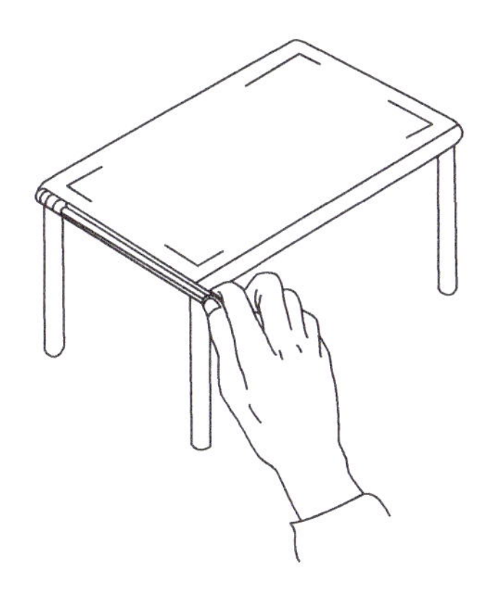

Figura 2-21 Uso de um lápis para estimar as proporções de um objeto.

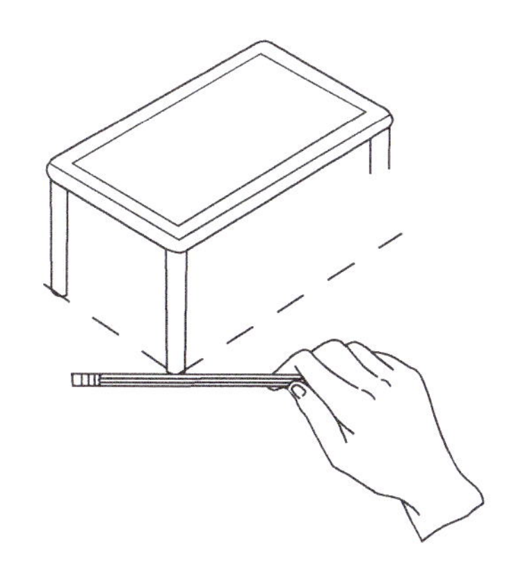

Figura 2-22 Uso de um lápis para estimar ângulos.

Divisão de Segmentos de Reta

O método a seguir pode ser usado para dividir um segmento de reta em partes iguais. Para subdividir o segmento AB da Figura 2-23, construa um retângulo usando como base o segmento AB. Em seguida, trace as duas diagonais do retângulo. Finalmente, trace uma reta perpendicular a AB passando pela interseção das diagonais. Essa reta divide ao meio o segmento AB.

Para dividir o segmento AB em três partes, trace uma nova diagonal de um dos vértices do retângulo original até o ponto médio do lado oposto. Em seguida, trace uma reta perpendicular a AB passando pela interseção das duas diagonais (a longa e a curta). Essa reta determina um comprimento igual a um terço do comprimento AB, como mostra a Figura 2-24. Repetindo o processo, é possível dividir o segmento AB em quatro partes, cinco partes, etc., como mostra a Figura 2-25.

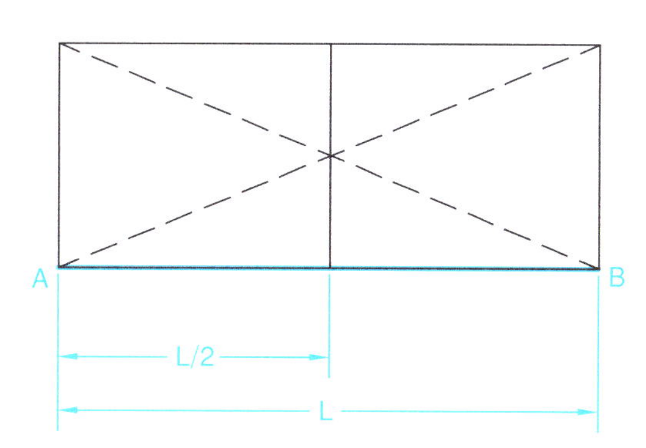

Figura 2-23 Método para dividir segmentos de reta.

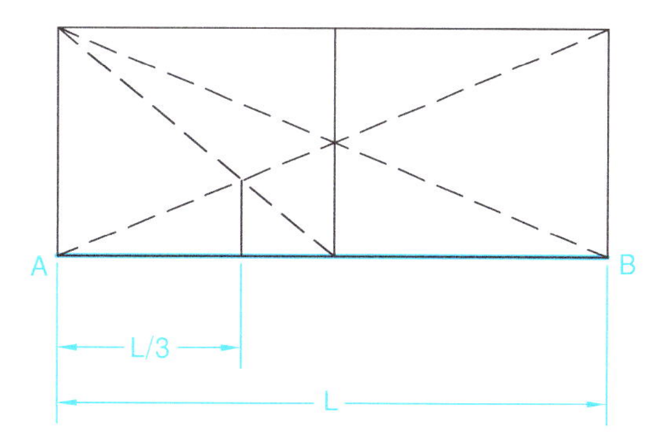

Figura 2-24 Divisão de um segmento de reta em três partes.

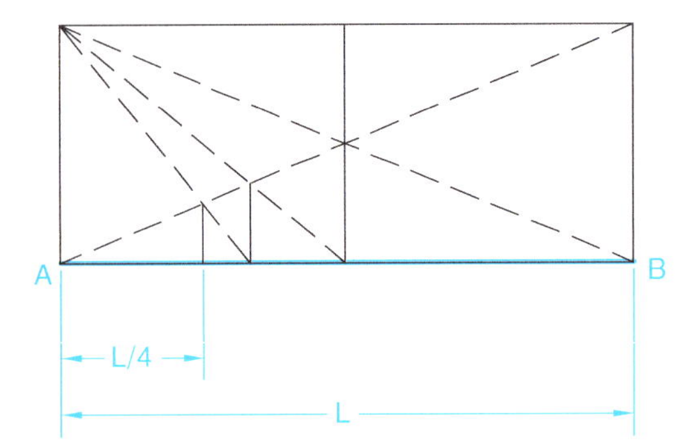

Figura 2-25 Divisão de um segmento de reta em quatro partes.

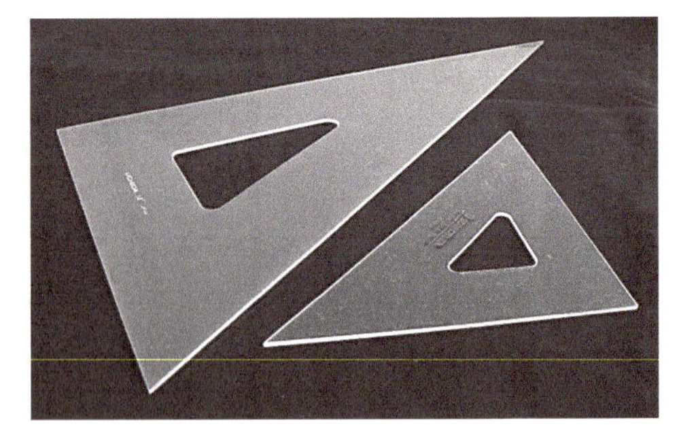

Figura 2-26 Esquadros de 30°–60° e 45°.

USO DE INSTRUMENTOS – ESQUADROS

O uso de pantógrafos e réguas T pode ter caído em desuso, mas o traçado de retas paralelas e perpendiculares usando esquadros continua a ser praticado até hoje. Todo engenheiro deve ter um esquadro de 45° e outro de 30°–60°. Esses esquadros são mostrados na Figura 2-26.

Retas Paralelas

Para traçar uma reta paralela a uma reta dada usando dois esquadros, alinhe a hipotenusa de um dos triângulos com a reta. Em seguida, coloque a hipotenusa do segundo esquadro em contato com um dos catetos do primeiro esquadro e faça o primeiro esquadro deslizar ao longo do segundo, mantido fixo, até a posição desejada para a reta paralela (veja a Figura 2-27).

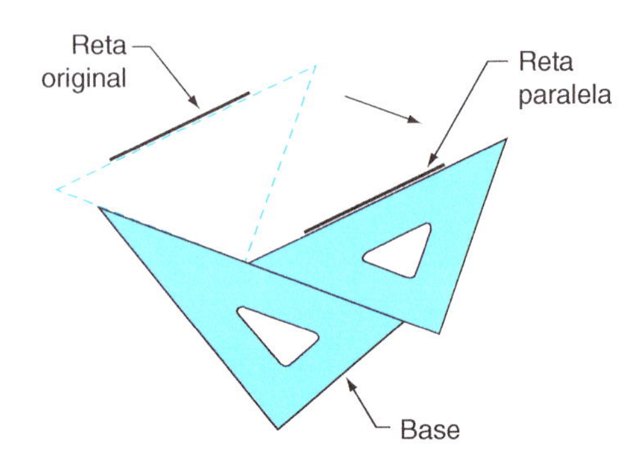

Figura 2-27 Uso de esquadros para traçar retas paralelas.

Retas Perpendiculares

Os esquadros também podem ser usados para traçar uma reta perpendicular a uma reta dada. Isso pode ser feito por dois métodos diferentes. No primeiro método, mostrado na Figura 2-28, um cateto de um dos esquadros é alinhado com a reta dada, enquanto um segundo esquadro é usado como base. Fazendo o primeiro esquadro deslizar ao longo do segundo, o outro cateto do primeiro esquadro pode ser usado para traçar a reta perpendicular. No segundo método, mostrado na Figura 2-29, faz-se o primeiro esquadro girar de 90°, em vez de deslizar, antes de traçar a reta perpendicular.

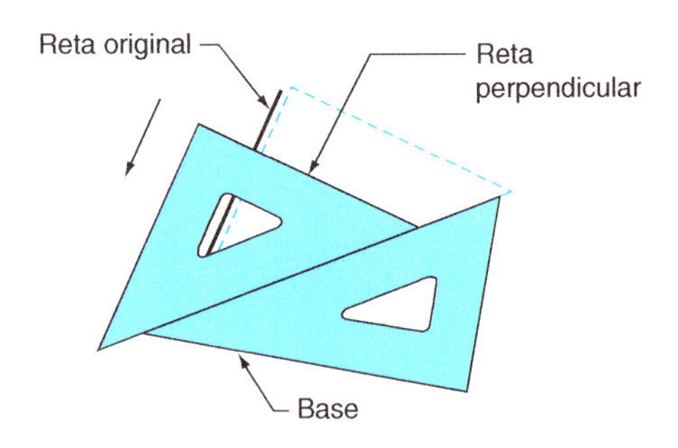

Figura 2-28 Uso de esquadros para traçar retas perpendiculares: método 1.

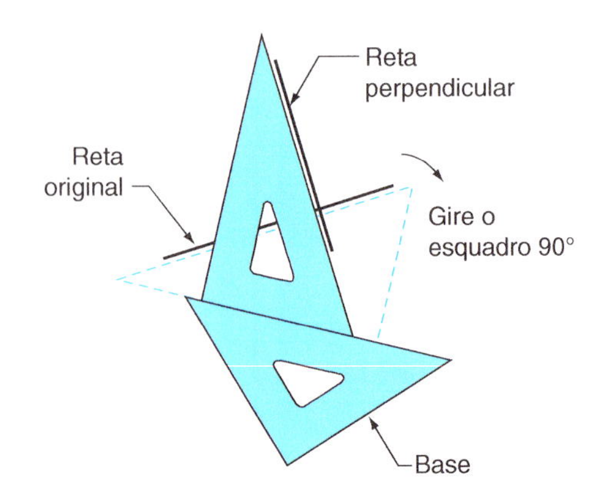

Figura 2-29 Uso de esquadros para traçar retas perpendiculares: método 2.

ESTILOS DE LINHA

Estilos de linha são nomes usados para descrever as características das linhas usadas em desenhos técnicos. Essas convenções foram estabelecidas pela norma ASME Y14.2M-1992, Line Conventions and Lettering.

Duas larguras de linha são recomendadas para desenhos de engenharia: grossa e fina. A razão entre essas larguras deve ser de aproximadamente 2:1. A linha fina deve ter uma largura de no mínimo 0,3 mm, enquanto a linha grossa deve ter uma largura de no mínimo 0,6 mm.

A Figura 2-30 mostra os vários tipos de linhas e as larguras correspondentes. As ***linhas visíveis*** são usadas para mostrar as arestas visíveis dos objetos. As ***linhas ocultas*** são usadas para mostrar as arestas ocultas dos objetos. As ***linhas de centro*** são usadas para representar eixos ou planos centrais de peças e elementos simétricos, como furos e trajetórias. As ***linhas fantasma*** são usadas para mostrar posições alternativas de peças móveis. As ***linhas de corte*** são usadas para indicar a localização dos planos de corte usados para criar vistas em corte. As extremidades de uma linha de corte são perpendiculares à linha e possuem setas para mostrar a posição do observador. As ***hachuras*** são usadas para mostrar as superfícies de um objeto que foram seccionadas para criar uma vista em corte. As ***linhas de interrupção*** são usadas quando não é necessário mostrar uma peça inteira.

As ***linhas de dimensão*** são usadas para indicar o valor e a direção de uma dimensão e possuem setas nas extremidades. As ***linhas de extensão***, usadas em combinação com as linhas de dimensão, indicam o ponto ou reta do desenho ao qual a dimensão se aplica. As ***linhas de identificação*** são usadas para associar dísticos como comentários, dimensões, símbolos e números de série a elementos de um desenho. Essas linhas são inclinadas, a não ser por um pequeno trecho horizontal que se estende até o dístico.

As ***setas*** são usadas nas extremidades das linhas de dimensão, das linhas de identificação e das linhas de corte. O comprimento e a largura das setas devem estar em uma relação de aproximadamente 3:1. Um único estilo de seta deve ser usado em todo o desenho.

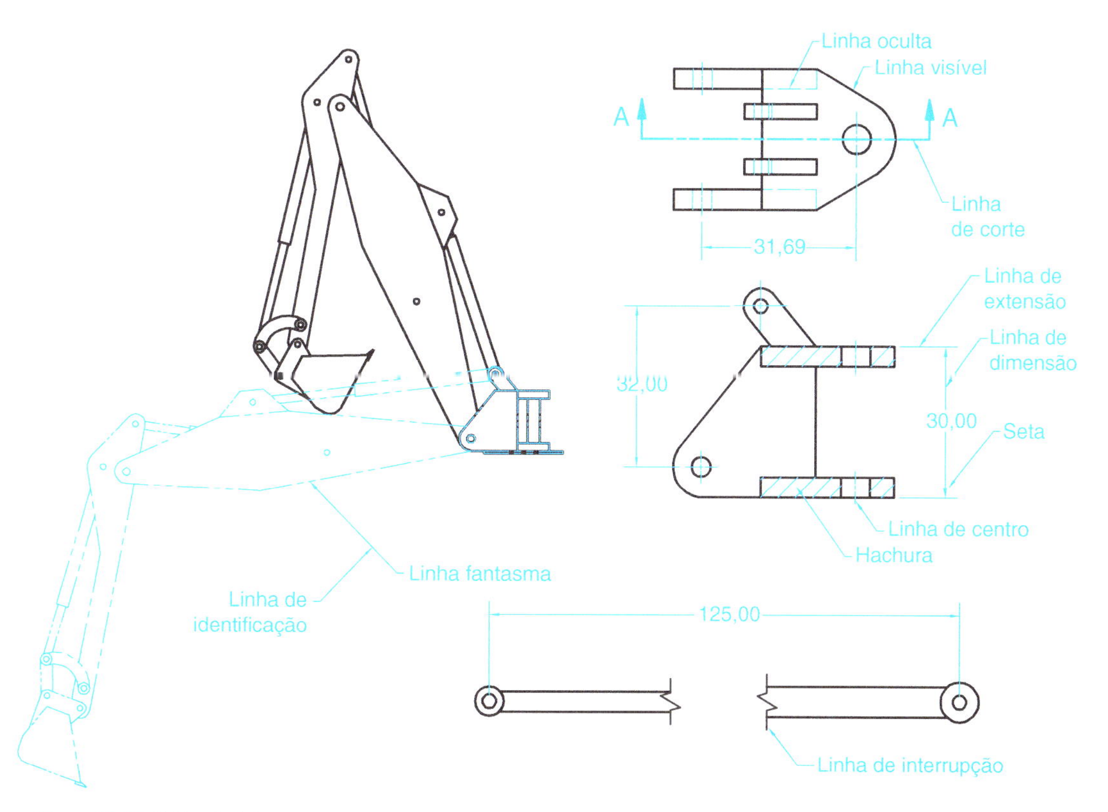

Figura 2-30 Estilos de linha.

QUESTÕES

VERDADEIRO OU FALSO

1. Se um desenho foi executado da forma correta, não é necessário apagar as linhas de construção.
2. Ao desenhar uma linha reta, deve-se acompanhar com os olhos o movimento do lápis.

MÚLTIPLA ESCOLHA

3. O grafite mais usado é o
   a. 2H
   b. H
   c. F
   d. HB
   e. B
4. Que linha deve ser mais grossa que as outras?
   a. Linha de construção
   b. Linha contínua
   c. Linha oculta
   d. Linha central
5. As tramelas podem ser usadas
   a. para traçar circunferências.
   b. para melhorar as proporções de um desenho.
   c. para transferir dimensões.
   d. Todas as respostas anteriores.
   e. Nenhuma das respostas anteriores.

(A) Trace linhas retas com base nas indicações.

(B) Trace circunferências concêntricas com base nas indicações.

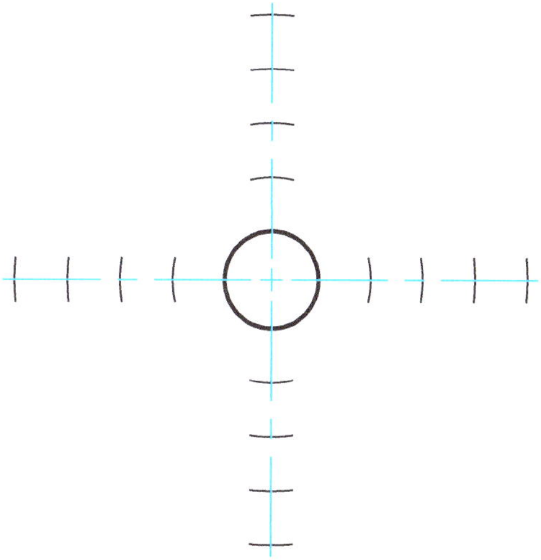

(C) Use uma tramela para desenhar a metade que falta.

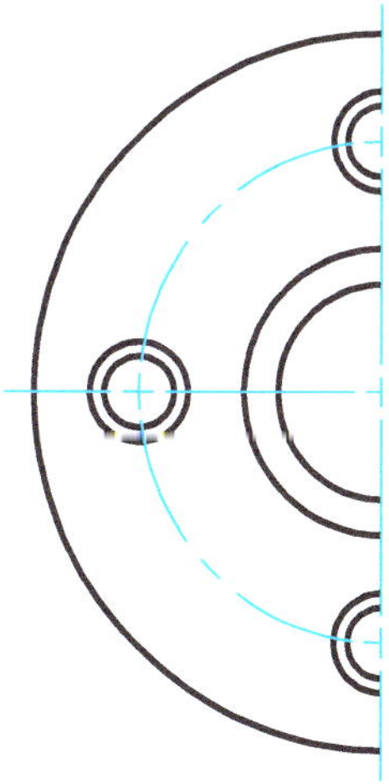

(D) Use uma tramela para desenhar a metade que falta.

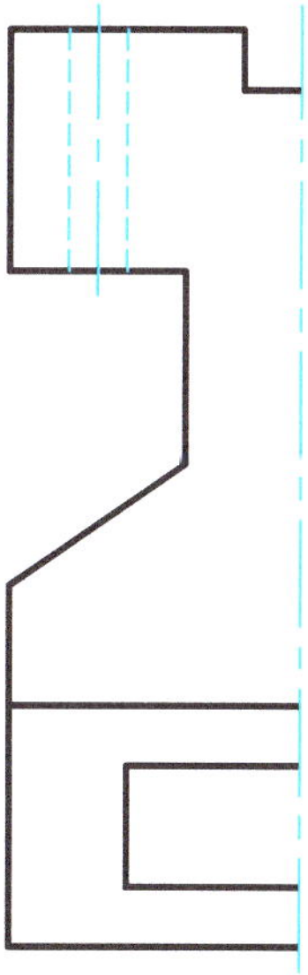

Desenho 2-1	Nome	Data

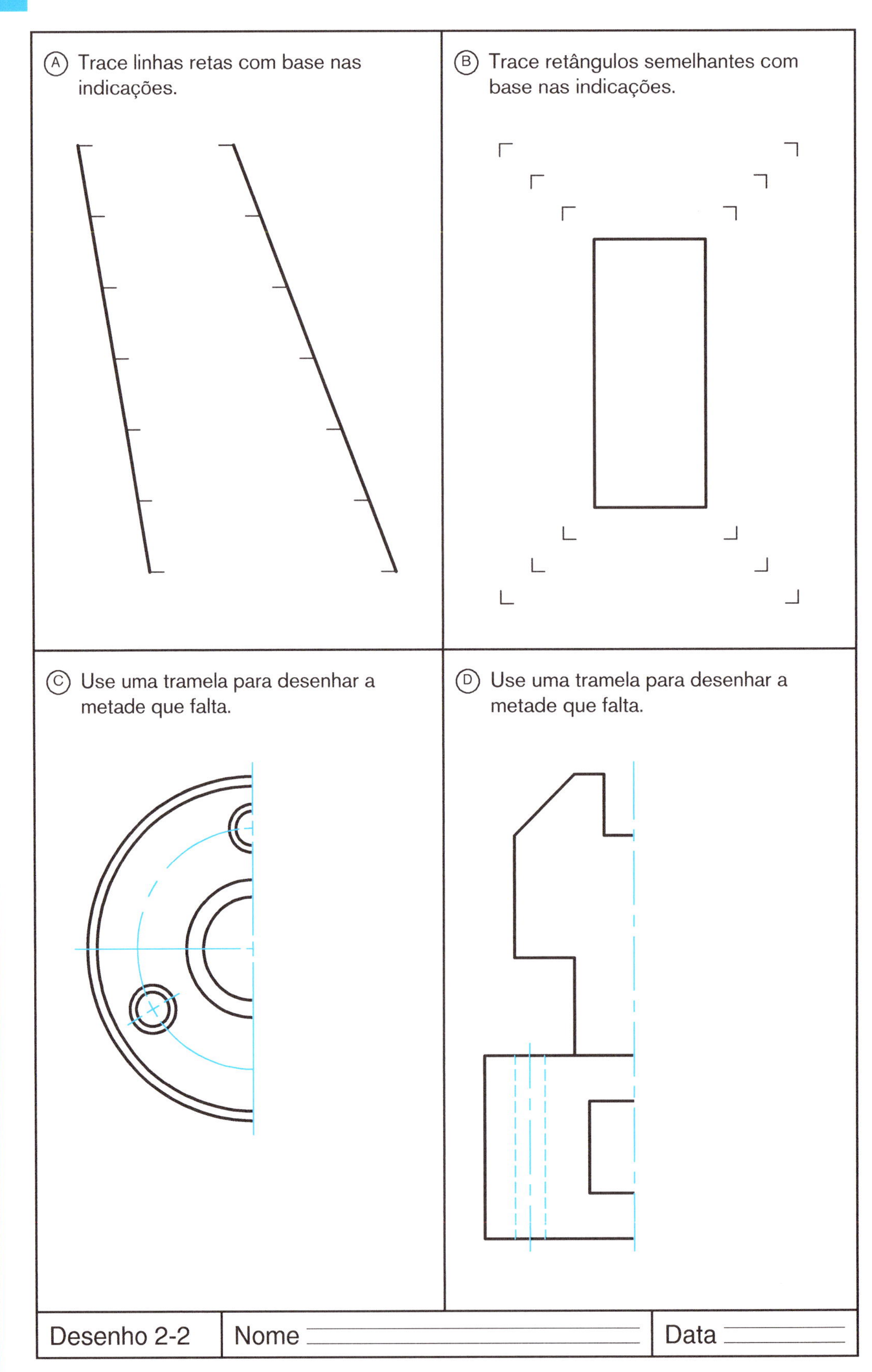
Ⓐ Trace linhas retas com base nas indicações.
Ⓑ Trace retângulos semelhantes com base nas indicações.
Ⓒ Use uma tramela para desenhar a metade que falta.
Ⓓ Use uma tramela para desenhar a metade que falta.
Desenho 2-2
Nome
Data

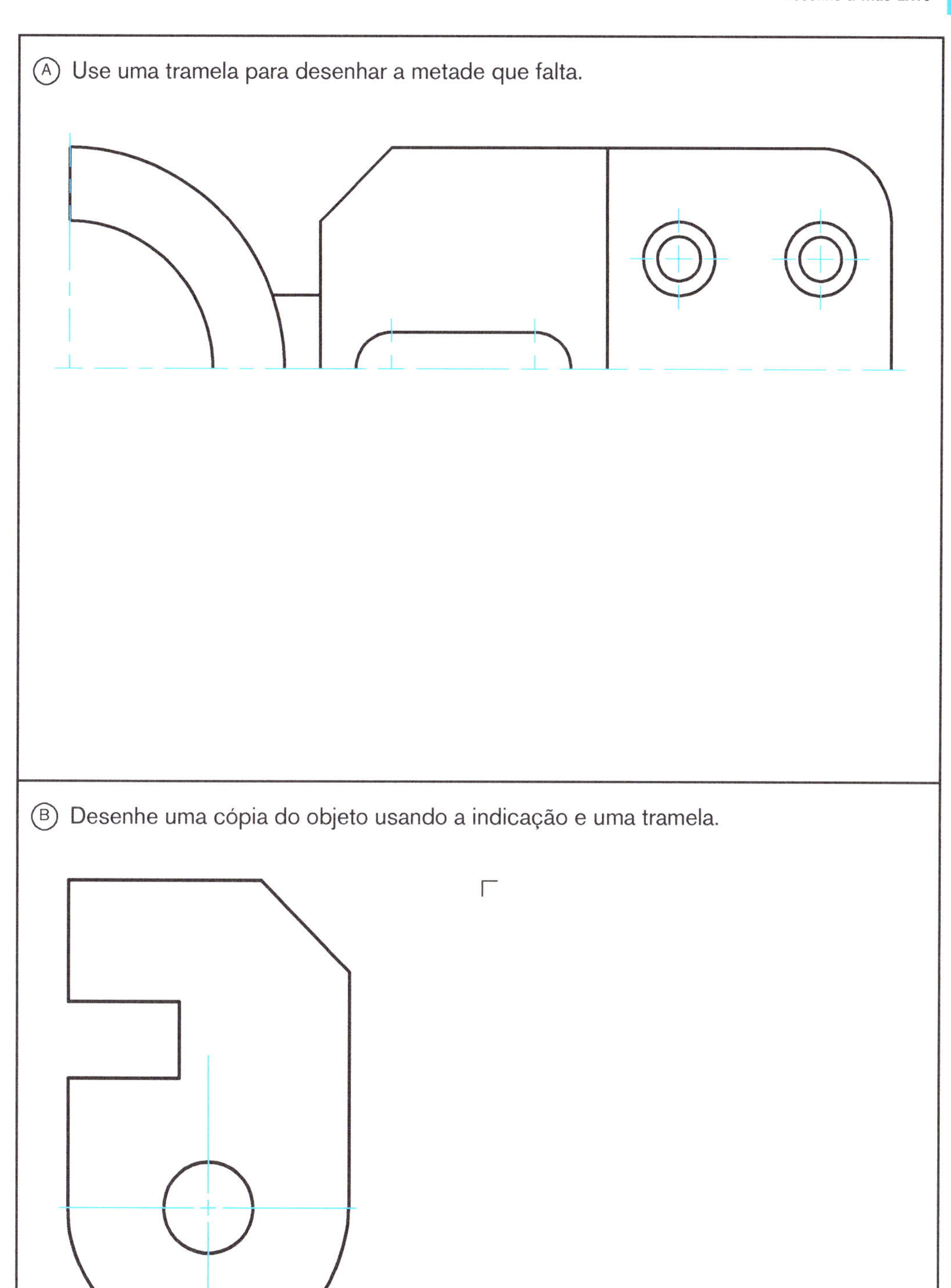

Desenho 2-3	Nome	Data

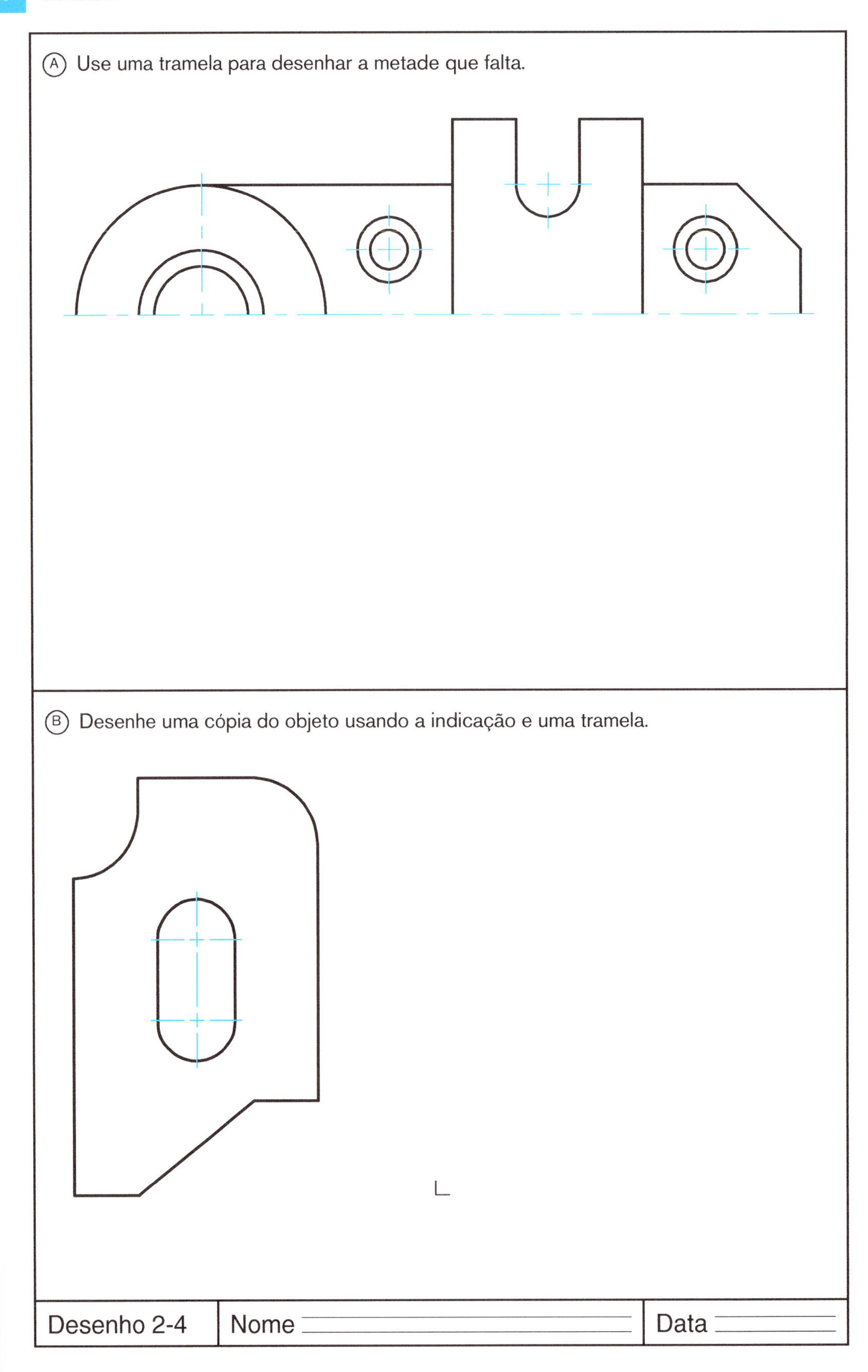
Ⓐ Use uma tramela para desenhar a metade que falta.
Ⓑ Desenhe uma cópia do objeto usando a indicação e uma tramela.
Desenho 2-4
Nome
Data

CAPÍTULO

3 PROJEÇÕES PLANAS E DESENHOS EM PERSPECTIVA

PROJEÇÕES PLANAS

Introdução

A ***projeção*** é o processo de reproduzir um objeto tridimensional em um plano, superfície curva ou linha projetando seus pontos. Entre os exemplos mais comuns de projeção estão a fotografia, em que uma cena tridimensional é projetada em um meio bidimensional, e a cartografia, em que a Terra é projetada em um cilindro, um cone ou um plano para criar um mapa. A ***projeção plana*** é muito usada em gráficos de engenharia e em figuras geradas em computador. Para nossos propósitos, podemos dizer que uma projeção é um mapeamento de um espaço tridimensional em um subespaço bidimensional (ou seja, um plano). A palavra *projeção* também é usada para designar a imagem bidimensional resultante desse mapeamento.

Toda projeção plana pressupõe os seguintes elementos:

- Um objeto tridimensional (ou conjunto de objetos) a ser projetado
- Linhas de visada (chamadas projetantes) que passam por todos os pontos do objeto
- Um plano de projeção bidimensional[1]
- A imagem bidimensional projetada que é formada no plano de projeção

Esses elementos aparecem na Figura 3-1. A projeção é formada plotando pontos da interseção das projetantes com o plano de projeção. Esses pontos formam uma imagem bidimensional do objeto no plano de projeção. Isso equivale a concentrar as informações tridimensionais em um único plano.

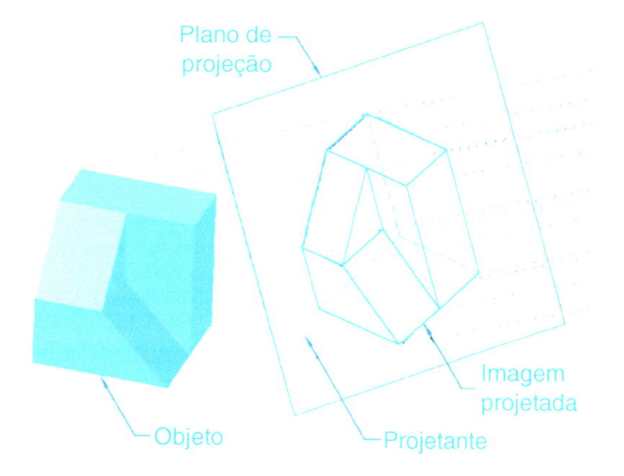

Figura 3-1 Elementos de uma projeção plana.

O desenho de Albrecht Dürer da Figura 3-2 ilustra melhor esses elementos de uma projeção. O alaúde que está sobre a mesa é o ***objeto***, o pedaço de barbante é uma ***projetante*** (móvel, no caso) e o plano da moldura através da qual o artista está olhando para o alaúde é o ***plano de projeção***. Dois fios de linha móveis estão presos na moldura, permitindo que o artista meça a posição dos pontos de interseção da projetante com o plano de projeção. Um pedaço de papel que pode girar em relação à moldura serve de base para a ***imagem projetada***. Depois que um ponto projetado é transferido para o papel, o assistente desloca a ponta do barbante para outro ponto do alaúde, e o processo é repetido.

[1] Embora seja normalmente representado como um retângulo, o plano de projeção é teoricamente infinito.

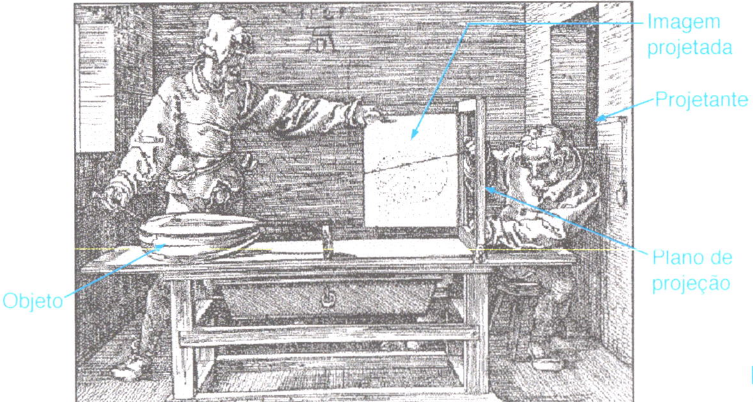

Figura 3-2 Albrecht Dürer, *Artista Desenhando um Alaúde*, 1525.

Classificação das Projeções Planas: Características das Projetantes

As projeções planas são inicialmente classificadas de acordo com as características das projetantes. Em uma ***projeção cônica***, as projetantes convergem para um único ponto de vista, denominado ***centro de projeção*** (CP). O centro de projeção representa a posição do observador da cena e está posicionado a uma distância finita do objeto. A projeção mostrada no desenho da Figura 3-2 é uma projeção perspectiva, com um parafuso olhal montado na parede servindo como centro de projeção. Quando o centro de projeção está a uma distância infinita do objeto, as projetantes são paralelas entre si. A projeção resultante é chamada de ***projeção paralela***. As projetantes de uma projeção perspectiva e uma projeção paralela são comparadas na Figura 3-3, onde o objeto a ser projetado é simplesmente uma reta vertical.

Definições Preliminares

Antes de passar a uma discussão mais detalhada dos diferentes tipos de projeções planas, vamos definir mais alguns termos. A Figura 3-4 mostra um objeto como os que serão apresentados neste livro. O ***paralelepípedo envolvente*** é o menor paralelepípedo que contém o objeto e, portanto, suas dimensões são a maior largura, profundidade e altura do objeto. Essas são as chamadas ***dimensões principais*** do objeto. Os eixos mutuamente perpendiculares correspondentes a três arestas do paralelepípedo envolvente são denominados ***eixos principais*** do objeto. O paralelepípedo envolvente também é chamado de ***paralelepípedo circunscrito***; os dois termos têm exatamente o mesmo significado.

As faces do paralelepípedo envolvente são chamadas de ***planos principais*** ou ***faces*** do objeto. Como mostra a Figura 3-5, esses pla-

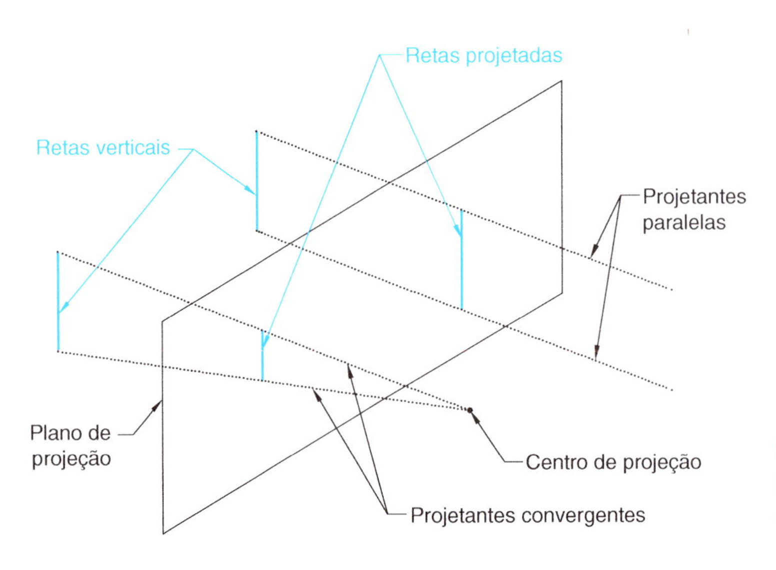

Figura 3-3 Comparação entre as projetantes da projeção perspectiva e da projeção paralela.

nos são divididos em três categorias: vertical (frontal, posterior), horizontal (superior, inferior) e de perfil (direito, esquerdo), o que nos dá um total de seis planos.

O ***encurtamento*** é um conceito importante na teoria das projeções. Neste contexto, encurtamento é uma redução das dimensões no sentido da profundidade para dar uma ilusão de projeção ou extensão espacial. Para você ter uma ideia do que isso significa, feche um olho e mantenha a mão à frente do outro olho, com a palma perpendicular à linha de visão. Em seguida, encurve os dedos na sua direção, até que fiquem quase paralelos à linha de visão. Você vai ver que a imagem dos dedos sofre um encurtamento.

O termo ***perspectiva*** é usado para designar um tipo de projeção, vista, desenho ou esboço que inclui as três dimensões e, portanto, proporciona uma ilusão de profundidade. Os tipos principais de perspectivas são a perspectiva cônica, a perspectiva cavaleira e a perspectiva isométrica. A Figura 3-6 mostra quatro perspectivas diferentes do mesmo objeto. As duas perspectivas da esquerda [(*a*) Cavaleira e (*c*) Isométrica] são projeções paralelas, enquanto as duas perspectivas da direita [(*b*) Cônica de um ponto de fuga e (*d*) Cônica de dois pontos de fuga] são projeções cônicas.

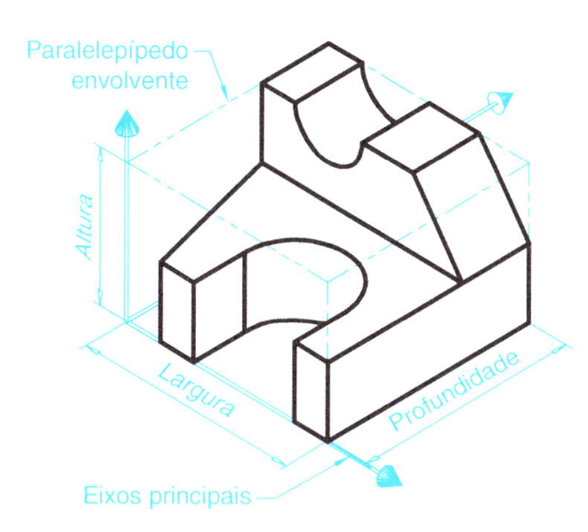

Figura 3-4 Paralelepípedo envolvente, dimensões principais e eixos principais.

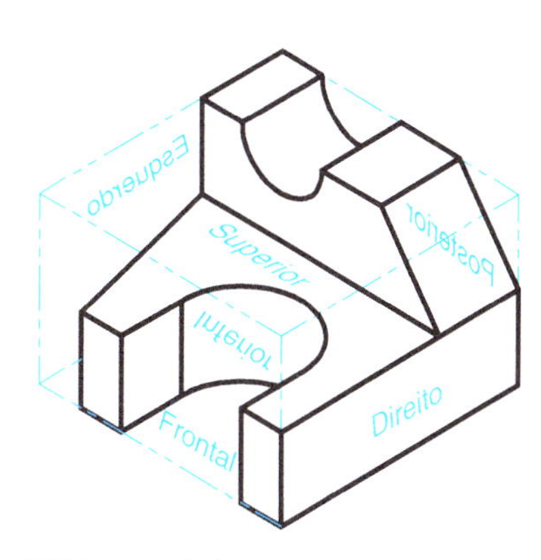

Figura 3-5 Planos principais.

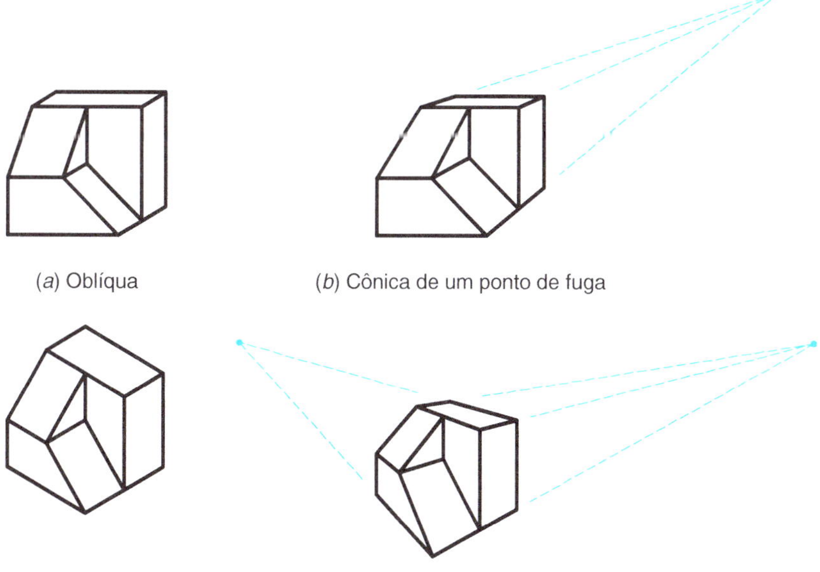

Figura 3-6 Perspectivas.

Coeficiente de bloco

No projeto de navios, a razão entre o volume deslocado pelo navio e o volume obtido pela multiplicação do comprimento, largura e calado do navio recebe o nome de ***coeficiente de bloco*** (veja a Figura 3-7). O coeficiente de bloco é usado para comparar a eficiência das diferentes formas de casco para o objetivo a que o navio se destina. Uma lancha de corrida ou um contratorpedeiro, por exemplo, pode ter um coeficiente de bloco de 0,38, enquanto um petroleiro tem um coeficiente de bloco da ordem de 0,80.

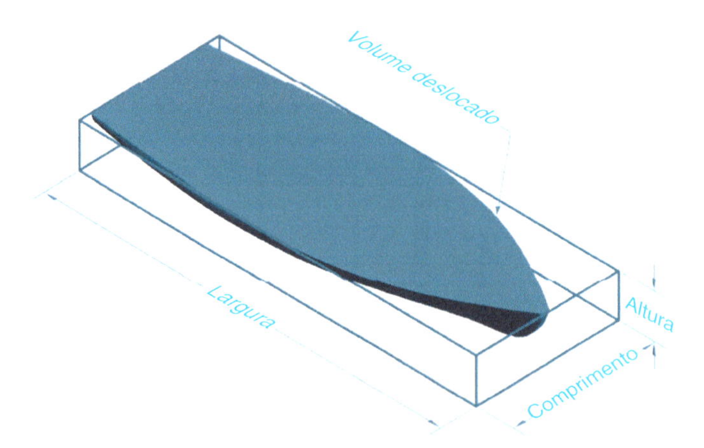

Figura 3-7 Coeficiente de bloco.

Classificação das Projeções Planas: Orientação do Objeto em Relação ao Plano de Projeção

Os dois tipos de projeções planas podem ser divididos em vários subtipos, que aparecem na Figura 3.8. Como vamos ver, essas subdivisões se baseiam principalmente na orientação do objeto em relação ao plano de projeção.

Na Figura 3-9 são mostrados três paralelepípedos envolventes em três diferentes orientações em relação a um plano de projeção vertical. A Figura 3-10 mostra os mesmos elementos vistos de cima; em consequência, o plano de projeção agora é mostrado de perfil. Os eixos principais de cada paralelepípedo envolvente também estão indicados. No paralelepípedo A da esquerda, dois eixos principais são paralelos ao plano de projeção, enquanto o terceiro eixo é perpendicular ao plano de projeção. No paralelepípedo B do centro, um eixo principal (o eixo vertical) é paralelo ao plano de projeção, enquanto os outros dois eixos são inclinados em relação ao plano de projeção (ou seja, não são nem paralelos nem perpendiculares). No último caso, o do paralelepípedo C da direita, os três eixos são inclinados em relação ao plano de projeção.

Essas três orientações possíveis, juntamente com o tipo de projeção, perspectiva ou paralela, determinam a maioria dos subtipos das projeções planas. A Figura 3-11 foi baseada na Figura 3-8, mas inclui imagens que mostram a orientação do objeto em relação ao plano de projeção.

Outras Diferenças entre Projeções Paralelas e Projeções Cônicas

Em uma projeção paralela, o centro de projeção está a uma distância infinita do objeto que está sendo projetado. Isso significa que as projetantes são paralelas entre si. Embora a projeção cônica crie uma representação mais realista de um objeto ou de um conjunto de objetos, a projeção paralela é mais usada quando é importante preservar as dimensões do objeto. Compare, por exemplo, as projeções paralelas da Figura 3-12 com as projeções cônicas da Figura 3-13. Nos dois casos, a face projetada do objeto está paralela ao plano de projeção. Note que a projeção paralela preserva o tamanho e a forma da face do objeto, enquanto a projeção cônica preserva apenas a forma (e mesmo a forma pode estar invertida, dependendo da posição do plano de projeção).

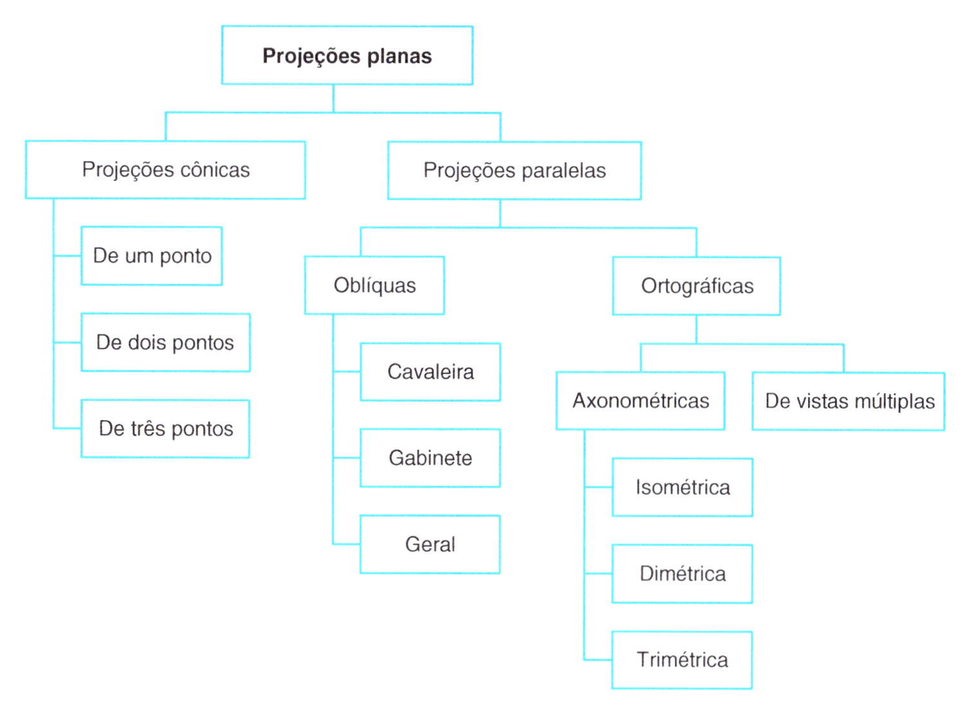

Figura 3-8 Tipos e subtipos de projeções planas.

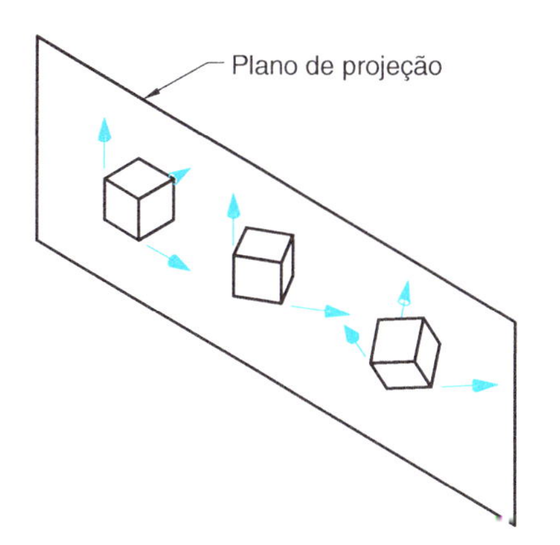

Figura 3-9 Orientação do objeto em relação ao plano de projeção.

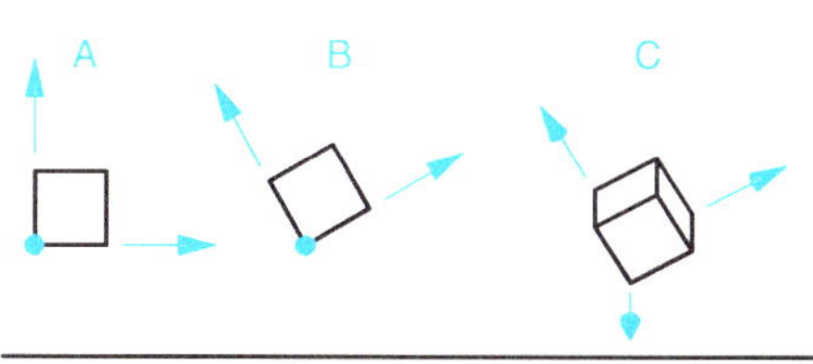

Figura 3-10 Orientação do objeto, visto de cima, em relação ao plano de projeção.

Nas projeções paralelas, as arestas do objeto paralelas ao plano de projeção permanecem paralelas ao serem projetadas. A Figura 3-14 mostra uma comparação das projeções paralela e cônica do mesmo objeto. Observe que, na projeção paralela, os prolongamentos das arestas do objeto são paralelos, enquanto, na projeção cônica, os prolongamentos das arestas convergem para um ponto, conhecido como ***ponto de fuga***. Embora a projeção cônica forneça uma representação mais realista do objeto, a projeção paralela, por preservar o paralelismo, é mais fácil de ampliar ou reduzir.

Embora seja extremamente importante para a criação de imagens em computador, a projeção cônica não é muito usada na engenharia. Por essa razão, a projeção cônica e os desenhos que utilizam a projeção cônica são tratados separadamente no Capítulo 13.

Tipos de Projeções Paralelas

A Figura 3-15 mostra os diferentes tipos de projeções paralelas. As projeções oblíquas e as projeções axonométricas serão discutidas ainda neste capítulo; as vistas múltiplas serão o assunto do próximo capítulo.

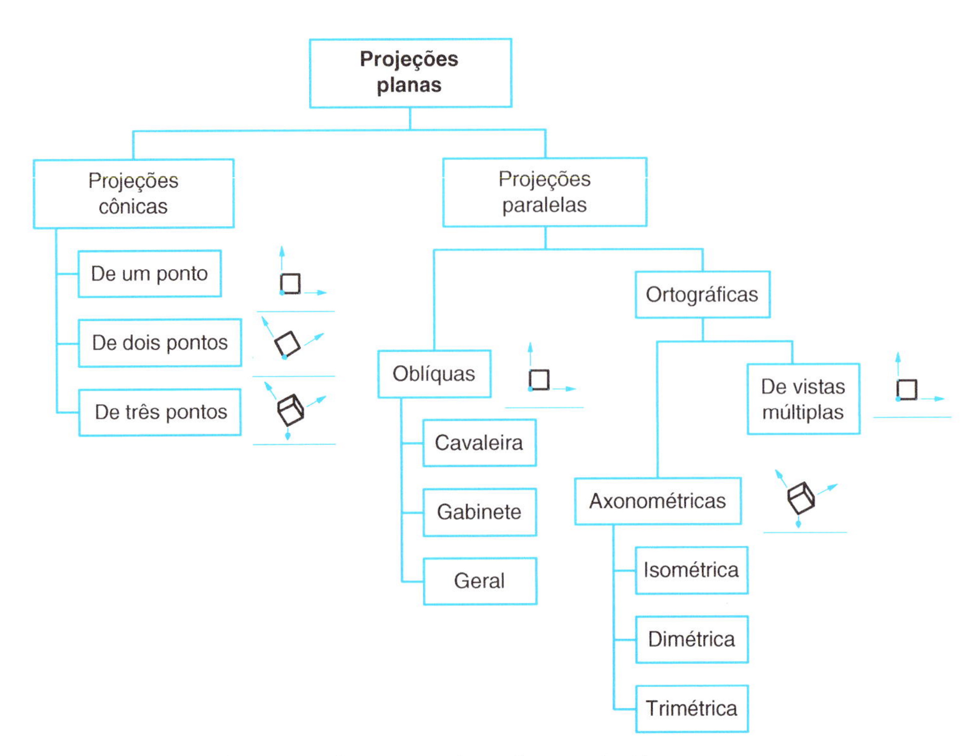

Figura 3-11 Tipos e subtipos de projeções planas, mostrando as orientações do objeto.

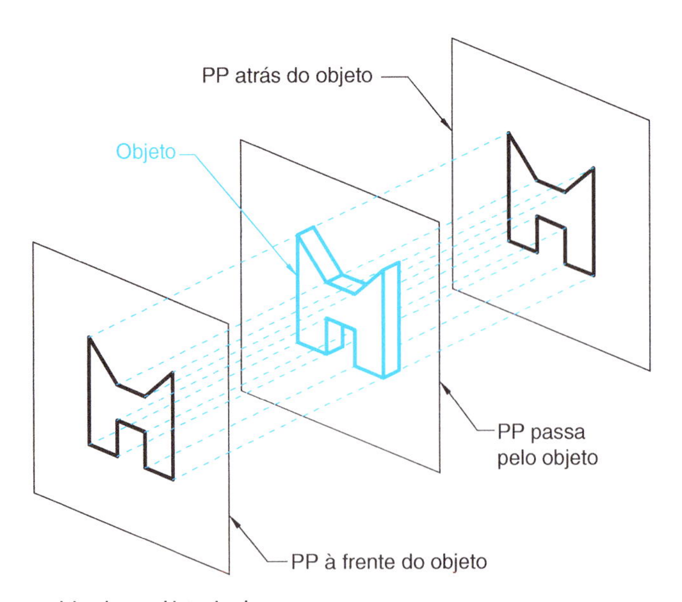

Figura 3-12 Projeções paralelas de um objeto simples.

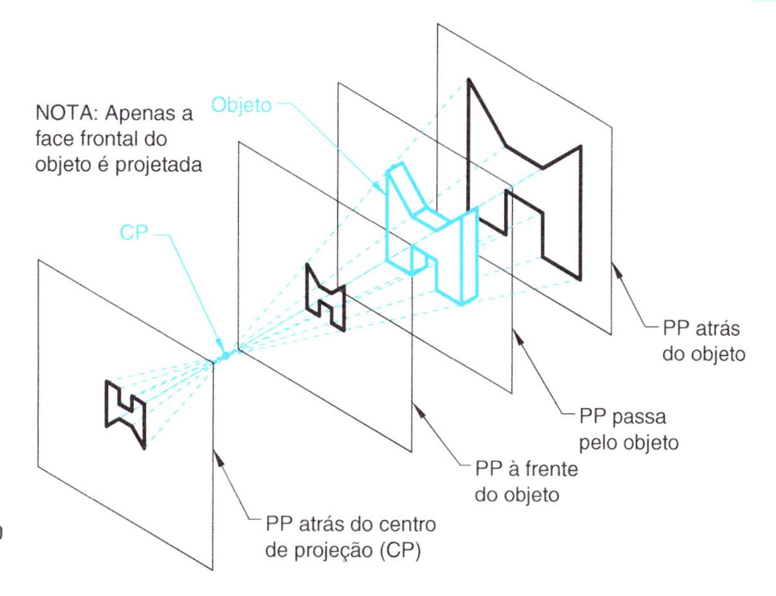

Figura 3-13 Projeções cônicas do mesmo objeto da Figura 3-12.

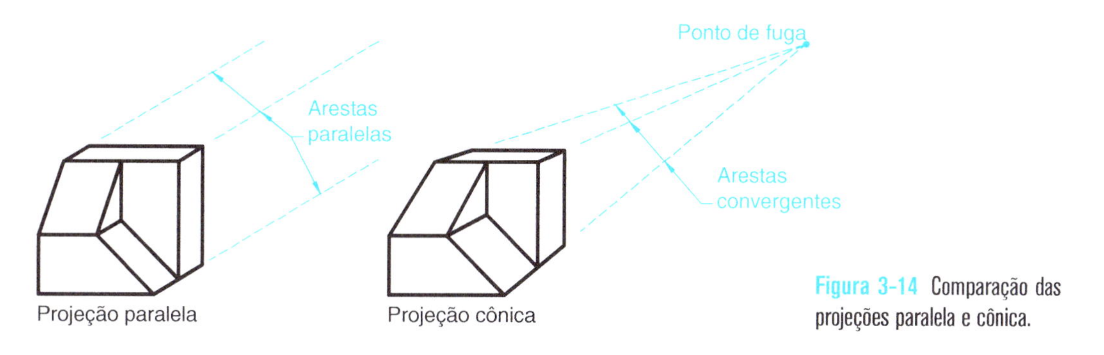

Figura 3-14 Comparação das projeções paralela e cônica.

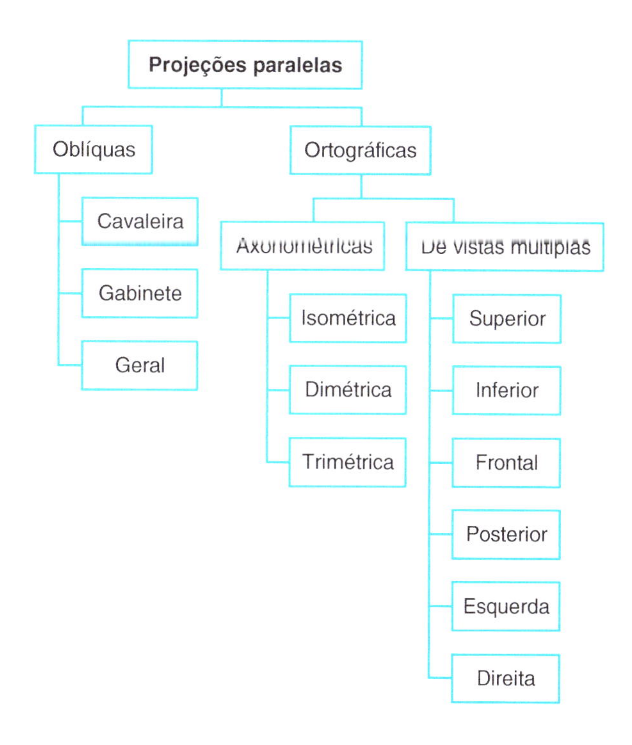

Figura 3-15 Tipos de projeções paralelas.

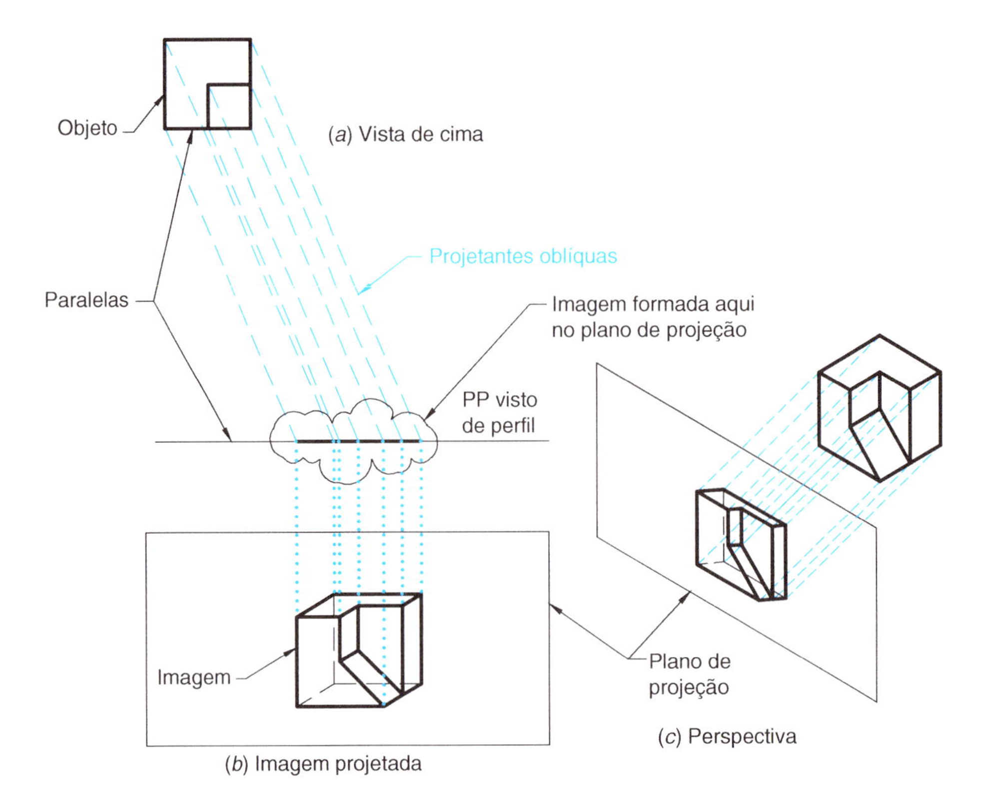

Figura 3-16 Geometria da projeção oblíqua.

PROJEÇÕES OBLÍQUAS

As projeções oblíquas costumam ser usadas quando uma das faces de um objeto é muito mais complexa que as outras faces.

Geometria da Projeção Oblíqua

A Figura 3-16 mostra o arranjo geométrico da projeção oblíqua. Como se pode ver na Figura 3-16*a*, as projetantes paralelas são inclinadas em relação ao plano de projeção. Além disso, uma das faces principais do objeto é paralela ao plano de projeção. Em uma projeção oblíqua, a face do objeto paralela ao plano de projeção é projetada em verdadeira grandeza.

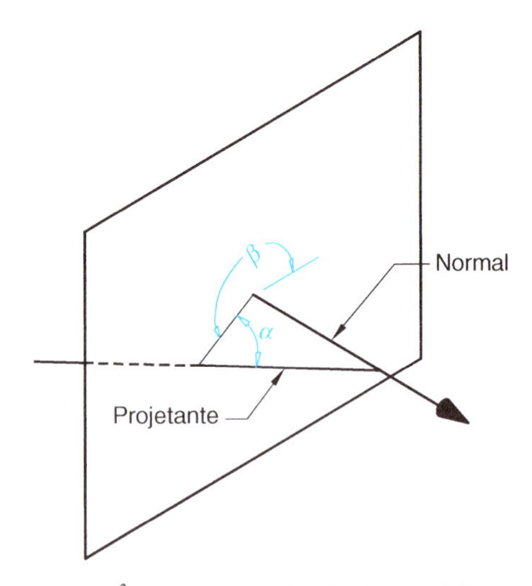

Figura 3-17 Ângulos no plano e fora do plano que definem uma projeção oblíqua.

Ângulo da Projeção Oblíqua

Dois ângulos podem ser usados para descrever a orientação de uma projetante oblíqua em relação ao plano de projeção, como mostra a Figura 3-17. O ângulo da projetante no plano, β, mede o ângulo da projeção da projetante com a horizontal. O ângulo da projetante fora do plano, α, mede o ângulo da projetante com o plano de projeção e também é chamado de ***ângulo da projeção oblíqua***. É o angulo da projeção oblíqua que determina o tipo de projeção oblíqua: cavaleira, de gabinete ou geral.

Tipos de Projeção Oblíqua

A Figura 3-18 mostra o que acontece em dois tipos de projeção oblíqua quando cubos iguais (mostrados na parte superior da figura) são projetados em um plano de projeção. Nos dois casos, uma das faces do cubo é projetada em verdadeira grandeza. No desenho da esquerda, o ângulo da projeção oblíqua (α) é de 45 graus e a projeção resultante é chamada de ***projeção oblíqua cavaleira***. Observe que, nessa projeção, o cubo parece alongado na direção da profundidade, embora os segmentos de reta que representam as arestas do cubo tenham todos o mesmo comprimento. Na projeção cavaleira, o eixo de profundidade (EP) não é encurtado; permanece na mesma escala que os outros eixos principais (horizontal e vertical).

No desenho da direita da Figura 3-18, o ângulo da projeção oblíqua (α) é de aproximadamente 63,43 graus, e a projeção resultante é chamada de ***projeção oblíqua de gabinete***. Comparando as arestas projetadas, vemos que, neste caso, as arestas de profundidade têm metade do comprimento das outras arestas (horizontais e verticais). Em outras palavras, o eixo de profundidade sofre um encurtamento para exatamente metade do comprimento dos outros eixos principais. A projeção de gabinete produz uma imagem que se parece mais com a de um cubo que a projeção cavaleira. Isso acontece porque, ao observar um cubo, esperamos que haja um encurtamento das arestas na direção de profundidade.

Se o ângulo da projeção oblíqua está compreendido entre 45 e 63,43 graus, a projeção resultante é chamada de ***projeção oblíqua geral***. Em uma projeção oblíqua geral, o encurtamento do eixo de profundidade está entre 1/2 e 1. Normalmente, a projeção oblíqua geral é usada nos casos em que existe interesse em tornar a imagem mais natural. A Tabela 3-1 mostra as características principais dos três tipos de projeção oblíqua.

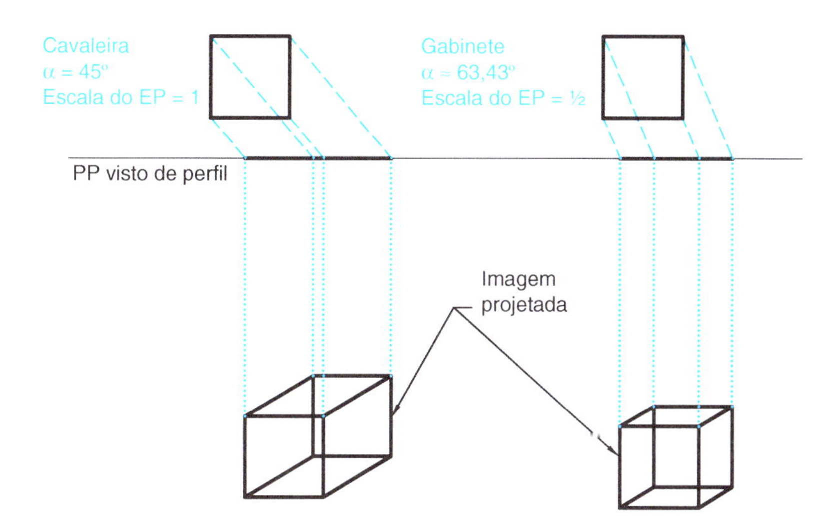

Figura 3-18 Projeções oblíquas cavaleira e de gabinete.

Tabela 3-1 Tipos de projeção oblíqua

Tipo de Projeção Oblíqua	Ângulo da Projeção Oblíqua (α)	Escala do Eixo de Profundidade
Cavaleira	45°	1
Gabinete	63,43°	½
Geral	45° < ângulo < 63,43°	½ < escala < 1

Projeção oblíqua em duas dimensões

Convertendo a geometria da projeção oblíqua de três para duas dimensões, é fácil compreender por que um ângulo de projeção de 45 graus não produz encurtamento (ou seja, resulta em uma escala de 1:1), enquanto um ângulo de projeção de ~63,43 graus produz um encurtamento de ½. A Figura 3-19 mostra o plano de projeção, visto de perfil, e o objeto, uma reta de comprimento L. Da mesma forma que as arestas do cubo da Figura 3-18 que não são paralelas ao plano de projeção, a reta é perpendicular ao plano de projeção. (*Nota*: tan 45° = cot 45° = 1; cot 63,43° = ½.)

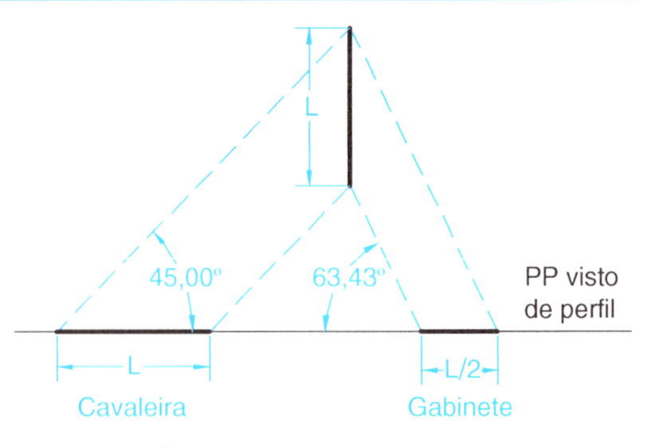

Figura 3-19 Ângulo da projeção oblíqua em duas dimensões.

Ângulo do Eixo de Profundidade

Em uma projeção oblíqua, um dos eixos é horizontal e outro é vertical. O terceiro eixo, o chamado eixo de profundidade, pode fazer qualquer ângulo com o plano de projeção, mas os ângulos mais usados são de 30, 45 e 60 graus. Como mostra a Figura 3-20, é esse ângulo que determina a área relativa das faces que não são paralelas ao plano de projeção. O ângulo do eixo de profundidade não deve ser confundido com o eixo da projeção oblíqua.

O ângulo do eixo de profundidade está relacionado ao ângulo da projetante no plano, β, discutido anteriormente e mostrado na Figura 3-17. Como se pode ver na Figura 3-21, o ângulo do eixo de profundidade é igual a β – 180°, em que β é o ângulo da projeção da projetante com a horizontal.

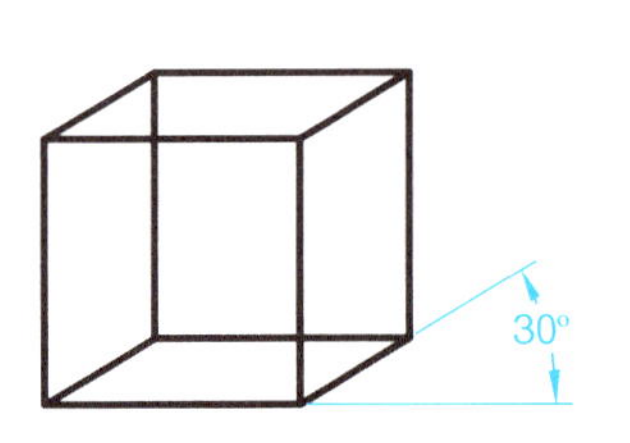

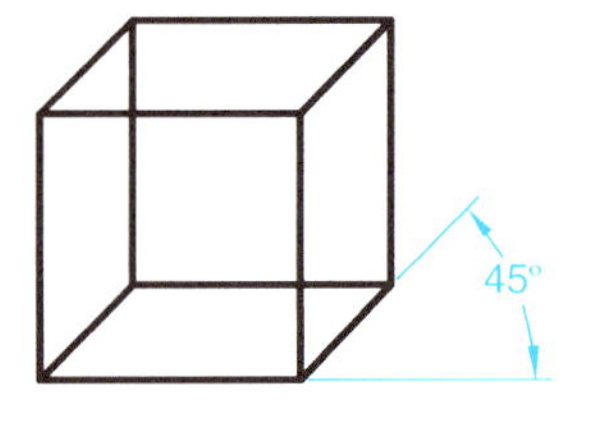

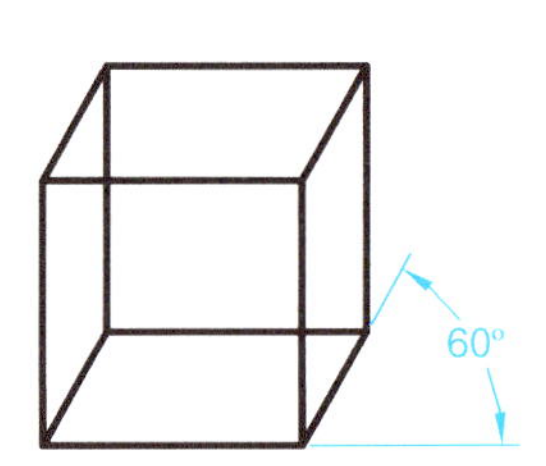

Figura 3-20 Ângulo do eixo de profundidade.

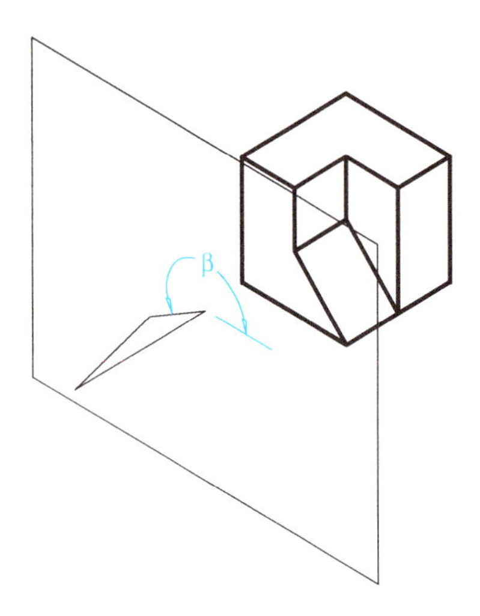

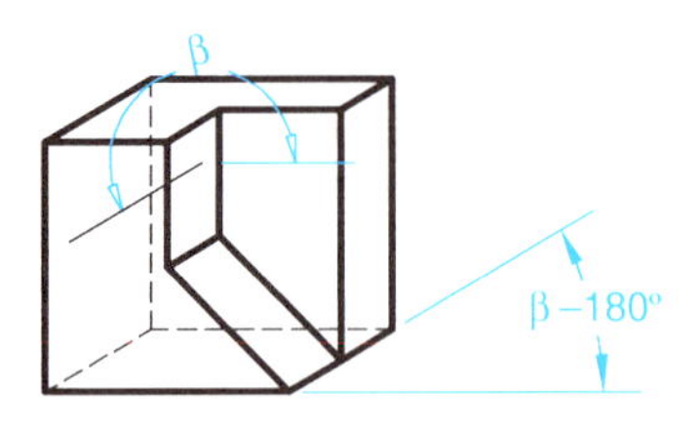

Figura 3-21 Relação entre o ângulo do eixo de profundidade e o ângulo da projetante no plano, β.

PROJEÇÕES ORTOGRÁFICAS

A ***projeção ortográfica*** é a técnica de projeção mais usada pelos engenheiros. Os programas de CAD em geral utilizam projeções ortográficas, embora muitas vezes o usuário tenha a opção de mudar para a projeção cônica.

Geometria da Projeção Ortográfica

A projeção ortográfica também é uma técnica de projeção paralela, mas difere da projeção oblíqua porque as projetantes são perpendiculares (normais) ao plano de projeção. A Figura 3-22 mostra uma das projetantes de uma projeção ortográfica e o ângulo de 90° que as projetantes fazem com o plano de projeção.

Tipos de Projeção Ortográfica

As projeções ortográficas são subdivididas de acordo com a orientação do objeto em relação ao plano de projeção. Na ***projeção axonométrica***, os três eixos principais estão inclinados em relação ao plano de projeção. A Figura 3-23 mostra esta situação vista de cima e de frente. Nenhum dos eixos é paralelo ou perpendicular ao plano de projeção. Na projeção, as três faces principais do objeto são visíveis. A projeção axonométrica produz uma perspectiva ortográfica.

Na ***projeção de vistas múltiplas***, uma face do objeto e dois eixos principais são paralelos ao plano de projeção. Na projeção, apenas uma face do objeto é visível (veja a Figura 3-24). A orientação do objeto em relação ao plano de projeção na projeção de vistas múltiplas é a mesma da projeção oblíqua e da projeção cônica de um ponto de fuga.

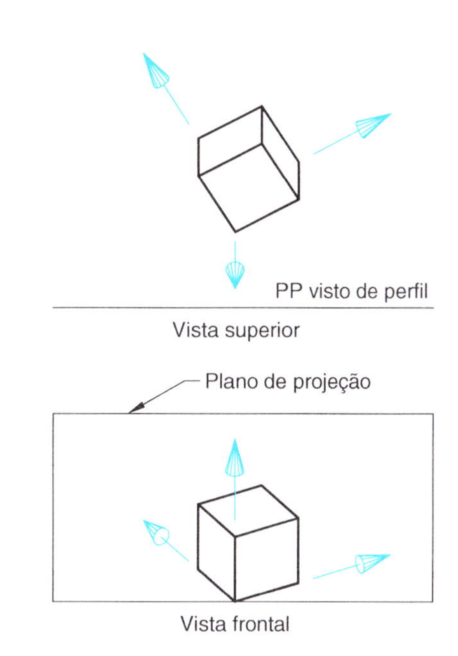

Figura 3-23 Posição do objeto em uma projeção axonométrica.

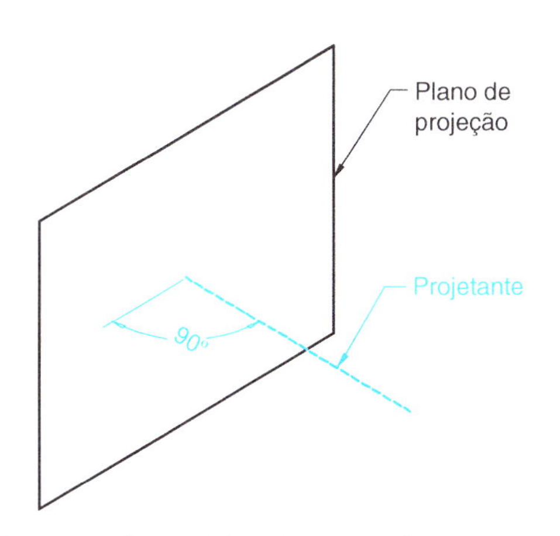

Figura 3-22 Geometria da projeção ortográfica.

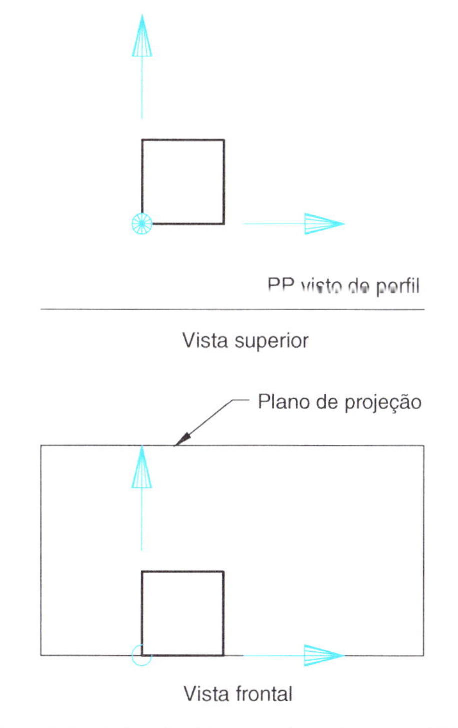

Figura 3-24 Posição do objeto na projeção de vistas múltiplas.

PROJEÇÕES AXONOMÉTRICAS

As projeções axonométricas são classificadas de acordo com os ângulos que as projeções dos eixos principais fazem entre si no plano de projeção. A parte de cima da Figura 3-25 mostra três diferentes projeções axonométricas de um cubo, juntamente com os eixos principais. Na parte de baixo da figura aparecem apenas as projeções dos eixos e os ângulos entre essas projeções.

Na ***projeção trimétrica***, mostrada na esquerda da Figura 3-25, os três ângulos entre as projeções dos eixos principais são diferentes. A projeção do meio da Figura 3-25, na qual dois dos três ângulos são iguais, é chamada de ***projeção dimétrica***. Na ***projeção isométrica***, mostrada na direita da Figura 3-25, os três ângulos são iguais.

Observe também que, como os três eixos das projeções axonométricas estão inclinados em relação ao plano de projeção, todas as dimensões de um objeto são encurtadas. Nas projeções trimétricas, o encurtamento é diferente para os três eixos; nas projeções dimétricas, o encurtamento é o mesmo para dois eixos; nas projeções isométricas, o encurtamento é o mesmo para os três eixos.

PROJEÇÕES ISOMÉTRICAS

Uma projeção isométrica é encurtada igualmente nas direções dos três eixos principais, o que torna as projeções isométricas particularmente úteis para os engenheiros. Como desenho em perspectiva, a projeção isométrica é relativamente fácil de visualizar e preserva as propriedades dimensionais do objeto.

Para compreender como um objeto deve ser orientado para que a projeção seja isométrica, imagine a projeção de um cubo. O lado esquerdo da Figura 3-26 mostra uma vista trimétrica, na qual foi traçada uma diagonal do cubo. Se o cubo é girado de tal forma que a linha de visada seja ao longo da diagonal do tubo, como no lado direito da Figura 3-26, a vista passa a ser isométrica.

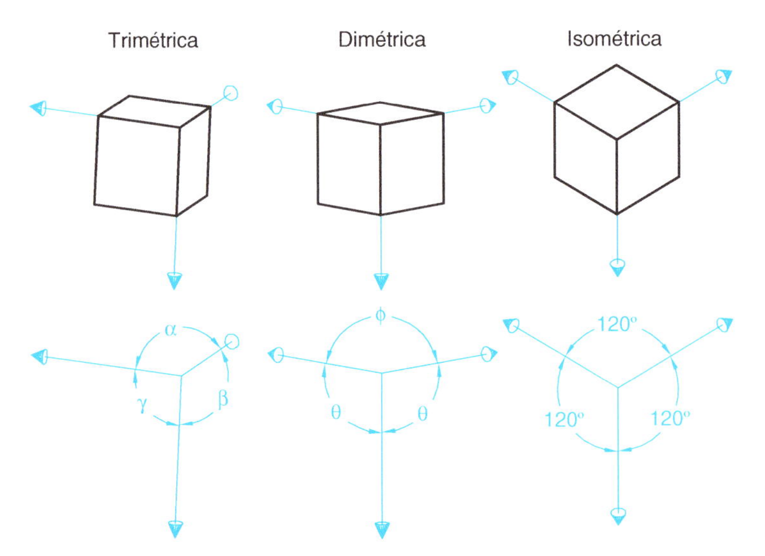

Figura 3-25 Tipos de projeção axonométrica.

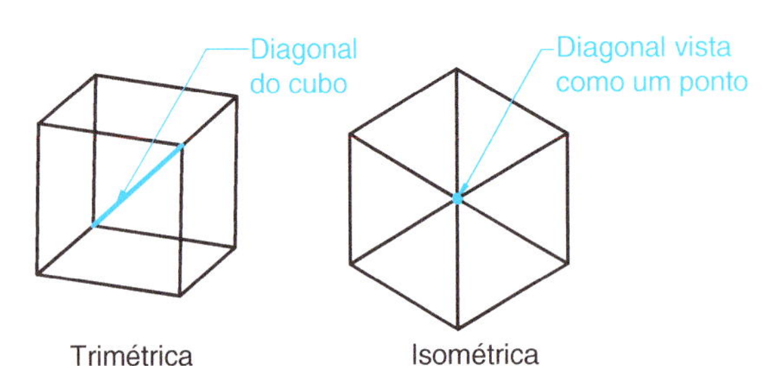

Figura 3-26 Vistas trimétrica e isométrica de um cubo.

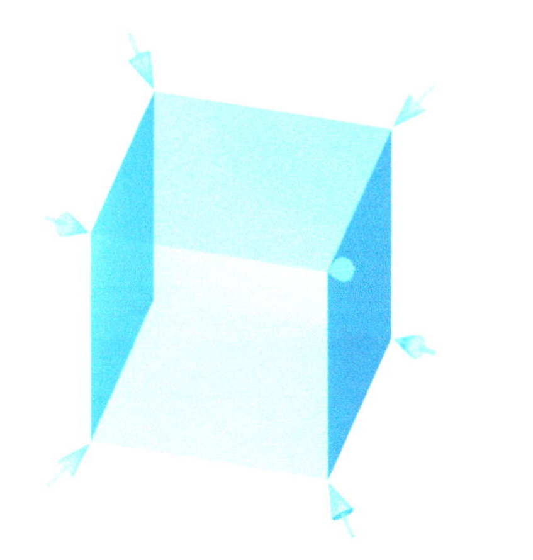

Figura 3-27 Ferramenta de visualização de um programa de CAD.

Na maioria dos programas de CAD, uma vista isométrica pode ser gerada automaticamente. A Figura 3-27 mostra um exemplo de ferramenta de visualização de um programa de CAD. Clicando nas setas, é possível obter oito diferentes vistas isométricas.

Mais especificamente, uma vista isométrica é gerada da forma indicada na Figura 3-28:

1. Comece com uma das faces principais do objeto paralela ao plano de projeção.
2. Gire o objeto em torno de um eixo vertical de um ângulo de $45 \pm 90n$ graus, em que n é um número inteiro.
3. Gire o objeto de aproximadamente ±35,26 graus em torno de um eixo horizontal.[2]

[2] Para uma demonstração deste valor, veja Ibrahim Zeid, *Mastering CAD/CAM*, McGraw-Hill, 2005, pp. 496-497.

Desenhos Isométricos

Em consequência da orientação especial do objeto na projeção isométrica, os três eixos principais sofrem o mesmo encurtamento. Isso significa que, se um *modelo tridimensional* é criado em um programa de CAD e uma vista isométrica do objeto é impressa em uma escala 1:1, os comprimentos das arestas da imagem impressa (ou seja, da *projeção*) são iguais entre si e menores que os comprimentos das arestas do objeto. Em uma projeção isométrica, os três eixos principais são encurtados de aproximadamente 82%. Assim, ao plotar uma vista isométrica em um programa de CAD, é possível corrigir o encurtamento multiplicando a escala usada pelo inverso de 0,82 (ou seja, ~1,22).

Quando um esboço ou um desenho de uma vista isométrica é feito diretamente no papel, os efeitos de encurtamento quase sempre são ignorados. Uma projeção isométrica sem encurtamento é chamada de ***desenho isométrico***. Observe que, como mostra a Figura 3-29, um desenho isométrico é maior que uma projeção isométrica verdadeira.

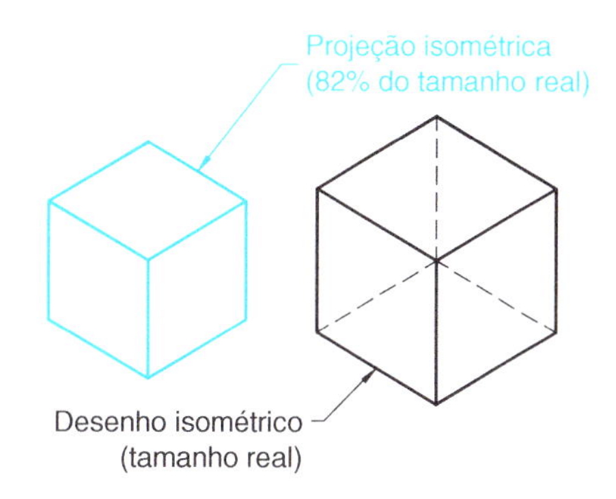

Figura 3-29 Comparação entre uma projeção isométrica e um desenho isométrico.

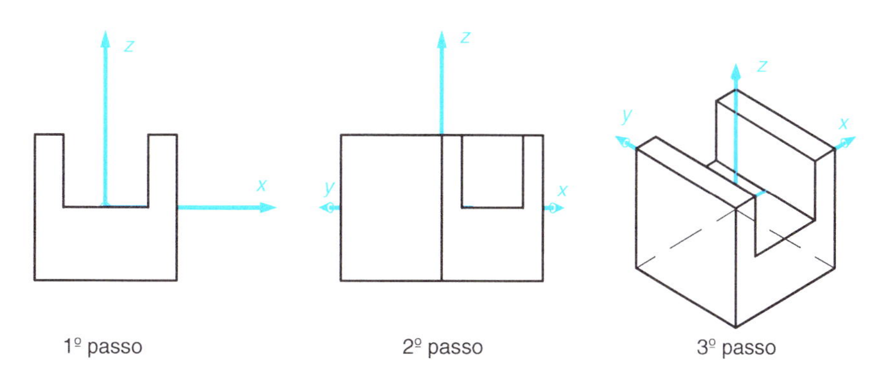

Figura 3-28 Orientação do objeto para obter uma vista isométrica.

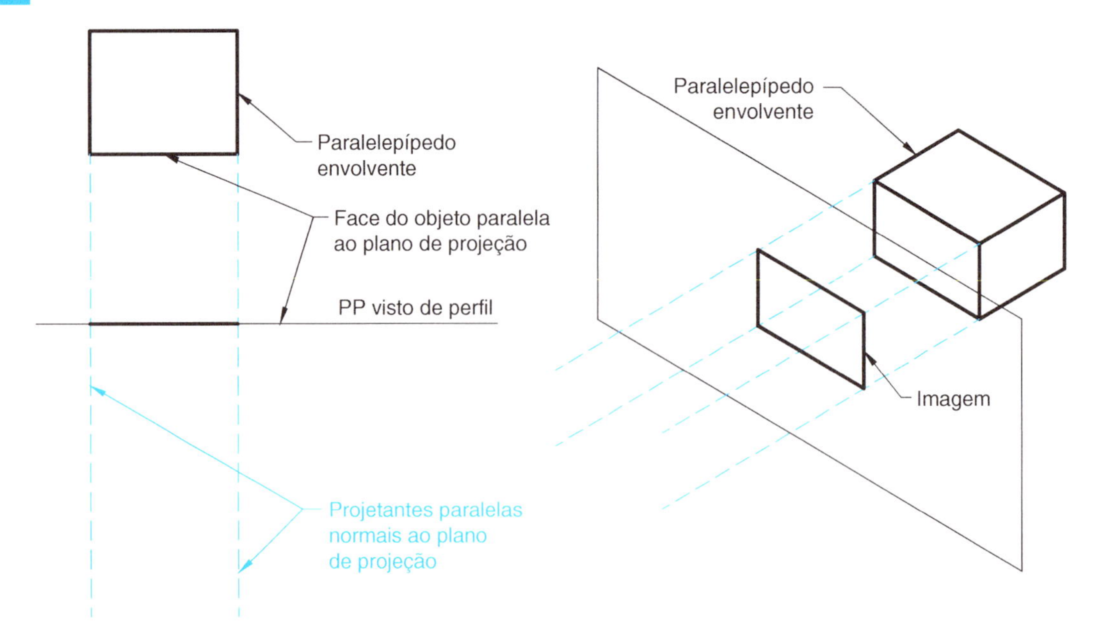

Figura 3-30 Características de uma projeção de vistas múltiplas.

Projeções de Vistas Múltiplas

Um arranjo de projeções de vistas múltiplas é caracterizado pelos seguintes elementos (veja a Figura 3-30):

1. As projetantes são paralelas.
2. As projetantes são normais ao plano de projeção.
3. O objeto é posicionado com uma das faces principais paralela ao plano de projeção.

Graças a essas características, as projeções de vistas múltiplas preservam as dimensões do objeto, mas, em geral, mais de uma vista é necessária para descrever totalmente o objeto.

Nas seções seguintes, diferentes métodos para construir desenhos em perspectiva usando projeções oblíquas e isométricas serão discutidos. As vistas múltiplas serão examinadas com mais detalhes no Capítulo 4.

INTRODUÇÃO AOS DESENHOS EM PERSPECTIVA

Em uma vista em perspectiva, as três faces principais de um objeto são visíveis. Um ***desenho em perspectiva*** mostra a altura, a largura e a profundidade do objeto em uma única vista. Ao contrário das vistas ortográficas múltiplas que serão discutidas no próximo capítulo, um desenho em perspectiva mostra a forma tridimensional do objeto em uma única vista. Neste capítulo, discutimos apenas os desenhos em perspectiva baseados em projeções paralelas (oblíquas e axonométricas). Os desenhos em perspectiva baseados em projeções cônicas de um ponto de fuga e de dois pontos de fuga serão tratados no Capítulo 13. De forma geral, as projeções paralelas preservam as propriedades métricas do objeto, enquanto as projeções cônicas produzem desenhos de aspecto mais natural. A Figura 3-6, reproduzida a seguir, mostra imagens do mesmo objeto obtidas usando as quatro projeções.

Seja qual for o desenho em perspectiva que está sendo executado, a mesma técnica geral pode ser empregada:

1. Esboce um paralelepípedo envolvente com as proporções corretas, usando linhas de construção traçadas de leve.
2. Acrescente os detalhes, também com linhas de construção.
3. Reforce as linhas curvas visíveis da figura.
4. Reforce as outras linhas visíveis da figura para completar o desenho.

O processo está ilustrado na Figura 3-31 para um desenho isométrico.

Os desenhos em perspectiva muitas vezes têm a forma de ***poliedros***. Poliedro é um sólido tridimensional cuja superfície é formada

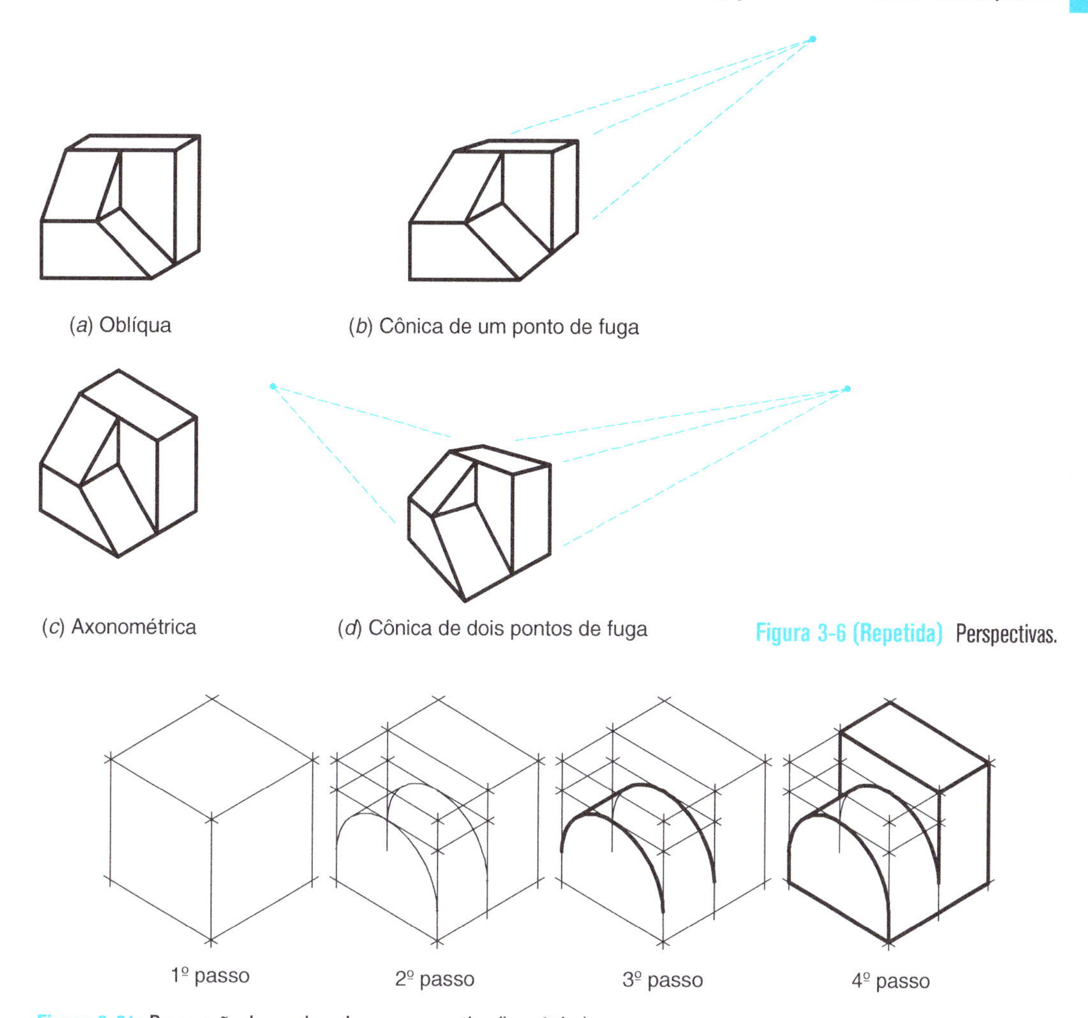

Figura 3-6 (Repetida) Perspectivas.

Figura 3-31 Preparação de um desenho em perspectiva (isométrica).

por um conjunto fechado de polígonos planos no qual cada aresta pertence a apenas dois polígonos. Os elementos de um poliedro são faces, arestas e vértices, como mostra a Figura 3-32. ***Face*** é a superfície de um dos polígonos; ***aresta*** é a reta de interseção de duas faces; ***vértice*** é o ponto de interseção de três arestas.

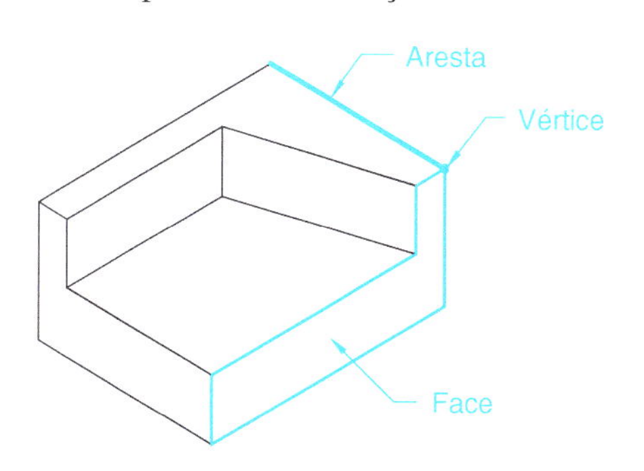

Figura 3-32 Elementos de um poliedro.

DESENHOS OBLÍQUOS

Introdução

Um desenho oblíquo mostra apenas uma das faces principais de um objeto em verdadeira grandeza, mas duas outras faces principais também são visíveis. Em geral, o objeto é posicionado de tal forma que a face mais complexa (ou seja, com polígonos irregulares, superfícies curvas, etc.) apareça em verdadeira grandeza. De acordo com a discussão anterior das projeções oblíquas, a face que aparece em verdadeira grandeza (quase sempre a face frontal) é a face paralela ao plano de projeção.

As projeções oblíquas em geral são fáceis de desenhar, já que todos os detalhes da face paralela ao plano de projeção são projetados sem distorções. Assim, por exemplo, se a face

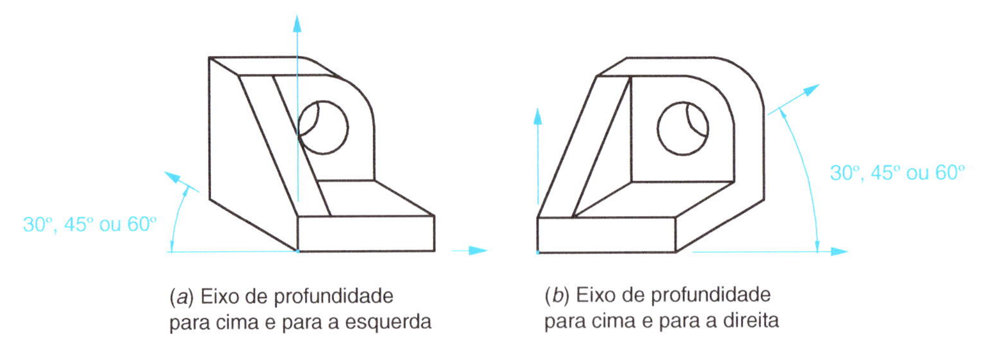

Figura 3-33 Dois desenhos oblíquos do mesmo objeto.

que contém uma aresta de forma circular for paralela ao plano de projeção, a aresta será projetada como uma circunferência, não como uma elipse.

Orientação dos Eixos

Na maioria dos desenhos oblíquos, o objeto é orientado de tal forma que a face dianteira aparece em verdadeira grandeza (para isso, deve estar paralela ao plano de projeção). O plano frontal é definido pelos eixos horizontal e vertical. A largura é medida ao longo do eixo horizontal e a altura ao longo do eixo vertical. O terceiro eixo é usado para medir a profundidade. O eixo de profundidade é desenhado para cima e para a esquerda ou para cima e para a direita (veja a Figura 3.33). O ângulo que o eixo de profundidade faz com a horizontal em geral é de 30, 45 ou 60 graus.

A Escala do Eixo de Profundidade

Como vimos na seção Projeções Oblíquas, existem três tipos de projeções oblíquas e, portanto, três tipos de desenhos em perspectiva oblíqua: cavaleira, de gabinete e geral. A escala do eixo de profundidade depende do tipo de desenho[3] (veja a Tabela 3-2).

Tabela 3-2 Tipos de desenho oblíquo

Tipo de Projeção Oblíqua	Escala do Eixo de Profundidade
Cavaleira	1
Gabinete	½
Geral	Entre ½ e 1

Em uma perspectiva cavaleira, o mesmo fator de escala é usado para os eixos horizontal, vertical e de profundidade. O desenho resultante parece mais comprido que o normal no sentido da profundidade, por causa da falta de encurtamento (veja a Figura 3-34*a*). Para incluir esse encurtamento, a perspectiva de gabinete usa uma escala de 1/2 no eixo de profundidade. Embora torne a imagem mais natural, a perspectiva de gabinete encurta ex-

[3] Como vimos na seção sobre projeções oblíquas, o encurtamento do eixo de profundidade depende do ângulo α entre as projetantes paralelas e o plano de projeção, conhecido como ângulo da projeção oblíqua. No caso da projeção cavaleira, $\alpha = 45°$; no caso da projeção gabinete, $\alpha = 63{,}43°$, no caso da projeção geral, $45° < \alpha < 63{,}43°$.

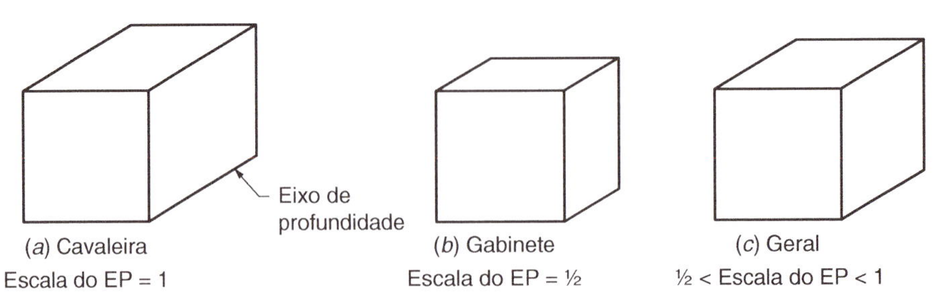

Figura 3-34 Desenhos de um cubo em perspectiva cavaleira, de gabinete e geral.

cessivamente o eixo de profundidade. Por essa razão, às vezes é usada uma perspectiva geral, na qual o encurtamento existe e é menor que na perspectiva de gabinete.

Escolha da Orientação do Objeto

Na hora de escolher qual deve ser a face de um desenho em perspectiva oblíqua que será mostrada em verdadeira grandeza, duas regras são normalmente usadas. A primeira, que já foi mencionada, é a de que a face escolhida deve ser a que possui a forma mais complexa (arestas circulares, por exemplo) ou a forma mais irregular. Essa regra foi usada na Figura 3-33, em que as arestas curvas são paralelas ao plano de projeção. A segunda regra é mostrar em verdadeira grandeza a face mais comprida. A Figura 3-35 mostra dois desenhos oblíquos de uma peça em L, preparados de acordo com as duas regras.

Quando as duas regras não são compatíveis, a primeira tem preferência. O desenho da Figura 3-36*a* é mais fácil de construir e é menos distorcido que o desenho da Figura 3-36*b*.

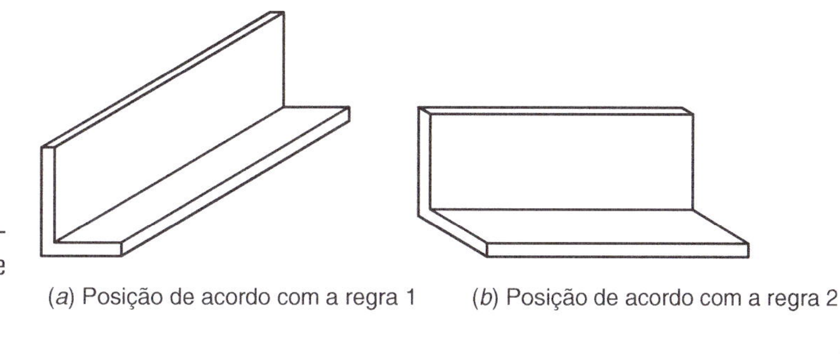

(*a*) Posição de acordo com a regra 1 (*b*) Posição de acordo com a regra 2

Figura 3-35 Orientações do objeto em perspectivas oblíquas, de acordo com as duas regras.

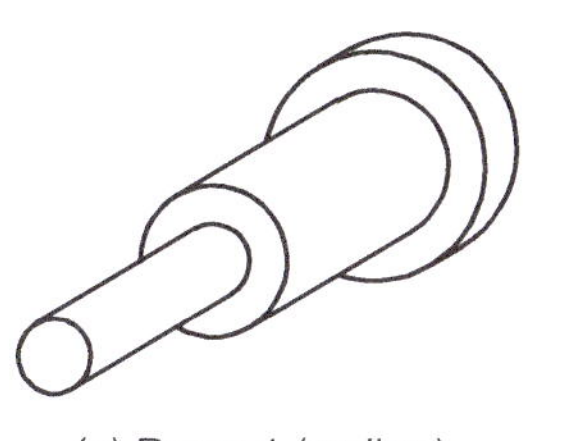

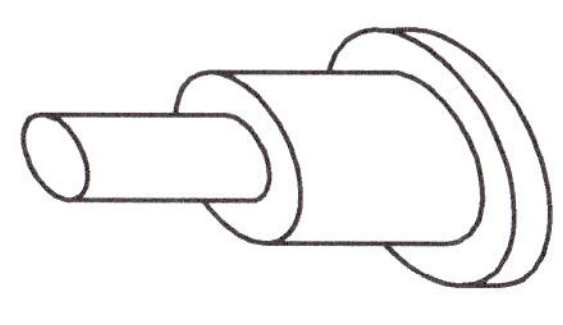

(*a*) Regra 1 (melhor) (*b*) Regra 2 (pior)

Figura 3-36 Regras para a orientação do objeto em perspectivas oblíquas: uso preferencial da regra 1.

Como desenhar uma forma extrudada simples (Figura 3-37)

Os desenhos oblíquos de uma *extrusão* são particularmente fáceis de fazer.

1. Desenhe o perfil da extrusão como a vista frontal; escolha a direção e o ângulo do eixo de profundidade e trace-o de leve.
2. Trace linhas de construção a partir dos vértices da face dianteira, todas paralelas ao eixo de profundidade.
3. Determine a profundidade e complete a face posterior.
4. Reforce as linhas visíveis.

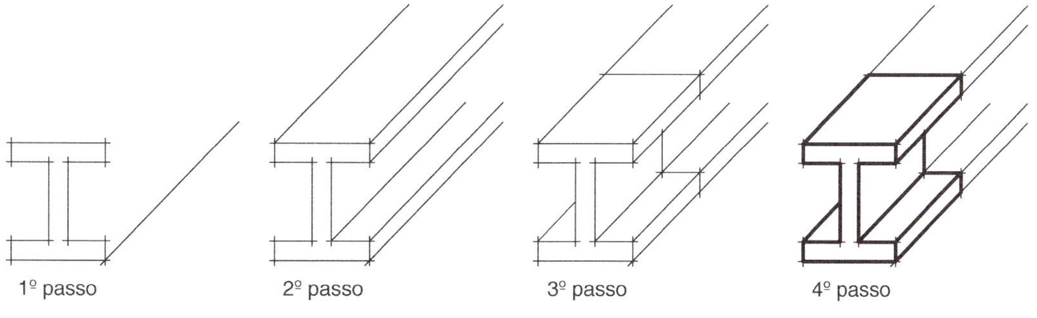

Figura 3-37 Perspectiva oblíqua de uma viga em I, desenhada por extrusão.

Como desenhar uma perspectiva de gabinete de uma peça (Figura 3-38)

1. Construção do paralelepípedo envolvente:
   a. Escolha a face *mais complexa* do objeto (forma irregular, arestas circulares, etc.) para ser a face frontal.
   b. Trace de leve um retângulo circunscrito à face frontal do objeto.
   c. Escolha a direção e o ângulo do eixo de profundidade e trace-o de leve.
   d. Determine a profundidade da peça e assinale-a no eixo de profundidade (no caso da perspectiva de gabinete, o fator de escala do eixo de profundidade é ½).
   e. Complete o paralelepípedo envolvente usando linhas de construção.
2. Trace os detalhes da peça usando linhas de construção.
3. Reforce as linhas visíveis.

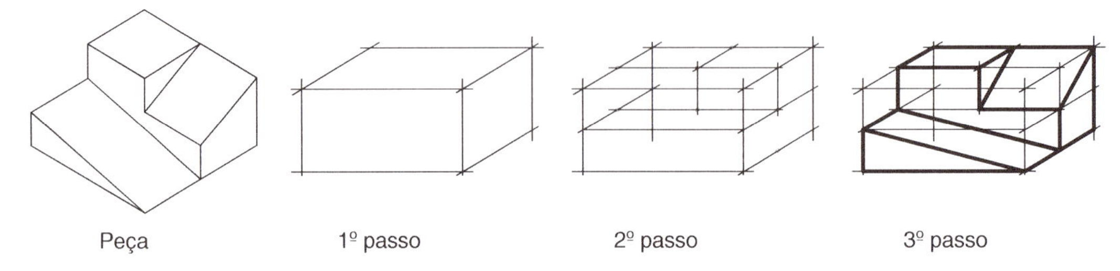

Figura 3-38 Perspectiva de gabinete de uma peça.

Como desenhar uma perspectiva cavaleira de uma peça com arestas curvas (Figura 3-39)

1. Construção do paralelepípedo envolvente:
   a. Escolha a face *mais complexa* do objeto (forma irregular, arestas circulares, etc.) para ser a face frontal.
   b. Trace de leve um retângulo circunscrito à face frontal do objeto.
   c. Escolha a direção e o ângulo do eixo de profundidade e trace-o de leve.
   d. Determine a profundidade da peça e assinale-a no eixo de profundidade (no caso do desenho cavaleiro, o fator de escala do eixo de profundidade é 1).
   e. Complete o paralelepípedo envolvente usando linhas de construção.
2. Trace os detalhes lineares da peça usando linhas de construção.

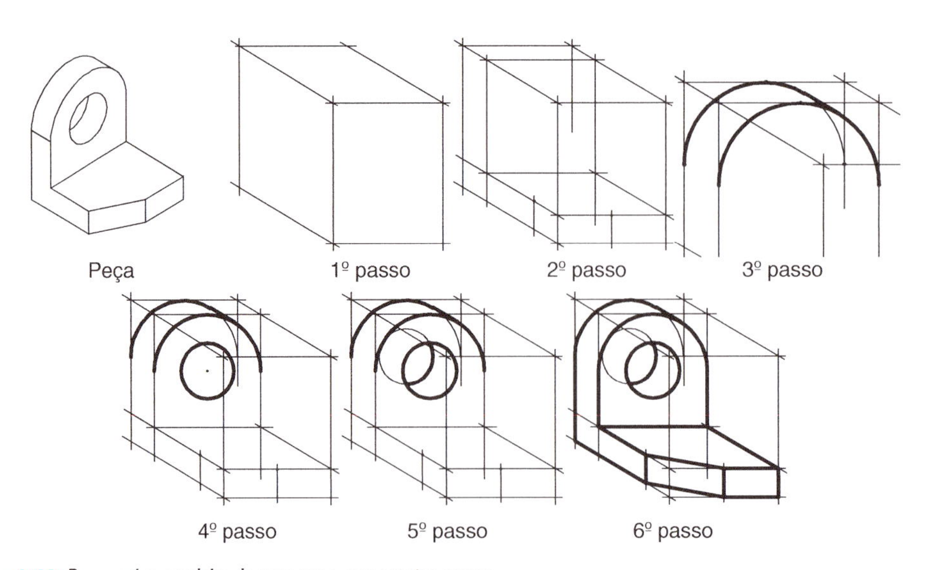

Figura 3-39 Perspectiva cavaleira de uma peça com arestas curvas.

3. Para desenhar os arcos:
   a. Identifique os planos dos arcos (frontal e posterior).
   b. Trace o arco do plano frontal em linha grossa.
   c. Trace o arco do plano posterior em linha de construção.
   d. Trace uma reta tangente aos dois arcos em linha grossa.
   e. Reforce a parte visível do arco do plano posterior.
4. Para desenhar o furo (na face dianteira):
   a. Marque o centro do furo.
   b. Trace uma circunferência, com o raio correto, em linha grossa.
5. Para desenhar o furo (na fase posterior):
   a. Marque o centro do furo.
   b. Trace uma circunferência, com o raio correto, usando uma linha de construção.
   c. Reforce a parte visível da circunferência.
6. Reforce as outras linhas visíveis.

DESENHOS ISOMÉTRICOS

Introdução

Da mesma forma que as perspectivas oblíquas, as perspectivas isométricas são projeções paralelas a partir das quais podem ser extraídas informações a respeito das dimensões do objeto. Entretanto, as perspectivas isométricas apresentam a vantagem de poderem ser criadas com mais facilidade que as perspectivas oblíquas em programas de CAD.

Orientação dos Eixos

Para fazer um desenho isométrico, os eixos principais são orientados da forma mostrada na Figura 3-40. Um eixo fica na vertical, enquanto os outros dois fazem um ângulo de 30 graus com a horizontal. Note que este ângulo de 30 graus é uma consequência direta da orientação do objeto em relação ao plano de projeção usada para gerar uma projeção isométrica, cujas propriedades foram descritas anteriormente.

Escala dos Eixos

Como vimos anteriormente, a propriedade mais importante da projeção isométrica é o fato de que o encurtamento é o mesmo para os três eixos principais. Assim, em uma perspectiva isométrica, todas as arestas do objeto que são paralelas a um eixo principal estão na mesma escala e podem ser medidas diretamente.

Nos desenhos isométricos, o encurtamento em relação às dimensões reais do objeto é quase sempre ignorado. Imagine, por exemplo, um prisma retangular de dimensões 3 × 2 × 1. A Figura 3-41 mostra um desenho isométrico do prisma. Ao criar o desenho, as dimensões indicadas ao longo dos eixos são as dimensões reais e não as dimensões encurtadas.

Em um desenho isométrico, as arestas de um objeto que não são paralelas a um dos eixos principais não podem ser medidas diretamente. Na Figura 3-42, por exemplo, os comprimentos das arestas AB (paralela ao

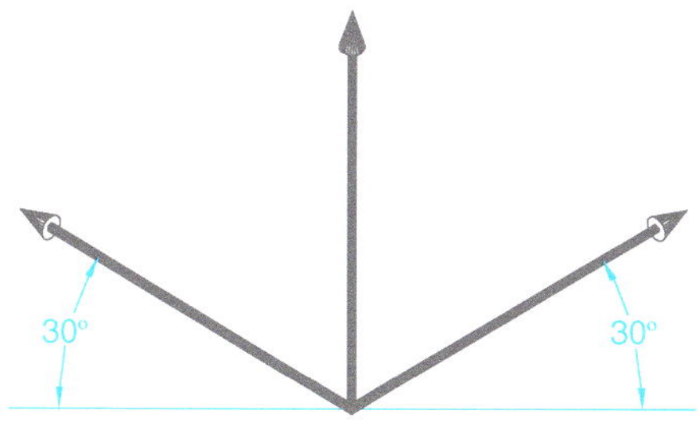

Figura 3-40 Eixos de uma perspectiva isométrica.

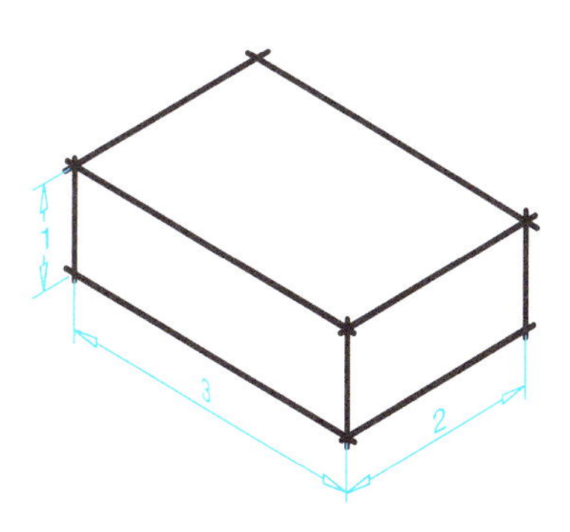

Figura 3-41 Perspectiva isométrica de um prisma retangular.

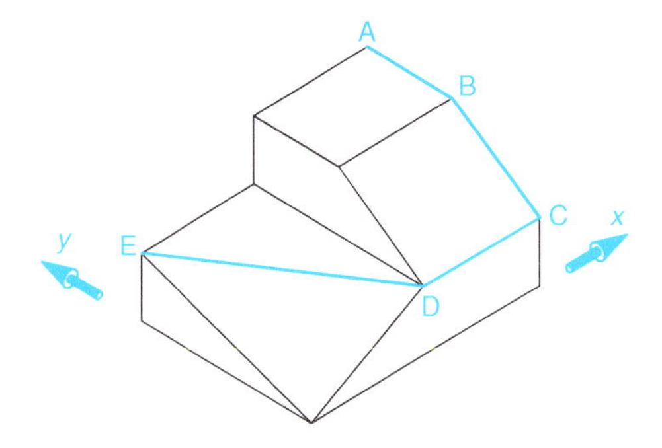

Figura 3-42 Linhas isométricas e não isométricas.

eixo y) e CD (paralela ao eixo x) podem ser medidos diretamente. As linhas paralelas a um dos eixos principais são chamadas de ***linhas isométricas***. As arestas BC e DE não podem ser medidas diretamente, pois não são paralelas a um dos eixos principais. As linhas desse tipo são chamadas de linhas ***não isométricas***. Para traçar essas arestas, é preciso determinar primeiro os vértices correspondentes.

Papel Isométrico

O uso de papel isométrico pode facilitar a construção de desenhos isométricos. A Figura 3-43 mostra um papel isométrico no qual foram traçados três eixos isométricos. O papel isométrico contém três conjuntos de retas paralelas: verticais, inclinadas de 30° para a direita e para cima em relação à horizontal, e inclinadas de 30° para a direita e para baixo em relação à horizontal. A Figura 3-44 mostra o desenho isométrico de uma peça, executado com o auxílio do papel isométrico.

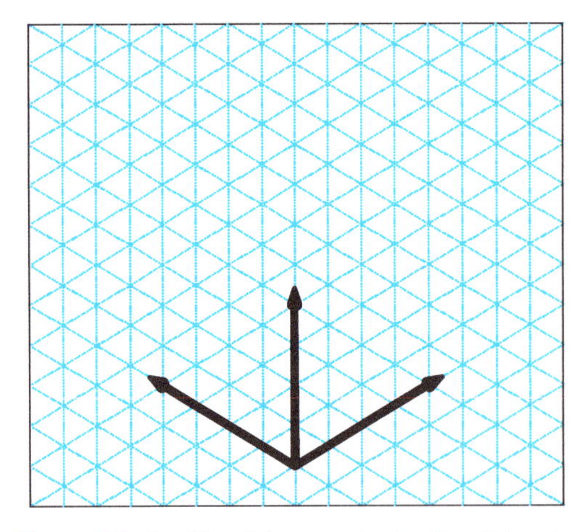

Figura 3-43 Papel isométrico com três eixos isométricos desenhados.

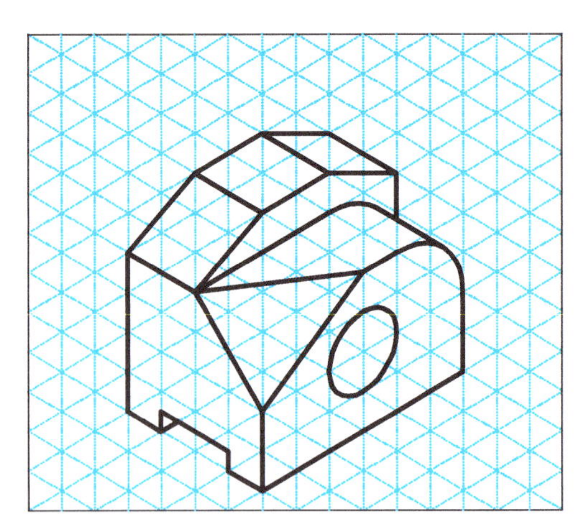

Figura 3-44 Desenho isométrico de uma peça em um papel isométrico.

Orientação do Objeto em Perspectivas Isométricas

Em geral, a maior dimensão do objeto deve ser mostrada como uma dimensão horizontal da face frontal do objeto. Nesse caso, uma vista isométrica mostrando a face superior, a face dianteira e a face direita do objeto pode ser obtida associando a maior dimensão do objeto a um eixo *para cima e para a esquerda* (veja a Figura 3-45*a*). Outra possibilidade é mostrar a face superior, a face dianteira e a face esquerda, associando a maior dimensão do objeto a um eixo *para cima e para a direita* (veja a Figura 3-45*b*).

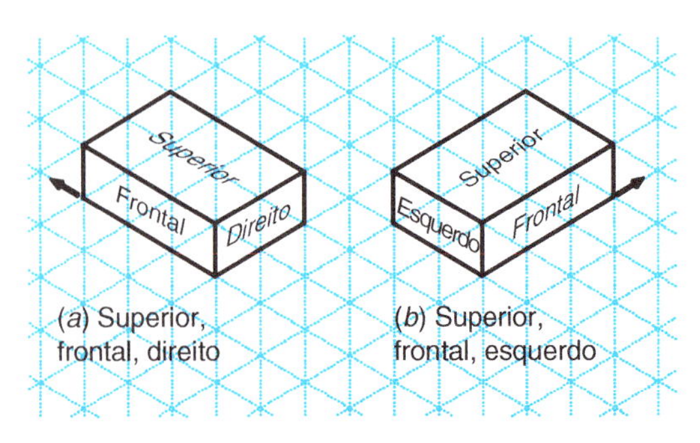

Figura 3-45 Dois desenhos isométricos de um prisma retangular.

Como desenhar uma perspectiva isométrica de uma peça (veja a Figura 3-46)

1. Construção do paralelepípedo envolvente:
   a. Escolha a face dianteira do objeto a ser desenhado.
   b. Usando eixos isométricos (ou um papel isométrico), trace de leve um retângulo circunscrito à face dianteira do objeto; para ver as faces superior, dianteira e direita do objeto, desenhe a maior dimensão (horizontal) do objeto ao longo do eixo que aponta *para cima e para a esquerda*.
2. Trace os detalhes da peça usando linhas de construção.
3. Reforce as linhas visíveis.

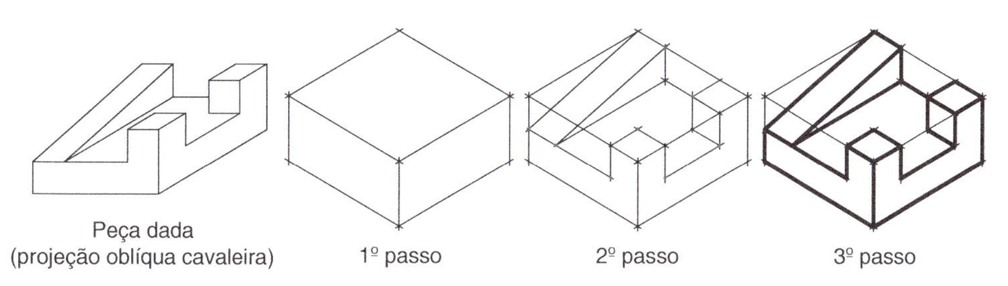

Figura 3-46 Desenho isométrico de uma peça.

Arestas Circulares em Perspectivas Isométricas

Nas perspectivas isométricas, as arestas circulares têm o aspecto de elipses. Para desenhar uma elipse isométrica, faça o seguinte:

1. Escolha uma face do objeto que contenha uma aresta circular.
2. Trace de leve os outros dois eixos principais nessa face.
3. Marque, sobre os eixos, pontos quadrantes (pontos equidistantes da interseção dos dois eixos principais).
4. Caso seja necessário, trace de leve um *paralelogramo envolvente* passando pelos pontos quadrantes.
5. Trace uma elipse passando pelos pontos quadrantes e tangente aos lados do paralelogramo envolvente.

A Figura 3-47 mostra o uso desse processo para construir um desenho isométrico de um cilindro. O mesmo processo é usado para construir o desenho isométrico de uma caixa com três furos circulares na Figura 3-48 e para construir o desenho isométrico de uma peça complexa com arestas curvas na Figura 3-49.

Como desenhar uma perspectiva isométrica de um cilindro (veja a Figura 3-47)

1. Trace o eixo do cilindro coincidindo com um dos eixos principais horizontais e marque os centros das bases do cilindro.
2. Marque os pontos quadrantes na face frontal do cilindro e trace o paralelogramo envolvente. Note que os pontos quadrantes ficam sobre os dois outros eixos principais e são equidistantes da interseção desses eixos.
3. Trace com uma linha grossa a elipse da face frontal do cilindro.
4. Marque os pontos quadrantes na face posterior do cilindro, trace o paralelogramo envolvente e trace de leve a elipse.
5. Trace de leve duas retas para representar as *linhas laterais* do cilindro, paralelas ao eixo do cilindro e tangentes às faces elípticas dianteira e traseira.
6. Reforce as linhas laterais e a parte visível da elipse da face traseira.

Continua

(*Continuação*)

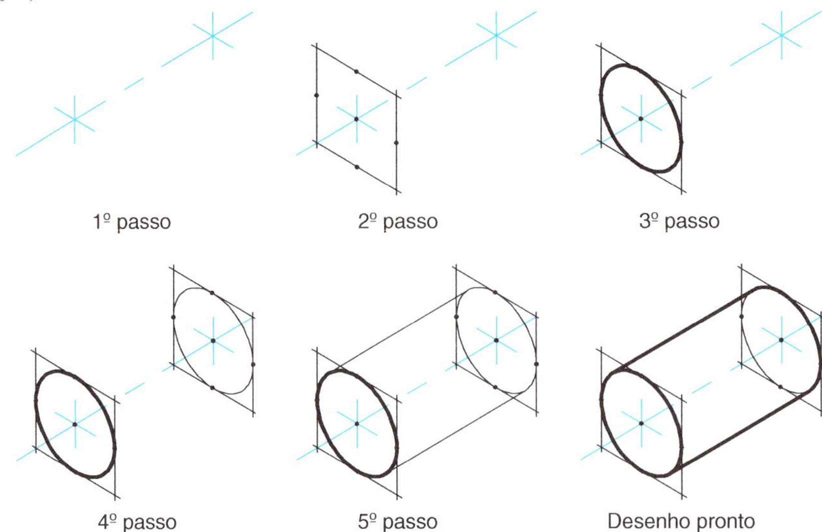

Figura 3-47 Construção da perspectiva isométrica de um cilindro.

Como desenhar uma perspectiva isométrica de uma caixa com três furos (veja a Figura 3-48)

1. Marque os centros dos furos nas três faces da caixa.
2. Marque os pontos quadrantes dos furos e trace os paralelogramos envolventes.
3. Trace as elipses com linhas grossas. As elipses devem tangenciar os paralelogramos envolventes.

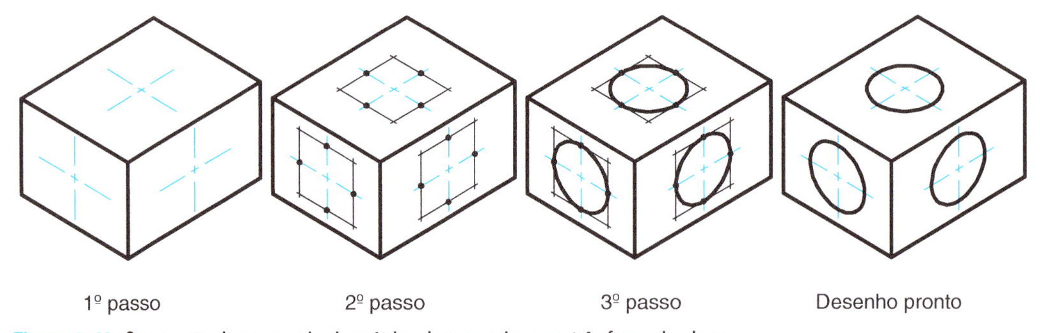

Figura 3-48 Construção da perspectiva isométrica de uma caixa com três furos circulares.

Como desenhar uma perspectiva isométrica de uma peça complexa com arestas curvas (veja a Figura 3-49)

1. Construção do paralelepípedo envolvente:
   a. Construa dois paralelepípedos.
2. Marcação do centro dos furos:
   a. Marque o centro do furo da esquerda.
   b. Marque o centro do furo e do arco da direita.
3. Marcação dos quadrantes e construção dos paralelepípedos envolventes:
   a. Marque os quadrantes do furo da esquerda.
   b. Trace de leve o paralelogramo envolvente.
   c. Marque os quadrantes do arco da direita.

4. Construção das elipses da face superior (primeira parte):
   a. Trace com linha grossa a elipse da esquerda.
   b. Trace com linha grossa o arco da direita.
   c. Marque os quadrantes do furo da direita.
   d. Trace de leve o paralelogramo envolvente do furo da direita.
5. Construção das elipses da face superior (segunda parte):
   a. Trace com linha grossa a elipse da direita.
6. Construção das elipses da face inferior:
   a. Trace de leve a elipse da esquerda.
   b. Trace com linha grossa a elipse da direita.
   c. Trace de leve o arco da direita.
7. Reforce as linhas visíveis.

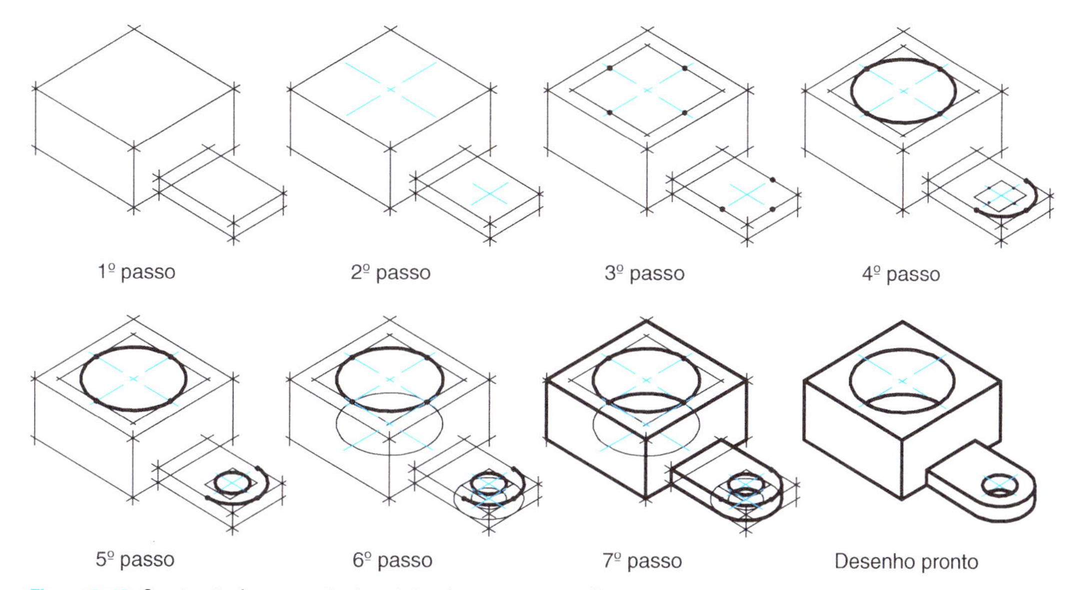

Figura 3-49 Construção da perspectiva isométrica de uma peça complexa com arestas curvas.

Revisão do capítulo: escalonabilidade dos desenhos em perspectiva

Dizemos que um desenho em perspectiva é *escalonável* se é possível obter informações dimensionais a partir do desenho, mesmo que as dimensões do desenho não correspondam às dimensões reais. Se, por exemplo, o valor real de uma distância mostrada em um desenho escalonável é conhecido, outras dimensões podem ser calculadas, de forma aproximada, através de uma regra de três:

$$\frac{x_{\text{real}}}{y_{\text{real}}} = \frac{x_{\text{medido}}}{y_{\text{medido}}}$$

Desenhos de Vistas Múltiplas

- Usam a técnica de projeção paralela
- Uma face do paralelepípedo envolvente é paralela ao plano de projeção e, portanto, as arestas paralelas ao plano de projeção são escalonáveis.

Perspectivas Oblíquas

- Usam a técnica de projeção paralela
- Uma face do paralelepípedo envolvente é paralela ao plano de projeção e, portanto, as arestas paralelas ao plano de projeção são escalonáveis.
- Na perspectiva cavaleira, o eixo de profundidade está na mesma escala que os outros eixos principais e, portanto, as arestas paralelas ao eixo de profundidade também são escalonáveis.

Continua

(*Continuação*)

Perspectivas Isométricas

- Usam a técnica de projeção paralela
- A orientação do paralelogramo envolvente é tal que o encurtamento é o mesmo para os três eixos principais, portanto, as arestas paralelas a qualquer um dos eixos principais são escalonáveis.

Perspectivas Trimétricas

- Usam a técnica de projeção paralela
- A orientação do paralelogramo envolvente é tal que o encurtamento é diferente para os três eixos principais e, portanto, embora as arestas paralelas aos três eixos principais sejam escalonáveis, o fator de escala é diferente para cada eixo.

Nota: Em todas as projeções planas, os detalhes de um objeto que são paralelos ao plano de projeção são projetados nas proporções corretas. Além disso, nas projeções paralelas, os detalhes são projetados em verdadeira grandeza.

QUESTÕES

VERDADEIRO OU FALSO

1. As arestas paralelas de um objeto são paralelas em todas as projeções paralelas.
2. Nas projeções trimétricas, os ângulos entre as projeções dos três eixos principais são todos diferentes.
3. Se um plano de projeção for deslocado para uma nova posição paralela à primeira, uma projeção axonométrica de um objeto será igual (ou seja, terá a mesma forma e tamanho) nos dois planos.
4. Nas perspectivas isométricas, os eixos principais são encurtados de aproximadamente 82% em relação ao tamanho real.
5. O ângulo do eixo de profundidade de uma projeção oblíqua é determinado pelo ângulo da projetante fora do plano, α.

MÚLTIPLA ESCOLHA

6. Qual dos seguintes itens não é considerado um elemento principal de um sistema de projeção?
   a. Objeto tridimensional
   b. Plano de corte bidimensional
   c. Projetantes
   d. Plano de projeção
   e. Imagem projetada
7. Quais são as arestas escalonáveis na perspectiva cavaleira da Figura P3-1?
   a. BC e AC
   b. EF e DJ
   c. FH e HJ
   d. GJ e DJ
   e. Todas as anteriores
   f. Nenhuma das anteriores

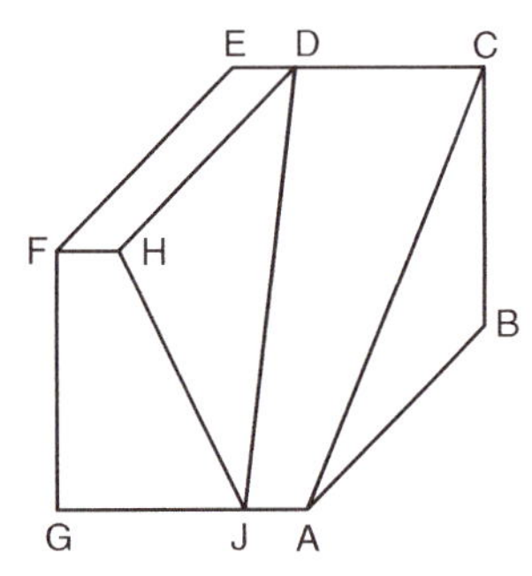

Figura P3-1 Perspectiva cavaleira de uma peça.

8. Quais são as arestas escalonáveis na perspectiva isométrica da Figura P3-2?
   a. AB
   b. BF
   c. BD
   d. DF
   e. Todas as anteriores
   f. Nenhuma das anteriores

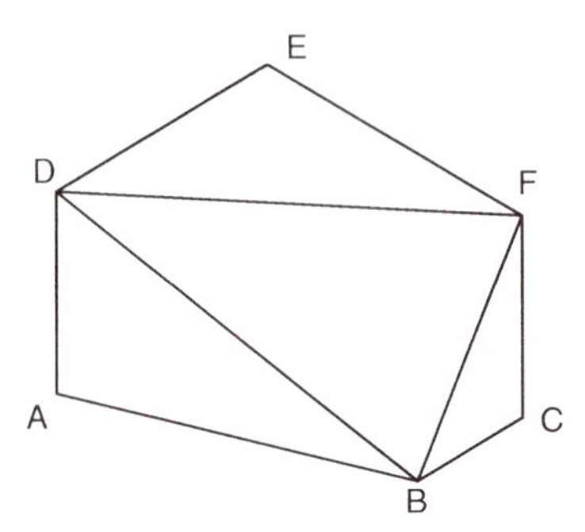

Figura P3-2 Perspectiva isométrica de uma peça.

9. Se, na Figura P3-3, as linhas de visada são paralelas entre si e perpendiculares ao plano de projeção, $\beta = 15°$ e $\phi = 45°$, qual é o tipo de perspectiva do cubo?
   a. Cônica de um ponto
   b. Cônica de dois pontos
   c. Trimétrica
   d. Isométrica
   e. Dimétrica
   f. Oblíqua de gabinete
   g. Oblíqua cavaleira
   h. Oblíqua geral
   i. Nenhuma das anteriores
10. Se, na Figura P3-3, as linhas de visada são perpendiculares ao plano de projeção, $\beta = 30°$ e $\phi = 20°$ inicialmente, o que acontece com a razão entre a distância projetada a′ e a distância real a, se ϕ aumenta para 70°?
    a. Aumenta
    b. Diminui
    c. Permanece a mesma
    d. As informações não são suficientes para responder

DESENHOS

11. A partir das perspectivas isométricas das Figuras P3-4 a P3-65, use cópias da rede oblíqua para a direita (no final do livro) para desenhar perspectivas cavaleiras dos objetos.
12. A partir das perspectivas isométricas das Figuras P3-4 a P3-65, use cópias da rede oblíqua para a direita (no final do livro) para desenhar perspectivas de gabinete dos objetos.
13. A partir das perspectivas isométricas das Figuras P3-4 a P3-65, use cópias da rede oblíqua para a esquerda (no final do livro) para desenhar perspectivas cavaleiras dos objetos.
14. A partir das perspectivas isométricas das Figuras P3-4 a P3-65, use cópias da rede oblíqua para a esquerda (no final do livro) para desenhar perspectivas de gabinete dos objetos.
15. A partir das perspectivas isométricas das Figuras P3-4 a P3-65, use folhas de papel em branco para desenhar perspectivas cavaleiras bem proporcionadas dos objetos.

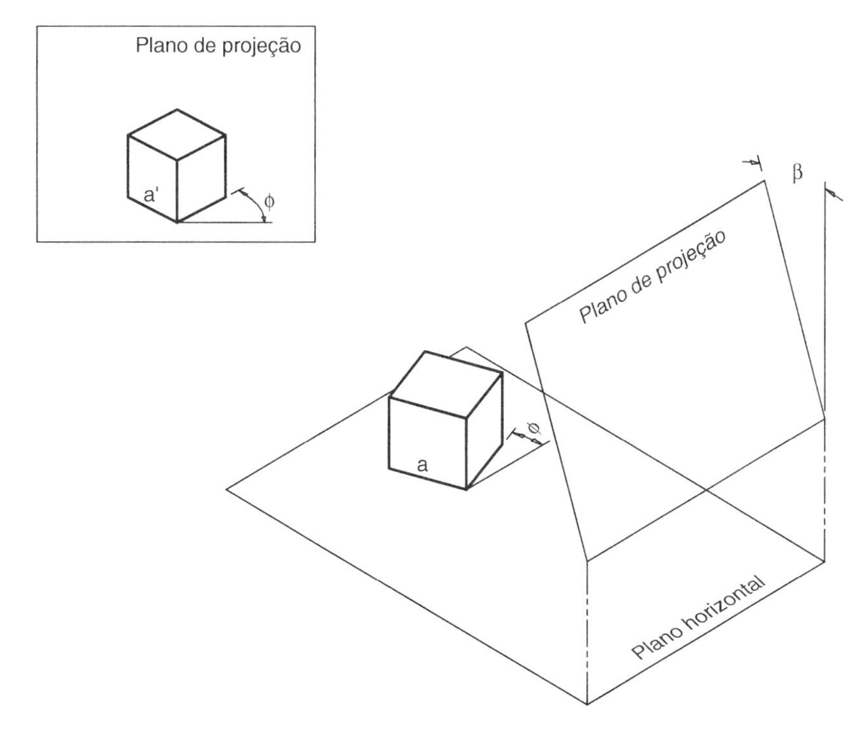

Figura P3-3 Perspectiva na qual as distâncias a e a′ representam, respectivamente, o comprimento da aresta do cubo real e o comprimento da aresta da projeção do cubo. (Figura adaptada da obra de Michael H. Pleck.)

16. A partir das perspectivas isométricas das Figuras P3-4 a P3-65, use folhas de papel em branco para desenhar perspectivas de gabinete bem proporcionadas dos objetos.
17. Supondo que os desenhos das Figuras P3-66 a P3-95 são perspectivas cavaleiras, use cópias da rede isométrica (no final do livro) para desenhar perspectivas isométricas dos objetos.
18. Supondo que os desenhos das Figuras P3-66 a P3-95 são perspectivas de gabinete, use cópias da rede isométrica (no final do livro) para desenhar perspectivas isométricas dos objetos.
19. Supondo que os desenhos das Figuras P3-66 a P3-95 são perspectivas cavaleiras, use folhas de papel em branco para desenhar perspectivas isométricas bem proporcionadas dos objetos.
20. Supondo que os desenhos das Figuras P3-66 a P3-95 são perspectivas de gabinete, use folhas de papel em branco para desenhar perspectivas isométricas bem proporcionadas dos objetos.

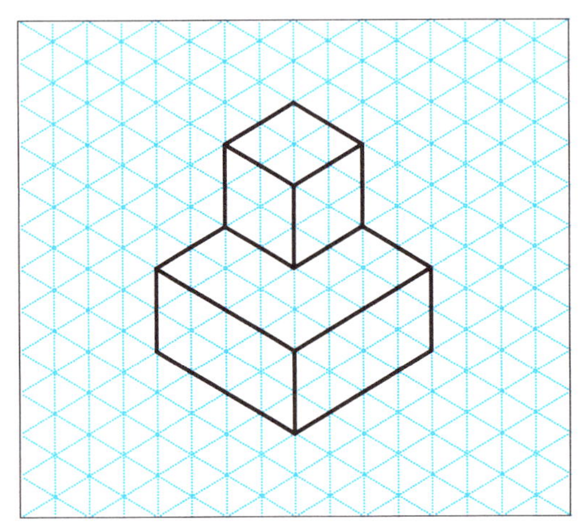

Figura P3-4

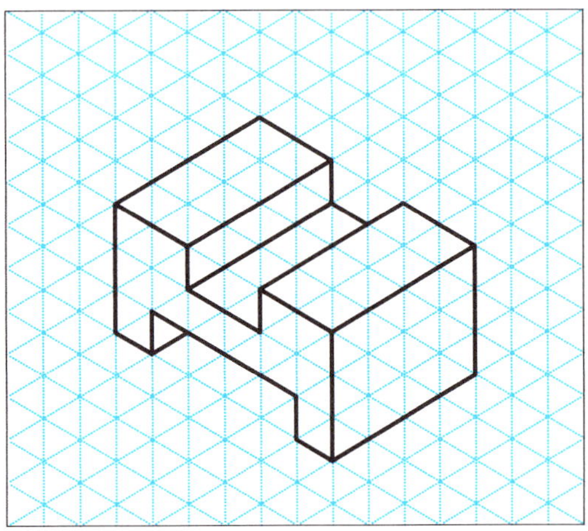

Figura P3-6

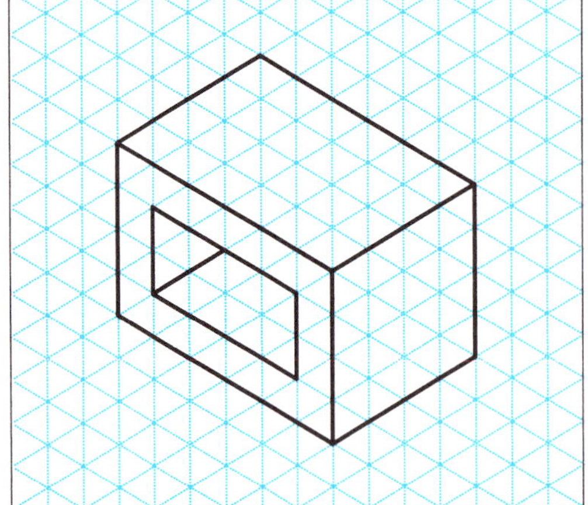

Figura P3-5

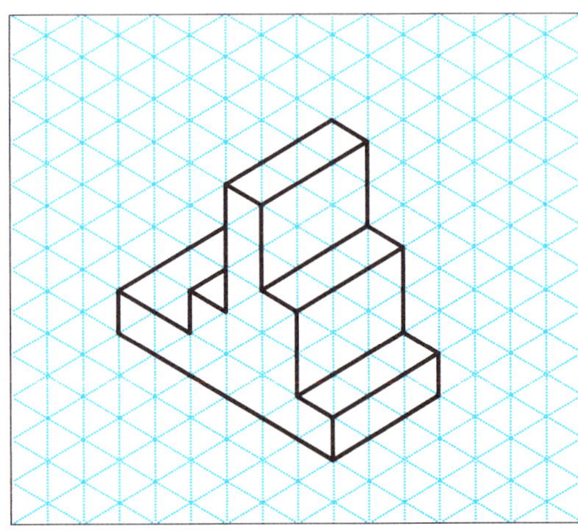

Figura P3-7

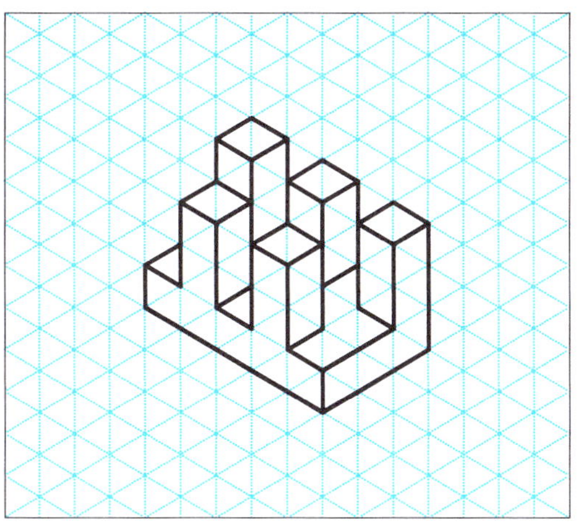

Figura P3-8

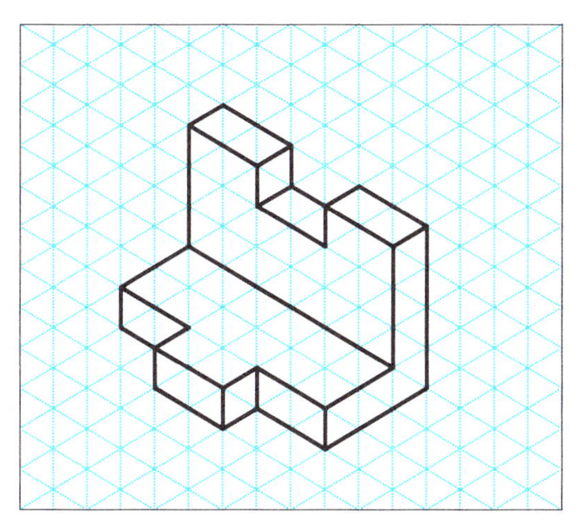

Figura P3-9

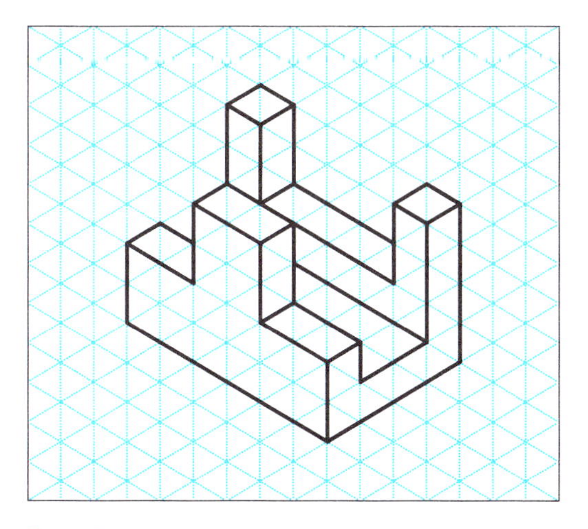

Figura P3-10

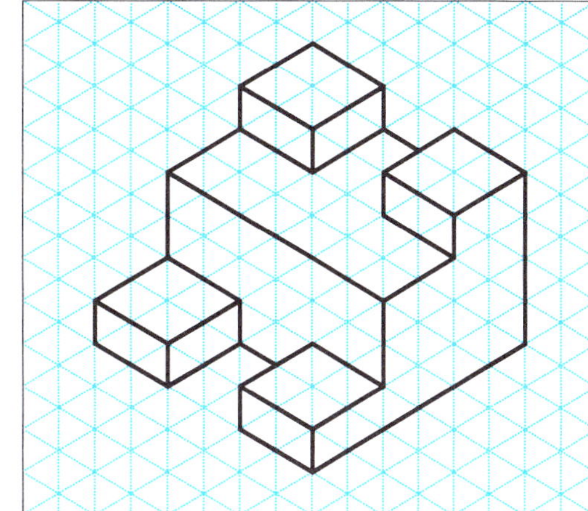

Figura P3-11

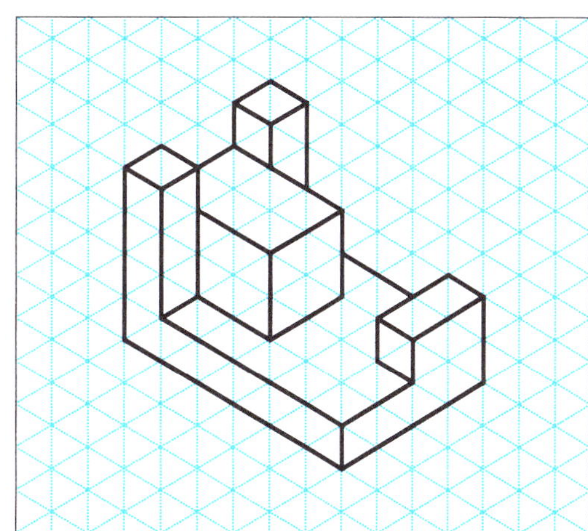

Figura P3-12

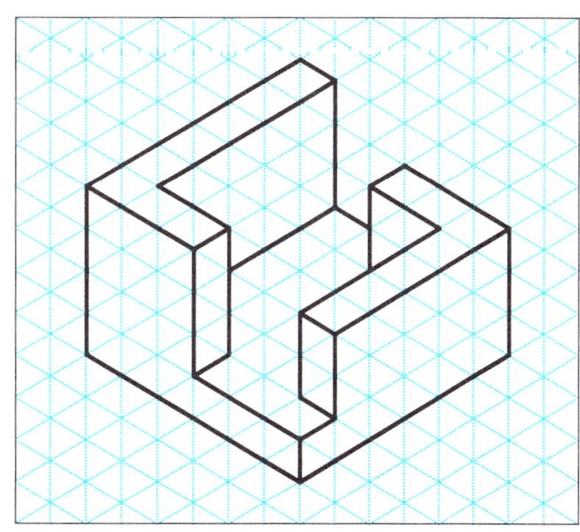

Figura P3-13

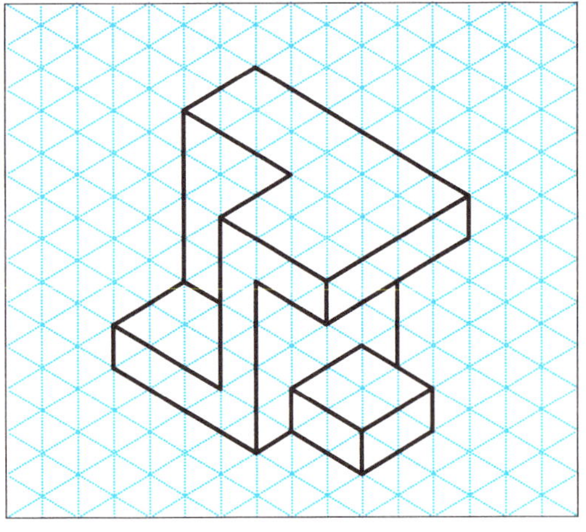

Figura P3-14

Figura P3-17

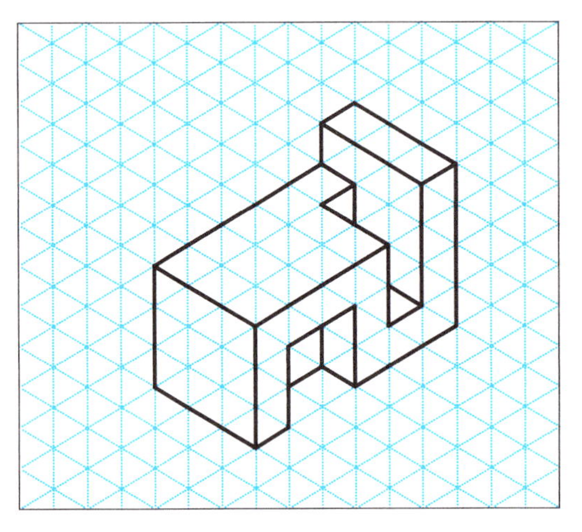

Figura P3-15

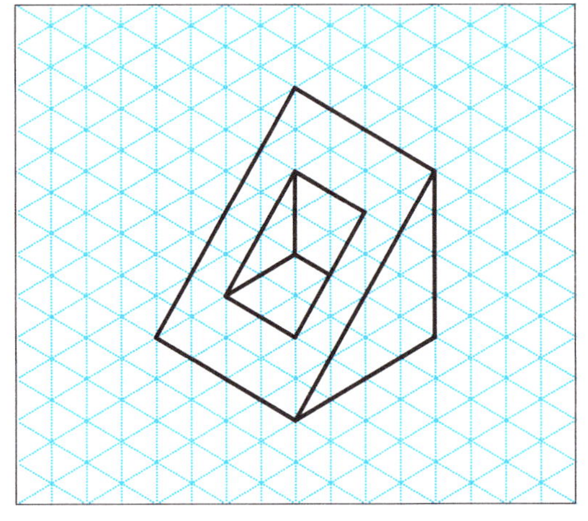

Figura P3-18

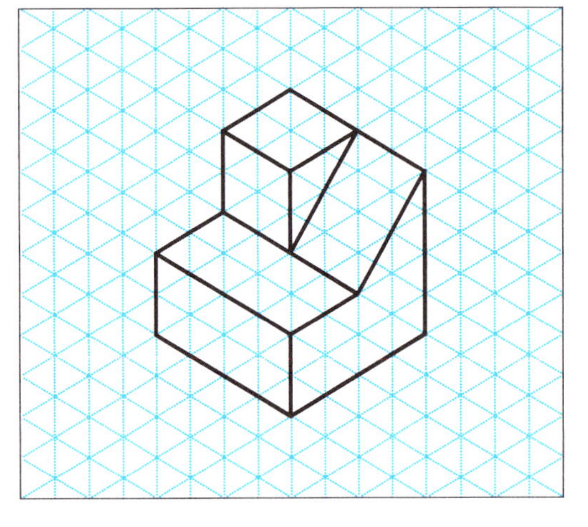

Figura P3-16

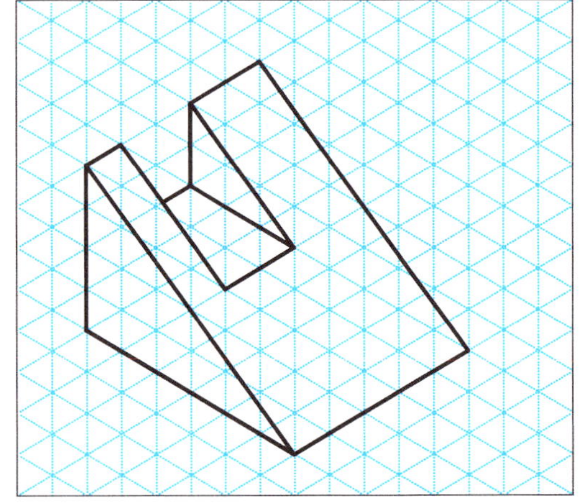

Figura P3-19

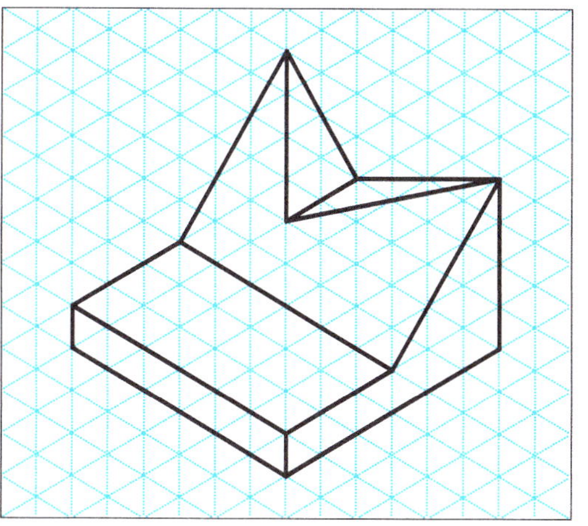
Figura P3-20

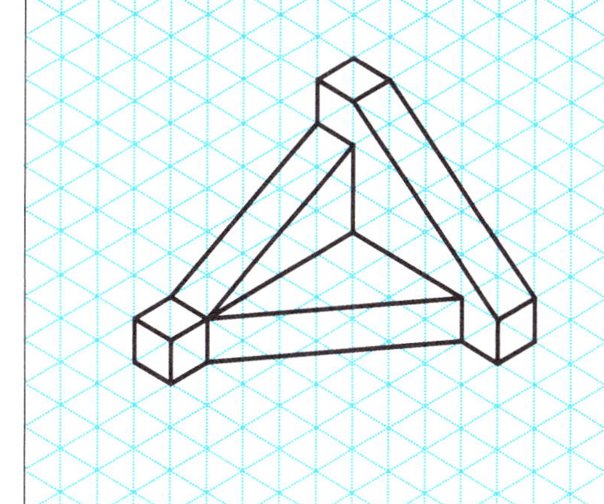
Figura P3-23

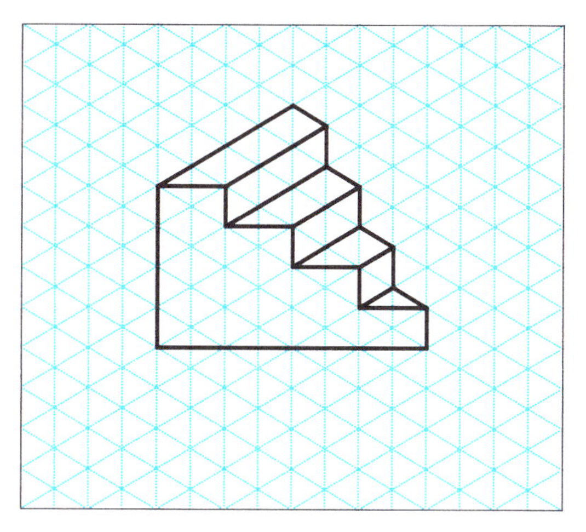
Figura P3-21

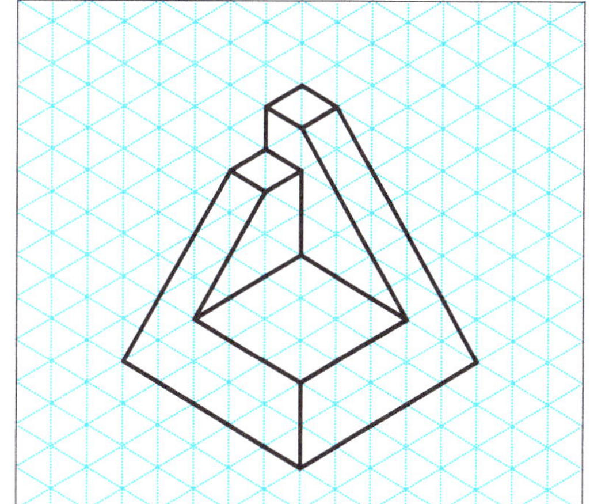
Figura P3-24

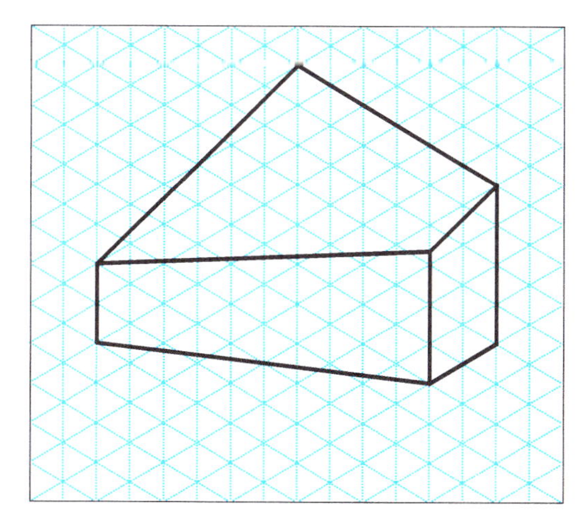
Figura P3-22

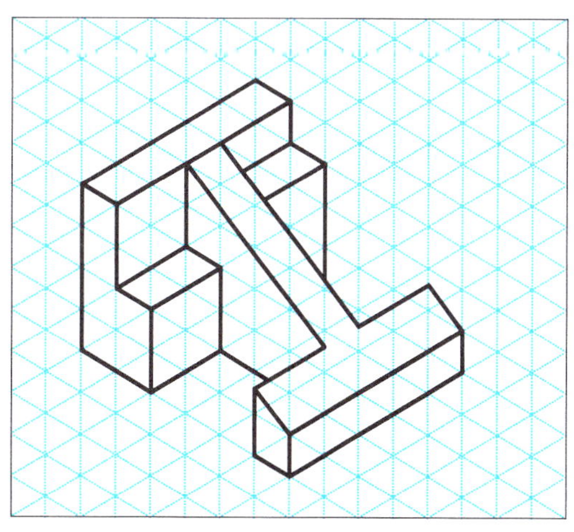
Figura P3-25

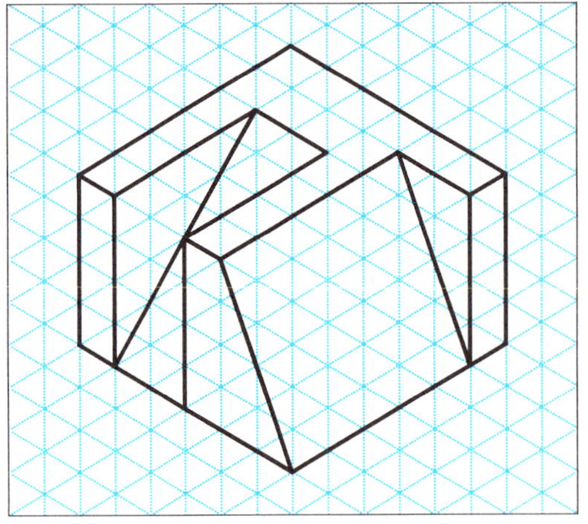

Figura P3-26

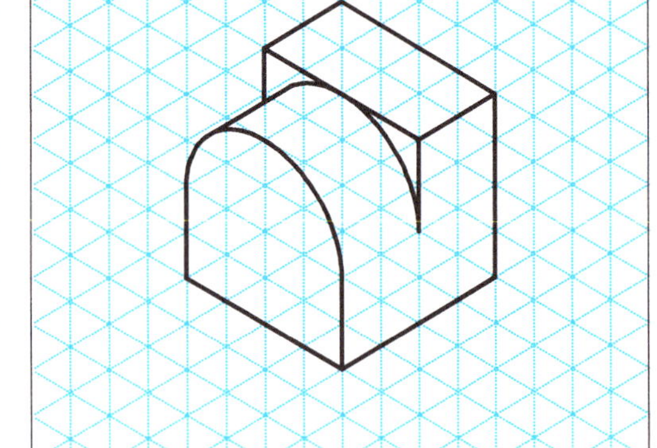

Figura P3-29

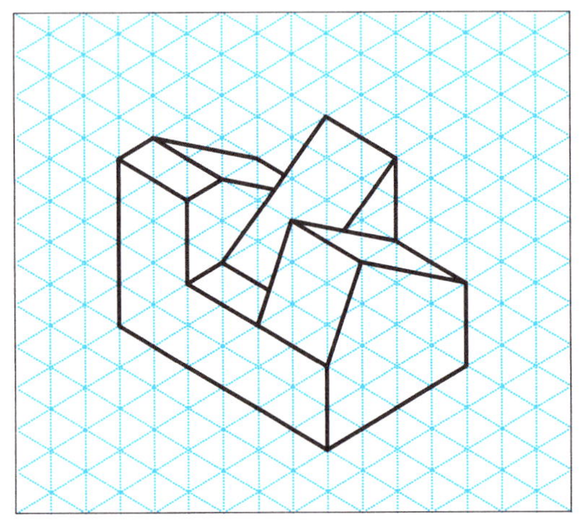

Figura P3-27

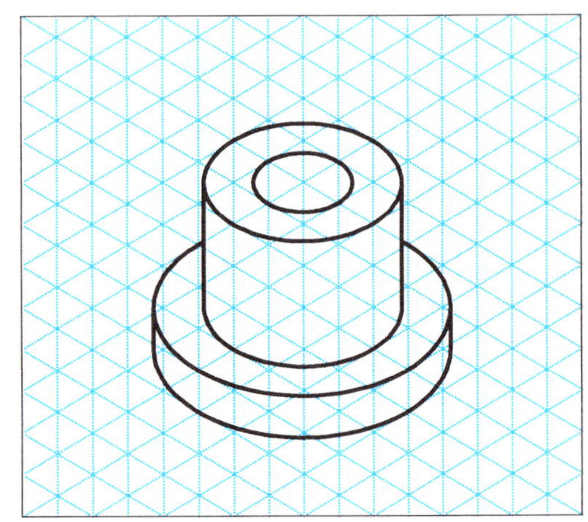

Figura P3-30

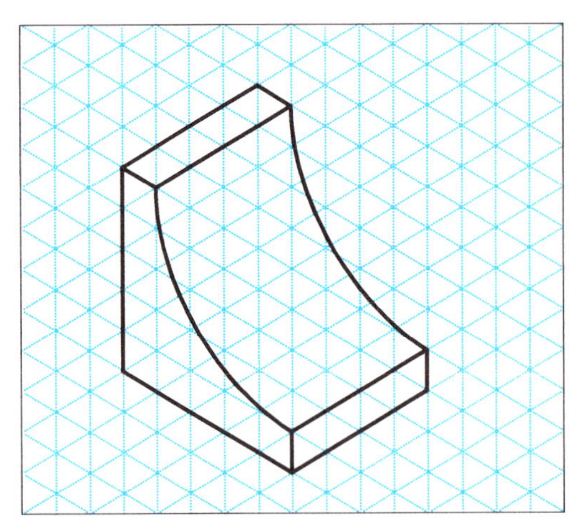

Figura P3-28

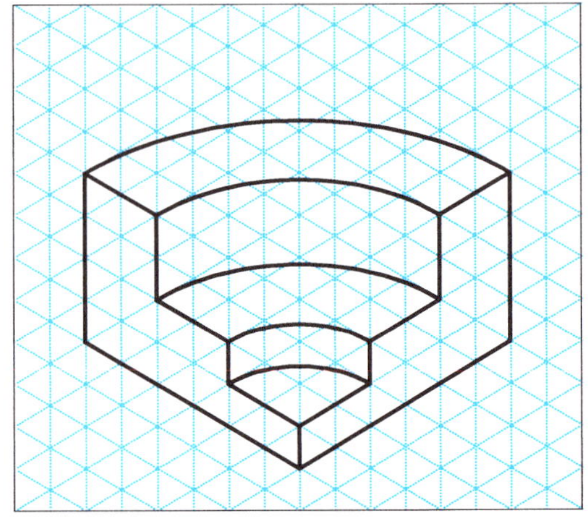

Figura P3-31

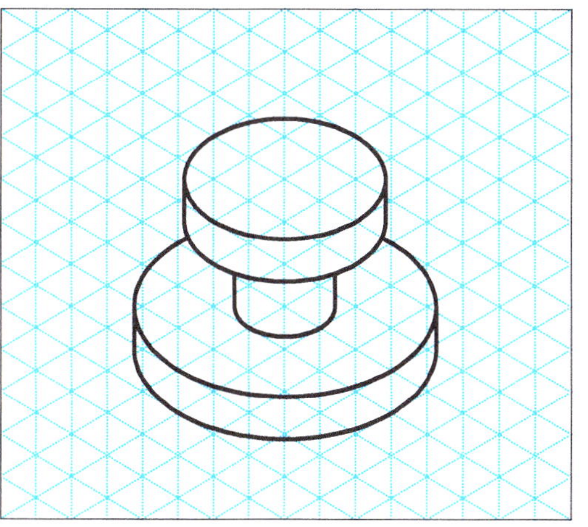

Figura P3-32

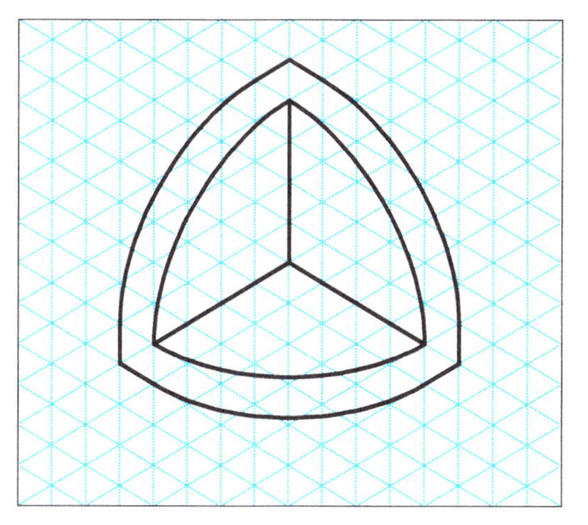

Figura P3-33

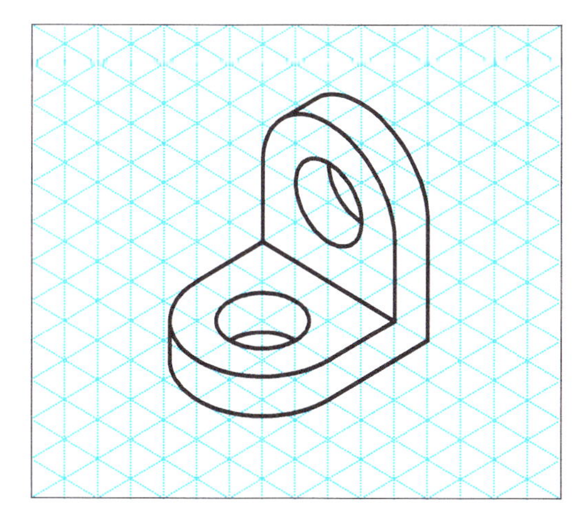

Figura P3-34

Figura P3-35

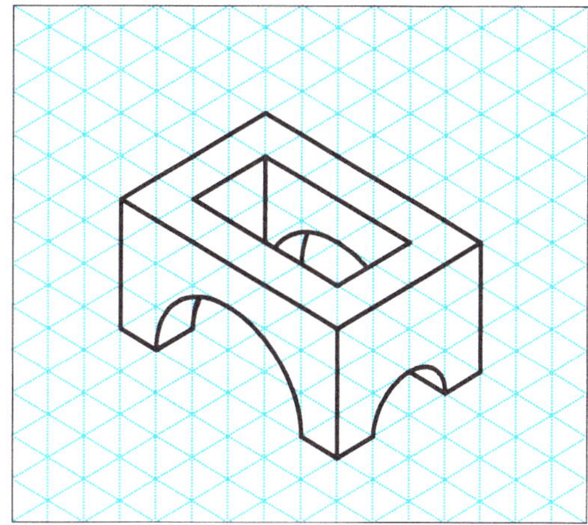

Figura P3-36

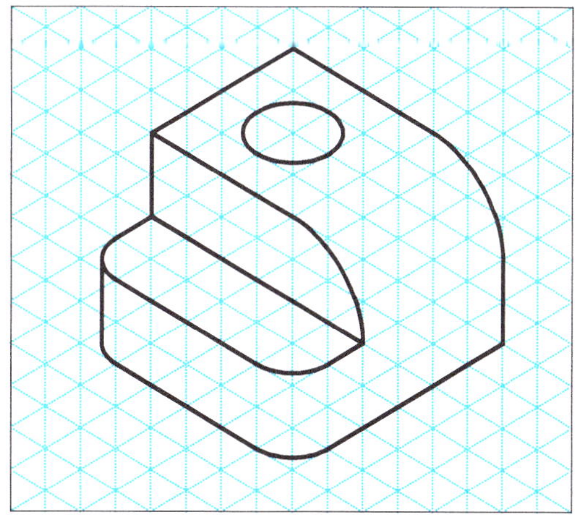

Figura P3-37

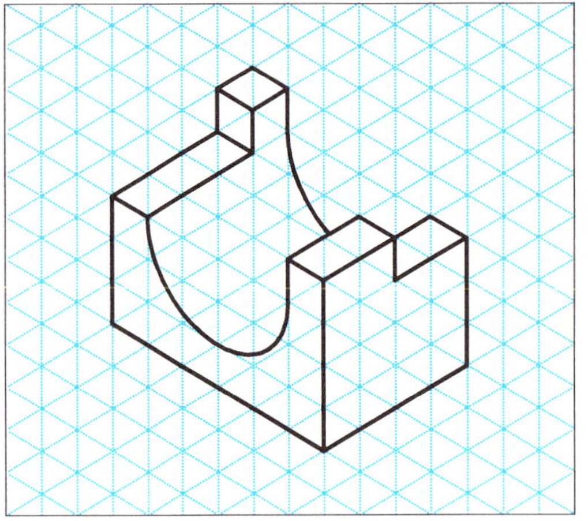

Figura P3-38

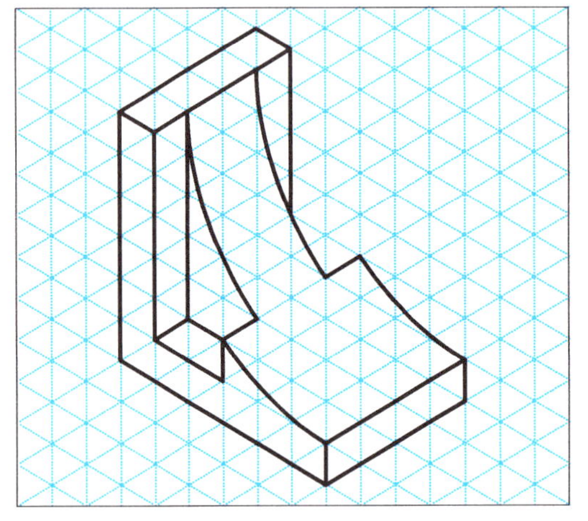

Figura P3-39

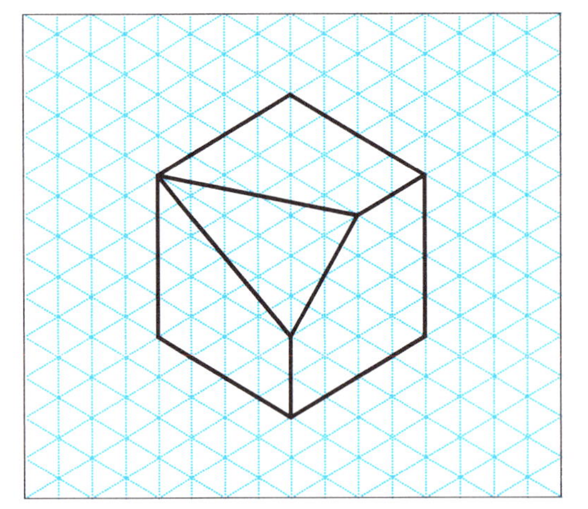

Figura P3-40

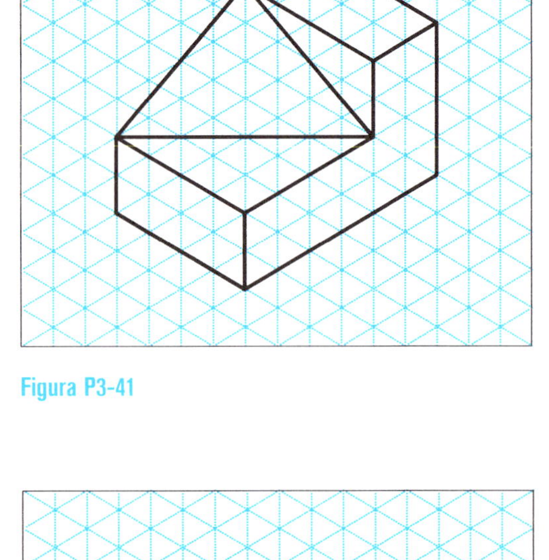

Figura P3-41

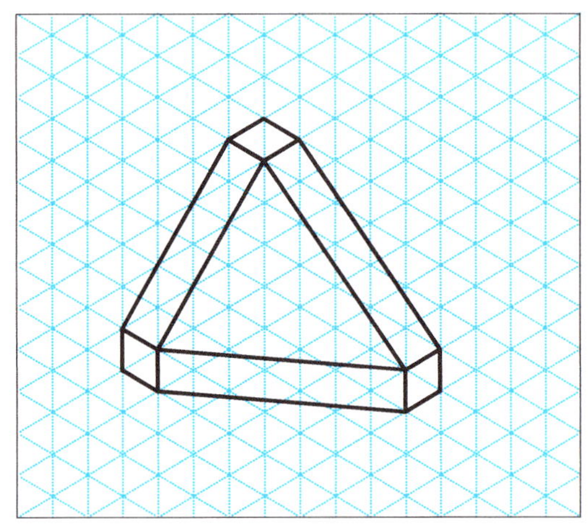

Figura P3-42

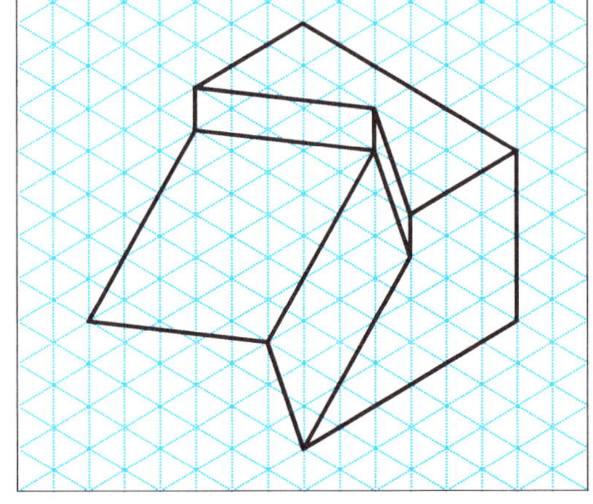

Figura P3-43

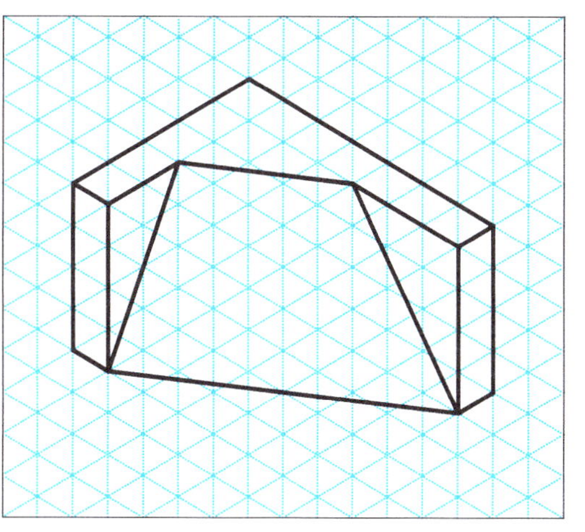

Figura P3-44

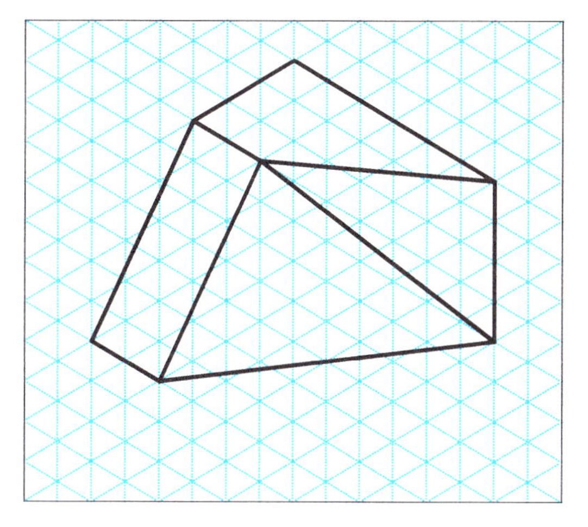

Figura P3-45

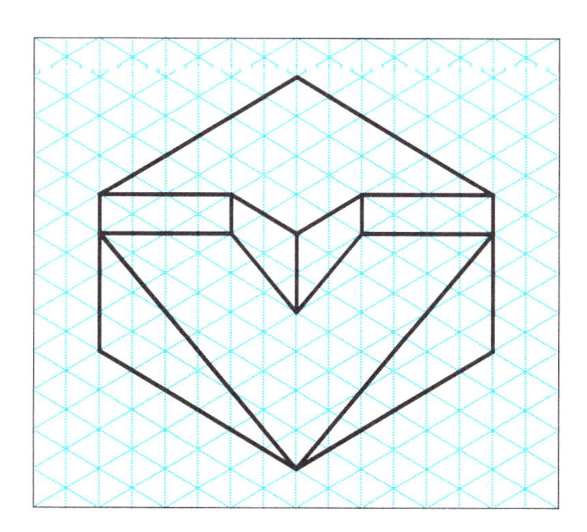

Figura P3-46

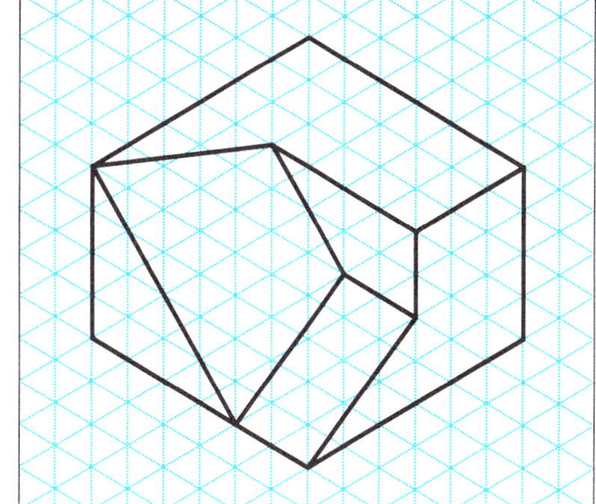

Figura P3-47

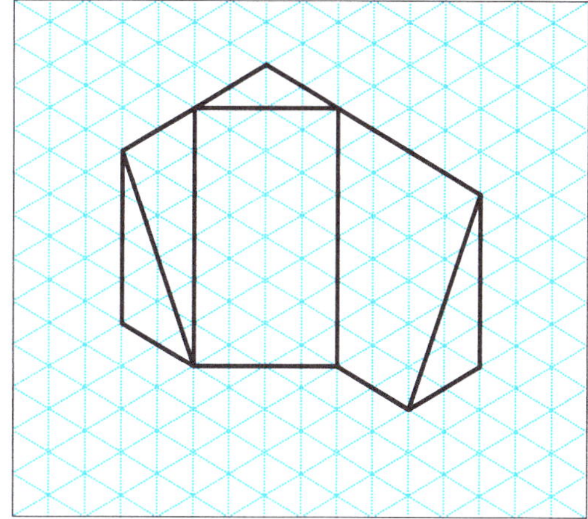

Figura P3-48

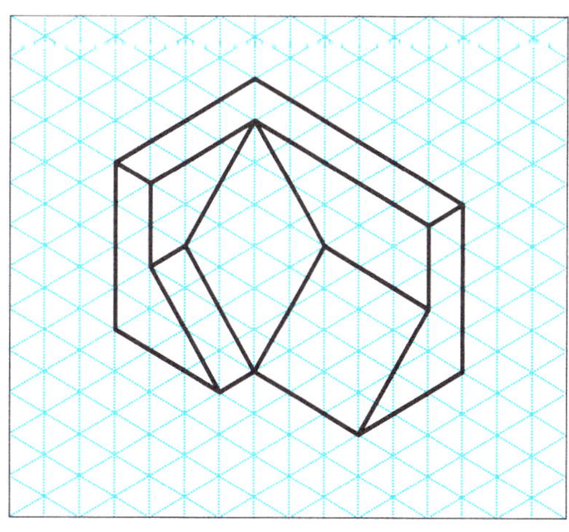

Figura P3-49

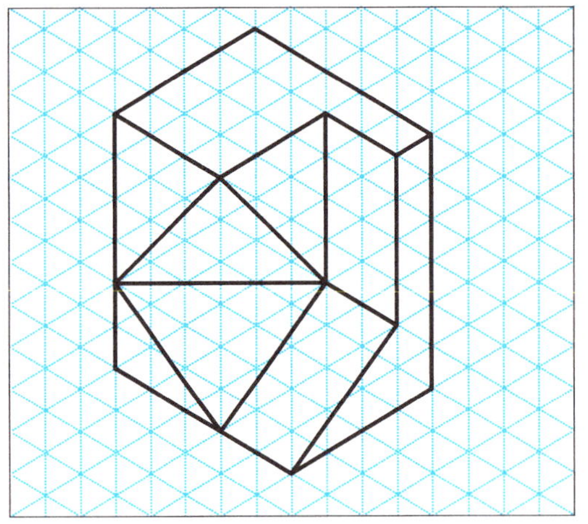

Figura P3-50

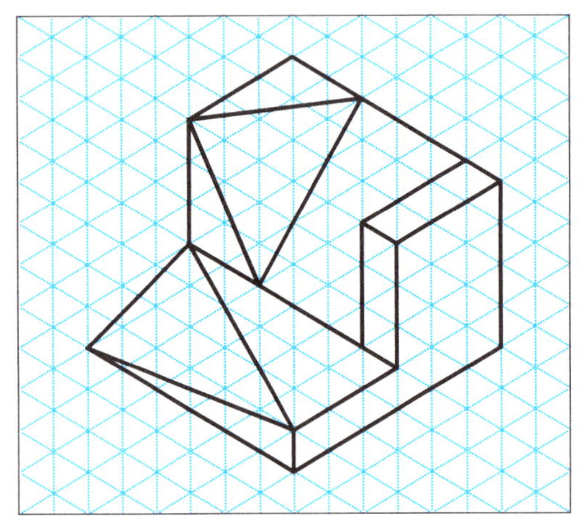

Figura P3-51

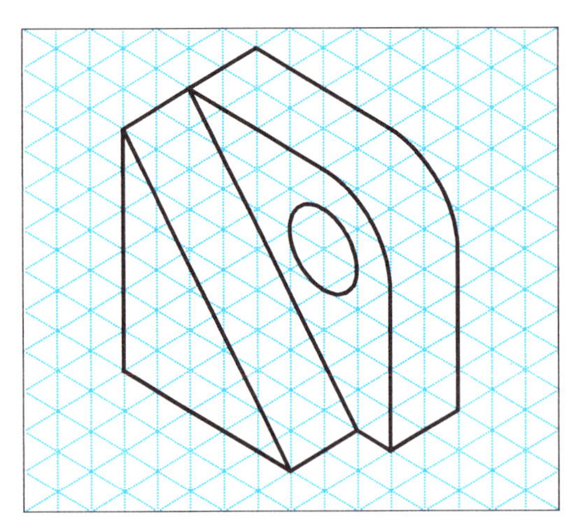

Figura P3-52

Figura P3-53

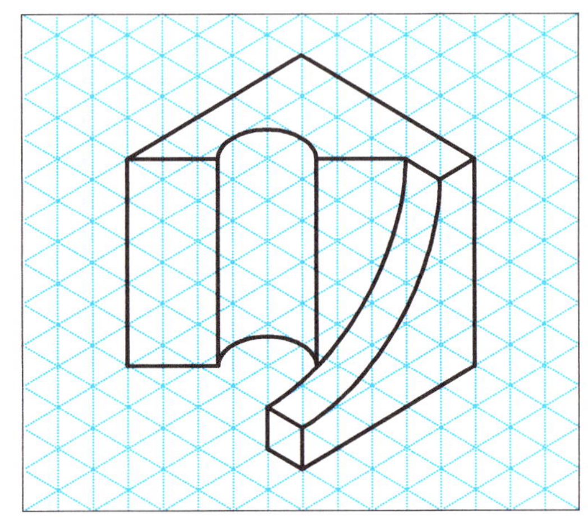

Figura P3-54

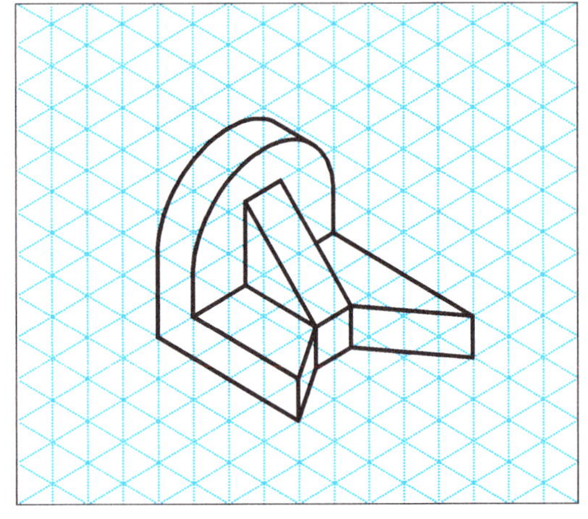

Figura P3-55

Figura P3-56

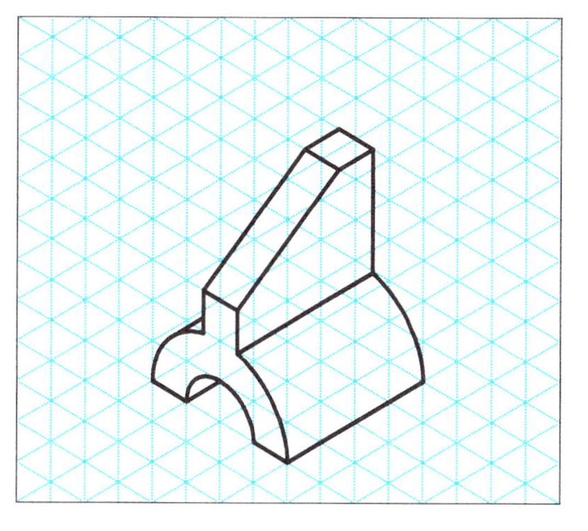

Figura P3-57

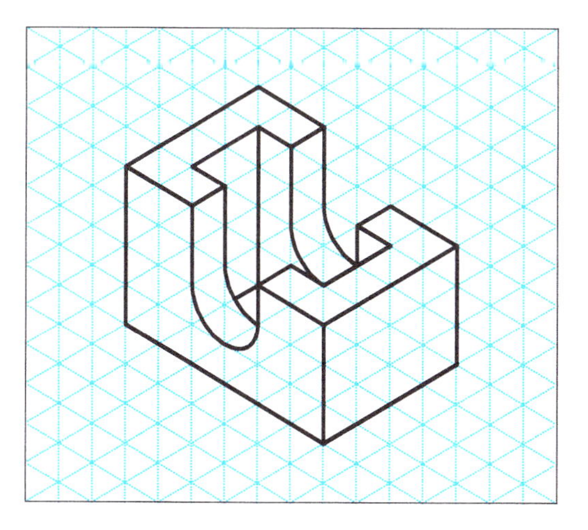

Figura P3-58

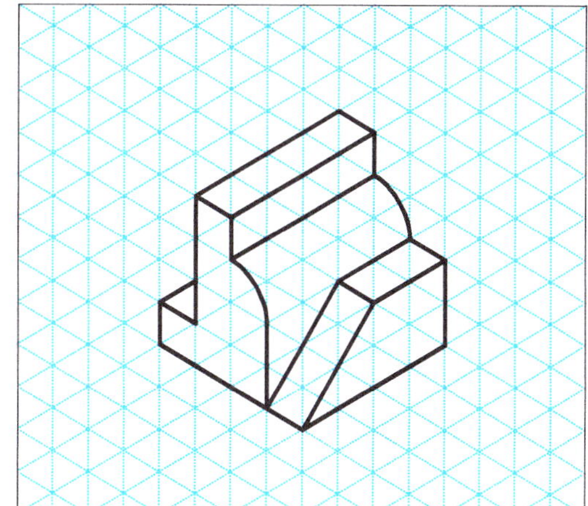

Figura P3-59

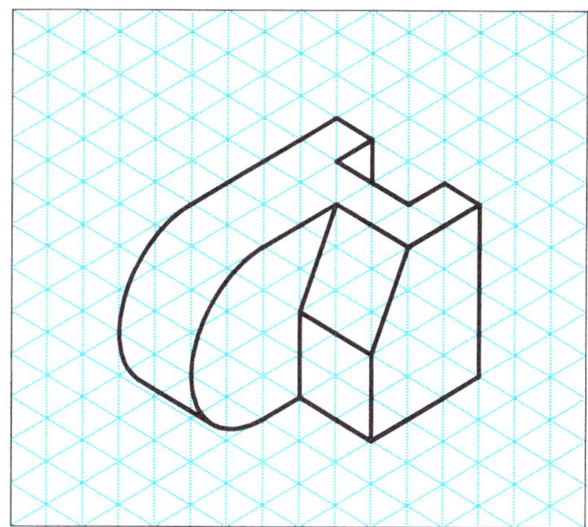

Figura P3-60

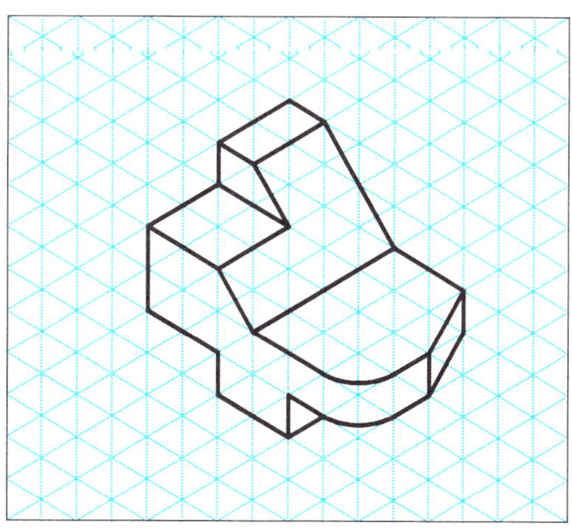

Figura P3-61

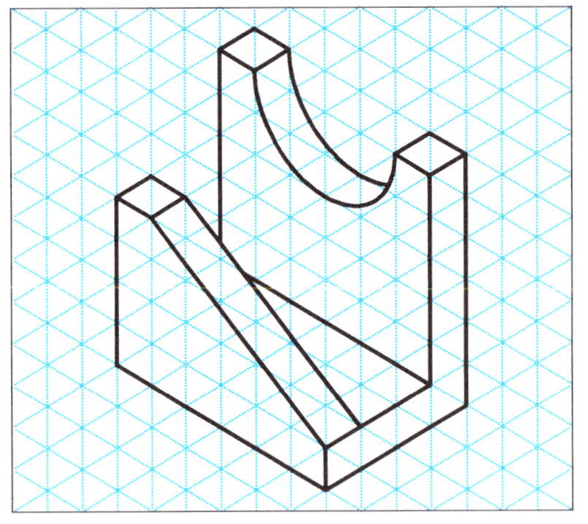

Figura P3-62

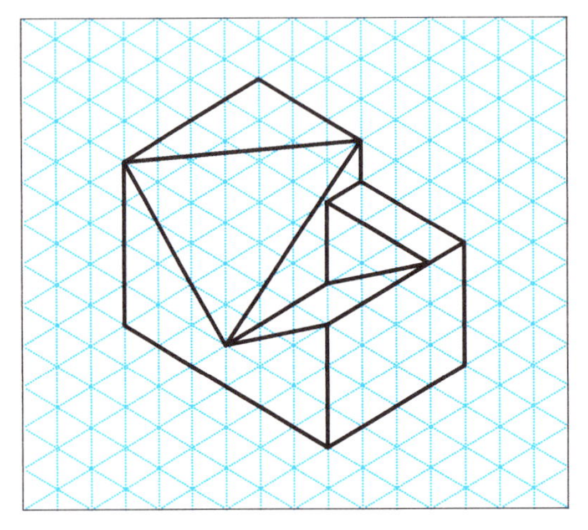

Figura P3-63

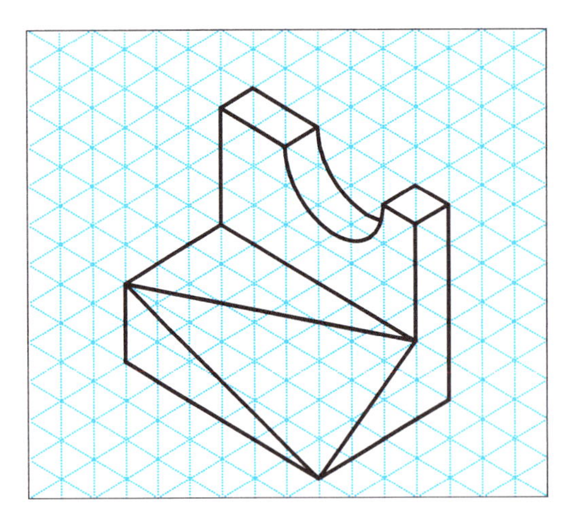

Figura P3-64

Figura P3-65

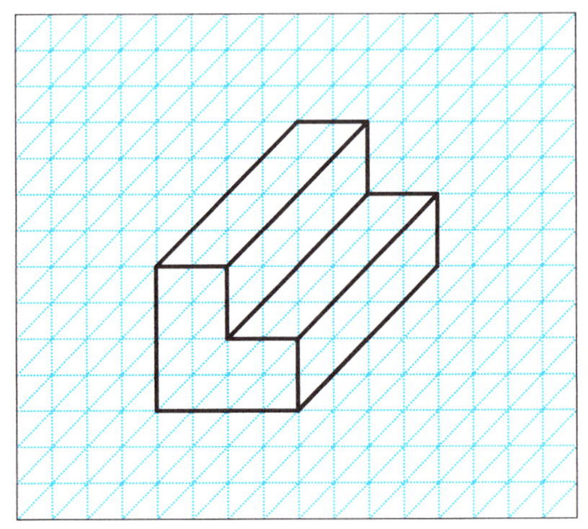

Figura P3-66

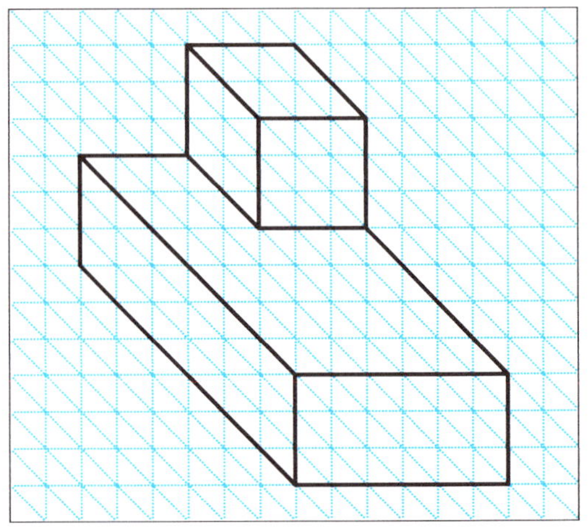

Figura P3-67

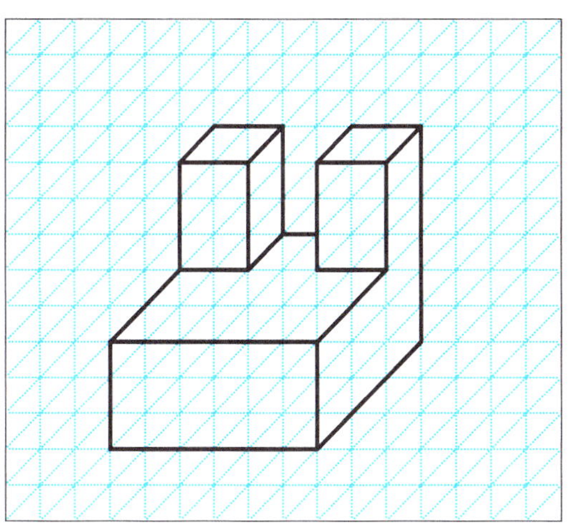

Figura P3-68

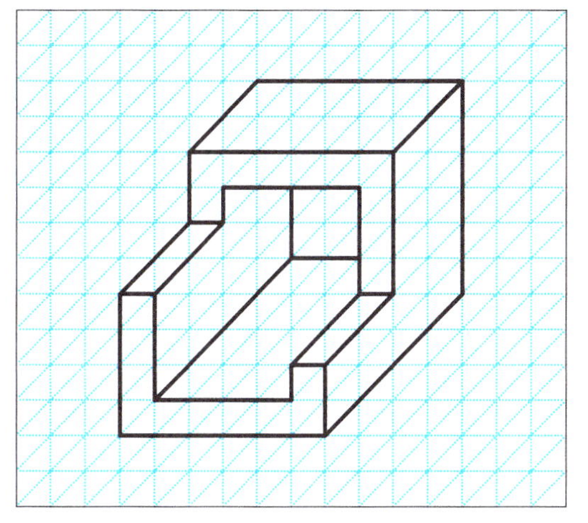

Figura P3-69

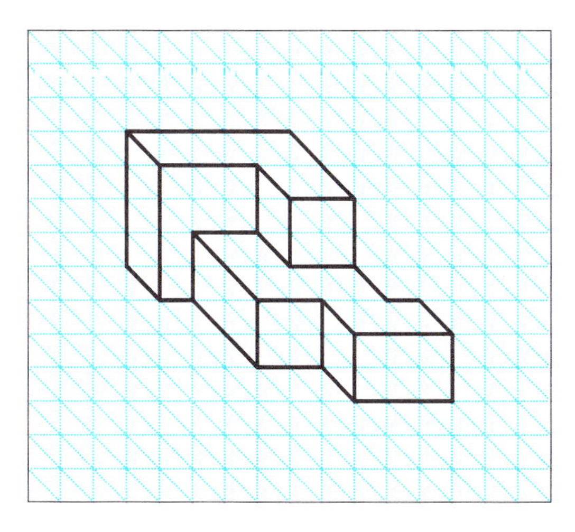

Figura P3-70

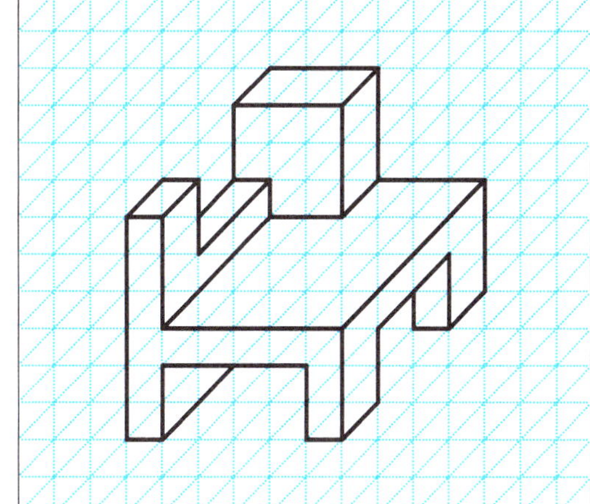

Figura P3-71

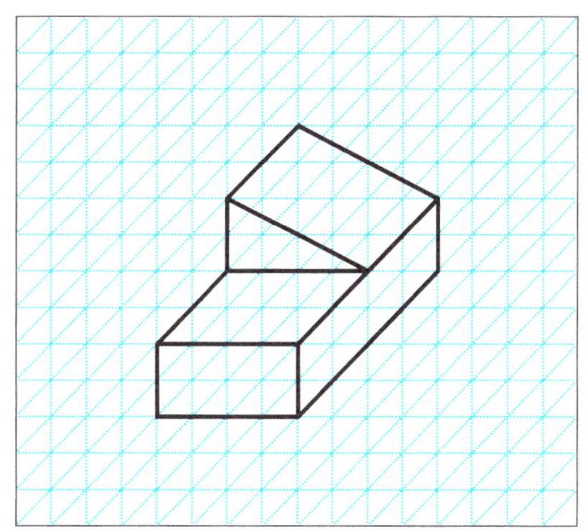

Figura P3-72

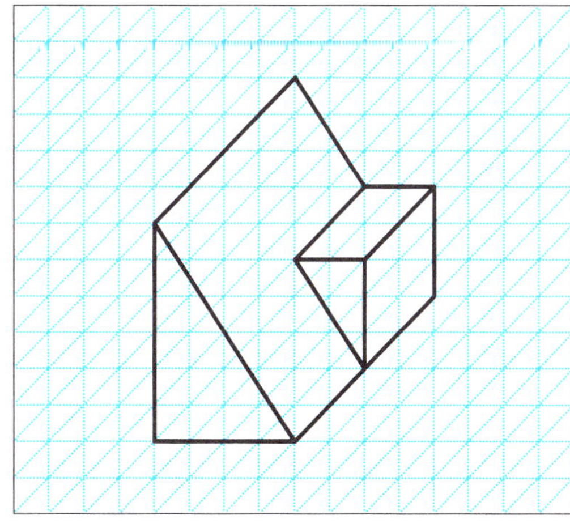

Figura P3-73

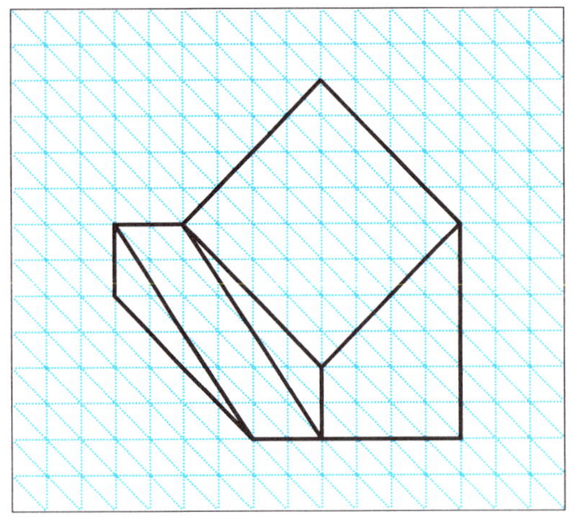

Figura P3-74

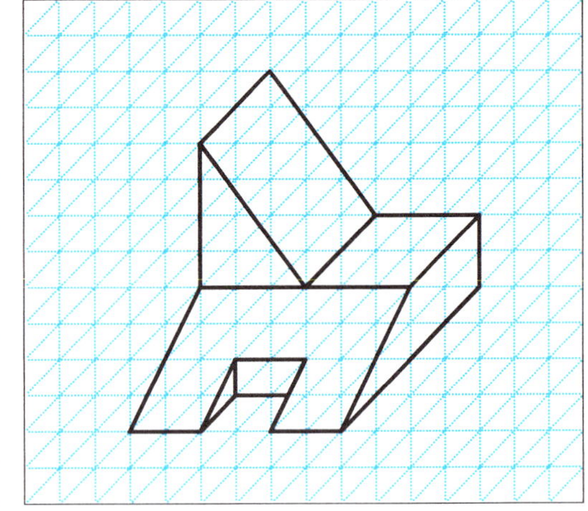

Figura P3-77

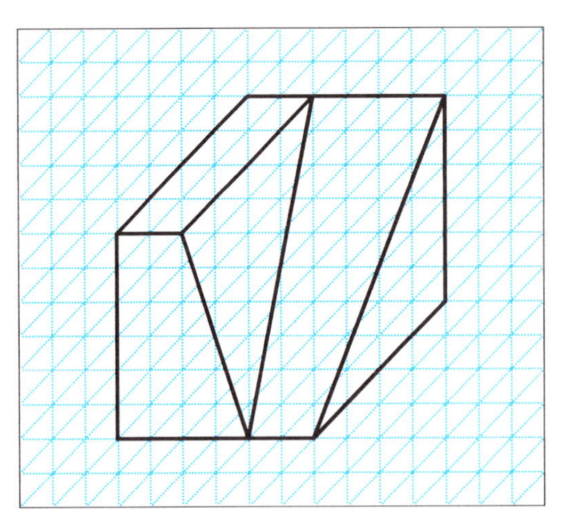

Figura P3-75

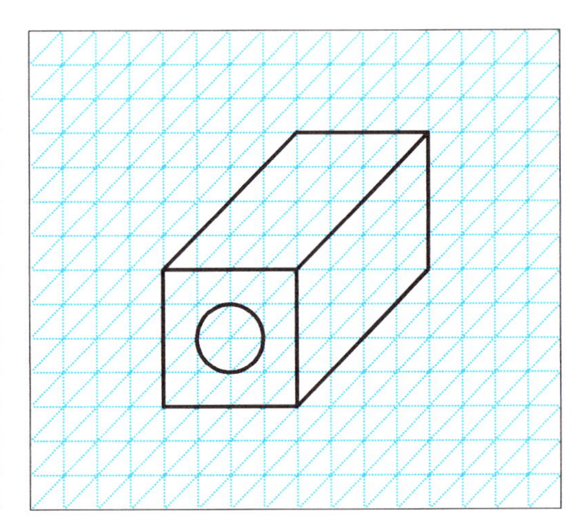

Figura P3-78

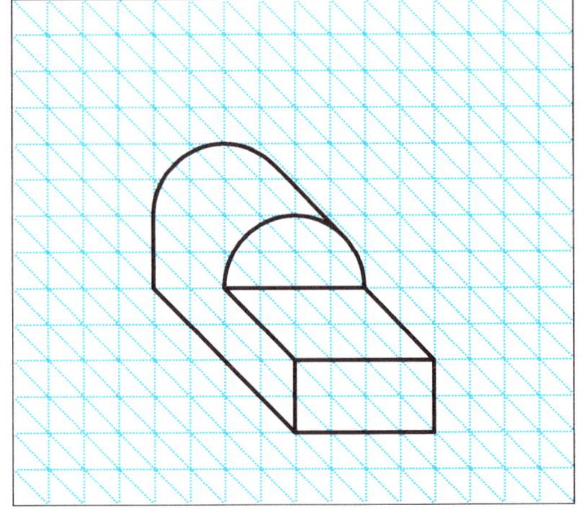

Figura P3-76

Figura P3-79

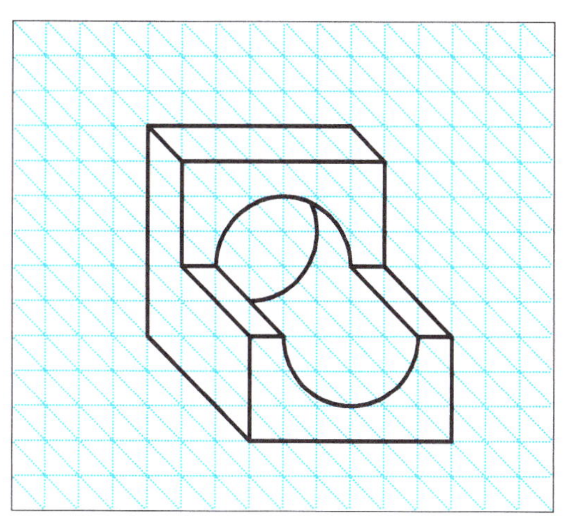

Figura P3-80

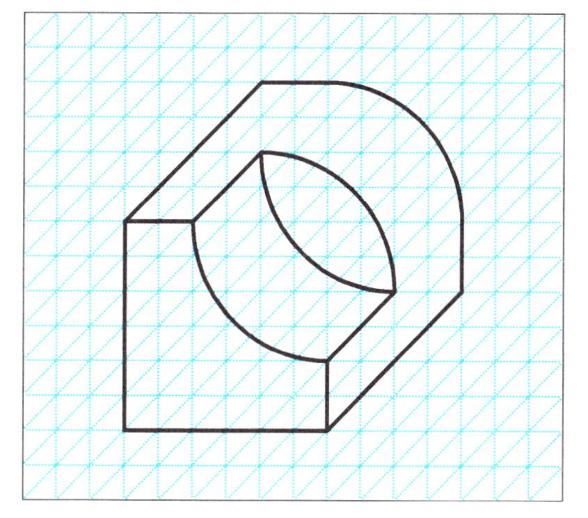

Figura P3-81

Figura P3-82

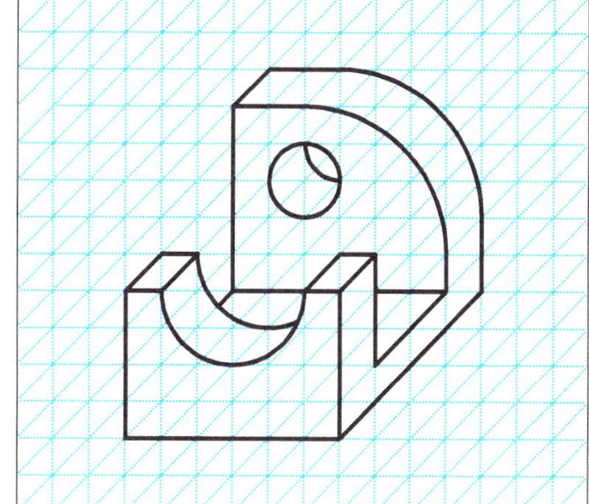

Figura P3-83

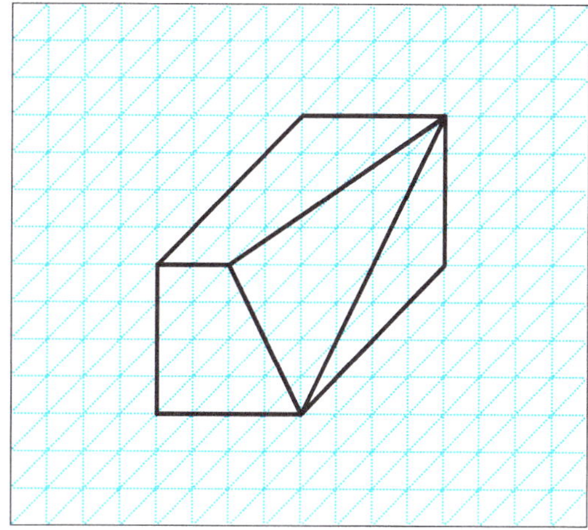

Figura P3-84

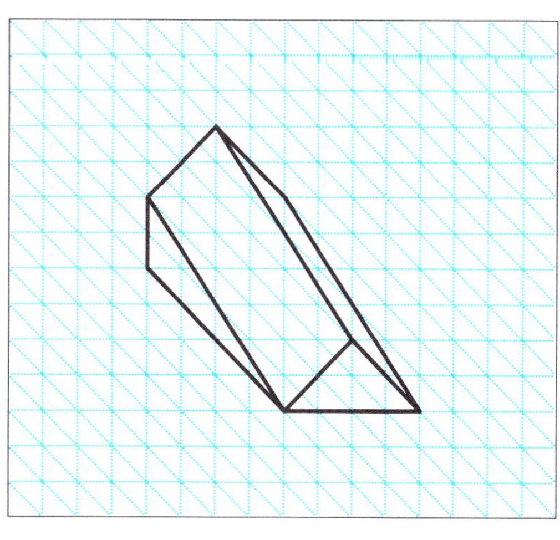

Figura P3-85

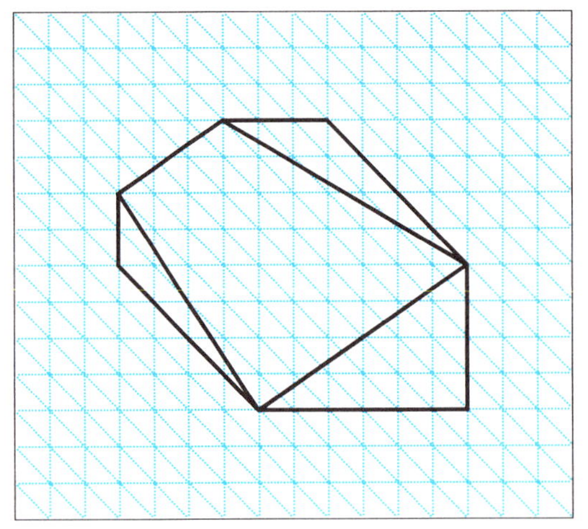

Figura P3-86

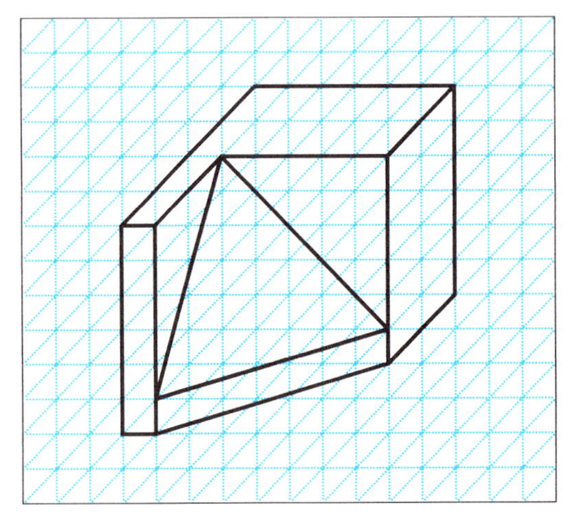

Figura P3-87

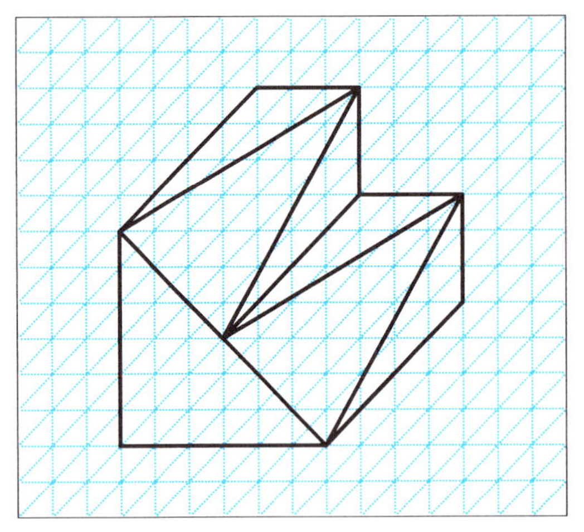

Figura P3-88

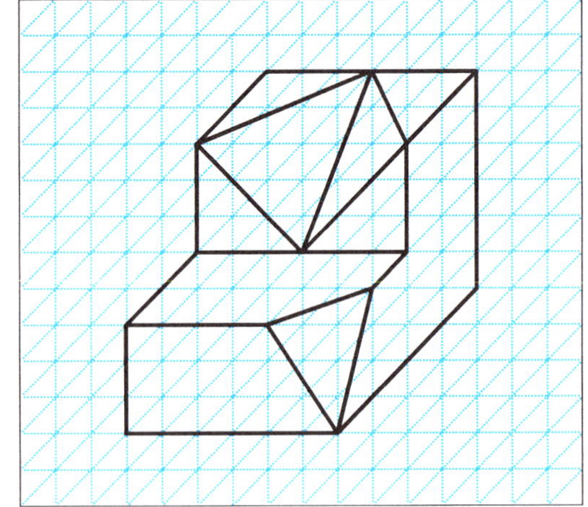

Figura P3-89

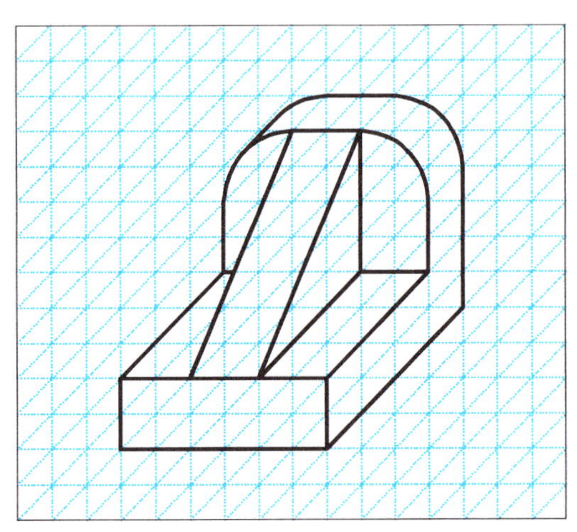

Figura P3-90

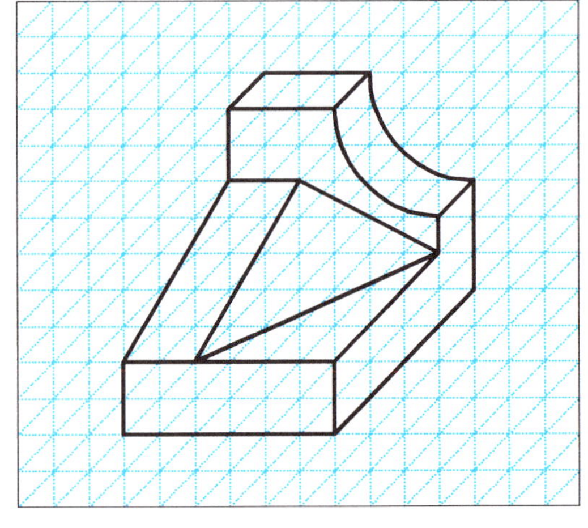

Figura P3-91

Figura P3-92

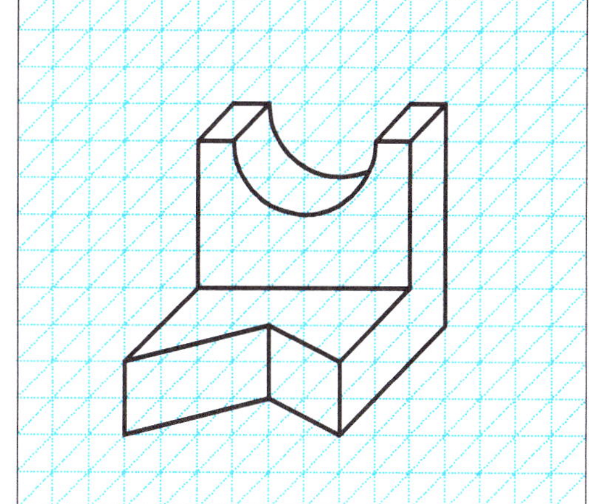

Figura P3-94

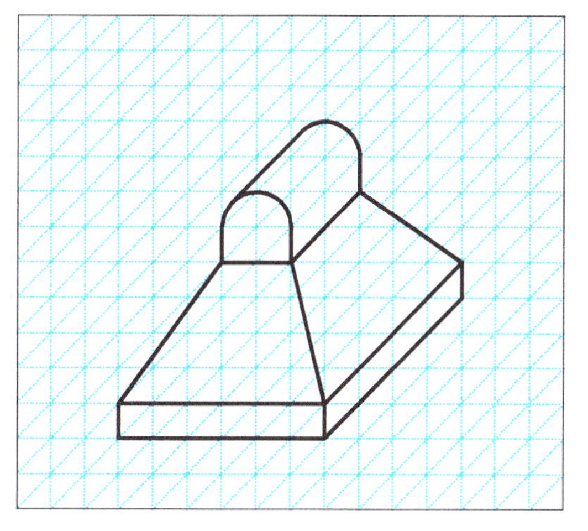

Figura P3-93

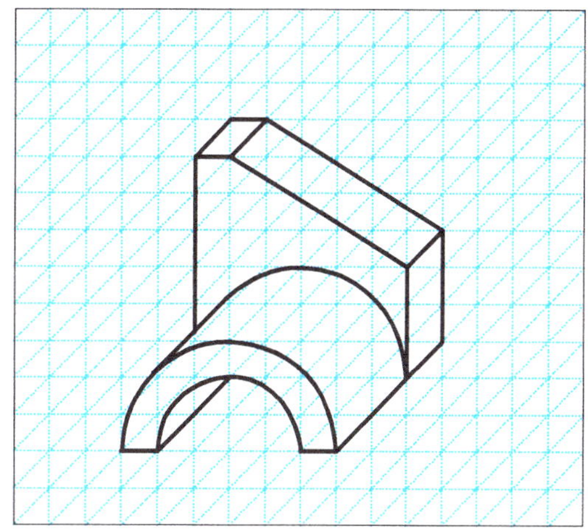

Figura P3-95

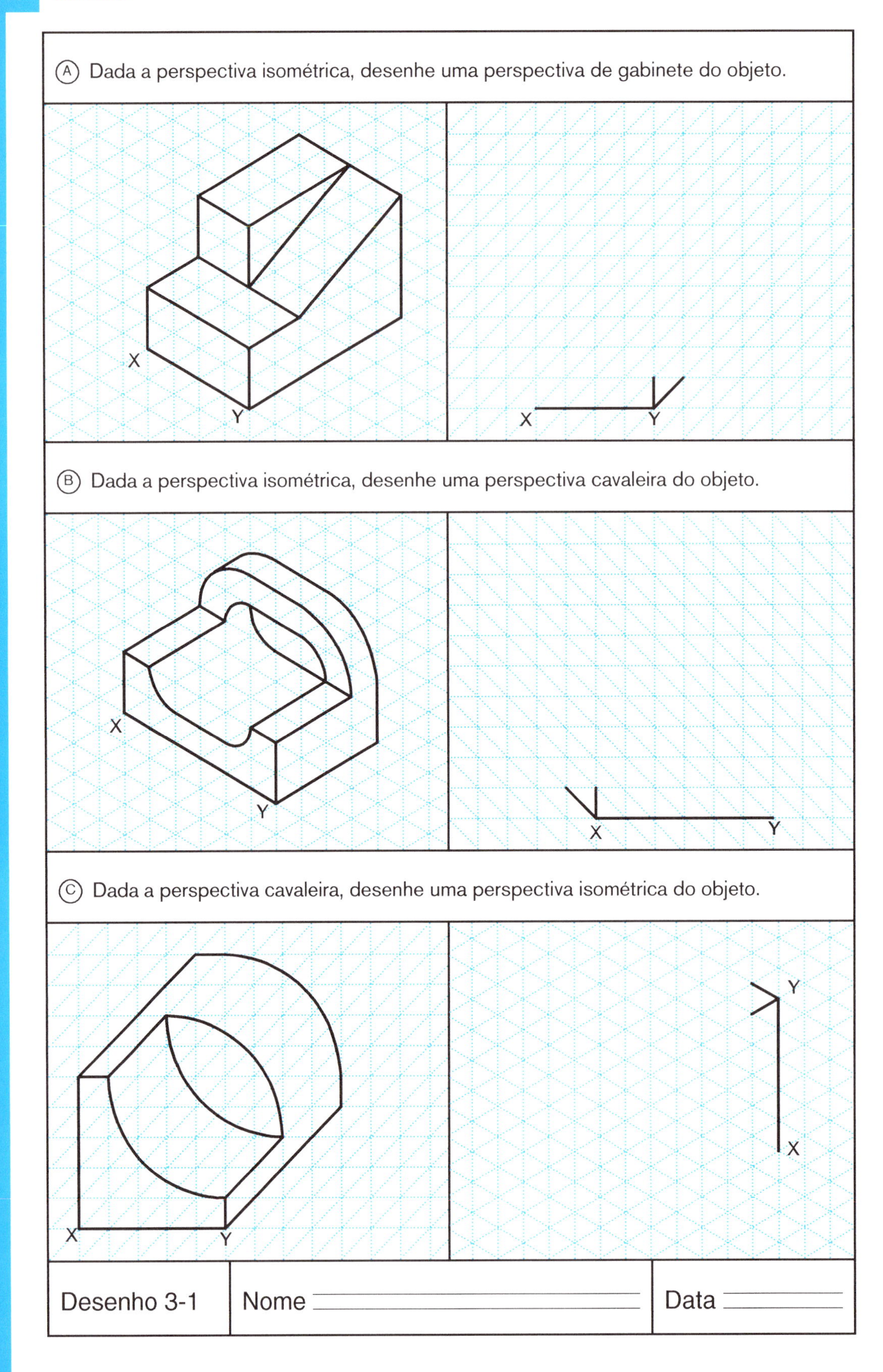
Ⓐ Dada a perspectiva isométrica, desenhe uma perspectiva de gabinete do objeto.
X
Y
X
Y
Ⓑ Dada a perspectiva isométrica, desenhe uma perspectiva cavaleira do objeto.
X
Y
X
Y
Ⓒ Dada a perspectiva cavaleira, desenhe uma perspectiva isométrica do objeto.
X
Y
Y
X
Desenho 3-1
Nome
Data

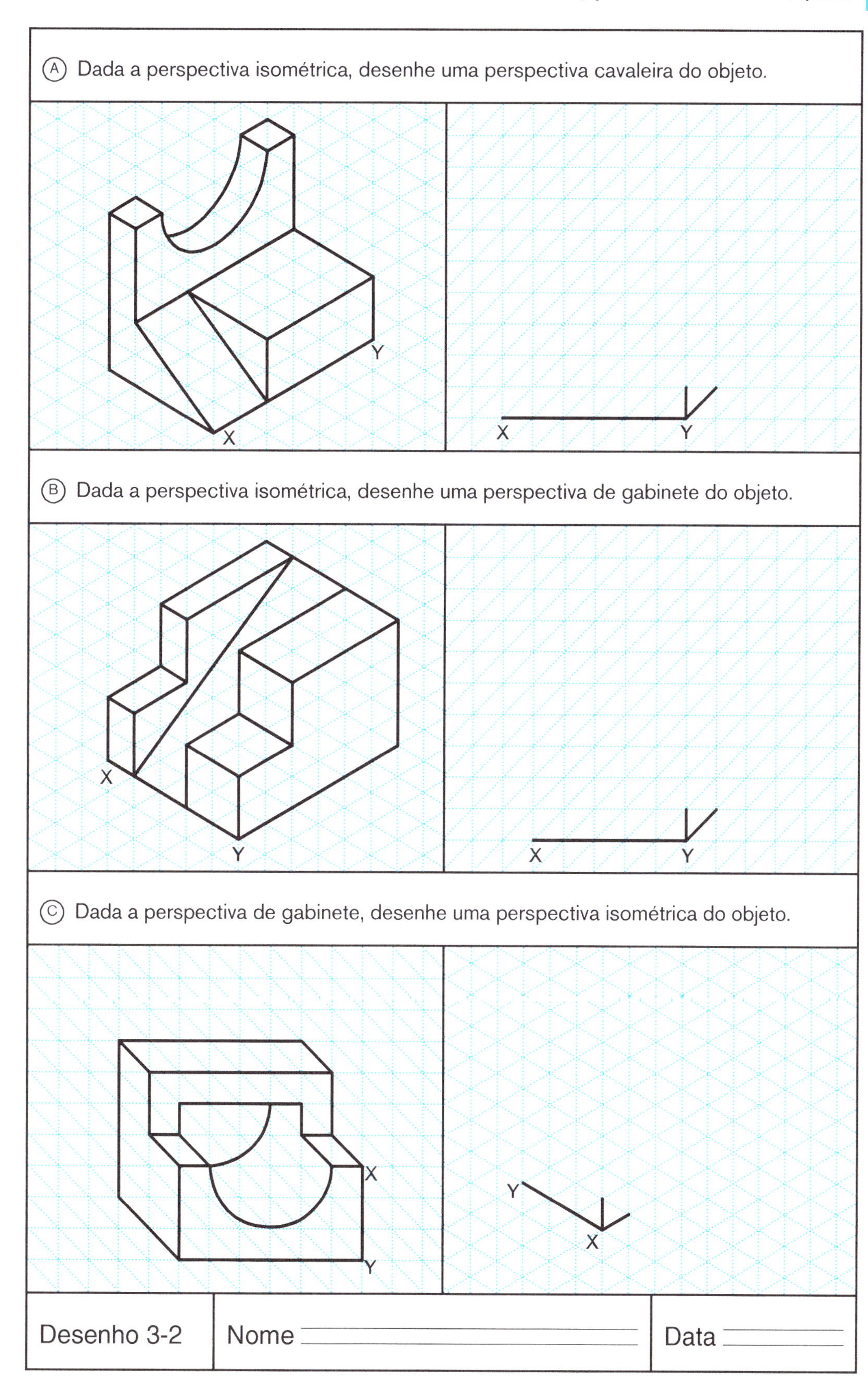
Ⓐ Dada a perspectiva isométrica, desenhe uma perspectiva cavaleira do objeto.
Y
X
X
Y
Ⓑ Dada a perspectiva isométrica, desenhe uma perspectiva de gabinete do objeto.
X
Y
X
Y
Ⓒ Dada a perspectiva de gabinete, desenhe uma perspectiva isométrica do objeto.
X
Y
Y
X
Desenho 3-2
Nome
Data

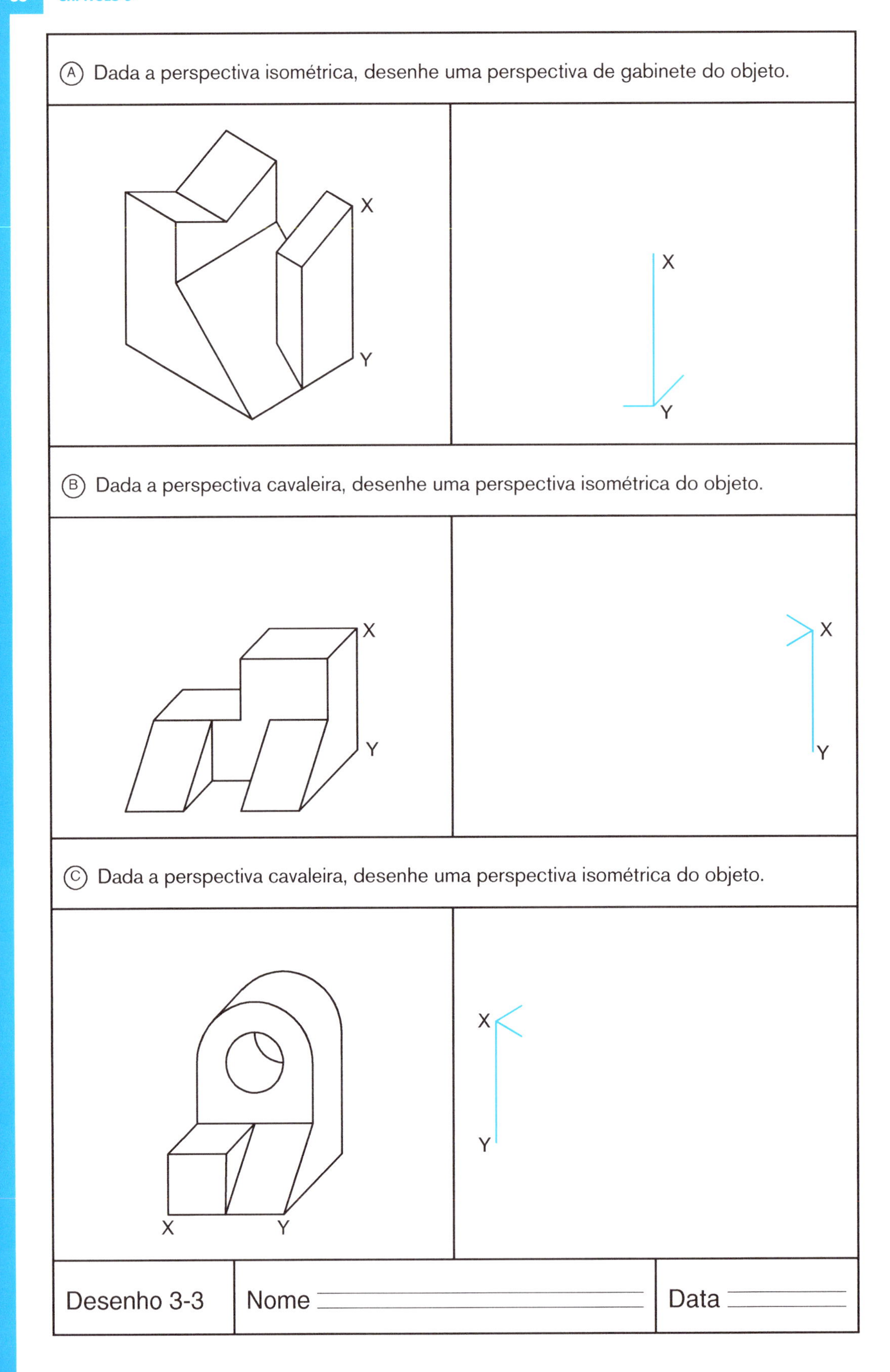

Ⓐ Dada a perspectiva isométrica, desenhe uma perspectiva de gabinete do objeto.

Ⓑ Dada a perspectiva cavaleira, desenhe uma perspectiva isométrica do objeto.

Ⓒ Dada a perspectiva cavaleira, desenhe uma perspectiva isométrica do objeto.

Desenho 3-3	Nome ____________	Data ________

Ⓐ Dada a perspectiva isométrica, desenhe uma perspectiva de gabinete do objeto.

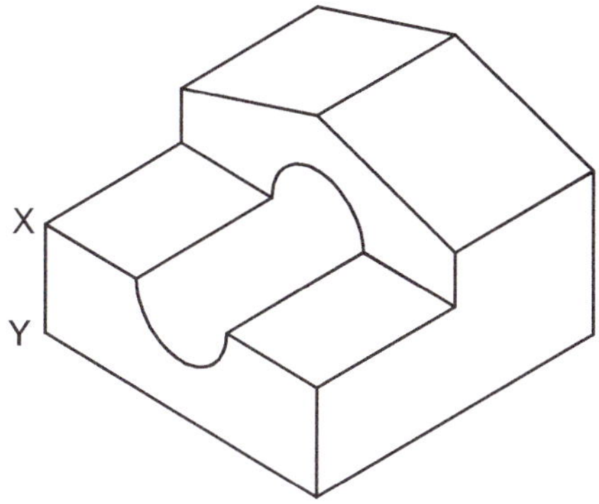

X
Y

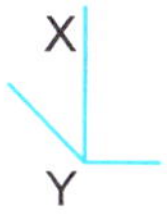

X
Y

Ⓑ Dada a perspectiva cavaleira, desenhe uma perspectiva isométrica do objeto.

X
Y

X
Y

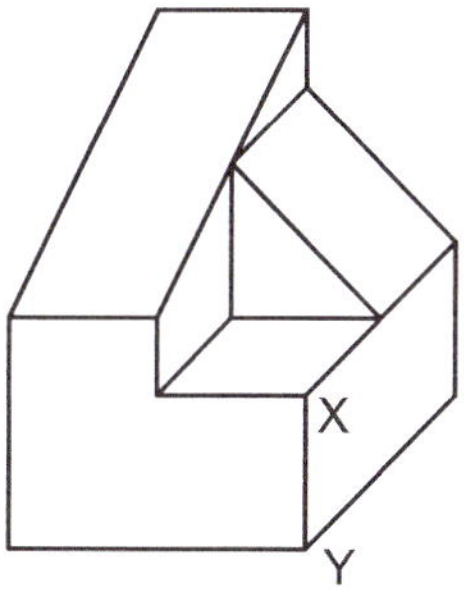

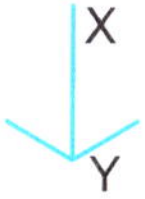

Ⓒ Dada uma perspectiva cavaleira, desenhe uma perspectiva isométrica do objeto.

X Y

Y
X

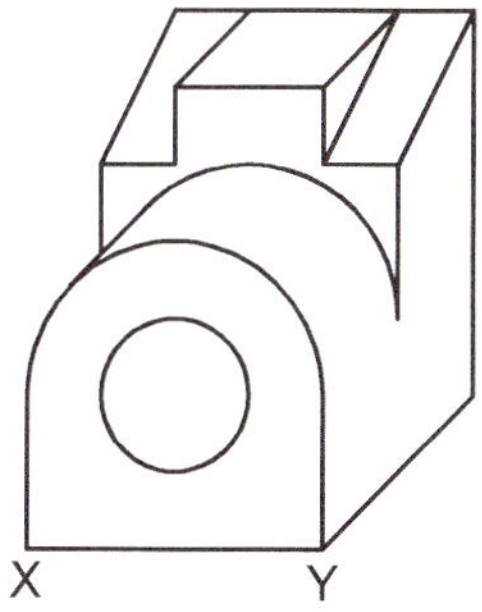

Desenho 3-4	Nome ______________	Data ________

CAPÍTULO

4 VISTAS MÚLTIPLAS

REPRESENTAÇÕES EM VISTAS MÚLTIPLAS

Introdução – Justificativa e Algumas Características

As vistas múltiplas constituem o que tem sido tradicionalmente considerado como desenhos de engenharia. O objetivo das vistas múltiplas é representar fielmente o tamanho e a forma de um objeto através de desenhos. Juntamente com comentários e dimensões, essas vistas fornecem todas as informações necessárias para fabricar o objeto.

No Capítulo 3 foi apresentada uma breve discussão das características de uma projeção de vistas múltiplas. Entre essas características, que são mostradas na Figura 4-1, estão (1) o uso de projetantes paralelas normais ao plano de projeção e (2) o posicionamento do objeto de tal forma que uma das faces principais esteja paralela ao plano de projeção.

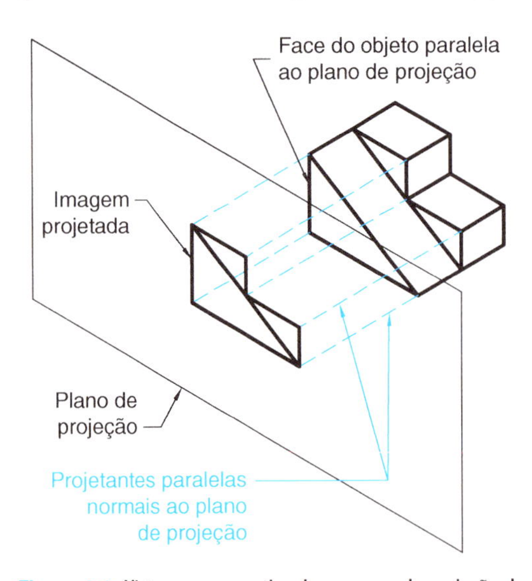

Figura 4-1 Vista em perspectiva do processo de projeção de vistas múltiplas.

Umas das consequências da geometria adotada para produzir representações em vistas múltiplas é que cada desenho pode mostrar apenas uma face do objeto. Isso significa que, na maioria dos casos, mais de um desenho é necessário para descrever totalmente o objeto. É por isso que esta técnica de projeção ortográfica é chamada de projeção de vistas múltiplas.

Embora apenas duas das três dimensões lineares (largura, profundidade e altura) sejam projetadas em cada vista, todas as informações projetadas paralelamente ao plano de projeção são diretamente escalonáveis.

Teoria da Caixa de Vidro

Como, em geral, mais de uma vista é necessária para documentar um objeto usando projeções múltiplas, a ***teoria da caixa de vidro*** é usada para descrever o arranjo relativo das diferentes vistas. Imagine que o objeto a ser documentado esteja no interior de uma caixa de vidro, como na Figura 4-2. O objeto é posicionado de tal forma que suas faces estejam perpendiculares às faces da caixa de vidro. Observe também que as dimensões principais do objeto (largura, profundidade e altura) estão indicadas na figura.

Na Figura 4-3, as seis faces da caixa de vidro são usadas como planos de projeção, nos quais as seis vistas principais do objeto (supe-

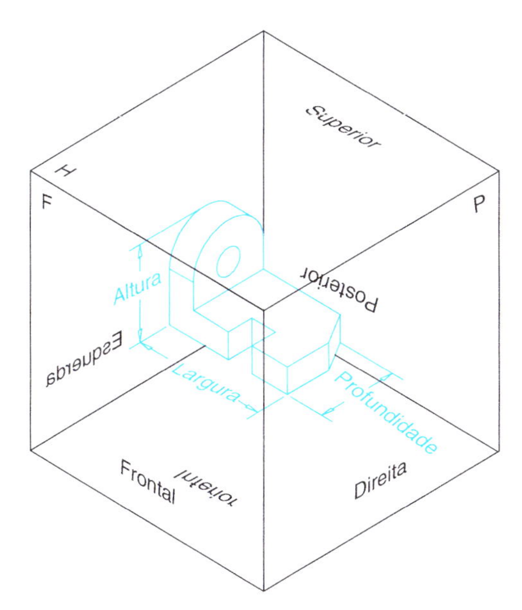

Figura 4-2 Objeto no interior de uma caixa de vidro.

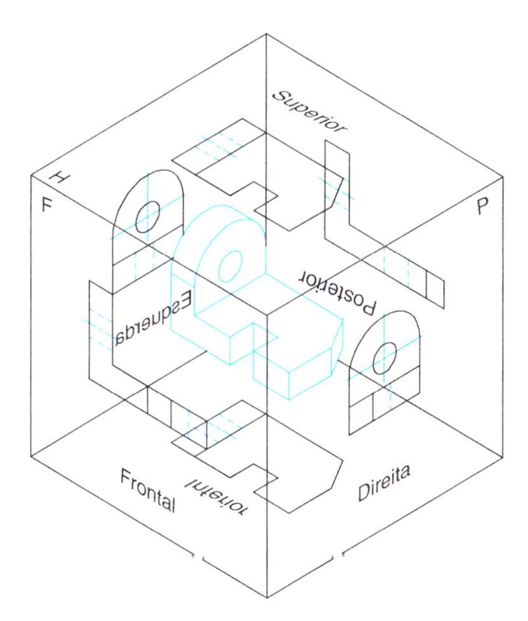

Figura 4-3 Objeto projetado nas faces da caixa.

rior e inferior, frontal e posterior, direita e esquerda) são projetadas.

Imagine ainda que algumas faces da caixa de vidro estejam ligadas a faces vizinhas através de dobradiças ou ***linhas de dobra***. Quando essas faces são desdobradas (como na Figura 4-4), o resultado é um plano com as seis vistas, como o mostrado na Figura 4-5.

Observe na Figura 4-5 que quatro das vistas estão unidas, por dobradiças, à vista fron-

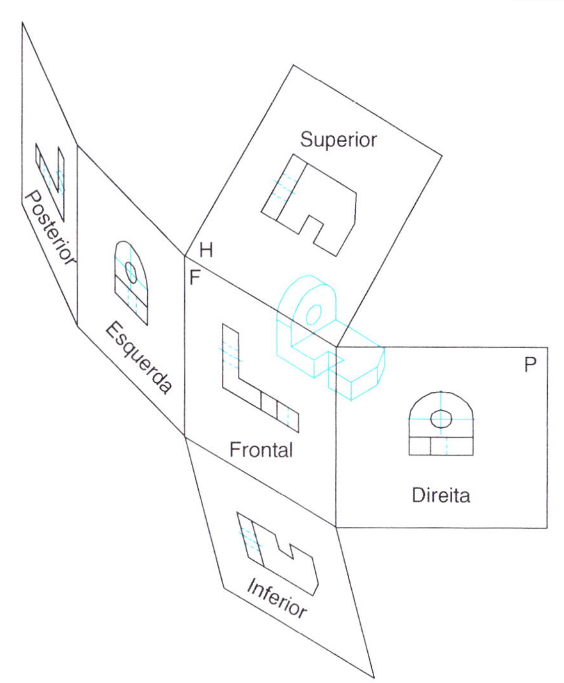

Figura 4-4 Caixa de vidro sendo desdobrada.

tal, que é normalmente considerada a vista principal. Note também que as vistas superior, frontal e inferior estão alinhadas verticalmente, enquanto as vistas posterior, esquerda, frontal e direita estão alinhadas horizontalmente.

Na maioria dos casos, não são necessárias as seis vistas para documentar totalmente o objeto. Observe na Figura 4-5 as semelhanças entre as vistas superior e inferior, frontal e posterior, direita e esquerda. Três vistas principais são suficientes para descrever totalmente a maioria dos objetos. Como mostra a Figura 4-6, as vistas mais usadas são a superior, a frontal e a direita. Por esse motivo, falamos normalmente de três (e não seis) planos de projeção mutuamente perpendiculares: Horizontal (H), Frontal (F) e de Perfil (P). As vistas superior e inferior são projetadas no plano H, as vistas frontal e posterior no plano F, e as vistas direita e esquerda no plano P.

Alinhamento das Vistas

As vistas múltiplas são sempre alinhadas de acordo com o modelo da caixa de vidro e suas linhas de dobra. Como mostra a Figura 4-7, não só a posição relativa das projeções deve ser respeitada, como também os detalhes in-

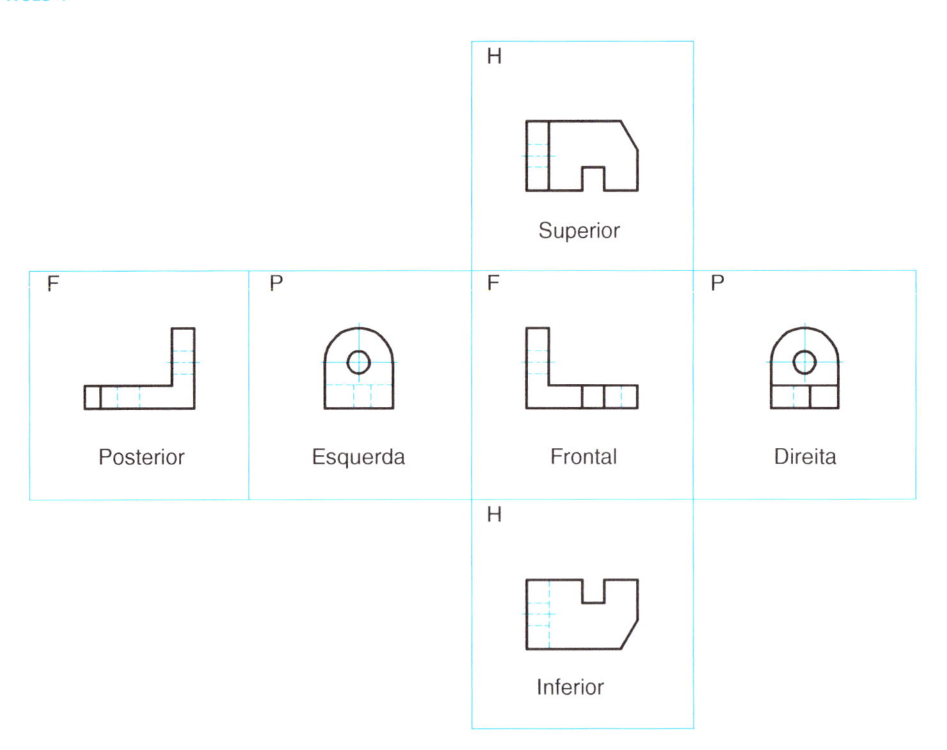

Figura 4-5 Caixa de vidro totalmente desdobrada.

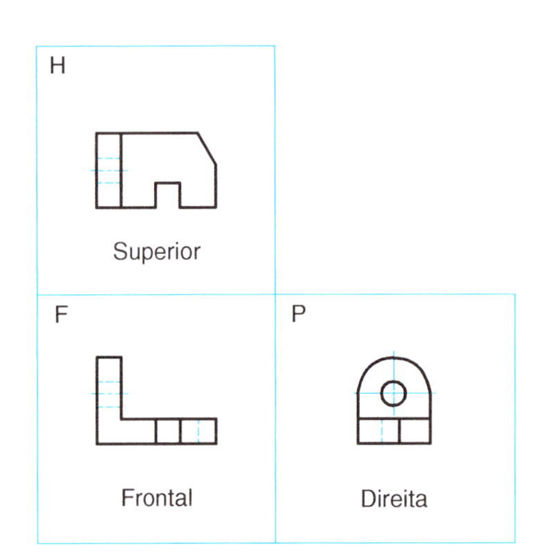

Figura 4-6 Representação em vistas múltiplas usando apenas as vistas superior, frontal e direita.

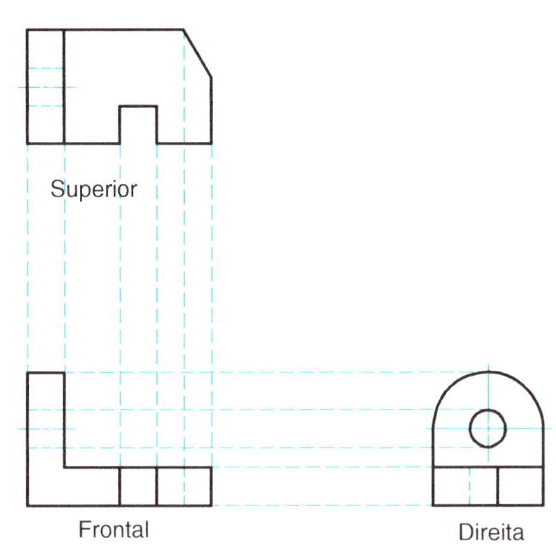

Figura 4-7 Alinhamento dos detalhes internos.

ternos das projeções devem estar alinhados corretamente.

Como se pode ver na Figura 4-8, as vistas superior e frontal estão alinhadas verticalmente e mostram a mesma largura, enquanto as vistas frontal e direita estão alinhadas horizontalmente e mostram a mesma altura. Quando vistas alinhadas mostram a mesma dimensão, dizemos que são ***adjacentes***. Embora não estejam alinhadas, as vistas superior e direita mostram a mesma profundidade. Quando duas vistas mostram a mesma dimen-

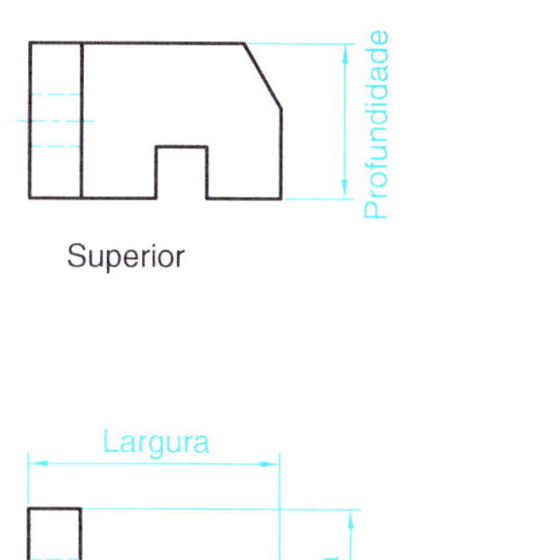

Figura 4-8 Três vistas com dimensões em comum.

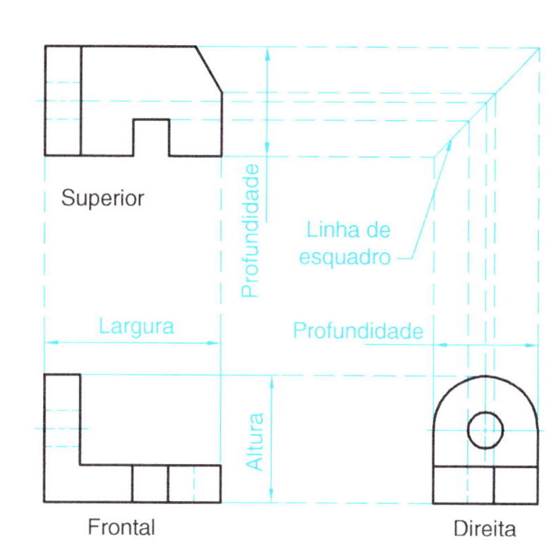

Figura 4-9 Transferência de profundidade usando uma linha de esquadro.

são, mas não estão alinhadas, dizemos que estão ***relacionadas***.

Transferência de Profundidade

Todos os pontos e detalhes que são mostrados em uma vista devem estar alinhados ao longo de projetantes paralelas nas vistas adjacentes e relacionadas. No caso de vistas adjacentes, as informações podem ser transferidas diretamente através de projetantes paralelas (veja a Figura 4-7). Para transferir informações de uma vista relacionada para outra, pode-se usar uma tramela ou uma linha de esquadro a 45 graus (veja a Figura 4-9).

Escolha das Vistas

A vista mais informativa deve ser escolhida como vista frontal. Além disso, a maior dimensão principal deve aparecer como dimensão horizontal na vista frontal. Assim, por exemplo, no desenho de vistas múltiplas da embarcação da Figura 4-10, o lado da embarcação aparece na vista frontal, porque é

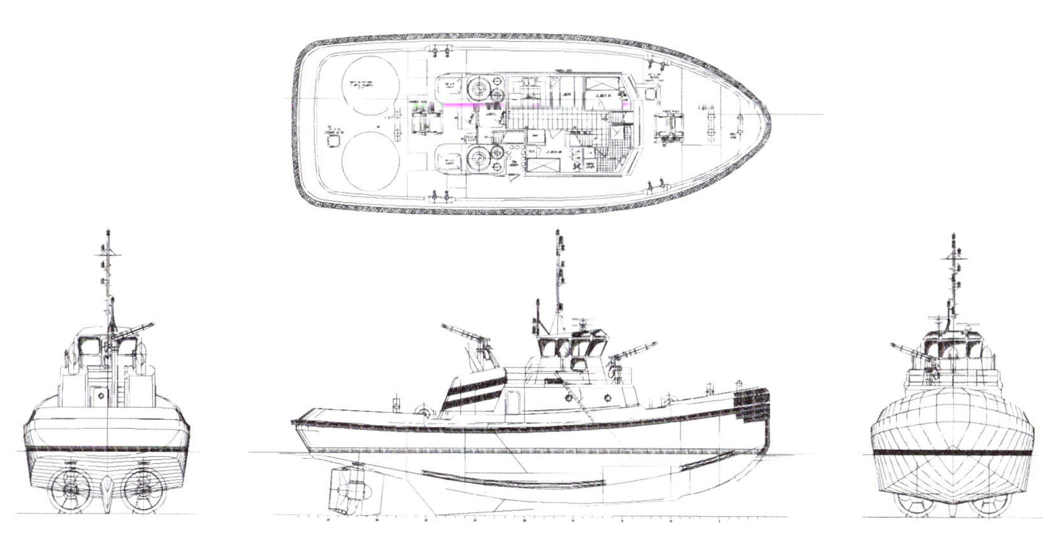

Figura 4-10 Vistas múltiplas de uma embarcação. (Cortesia de Jensen Maritime Consultants, Inc.)

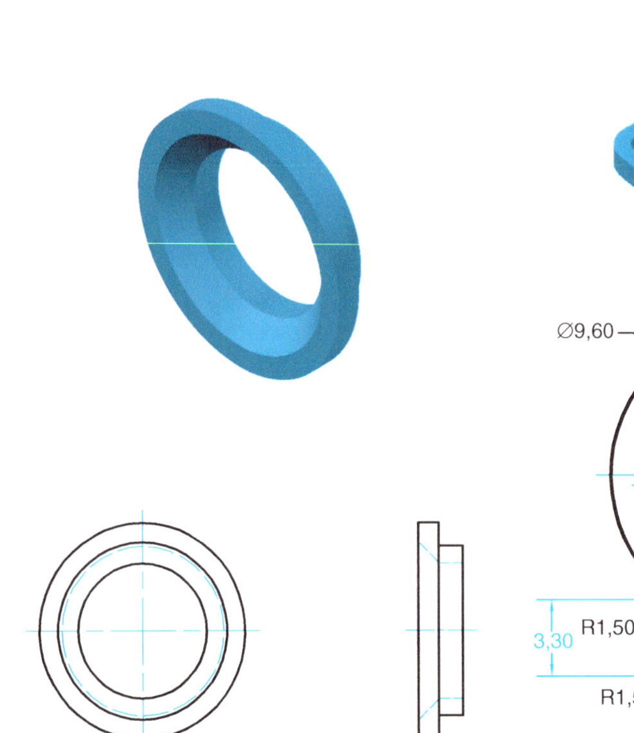

Figura 4-11 Desenho com duas vistas.

Figura 4-12 Desenho com uma vista.

a vista mais informativa, e a maior dimensão é mostrada na horizontal.

Outro princípio para a escolha das vistas é que deve ser usado o menor número de vistas que permita uma representação completa, sem ambiguidades, do objeto. Na maioria dos casos, são necessárias três vistas para documentar perfeitamente o objeto. Em alguns casos, porém, apenas duas vistas são suficientes (veja a Figura 4-11). Peças muito simples, como gaxetas e buchas, podem ser representadas através de uma única vista, acompanhada por dados numéricos (veja a Figura 4-12).

Caso duas vistas forneçam informações equivalentes, escolha a que possui o menor número de linhas ocultas. Na Figura 4-13, a vista direita tem preferência sobre a vista esquerda porque possui menos linhas ocultas.

Projeções do Terceiro Diedro e do Primeiro Diedro

Usando um plano horizontal e um plano frontal (orientado na vertical), o espaço tridimensional pode ser dividido em quadrantes, numerados da forma indicada na Figura 4-14.

A projeção do terceiro diedro, usada nos Estados Unidos e na Inglaterra, supõe que o objeto a ser projetado se encontra no terceiro quadrante. Usando as direções de observação de cima, da frente e da direita mostradas na Figura 4-14, o objeto pode ser

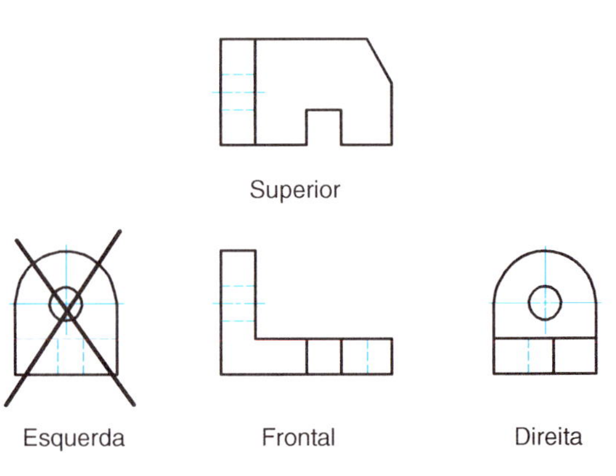

Figura 4-13 Escolha a vista com o menor número de linhas ocultas.

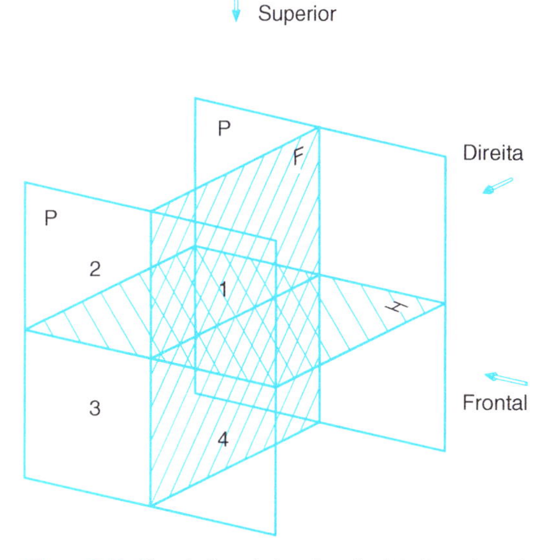

Figura 4-14 Plano horizontal, plano frontal e dois planos de perfil.

projetado como na Figura 4-15*a*. Na projeção do terceiro diedro, os planos de projeção estão entre o observador e o objeto. A Figura 4-15*b* mostra o que acontece depois que as vistas são obtidas e os planos de projeção são desdobrados. O desenho final aparece na Figura 4-15*c*.

Na projeção do primeiro diedro, usada no resto do mundo, o objeto a ser projetado é colocado no primeiro quadrante (veja a Figura 4-14). As projeções obtidas usando as mesmas direções de observação aparecem na Figura 4-16*a*. Na projeção do primeiro diedro, o objeto está entre o observador e os planos de projeção. A Figura 4-16*b* mostra o que acontece depois que as vistas são obtidas e os planos de projeção são desdobrados. O desenho final aparece na Figura 4-16*c*.

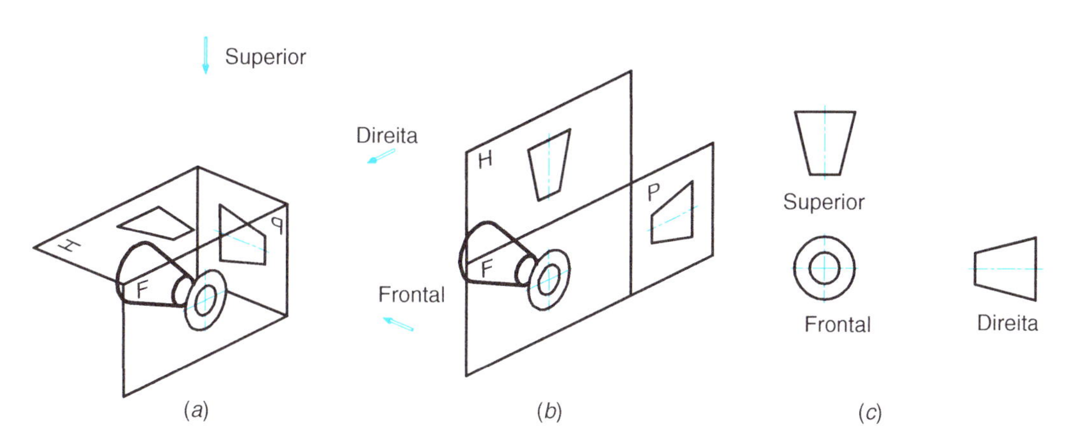

Figura 4-15 Projeção do terceiro diedro.

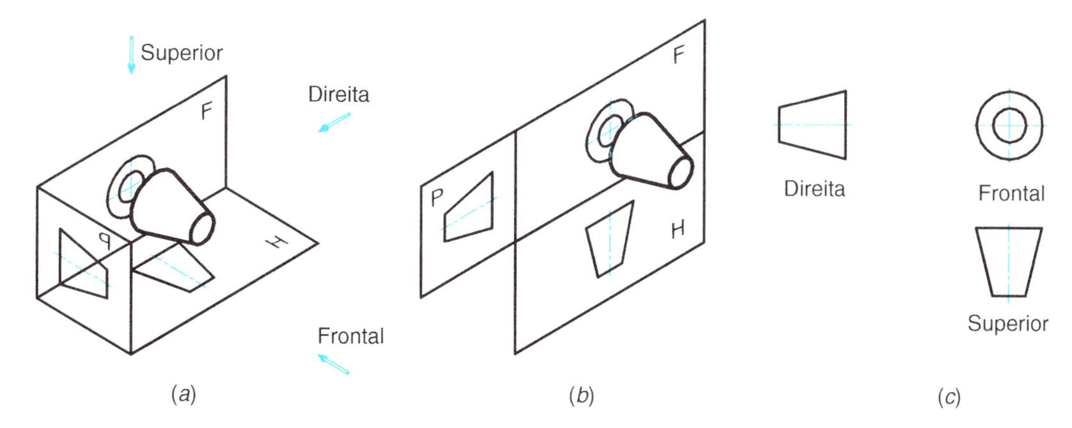

Figura 4-16 Projeção do primeiro diedro.

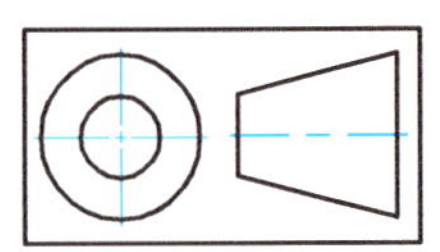

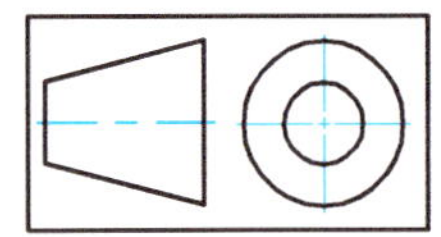

Figura 4-17 Símbolos das projeções do terceiro diedro e do primeiro diedro.

Para indicar se foi usada uma projeção do terceiro diedro ou do primeiro diedro, utiliza-se o símbolo internacional de um cone truncado (Figura 4-17).

Convenções para as Linhas

Nas vistas múltiplas, ***linhas contínuas*** grossas são usadas para representar:

1. Uma aresta visível de uma superfície vista de perfil
2. Uma aresta visível da interseção de duas superfícies
3. Uma linha de contorno visível

A Figura 4-18 mostra exemplos dos três tipos de linhas contínuas.

Linhas tracejadas finas, chamadas ***linhas ocultas***, são usadas para representar detalhes que estão ocultos em uma vista, como

1. Uma aresta invisível de uma superfície vista de perfil
2. Uma aresta invisível da interseção de duas superfícies
3. Uma linha de contorno invisível

A Figura 4-19 mostra exemplos dos três tipos de linhas ocultas.

As ***linhas de centro*** são usadas em várias situações. Essas linhas finas, que alternam traços compridos e curtos, em geral se estendem 5 milímetros além do detalhe que está sendo indicado. As linhas de centro são normalmente usadas para representar o eixo de um

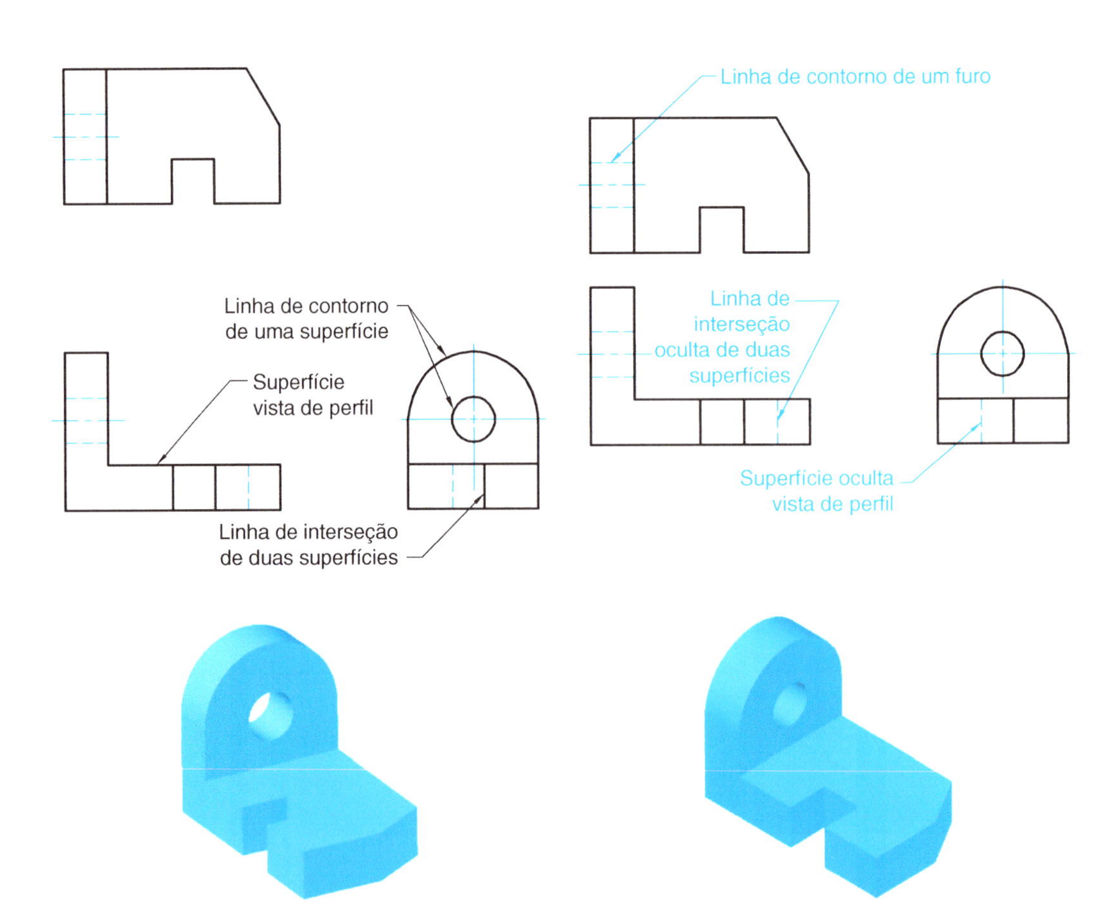

Figura 4-18 Exemplos de linhas contínuas.

Figura 4-19 Exemplos de linhas ocultas.

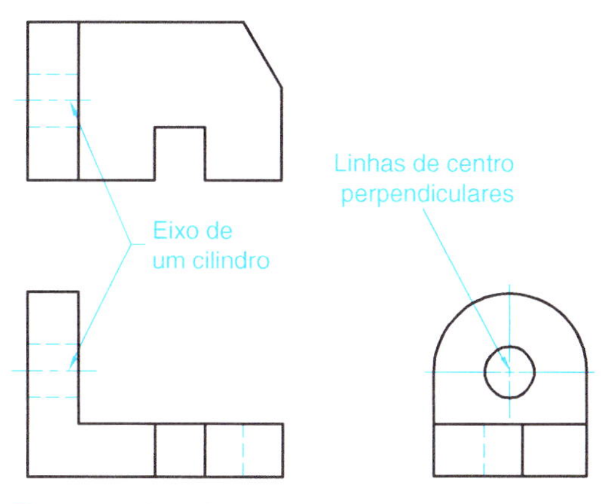

Figura 4-20 Exemplos de linhas de centro.

cilindro ou de um furo. Nas vistas circulares, são empregadas duas linhas de centro mutuamente perpendiculares, que se cruzam no centro da circunferência (ou arco) e se estendem além da maior circunferência (ou arco), no caso de várias curvas concêntricas. Nas vistas retangulares, uma única linha central representa o eixo do cilindro ou do furo. Um exemplo é mostrado na Figura 4-20.

As linhas de centro também são usadas para sugerir movimento, indicar simetria ou mostrar que os furos de uma peça estão dispostos ao longo de uma circunferência (veja a Figura 4-22).

Desenho de vistas múltiplas de um cilindro (veja a Figura 4-21)

Um cilindro maciço possui duas arestas circulares. Na vista retangular, essas arestas são projetadas como linhas retas. Para completar a representação, as ***linhas de contorno*** do cilindro também são representadas como linhas contínuas.

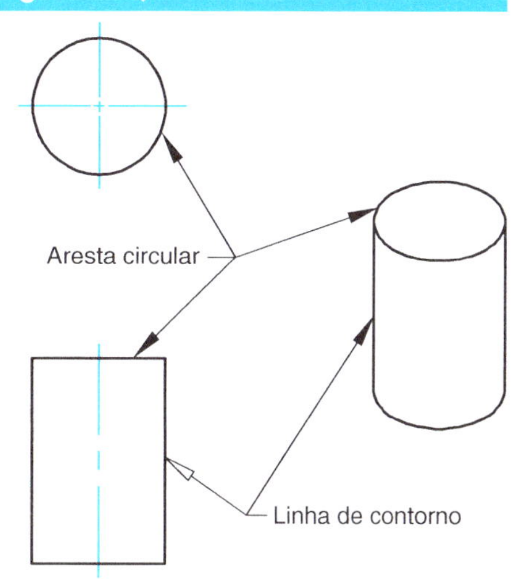

Figura 4-21 Desenho de vistas múltiplas de um cilindro.

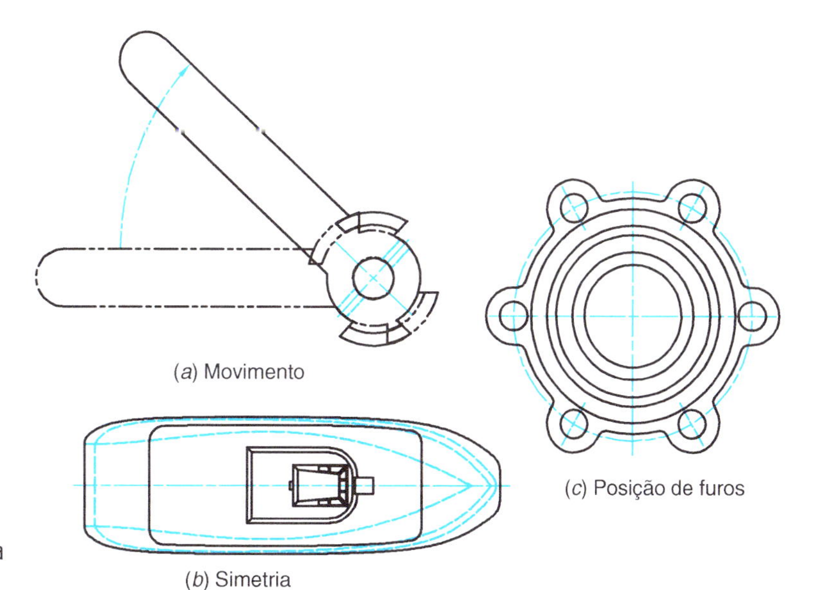

Figura 4-22 Outros usos da linha de centro.

Precedência das Linhas

Às vezes, diferentes detalhes de um objeto coincidem em um desenho de vistas múltiplas. Quando isso ocorre, a seguinte ordem de precedência das linhas é usada para determinar as linhas que devem ser representadas: (1) visíveis, (2) ocultas, (3) de centro. A Figura 4-23 mostra um exemplo.

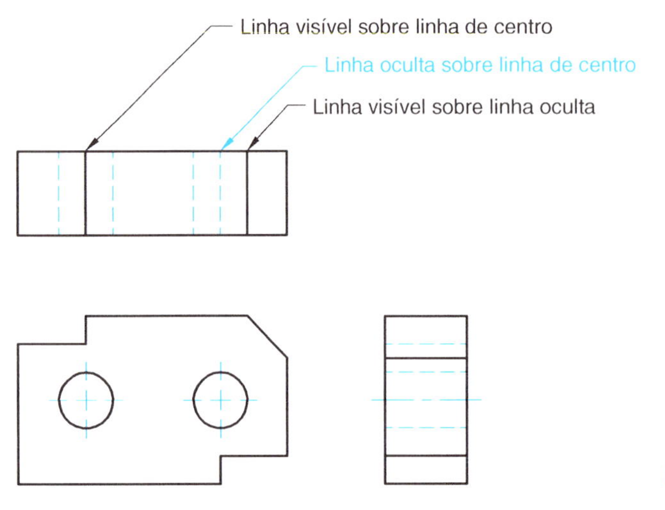

Figura 4-23 Precedência das linhas.

Desenho de vistas múltiplas de uma peça (veja a Figura 4-24)

1. Usando linhas traçadas de leve, esboce três retângulos circunscritos à peça, para representar três vistas diferentes.
2. Acrescente os detalhes da vista frontal.
3. Projete os detalhes da vista frontal para as outras vistas.
4. Reforce as linhas visíveis, começando pelas linhas curvas.

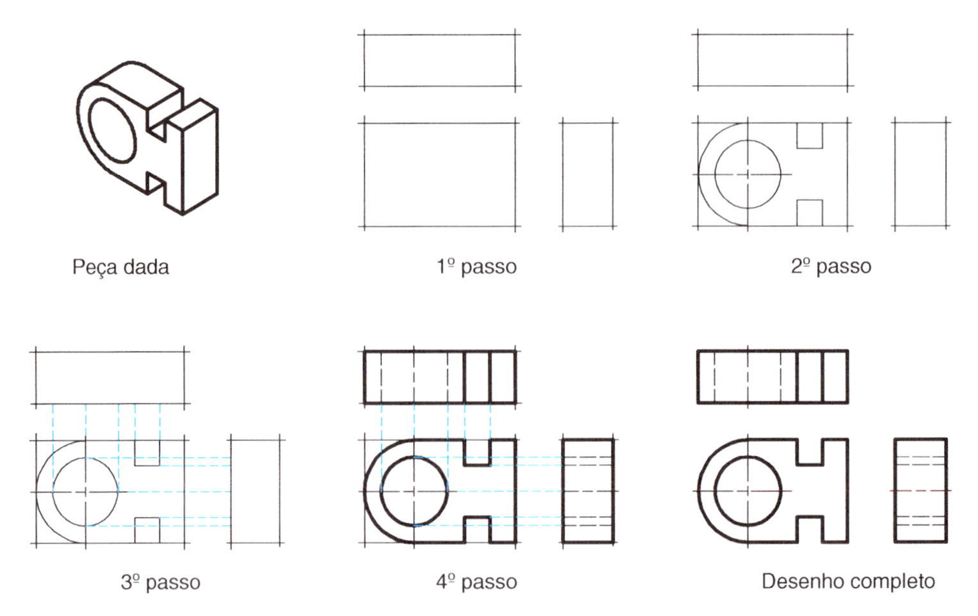

Figura 4-24 Desenho de vistas múltiplas de uma peça.

Desenho de vistas múltiplas de uma peça mais complexa (veja a Figura 4-25)

1. Usando linhas traçadas de leve, esboce três retângulos circunscritos à peça, para representar três vistas diferentes.
2. Acrescente os detalhes visíveis das vistas frontal e superior.
3. Projete os detalhes das vistas frontal e superior para a vista esquerda; use uma linha de esquadro ou uma tramela para transferir as informações de profundidade da vista superior para a vista esquerda. Projete também outros detalhes da vista superior para a vista frontal e vice-versa.
4. Usando linhas traçadas de leve, esboce a vista esquerda e as linhas ocultas das outras vistas.
5. Reforce as linhas visíveis, começando pelas linhas curvas.

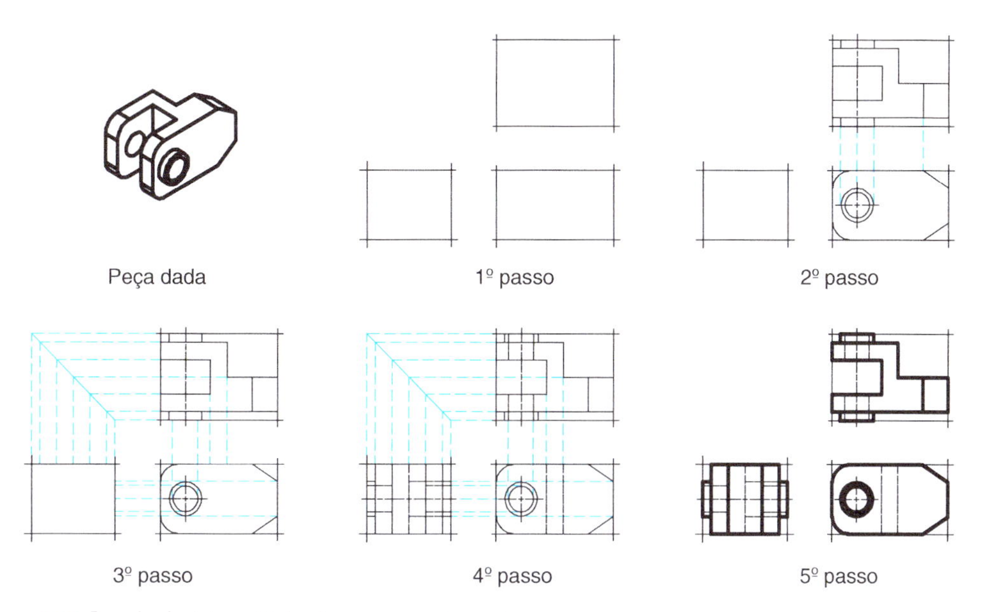

Figura 4-25 Desenho de vistas múltiplas de uma peça mais complexa.

Interseções e Tangências

Quando uma superfície plana intercepta uma superfície curva, a interseção é representada por uma linha contínua na vista de perfil. Por outro lado, quando uma superfície plana é tangente a uma superfície curva, a linha de tangência não é mostrada na vista de perfil. A Figura 4-26 mostra exemplos das duas situações.

Filetes e Arredondamentos

Ao projetar uma peça, cantos vivos devem ser evitados; não só são difíceis de fabricar, mas tendem a concentrar as tensões, enfraquecendo a peça. Os ***filetes*** são usados para eliminar cantos internos, enquanto os ***arredondamentos*** removem cantos externos (veja a Figura 4-27).

As ***peças fundidas*** são fabricadas com filetes e arredondamentos. Os filetes evitam trincas, falhas e retração do material durante a fundição, além de facilitarem a retirada da peça do molde depois de pronta.

Devido à natureza do processo de fabricação, as peças fundidas possuem superfícies externas irregulares. Para encaixar uma peça fundida em outra peça, em geral é necessário usinar as superfícies originais para criar uma boa superfície de contato. Por esse motivo, uma peça fundida com cantos arredondados em geral indica que a peça está inacabada, enquanto cantos vivos indicam que a superfície foi usinada (veja a Figura 4-28).

Os filetes e arredondamentos são indicados por pequenos arcos nas vistas múltiplas, como na Figura 4-29.

Um filete ou arredondamento une duas superfícies através de uma superfície curva tangente às superfícies. Como, nesse caso, não existem arestas, a vista superior do objeto da

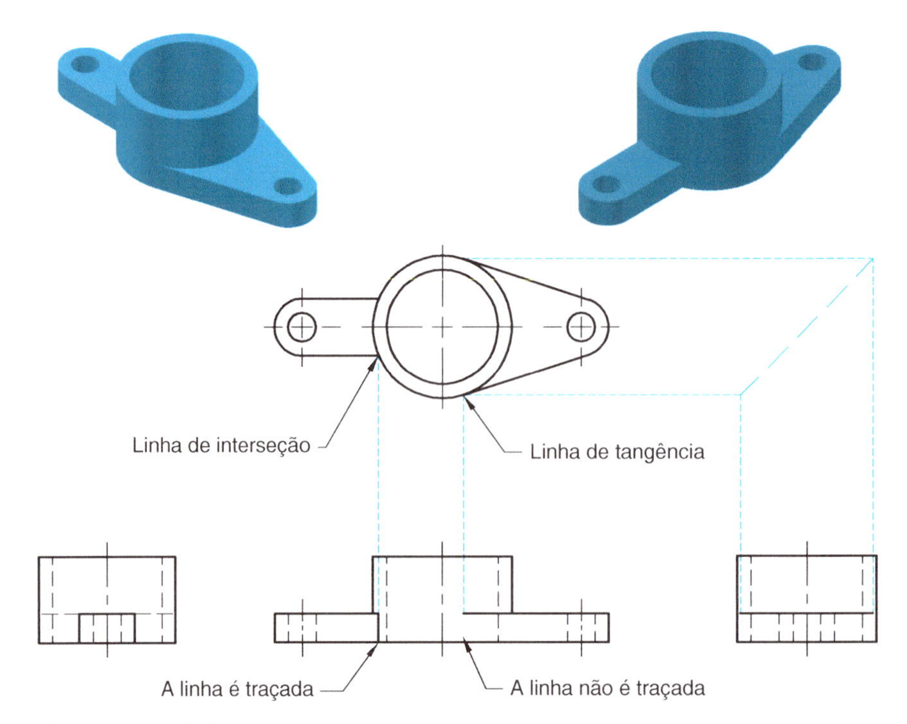

Figura 4-26 Interseção e tangência.

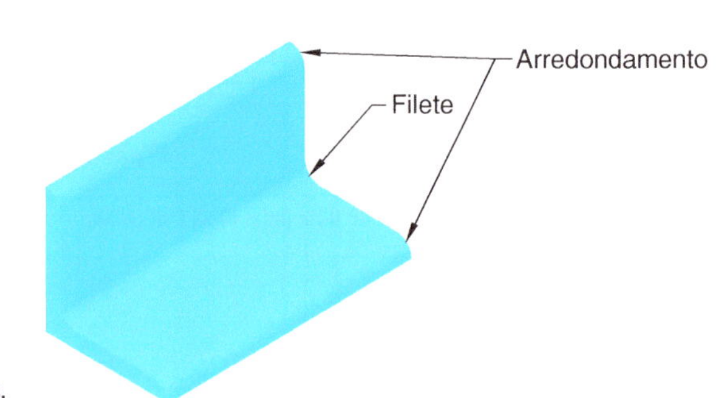

Figura 4-27 Filetes e arredondamentos.

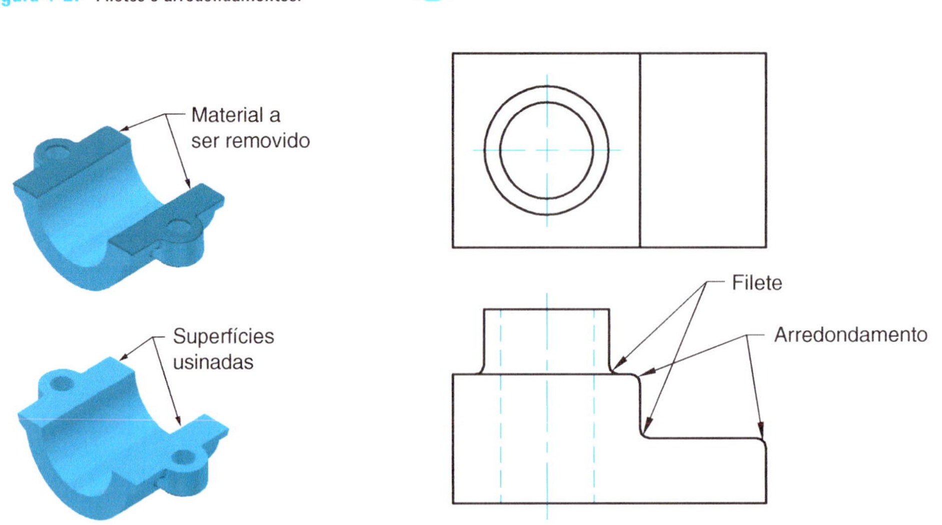

Figura 4-28 Superfícies de uma peça fundida antes e depois de ser usinada.

Figura 4-29 Os filetes e arredondamentos são representados por arcos.

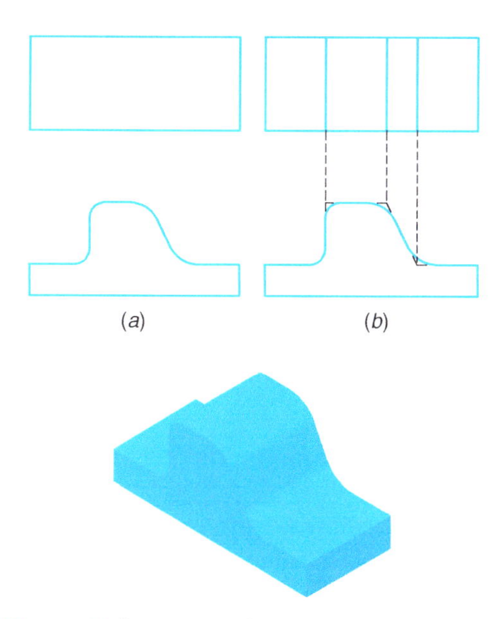

Figura 4-30 Convenções usadas para representar filetes e arredondamentos.

Figura 4-30 deveria ser mostrada como uma superfície única (veja a Figura 4-30*a*). Para tornar o desenho mais claro, porém, os filetes e arredondamentos às vezes são ignorados na vista retangular e são traçadas linhas nas interseções imaginárias dos planos, como na Figura 4-30*b*.

Furos Usinados

Furos usinados podem ser criados por vários métodos, como furação, mandrilamento e alargamento. A operação usada para criar o furo não é especificada no desenho; essa decisão fica por conta do operário. É indicado o diâmetro do furo, e não o raio, através de linhas de centro na vista circular. A Figura 4-31 mostra vários tipos de furos usinados. Um furo ***passante***, produzido por furação, atravessa toda a peça. Um furo, por outro lado, tem uma profundidade específica. Como um furo cego também é produzido por furação, o fundo do furo tem uma forma cônica, produzida pela ponta da broca. Apenas a profundidade da parte cilíndrica do furo deve ser indicada. O ângulo da ponta da broca é de 30 graus. Um furo ***rebaixado*** é formado fazendo um furo menor no interior de um furo maior. Como mostra a Figura 4-31, isso produz um ângulo de 120° entre as bordas dos dois furos. Um furo ***chanfrado*** é formado alargando conicamente parte de um furo cilíndrico. Os furos chanfrados são usados para receber parafusos de cabeça chata e também podem ser usados como guias para hastes e outras peças cilíndricas. Nos furos chanfrados, tanto o diâmetro como o ângulo da parte chanfrada devem ser especificados. Embora o ângulo seja normalmente de 82°, por convenção quase sempre é desenhado como se fosse de 90°. ***Desbastar*** é o processo de usinar a superfície em volta de um furo, quase sempre em uma peça fundida, para aumentar a área de contato com gaxetas, cabeças de rebites, porcas, etc. O diâmetro cilíndrico criado pela operação deve ser especificado, mas a profundidade necessária fica por conta do operário. Um furo ***mandrilado*** é formado alargando cilindricamente a parte superior de um furo. O resultado é um furo aumentado com um fundo plano. Isso permite que a cabeça de um rebite fique embutida na peça. Em um furo ***rosqueado***, uma rosca interna é introduzida no furo com o auxílio de uma rosqueadeira.

Representações Convencionais: Rotação de Detalhes

Uma projeção ortográfica de uma peça com uma distribuição radial de detalhes, como nervuras, furos, raios, etc., pode ser difícil de desenhar e visualizar. A vista frontal da Figura 4-32*a*, por exemplo, mostra a projeção de uma peça com nervuras e furos radialmente distribuídos. Note a falta de simetria em relação à linha central. As nervuras do lado esquerdo da Figura 4-32*a* não são fáceis de desenhar, já que não são paralelas ao plano frontal. Além disso, os furos não são simétricos em relação à linha central.

Por convenção, para evitar este problema, as vistas são simplificadas fazendo girar os detalhes radiais até que estejam alinhados em um único plano perpendicular à linha de visão. Olhando para a vista superior da Figura 4-32*b*, imagine que uma nervura e um furo giram até coincidirem com o eixo horizontal, como mostram as setas. A vista frontal da Figura 4-32*b* mostra esta representação convencional, com todos os detalhes alinhados.

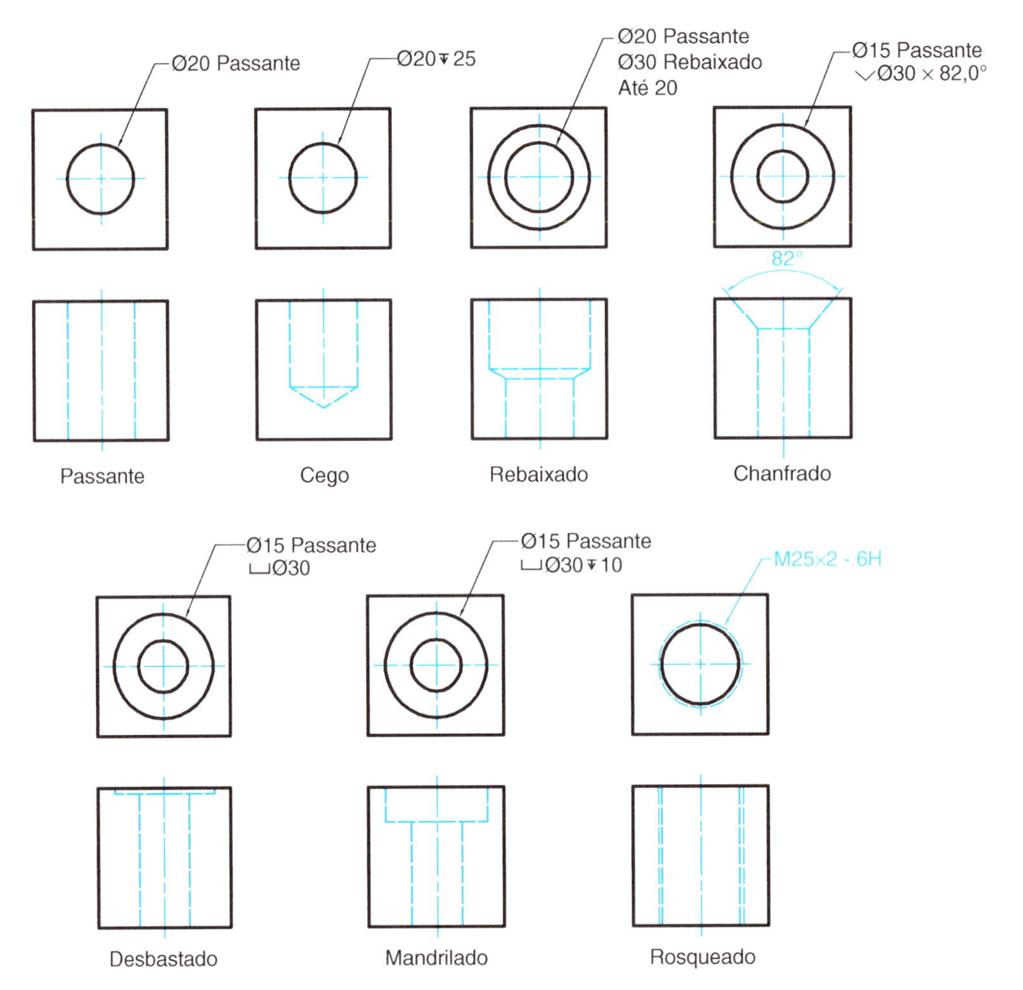

Figura 4-31 Furos usinados.

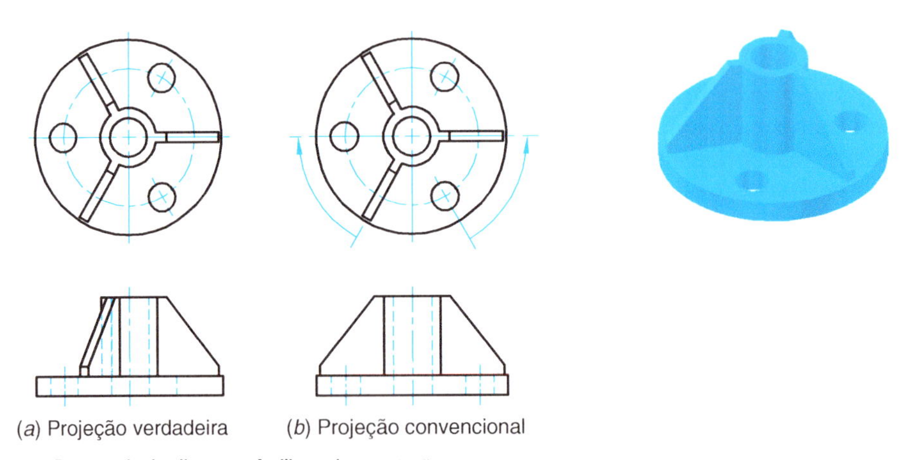

Figura 4-32 Rotação de detalhes para facilitar a interpretação.

Exemplo de desenho de vistas múltiplas de uma peça complexa (veja a Figura 4-33)

1. Usando linhas traçadas de leve, esboce três retângulos circunscritos à peça, para representar três vistas diferentes.
2. Acrescente os detalhes visíveis das vistas frontal e superior.
3. Projete os detalhes da vista frontal para as vistas adjacentes.
4. Reforce as linhas visíveis, começando pelas linhas curvas.

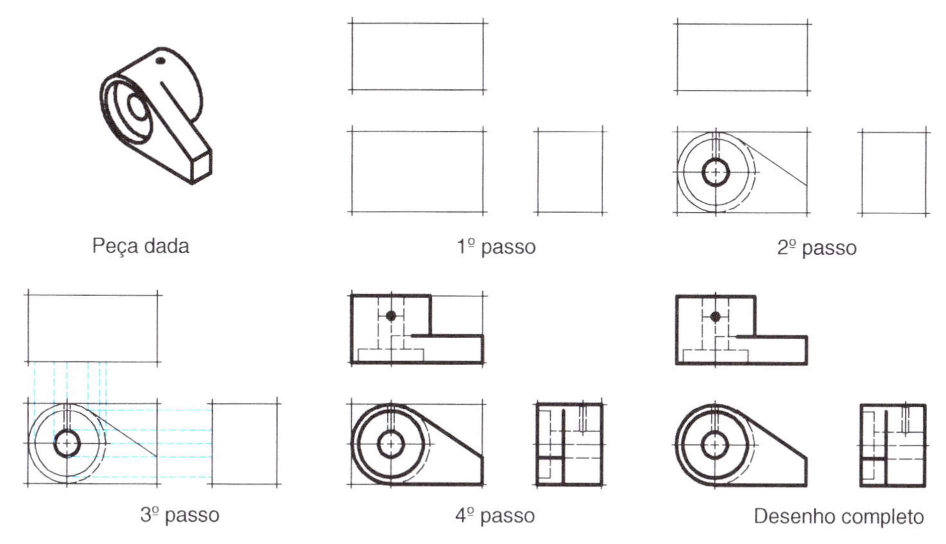

Figura 4-33 Exemplo de desenho de vistas múltiplas de uma peça complexa.

TÉCNICAS DE VISUALIZAÇÃO DE DESENHOS DE VISTAS MÚLTIPLAS

Introdução e Motivação

Visualização é o processo através do qual as informações contidas em um desenho são interpretadas para que o observador tenha uma ideia exata do objeto que está sendo representado. A peça mostrada no desenho de vistas múltiplas da Figura 4-34, por exemplo, pode não ser fácil de reconhecer, mesmo que o observador seja um engenheiro experiente. Só depois de um exame cuidadoso dos desenhos é que uma imagem mental do produto começa a se formar (veja a Figura 4-35). Nas seções restantes deste capítulo, várias técnicas de visualização espacial serão discutidas.

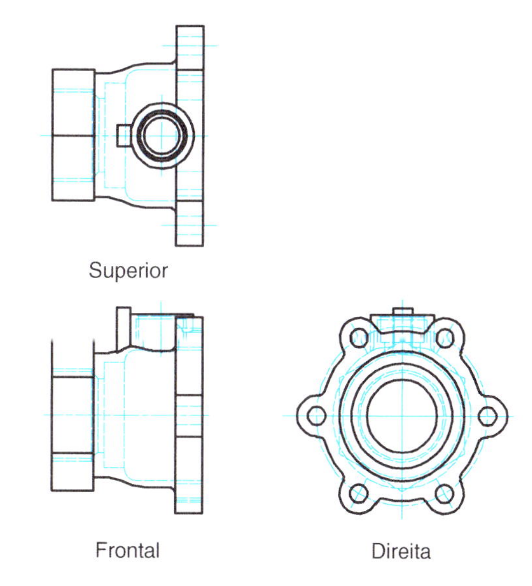

Figura 4-34 Desenho de vistas múltiplas de uma peça complexa.

Visualização de Superfícies Planas

SUPERFÍCIES NORMAIS

Um prisma retangular como o que aparece na Figura 4-36 contém apenas superfícies normais. Superfície ***normal*** é uma superfície plana ortogonal aos planos principais. Quando desenhamos as vistas múltiplas do prisma, vemos que a superfície A aparece como uma área na vista superior e como uma

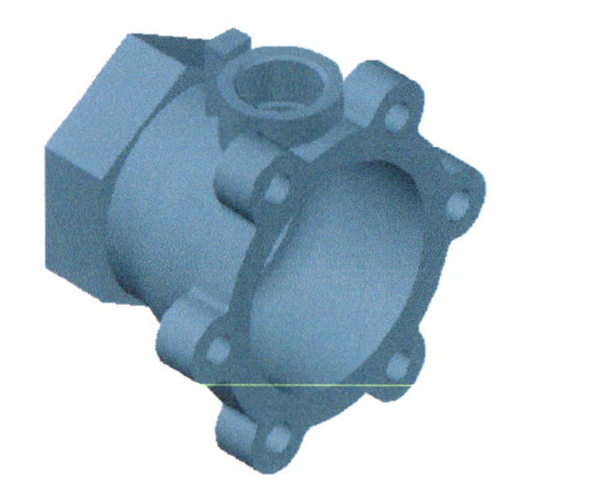

Figura 4-35 Desenho em perspectiva da peça complexa da Figura 4-34.

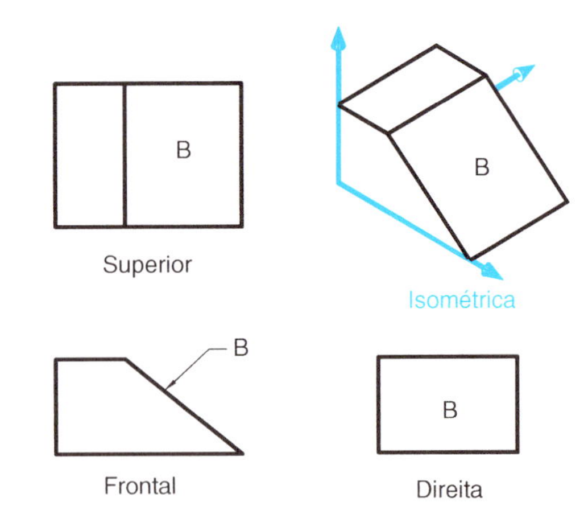

Figura 4-37 Superfícies inclinadas.

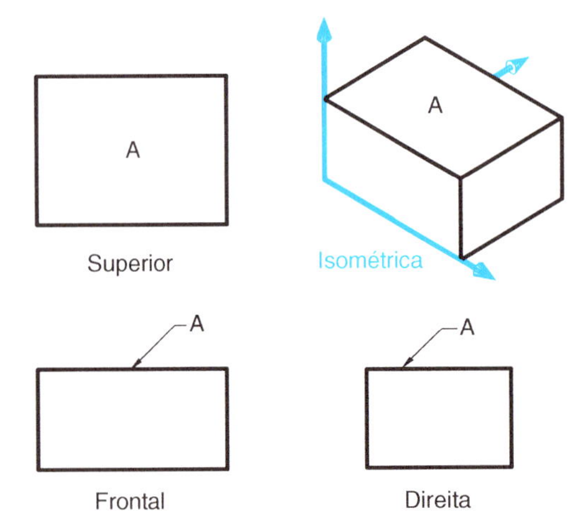

Figura 4-36 Superfícies normais.

linha nas outras vistas. Note também que, como a superfície A é paralela ao plano horizontal de projeção, é mostrada em verdadeira grandeza (VG) na vista superior. Em um desenho de três vistas, uma superfície normal aparece em verdadeira grandeza em uma das vistas e como uma linha nas outras duas vistas.

SUPERFÍCIES INCLINADAS

A superfície B da Figura 4-37 é chamada de superfície inclinada. A ***superfície inclinada*** pode ser descrita como uma superfície normal que sofreu uma rotação em torno de um eixo paralelo a um eixo principal. Uma superfície inclinada é perpendicular a um dos planos principais e inclinada (ou seja, nem paralela nem perpendicular) em relação aos outros planos principais. Uma superfície inclinada aparece como uma superfície reduzida (ou seja, não em verdadeira grandeza) em duas vistas e como uma linha na terceira vista. O comprimento dessa linha é um comprimento em verdadeira grandeza.

SUPERFÍCIES OBLÍQUAS

Superfície oblíqua é uma superfície normal que sofreu rotações em torno de dois eixos paralelos aos eixos principais. Uma superfície oblíqua é inclinada em relação aos três planos principais de projeção. A superfície C da Figura 4-38 é uma superfície oblíqua. Observe que a superfície C aparece como uma área nas três vistas; em nenhuma dessas vistas a área aparece em verdadeira grandeza.

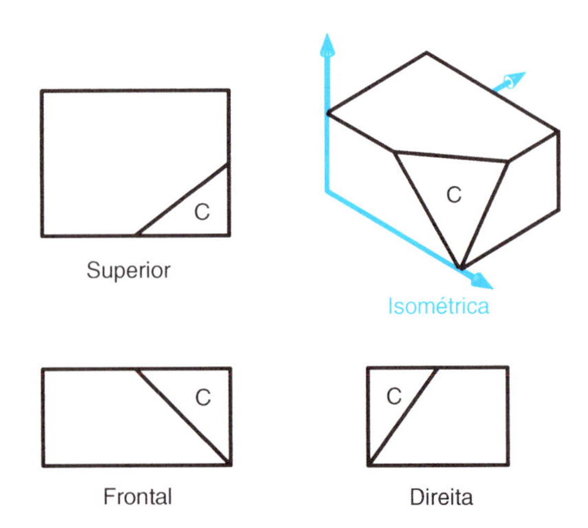

Figura 4-38 Superfícies oblíquas.

Estudos de Desenhos

Uma forma de melhorar a capacidade de visualização é estudar quatro desenhos (três vistas múltiplas e um desenho em perspectiva) de objetos simples como os que aparecem na Figura 4-39. Esses estudos melhoram a capacidade de reconhecer combinações de formas comuns e detalhes.

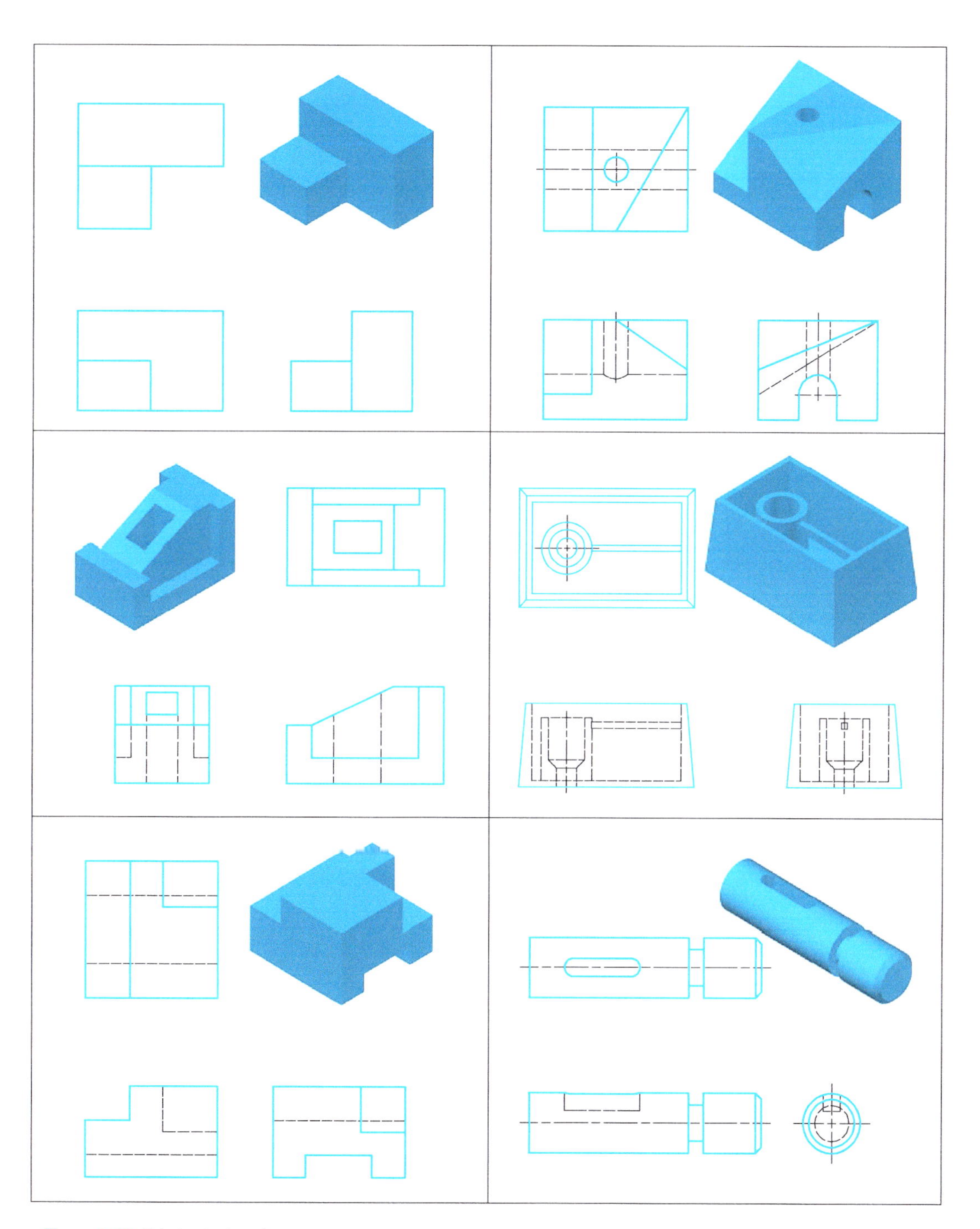

Figura 4-39 Estudos de desenhos. *(continua)*

Áreas Adjacentes

A vista superior da Figura 4-40 tem três áreas distintas. Como duas áreas adjacentes não podem estar no mesmo plano, as áreas devem representar superfícies em diferentes planos. Alguns objetos que podem dar origem a essa vista também são mostrados na figura.

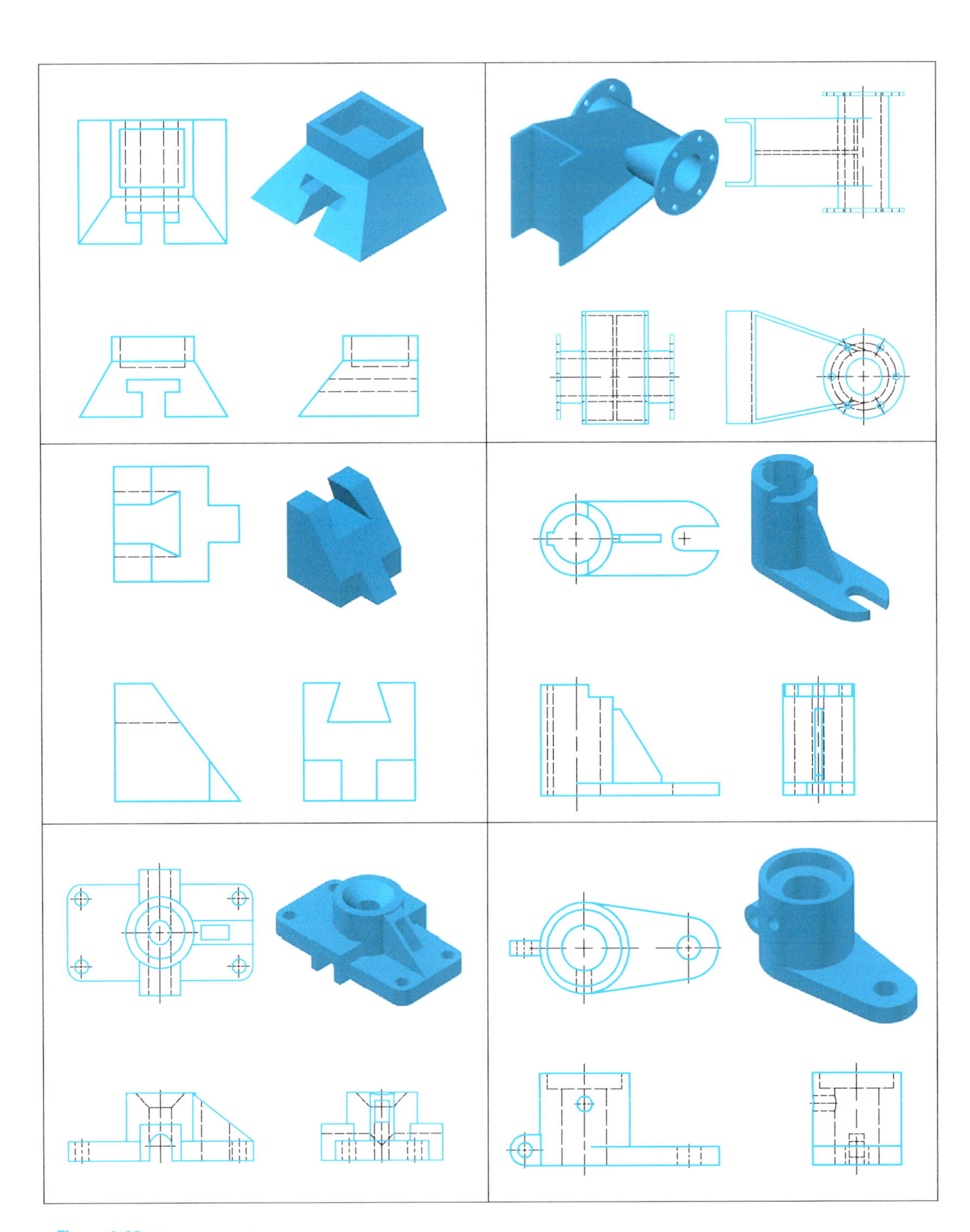

Figura 4-39 *(Continuação)*

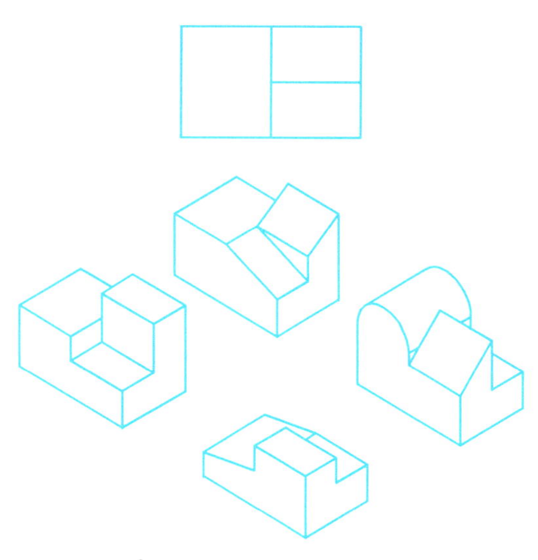

Figura 4-40 Áreas adjacentes.

Numeração das Superfícies

Um dos meios de facilitar a interpretação dos desenhos de vistas múltiplas é numerar as superfícies, como na Figura 4-41. Observe que a superfície 1 é uma superfície normal, que aparece como uma área na vista superior e como uma linha nas outras vistas. A superfície 3 é uma superfície inclinada, que aparece como uma linha na vista frontal e como uma área reduzida nas outras vistas. A superfície 5 é uma superfície oblíqua, que aparece como uma área reduzida nas três vistas.

Formas Semelhantes

A menos que seja vista de perfil, uma face plana sempre é projetada com o mesmo número de vértices. Além disso, os vértices estão sempre ligados entre si na mesma sequência, independentemente da vista. Esses fatos são úteis na hora de interpretar um desenho de vistas múltiplas com superfícies inclinadas ou oblíquas (veja a Figura 4-42). Lembre-se de que uma superfície inclinada apresenta um encurtamento em duas das três vistas, enquanto uma superfície oblíqua apresenta um encurtamento nas três vistas.

Numeração dos Vértices

Além de numerar as superfícies, às vezes também é desejável numerar os vértices de uma superfície complexa em uma das vistas e projetar esses pontos em vistas adjacentes ou relacionadas. Na Figura 4-43, por exemplo, os vértices de uma superfície oblíqua são numerados em uma das vistas e projetados nas outras vistas. Observe a semelhança das formas da superfície oblíqua nas diferentes vistas.

Análise dos Detalhes

Como vamos ver no Capítulo 7, as peças são fabricadas a partir de detalhes. Entre esses detalhes estão formas tridimensionais como extrusões, revoluções, furos, nervuras, chanfros, etc. Combinando os detalhes, chegamos à peça completa. Veja, por exemplo, a Figura 4-44, na qual uma peça é fabricada a partir de vários detalhes, como uma extrusão, uma bossa (cilindro saliente), um furo mandrilado, chanfros, filetes e uma nervura. A Figura 4-45 mostra um desenho de vistas múltiplas da mesma peça. Observe como os diferentes de-

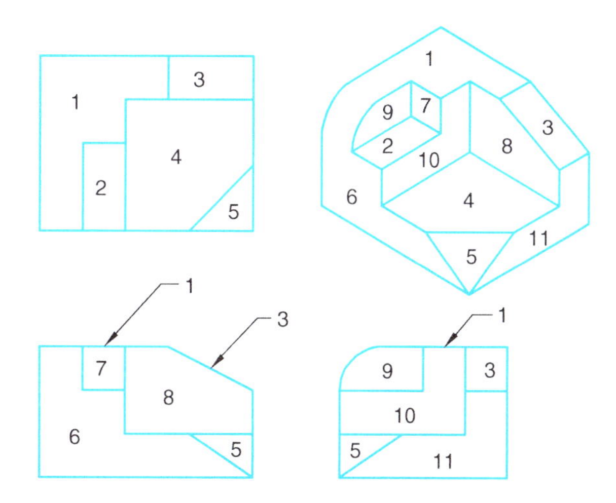

Figura 4-41 Numeração das superfícies.

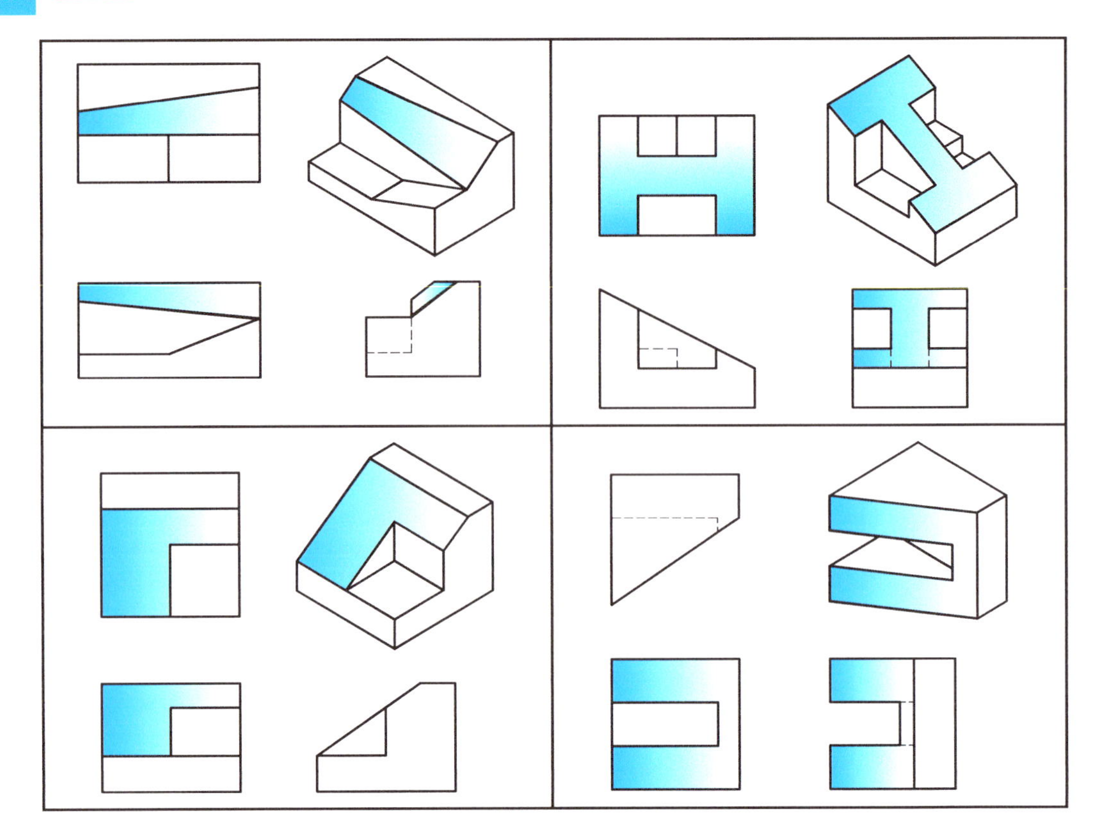

Figura 4-42 Formas semelhantes.

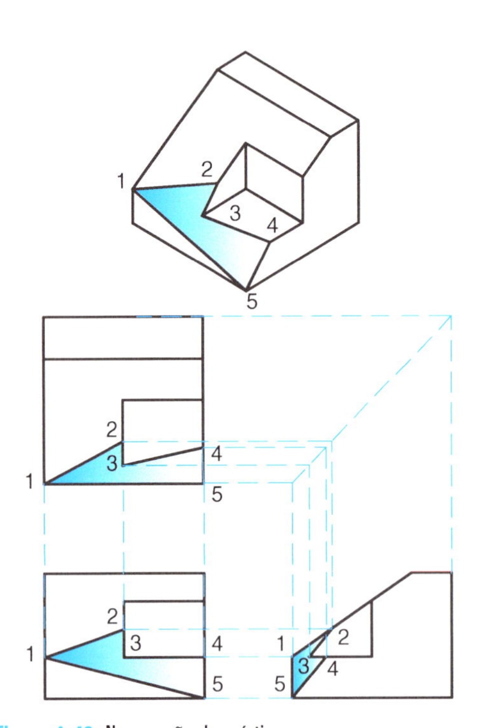

Figura 4-43 Numeração dos vértices.

talhes de fabricação aparecem em um desenho de vistas múltiplas. Um furo mandrilado, por exemplo, sempre aparece como duas circunferências concêntricas, quando visto de cima, e como dois retângulos de larguras diferentes, quando visto de lado. O conhecimento do aspecto que esses detalhes comuns de fabricação apresentam nos desenhos de vistas múltiplas facilita a interpretação de desenhos mais complicados.

Observe agora o desenho de vistas múltiplas da Figura 4-46. Este objeto é difícil de visualizar sem a ajuda de um desenho em perspectiva. Quando, porém, a peça é analisada em termos e detalhes conhecidos, tudo fica mais simples. A Figura 4-47 mostra os detalhes de que é composta a peça da Figura 4-46.

Problemas de Linhas Ausentes e Vistas Ausentes

Dois exercícios muito úteis para desenvolver a visão espacial são os problemas de linhas ausentes e vistas ausentes. Em um problema

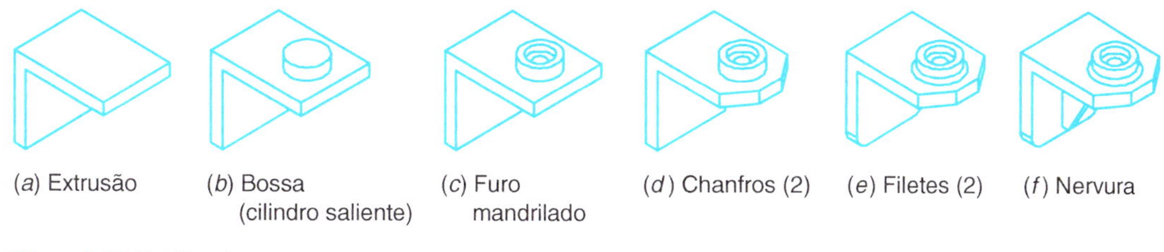

Figura 4-44 Detalhes de uma peça.

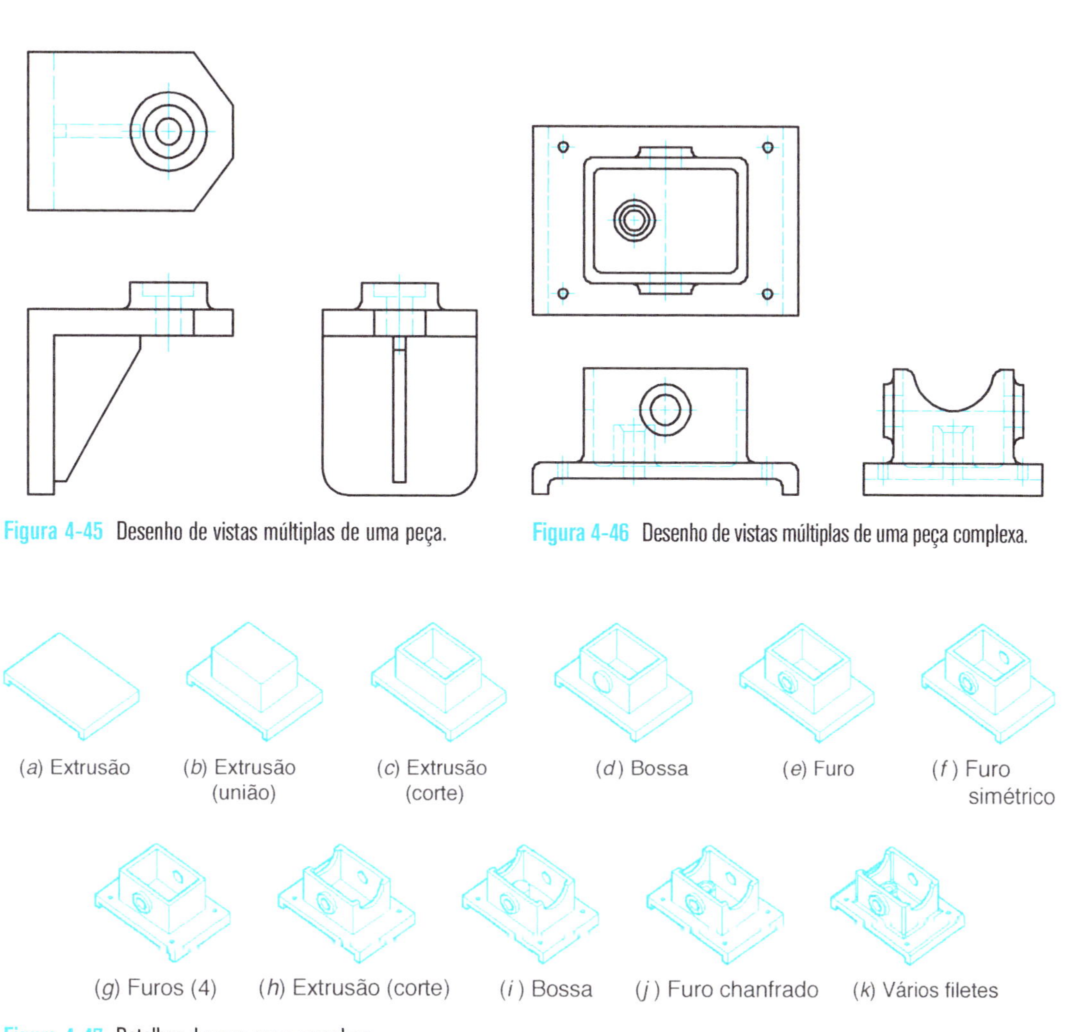

Figura 4-45 Desenho de vistas múltiplas de uma peça.

Figura 4-46 Desenho de vistas múltiplas de uma peça complexa.

Figura 4-47 Detalhes de uma peça complexa.

de linhas ausentes, são dadas três vistas com algumas linhas suprimidas; o objetivo é traçar as linhas que faltam. Para isso, é preciso localizar arestas em uma vista que não aparecem em uma vista adjacente ou relacionada. Projetando essas arestas nas vistas adjacentes e relacionadas, é possível deduzir a posição das linhas que estão faltando. Uma visão espacial ainda mais elaborada é necessária para definir o tipo (visível, oculta) e extensão das linhas que foram suprimidas. As Figuras 4-48 e 4-49 mostram dois exemplos de problemas de linhas ausentes.

Os problemas de vistas ausentes são ainda mais difíceis. Nesse caso, são fornecidas duas das três vistas, e o objetivo é desenhar a vista que falta. Como no caso das linhas ausentes, as arestas presentes nas vistas conhecidas po-

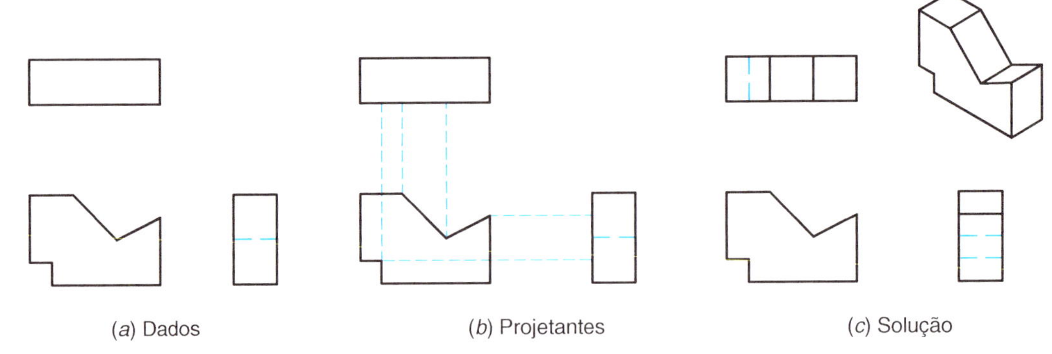

Figura 4-48 Problema de linhas ausentes: exemplo 1.

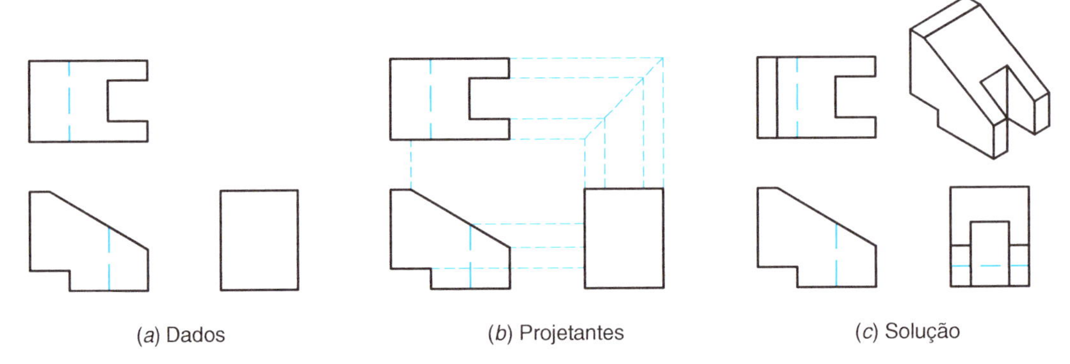

Figura 4-49 Problema de linhas ausentes: exemplo 2.

dem ser projetadas para ajudar a localizar as linhas da vista desconhecida. Essa técnica é usada, por exemplo, nas Figuras 4-50 e 4-51. Em quase todos os problemas de vistas ausentes, porém, é ainda mais útil fazer um desenho em perspectiva do objeto. Comece por traçar o paralelepípedo envolvente. Em seguida, use as vistas dadas para identificar detalhes. A vista direita do objeto da Figura 4-51, por exemplo, sugere uma extrusão em forma de "C" invertido, que pode ser incorporada ao desenho em perspectiva. A linha vertical oculta na vista direita ainda precisa ser explicada. Usando um raciocínio espacial e após algumas tentativas frustradas, chega-se à conclusão de que essa linha oculta pode ser explicada por um corte vertical em forma de cunha, que também explica as linhas internas da vista frontal. A vista que falta (ou seja, a vista superior) é, portanto, um desenho em forma de "C" deitado, com um corte simétrico em forma de cunha.

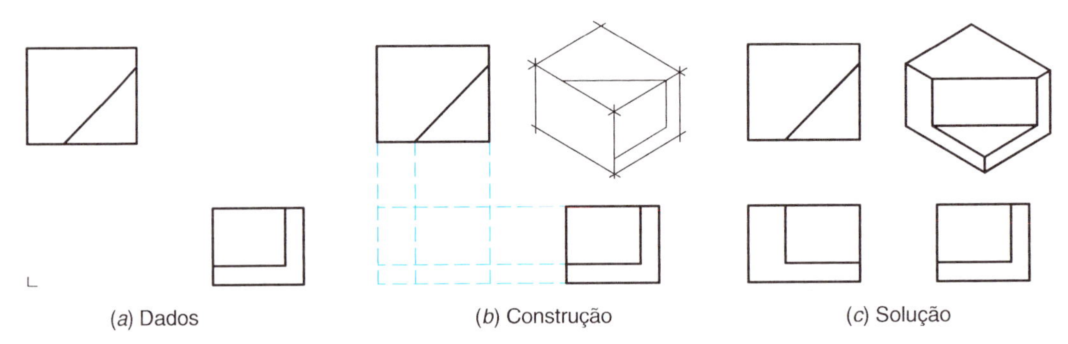

Figura 4-50 Problema de vistas ausentes: exemplo 1.

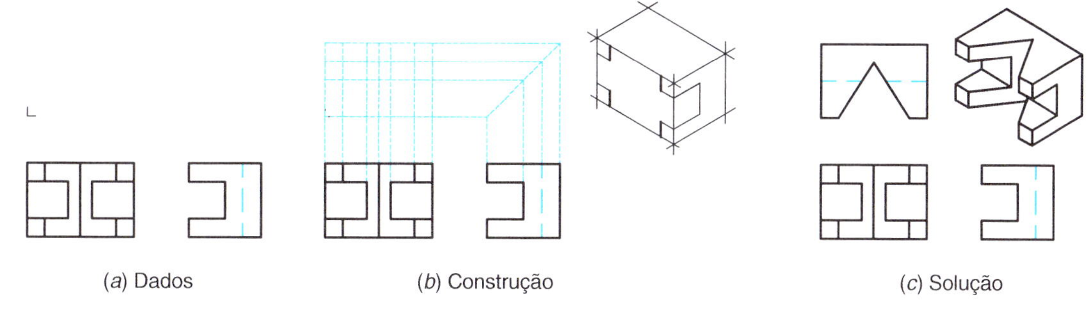

(*a*) Dados (*b*) Construção (*c*) Solução

Figura 4-51 Problema de vistas ausentes: exemplo 2.

QUESTÕES

VERDADEIRO OU FALSO

1. Nos desenhos de vistas múltiplas, são necessárias pelo menos três vistas principais para definir perfeitamente o objeto.
2. Nos desenhos de vistas múltiplas, a vista direita tem preferência sobre a vista esquerda, mesmo que possua um número maior de linhas ocultas.
3. Nos desenhos de três vistas, uma superfície plana inclinada sempre aparece como uma linha em duas das vistas principais.
4. O ângulo entre a linha de visada e o plano de projeção é igual nas projeções de vistas múltiplas e nas projeções axonométricas.

MÚLTIPLA ESCOLHA

5. Que superfície plana apresenta uma área menor que a real em todas as vistas múltiplas?
   a. Normal
   b. Inclinada
   c. Oblíqua
   d. Paralela
6. A teoria da caixa de vidro é usada para descrever:
   a. A projeção de uma peça do primeiro diedro.
   b. A posição relativa das vistas múltiplas.
   c. O modo como são feitas as projeções ortográficas.
   d. O modo como são criadas as perspectivas isométricas.

DESENHOS

7. A partir das perspectivas isométricas das Figuras P3-4 a P3-65 do Capítulo 3, use cópias da rede retangular (no final do livro) ou cópias baixadas do material disponível no site da LTC Editora para este livro para construir desenhos de vistas múltiplas (de três vistas) dos objetos.
8. A partir das perspectivas isométricas das Figuras P3-4 a P3-65 do Capítulo 3, use folhas de papel em branco para construir desenhos bem proporcionados de vistas múltiplas (três vistas) dos objetos.
9. A partir dos desenhos de vistas múltiplas das Figuras P4-1 a P4-71, use cópias da rede isométrica (no final do livro) ou cópias baixadas do material disponível no site da LTC Editora para este livro para desenhar perspectivas isométricas dos objetos.
10. A partir dos desenhos de vistas múltiplas das Figuras P4-1 a P4-71, use folhas de papel em branco para desenhar perspectivas isométricas bem proporcionadas dos objetos.
11. A partir das duas vistas das Figuras P4-72 a P4-102, use cópias da rede retangular e da rede isométrica (no final do livro) ou cópias baixadas do material disponível no site da LTC Editora para este livro para desenhar a vista que falta e uma perspectiva isométrica dos objetos.

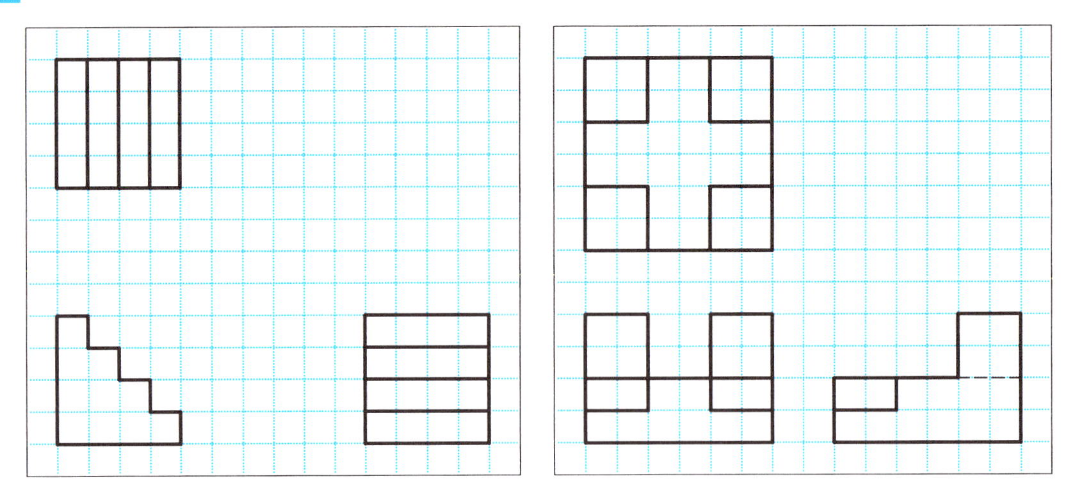

Figura P4-1

Figura P4-4

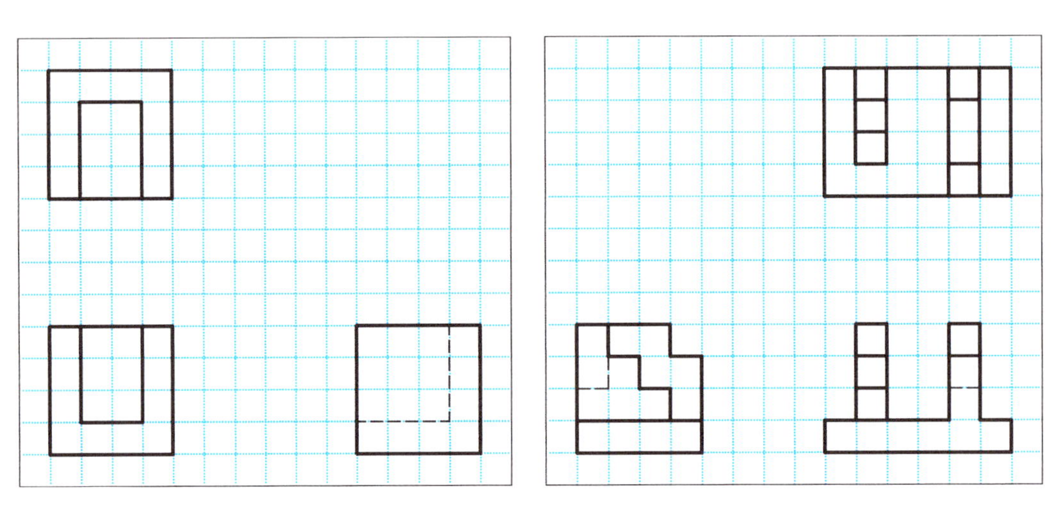

Figura P4-2

Figura P4-5

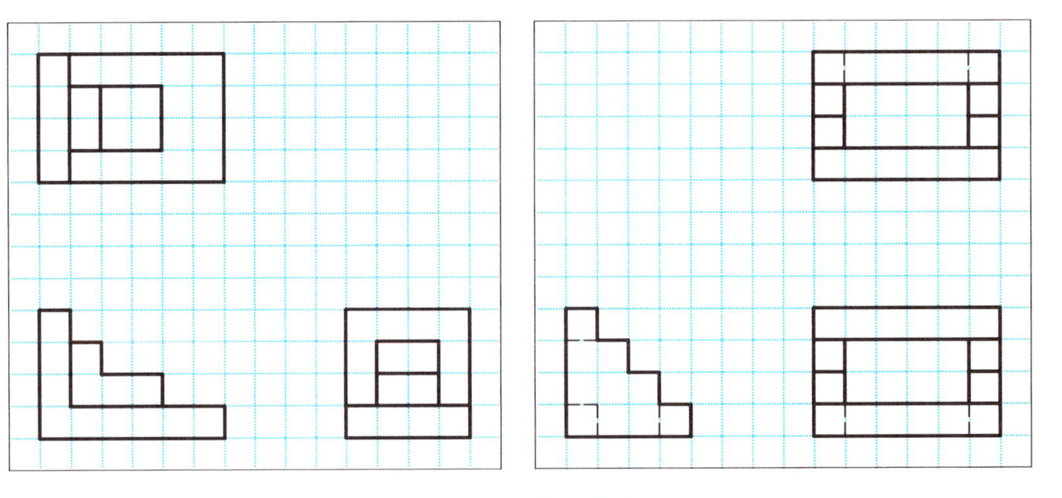

Figura P4-3

Figura P4-6

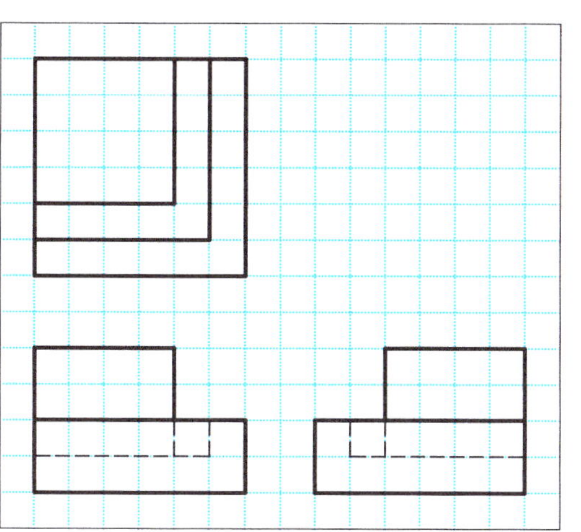

Figura P4-7

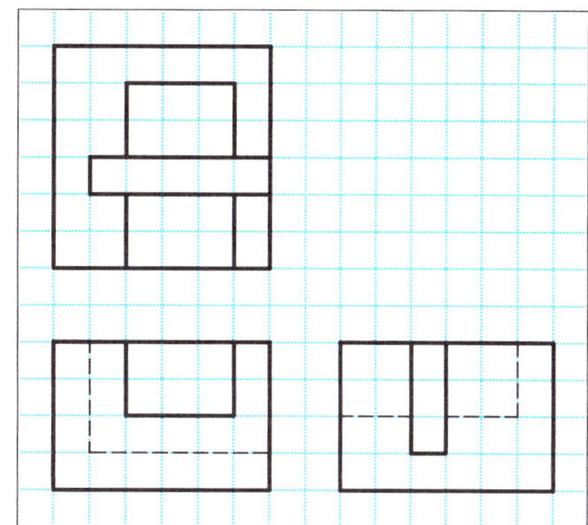

Figura P4-10

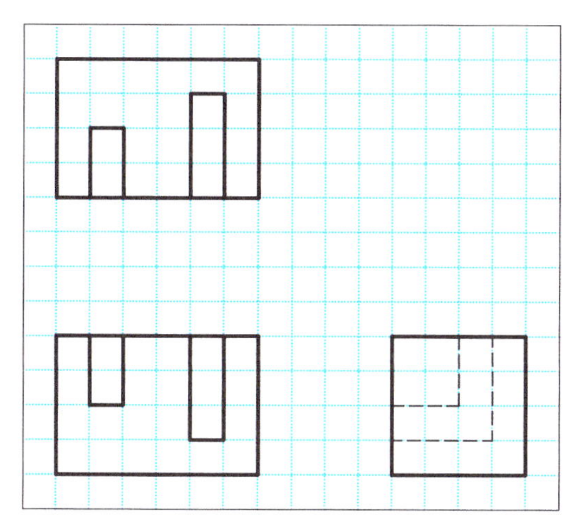

Figura P4-8

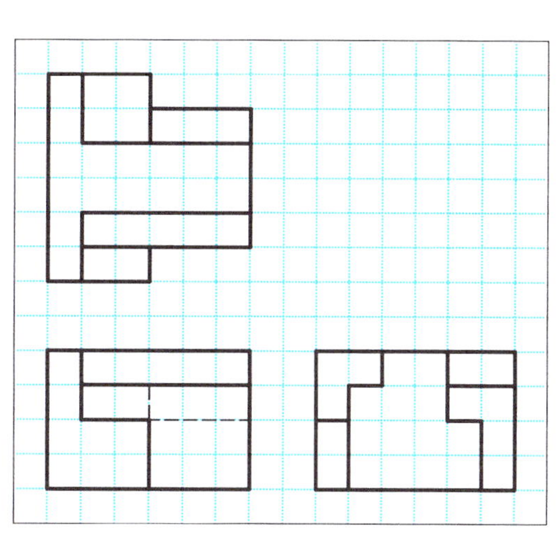

Figura P4-11

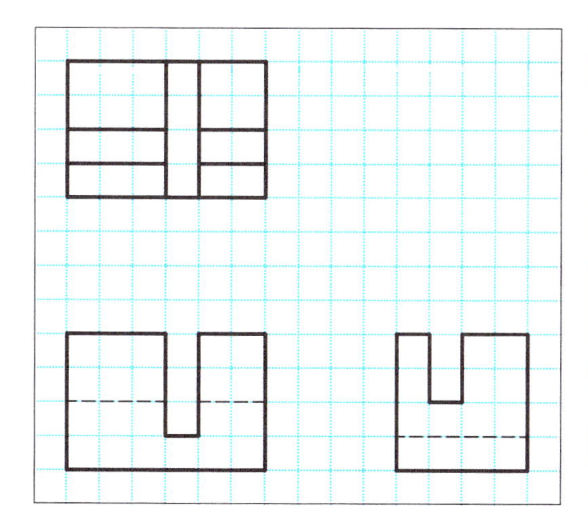

Figura P4-9

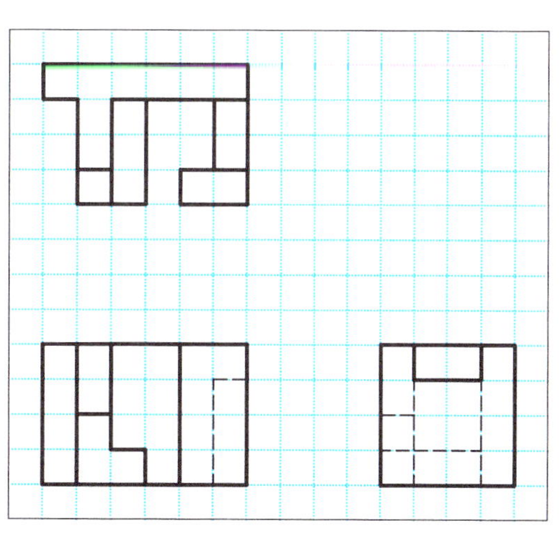

Figura P4-12

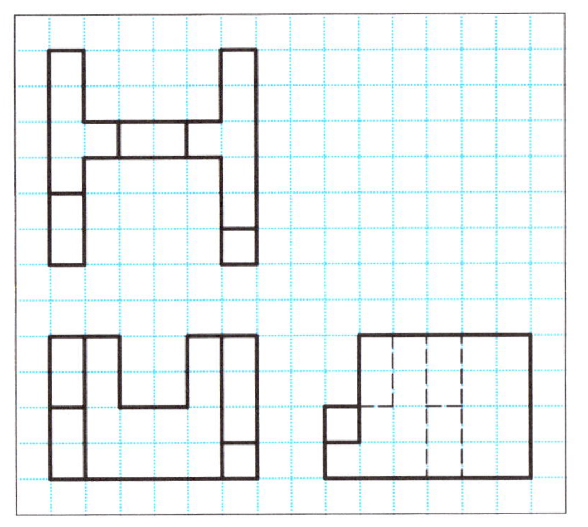

Figura P4-13

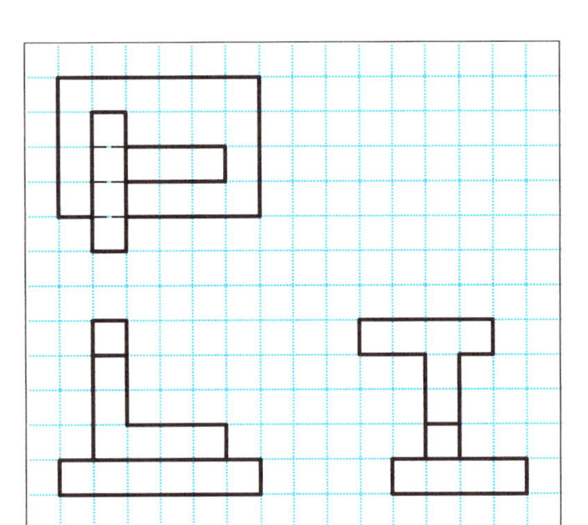

Figura P4-14

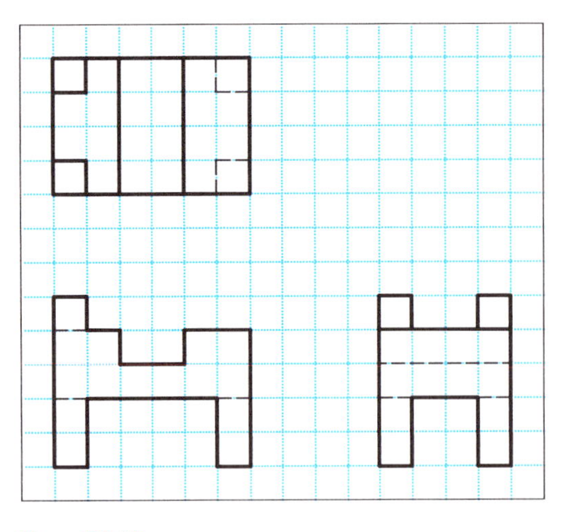

Figura P4-15

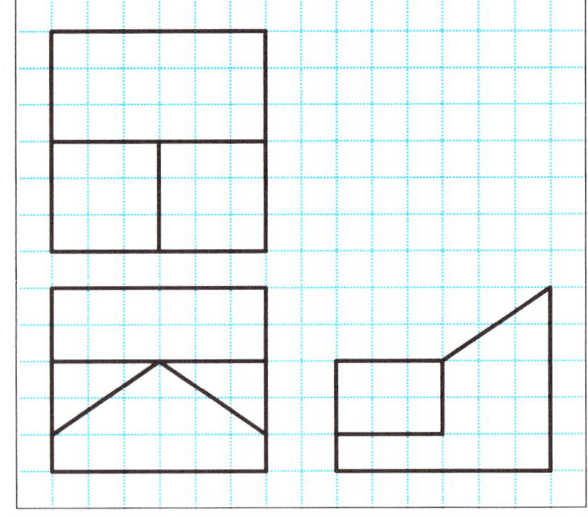

Figura P4-16

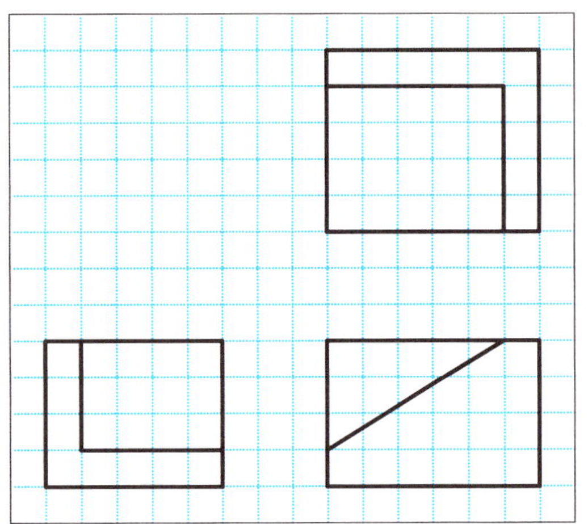

Figura P4-17

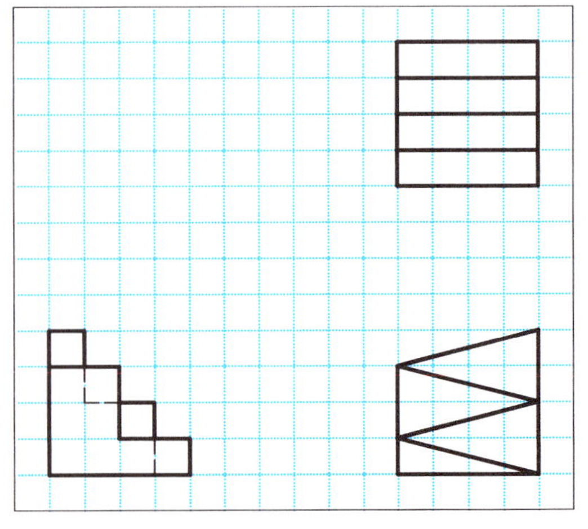

Figura P4-18

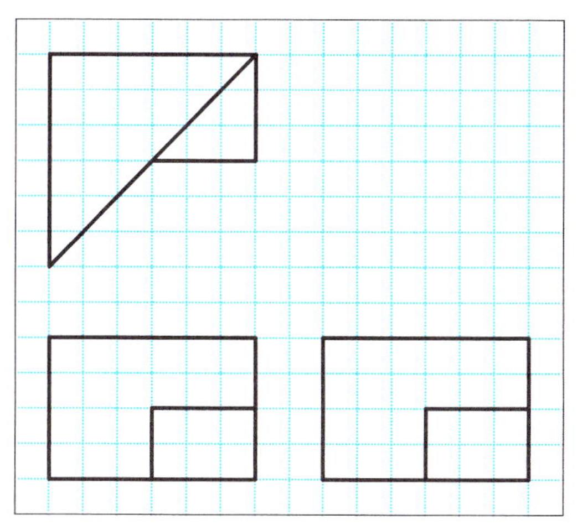

Figura P4-19

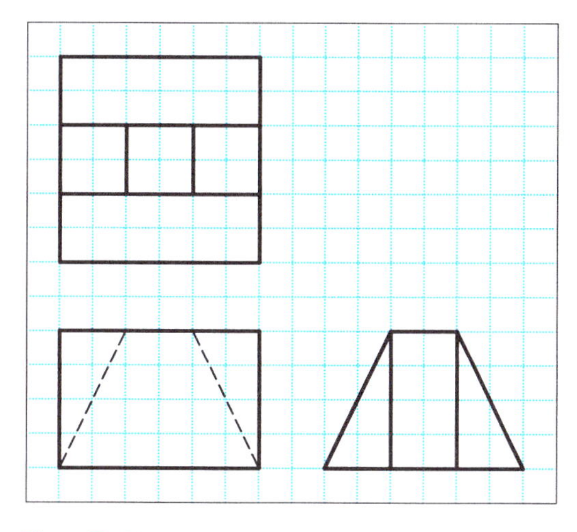

Figura P4-20

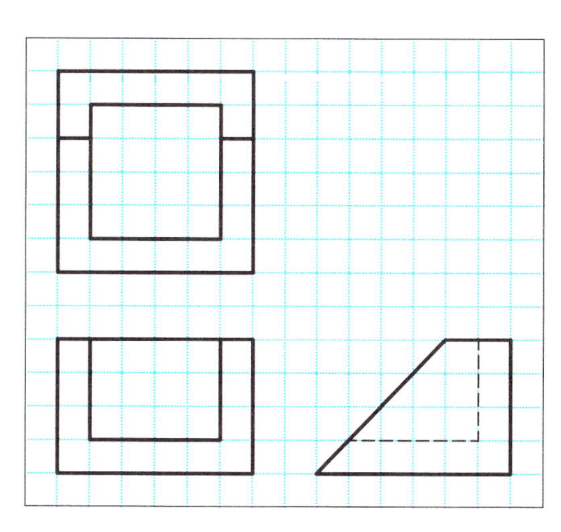

Figura P4-21

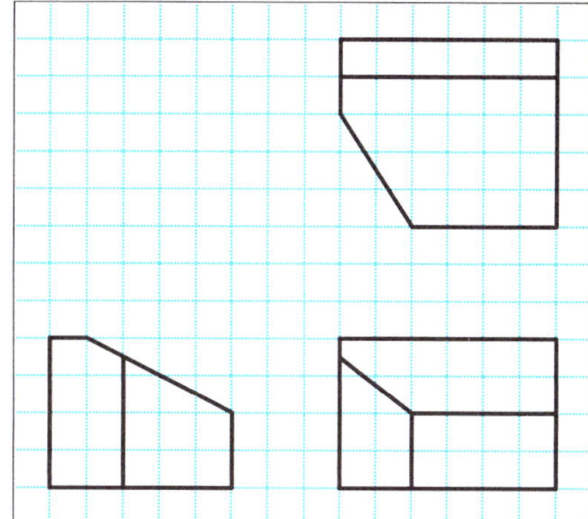

Figura P4-22

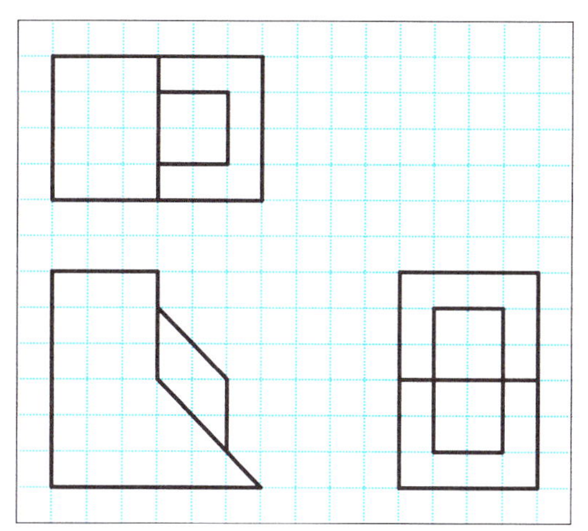

Figura P4-23

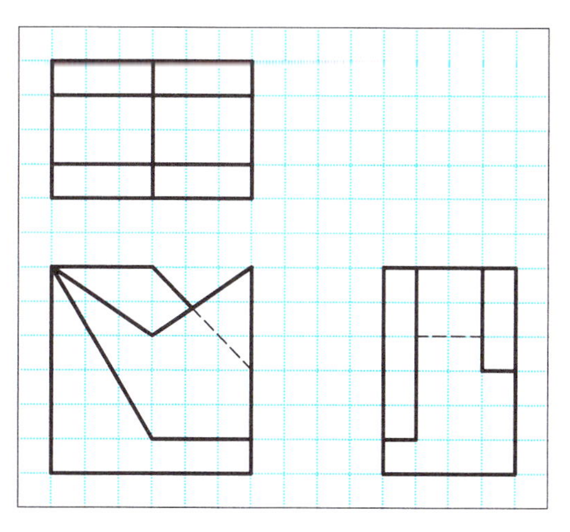

Figura P4-24

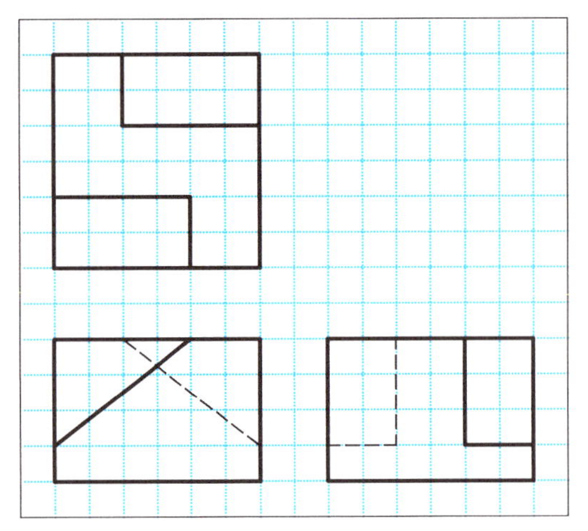

Figura P4-25

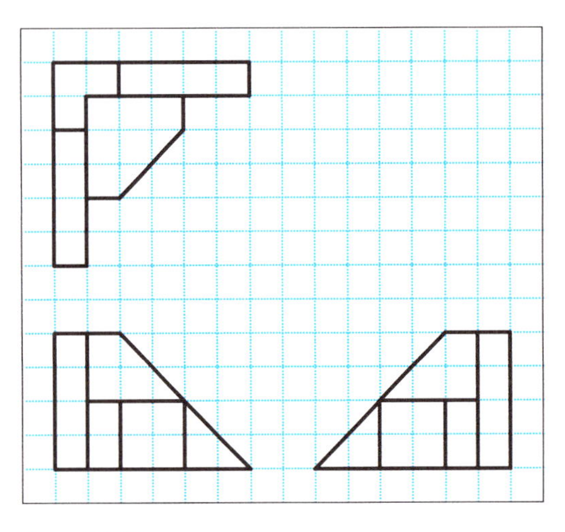

Figura P4-26

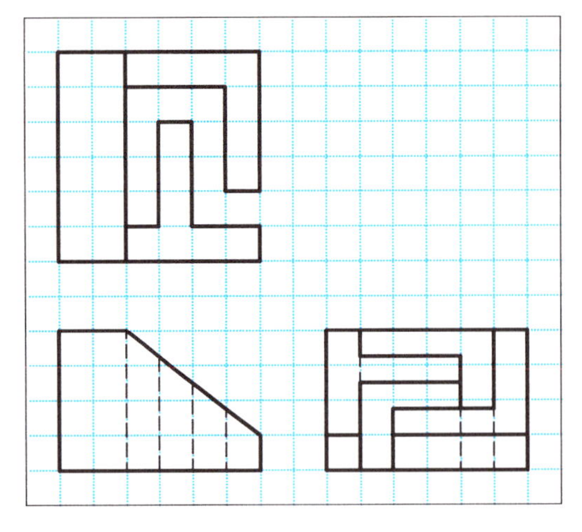

Figura P4-27

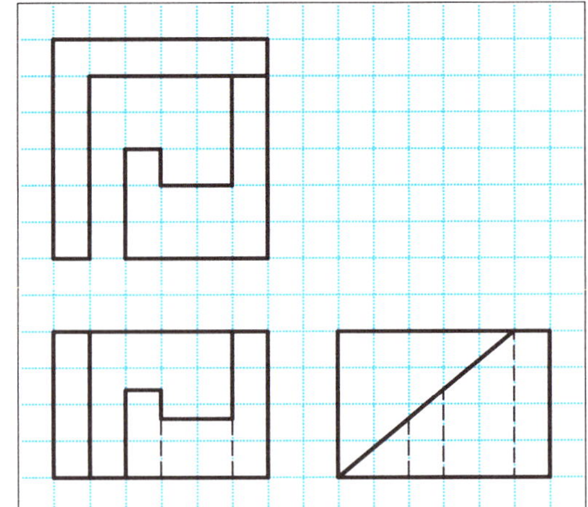

Figura P4-28

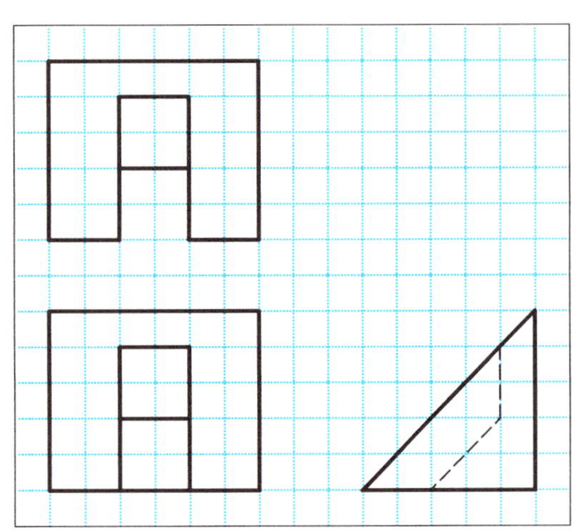

Figura P4-29

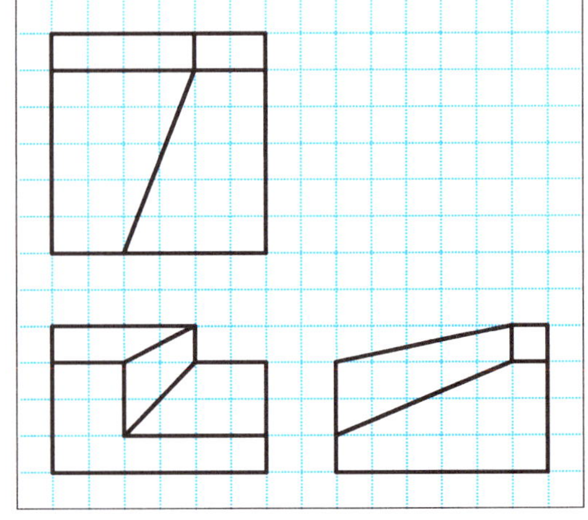

Figura P4-30

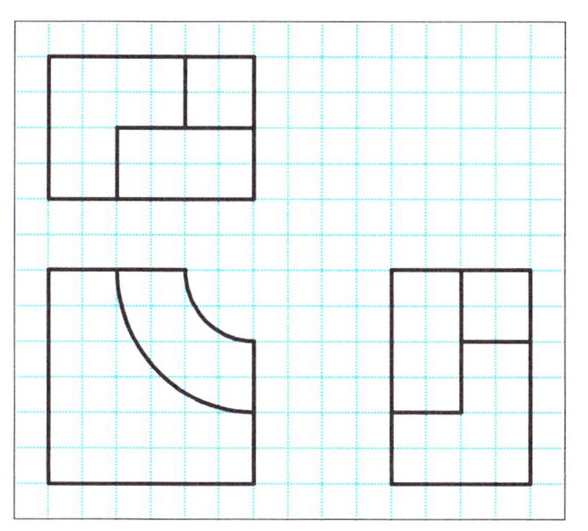

Figura P4-31

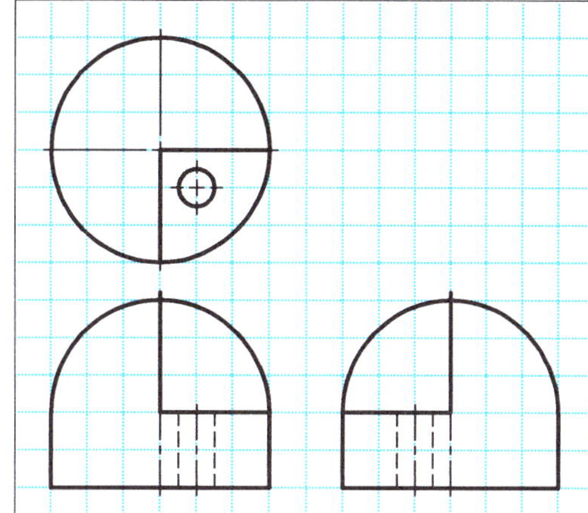

Figura P4-34

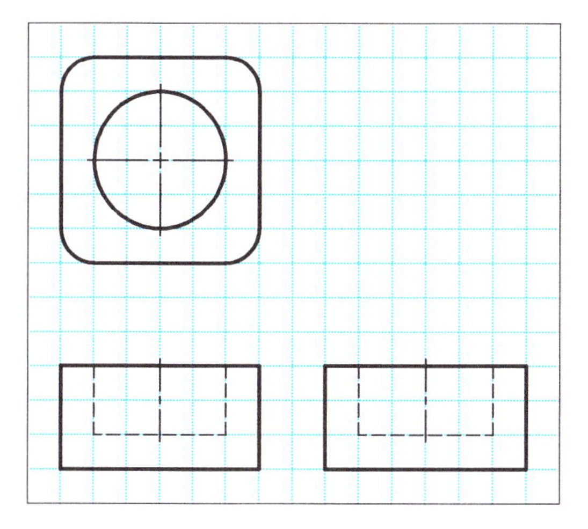

Figura P4-32

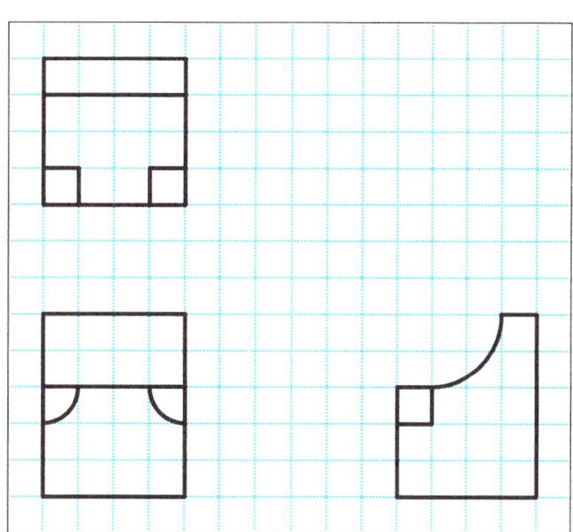

Figura P4-35

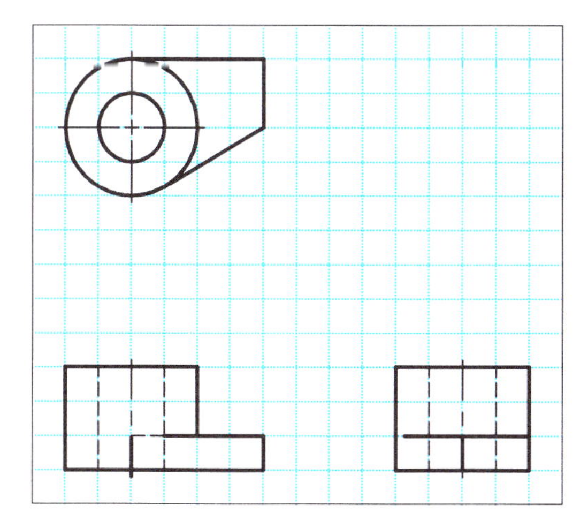

Figura P4-33

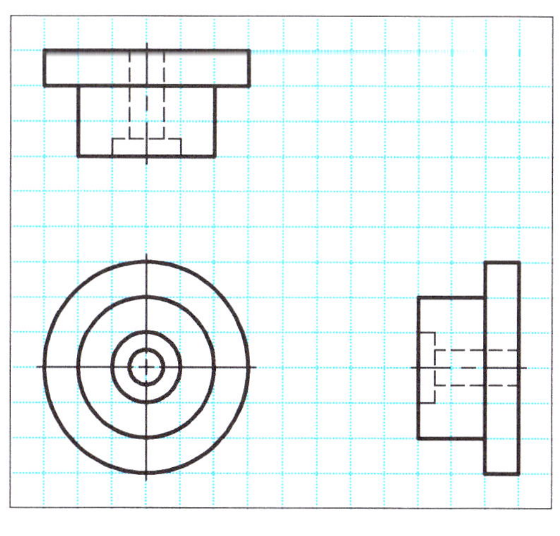

Figura P4-36

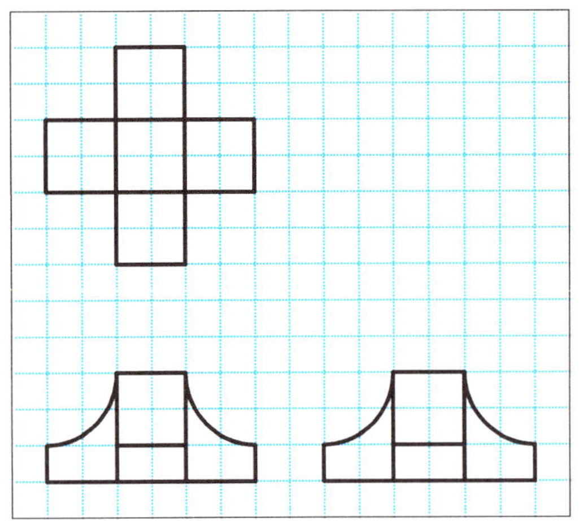

Figura P4-37

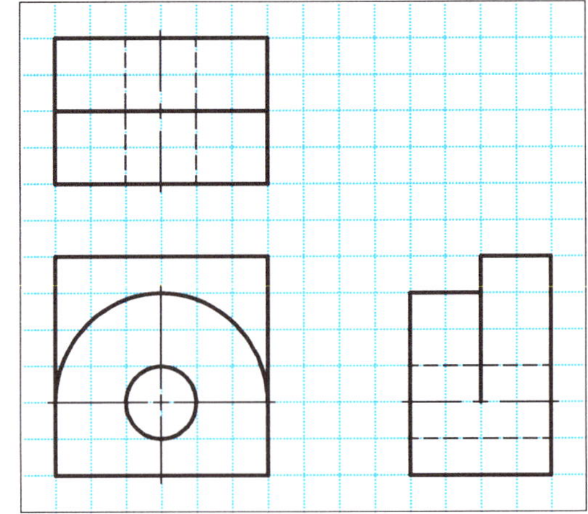

Figura P4-40

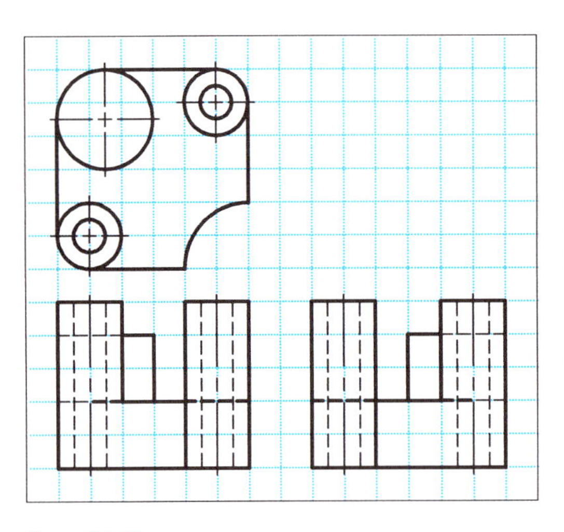

Figura P4-38

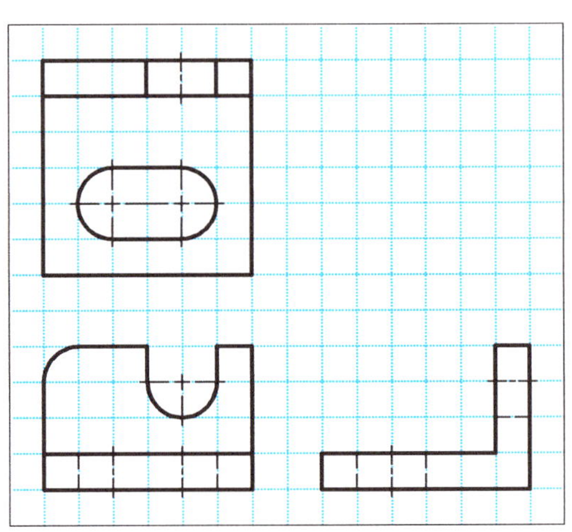

Figura P4-41

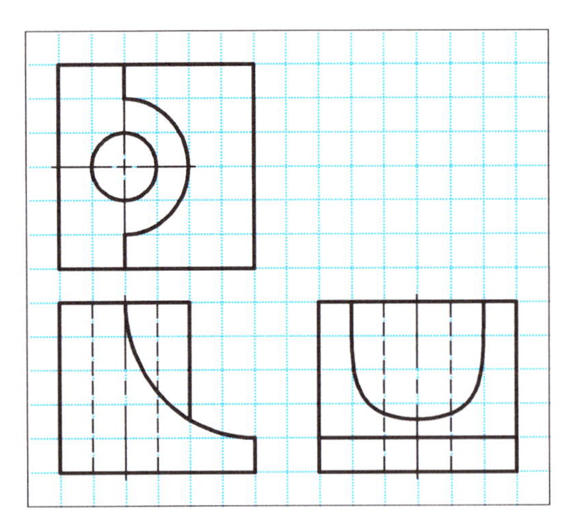

Figura P4-39

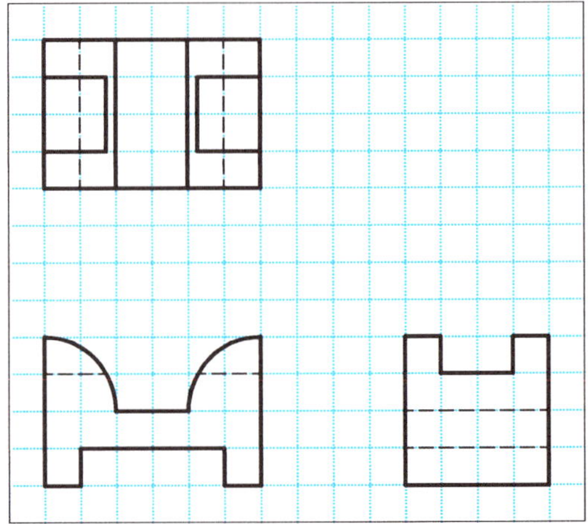

Figura P4-42

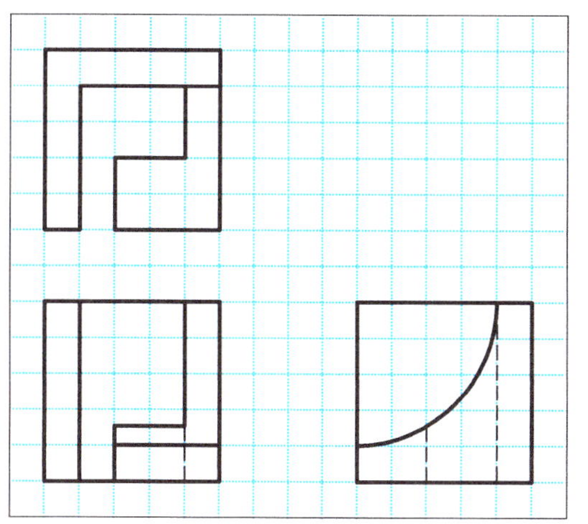

Figura P4-43

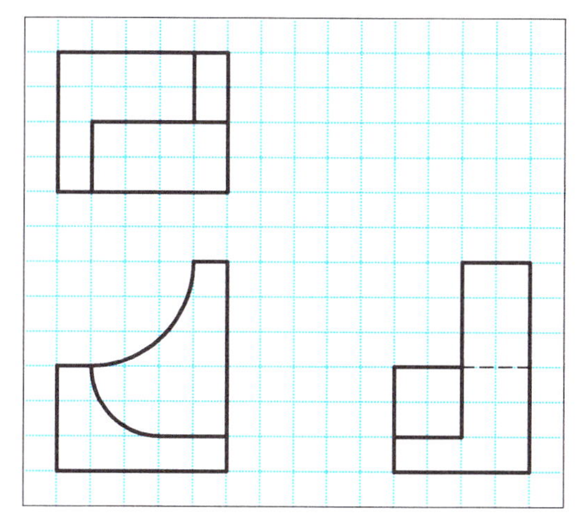

Figura P4-44

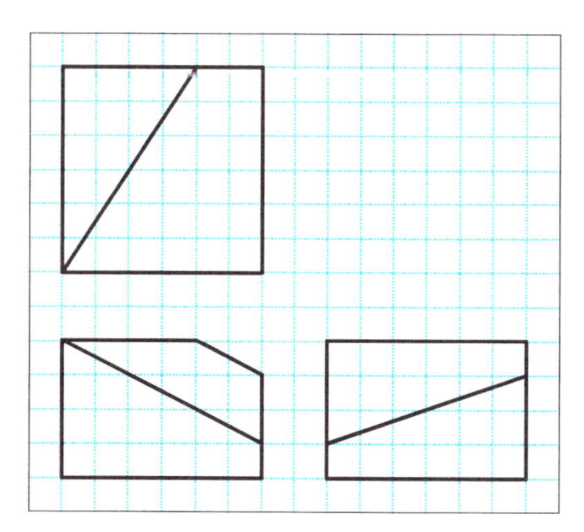

Figura P4-45

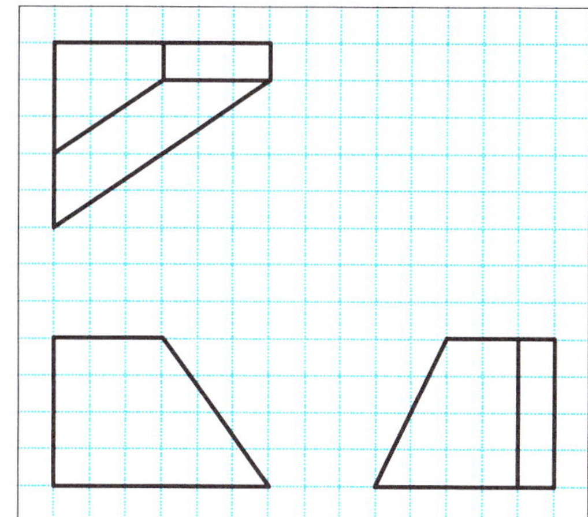

Figura P4-46

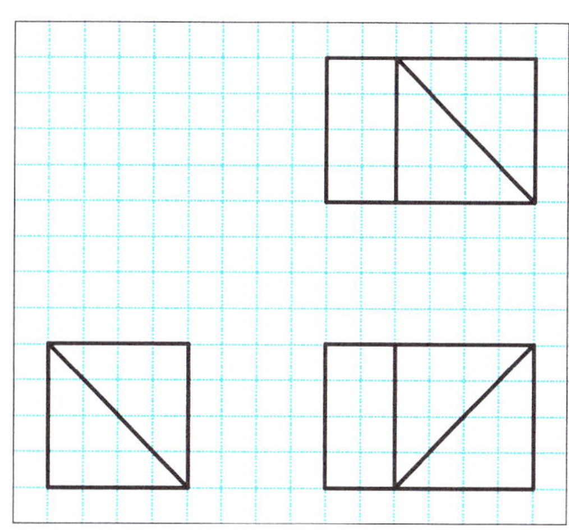

Figura P4-47

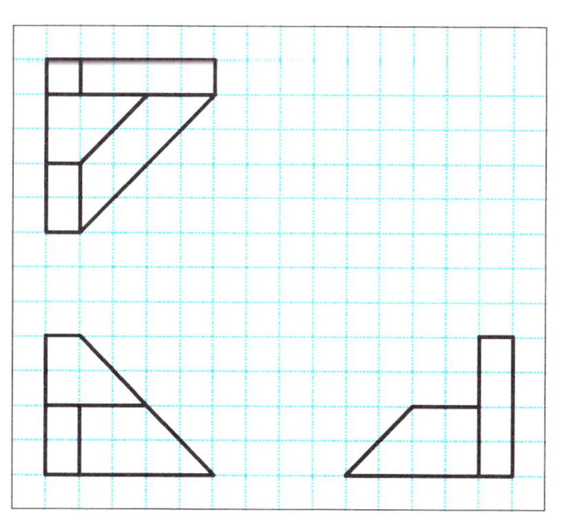

Figura P4-48

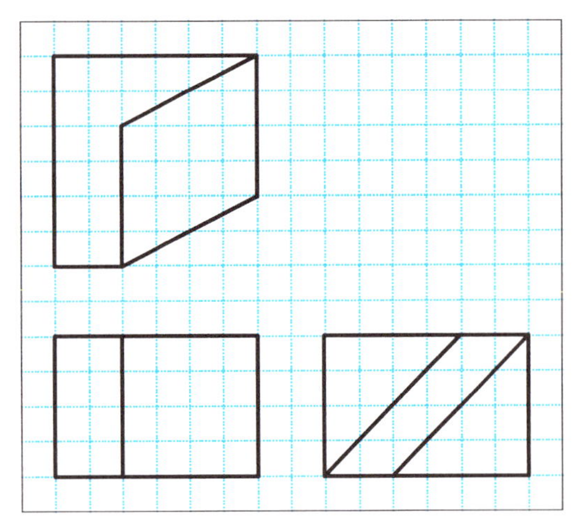

Figura P4-49

Figura P4-50

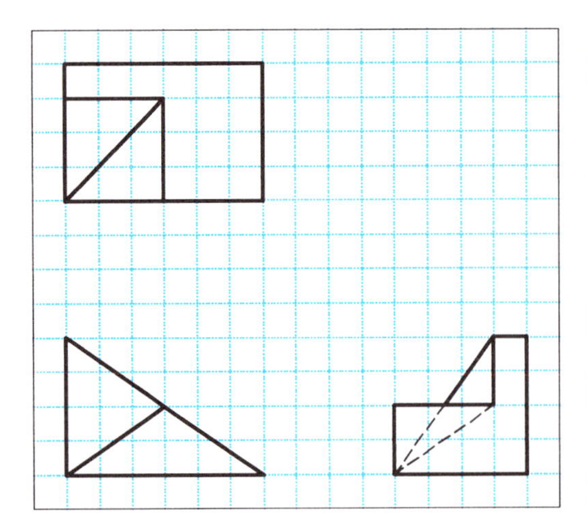

Figura P4-51

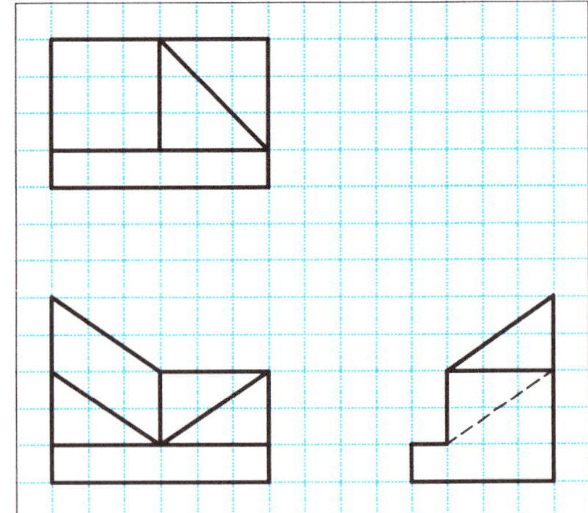

Figura P4-52

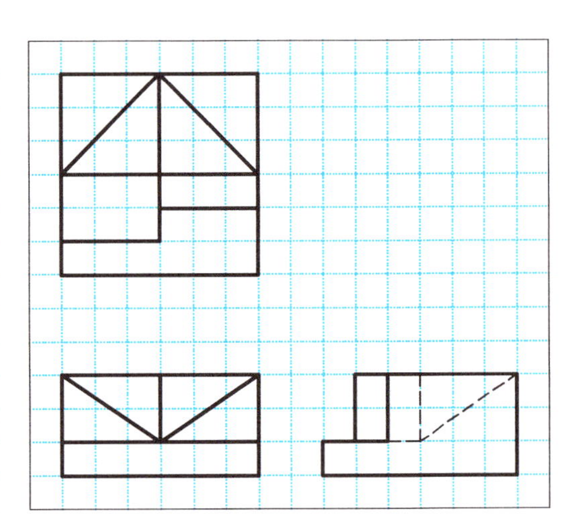

Figura P4-53

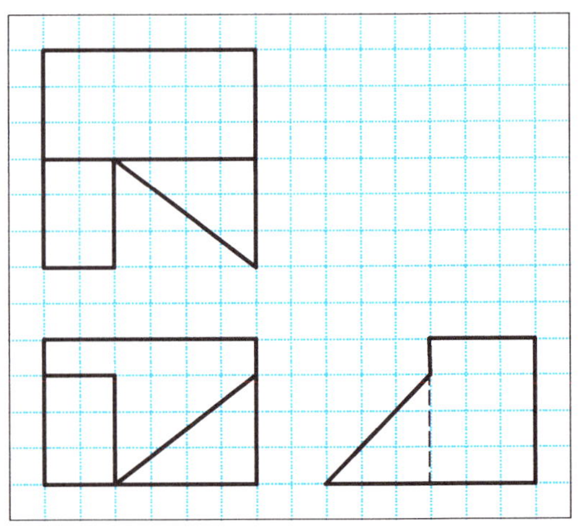

Figura P4-54

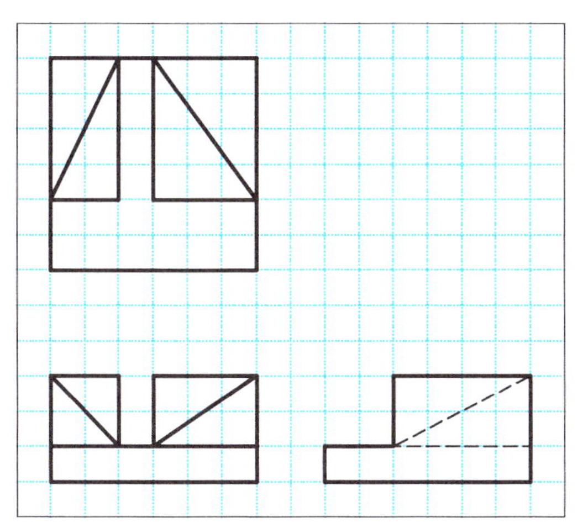

Figura P4-55

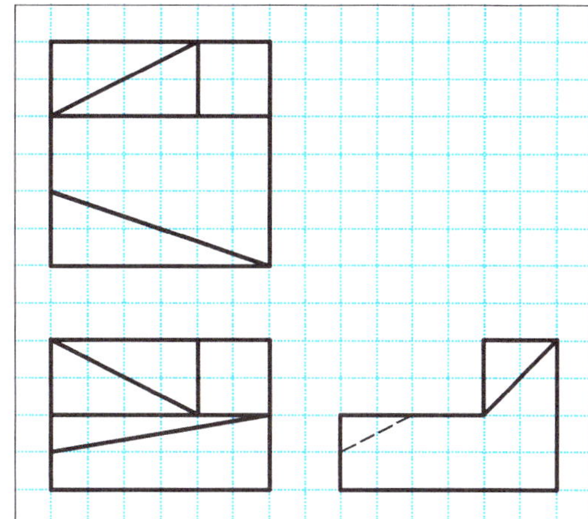

Figura P4-58

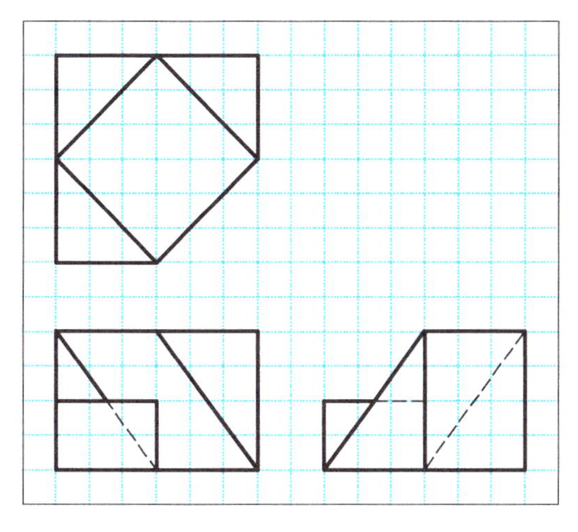

Figura P4-56

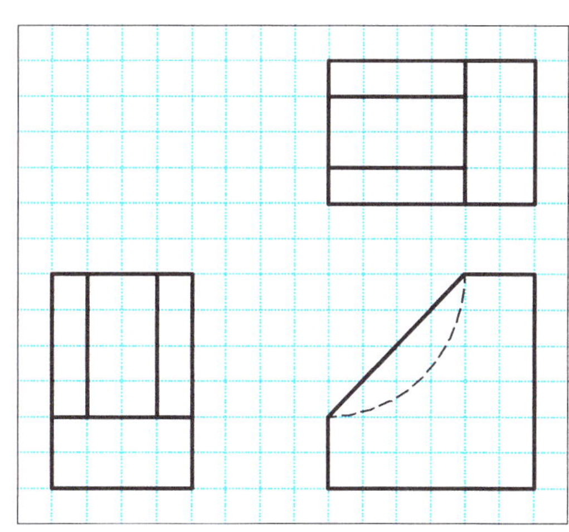

Figura P4-59

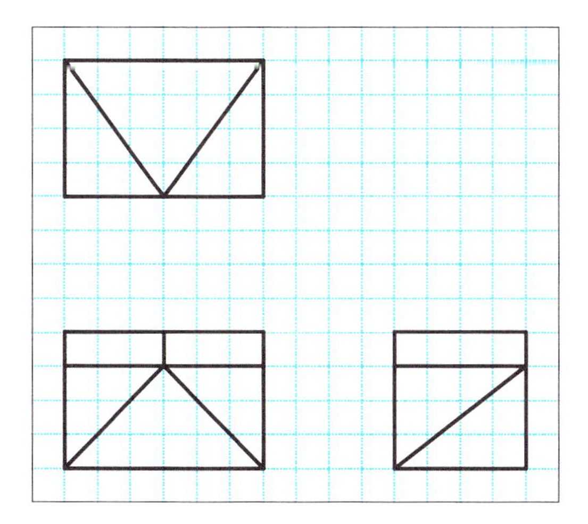

Figura P4-57

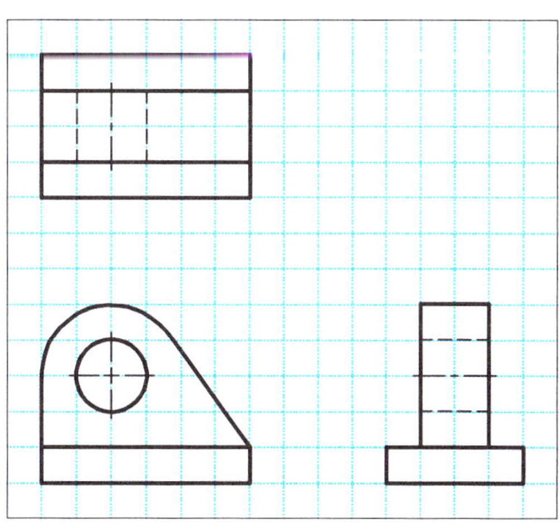

Figura P4-60

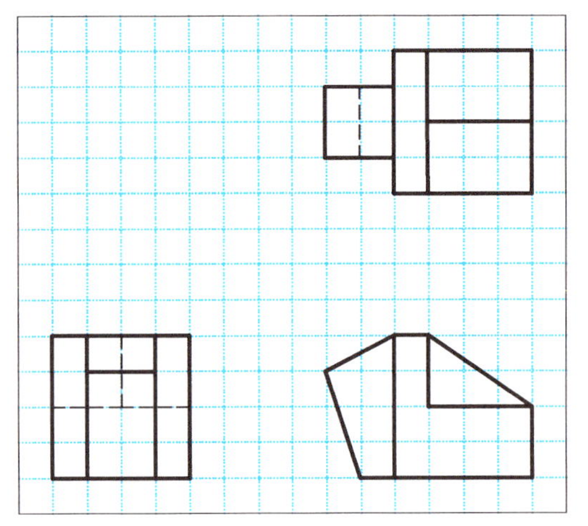

Figura P4-61

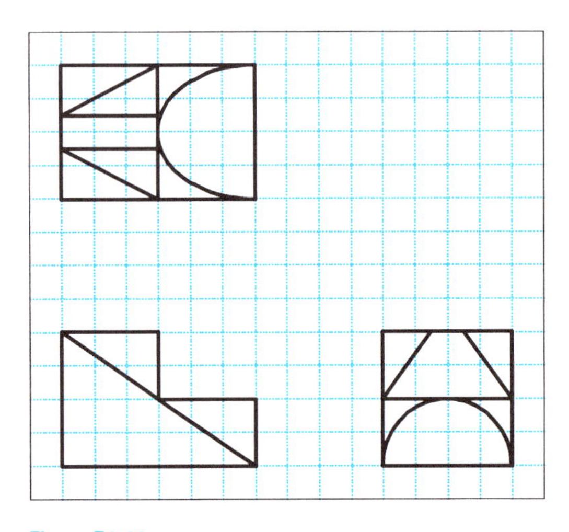

Figura P4-62

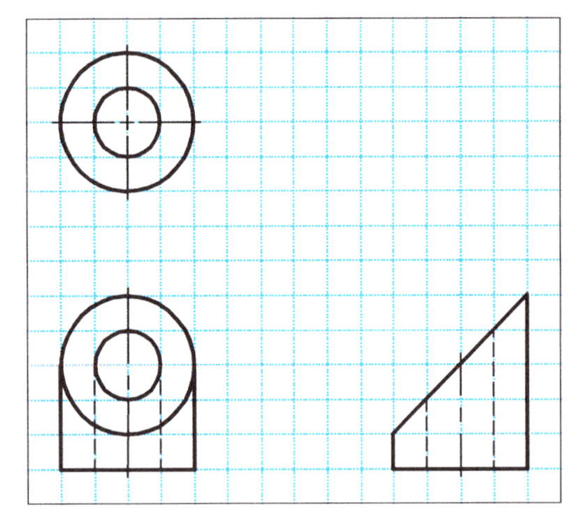

Figura P4-63

Figura P4-64

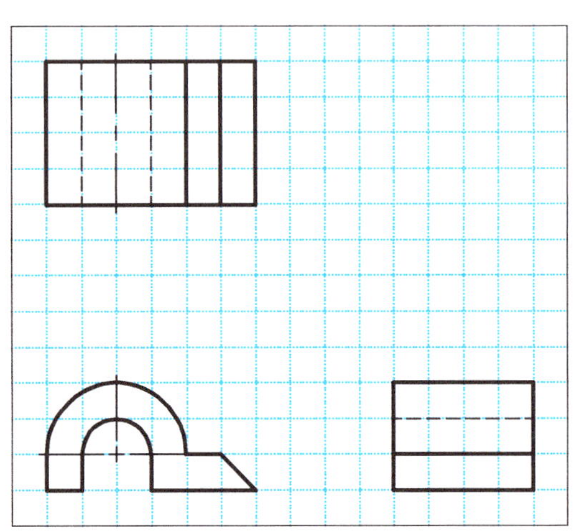

Figura P4-65

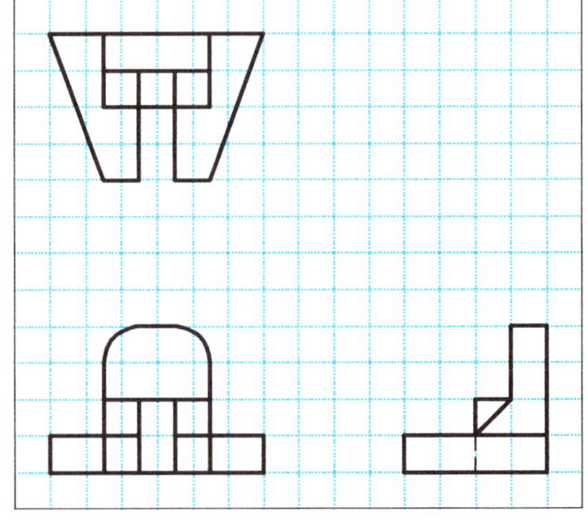

Figura P4-66

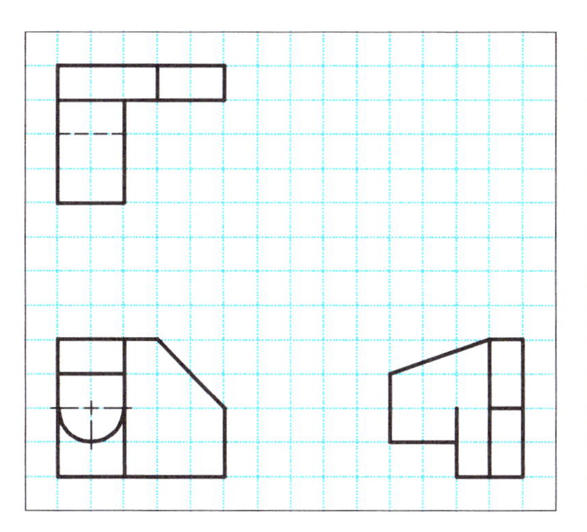

Figura P4-67

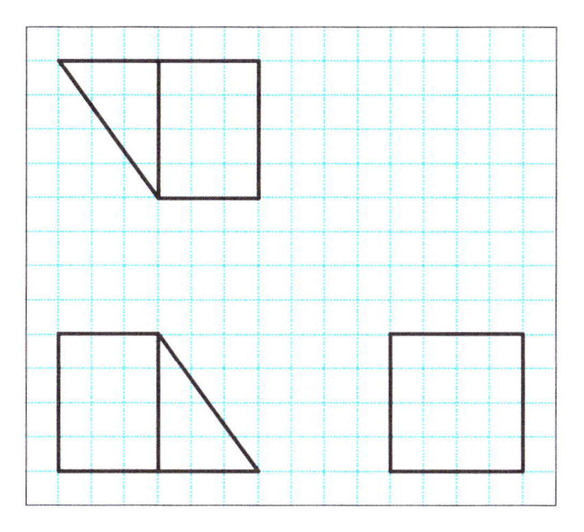

Figura P4-68

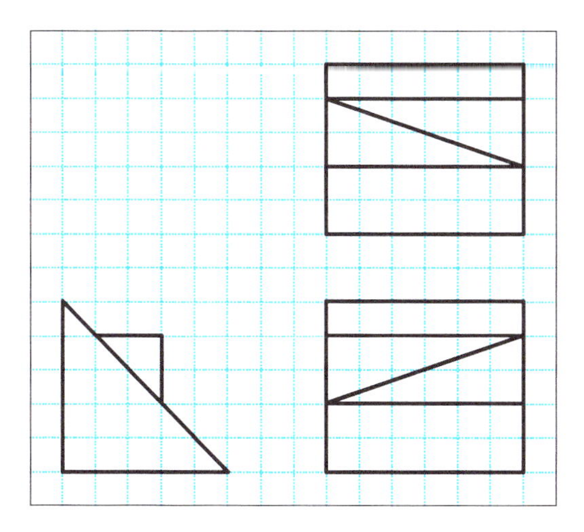

Figura P4-69

Figura P4-70

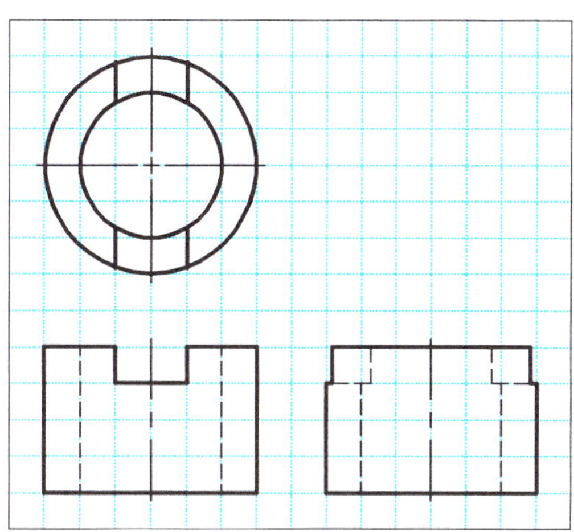

Figura P4-71

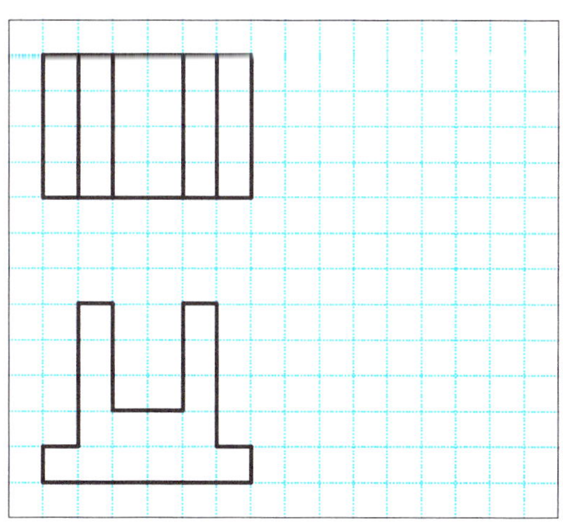

Figura P4-72

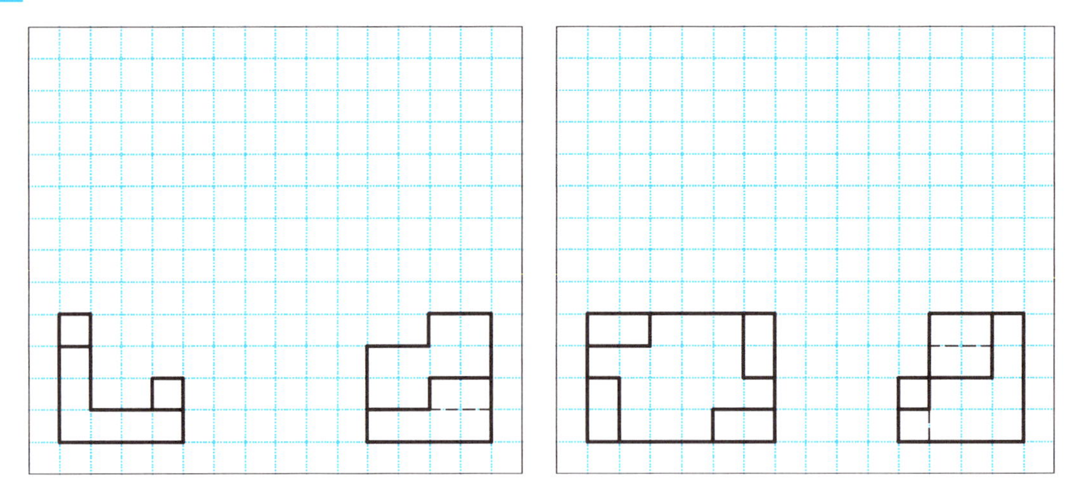

Figura P4-73

Figura P4-76

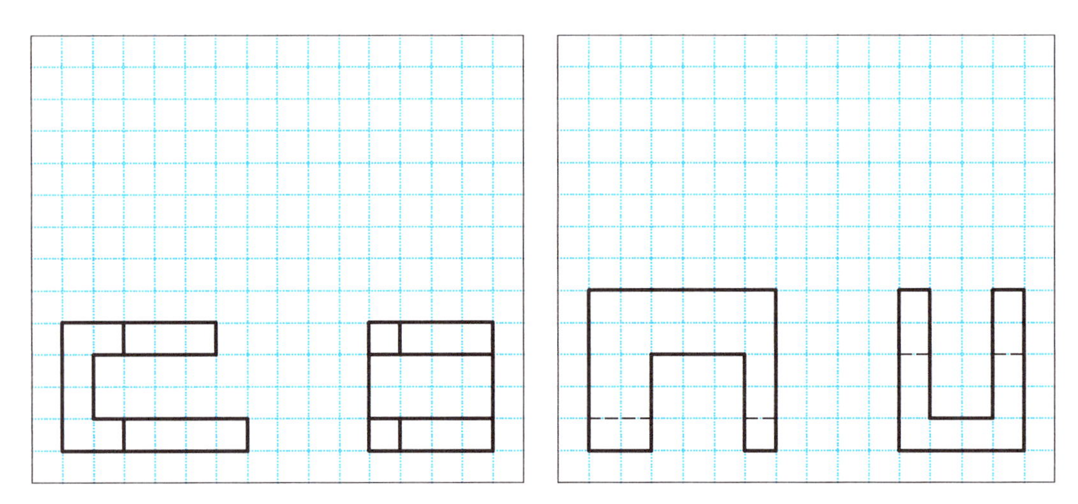

Figura P4-74

Figura P4-77

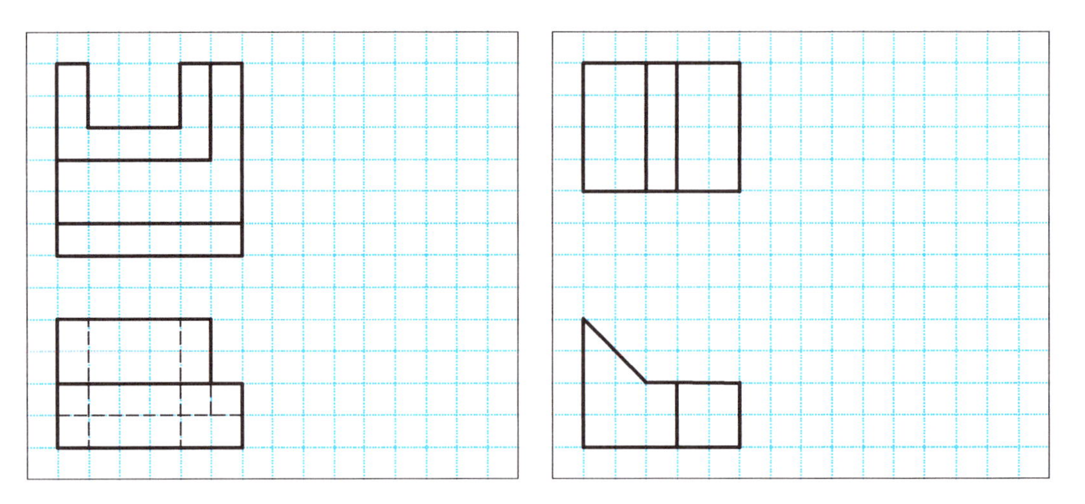

Figura P4-75

Figura P4-78

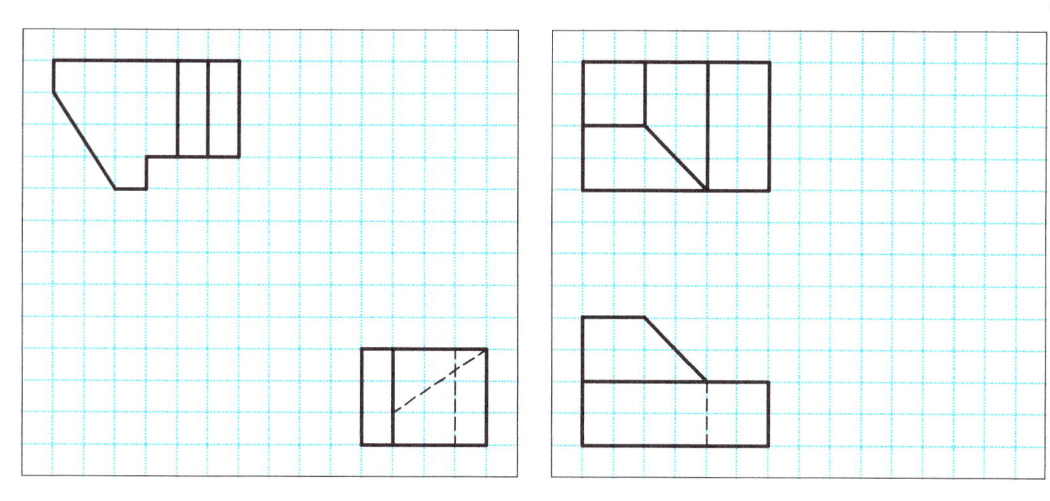

Figura P4-79

Figura P4-82

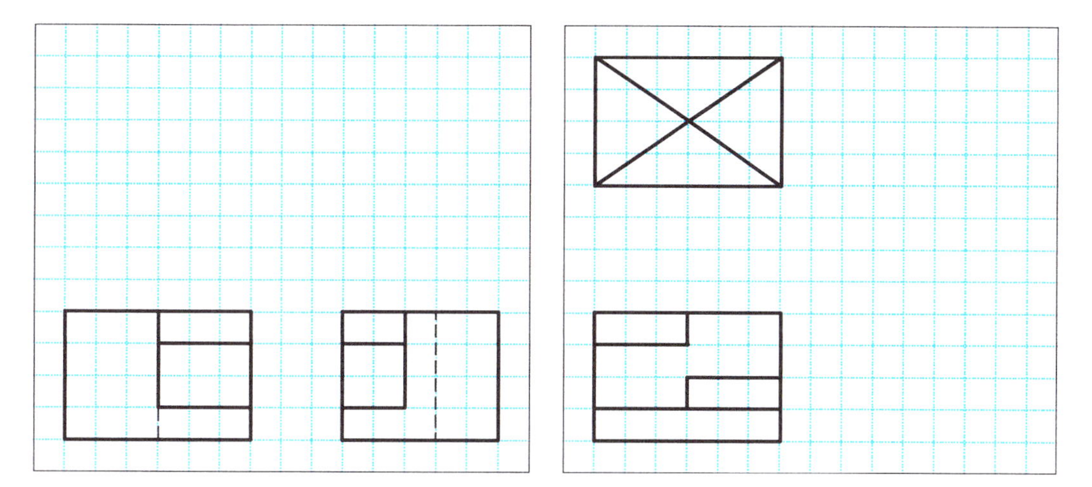

Figura P4-80

Figura P4-83

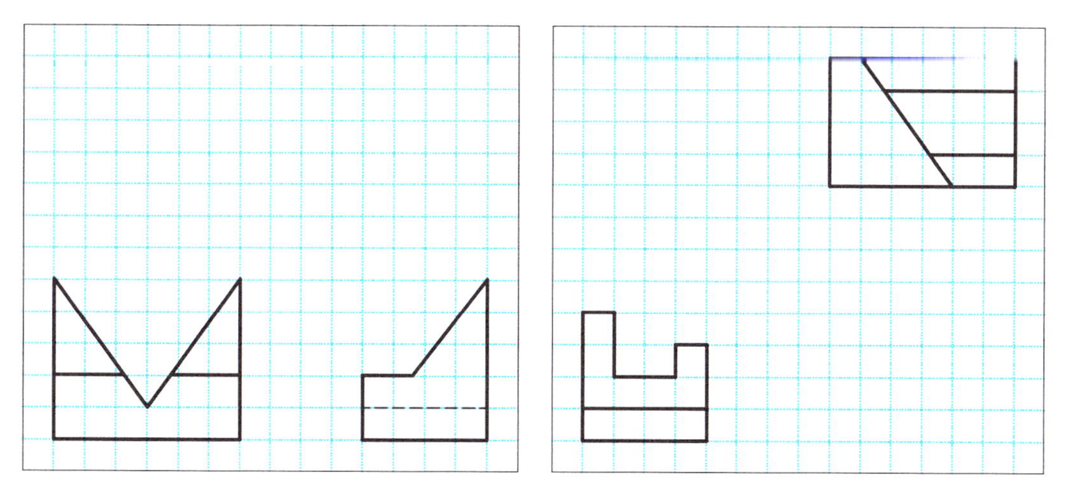

Figura P4-81

Figura P4-84

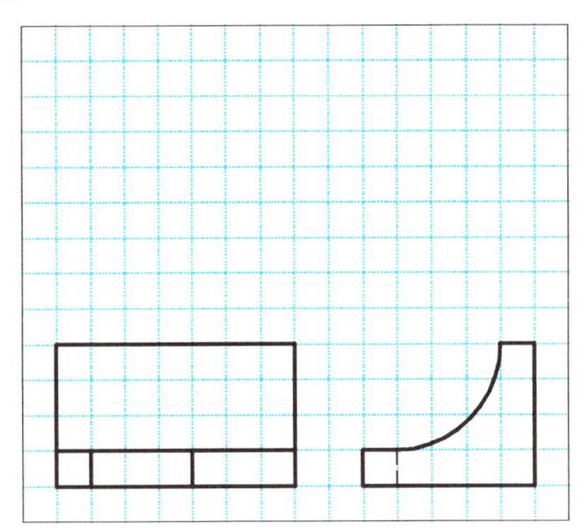

Figura P4-85

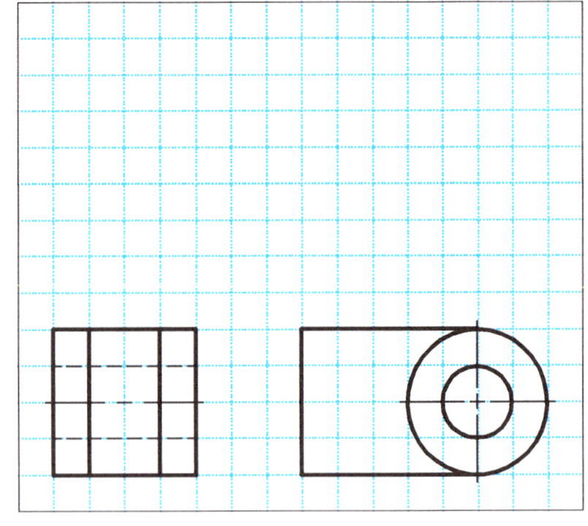

Figura P4-88

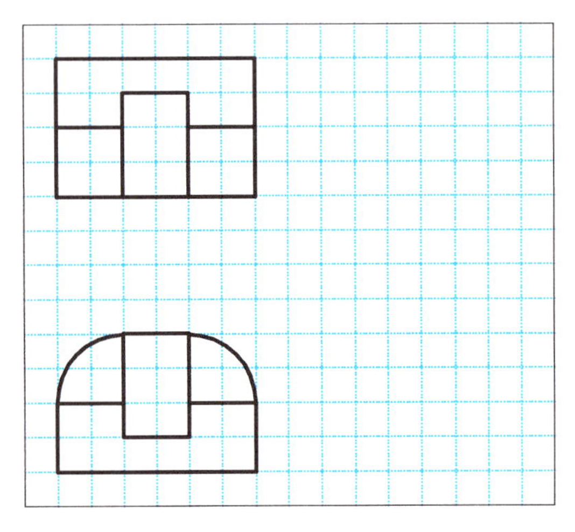

Figura P4-86

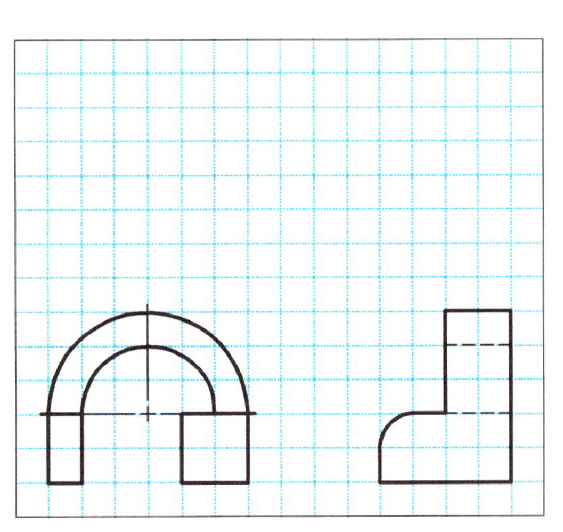

Figura P4-89

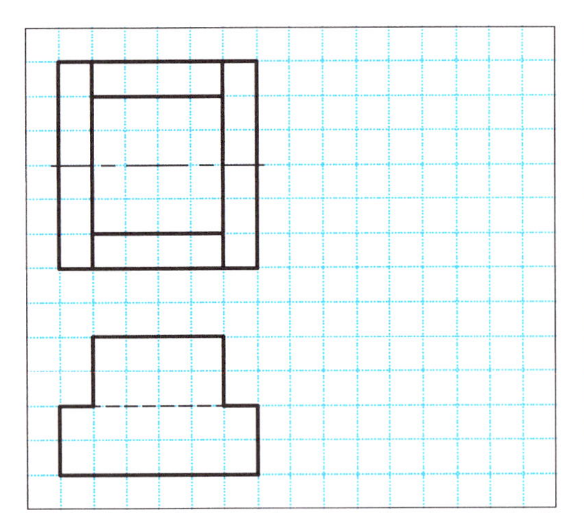

Figura P4-87

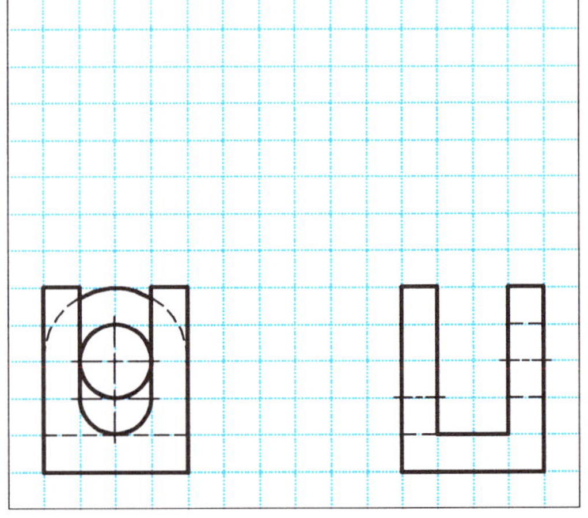

Figura P4-90

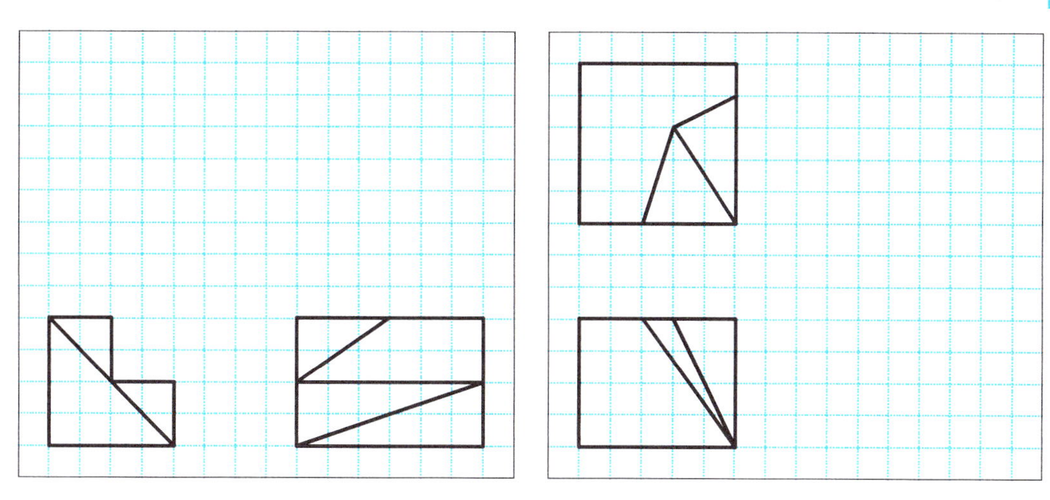

Figura P4-91

Figura P4-94

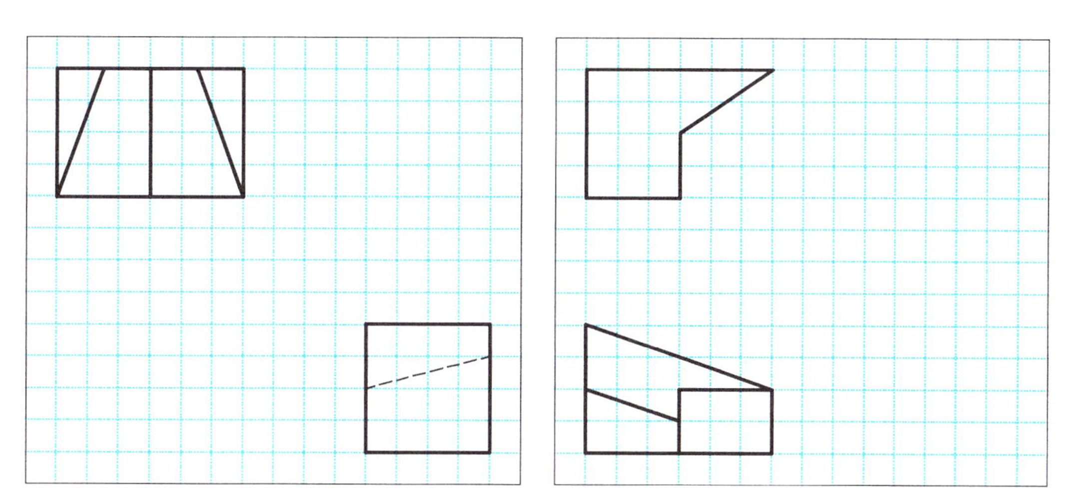

Figura P4-92

Figura P4-95

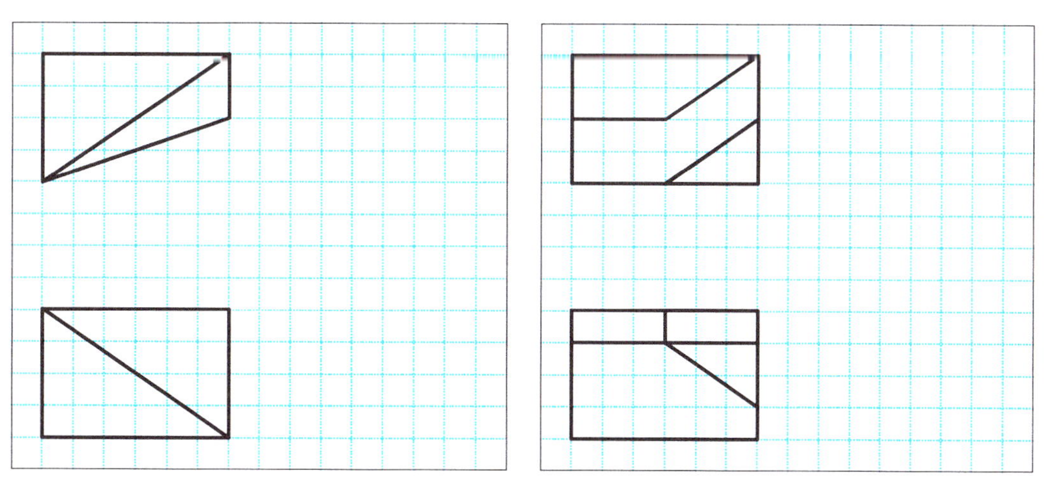

Figura P4-93

Figura P4-96

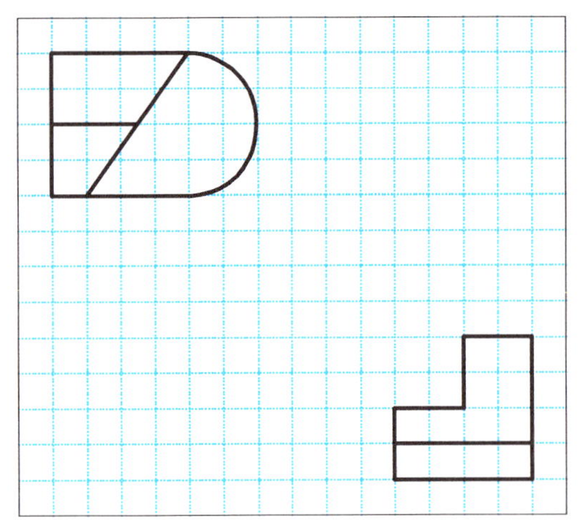

Figura P4-97

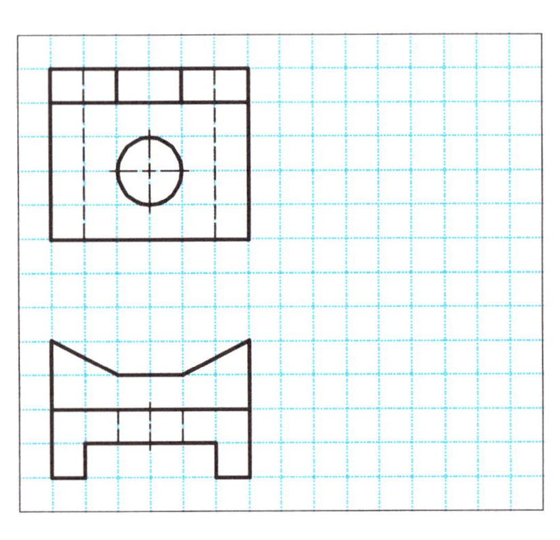

Figura P4-98

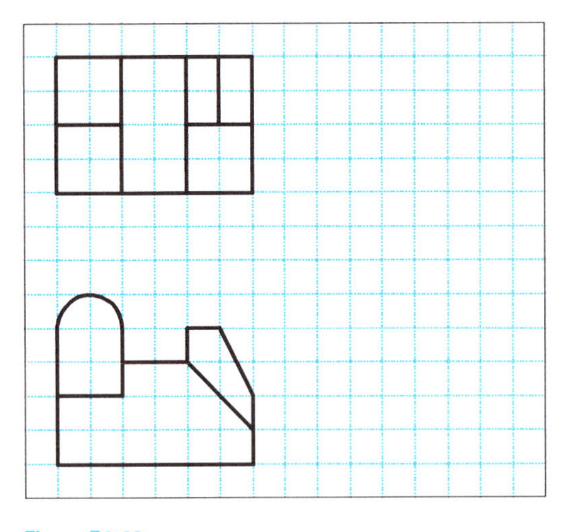

Figura P4-99

Figura P4-100

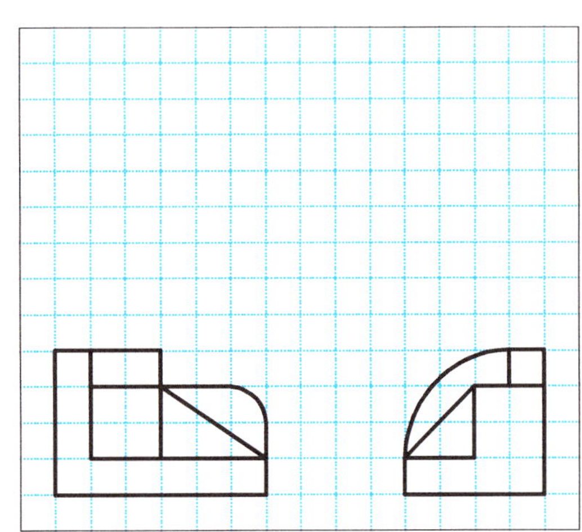

Figura P4-101

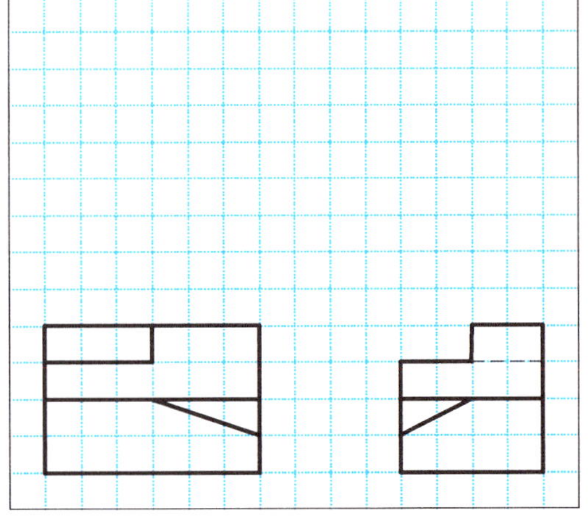

Figura P4-102

Ⓐ Dada a perspectiva isométrica, construa um desenho de vistas múltiplas do objeto.

Ⓑ Dada a perspectiva isométrica, construa um desenho de vistas múltiplas do objeto.

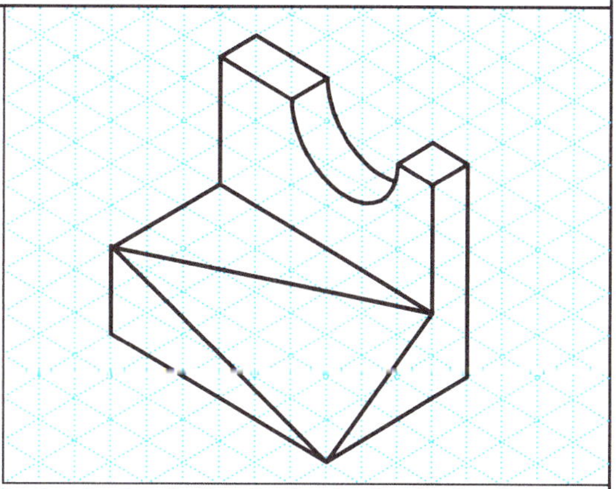

Desenho 4-1	Nome ______________	Data ________

Ⓐ Dada a perspectiva isométrica, construa um desenho de vistas múltiplas do objeto.

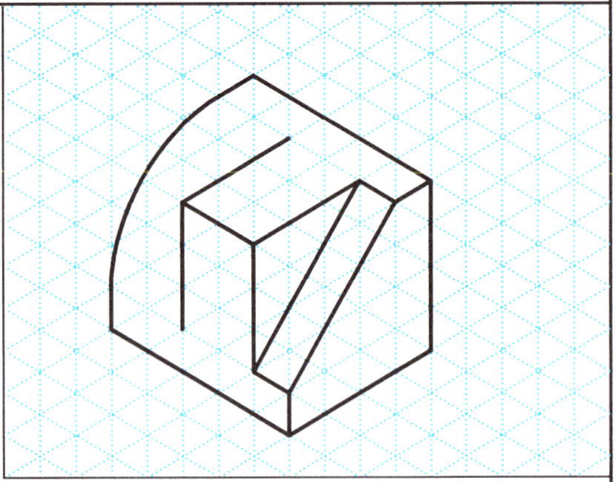

Ⓑ Dada a perspectiva isométrica, construa um desenho de vistas múltiplas do objeto.

Desenho 4-2	Nome ______________________	Data __________

Ⓐ Dada a perspectiva isométrica, construa um desenho de vistas múltiplas do objeto.

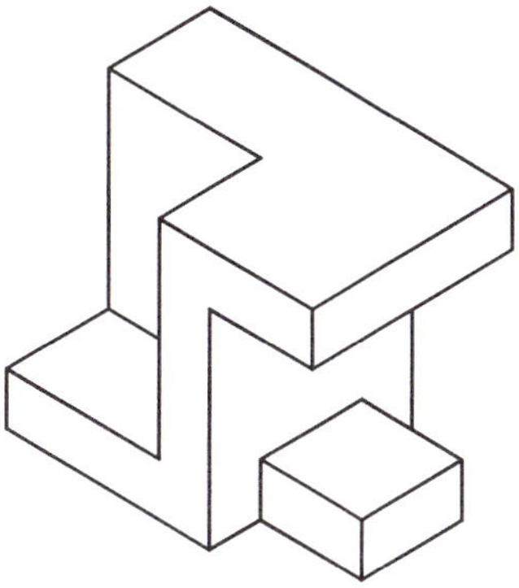

Ⓑ Dada a perspectiva isométrica, construa um desenho de vistas múltiplas do objeto.

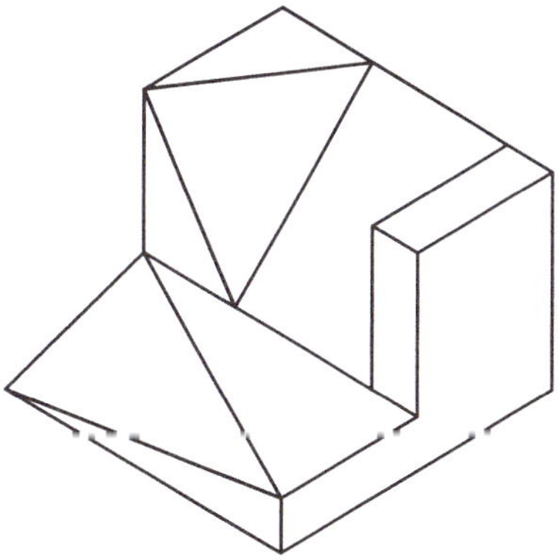

Desenho 4-3	Nome ________________	Data ________

Ⓐ Dada a perspectiva isométrica, construa um desenho de vistas múltiplas do objeto.

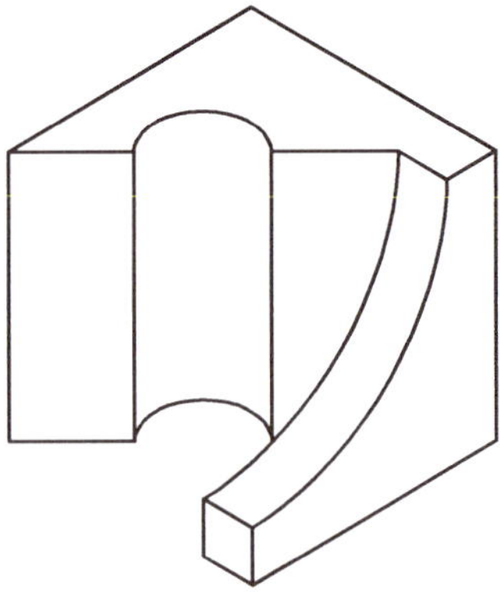

Ⓑ Dada a perspectiva isométrica, construa um desenho de vistas múltiplas do objeto.

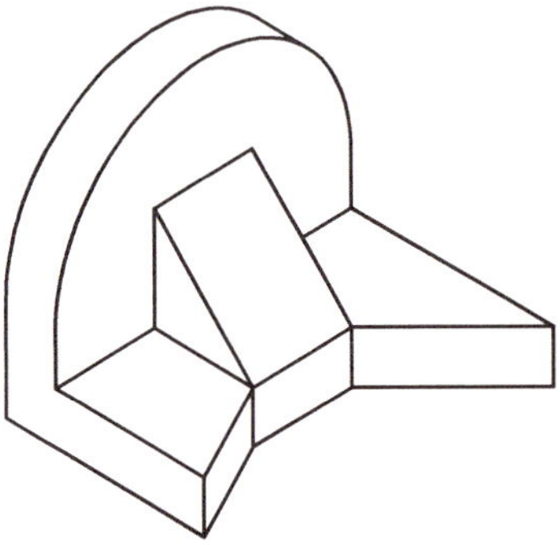

Desenho 4-4	Nome ______________	Data ________

(A) Dada a perspectiva isométrica, construa um desenho de vistas múltiplas do objeto.

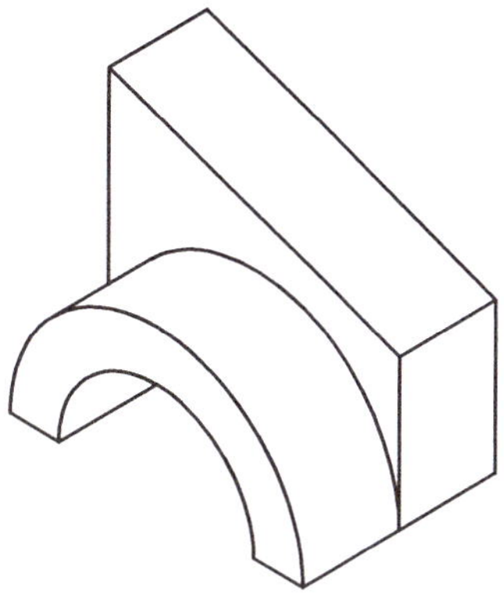

(B) Dada a perspectiva isométrica, construa um desenho de vistas múltiplas do objeto.

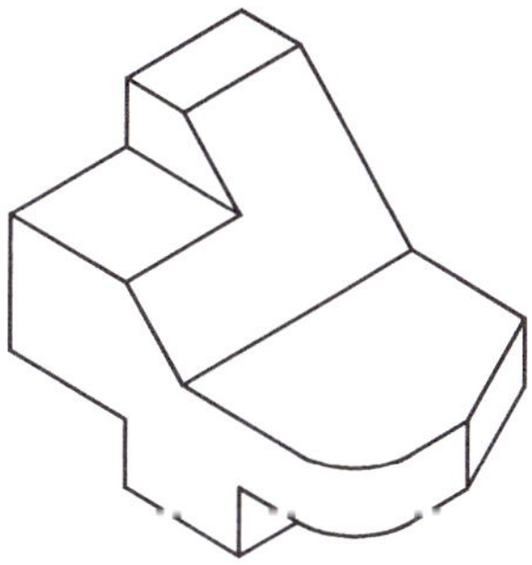

Desenho 4-5	Nome ______________________	Data __________

Ⓐ Dado o desenho de vistas múltiplas, desenhe uma perspectiva isométrica do objeto.

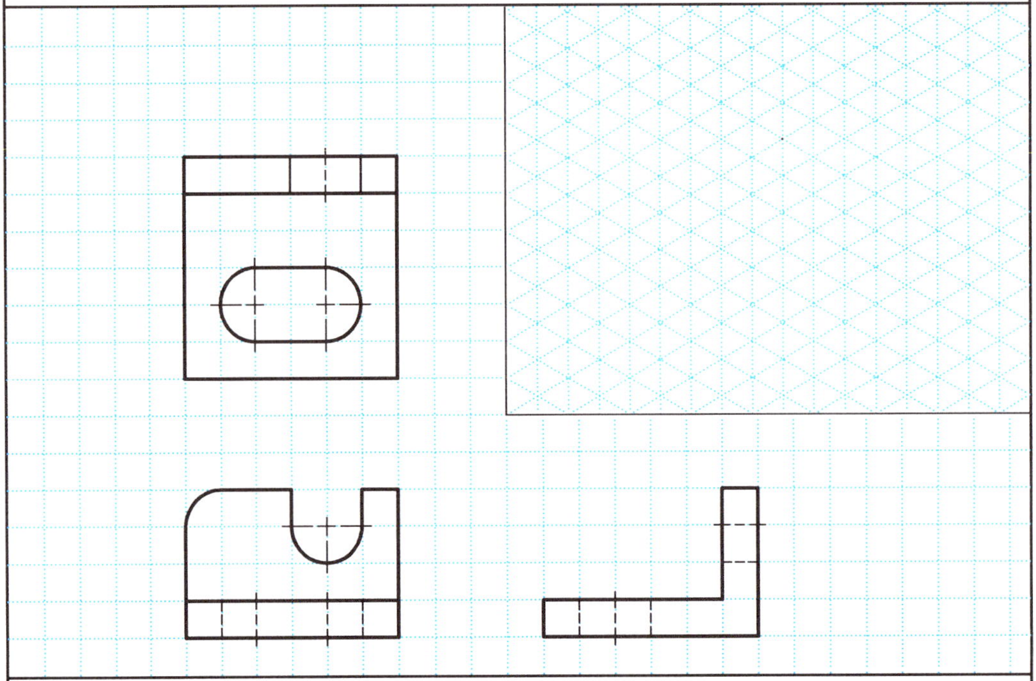

Ⓑ Dado o desenho de vistas múltiplas, desenhe uma perspectiva isométrica do objeto.

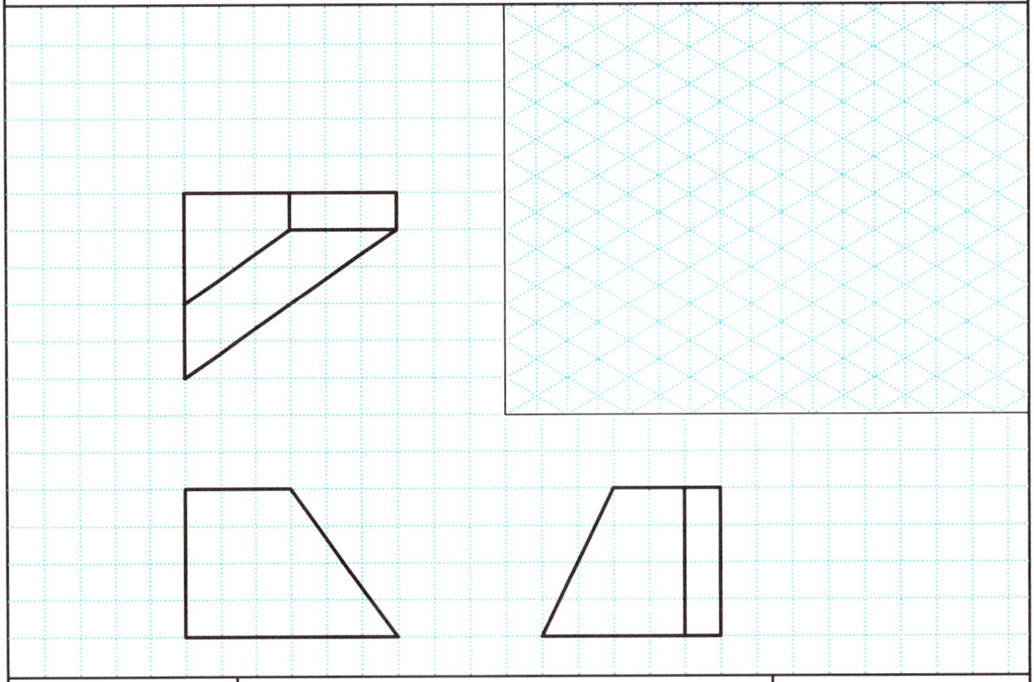

Desenho 4-6	Nome ______________	Data ________

Ⓐ Dado o desenho de vistas múltiplas, desenhe uma perspectiva isométrica do objeto.

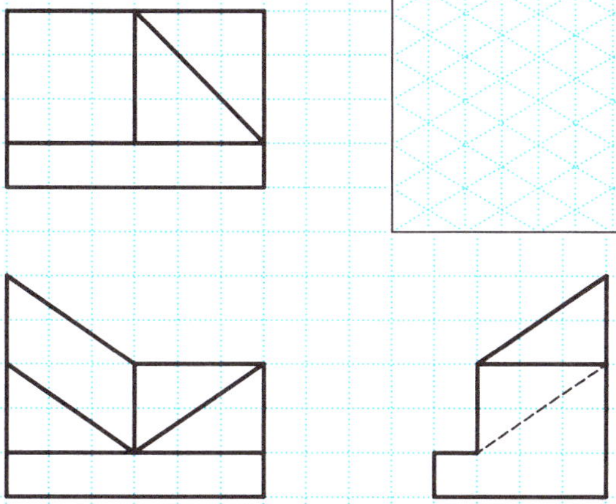

Ⓑ Dado o desenho de vistas múltiplas, desenhe uma perspectiva isométrica do objeto.

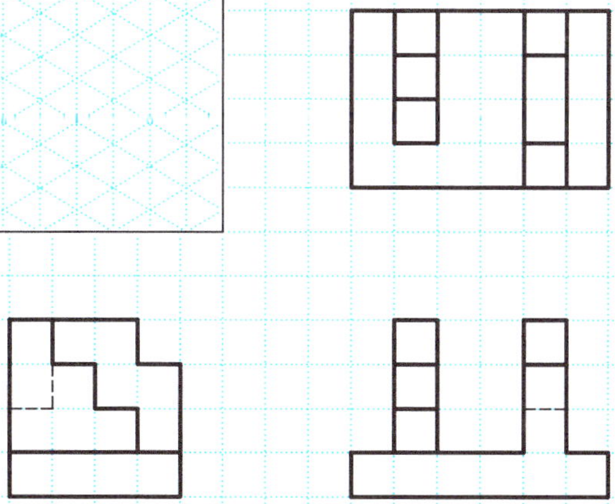

Desenho 4-7 | Nome ______ | Data ______

Ⓐ Dado o desenho de vistas múltiplas, desenhe uma perspectiva isométrica do objeto.

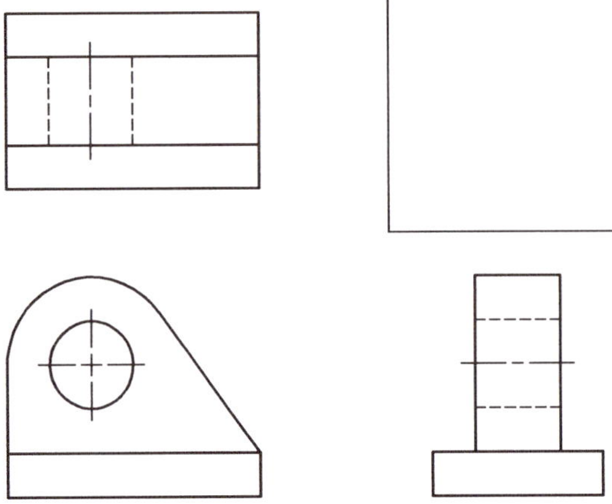

Ⓑ Dado o desenho de vistas múltiplas, desenhe uma perspectiva isométrica do objeto.

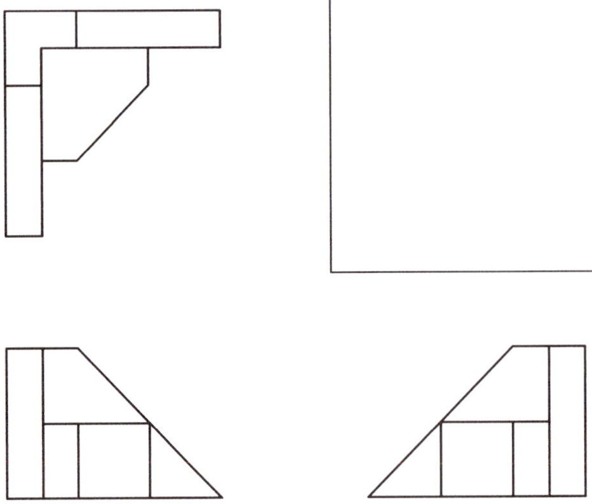

Desenho 4-8	Nome __________	Data ______

(A) Dado o desenho de vistas múltiplas, desenhe uma perspectiva isométrica do objeto.

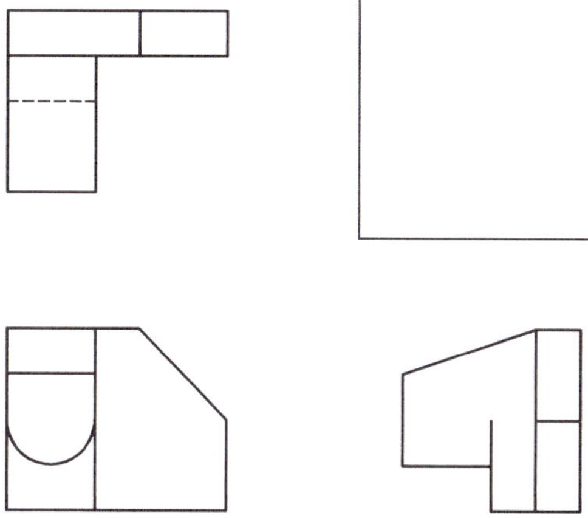

(B) Dado o desenho de vistas múltiplas, desenhe uma perspectiva isométrica do objeto.

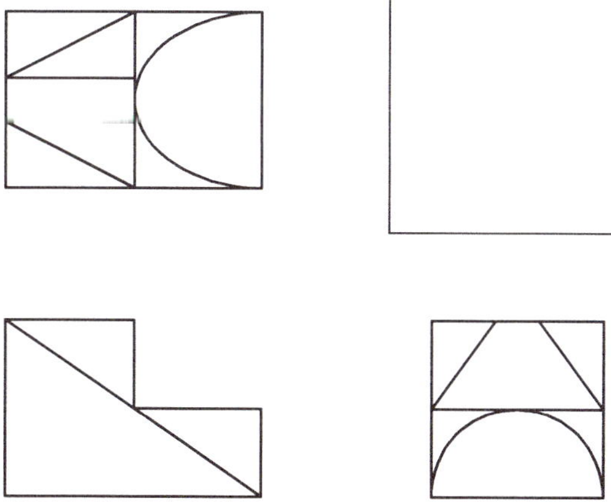

Desenho 4-9	Nome ____________	Data ________

Ⓐ Dado o desenho de vistas múltiplas, desenhe uma perspectiva isométrica do objeto.

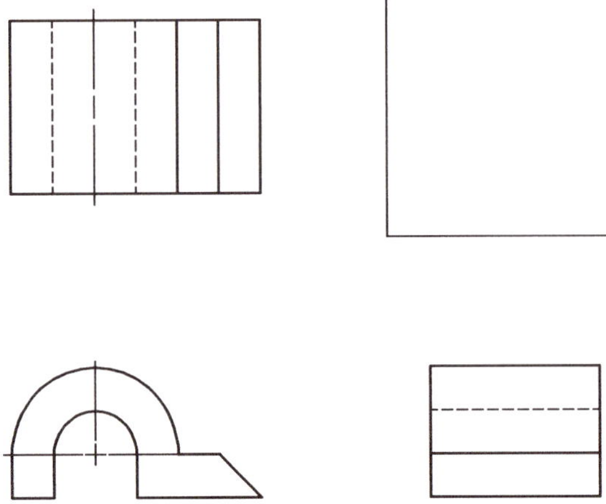

Ⓑ Dado o desenho de vistas múltiplas, desenhe uma perspectiva isométrica do objeto.

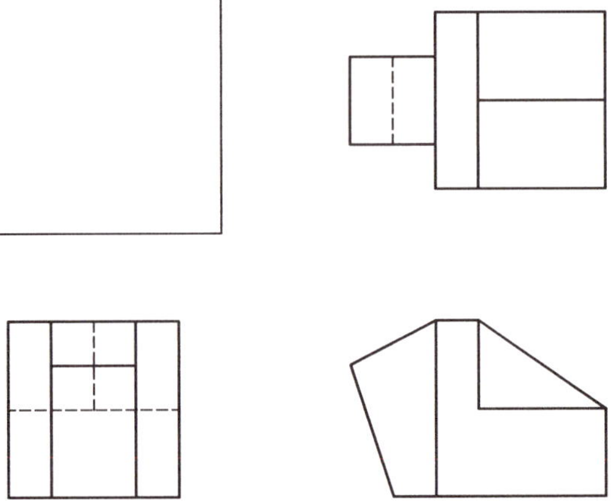

Desenho 4-10	Nome ______________	Data ________

Ⓐ Dadas as duas vistas, construa a vista que falta e desenhe uma perspectiva isométrica do objeto.

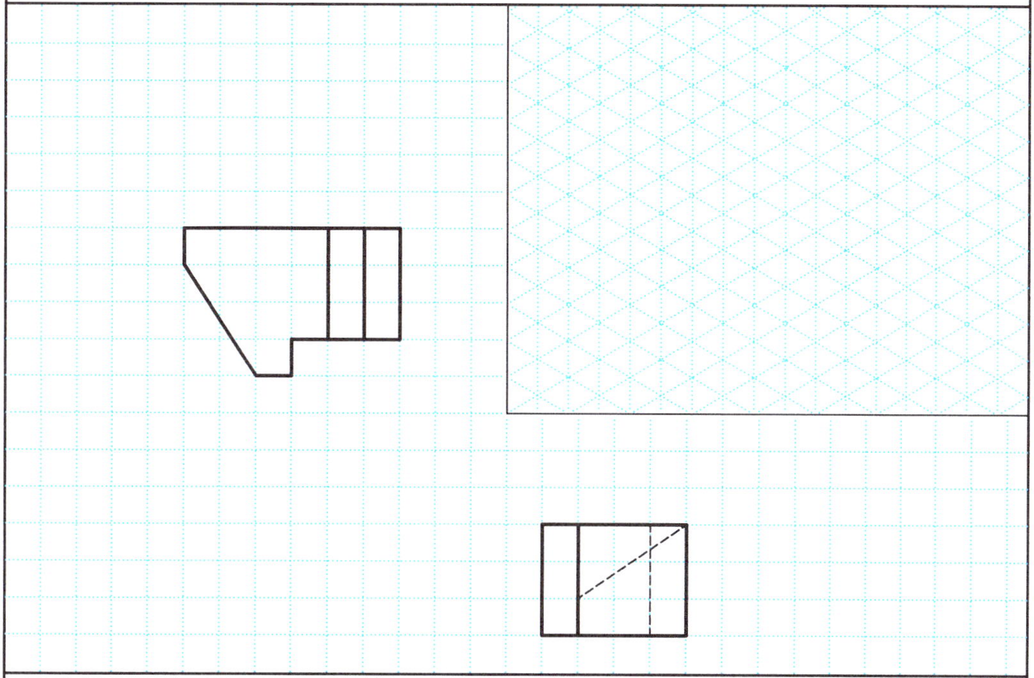

Ⓑ Dadas as duas vistas, construa a vista que falta e desenhe uma perspectiva isométrica do objeto.

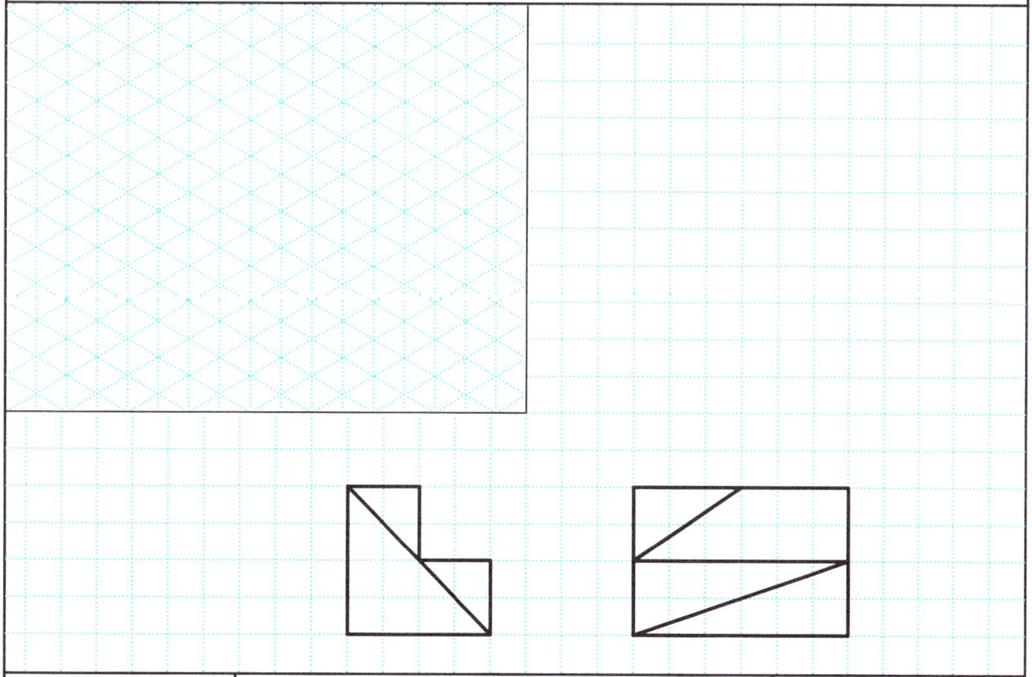

Desenho 4-11	Nome	Data

Ⓐ Dadas as duas vistas, construa a vista que falta e desenhe uma perspectiva isométrica do objeto.

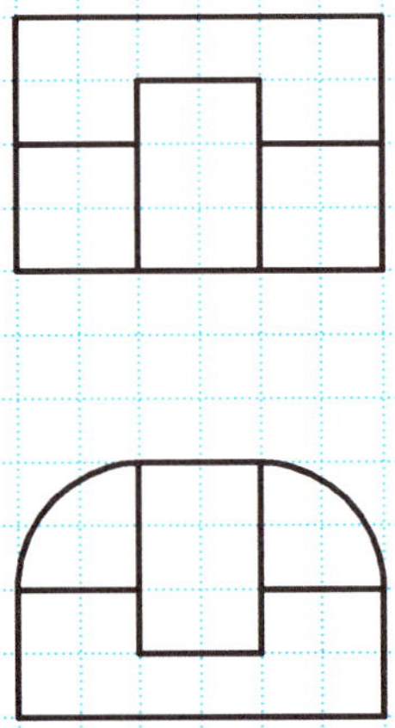

Ⓑ Dadas as duas vistas, construa a vista que falta e desenhe uma perspectiva isométrica do objeto.

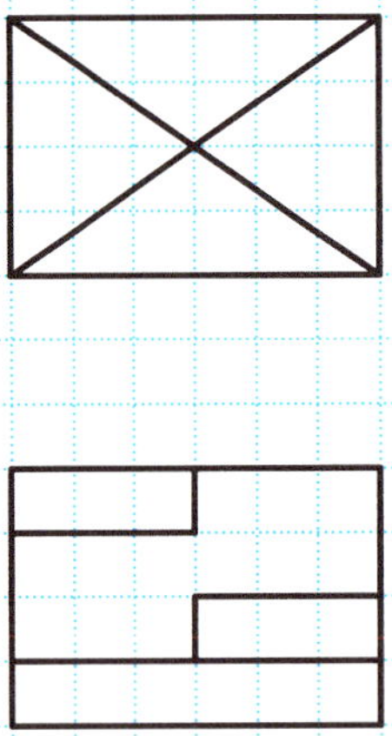

Desenho 4-12	Nome	Data

(A) Dadas as duas vistas, construa a vista que falta e desenhe uma perspectiva isométrica do objeto.

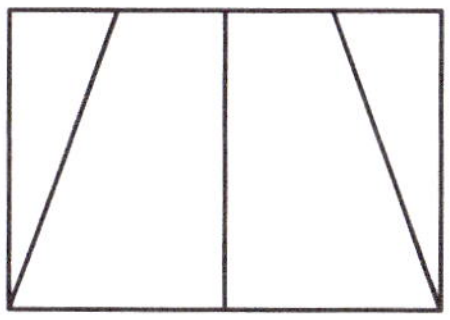

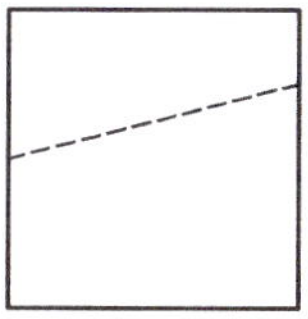

(B) Dadas as duas vistas, construa a vista que falta e desenhe uma perspectiva isométrica do objeto.

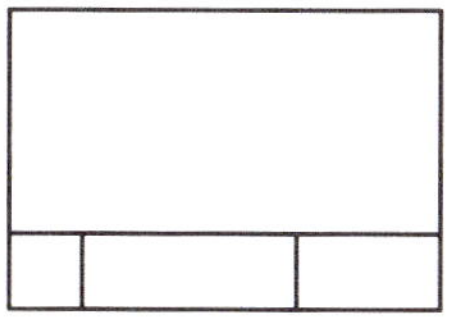

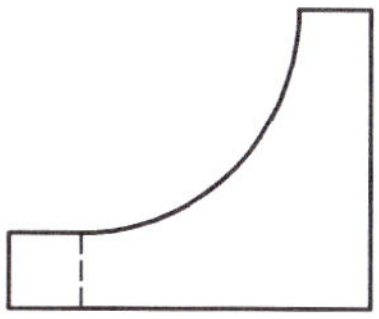

Desenho 4-13	Nome	Data

Ⓐ Dadas as duas vistas, construa a vista que falta e desenhe uma perspectiva isométrica do objeto.

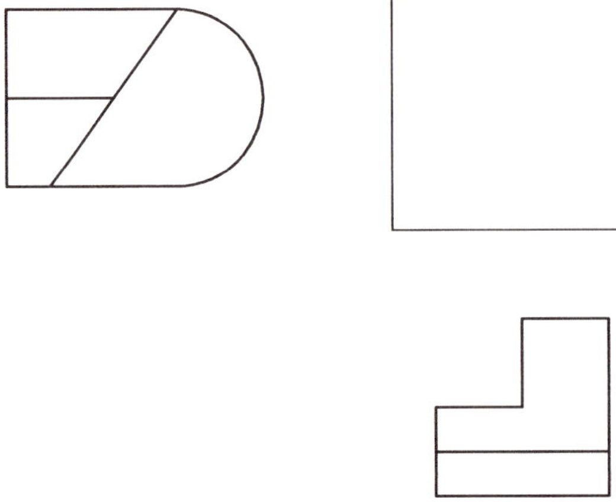

Ⓑ Dadas as duas vistas, construa a vista que falta e desenhe uma perspectiva isométrica do objeto.

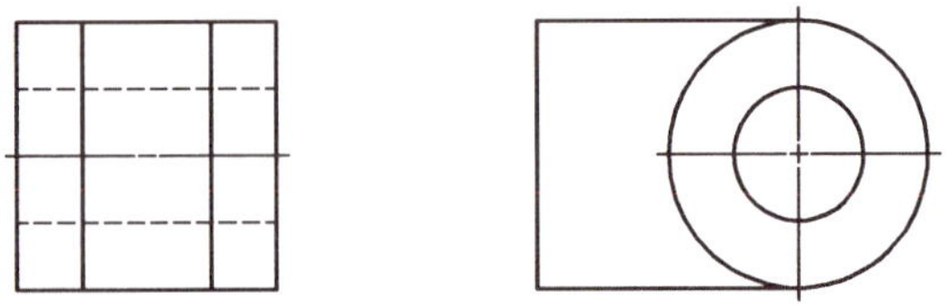

Desenho 4-14	Nome	Data

Ⓐ Dadas as duas vistas, construa a vista que falta e desenhe uma perspectiva isométrica do objeto.

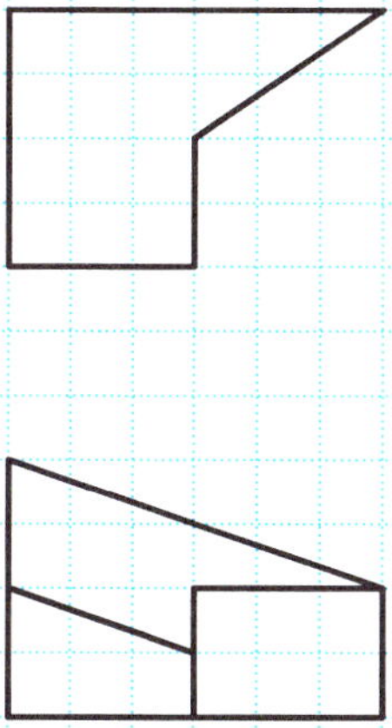

Ⓑ Dadas as duas vistas, construa a vista que falta e desenhe uma perspectiva isométrica do objeto.

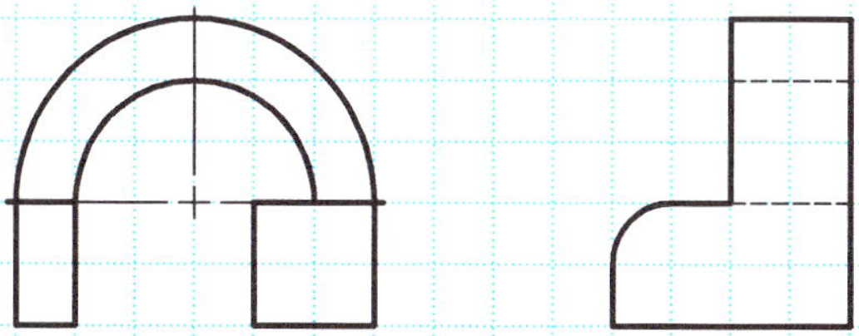

Desenho 4-15	Nome	Data

CAPÍTULO

5 VISTAS AUXILIARES E REPRESENTAÇÕES EM CORTE

VISTAS AUXILIARES

Introdução

Como vimos no capítulo anterior, nos desenhos de vistas múltiplas de um objeto com uma superfície inclinada, a superfície inclinada é vista de perfil em uma das vistas, enquanto, nas outras duas, aparece com a área reduzida (ou seja, menor que na realidade). Na Figura 5-1, por exemplo, a superfície inclinada A é vista de perfil na vista superior e como uma superfície de área reduzida nas vistas frontal e direita. Em muitos casos, é desejável contar com uma vista em verdadeira grandeza da superfície inclinada.

De acordo com a ***geometria descritiva***,[1] uma projeção ortográfica só mostra a verdadeira forma e tamanho de uma superfície plana se a linha de visada é perpendicular à face plana ou, o que significa a mesma coisa, se o plano de projeção é paralelo à face. Este conhecimento pode ser usado para mostrar a verdadeira forma e tamanho de uma superfície inclinada.

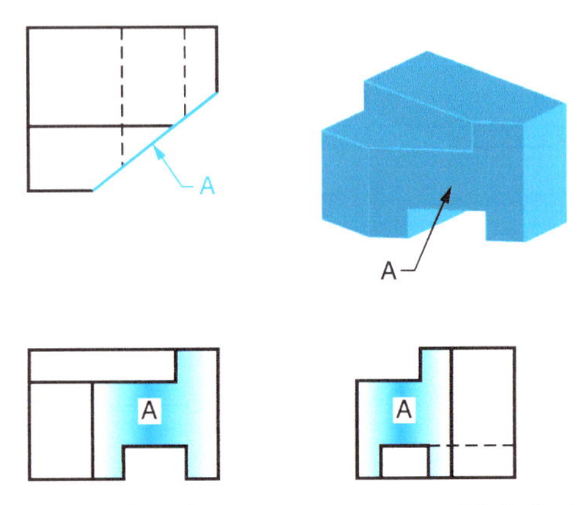

Figura 5-1 Vistas de uma peça com uma superfície inclinada.

Definições

Como vimos em capítulos anteriores, o desenho de vistas múltiplas é uma técnica de projeção ortográfica na qual um objeto tridimensional é projetado em três planos mutuamente perpendiculares. Estes são os planos principais: horizontal, vertical e de perfil. Uma ***vista auxiliar*** é uma projeção ortográfica em um plano que não é um dos planos principais. Uma ***vista auxiliar primária*** é uma projeção em um plano perpendicular a um dos planos principais e inclinado em relação aos outros dois, que é usada para mostrar a verdadeira forma e tamanho de uma superfície inclinada. Uma ***vista auxiliar secundária*** é uma projeção em um plano inclinado em relação aos três planos principais, que é usada para mostrar a verdadeira forma e tamanho de uma superfície oblíqua.

Teoria da Construção de Vistas Auxiliares

A Figura 5-2 mostra um objeto com uma superfície inclinada no interior de uma caixa de vidro. Note que a caixa de vidro contém um plano paralelo à superfície inclinada. Na situação mostrada na Figura 5-2, esse plano (o pla-

[1] O termo *geometria descritiva* é usado para designar um ramo da geometria que tem por objetivo representar objetos tridimensionais em uma superfície plana através de métodos matemáticos e gráficos. O matemático francês Gaspard Monge (1746-1818) é considerado o pai da geometria descritiva.

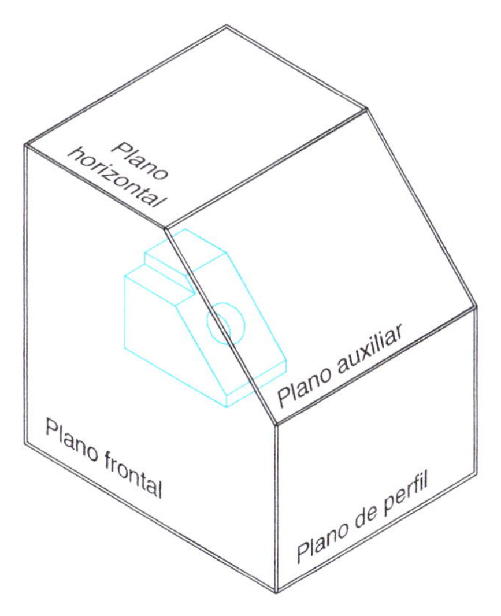

Figura 5-2 Caixa de vidro contendo um plano auxiliar.

no auxiliar) é perpendicular ao plano frontal e inclinado em relação ao plano horizontal e ao plano lateral.

Na Figura 5-3, a técnica das projeções ortográficas foi usada para projetar o objeto em todos os planos de projeção (ou seja, em todas as faces da caixa de vidro), incluindo o plano auxiliar. Como o plano auxiliar é paralelo à superfície inclinada, a projeção resultante mostra a verdadeira forma e tamanho da superfície inclinada e dimensões reduzidas de todas as outras superfícies. Observe também que uma vista de perfil da superfície inclinada aparece no plano de projeção frontal.

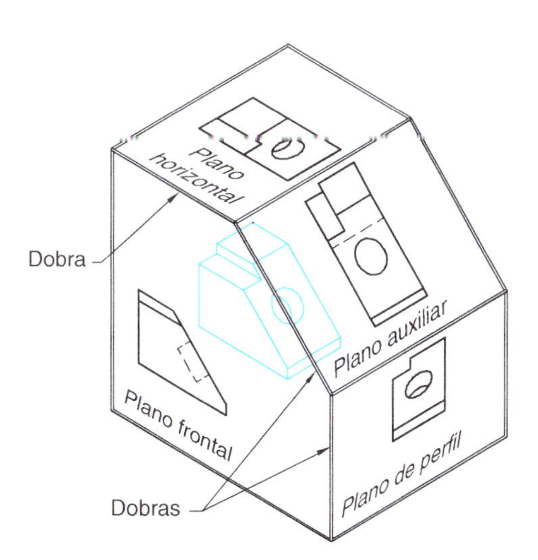

Figura 5-3 Projeções ortográficas nas faces de uma caixa de vidro.

Imagine que o plano frontal está ligado aos planos horizontal, lateral e auxiliar através de dobras. Se as vistas forem desdobradas de modo a ficarem no mesmo plano que a vista frontal, o resultado é o que aparece na Figura 5-4. Observe que a distância D entre a linha de dobra e a aresta mais próxima da superfície inclinada é igual em três das quatro vistas (horizontal, lateral e auxiliar). Este fato será usado mais tarde na construção de uma vista auxiliar de uma superfície inclinada.

Como mostra a Figura 5-5, a vista auxiliar está alinhada com a vista principal que mostra a superfície inclinada. Como as arestas inclinadas são projetadas em verdadeira grandeza, as distâncias perpendiculares entre as linhas tra-

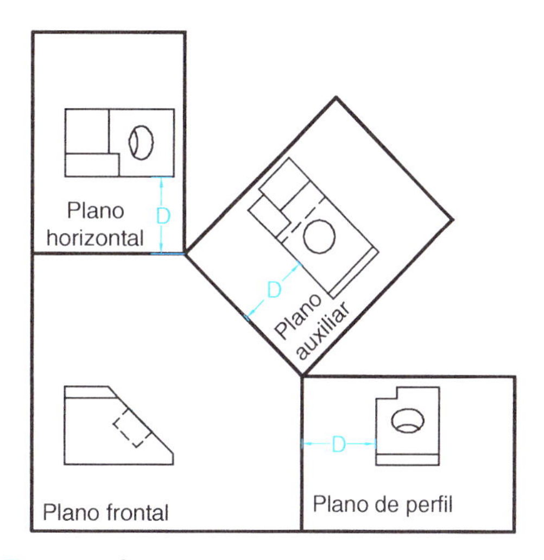

Figura 5-4 Caixa de vidro desdobrada.

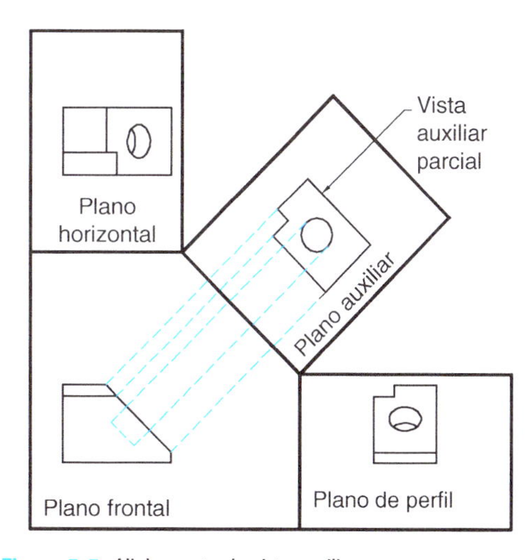

Figura 5-5 Alinhamento da vista auxiliar.

cejadas da Figura 5-5 representam os comprimentos reais das arestas da superfície inclinada.

Note que a vista auxiliar da Figura 5-5 mostra apenas a superfície inclinada. Este tipo de vista recebe o nome de ***vista auxiliar parcial***. Como são fáceis de desenhar e de visualizar, as vistas auxiliares parciais são muito usadas na prática. Quando uma projeção auxiliar é criada por um programa de CAD, o resultado é uma vista auxiliar completa, mas, naturalmente, é possível modificar a vista gerada pelo programa, escondendo ou apagando linhas para obter uma vista que mostre apenas a superfície inclinada de interesse.

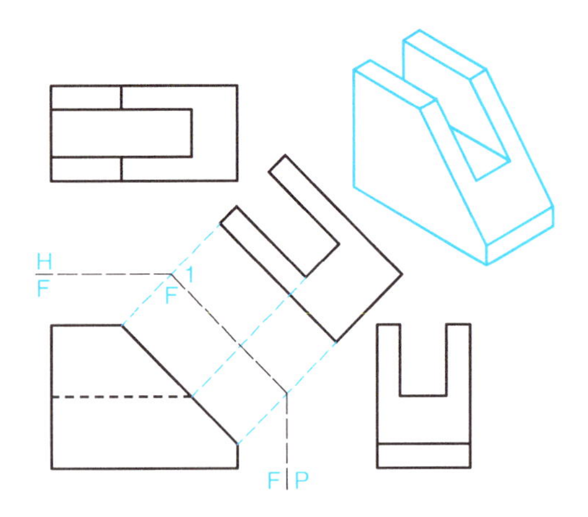

Figura 5-7 Vista auxiliar com uma aresta em comum com o plano frontal.

Vistas Auxiliares: Três Casos

A vista auxiliar primária tem sempre uma aresta em comum com o plano principal que contém a vista lateral da superfície inclinada. Se um objeto com uma superfície inclinada está orientado da forma indicada na Figura 5-6, a vista lateral da superfície inclinada aparece no plano de projeção horizontal. Nesse caso, portanto, a vista auxiliar tem uma aresta em comum com o plano de projeção horizontal. Observe o modo como são representadas as linhas de dobra entre os planos horizontal e frontal (H-F) e entre os planos horizontal e auxiliar (H-1).

Com o mesmo objeto orientado como na Figura 5-7, a vista lateral da superfície inclinada tem uma aresta em comum com o plano frontal.

No terceiro caso, mostrado na Figura 5-8, a vista lateral da superfície inclinada tem uma aresta em comum com o plano de perfil.

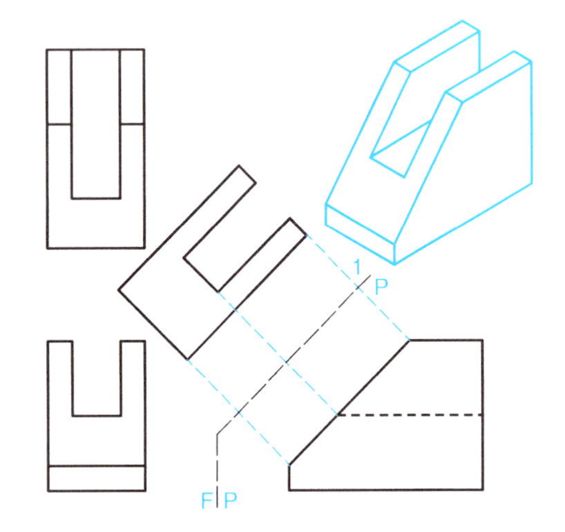

Figura 5-8 Vista auxiliar com uma aresta em comum com o plano de perfil.

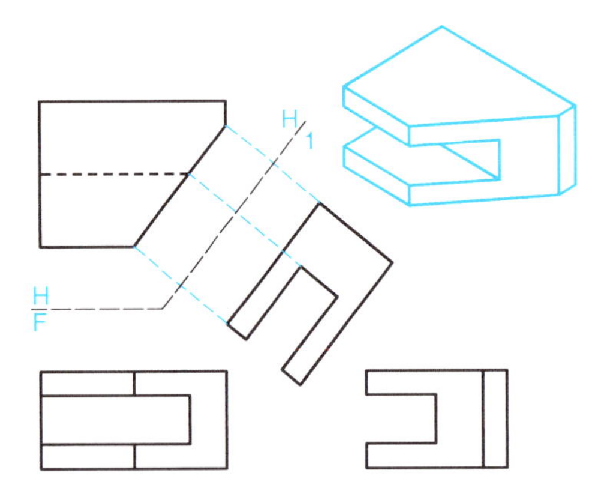

Figura 5-6 Vista auxiliar com uma aresta em comum com o plano horizontal.

Método Geral para Construir uma Vista Auxiliar Primária

Nesta seção vamos discutir a construção de uma vista auxiliar primária. O problema pode ser formulado do seguinte modo: Dado um desenho de vistas múltiplas de um objeto com uma superfície inclinada (veja a Figura 5-9*a*), desenhar uma vista auxiliar primária que mostre a verdadeira forma e tamanho da superfície inclinada (veja a Figura 5-9*b*). O método parte do fato de que a superfície é mostrada, em uma das projeções, como uma aresta em verdadeira grandeza. Projetantes perpendiculares são traçadas a partir da vista lateral para defi-

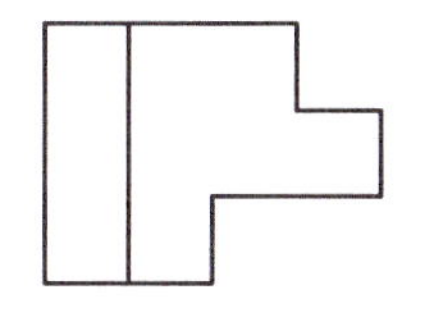

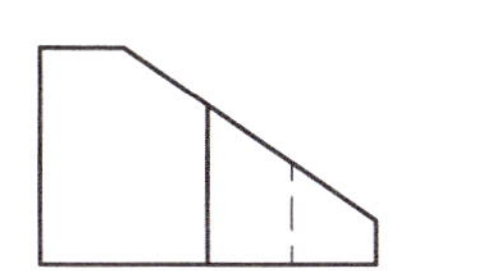

Figura 5-9*a* Dados.

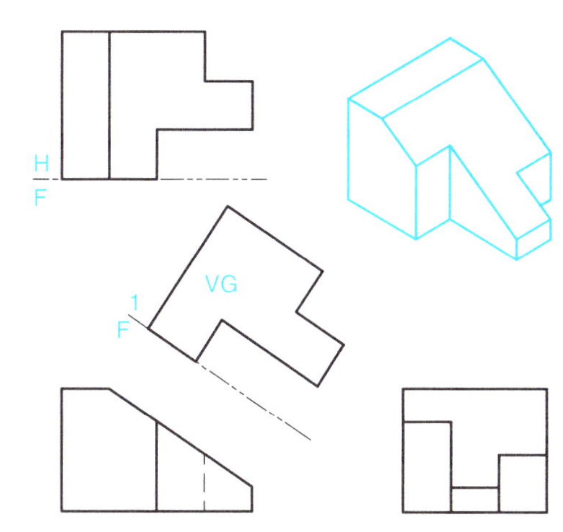

Figura 5-9*b* Solução.

nir essa aresta. Tudo que é necessário para completar uma vista parcial auxiliar é obter os comprimentos das arestas perpendiculares à aresta inclinada. Essas distâncias podem ser obtidas nas vistas vizinhas à vista que contém a superfície inclinada olhada de perfil. Uma tramela pode ser usada para medir e transferir as distâncias para a vista auxiliar. O uso de duas arestas de referência, uma na vista adjacente ou relacionada e a outra na vista auxiliar, facilita a transferência das distâncias. Essas arestas de referência são comparáveis às linhas de dobra das Figuras 5-3 e 5-4, mas são mais flexíveis. Na solução mostrada na Figura 5-9*b*, por exemplo, a aresta de referência H-F está em uma posição conveniente por ser colinear com a aresta mais próxima da superfície inclinada, como mostra a vista superior. O uso de H-F como aresta de referência em vez da verdadeira linha de dobra equivale a fazer D = 0 na Figura 5-4 e reduz de uma unidade o número de medidas a serem feitas com a tramela.

1º PASSO

Trace uma linha de referência paralela à vista de perfil da superfície a ser projetada (veja a Figura 5-9*c*).

- A distância perpendicular entre a linha de referência e a aresta inclinada deve ser escolhida de tal forma que a vista auxiliar resultante não interfira nas outras vistas.
- Essa linha de referência é chamada de H-1, F-1 ou P-1, dependendo de se a vista de perfil da superfície inclinada aparece no plano horizontal (H), no plano frontal (F) ou no plano de perfil (P). O "1" indica que uma vista auxiliar primária está sendo construída.
- A linha de referência representa a dobra em torno da qual a vista auxiliar deve sofrer uma rotação de 90 graus para ficar no mesmo plano que o plano principal vizinho.

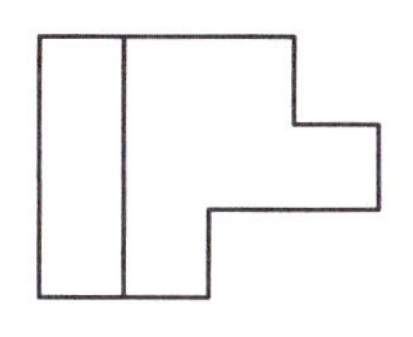

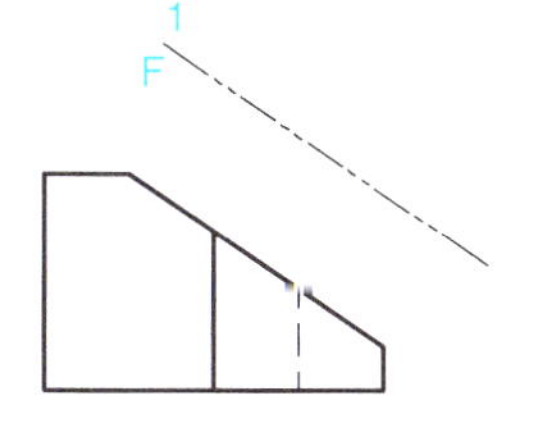

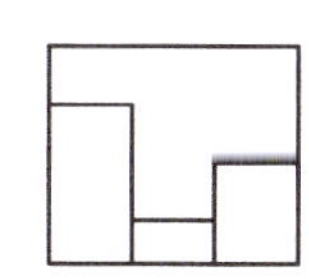

Figura 5-9*c* 1º passo.

2º PASSO

Trace projetantes perpendiculares a partir da aresta da superfície inclinada (veja a Figura 5-9*d*).

- A vista lateral da superfície inclinada mostra esta aresta em verdadeira grandeza, já que é paralela ao plano de projeção.
- A ordem em que o 1º e o 2º passos são executados é irrelevante.

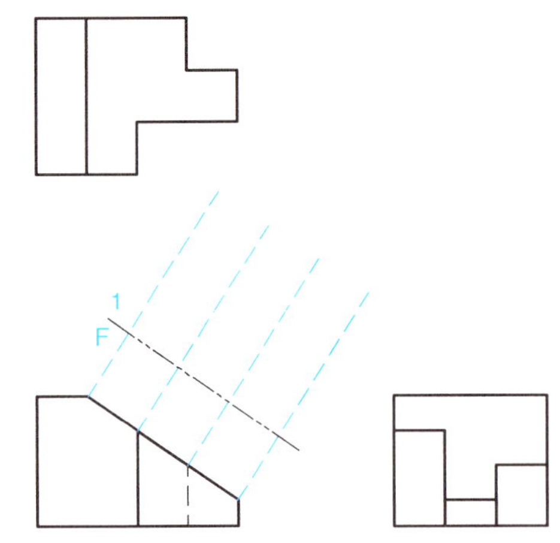

Figura 5-9*d* 2º passo.

3º PASSO

Trace uma segunda linha de referência em uma posição conveniente entre a vista principal vizinha da vista auxiliar e uma vista principal vizinha ou relacionada à primeira (veja a Figura 5-9*e*).

- O nome da segunda linha de referência deve ser tal que a primeira letra (H, F ou P) indique a vista principal da qual está sendo projetada a vista auxiliar, e a segunda letra (H, F ou P) indique a vista adjacente ou relacionada usada para obter as informações dimensionais que faltam.
- Na Figura 5-9*e*, a aresta de referência F-H será usada para obter informações de profundidade na vista superior. Alternativamente, uma aresta de referência F-P poderia ter sido usada para obter as mesmas informações de profundidade na vista lateral.
- Esta segunda linha de referência representa uma linha de dobra em torno da qual a vista adjacente/relacionada será girada para o mesmo plano que as outras vistas.

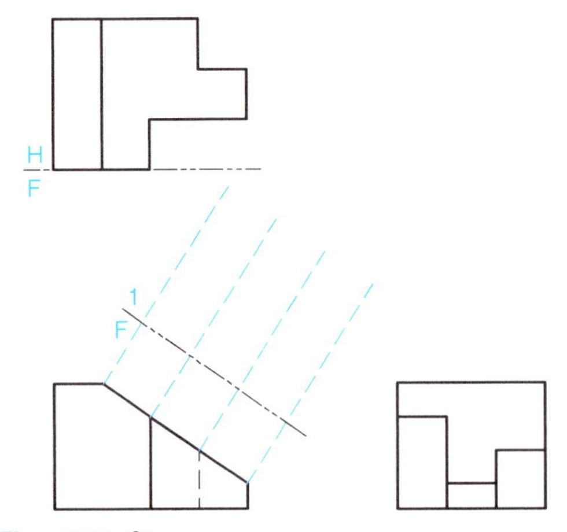

Figura 5-9*e* 3º passo.

4º PASSO (OPCIONAL)

Neste passo opcional, numere os vértices da superfície inclinada na vista adjacente/relacionada e transfira esses números para a projeção na qual a superfície inclinada é vista de perfil (veja a Figura 5-9*f*).

- Este passo pode tornar mais fácil a representação da vista auxiliar na orientação correta.

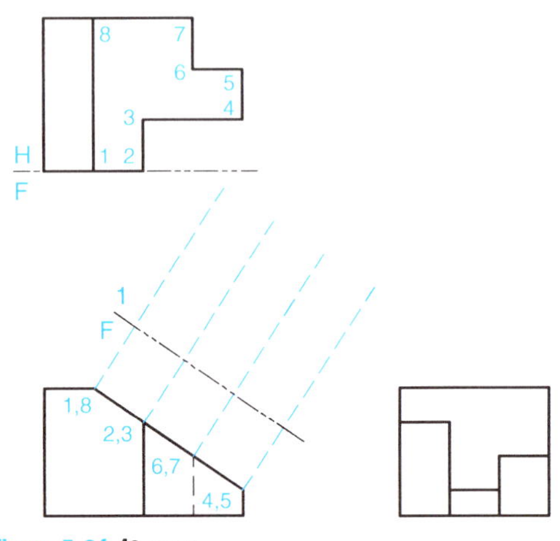

Figura 5-9*f* 4º passo.

5º PASSO

Usando uma tramela ou um compasso de ponta seca, transfira as dimensões de profundidade da linha de referência F-H da vista superior para a linha de referência F-1 (veja a Figura 5-9*g*).

- Os números dos vértices também podem ser transferidos para a vista auxiliar.

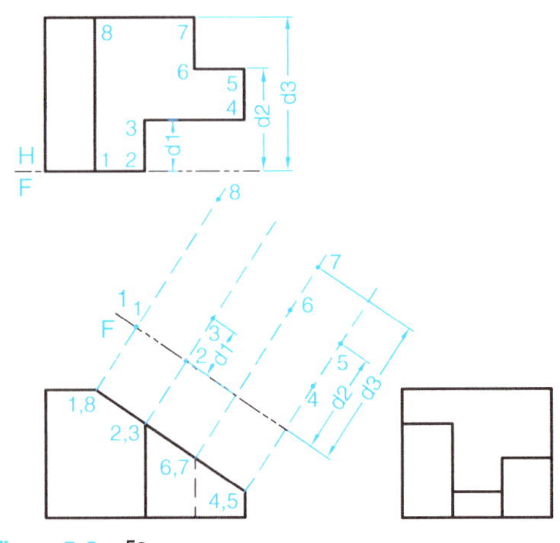

Figura 5-9*g* 5º passo.

6º PASSO

Uma vez conhecida a posição das arestas, é possível traçar a superfície inclinada. Costuma-se colocar as iniciais "VG" na vista auxiliar para mostrar que as dimensões da superfície inclinada nessa vista estão em verdadeira grandeza (veja a Figura 5-9*h*).

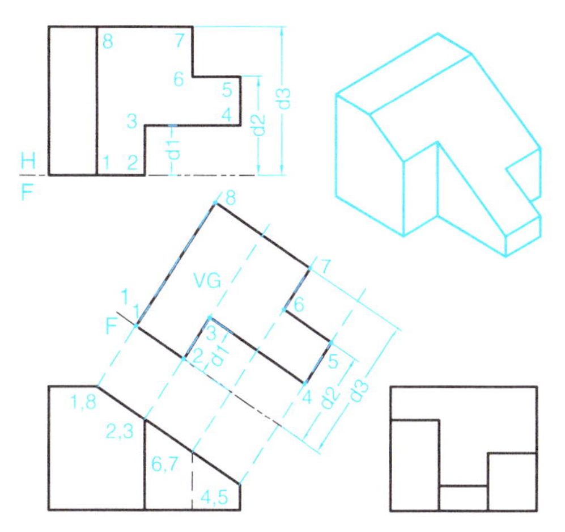

Figura 5-9*h* 6º passo.

Construção de uma Vista Auxiliar Primária de uma Superfície Curva

No exemplo da Figura 5-10, o processo para construir uma vista auxiliar é essencialmente o mesmo. Desta vez, porém, a superfície inclinada tem um perfil curvo. Observe que a simetria parcial da superfície pode ser aproveitada escolhendo uma linha de referência H-1 coincidente com o eixo de simetria.

Construção de uma Vista Auxiliar Parcial, uma Perspectiva Isométrica e uma Vista Ausente a Partir de Duas Vistas

Dado o desenho de duas vistas da Figura 5-11, construa (1) uma vista auxiliar da superfície inclinada; (2) uma perspectiva isométrica do objeto representado; (3) a vista direita ausente.

A superfície inclinada, vista de perfil, é a reta diagonal que aparece na vista superior da Figura 5-11*a*. Lembre-se de que uma superfície inclinada aparece como uma aresta em uma das vistas principais e como uma superfície de área menor que a real nas outras duas vistas. Projetando a aresta inclinada para a vista frontal, como na Figura 5-11*b*, fica evidente que a superfície inclinada tem a forma de um "Z" invertido. Isso significa que deveremos ver a mesma forma na vista auxiliar, em verdadeira grandeza, e na vista direita ausente, em uma versão de área menor que a real.

Para determinar a vista auxiliar parcial, seguimos os passos descritos na seção "Método Geral para Desenhar uma Vista Auxiliar Primária". O resultado é mostrado na Figura 5-11*c*.

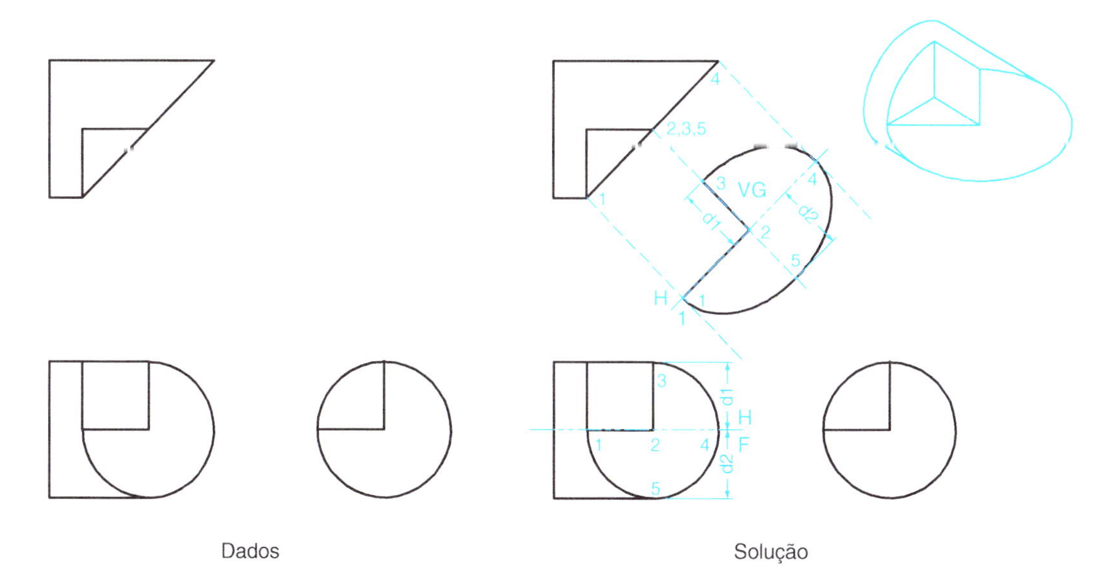

Figura 5-10 Construção de uma vista auxiliar de uma superfície curva e simétrica.

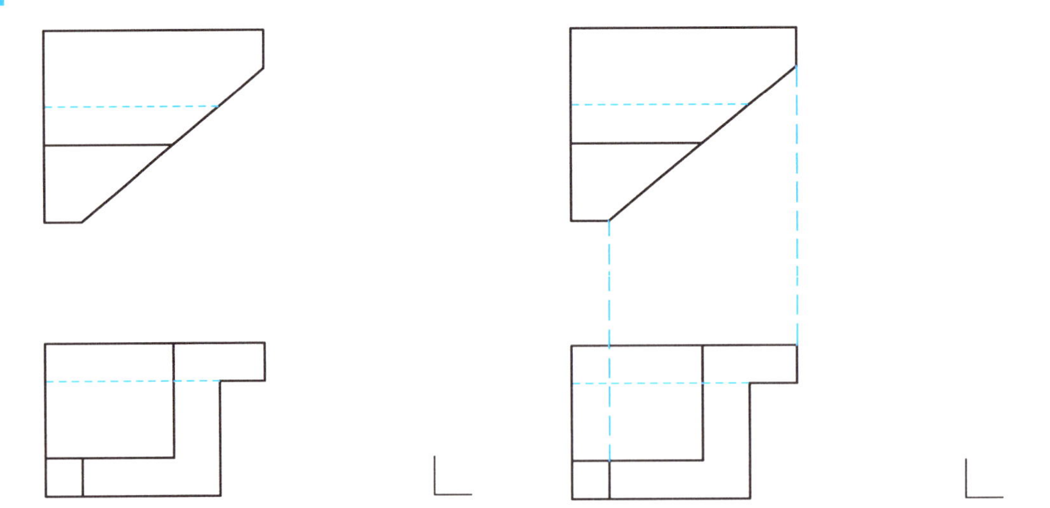

Figura 5-11*a* Dados.

Figura 5-11*b* Superfície inclinada nas vistas superior e frontal.

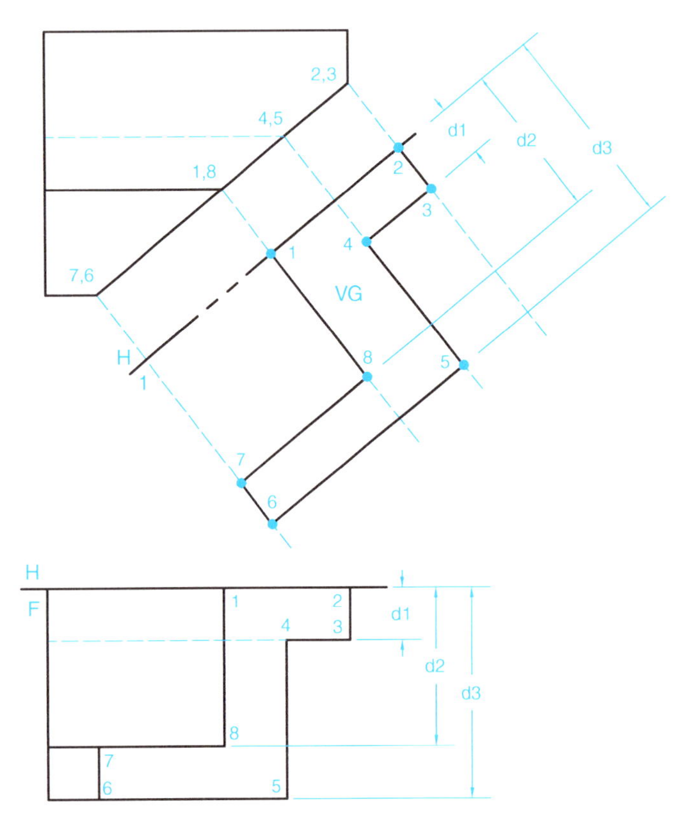

Figura 5-11*c* Determinação da vista auxiliar parcial.

Os passos são os seguintes:

1. Trace uma linha de referência H-1 paralela à vista de perfil da superfície inclinada na vista superior. Esta linha de referência é usada como dobra para fazer girar de 90° a superfície inclinada para dentro do papel.

2. Para obter um conjunto de dimensões em verdadeira grandeza que definam a superfície inclinada, trace quatro projetantes inclinadas a partir da vista de perfil da superfície inclinada na vista superior. Como a vista de perfil da superfície inclinada aparece em verdadeira grandeza em uma

projeção ortográfica, as distâncias entre as projetantes são as distâncias horizontais verdadeiras ao longo da aresta da superfície inclinada. Use a vista adjacente (no caso, a vista frontal) para determinar o segundo conjunto de dimensões que definem a superfície inclinada. Neste caso, o conjunto é formado pelas dimensões de altura (d1, d2 e d3 na Figura 5-11*c*).

3. Trace uma segunda linha de referência, H-F, entre a vista frontal e a vista auxiliar. Esta linha de referência horizontal é usada para medir, com uma tramela, as dimensões de altura. É conveniente fazer com que a linha passe pela aresta superior da superfície inclinada. Desta forma, os vértices que definem a aresta superior da superfície inclinada não precisam ser assinalados, pois coincidem com a linha de dobra.
4. Numere os vértices da superfície inclinada na vista frontal e projete-os na vista superior.
5. Use uma tramela para transferir as dimensões de altura da linha H-F da vista frontal para a linha H-1 da vista auxiliar. Os números dos vértices também podem ser transferidos para a vista auxiliar.
6. Desenhe a superfície inclinada em verdadeira grandeza ligando os vértices.

A segunda parte do problema consiste em desenhar uma perspectiva isométrica do objeto. Como a superfície inclinada tem a forma de um "Z" invertido, faz sentido começar com um desenho isométrico desse Z invertido, visto de perfil, e usá-lo para criar uma extrusão, como na Figura 5-11*d*. A Figura 5-11*e* mostra

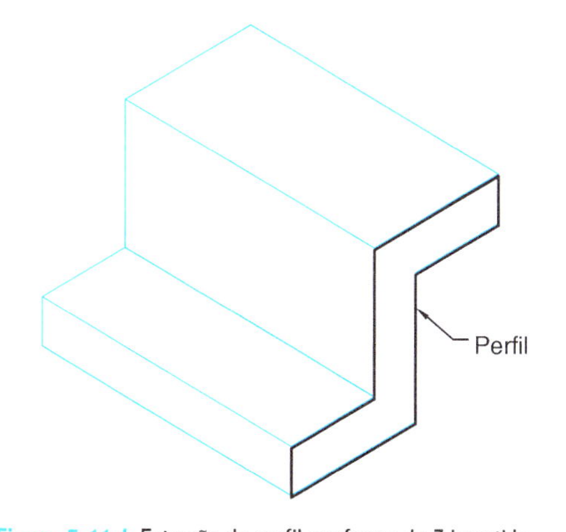

Figura 5-11*d* Extrusão do perfil em forma de Z invertido.

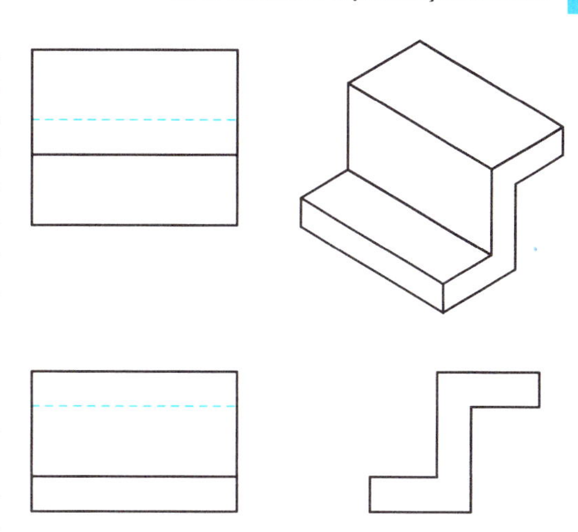

Figura 5-11*e* Desenho de vistas múltiplas da extrusão.

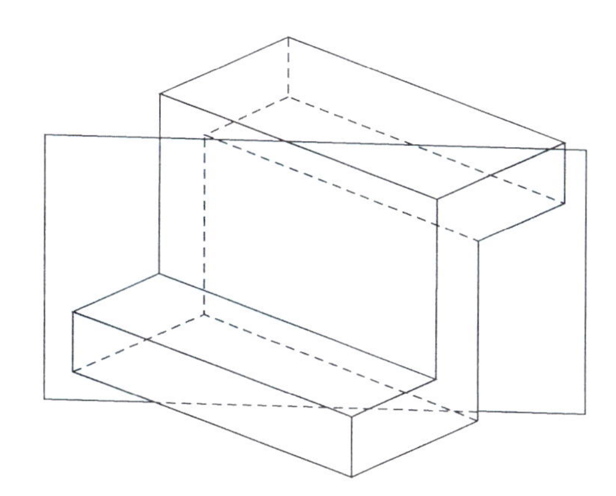

Figura 5-11*f* Plano de corte passando pela extrusão.

um desenho de vistas múltiplas dessa extrusão. Note a semelhança entre a vista superior da Figura 5-11*e* e a vista superior da Figura 5-11*a*. Isso sugere que o objeto da Figura 5-11*a* pode ser obtido fazendo passar pela extrusão um plano de corte inclinado (veja a Figura 5-11*f*) e removendo a parte do objeto mais próxima do observador.

Para representar o corte, trace linhas na perspectiva isométrica nos locais em que o plano de corte intercepta a extrusão, como mostra a Figura 5-11g. Cada vez que atinge uma aresta, a linha de corte muda de direção. Depois de completado o contorno da interseção do plano com a extrusão, apague todas as linhas situadas à frente do contorno para revelar o objeto final, como mostra a Figura 5-11*h*.

Uma vez obtida a perspectiva isométrica do objeto, não é difícil desenhar a vista direita ausente. Observando a Figura 5-11*h*, chega-se à conclusão de que a vista direita deve mostrar duas superfícies: a superfície inclinada em forma de Z invertido e uma superfície quadrada no canto superior direito. As dimensões das superfícies podem ser obtidas através de projeções a partir das vistas frontal e superior, como mostrado na Figura 5-11*i*. A Figura 5-11*j* mostra a solução completa.

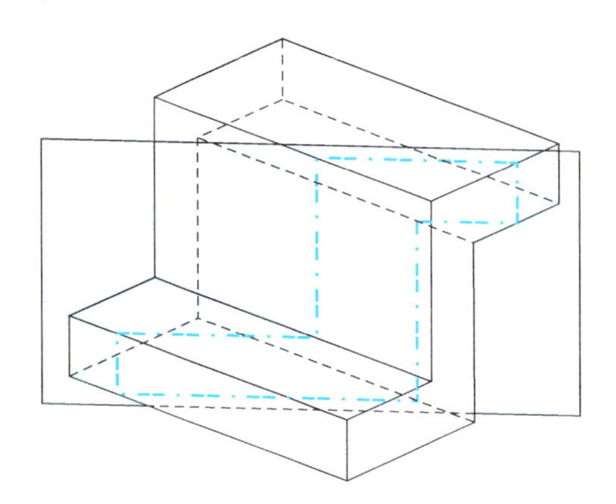

Figura 5-11*g* Linhas de interseção do plano de corte com a extrusão.

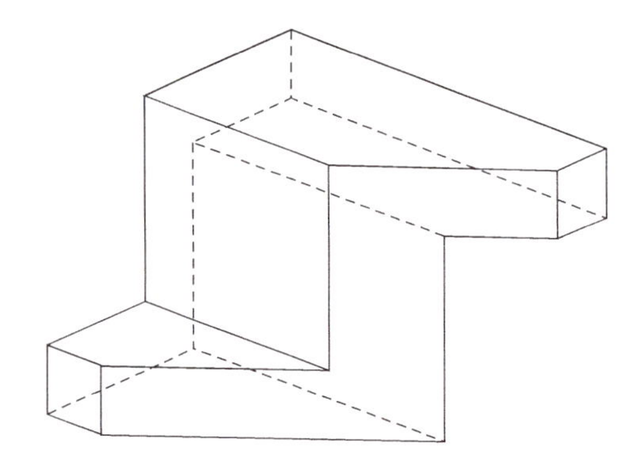

Figura 5-11*h* Perspectiva isométrica do objeto.

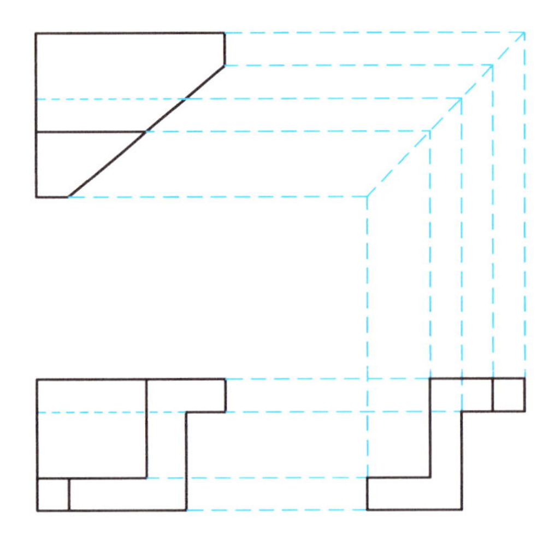

Figura 5-11*i* A vista direita ausente.

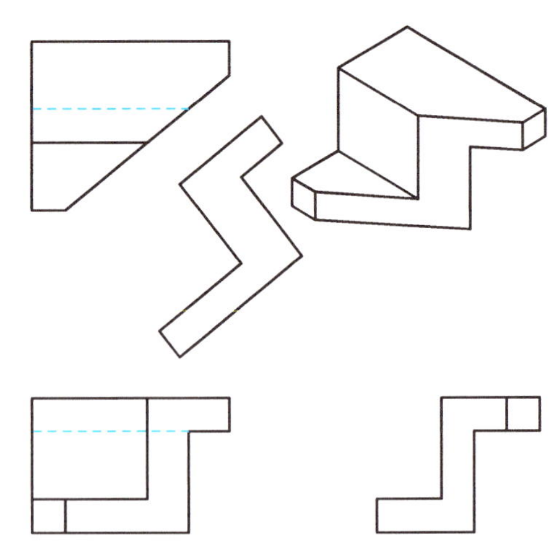

Figura 5-11*j* A solução completa.

REPRESENTAÇÕES EM CORTE

Introdução

Peças como a da Figura 5-12 possuem vários detalhes internos, que aparecem como linhas ocultas em um desenho normal de vistas múltiplas. Como essas linhas ocultas podem ser

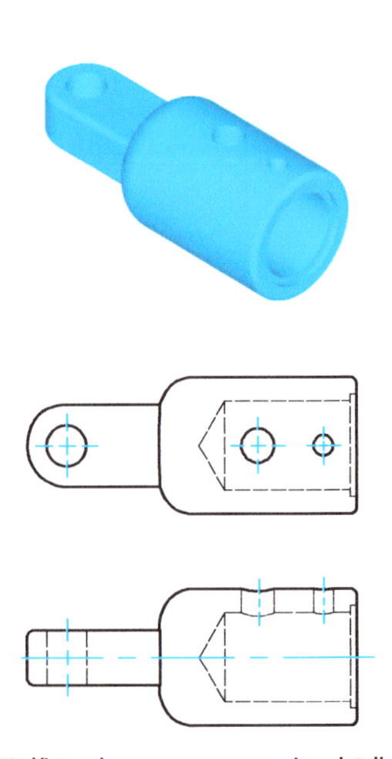

Figura 5-12 Vistas de uma peça com muitos detalhes internos.

difíceis de interpretar e visualizar, frequentemente são usadas ***representações em corte*** para expor os detalhes internos de uma peça.

Construção de uma Representação em Corte

Para construir uma representação em corte, faz-se passar um ***plano de corte*** imaginário pela peça, em geral coincidindo com um dos planos de simetria. A parte da peça entre o observador e o plano de corte é removida e a peça é projetada em um plano paralelo ao plano de corte (veja a Figura 5-13). ***Hachuras de corte*** são aplicadas às superfícies que fazem contato com o plano de corte.

Em uma vista perpendicular à representação em corte, o plano de corte é representado por uma linha grossa tracejada que mostra sua posição na peça. Note que a linha de um plano de corte tem prioridade em relação a uma linha de centro, caso as duas coincidam. A direção de observação é indicada por setas perpendiculares ao plano de corte.

As linhas que seriam visíveis após o corte também são mostradas em uma vista de corte (veja a Figura 5-14). Por convenção, as linhas ocultas normalmente não são mostradas, mas

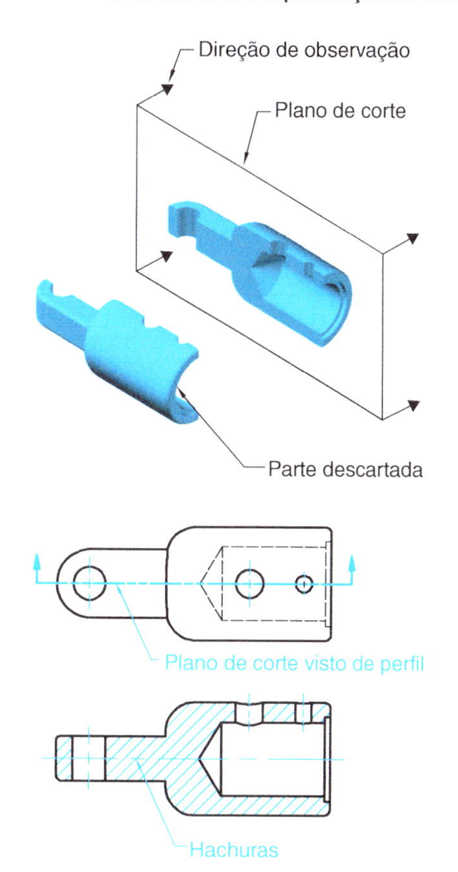

Figura 5-13 Representação em corte e uma vista associada.

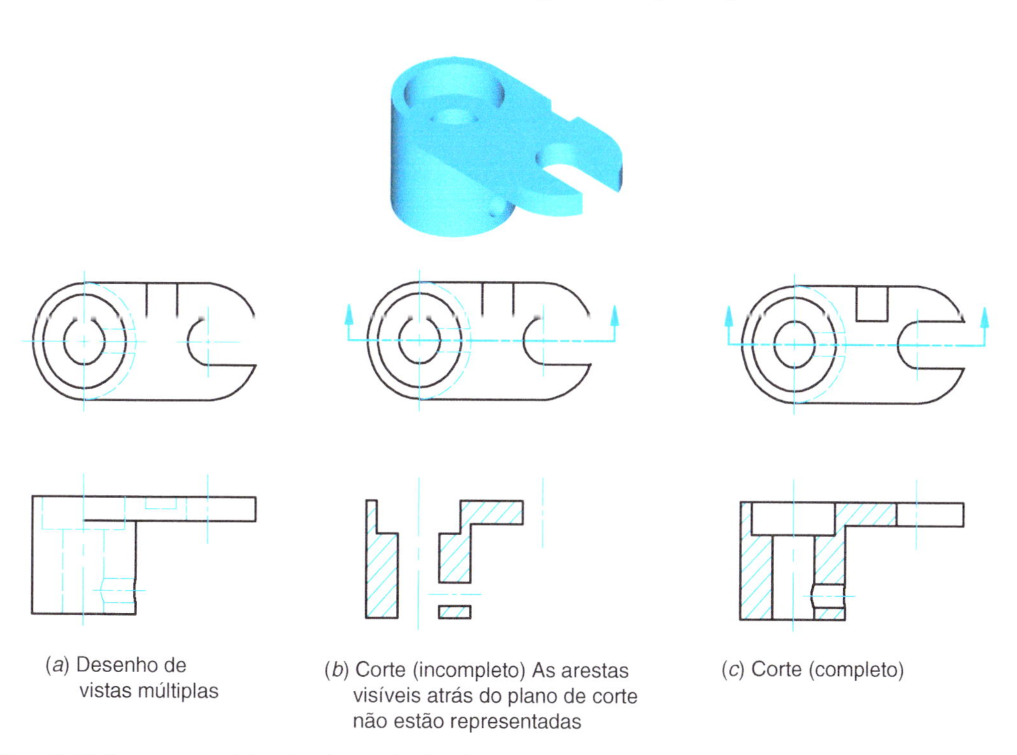

(a) Desenho de vistas múltiplas
(b) Corte (incompleto) As arestas visíveis atrás do plano de corte não estão representadas
(c) Corte (completo)

Figura 5-14 Tratamento das linhas visíveis atrás do plano de corte em uma representação em corte.

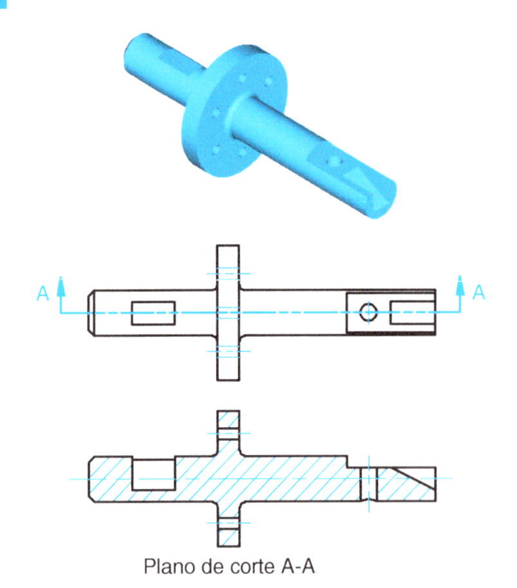

Figura 5-15 Uso de uma letra maiúscula para rotular um corte.

são toleradas exceções, caso essas linhas contribuam para eliminar ambiguidades do desenho.

As representações em corte são rotuladas com uma letra maiúscula duplicada, como, por exemplo, Corte A-A, Corte B-B, etc. A mesma letra é usada para rotular a linha do plano de corte visto de perfil em uma vista normal do objeto, como na Figura 5-15.

Hachuras de Corte

As hachuras de corte que são aplicadas às superfícies da peça que estão em contato com o plano de corte às vezes servem também para indicar o tipo de material de que é feita a peça (veja a Figura 5-16). O tipo mais comum

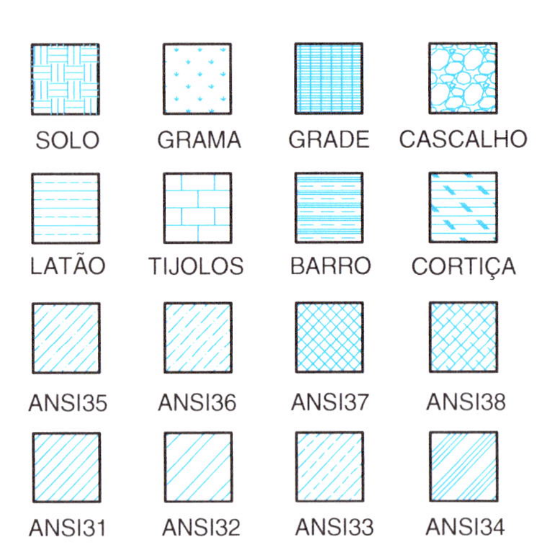

Figura 5-16 Tipos de hachuras.

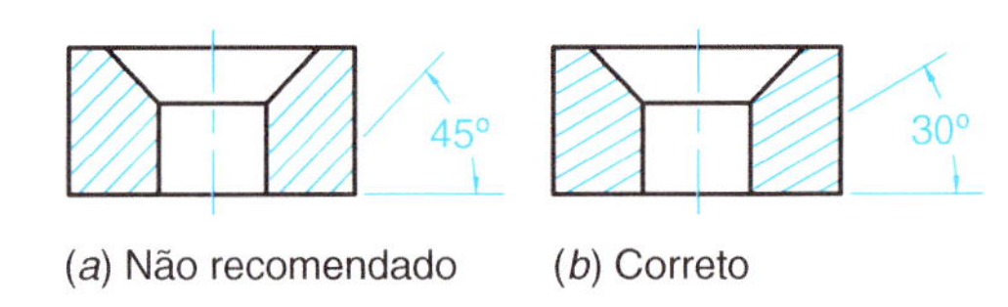

Figura 5-17 Modificação do ângulo das hachuras.

de hachura, porém, é um conjunto de retas paralelas igualmente espaçadas, que normalmente fazem um ângulo de 45 graus com as direções horizontal e vertical. Este ângulo, porém, deve ser modificado se existirem linhas visíveis na peça com o mesmo ângulo (veja a Figura 5-17).

Corte Total

Em um ***corte total***, o plano de corte secciona totalmente o objeto. A Figura 5-18 mostra uma vista frontal de um corte total.

Outra possibilidade, que em geral leva a um resultado mais difícil de visualizar, é usar um plano de corte horizontal. Nessa situação (veja a Figura 5-19), o plano de corte aparece de perfil na vista frontal e em verdadeira grandeza na vista superior. Note o sentido das setas nas extremidades do plano de corte na vis-

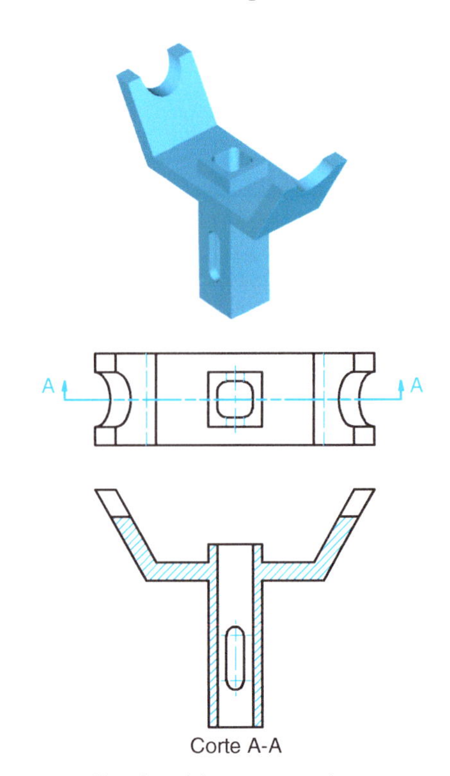

Figura 5-18 Vista frontal de um corte total.

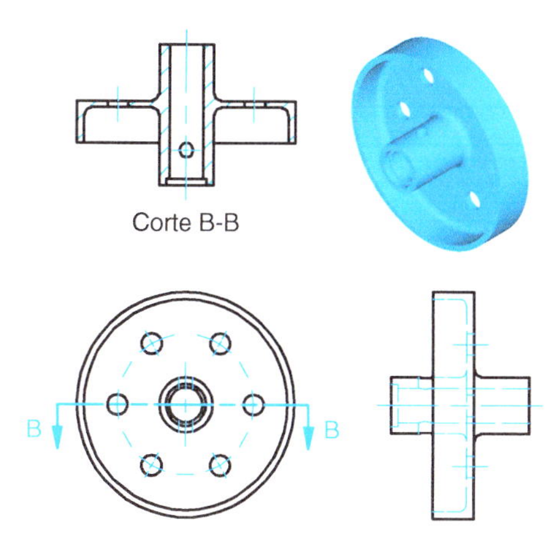

Figura 5-19 Vista superior de um corte total.

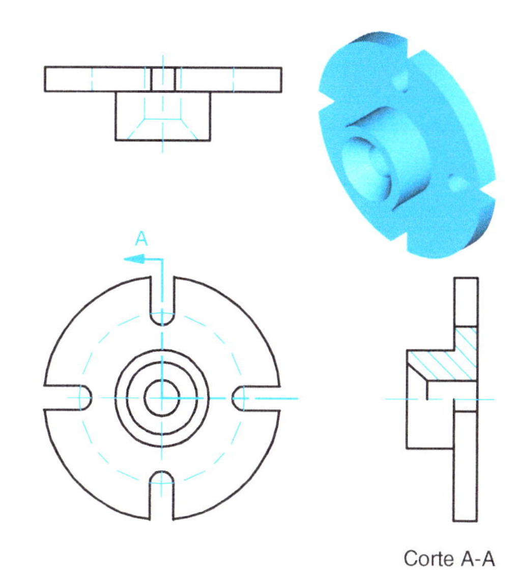

Figura 5-21 Vista de um meio-corte.

ta frontal. O sentido das setas indica o sentido do olhar do observador; o observador está olhando de cima para a parte inferior do objeto, depois que a parte superior foi removida.

Uma terceira orientação possível de um corte total é mostrada na Figura 5-20. Nesse caso, o corte aparece na vista esquerda, enquanto o plano de corte é visto de perfil na vista frontal. Note, mais uma vez, o sentido das setas. Note, ainda, que o plano de corte também poderia ser mostrado de perfil na vista superior.

Meio-Corte

No caso de objetos simétricos ou quase simétricos, nem sempre é necessário que o plano de corte seccione toda a peça. Em um **meio-corte**, o plano de corte secciona apenas metade da peça, como na Figura 5-21. Em uma vista de um meio-corte, um quarto da peça é removido.

Os meios-cortes têm a vantagem de mostrar tanto a parte interna como a parte externa da peça em uma única vista. A parte externa é mostrada na metade que não foi cortada. Uma linha de centro é usada para separar as duas partes. Linhas ocultas são normalmente omitidas nas duas partes, mas podem ser mostradas na parte que não foi cortada.

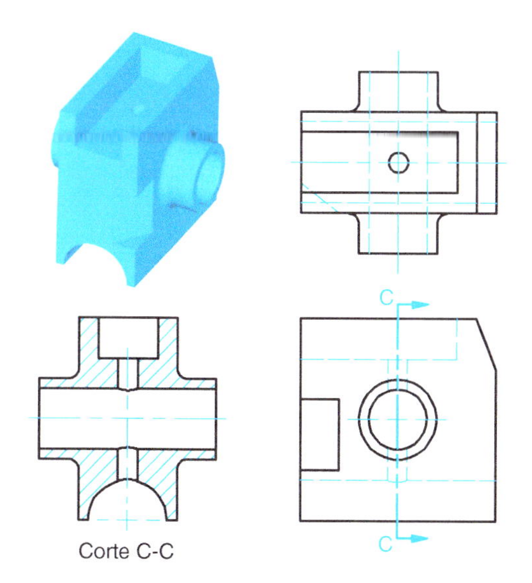

Figura 5-20 Vista lateral de um corte total.

Corte Composto

Um ***corte composto*** é um corte total modificado que é usado quando partes importantes do objeto não estão no mesmo plano. No corte composto, o plano de corte é escalonado para passar por todas essas partes. A Figura 5-22 mostra um exemplo. Note que os degraus (curvas de 90 graus) do plano de corte não aparecem na vista; ela é desenhada como se o plano de corte não fosse escalonado. Note também que os degraus devem estar localizados em partes da peça onde não existem detalhes.

Corte Parcial

Um ***corte parcial*** é usado quando apenas uma parte da peça precisa ser cortada. A Figura 5-23 mostra um exemplo. Uma linha sinuosa

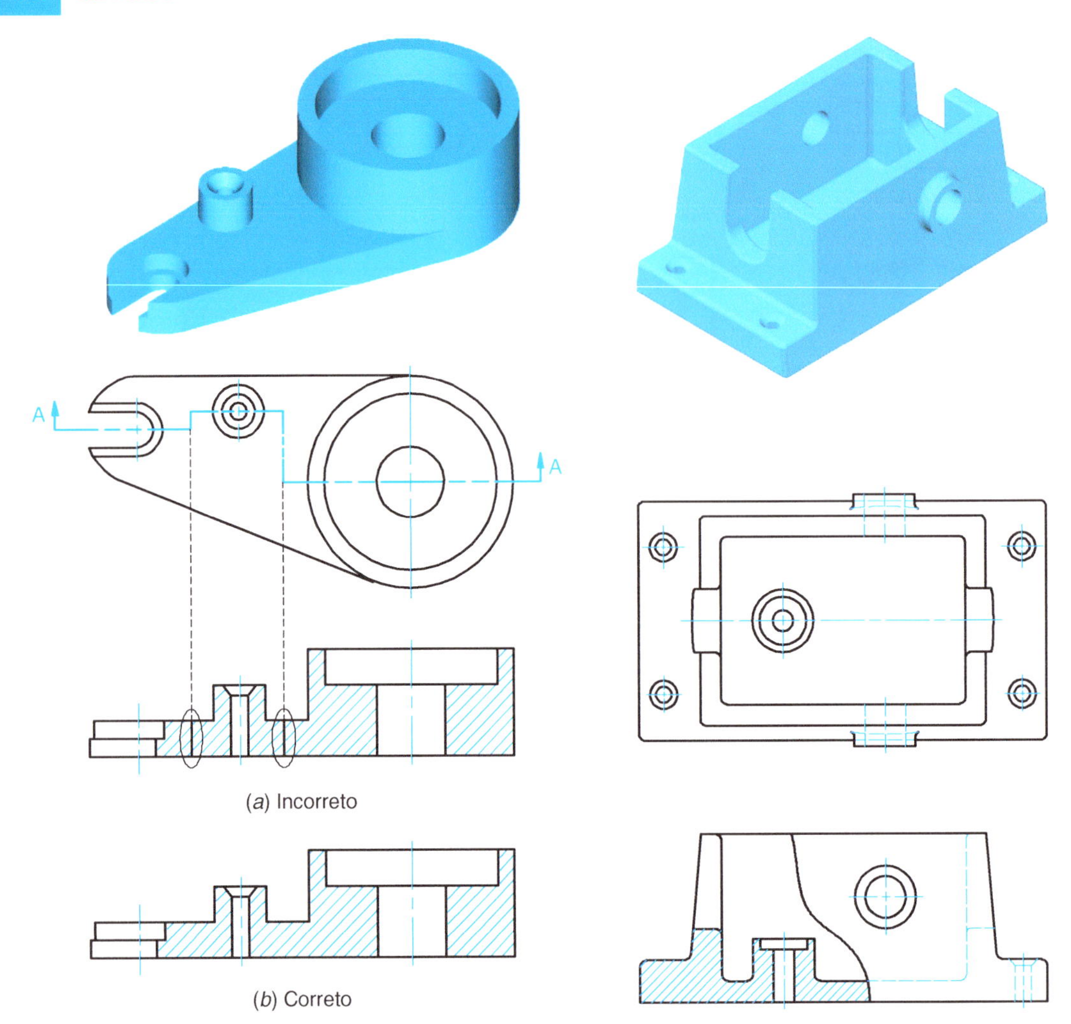

Figura 5-22 Corte composto.

Figura 5-23 Corte parcial.

é usada para separar a parte cortada da parte não cortada do desenho. Como o meio-corte, o corte parcial tem a vantagem de mostrar a parte interna e a parte externa do objeto na mesma vista. Além de serem usados em desenhos de vistas múltiplas, os cortes parciais também são empregados em perspectivas, particularmente quando estas são executadas em CAD (veja a Figura 5-24).

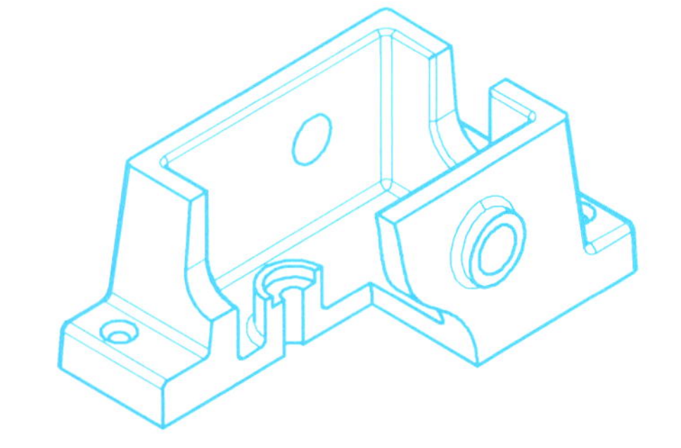

Figura 5-24 Desenho em perspectiva com um corte parcial.

Corte Rebatido

Em todos os cortes discutidos até agora (total, meio, composto e parcial), a vista do corte é projetada a partir da vista adjacente na qual o plano de corte aparece de perfil. Um ***corte rebatido***, por outro lado, é criado fazendo passar um plano de corte perpendicular ao centro de um detalhe simétrico alongado e girando o corte resultante de 90 graus em direção ao plano do desenho, o que faz com que o corte fique superposto à vista original. A Figura 5-25 mostra um exemplo. A vista ori-

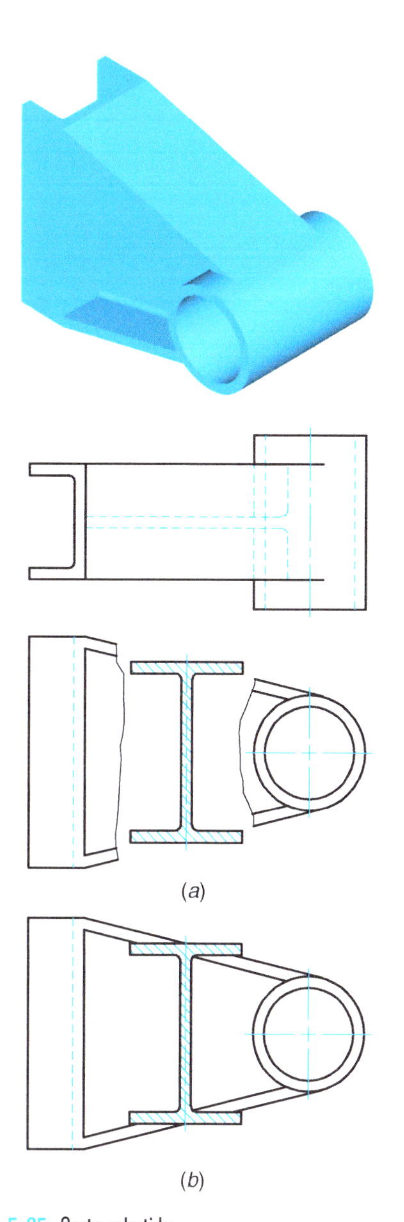

Figura 5-25 Corte rebatido.

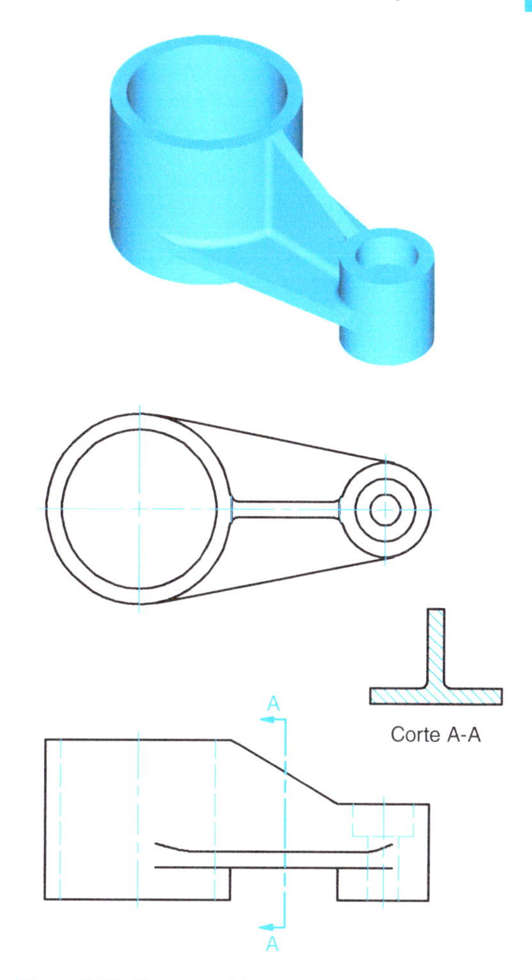

Figura 5-26 Corte removido.

ginal pode ser mostrada com interrupções (Figura 5-25*a*) ou sem interrupções (Figura 5-25*b*). O eixo do corte rebatido é representado por uma linha de centro.

Corte Removido

Em um ***corte removido***, o corte é girado de 90 graus, como no corte rebatido, mas, em vez de ser superposto à vista original, é posicionado em outro local do desenho. O corte é rotulado usando a convenção usual para que seja possível conhecer a localização do plano de corte usado para criá-lo. A Figura 5-26 mostra um exemplo. Os cortes removidos são usados nos casos em que não há espaço suficiente para um corte rebatido, ou são necessários vários cortes para mostrar a transição de um detalhe alongado de uma forma para outra (veja a Figura 5-27).

Representações Convencionais dos Cortes

Para simplificar a construção e a visualização dos cortes, às vezes são usadas representações convencionais em lugar das verdadeiras projeções ortográficas. Essas representações simplificadas são reconhecidas e aceitas como desenhos técnicos. Entre as mais usadas estão a omissão de hachuras em detalhes de pequena espessura, o alinhamento de detalhes radialmente distribuídos, ou em ângulo e uso de mais de um tipo de hachura em desenhos complexos.

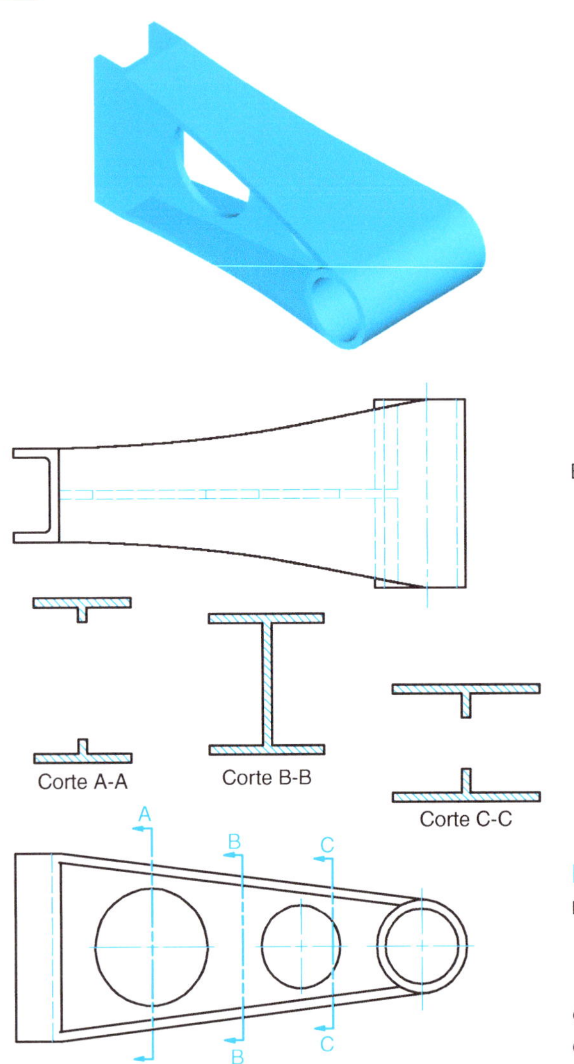

Figura 5-27 Vários cortes removidos.

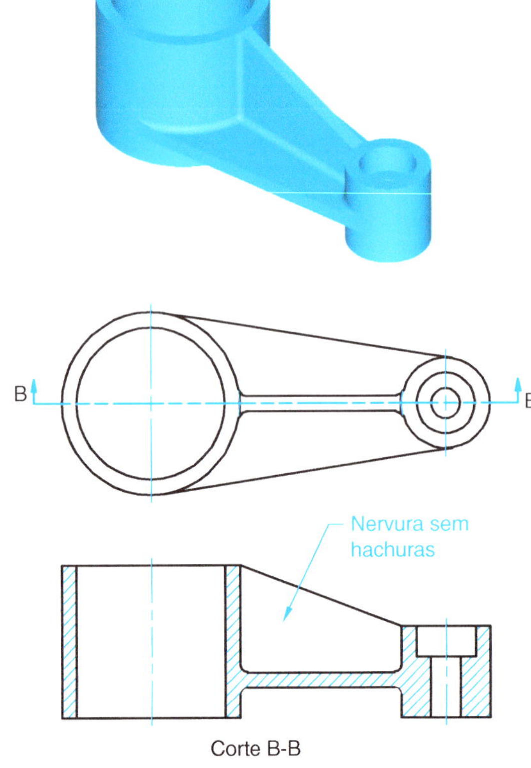

Figura 5-28 Representação convencional do corte de uma nervura.

Note que, no caso de desenhos feitos em CAD, pode ser mais fácil obter uma representação verdadeira que uma representação convencional. Embora este fato tenha, até certo ponto, reduzido o uso de certas representações convencionais, ainda é necessário que os engenheiros conheçam este aspecto dos desenhos técnicos.

Representações Convencionais dos Cortes: Detalhes de Pequena Espessura

Para facilitar a visualização de alguns cortes, as hachuras não são aplicadas nas regiões que correspondem a detalhes de pequena espessura, como nervuras, orelhas e braços quando o plano de corte passa no interior do detalhe e é paralelo à maior dimensão. A Figura 5-28 mostra um exemplo desta convenção no caso de uma nervura.

Se essa convenção não fosse usada, o corte da Figura 5-29 poderia ser interpretado incorretamente como o desenho de uma peça de espessura uniforme (Figura 5-29*a*), em vez de uma peça com uma nervura (Figura 5-29*b*).

A Figura 5-30 mostra um exemplo da aplicação da convenção para detalhes de pequena espessura a uma peça com um olhal e um tirante.

Construção de um Corte – Exemplo 1

A Figura 5-31 ilustra o processo de construção do corte total de uma peça. Neste exemplo são dadas duas vistas principais, a vista superior e a vista direita, como mostra a Figura 5-31*a*, e o problema consiste em indicar um plano de corte vertical na vista superior e desenhar uma vista frontal do corte. Em uma

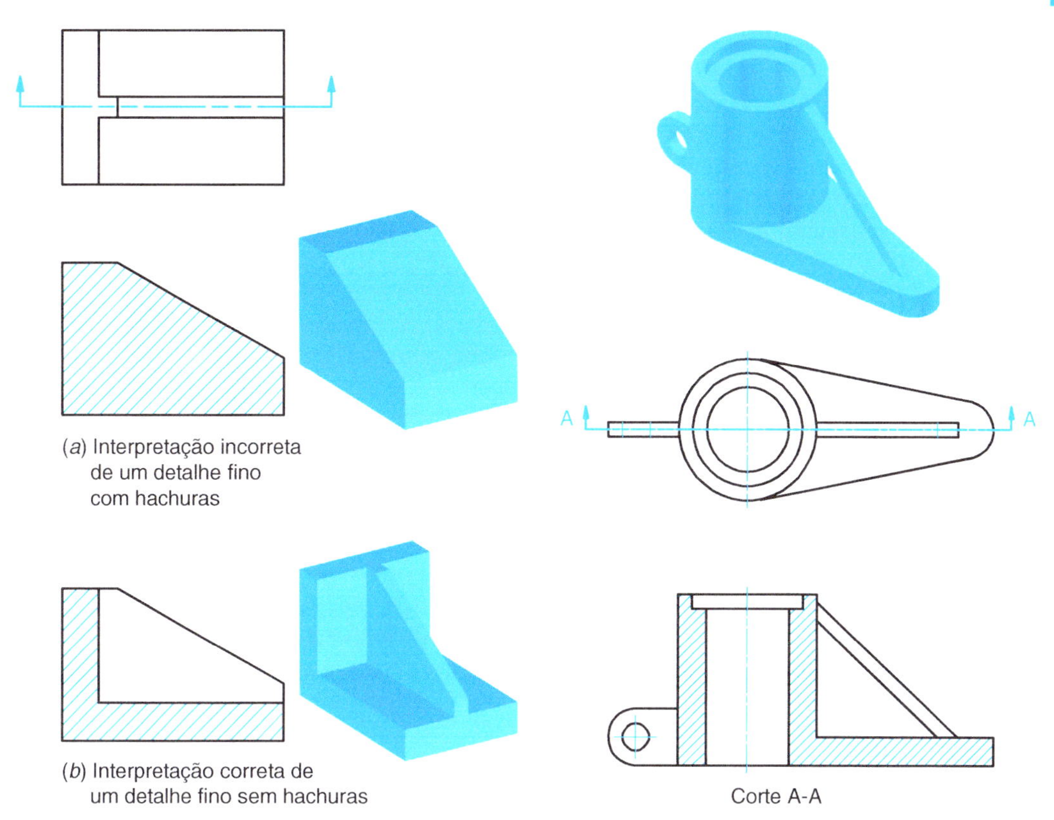

Figura 5-29 Justificativa do uso da convenção para detalhes de pequena espessura.

Figura 5-30 Aplicação da convenção para detalhes de pequena espessura a uma peça com um olhal e um tirante.

versão mais fácil do problema, além da localização do plano de corte, seria dado um desenho em perspectiva do objeto.

No 1º passo (Figura 5-31*b*), o plano de corte é indicado na vista superior, ao longo do eixo de simetria do objeto. As setas devem apontar no sentido mostrado na figura, para indicar que o desenho do corte corresponde a uma vista frontal. Retas de construção paralelas (projetantes) são traçadas a partir das vistas dadas para ajudar a definir a posição dos detalhes do objeto na vista frontal.

Sem a ajuda do desenho em perspectiva, é necessário recorrer à visão espacial para representar corretamente o corte, usando primeiro as vistas superior e direita para construir uma imagem mental do objeto. Na vista superior existem três circunferências concên-

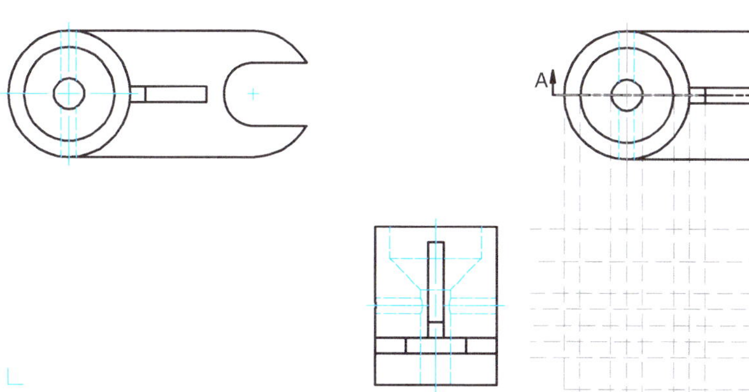

Figura 5.31*a* Construção de um corte: dados.

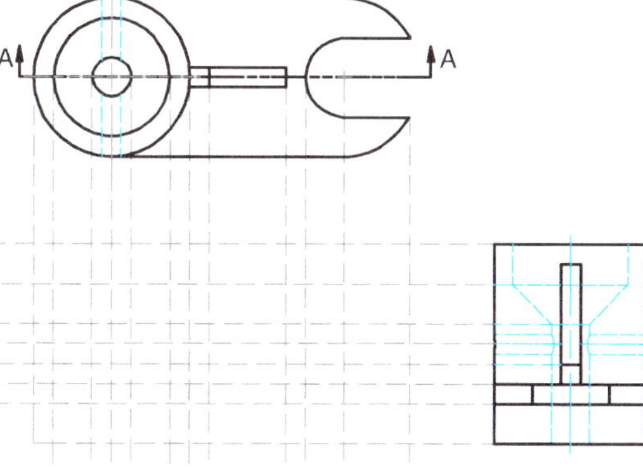

Figura 5.31*b* 1º passo.

tricas. Esta configuração pode corresponder a um furo rebaixado, chanfrado ou mandrilado (veja a Figura 4-31). Examinando a vista direita, é fácil constatar que se trata de um furo rebaixado. As duas vistas, observadas em conjunto, mostram também que um furo horizontal atravessa o cilindro na parte cilíndrica do furo rebaixado. Observe que os dois furos explicam todas as linhas ocultas que aparecem nas duas vistas conhecidas.

Passando para a vista superior do lado direito do objeto, vemos um detalhe tangente ao cilindro do lado esquerdo e com um filete e um corte semicircular do lado direito. Qual é a extensão vertical desse detalhe? Observando a vista direita, encontramos três retângulos alinhados horizontalmente, a uma pequena distância da base. Combinando as duas vistas, chegamos à conclusão de que o detalhe representado é uma placa que possui um corte semicircular do lado direito e está ligada ao cilindro do lado esquerdo.

Neste ponto (2º passo) já é possível colocar os detalhes no papel, como mostra a Figura 5-31*c*. O único detalhe que falta, representado pelas formas retangulares perto do centro nas duas vistas, sugere uma nervura. Com base nas informações contidas na vista superior e na vista direita, a nervura pode ser reta (como na Figura 5-31*c*) ou ter um perfil curvo.

No 3º passo, hachuras são aplicadas às partes da peça seccionadas pelo plano de corte imaginário, com exceção da região correspondente à nervura, à qual, por convenção, não são aplicadas hachuras. Note que, como na Figura 5-17, o ângulo das hachuras foi mudado do valor habitual de 45 graus para 30 graus, para que não fosse o mesmo das linhas inclinadas associadas ao furo rebaixado. O desenho obtido no 3º passo, que aparece na Figura 5-30*d*, também inclui as linhas de centro. A Figura 5-30*e* mostra a solução do problema, com as linhas de construção suprimidas, e a Figura 50-30*f* mostra um desenho do objeto em perspectiva.

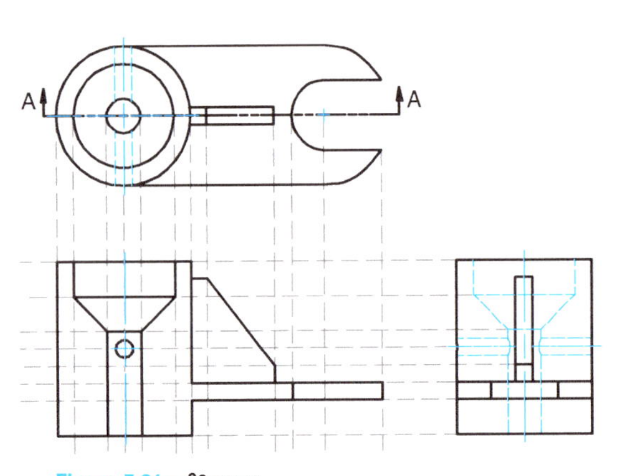

Figura 5.31*c* 2º passo.

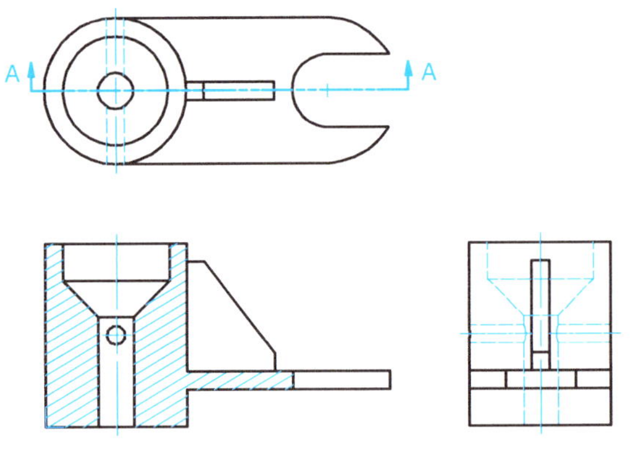

Figura 5.31*e* Solução.

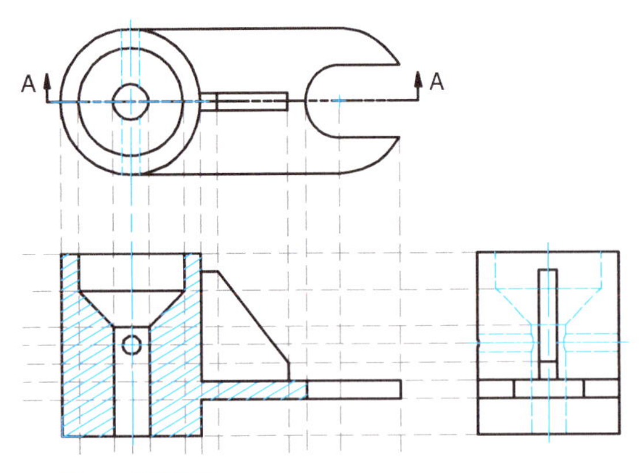

Figura 5.31*d* 3º passo.

Figura 5.31*f* Desenho do objeto em perspectiva.

Construção de um Corte – Exemplo 2

Neste exemplo, são dadas duas vistas principais, a vista frontal e a vista esquerda, como mostra a Figura 5-32*a*, e o problema consiste em desenhar um corte composto da vista superior.

Começamos com a visualização do objeto. Os detalhes do corte são, de cima para baixo, um furo chanfrado, um furo mandrilado e uma fenda, como mostra a Figura 5-32*b*.

Na Figura 5-32*c*, três superfícies verticais foram numeradas na vista frontal. As vistas de perfil dessas superfícies receberam os mesmos números na vista esquerda.

Feito isso, o objeto pode ser visualizado; a Figura 5-32*d* mostra uma perspectiva isométrica.

O passo seguinte consiste em desenhar um plano de corte composto na vista frontal, mostrado na Figura 5-32*e*. Note que os deslocamentos do plano de corte acontecem em trechos da peça situados entre os detalhes. Observe também o sentido das setas. As setas apontam para baixo porque, para observar uma vista superior, é preciso olhar para baixo.

Finalmente, construímos a vista superior do corte a partir de projeções de uma vista adjacente (a vista frontal) e de uma vista relacionada (a vista esquerda), como mostra a Figura 5-32*f*. Uma linha de esquadro pode ser usada para projetar a vista de esquerda na vista superior. O uso de um corte composto permite mostrar todos os detalhes da peça na vista superior.

A solução aparece na Figura 5-32*g*, onde as linhas de construção foram suprimidas e as re-

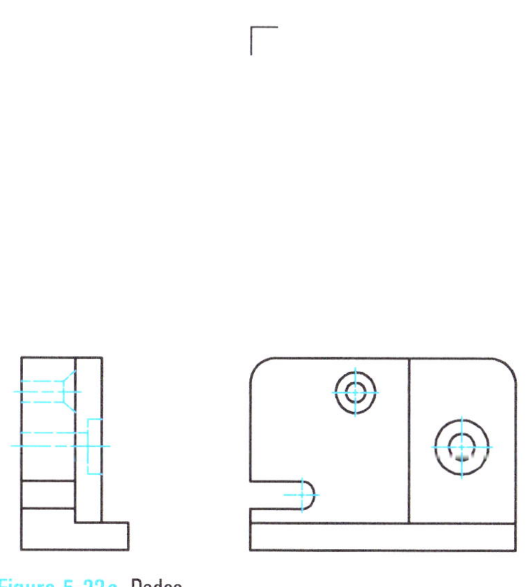

Figura 5-32*a* Dados.

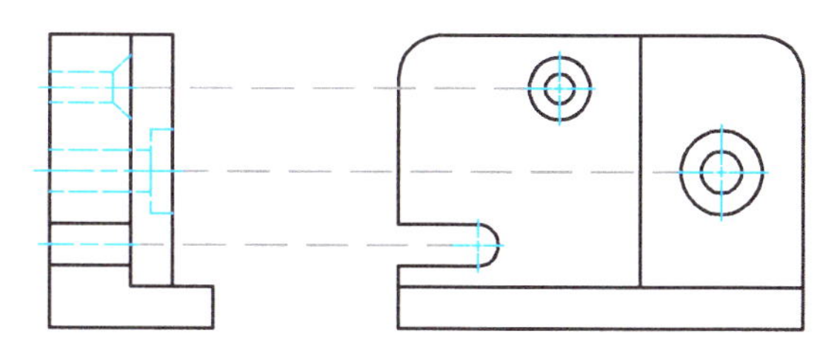

Figura 5-32*b* Identificação dos detalhes.

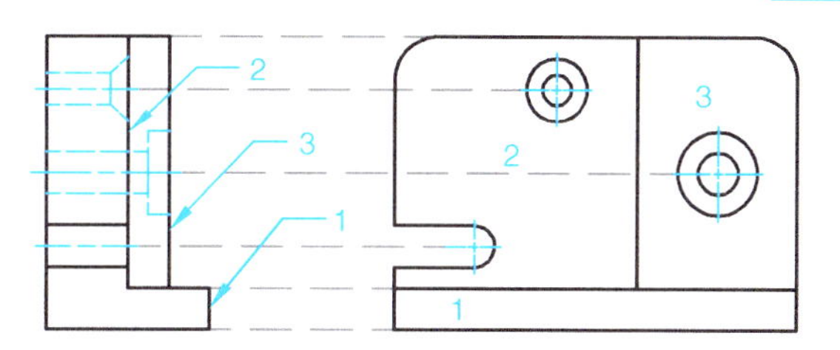

Figura 5-32*c* Numeração das superfícies.

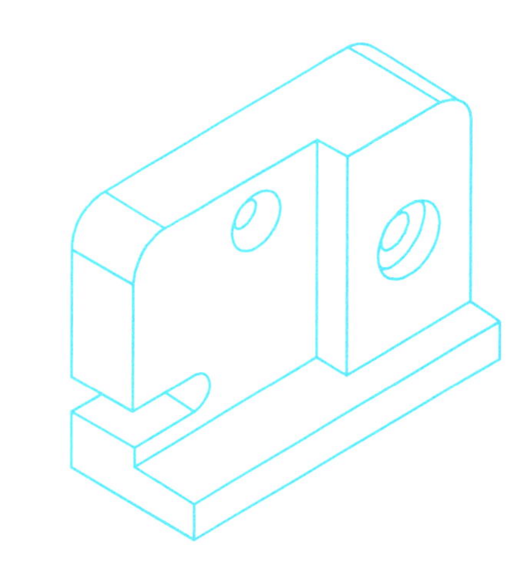

Figura 5-32*d* Perspectiva isométrica do objeto.

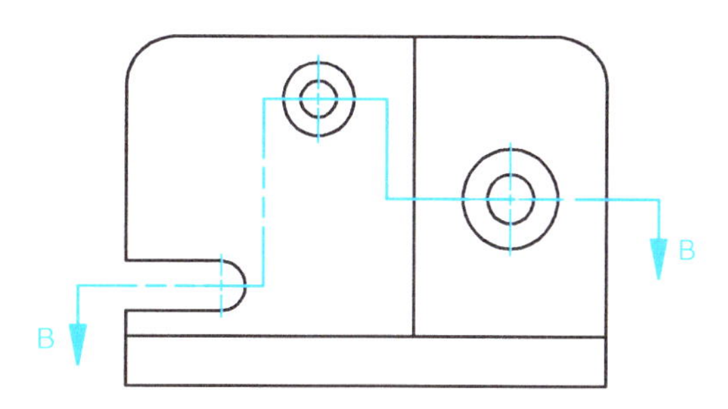

Figura 5-32*e* Plano de corte composto na vista frontal.

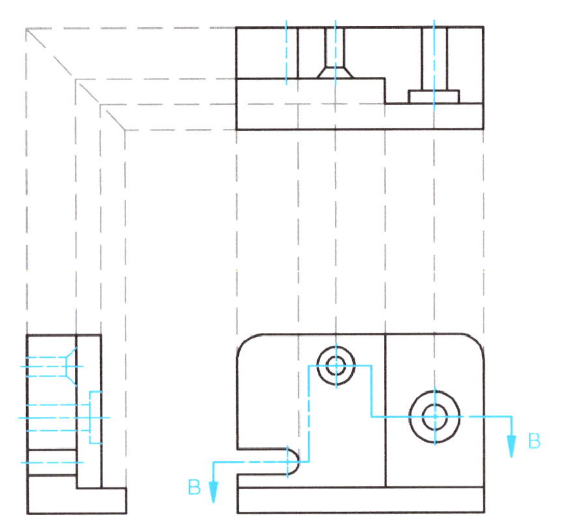

Figura 5-32f Construção do corte na vista superior usando projeções de uma vista adjacente e uma vista relacionada.

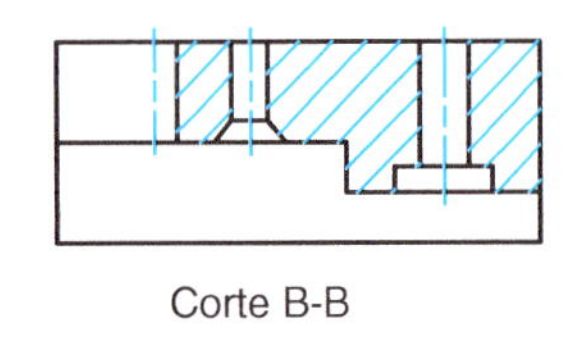

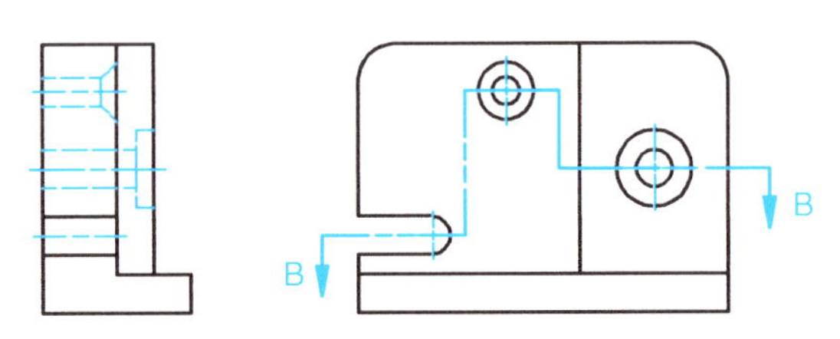

Figura 5-32g Solução.

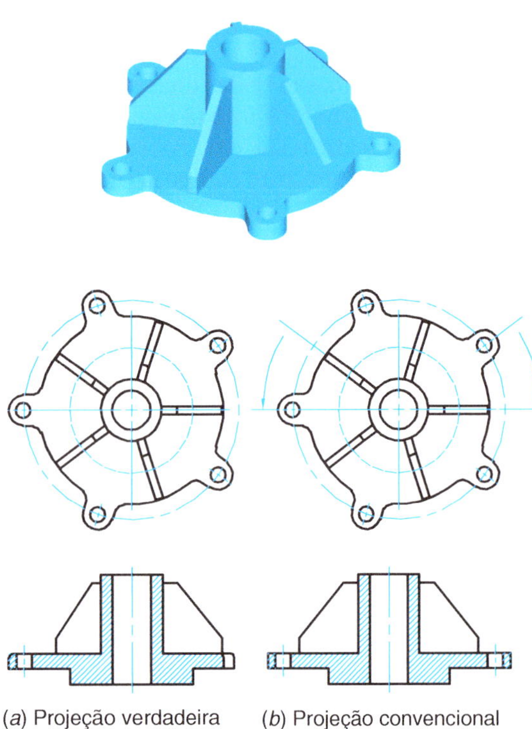

Figura 5-33 Representação convencional de detalhes distribuídos radialmente.

giões em que a superfície da peça está em contato com o plano de corte foram hachuradas.

Representações Convencionais dos Cortes: Cortes Alinhados

Esta convenção é usada para facilitar a construção e visualização de cortes que contêm detalhes, como furos, nervuras, olhais, etc., radialmente distribuídos em direções que não são paralelas aos planos principais. No caso do objeto da Figura 5-33, por exemplo, uma projeção ortográfica verdadeira (veja a Figura 5-33*a*) produz um desenho difícil de construir e interpretar, com uma vista encurtada e superposta das nervuras que estão do lado esquerdo. Para eliminar o problema, uma das nervuras do lado esquerdo é girada até ser seccionada pelo plano de corte, ou, o que dá no mesmo, o plano de corte muda de orientação para passar por uma das nervuras da esquerda. Da mesma forma, um dos olhais do lado direito da peça é girado até ser seccionado pelo plano de corte. O resultado é uma representação mais fácil de construir e visualizar, que aparece na Figura 5-33*b*.

Outro exemplo de alinhamento do corte para simplificar a representação é mostrado na Figura 5-34. Cortes como os das Figuras 5-33 e 5-34 são conhecidos como ***cortes alinhados***.

Representações Convencionais dos Cortes: Uso de Mais de um Tipo de Hachura

Em um corte de uma peça complexa, diferentes tipos de hachuras podem ser usados para facilitar a visualização do conjunto. Na Figura

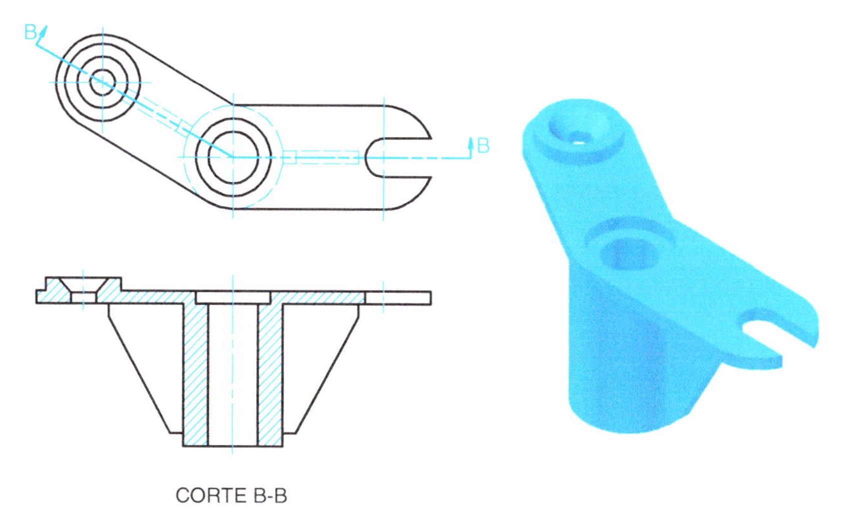

Figura 5-34 Representação convencional de detalhes que não estão alinhados com os planos principais.

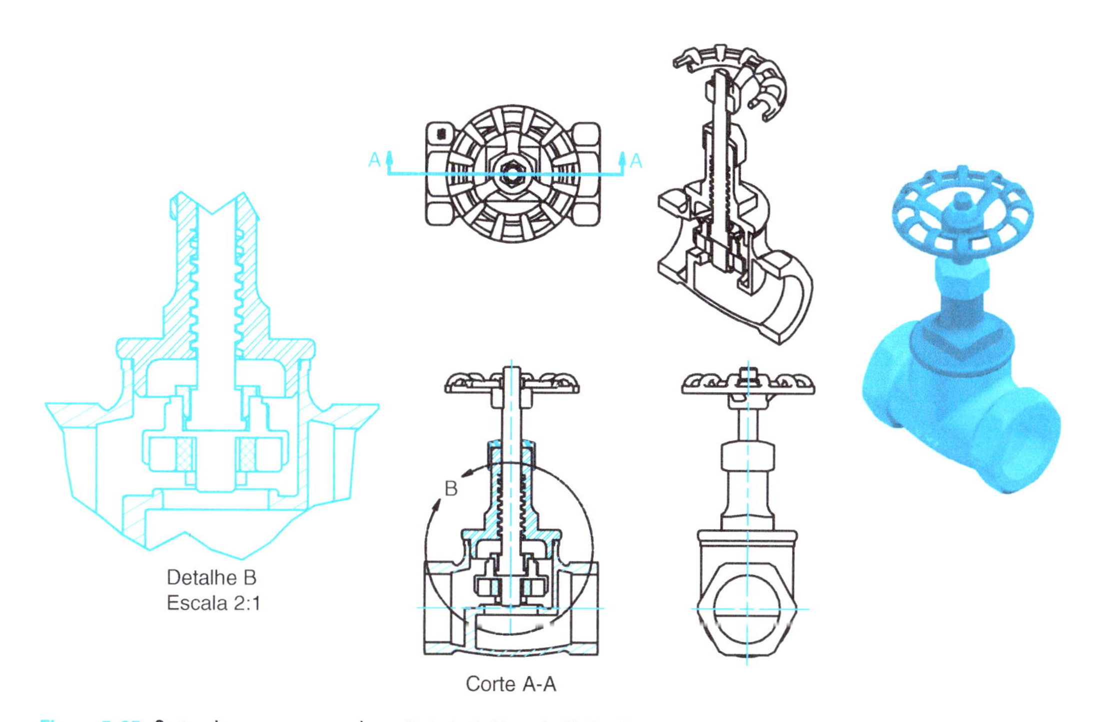

Figura 5-35 Cortes de uma peça complexa. (Cortesia de Alexander H. Hays.)

5-35, por exemplo, tipos diferentes de hachuras foram empregados para representar detalhes diferentes. Observe que detalhes de pequena espessura, como hastes e porcas, não são hachurados. Além disso, detalhes como arruelas, buchas, gaxetas, parafusos, chaves, rebites, pinos, rolamentos, raios e dentes de engrenagens não são hachurados quando o plano de corte é paralelo à maior dimensão da peça.

QUESTÕES

VERDADEIRO OU FALSO

1. As vistas auxiliares primárias são usadas para mostrar a verdadeira forma e tamanho de superfícies oblíquas.
2. Apenas a face inclinada de um objeto projetado em uma projeção oblíqua é mostrada em uma vista auxiliar parcial.

3. Quando um plano de corte secciona um detalhe de pequena espessura como uma nervura, o detalhe não é hachurado.

MÚLTIPLA ESCOLHA

4. O plano de projeção de uma vista auxiliar primária é:
   a. Paralelo a um dos planos de projeção principais e perpendicular aos outros dois
   b. Perpendicular a um dos planos de projeção principais e inclinado em relação aos outros dois
   c. Perpendicular a dois dos planos de projeção principais e inclinado em relação ao outro
   d. Inclinado em relação aos três planos principais de projeção
5. Qual dos seguintes nomes não está associado a um tipo de corte?
   a. Total
   b. Meio
   c. Projetado
   d. Removido
   e. Rebatido
   f. Alinhado
   g. Composto
   h. Parcial

DESENHOS E MODELOS

6. A partir das vistas principais das Figuras P5-1 a P5-26, use cópias da rede retangular (no final do livro) ou cópias baixadas do material disponível no site da LTC Editora para este livro para construir uma vista auxiliar parcial do objeto.
7. A partir das vistas principais das Figuras P5-1 a P5-26, use cópias das redes retangular e isométrica (no final do livro) ou cópias baixadas do site do livro para construir uma vista auxiliar parcial, a vista principal que falta e uma perspectiva isométrica do objeto.
8. A partir das perspectivas isométricas das Figuras P7-7, P7-10, P7-12, P7-15 e P7-23, construa um desenho de vistas múltiplas do objeto com uma vista auxiliar.
9. A partir das vistas principais das Figuras P5-27 a P5-32, use cópias da rede retangular (no final do livro) ou cópias baixadas do material disponível no site da LTC Editora para este livro para desenhar a representação em corte indicada em uma das vistas do objeto.
10. A partir das vistas principais das Figuras P5-33 a P5-45, use cópias da rede retangular (no final do livro) ou cópias baixadas do material disponível no site da LTC Editora para este livro para desenhar a representação em corte, com o plano de corte mostrado na vista mais adequada, usando
    a. um corte total (Figuras P5-33 a P5-37)
    b. um meio-corte (Figuras P5-38 a P5-41)
    c. um corte composto (Figuras P5-42 a P5-45)
11. A partir das vistas principais das Figuras P5-46 a P5-60, use cópias da rede retangular (no final do livro) ou cópias baixadas do material disponível no site da LTC Editora para este livro para desenhar a representação em corte, com o plano de corte mostrado na vista mais adequada, usando
    a. um corte total (Figuras P5-46 a P5-48)
    b. um meio-corte (Figuras P5-49 e P5-50)
    c. um corte composto (Figuras P5-51 e P5-52)
    d. um corte parcial (Figuras P5-53 e P5-54)
    e. um corte removido (Figuras P5-55 a P5-57)
    f. um corte rebatido (Figuras P5-55 a P5-57)
    g. um corte alinhado (Figuras P5-58 a P5-60)
12. A partir das perspectivas isométricas das Figuras P7-1, P7-3, P7-7, P7-10, P7-13, P7-20, P7-21, P7-22 e P7-24, construa um desenho de vistas múltiplas do objeto com uma representação em corte.

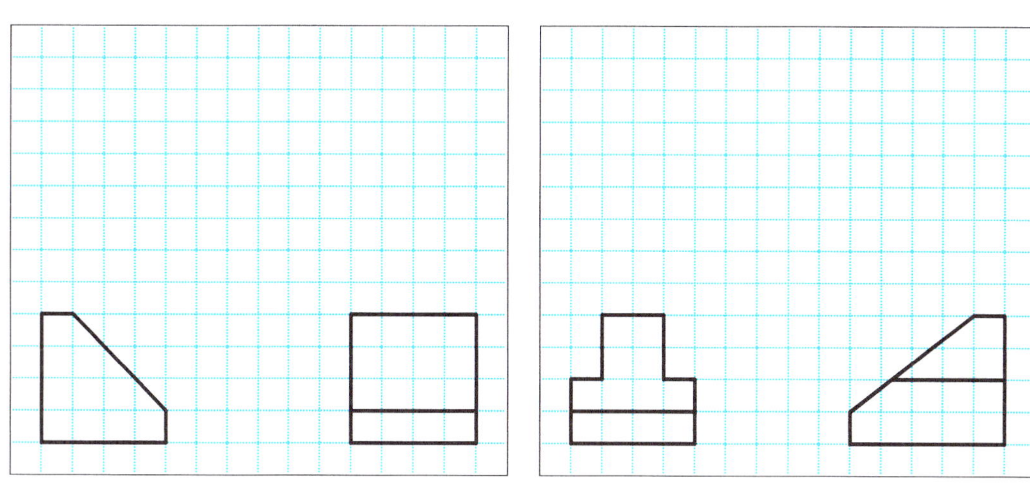

Figura P5-1

Figura P5-4

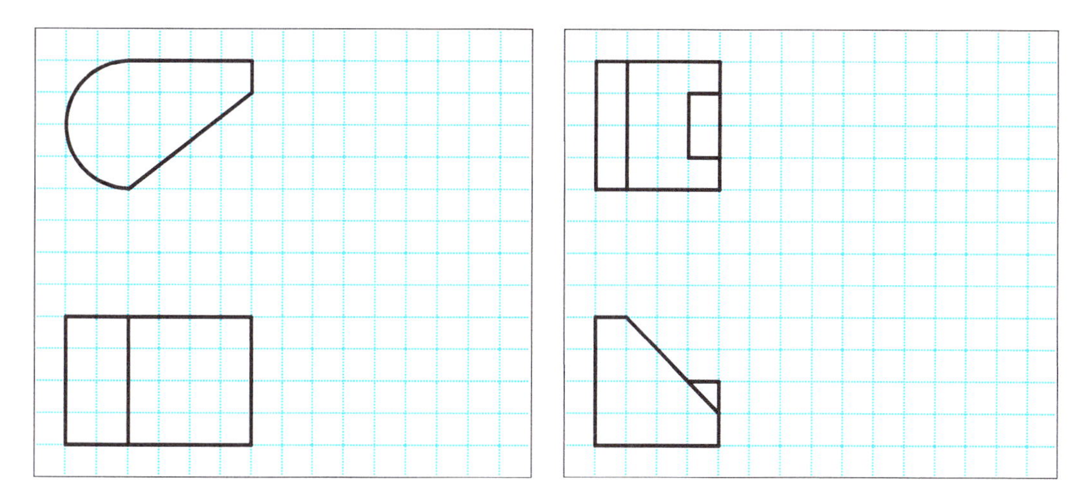

Figura P5-2

Figura P5-5

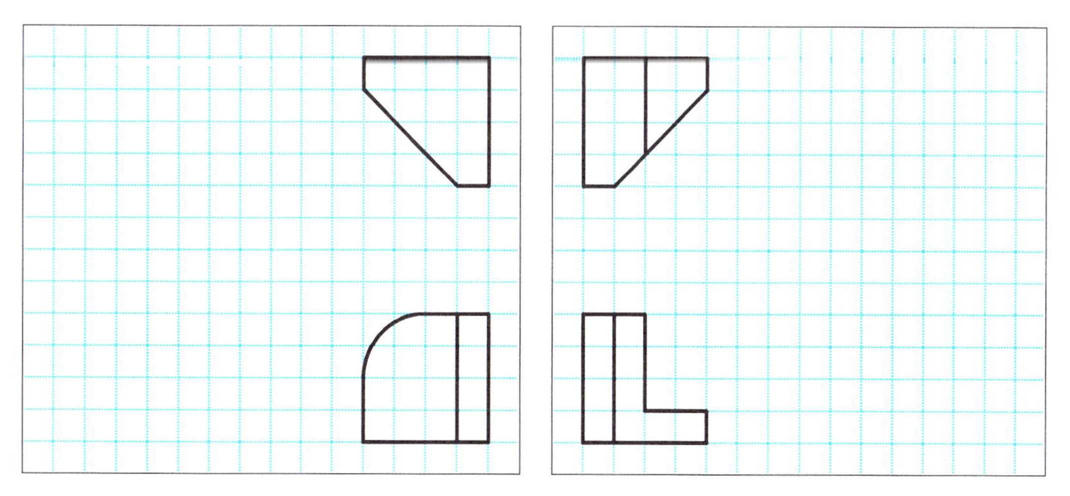

Figura P5-3

Figura P5-6

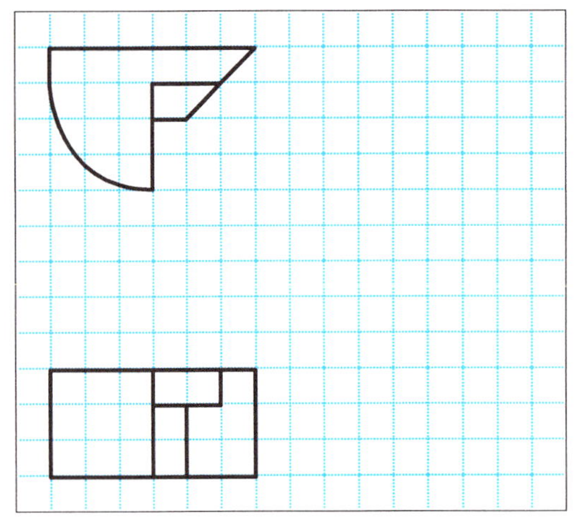

Figura P5-7

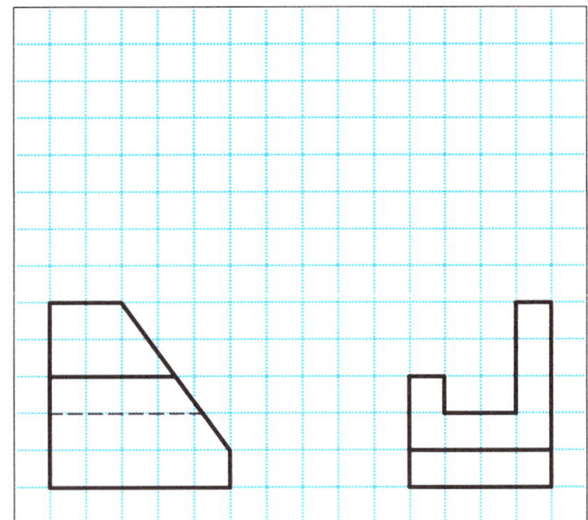

Figura P5-10

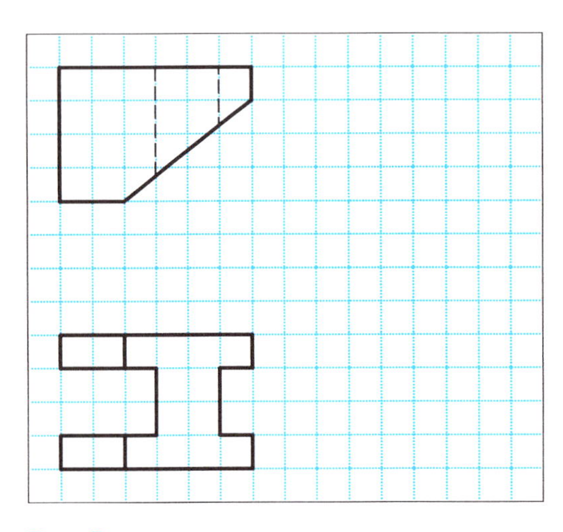

Figura P5-8

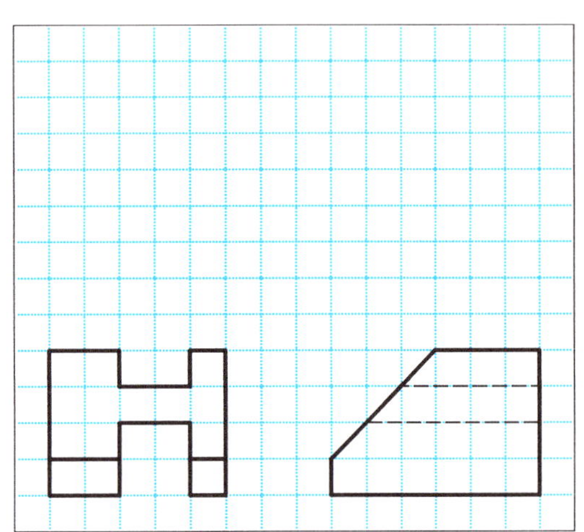

Figura P5-11

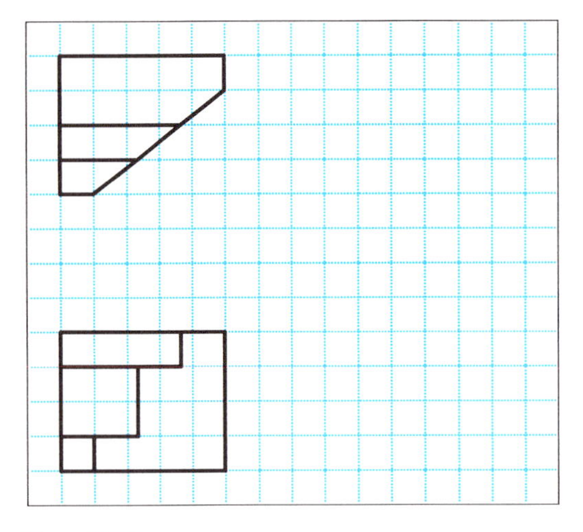

Figura P5-9

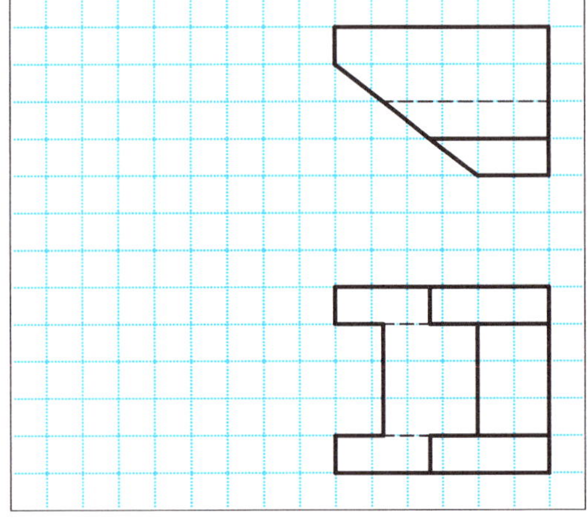

Figura P5-12

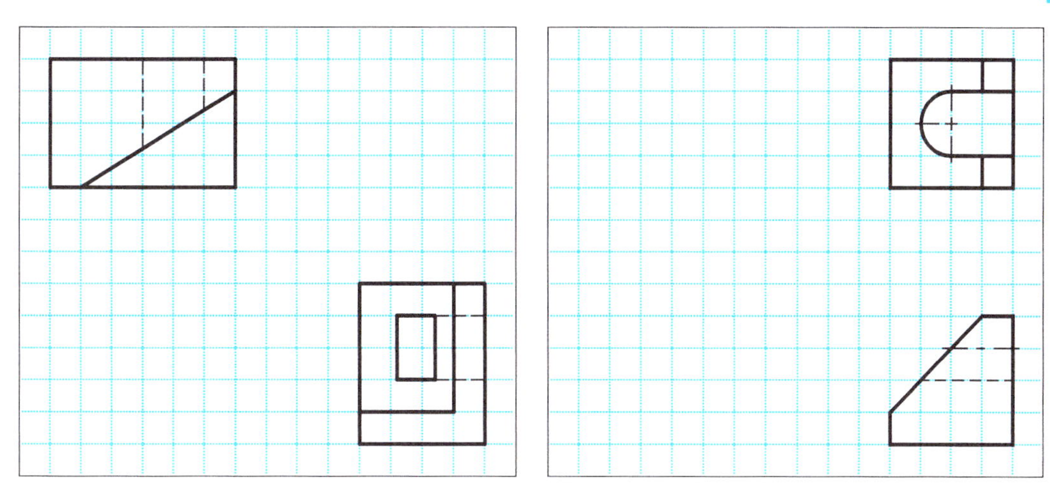

Figura P5-13

Figura P5-16

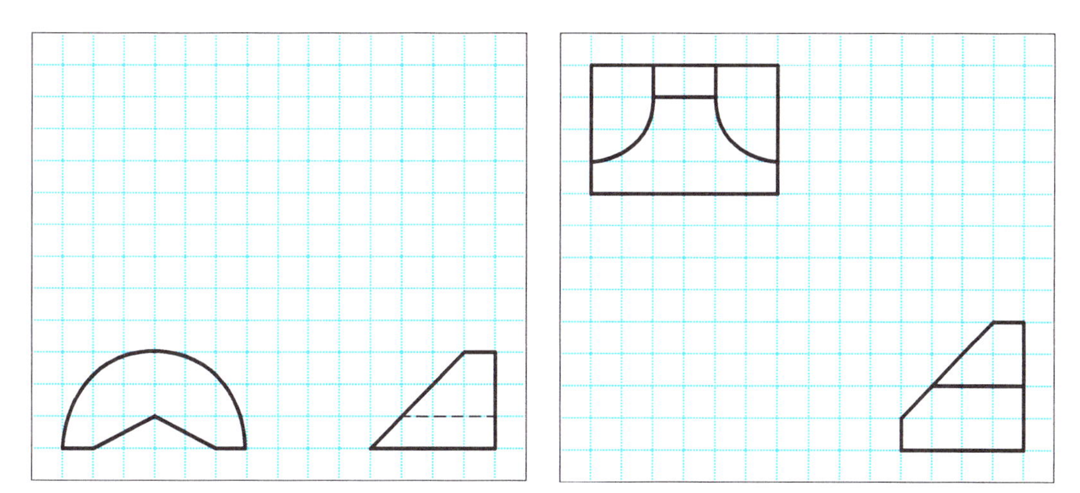

Figura P5-14

Figura P5-17

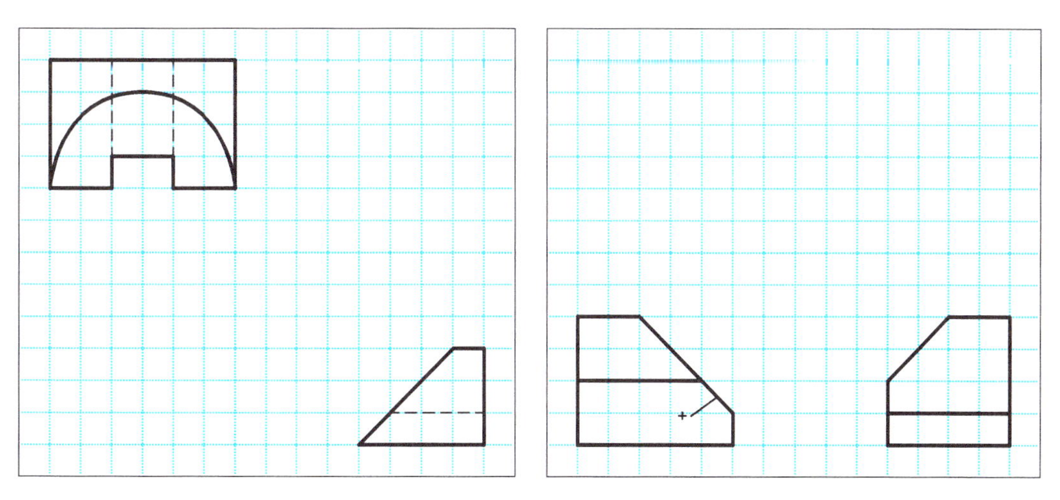

Figura P5-15

Figura P5-18

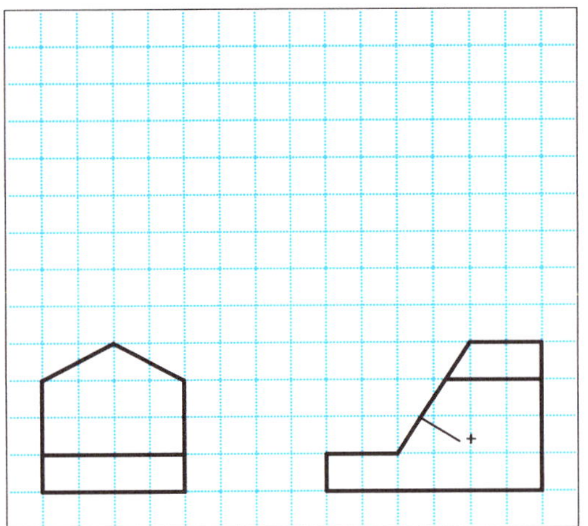

Figura P5-19

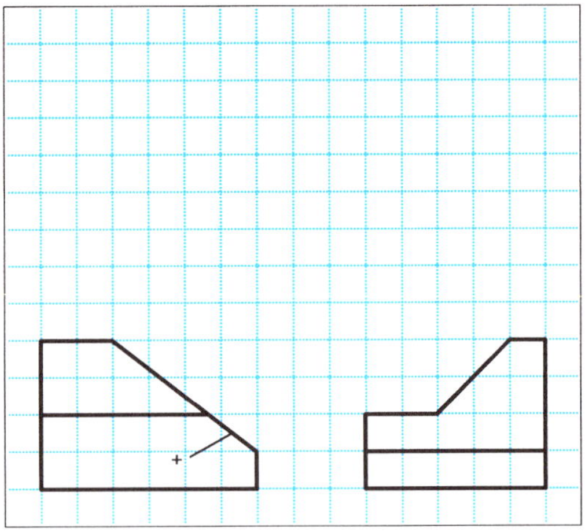

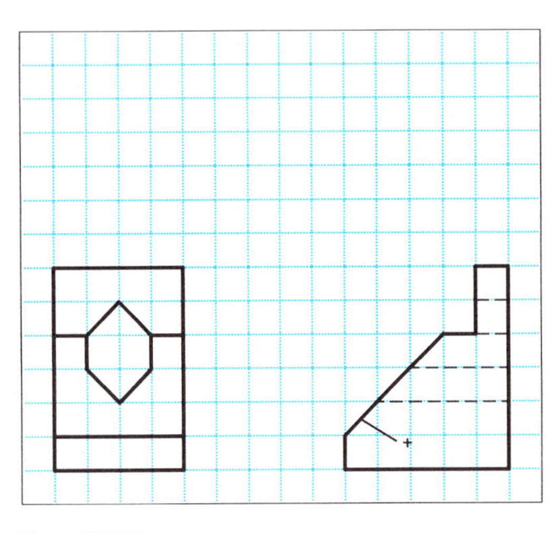

Figura P5-20

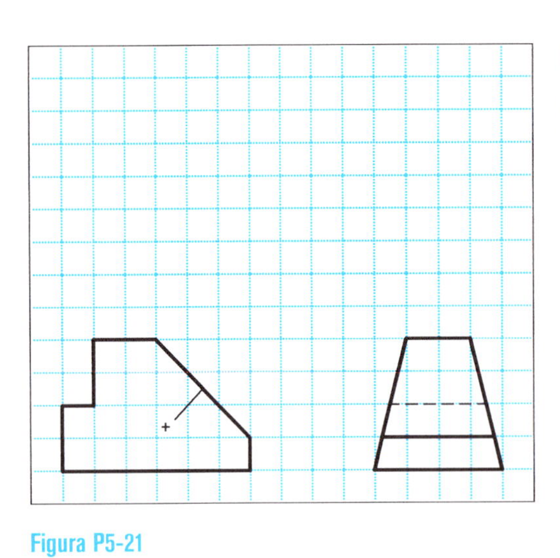

Figura P5-21

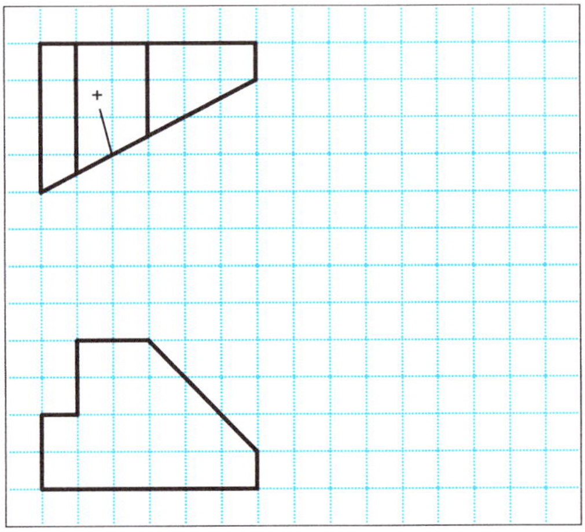

Figura P5-22

Figura P5-23

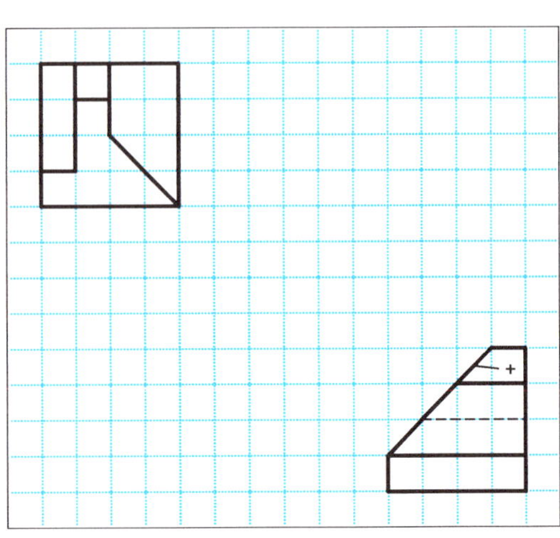

Figura P5-24

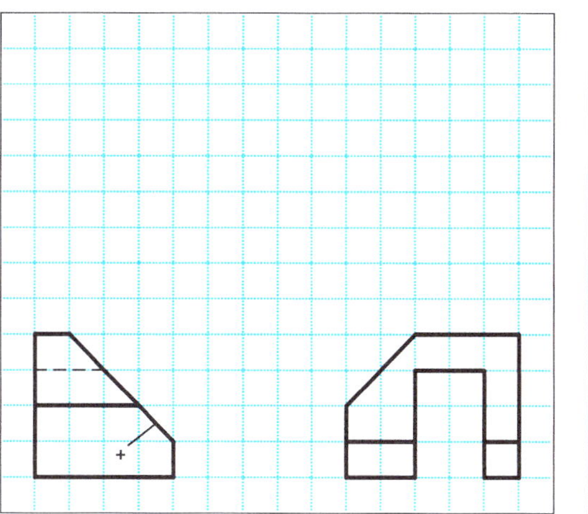

Figura P5-25

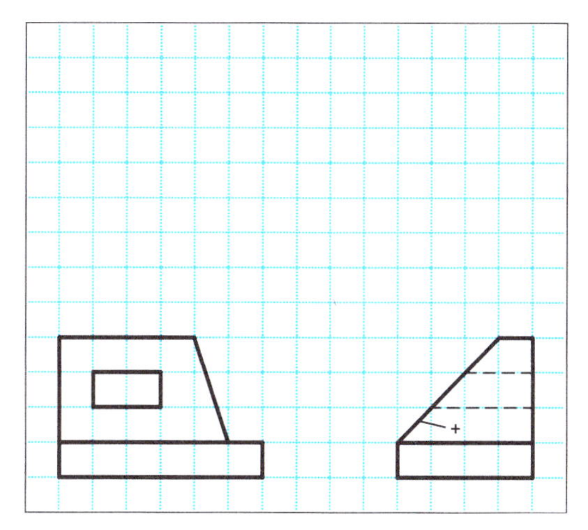

Figura P5-26

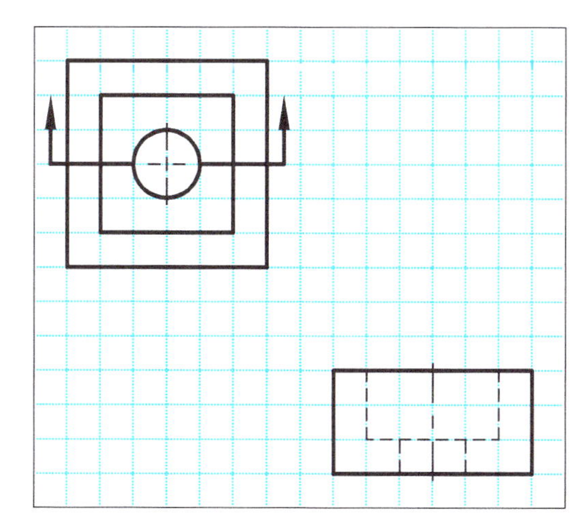

Figura P5-27

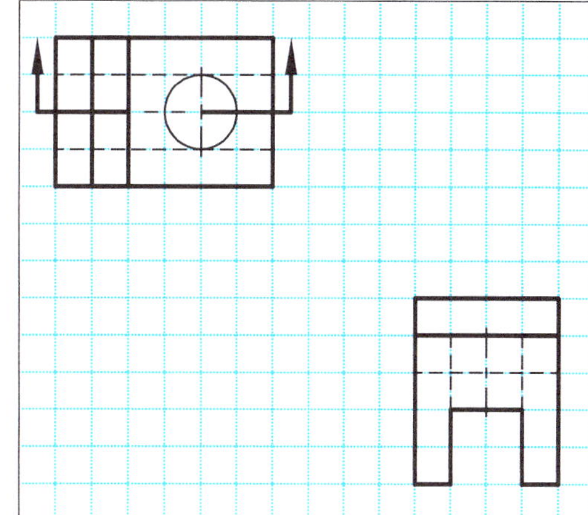

Figura P5-28

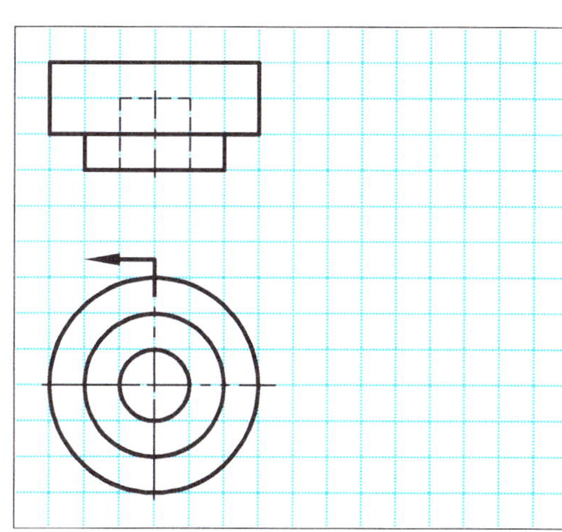

Figura P5-29

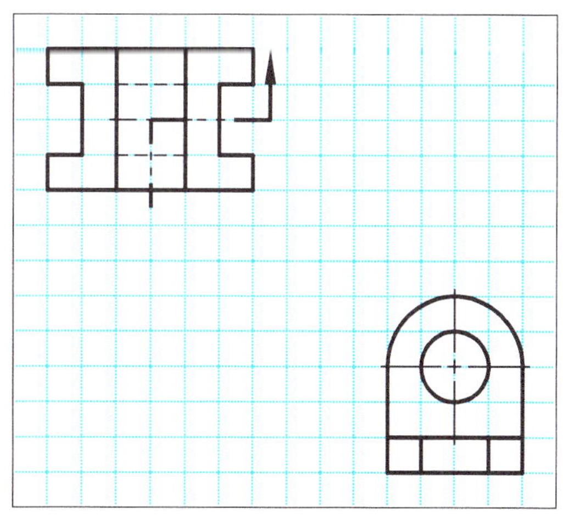

Figura P5-30

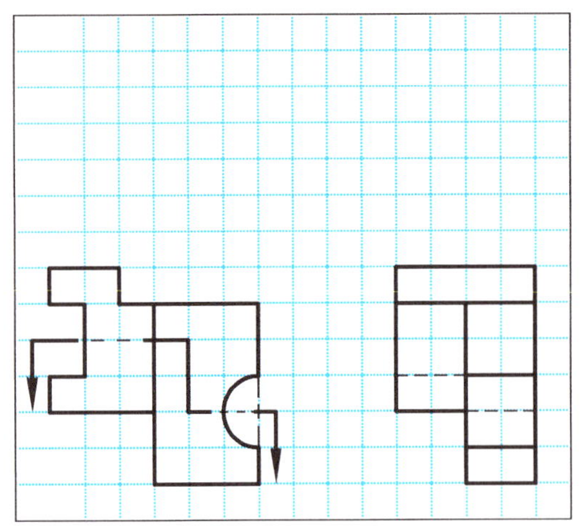

Figura P5-31

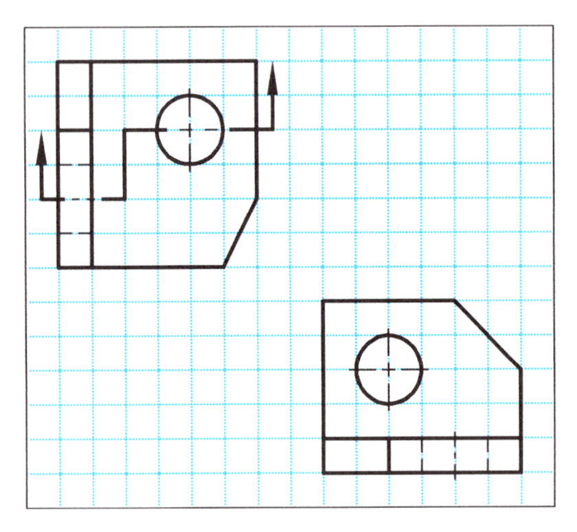

Figura P5-32

Figura P5-33

Figura P5-34

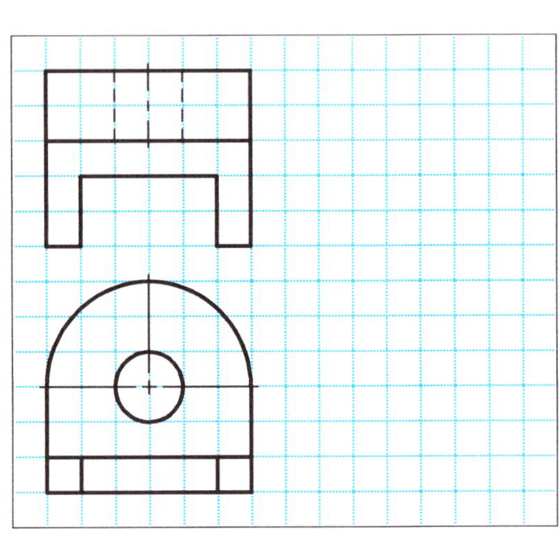

Figura P5-35

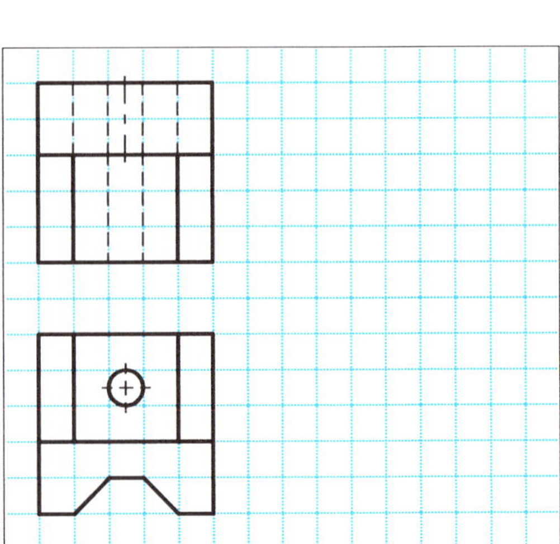

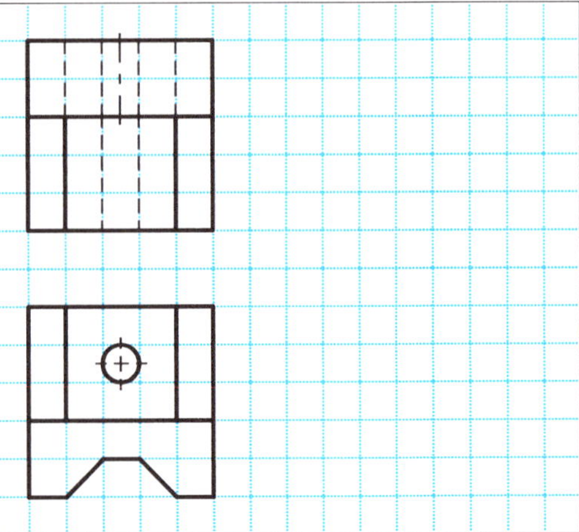

Figura P5-36

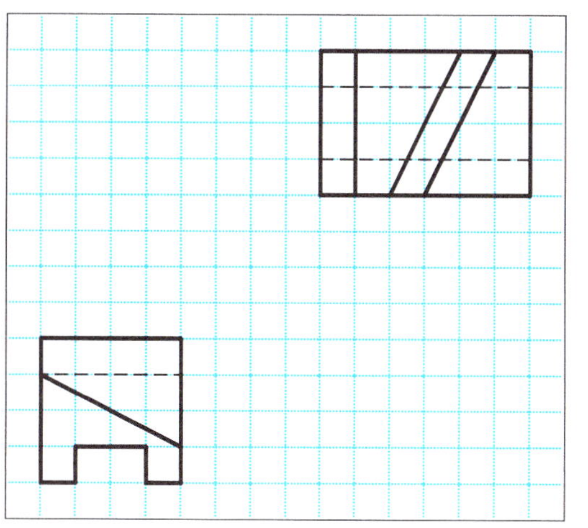

Figura P5-37

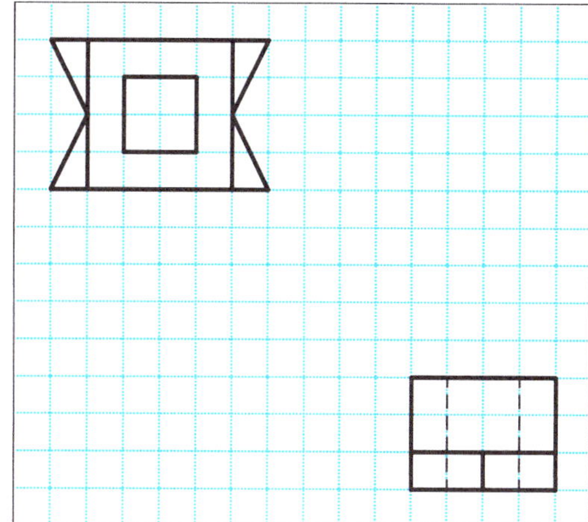

Figura P5-40

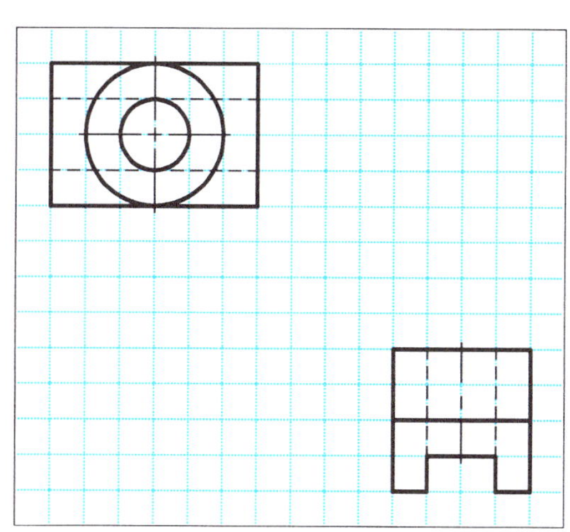

Figura P5-41

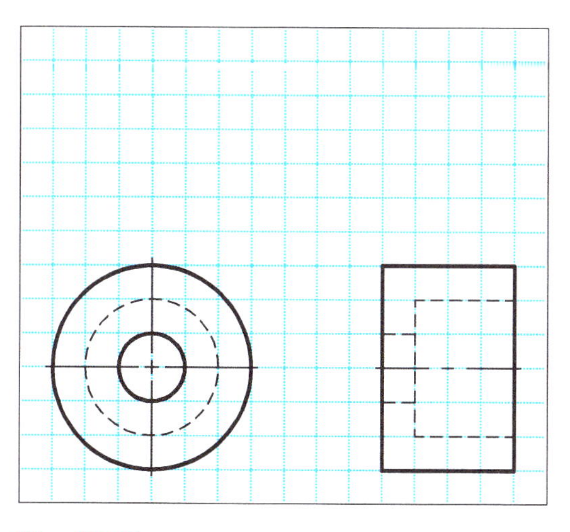

Figura P5-39

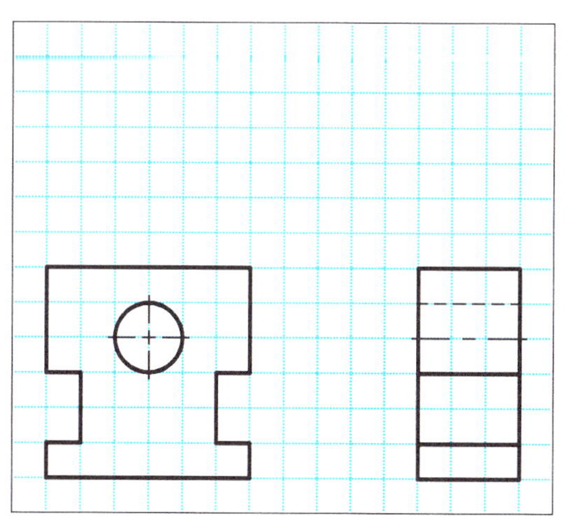

Figura P5-42

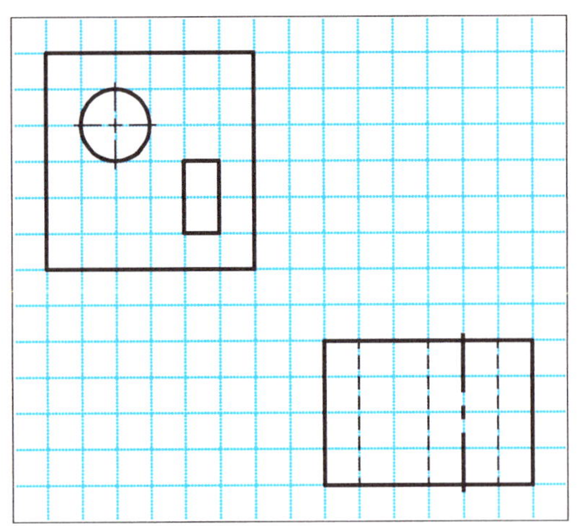

Figura P5-43

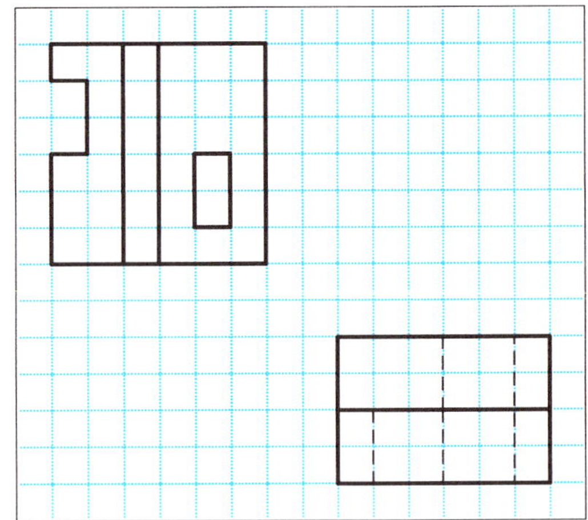

Figura P5-45

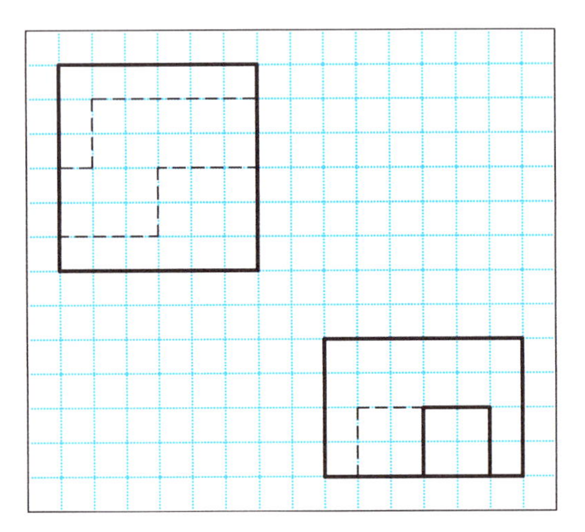

Figura P5-44

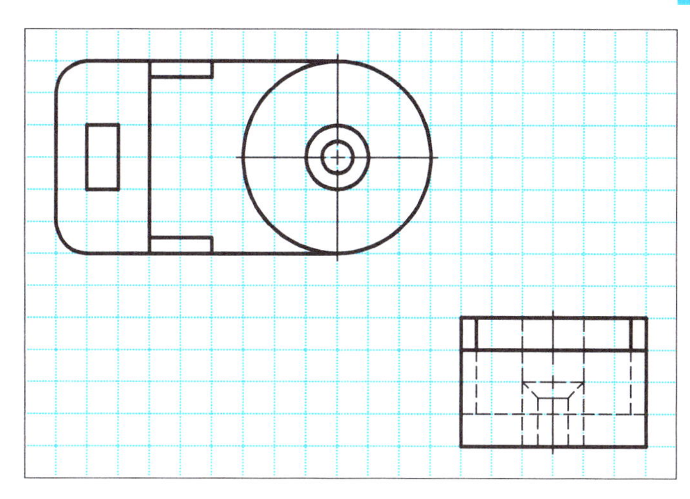

Figura P5-46

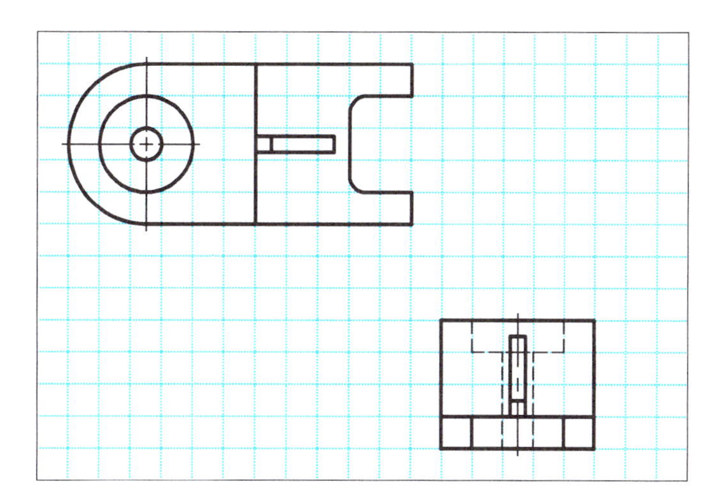

Figura P5-47

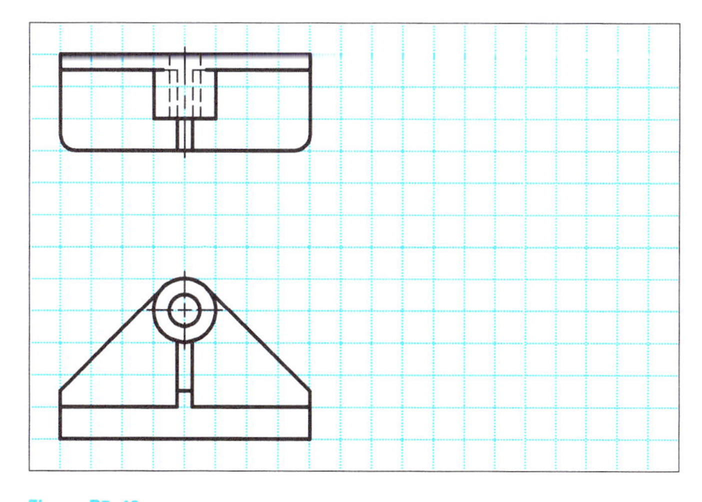

Figura P5-48

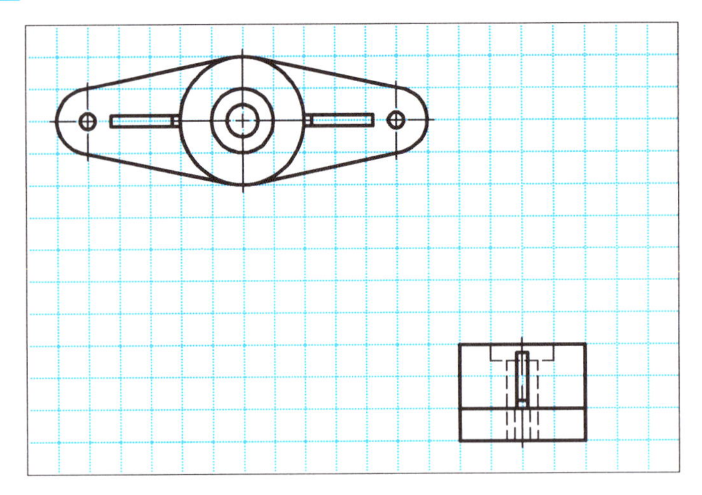

Figura P5-49

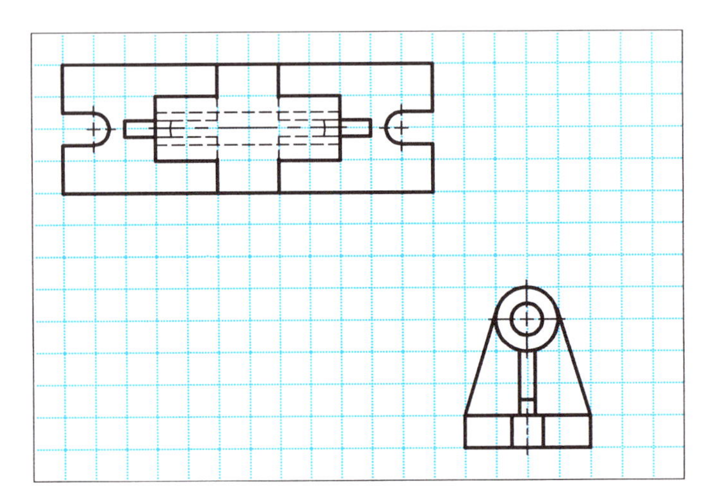

Figura P5-50

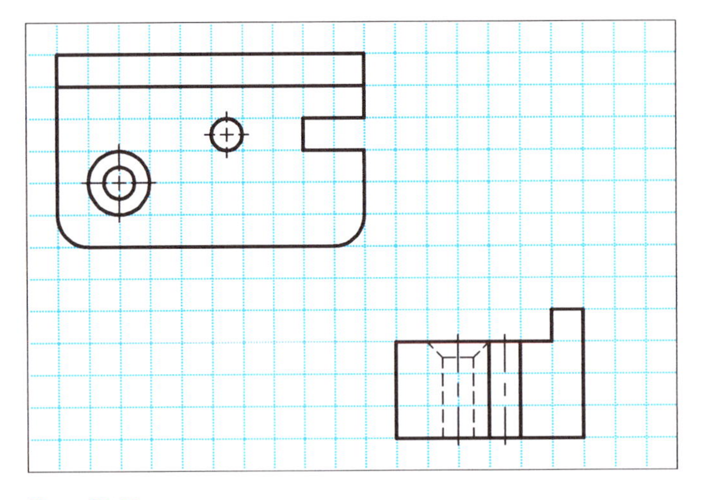

Figura P5-51

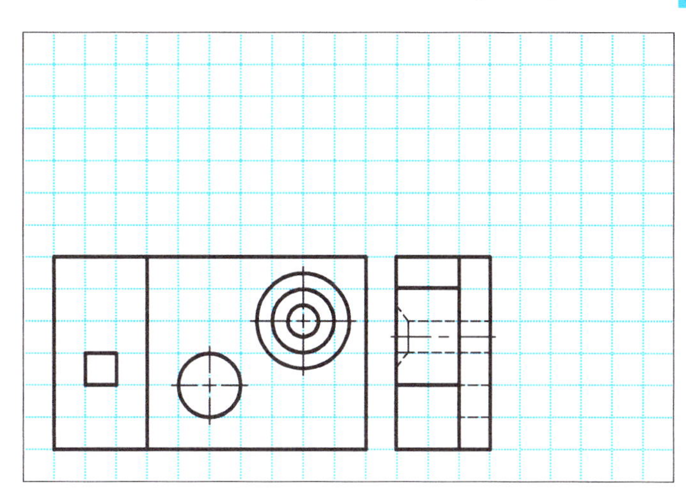

Figura P5-52

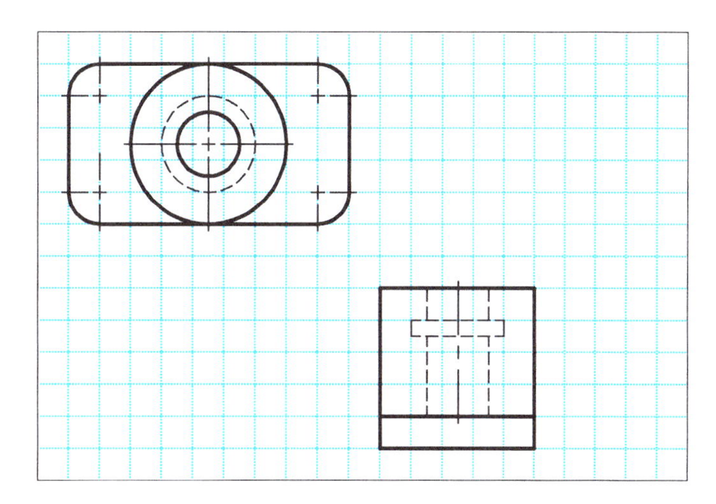

Figura P5-53

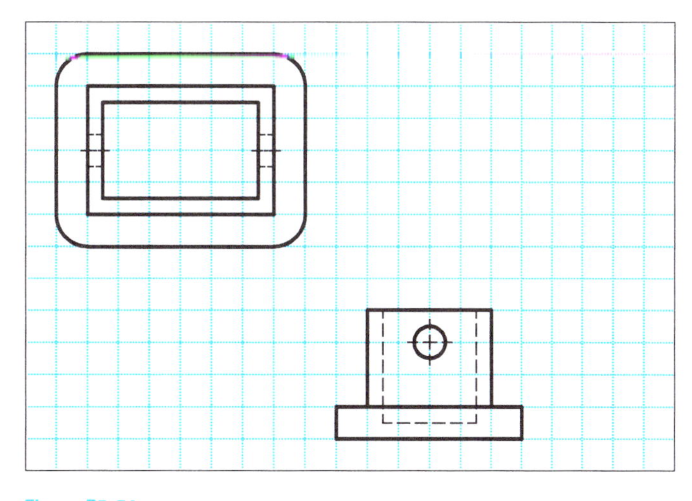

Figura P5-54

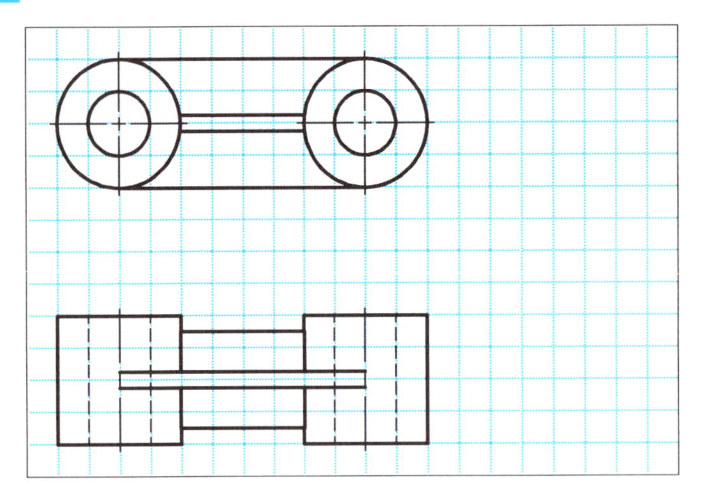

Figura P5-55

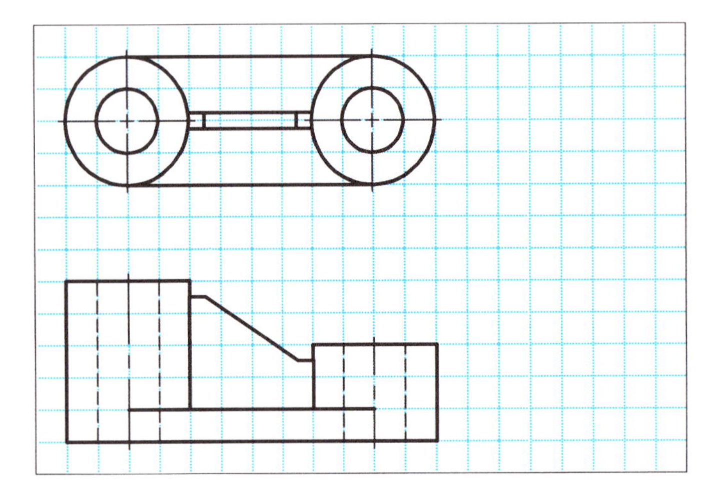

Figura P5-56

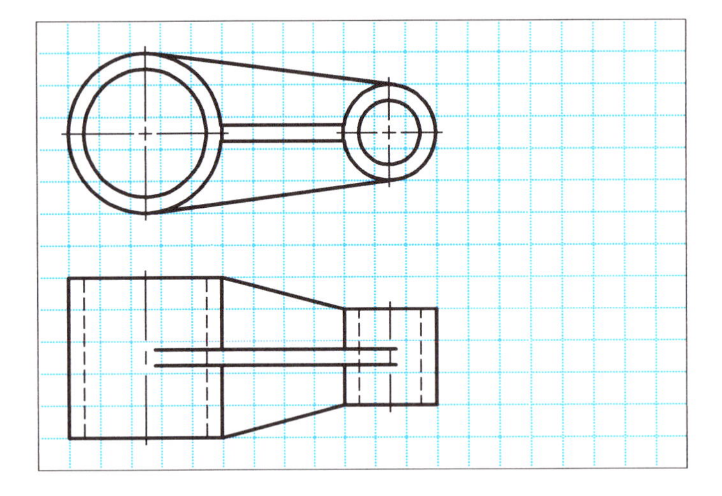

Figura P5-57

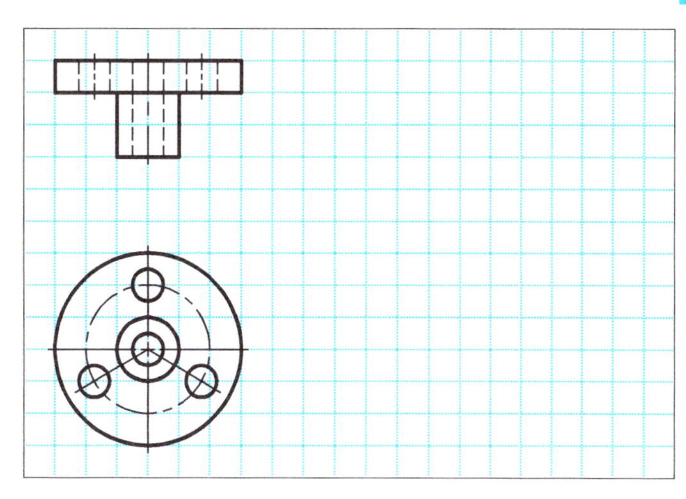

Figura P5-58

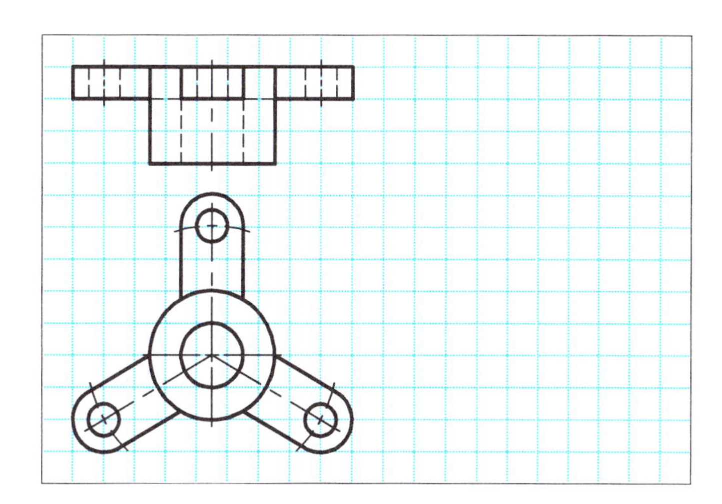

Figura P5-59

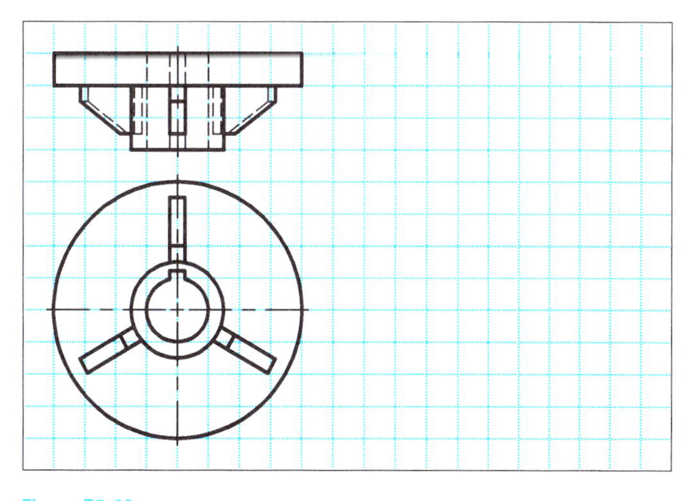

Figura P5-60

Ⓐ Dadas as duas vistas, desenhe a vista auxiliar, a vista que falta e a perspectiva isométrica do objeto.

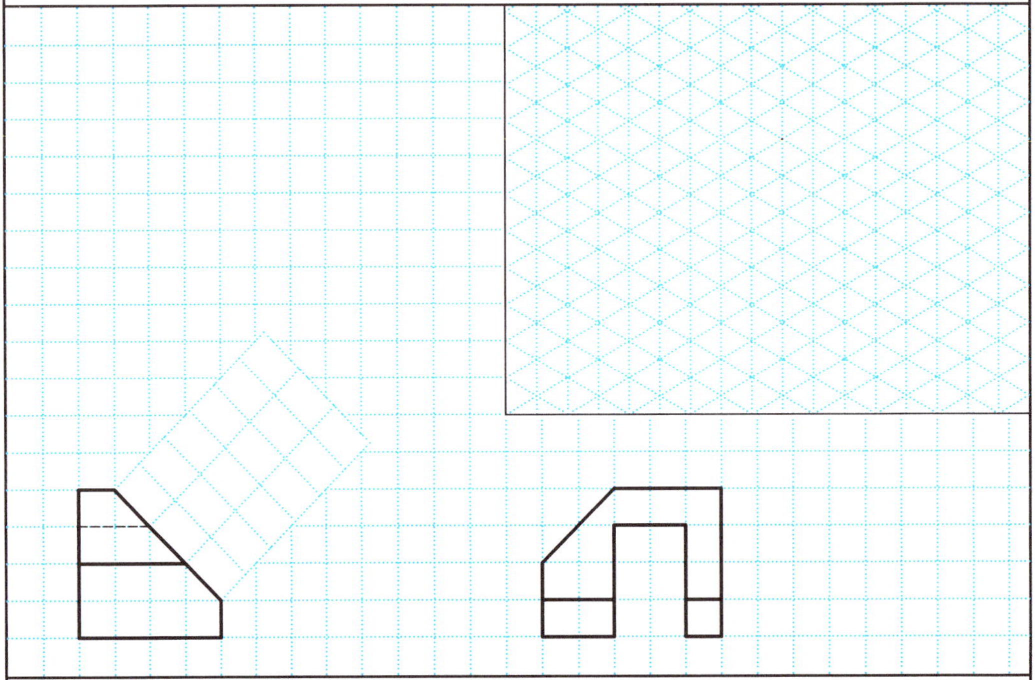

Ⓑ Dadas as duas vistas, desenhe a vista auxiliar, a vista que falta e a perspectiva isométrica do objeto.

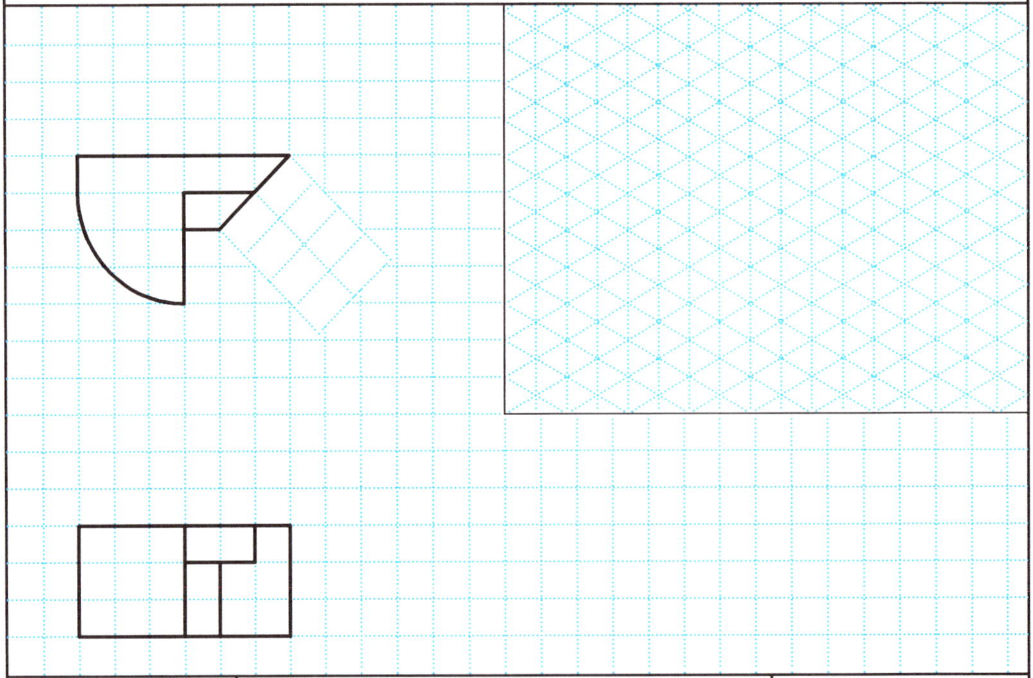

Desenho 5-1	Nome ________________	Data ________

Ⓐ Dadas as duas vistas, desenhe a vista auxiliar, a vista que falta e a perspectiva isométrica do objeto.

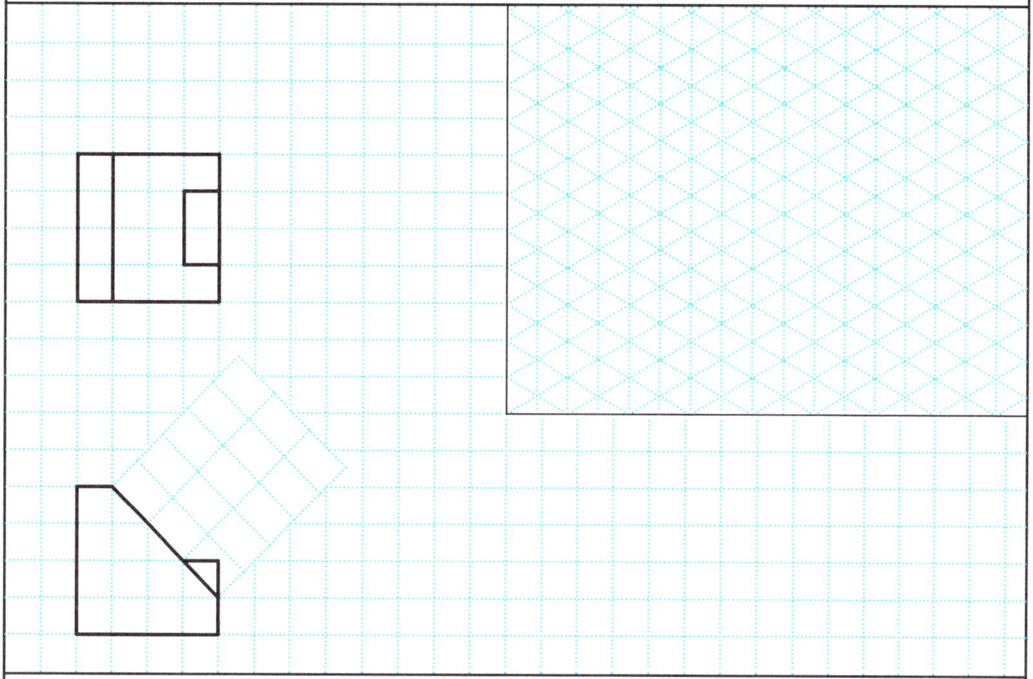

Ⓑ Dadas as duas vistas, desenhe a vista auxiliar, a vista que falta e a perspectiva isométrica do objeto.

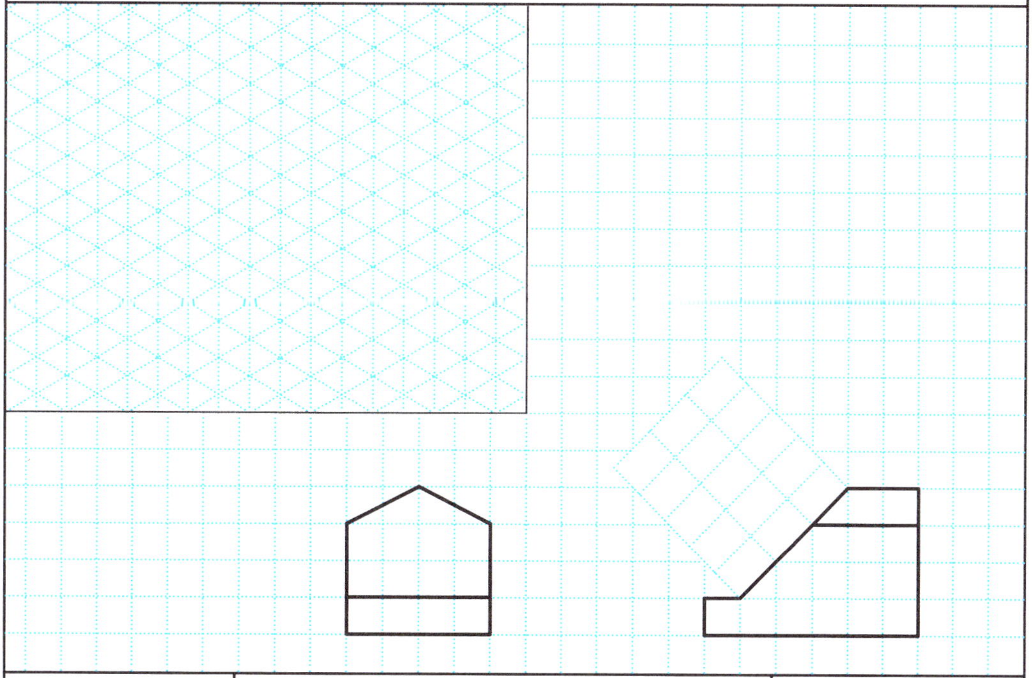

Desenho 5-2	Nome ____________	Data ______

Ⓐ Dadas as duas vistas, desenhe a vista auxiliar, a vista que falta e a perspectiva isométrica do objeto.

Ⓑ Dadas as duas vistas, desenhe a vista auxiliar, a vista que falta e a perspectiva isométrica do objeto.

Desenho 5-3	Nome	Data

Ⓐ Dadas as duas vistas, desenhe a vista auxiliar, a vista que falta e a perspectiva isométrica do objeto.

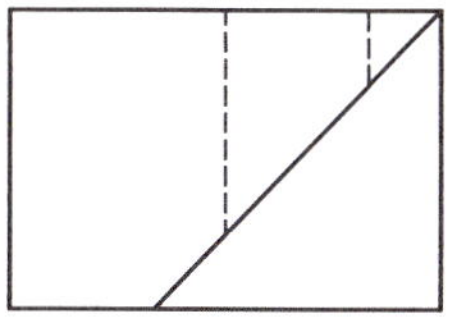

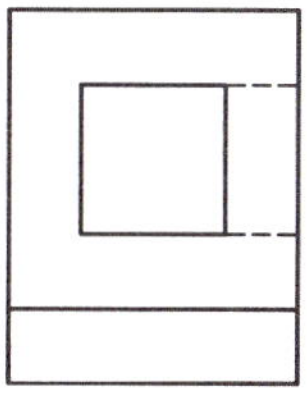

Ⓑ Dadas as duas vistas, desenhe a vista auxiliar, a vista que falta e a perspectiva isométrica do objeto.

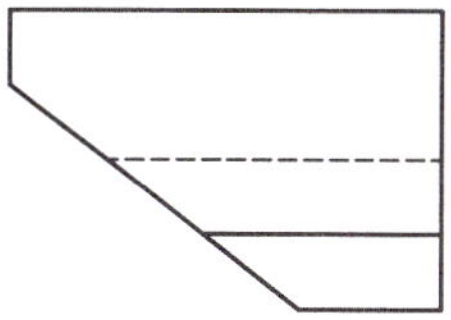

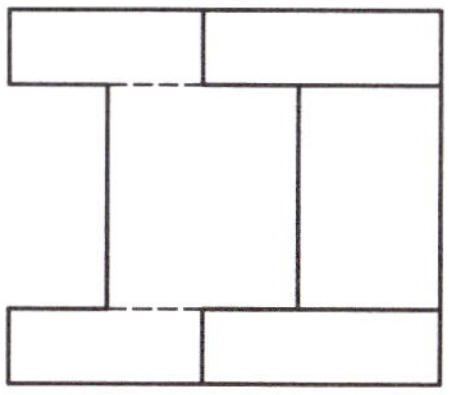

Desenho 5-4	Nome ______________	Data ________

Ⓐ Dadas as duas vistas, desenhe a vista auxiliar, a vista que falta e a perspectiva isométrica do objeto.

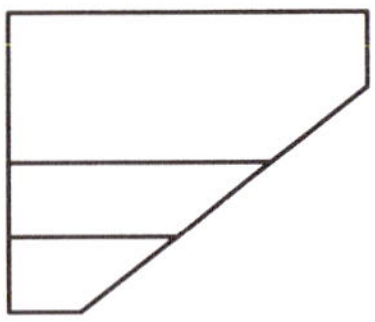

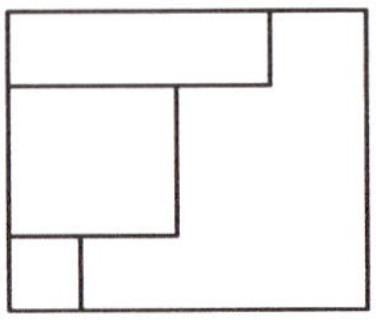

Ⓑ Dadas as duas vistas, desenhe a vista auxiliar, a vista que falta e a perspectiva isométrica do objeto.

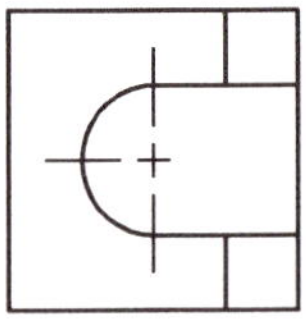

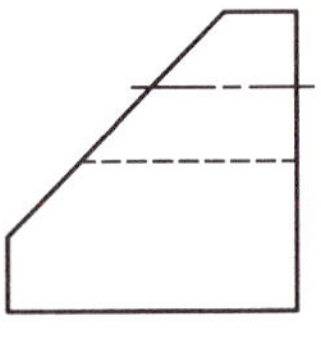

Desenho 5-5	Nome	Data

Ⓐ Dadas as duas vistas, desenhe o corte total e a perspectiva isométrica do objeto.

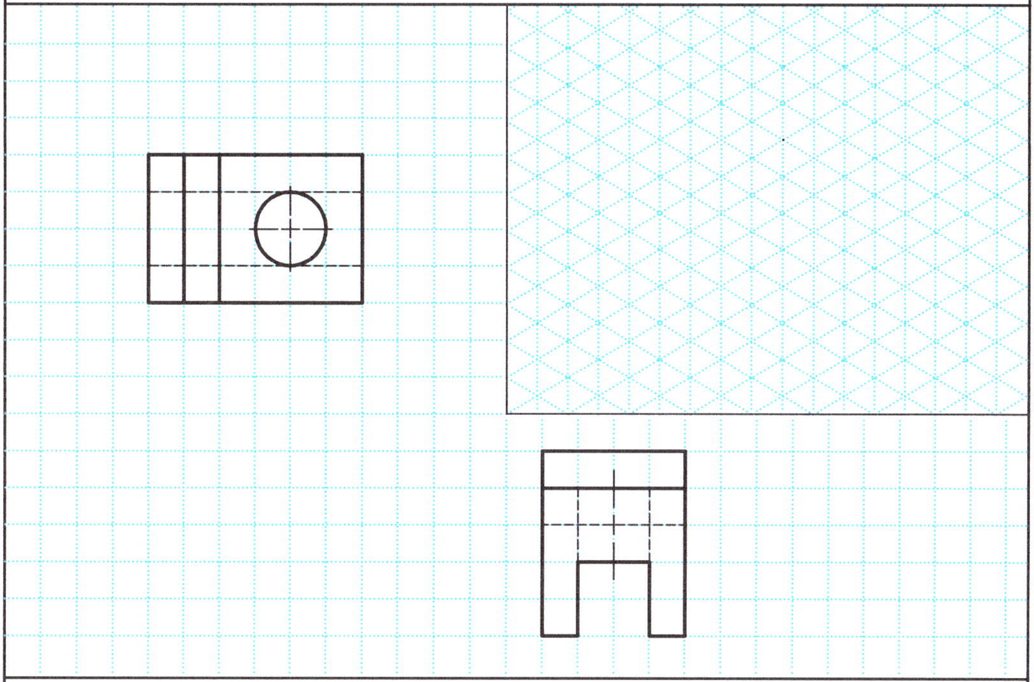

Ⓑ Dadas as duas vistas, desenhe o meio-corte e a perspectiva isométrica do objeto.

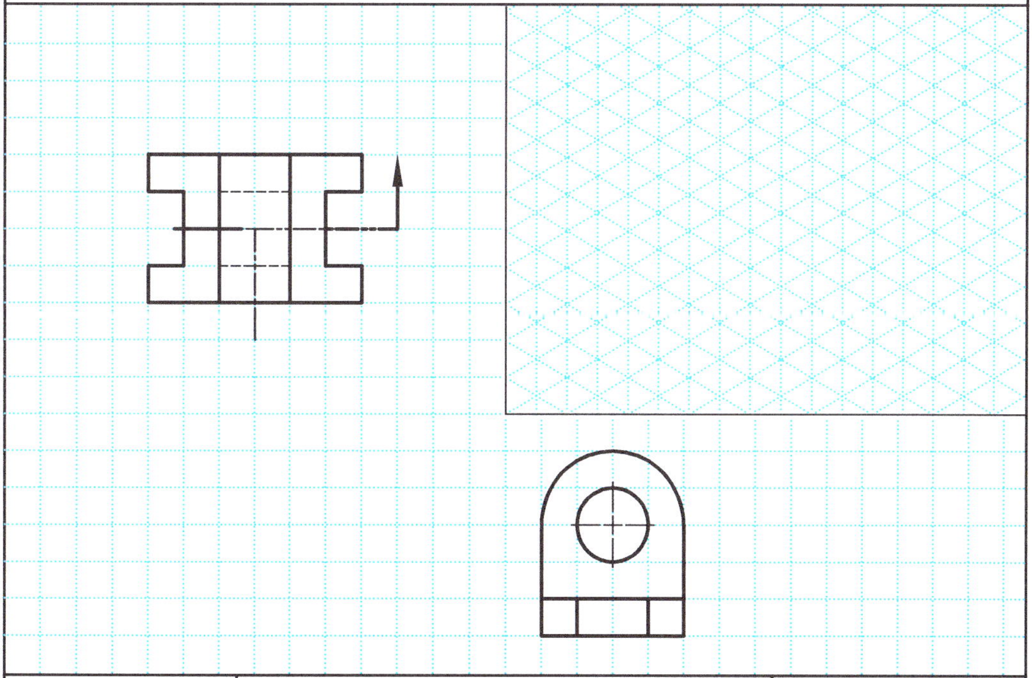

Desenho 5-6	Nome ______________	Data ________

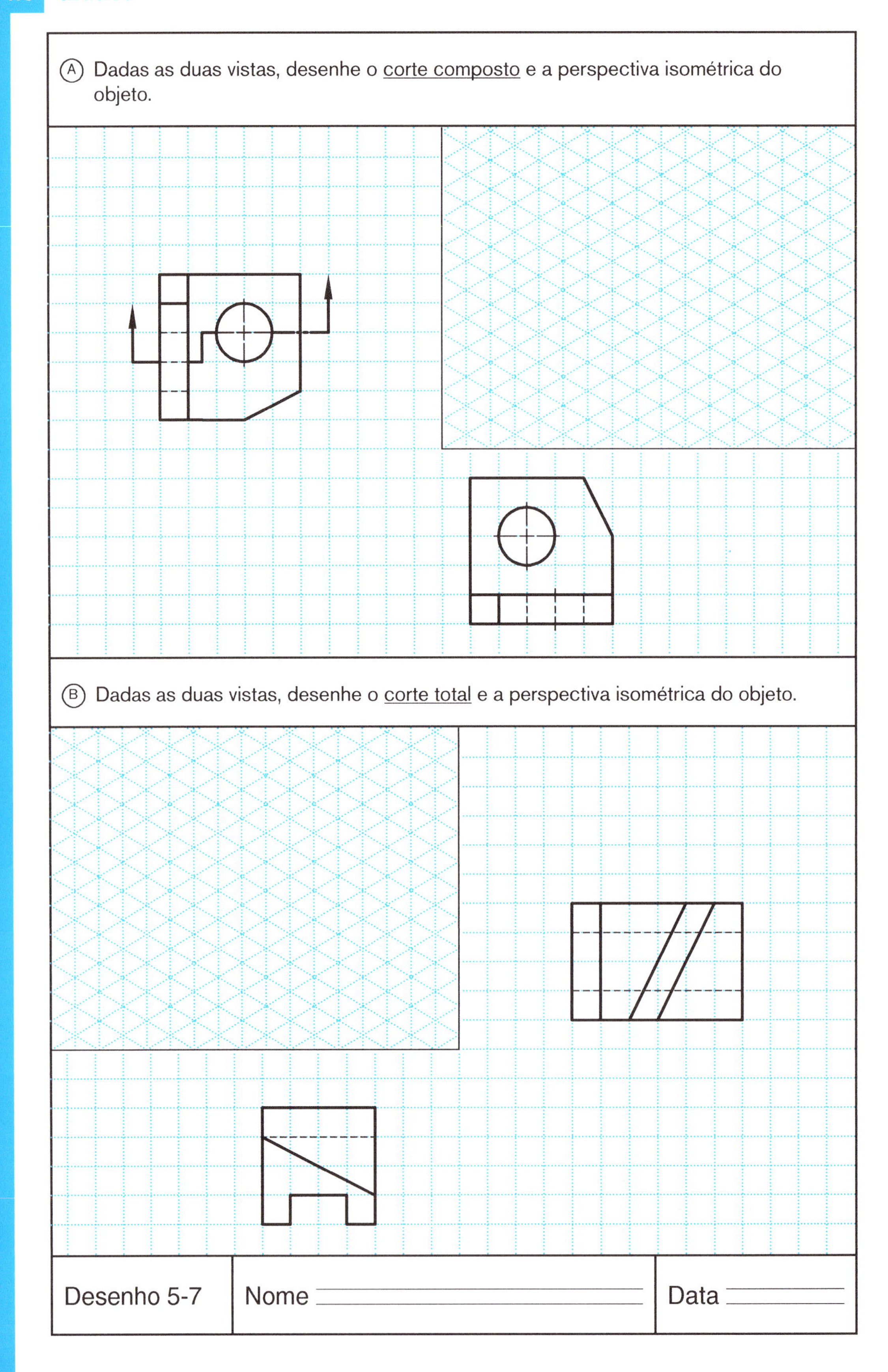

Ⓐ Dadas as duas vistas, desenhe o corte composto e a perspectiva isométrica do objeto.

Ⓑ Dadas as duas vistas, desenhe o corte total e a perspectiva isométrica do objeto.

Desenho 5-7	Nome	Data

Ⓐ Dadas as duas vistas e a perspectiva isomérica, desenhe o corte total do objeto.

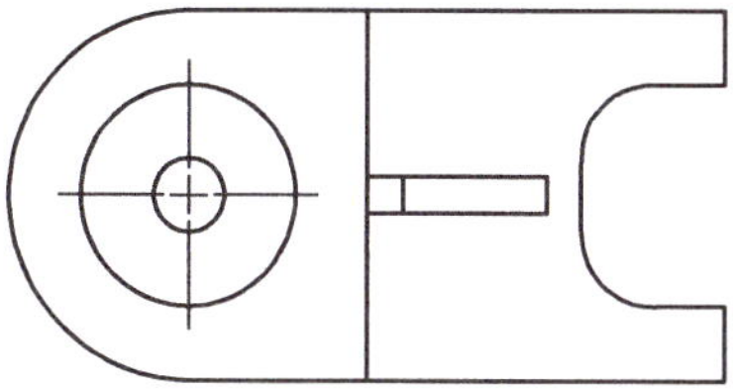

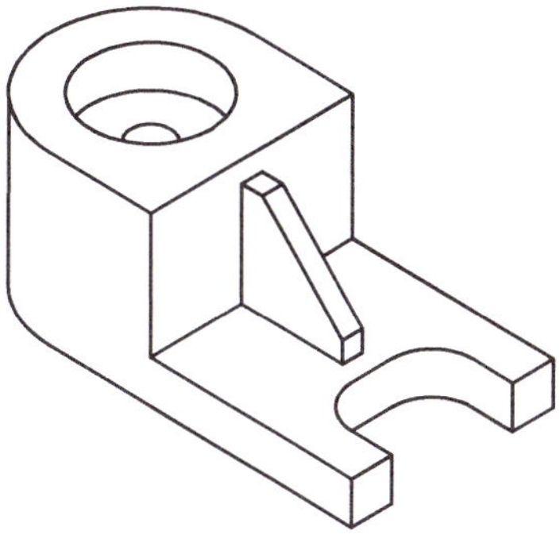

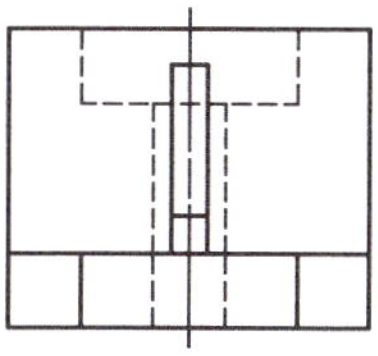

Ⓑ Dadas as duas vistas e a perspectiva isomérica, desenhe o corte composto do objeto.

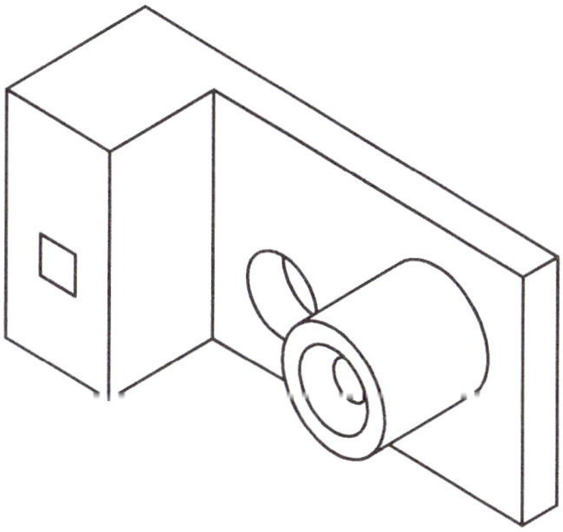

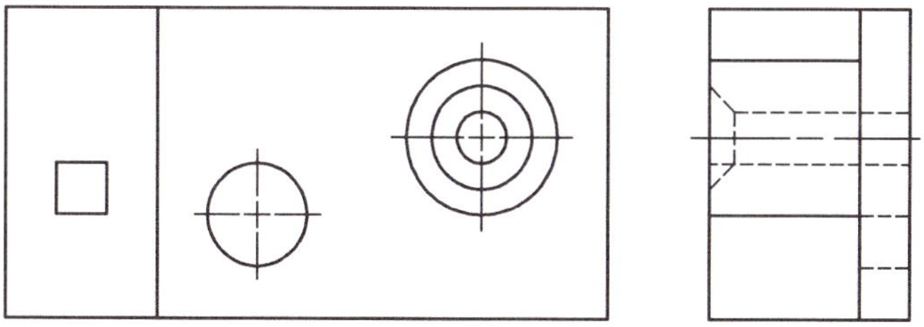

Desenho 5-8	Nome	Data

Ⓐ Dadas as duas vistas e a perspectiva isométrica, desenhe o <u>corte total</u> do objeto.

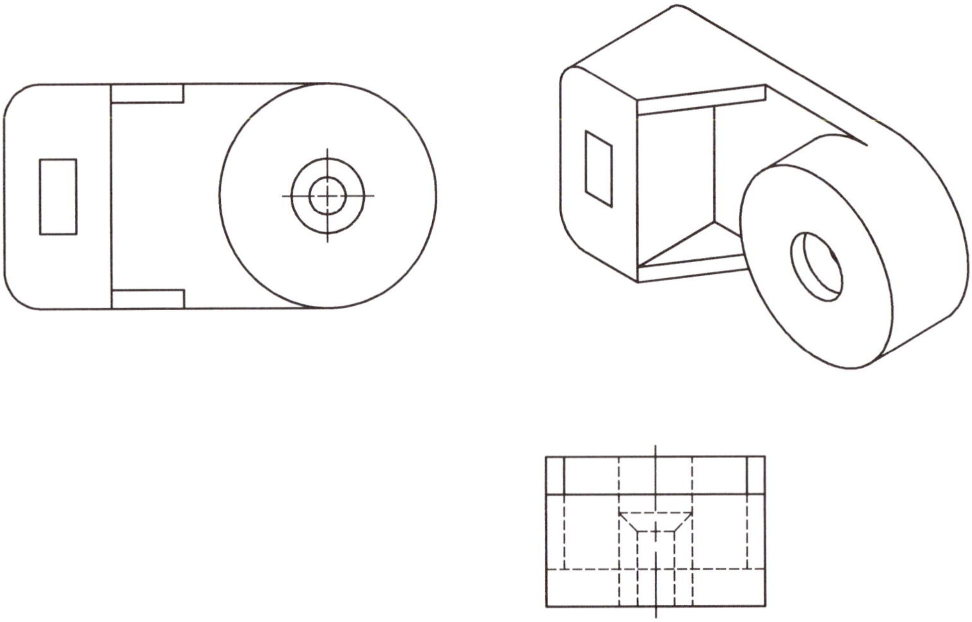

Ⓑ Dadas as duas vistas e a perspectiva isométrica, desenhe o <u>corte alinhado</u> do objeto.

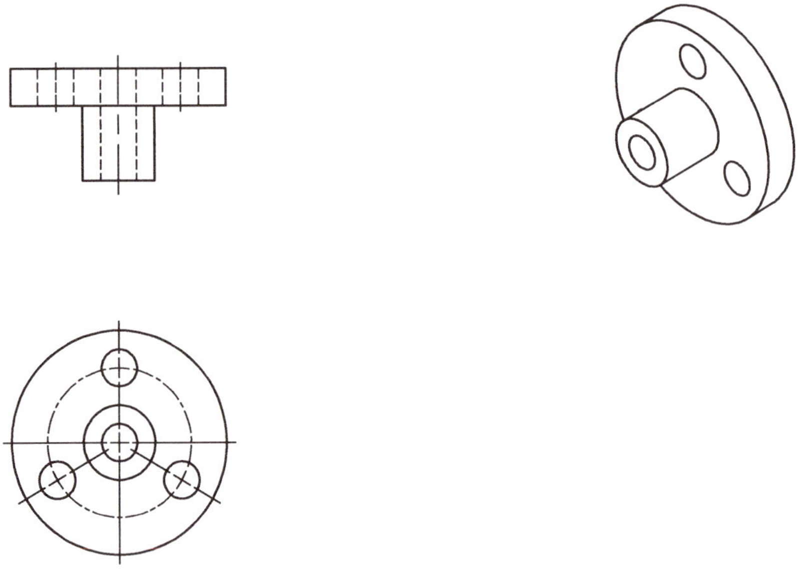

Desenho 5-9	Nome ____________	Data ______

(A) Dadas as duas vistas, desenhe o meio-corte do objeto.

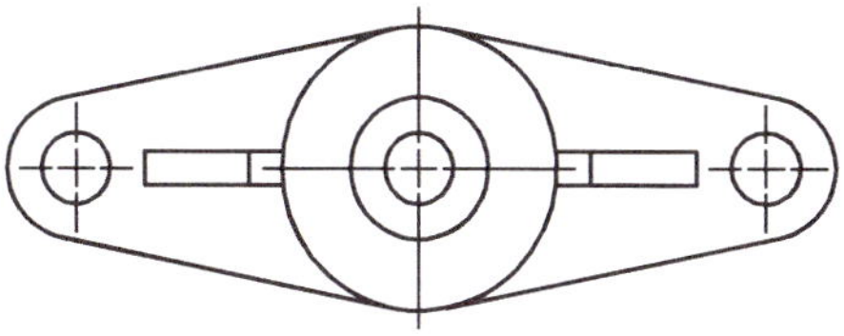

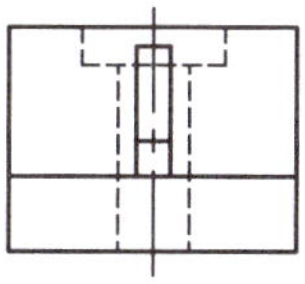

(B) Dadas as duas vistas, desenhe o corte total do objeto.

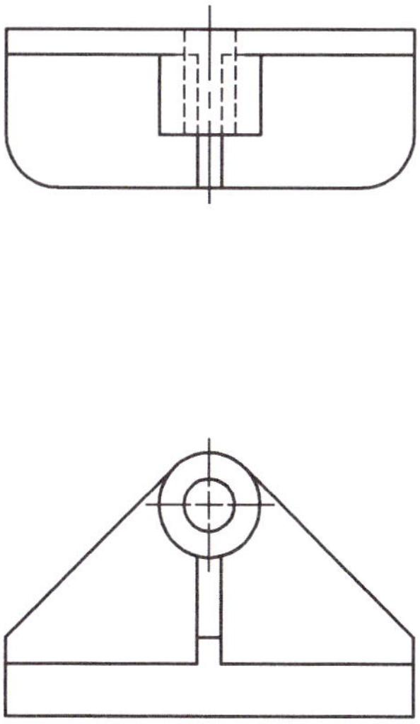

Desenho 5-10	Nome ______________________	Data __________

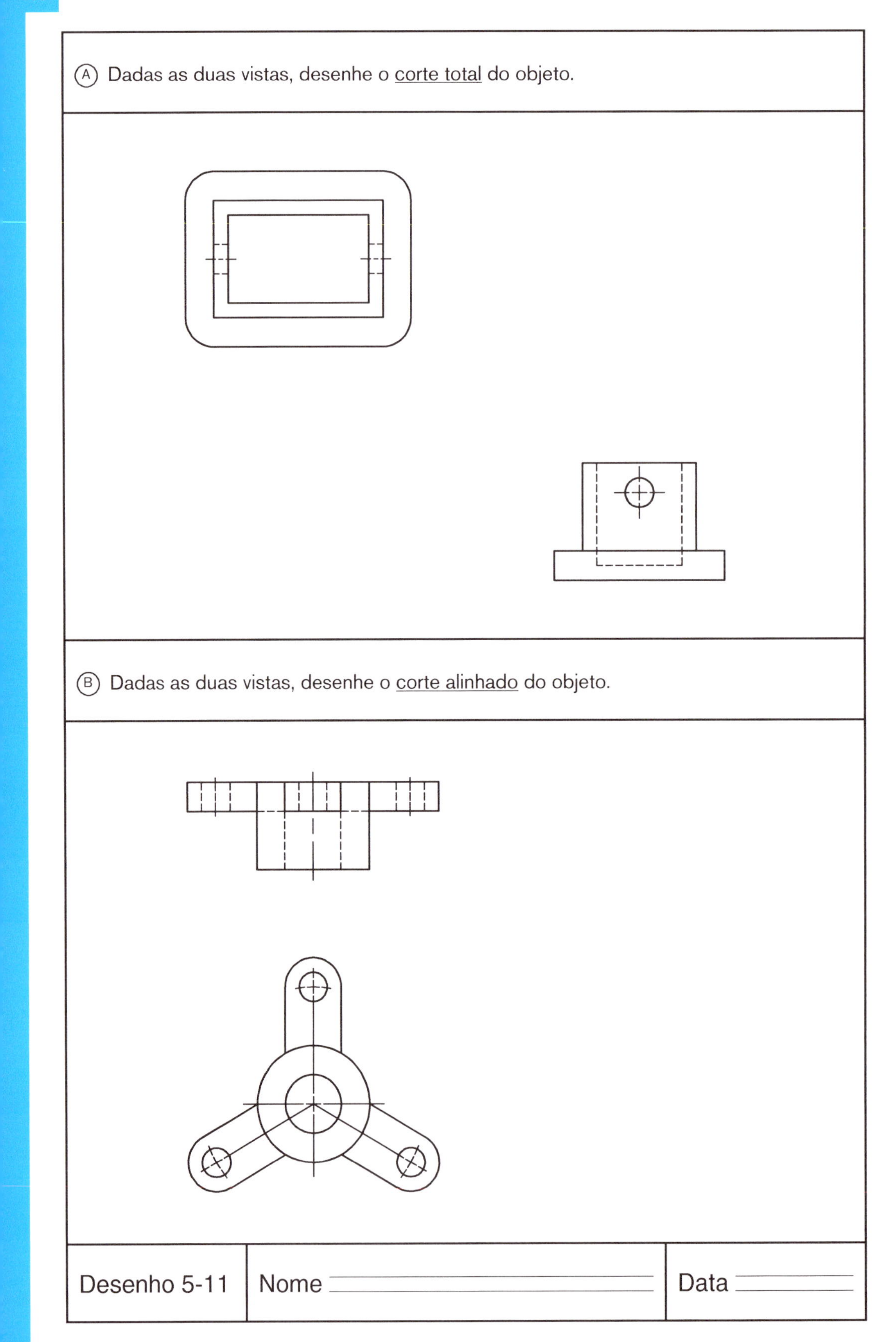
Ⓐ Dadas as duas vistas, desenhe o corte total do objeto.
Ⓑ Dadas as duas vistas, desenhe o corte alinhado do objeto.
Desenho 5-11
Nome
Data

CAPÍTULO

6 DIMENSÕES E TOLERÂNCIAS

DIMENSÕES

Introdução

Quando um desenho de engenharia é passado ao setor de produção, deve conter todas as informações necessárias para construir a peça, máquina ou sistema. Para isso, os desenhos técnicos devem ser acompanhados de dimensões e notas explicativas que descrevam o tamanho e a localização de todos os componentes, além de detalhes relativos à fabricação ou montagem do objeto.

Uma ***dimensão*** é um valor numérico usado para definir o tamanho, localização, geometria, ou textura superficial de uma peça ou elemento. Entre as regras básicas de dimensionamento (estabelecidas na norma ANSI/ASME Y14.5M, "Dimensões e Tolerâncias em Desenhos de Engenharia") estão as seguintes:

1. Use apenas as dimensões necessárias para definir perfeitamente a peça.
2. As dimensões devem ser escolhidas e diagramadas de acordo com a função e integração da peça com as peças vizinhas. É importante que a peça dimensionada não esteja sujeita a diferentes interpretações.
3. Na maioria dos casos, é melhor não especificar os métodos de fabricação usados para produzir a peça. O objetivo desta recomendação é deixar abertas opções de fabricação e evitar possíveis problemas legais.
4. As dimensões devem ser diagramadas para máxima legibilidade. As dimensões devem aparecer em vistas de verdadeira grandeza e se referir a arestas visíveis do objeto.
5. Os únicos ângulos que não precisam ser indicados explicitamente são os de 90 graus.

Unidades de Medida

As dimensões dos desenhos são, em geral, especificadas em milímetros ou em polegadas. Os desenhos que usam unidades do SI normalmente mostram números inteiros em milímetros, como na Figura 6-1*a*. Nos desenhos que usam unidades do sistema inglês ou imperial, os números são mostrados em polegadas, geralmente com duas decimais, como na Figura 6.1*b*. Não há necessidade de especificar as unidades cada vez que uma dimensão é indicada. Em vez disso, utiliza-se uma observação geral do tipo "A menos que seja especificado em contrário, todas as dimensões estão em milímetros (ou em polegadas)".

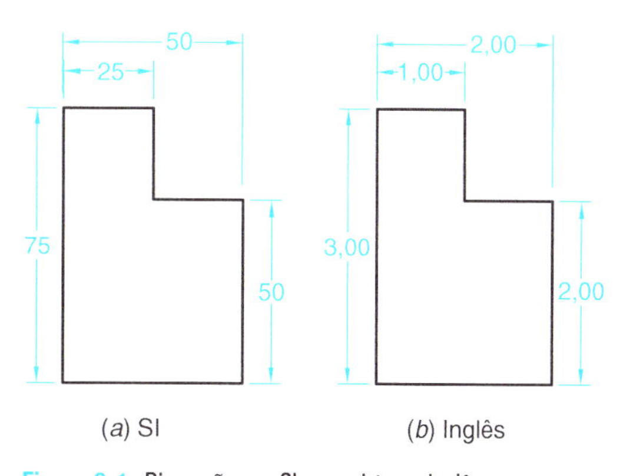

Figura 6-1 Dimensões no SI e no sistema inglês.

Aplicação das Dimensões

As dimensões são aplicadas a um desenho através do uso de linhas de dimensão, linhas de extensão e linhas de identificação que ligam um detalhe a uma dimensão ou observação. Além disso, observações gerais são usadas para fornecer informações adicionais.

TERMINOLOGIA

Linhas de dimensão são linhas finas, contínuas, usadas para mostrar a direção e extensão de uma dimensão (veja a Figura 6-2). A cada linha de dimensão está associado um ***valor da dimensão*** que mostra o número de unidades da dimensão indicada. A altura do valor da dimensão é normalmente de 3 mm. Preferencialmente, as linhas de dimensão são interrompidas para permitir a inserção do valor da dimensão. Existe, porém, um estilo alternativo no qual o valor da dimensão é colocado acima da linha de dimensão. As linhas de dimensão terminam em ***setas***, cujo comprimento é igual à altura do valor da dimensão.

A linha de dimensão de um ângulo é um arco de circunferência com o centro no vértice do ângulo.

Como mostra a Figura 6-2, ***linhas de extensão***, finas e contínuas, são normalmente traçadas perpendicularmente às linhas de dimensão. As linhas de extensão são usadas para mostrar as extremidades do detalhe a que a dimensão se refere. Um pequeno espaço vazio (1,5 mm) é deixado entre a linha de extensão e a linha do detalhe. Além disso, a linha de extensão se prolonga 3 mm além da linha de dimensão.

As ***linhas de identificação*** são usadas para associar um detalhe a uma observação, dimensão ou símbolo. Como mostra a Figura 6-2, as linhas de identificação são segmentos de reta inclinados, exceto por um pequeno segmento horizontal em uma das extremidades, o qual encontra a primeira letra ou dígito da nota ou dimensão na metade da altura, e uma seta na outra extremidade, que aponta para o detalhe que está sendo descrito. Nos casos em que o detalhe é uma região do desenho, um ponto é colocado na extremidade da seta (veja a linha de identificação do aço A36 na Figura 6-2).

Uma ***dimensão de referência*** é usada apenas como informação adicional. As dimensões de referência podem ser calculadas a partir de outras dimensões mostradas no desenho e não são usadas para fins de fabricação ou inspeção. São fáceis de identificar porque os valores de dimensão associados estão entre parênteses, como na Figura 6-2.

As ***linhas de centro***, finas e feitas de traços compridos e curtos, também desempenham um papel no dimensionamento, já que são usadas para mostrar o centro de furos e peças cilíndricas.

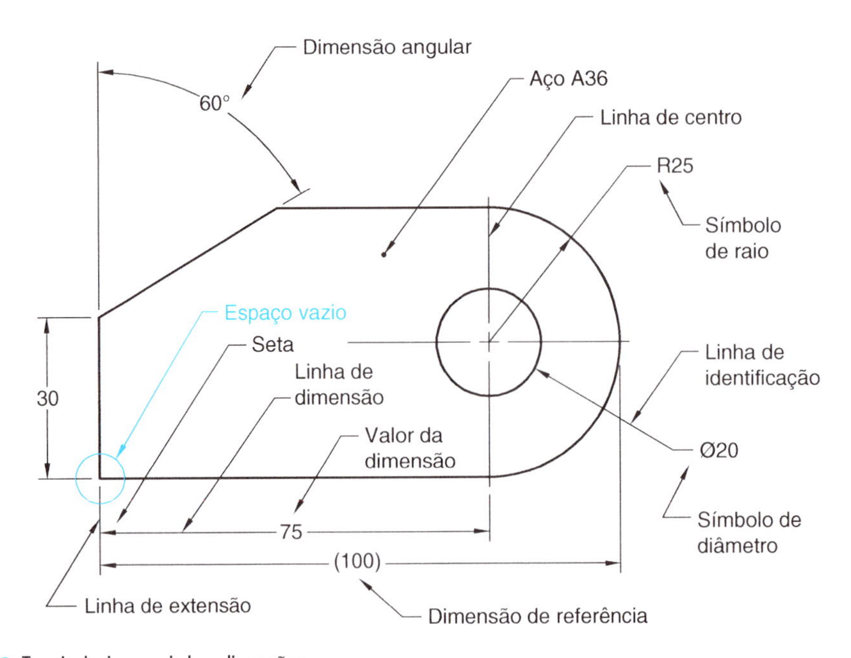

Figura 6-2 Terminologia associada a dimensões.

ORIENTAÇÃO DOS VALORES DAS DIMENSÕES

Na ***orientação unidirecional***, os números e letras ficam na horizontal ou inclinados, como na Figura 6-3*a*. Em um estilo mais antigo, chamado ***orientação alinhada***, os números e letras ficam paralelos às linhas de dimensão, mesmo quando são verticais, como na Figura 6-3*b*. A orientação alinhada não é recomendada pela ANSI.

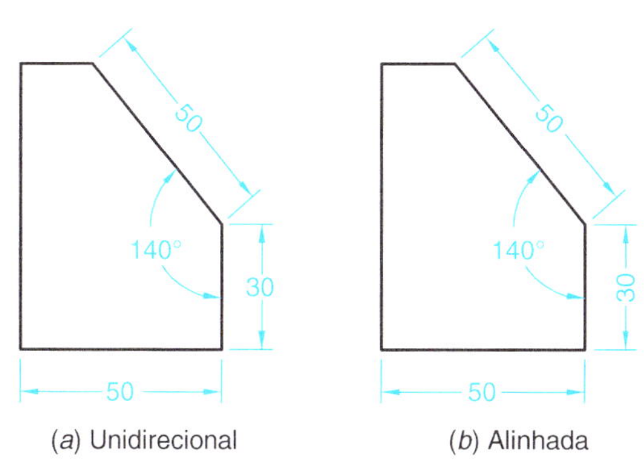

Figura 6-3 Orientação unidirecional e orientação alinhada.

ARRANJO, POSICIONAMENTO E ESPAÇAMENTO DAS DIMENSÕES

Como já foi dito, as dimensões devem ser diagramadas para máxima legibilidade. Existem várias diretrizes que governam o espaçamento, o agrupamento e o escalonamento de dimensões paralelas. Existem também diretrizes para a diagramação das dimensões quando o espaço disponível é limitado.

Uma distância de pelo menos 10 mm entre a primeira linha de dimensão e a peça deve ser mantida. Para as linhas paralelas seguintes, a distância deve ser de no mínimo 6 mm (veja a Figura 6-4).

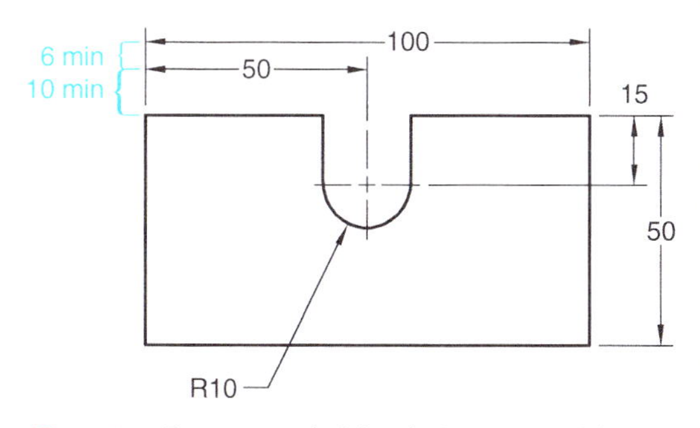

Figura 6-4 Espaçamento de linhas de dimensão paralelas.

Linhas de dimensão paralelas (horizontais, verticais ou inclinadas) devem ser agrupadas e alinhadas, como na Figura 6-5, de modo a apresentarem uma aparência uniforme.

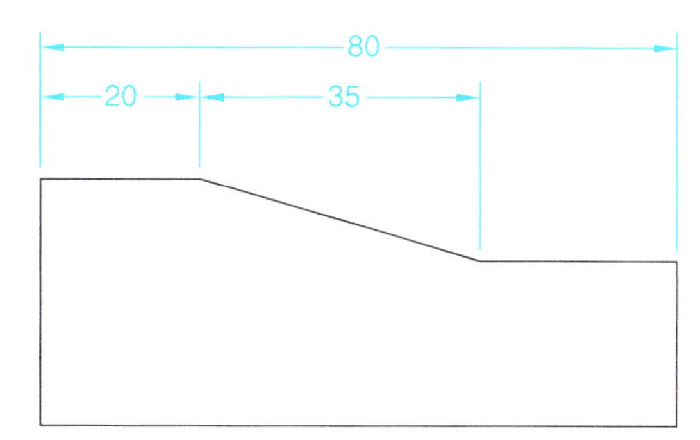

Figura 6-5 Agrupamento e alinhamento de linhas de dimensão paralelas.

Os valores das dimensões paralelas devem ser escalonados, como na Figura 6-6, para evitar excesso de caracteres em uma região do desenho.

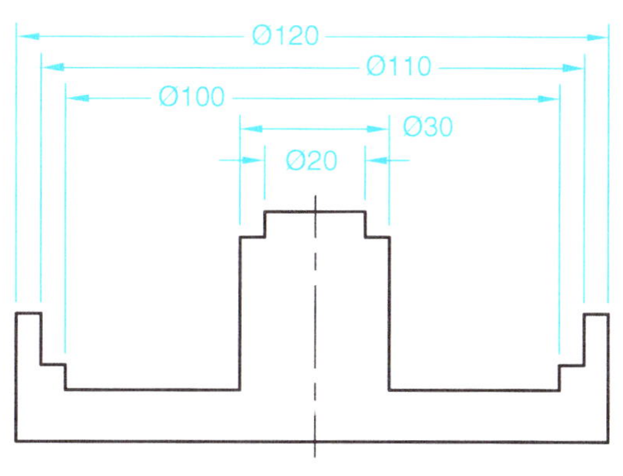

Figura 6-6 Escalonamento de valores de dimensões paralelas.

De preferência, a linha de dimensão deve estar entre as linhas de extensão. Dependendo do espaço disponível, porém, pode ser necessário deixar apenas o valor da dimensão, apenas as setas, ou nenhum elemento entre as linhas de extensão (veja a Figura 6-7). Note que isto se aplica a dimensões horizontais, verticais, inclinadas, angulares e radiais.

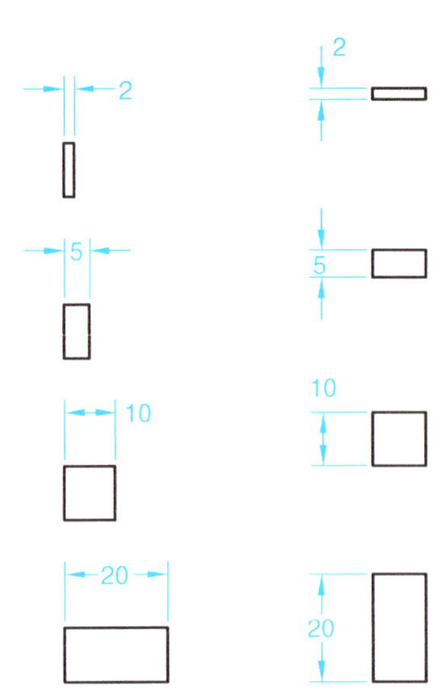

Figura 6-7 Posicionamento das linhas de dimensão.

Existem também diretrizes para linhas de identificação que têm por objetivo melhorar a legibilidade do desenho. Assim, por exemplo, linhas de identificação na mesma região devem ser paralelas, como na Figura 6-8. As linhas de identificação não devem ser muito longas e devem cruzar o mínimo possível de linhas. Duas linhas de identificação nunca devem se cruzar. Finalmente, o prolongamento de uma linha de identificação que aponta para uma circunferência ou arco de circunferência, como na Figura 6-9, deve passar pelo centro da figura geométrica.

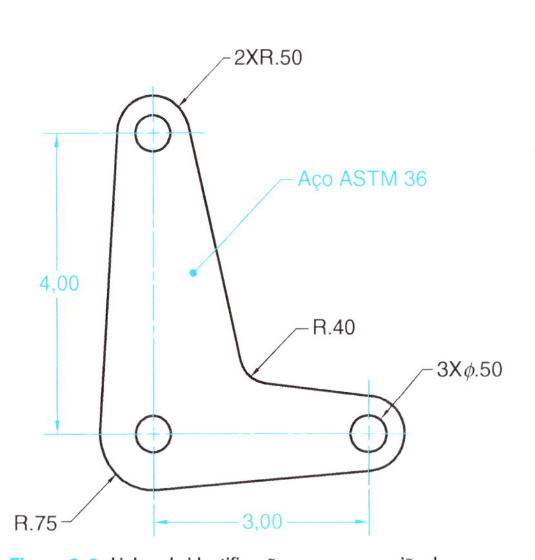

Figura 6-8 Linhas de identificação na mesma região devem ser paralelas.

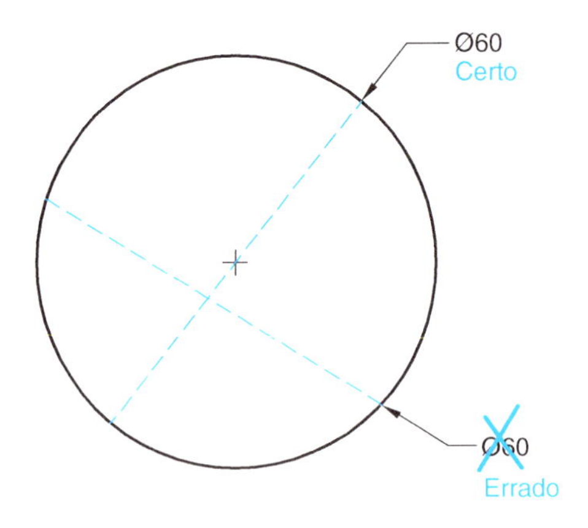

Figura 6-9 O prolongamento de uma linha de identificação que aponta para uma circunferência ou arco de circunferência deve passar pelo centro da figura geométrica.

Uso de Dimensões para Especificar o Tamanho e a Localização de Detalhes

As dimensões são usadas para indicar o tamanho e a localização dos detalhes de um objeto. Para isso, são usadas dimensões lineares (horizontais, verticais, inclinadas), radiais e angulares. A Figura 6-10 mostra um desenho no qual as dimensões são usadas para indicar o tamanho dos detalhes, enquanto a Figura 6-11 mostra o mesmo desenho, mas com as dimensões sendo usadas para indicar a posição dos detalhes.

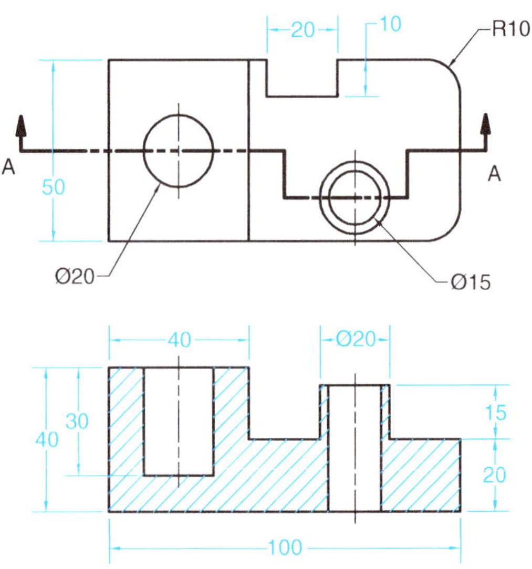

Figura 6-10 Uso das dimensões para indicar o tamanho dos detalhes.

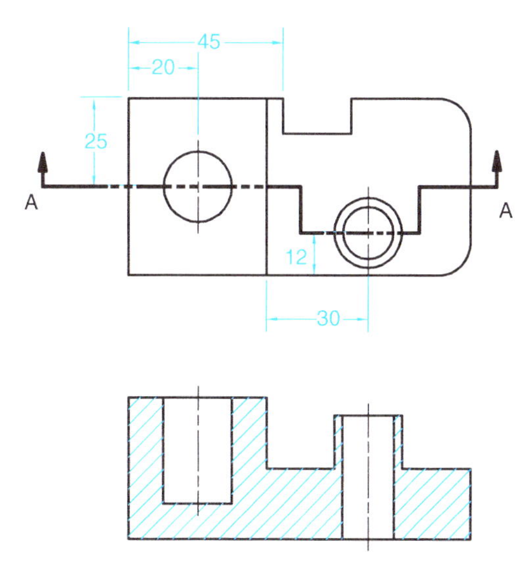

Figura 6-11 Uso das dimensões para indicar a posição dos detalhes.

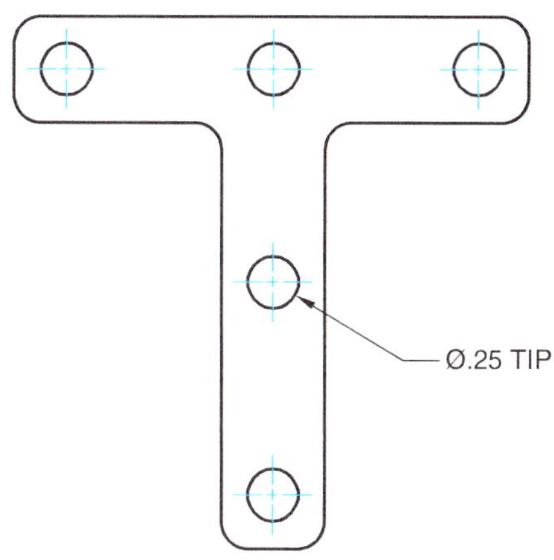

Figura 6-13 Notas e abreviações usadas para indicar dimensões.

Símbolos, Abreviações e Notas Gerais

Existem vários símbolos relacionados ao uso das dimensões. A Figura 6-12 mostra alguns dos símbolos mais comuns, como os de raio, diâmetro, raio esférico, diâmetro esférico, furo mandrilado, furo chanfrado, profundidade e produto.

Nome do Símbolo	Símbolo
Mandrilado	⌴
Chanfrado	⌵
Profundidade	↧
Diâmetro	Ø
Quadrado	□
Número de vezes	X
Raio	R
Raio esférico	R ESF
Diâmetro esférico	ø ESF

Figura 6-12 Símbolos relacionados ao uso de dimensões.

Quando vários detalhes do mesmo tipo e tamanho (como furos, filetes e arredondamentos, por exemplo) aparecem em um desenho, pode-se usar uma nota ou o símbolo TIP (abreviação de típico), como na Figura 6-13. Note também que o ***sinal de produto*** pode ser usado para indicar que se trata de mais de um detalhe com as mesmas dimensões, como em 2×R.50, que aparece na Figura 6-8.

Regras e Diretrizes para o Uso de Dimensões

Nesta seção, vamos discutir várias regras e diretrizes para o uso de dimensões. Note que, ocasionalmente, essas regras podem ser violadas por causa da complexidade das peças, por falta de espaço, por haver conflitos com outras regras, etc. Vamos tratar primeiro das formas prismáticas para depois falar das regras para cilindros e arcos.

PRISMAS

1. *Não repita dimensões*. A profundidade do objeto da Figura 6-14 é 30. Esta dimensão, que aparece na vista superior, poderia ter sido colocada na vista direita, mas não seria correto colocá-la nas duas vistas.

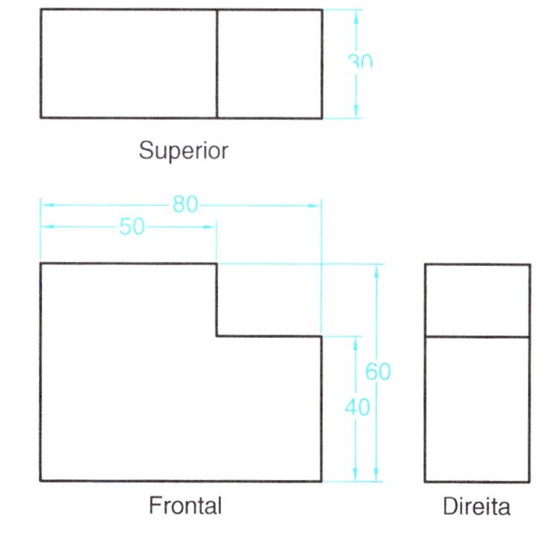

Figura 6-14 Demonstração das regras e diretrizes para colocar dimensões em prismas.

2. *Coloque as dimensões de um detalhe na vista mais informativa.* Para o objeto da Figura 6-14, que tem a forma da letra L, a vista mais informativa é a vista frontal. Observe que quatro das cinco dimensões necessárias para definir o objeto foram colocadas nessa vista.
3. *Coloque dimensões comuns entre as respectivas vistas.* O objeto da Figura 6-14 tem duas dimensões de largura (50 e 80) e duas dimensões de altura (40 e 60). Como a largura é comum às vistas dianteira e superior, as dimensões de largura são colocadas entre essas duas vistas. Analogamente, as dimensões de altura são colocadas entre a vista dianteira e a vista direita.
4. *Omita as dimensões intermediárias, sempre que possível.* O objeto da Figura 6-14 possui duas dimensões intermediárias de largura, 50 e 30 (pois 80 – 50 = 30), mas apenas uma é indicada. Da mesma forma, existem duas dimensões intermediárias de altura, 40 e 20 (pois 60 – 40 = 20), mas apenas uma é indicada. Esta forma de proceder não só evita que o desenho fique sobrecarregado, mas também evita ambiguidades na hora de especificar as tolerâncias (o acúmulo de tolerâncias será discutido mais adiante).
5. *Coloque as dimensões menores mais perto da peça que as dimensões maiores.* Observe na Figura 6-14 que as dimensões intermediárias (50, 40) estão mais próximas da peça que as dimensões principais (80, 60). Esta forma de proceder ajuda a manter o desenho organizado, evitando a necessidade de usar linhas de extensão que cruzem linhas de dimensão.

Dois detalhes, um entalhe retangular e um furo, foram acrescentados ao objeto da Figura 6-14, dando origem ao objeto representado na Figura 6-15.

6. *Mostre as dimensões de linhas visíveis e não de linhas ocultas.* As dimensões do novo entalhe, 30 e 10, foram colocadas na vista mais significativa para este detalhe (a vista superior) e não na vista dianteira (30) ou na vista direita (10), nas quais seria necessário aplicar uma dimensão a uma linha oculta.

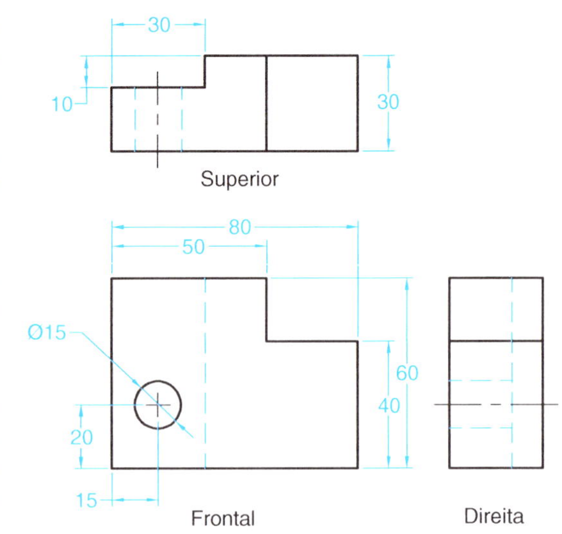

Figura 6-15 Demonstração de outras regras e diretrizes para colocar dimensões em prismas.

7. *Mantenha as dimensões do lado de fora das vistas.* O diâmetro do furo deve ser colocado do lado de fora da peça. Esta regra pode ser ignorada se a parte de fora da peça estiver muito congestionada ou se for necessária uma linha de identificação muito longa para colocar a dimensão do lado de fora da peça.
8. *As linhas de extensão podem cruzar linhas do objeto ou outras linhas de extensão.* Os cruzamentos de linhas devem ser evitados ao máximo; entretanto, é aceitável que uma linha de extensão cruze uma linha do objeto (como as linhas de extensão das dimensões 20 e 15, que mostram a localização do furo na Figura 6-15) ou outra linha de extensão (como as linhas de extensão das dimensões 80 e 60, que se cruzam na Figura 6-15).

CILINDROS E ARCOS

Como mostra a Figura 6-16, o diâmetro de cilindros e furos circulares pode ser medido diretamente com o auxílio de um paquímetro. É por essa razão de ordem prática que, nos desenhos de engenharia, é costume especificar o diâmetro e não o raio de detalhes circulares.

9. *Coloque a dimensão do diâmetro de uma peça cilíndrica na vista em que o cilindro*

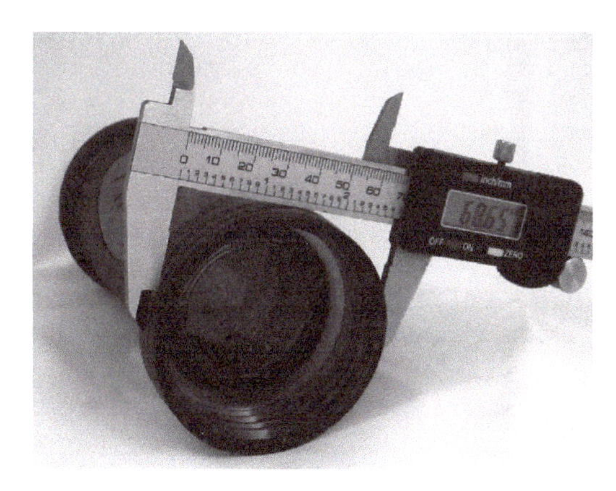

Figura 6-16 Uso de um paquímetro para medir o diâmetro de um cilindro.

aparece como um retângulo. Na Figura 6-17, o diâmetro da bossa (saliência cilíndrica) é mostrado na vista dianteira, em que a bossa aparece como um retângulo. Note que o valor do diâmetro é precedido pelo símbolo ø.

10. *Coloque a dimensão do diâmetro de um furo cilíndrico na vista em que o furo aparece como um círculo*. Na Figura 6-17, o diâmetro do furo é mostrado na vista direita, em que o furo aparece como um círculo.
11. *Coloque a dimensão do raio de um arco de circunferência na vista em que o arco tem forma circular*. Nesse caso, o valor do raio deve ser precedido pelo símbolo R. Como mostra a Figura 6-17, esta regra se aplica a filetes (R3), arredondamentos (R5) e a arcos circulares em geral (R30). No caso de arcos de 180 graus ou menos, é especificado o raio; no caso de arcos de mais de 180 graus, é especificado o diâmetro.

Convém fazer alguns comentários adicionais em relação à Figura 6-17. Note, em primeiro lugar, o uso do comentário Lugares (em R5 – 2 Lugares) para eliminar a necessidade de uma segunda dimensão R5. A abreviação TIP também é comum no caso de dimensões repetidas. Observe ainda que a dimensão radial R30 elimina a necessidade de dimensionar a profundidade total (60) do objeto. Da mesma forma, a altura total (90) não precisa ser especificada, já que pode ser determinada a partir de outras dimensões.

Finalmente, note que a dimensão total da largura (80) aparece abaixo da vista dianteira, em aparente violação da Regra 3, de acordo com a qual essa dimensão deveria aparecer entre as vistas dianteira e superior. Isso se deve a outra diretriz:

12. *Evite usar linhas de extensão e de informação muito longas*. Colocando a dimensão de largura na parte inferior do desenho, em vez de colocá-la na parte superior, é possível reduzir consideravelmente o comprimento da linha de extensão associada.

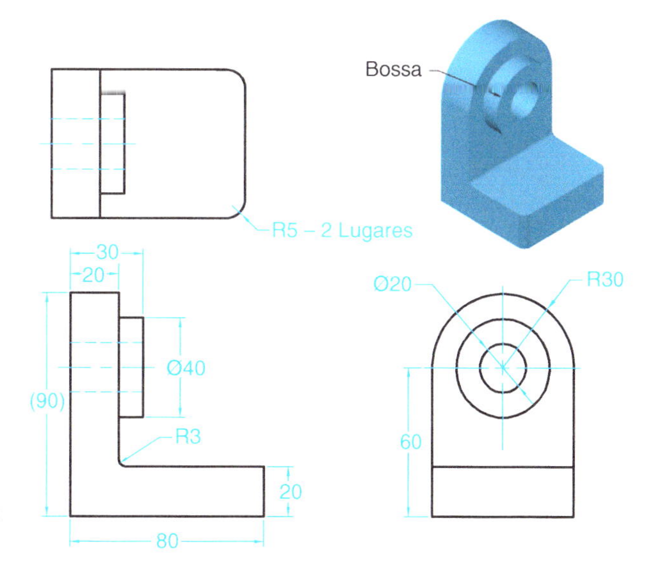

Figura 6-17 Demonstração das regras e diretrizes para colocar dimensões em cilindros e arcos.

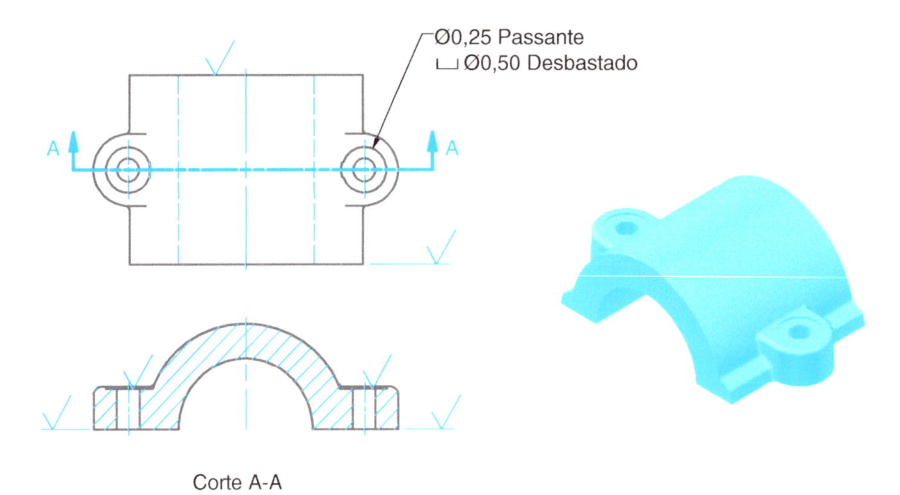

Figura 6-18 Sinais de acabamento.

Sinais de Acabamento

As peças fundidas costumam ter superfícies irregulares. Quando essas peças são usadas em uma montagem, as superfícies que estarão em contato com outras peças devem ser usinadas para melhorar o encaixe, reduzir o atrito, etc. Nos desenhos de engenharia, um sinal de acabamento (√) é usado para indicar que uma superfície deve ser usinada. Como mostra a Figura 6-18, os sinais de acabamento devem ser usados em todas as vistas de perfil, visíveis ou ocultas, das superfícies a serem usinadas.

TOLERÂNCIAS

Introdução

Nas fábricas, o mesmo processo normalmente é usado repetidas vezes para produzir um grande número de peças iguais. Essas peças são combinadas com outras peças, também produzidas em grande número, para criar produtos comerciais. É evidente que as peças produzidas em série devem ser intercambiáveis. Entretanto, quando inspecionamos uma batelada de peças produzidas pelo mesmo processo, não encontramos duas peças exatamente iguais. Por mais preciso que seja o processo de fabricação, pequenas diferenças no tamanho das peças são inevitáveis.

Tolerância é a técnica de dimensionamento usada para assegurar a intercambiabilidade das peças controlando a variabilidade das dimensões. Isso é conseguido especificando uma faixa de valores dentro da qual uma dimensão deve ser mantida. Se o tamanho e a localização dos detalhes da peça estiverem dentro desta zona de tolerância, a peça funcionará de forma adequada.

O uso de tolerâncias é essencial para o sucesso de um produto. Além de assegurar a intercambiabilidade, a tolerância influencia diretamente o custo e a qualidade das peças. Peças produzidas com alta precisão são muito mais caras. Dependendo do tipo de produto, peças extremamente precisas podem não ser necessárias. Assim, por exemplo, as peças usadas para fazer um brinquedo de plástico não precisam ser tão precisas como as peças de um automóvel. Em geral, as tolerâncias devem ser as maiores que podem ser admitidas sem que o funcionamento da peça não seja comprometido. Isso permite o uso de uma maior variedade de processos de fabricação, o que ajuda a baixar os custos.

A qualidade de um produto depende, em grande parte, da precisão das peças. Peças de alta qualidade apresentam pequenas variações de forma e tamanho. Especificando baixas tolerâncias e controlando a variabilidade das peças com o auxílio de métodos como o ***controle estatístico de processos***, o projetista pode manter e mesmo melhorar a qualidade do produto.

Definições

A ***tolerância*** é a variação total permissível de uma dimensão, ou seja, a diferença entre os ***limites de dimensão*** máximo e mínimo. Uma tolerância de 3,25 ± 0,03 significa que a dimensão da peça pode ter qualquer valor entre 3,22 e 3,28 sem que o desempenho seja prejudicado. Neste exemplo, o valor 3,28 é o limite máximo de dimensão, 3,22 é o limite mínimo de dimensão, e a tolerância é 0,06.

Enquanto a ***dimensão real*** é a dimensão medida de uma peça acabada, a ***dimensão nominal*** é a dimensão teórica a partir da qual é estabelecida a tolerância. No exemplo acima, 3,25 é a dimensão nominal, e a dimensão real, para respeitar os limites da tolerância, deve estar entre 3,22 e 3,28.

Formas de Expressar a Tolerância

A tolerância pode ser expressa de várias formas, entre as quais as seguintes:

1. Informação direta
2. Notas gerais
3. Tolerância geométrica

A informação direta pode ser fornecida através de 1) limites de tolerância e 2) afastamentos. No caso dos limites de tolerância, em vez de uma única dimensão, são indicados os valores máximo e mínimo toleráveis da dimensão. O limite superior (valor máximo) é colocado acima do limite inferior (valor mínimo). Quando os dois valores são colocados na mesma linha, o limite inferior precede o limite inferior. A Figura 6-19 mostra alguns exemplos.

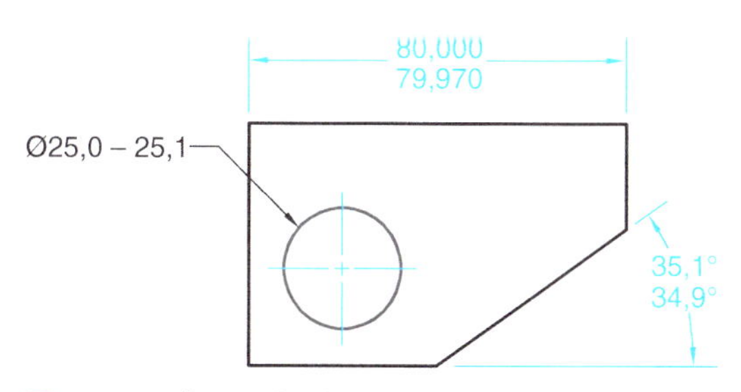

Figura 6-19 Limites de tolerância.

No caso dos afastamentos, é fornecida primeiro a dimensão básica, seguida por uma indicação dos afastamentos permitidos em relação a esse valor. As tolerâncias por afastamento podem ser ***unilaterais*** ou ***bilaterais***. Na tolerância unilateral, é permitido que a dimensão varie apenas em um certo sentido (para mais ou para menos) em relação à dimensão básica. Na tolerância bilateral, a variação pode ser para mais ou para menos. Nesse caso, os afastamentos para mais e para menos podem ser iguais ou diferentes. A Figura 6-20 mostra alguns exemplos.

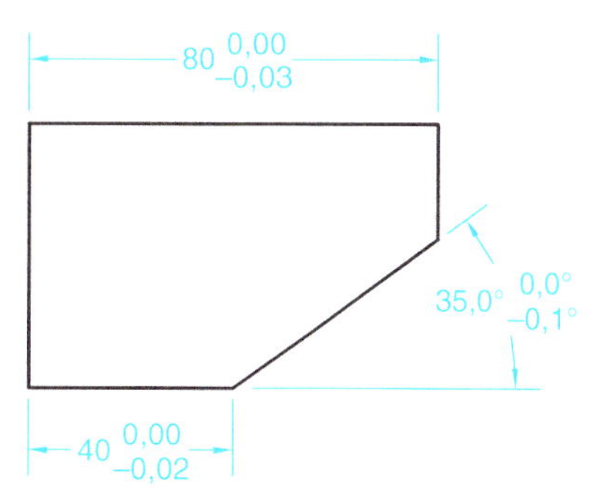

(*a*) Tolerâncias unilaterais

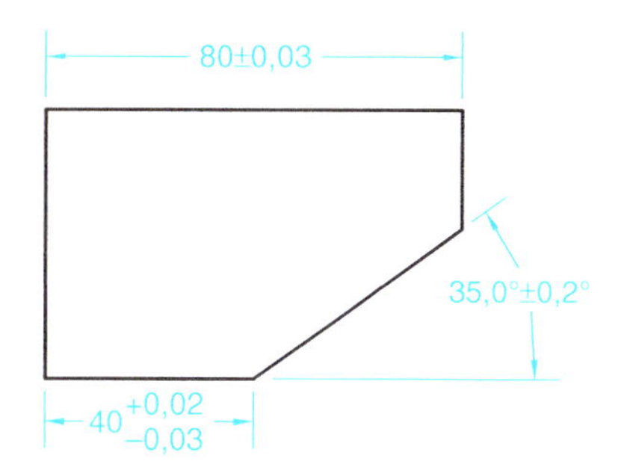

(*b*) Tolerâncias bilaterais

Figura 6-20 Tolerância expressa através de afastamentos.

Notas gerais, como "TODAS AS TOLERÂNCIAS SÃO DE ±0,05", são às vezes encontradas em desenhos de engenharia. Uma nota como essa significa que todas as dimensões que aparecem no desenho têm uma tolerância de ±0,05″ em relação à dimensão básica.

A Figura 6-21 mostra um exemplo de um desenho técnico no qual foram usadas as convenções da tolerância geométrica (GD&T*). A tolerância geométrica não é discutida neste livro.

* Do inglês *Geometric Dimensioning and Tolerancing.* (N.T.)

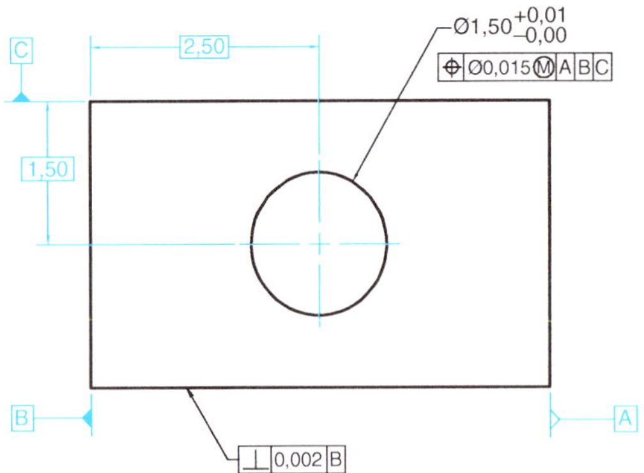

Figura 6-21 Tolerância geométrica.

Acúmulo de Tolerâncias

Quando a posição de um detalhe de um objeto depende de mais de uma dimensão sujeita a tolerância, as tolerâncias podem ser cumulativas. Na técnica de ***dimensionamento em série*** usada na Figura 6-22*a*, o acúmulo de tolerâncias entre as superfícies X e Y é ±0,03. Esse acúmulo de tolerâncias pode ser reduzido usando o ***dimensionamento com superfície de referência*** da Figura 6-22*b*. Nesse caso, a tolerância da distância entre as superfícies X e Y diminui para ±0,02. Em caso de necessidade, é possível eliminar totalmente o acúmulo de tolerâncias usando o ***dimensionamento direto***, no qual são indicadas as tolerâncias para todas as distâncias envolvidas. A tolerância da distância entre as superfícies X e Y na Figura 6-22*c*, na qual é usado o dimensionamento direto, é apenas ±0,01.

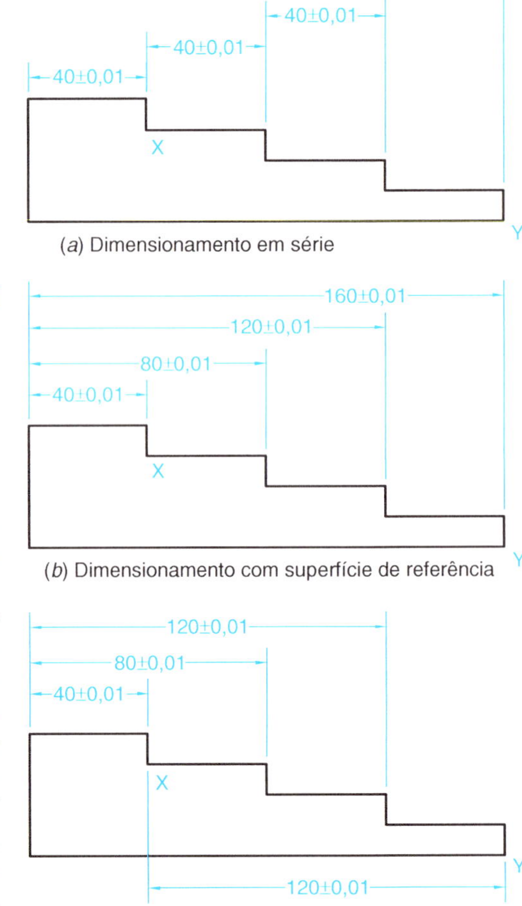

Figura 6-22 Formas de lidar com o acúmulo de tolerâncias.

Peças Acopladas

A tolerância de uma peça isolada tem pouca importância; é na hora de juntar as peças que a necessidade de estabelecer limites de tolerância se torna evidente. As peças que irão fazer parte de um sistema devem se encaixar corretamente. A Figura 6-23, por exemplo, mostra um eixo, uma bucha e uma polia. O eixo deve poder girar livremente em relação à bucha, enquanto a bucha deve ficar presa na polia.

Ajuste é o nome que se dá ao grau de liberdade de uma peça em relação à peça vizinha. Em um ***ajuste com folga***, o membro interno (ou seja, o eixo) é sempre menor que o membro externo (ou seja, o furo). O ajuste entre o eixo e a bucha da Figura 6-23 deve ser um ajuste com folga, já que o eixo deve estar livre para girar no interior do furo.

Em um ***ajuste com interferência***, o membro interno é sempre maior que o membro externo. Nesse tipo de ajuste, as peças devem ser encaixadas com esforço, como acontece com a bucha e a polia da Figura 6-23. Observe que, no ajuste com interferência, as peças ficam presas uma na outra sem necessidade de usar cola ou parafusos.

O ***ajuste incerto*** pode ir desde o ajuste com folga até o ajuste com interferência. No ajuste incerto, o eixo interno pode ser maior ou menor que o furo, de modo que o eixo pode ficar solto ou preso no furo. Se uma montagem especifica um ajuste incerto, os dois conjuntos de componentes (furo, eixo) podem ser medidos e separados de acordo com o tamanho (pequeno, médio e grande, por exemplo). Na hora da

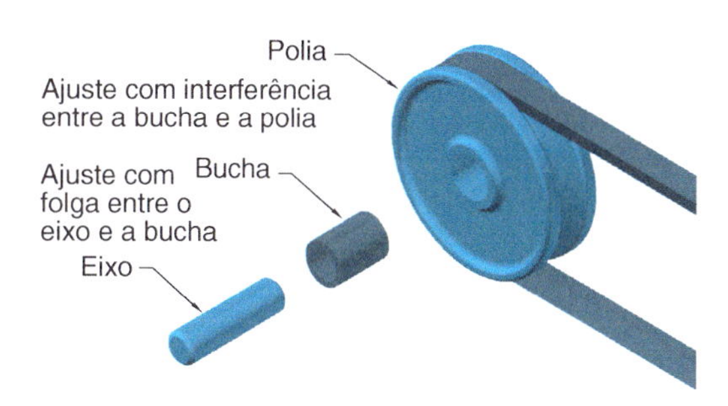

Figura 6-23 Ajustes envolvidos na montagem de uma polia.

montagem, são selecionados pares de peças compatíveis com o tipo de ajuste que se deseja. Este método, conhecido como *montagem seletiva*, é uma forma relativamente barata de obter um ajuste com folga ou um ajuste com interferência dentro da tolerância desejada.

No ***ajuste linha a linha***, o limite superior da dimensão do eixo é igual ao limite inferior da dimensão do furo, de modo que o ajuste pode ser com folga ou exato.

A Figura 6-24 mostra exemplos de ajustes com folga, com interferência, incerto e linha a linha. Mais adiante vamos ver que cada uma dessas classes de ajuste pode ser dividida em subclasses.

A *folga* é o ajuste mais apertado que pode existir entre duas peças acopladas; assim, corresponde à diferença entre a dimensão mínima do furo e a dimensão máxima do eixo. Em um ajuste com folga, a folga é positiva e representa a distância mínima entre as peças. Em um ajuste com interferência, a folga é negativa e representa a superposição máxima entre as peças. A Figura 6-24 mostra o valor da folga para os quatro pares de peças da figura.

Embora se refiram normalmente a peças cilíndricas como eixos e furos, esses diferentes tipos de ajustes também podem ser aplicados a superfícies paralelas que se encaixam uma na outra, como as mostradas na Figura 6-25.

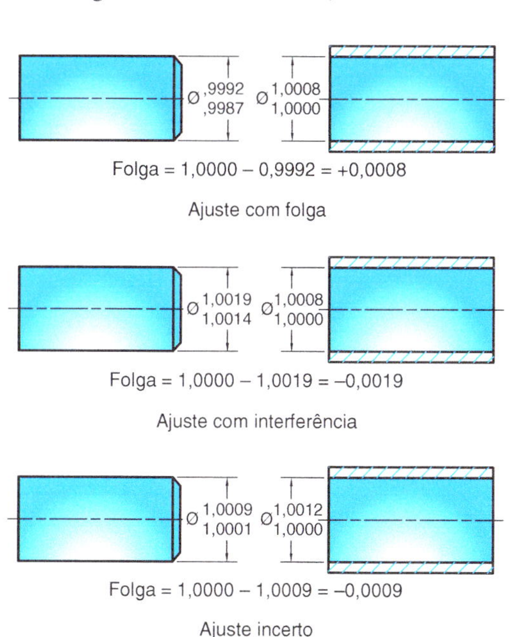

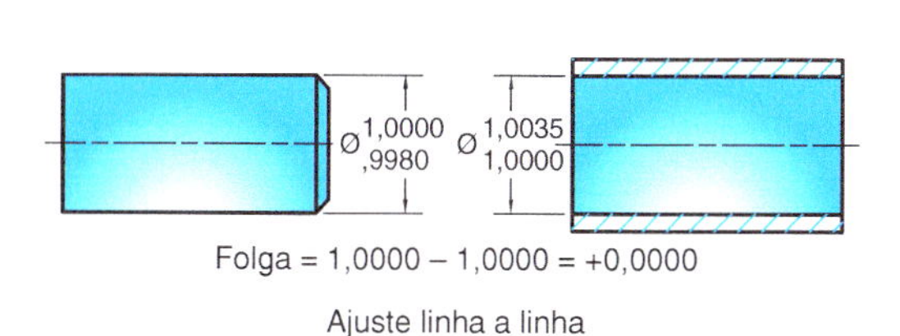

Figura 6-24 Os quatro diferentes tipos de ajuste.

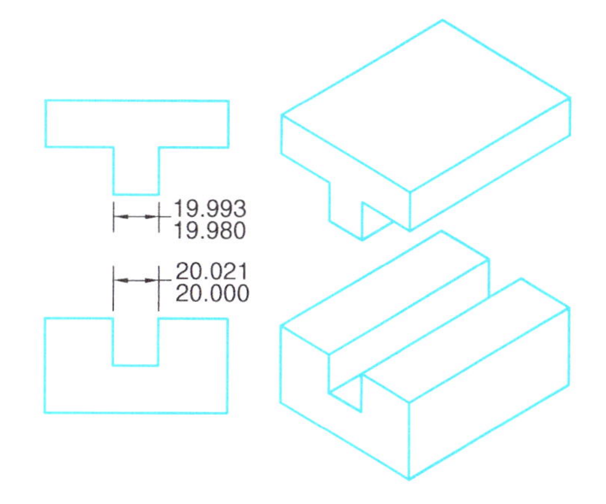

Figura 6-25 Ajuste de peças acopladas com superfícies paralelas.

Uma vez definidos os conceitos de tolerância, folga, dimensão básica e tipo de ajuste, podemos estabelecer as tolerâncias de um conjunto de peças acopladas para conseguir um certo tipo de ajuste, como folga ou interferência. Para isso, é preciso dispor de um sistema de referência para relacionar as tolerâncias e folgas às dimensões básicas das peças. Nas próximas seções, vamos discutir dois sistemas de referência, um baseado em furos e outro baseado em eixos. Esses sistemas podem ser usados com as dimensões das peças em unidades inglesas ou com as dimensões das peças em unidades do SI.

Sistema Furo-Base: Unidades Inglesas

No sistema furo-base, a dimensão mínima (ou seja, o limite inferior da dimensão) do furo é tomada como dimensão nominal. Em seguida, a margem entre o furo e o eixo é determinada, e as tolerâncias são aplicadas. O sistema furo-base é muito usado por causa da grande disponibilidade de ferramentas (brocas, fresas, etc.) capazes de fazer furos com precisão. Na verdade, ao escolher uma certa dimensão de furo para servir de base, estamos escolhendo a ponta de broca que vamos usar para fazer o furo, e temos que dimensionar o eixo para se ajustar ao furo. A Figura 6-26 ilustra o uso do sistema furo-base para um ajuste com folga e um ajuste com interferência.

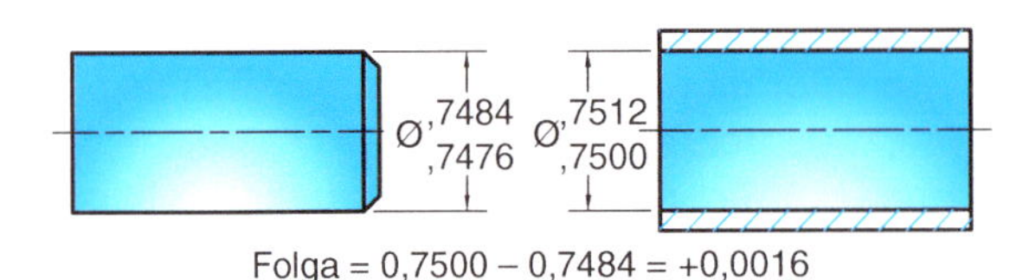

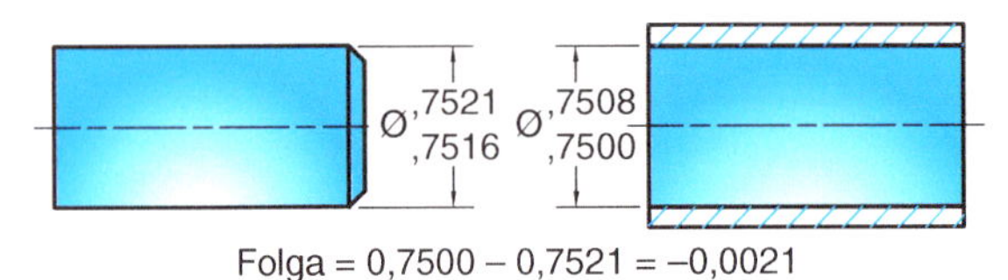

Figura 6-26 Uso do sistema furo-base para um ajuste com folga e um ajuste com interferência.

Cálculo detalhado de um ajuste com folga usando o sistema furo-base (veja a Figura 6-27)

Dados:

- Dimensão nominal: 0,5000
- Folga: +0,0020
- Tolerância do furo: 0,0016
- Tolerância do eixo: 0,0010

1. Mínimo do furo = dimensão nominal = 0,5000
2. Cálculo do limite superior do eixo:

   Folga = Mínimo do furo – Máximo do eixo

   e, portanto,

   Máximo do eixo = Mínimo do furo – Folga = 0,5000 – 0,0020 = 0,4980

3. Cálculo do limite superior do furo:

   Máximo do furo = Mínimo do furo + Tolerância do furo
   = 0,5000 + 0,0016 = 0,5016

4. Cálculo do limite inferior do eixo:

   Mínimo do eixo = Máximo do eixo – Tolerância do eixo
   = 0,4980 – 0,0010 = 0,4970

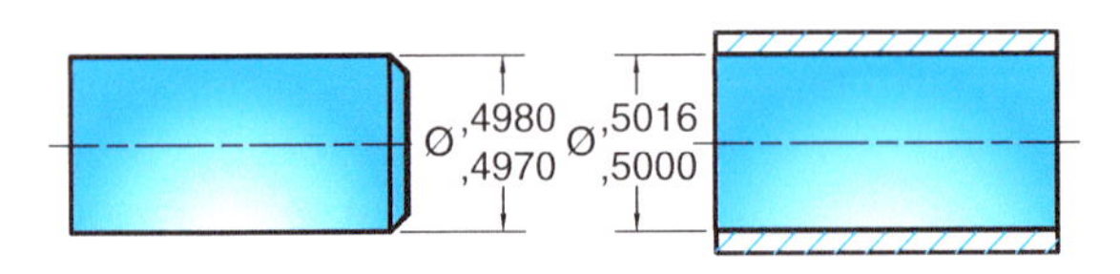

Figura 6-27 Cálculo detalhado de um ajuste com folga usando o sistema furo-base.

Cálculo detalhado de um ajuste com interferência usando o sistema furo-base (veja a Figura 6-28)

Dados:

- Dimensão nominal: 4,0000
- Folga: –0,0049
- Tolerância do furo: 0,0014
- Tolerância do eixo: 0,0009

1. Mínimo do furo = dimensão nominal = 4,0000
2. Cálculo do limite superior do eixo:

   Margem = Mínimo do furo – Máximo do eixo

   e, portanto,

   Máximo do eixo = Mínimo do furo – Folga = 4,0000 – (–0,0049) = 4,0049
3. Cálculo do limite superior do furo:

   Máximo do furo = Mínimo do furo + Tolerância do furo = 4,0000 + 0,0014 = 4,0014
4. Cálculo do limite inferior do eixo:

   Mínimo do eixo = Máximo do eixo – Tolerância do eixo = 4,0049 – 0,0009 = 4,0040

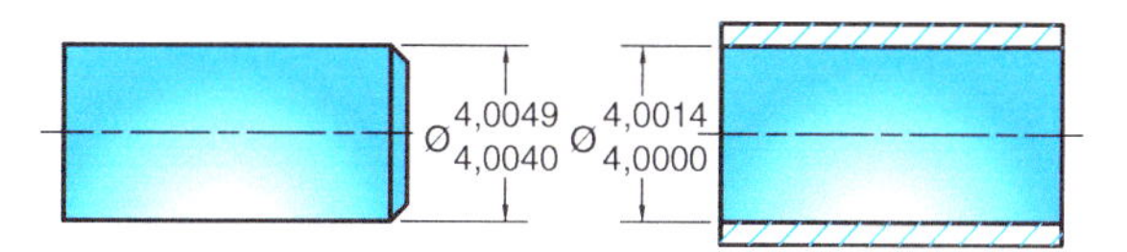

Figura 6-28 Cálculo detalhado de um ajuste com interferência usando o sistema furo-base.

Sistema Eixo-Base: Unidades Inglesas

No sistema eixo-base, menos usado que o sistema furo-base, a dimensão máxima (ou seja, o limite superior da dimensão) do eixo é tomada como dimensão nominal. Ao usar o sistema furo-base, estamos escolhendo uma dimensão-padrão para o eixo, e temos que dimensionar o furo para se ajustar ao eixo. Este sistema só deve ser usado se houver uma forte razão para adotá-lo. Pode ser, por exemplo, que o eixo já esteja pronto e não possa ser usinado, ou que diferentes peças, que necessitam de diferentes ajustes, tenham que ser acopladas ao mesmo eixo. A Figura 6-29 ilustra o uso do sistema eixo-base para um ajuste com folga e um ajuste com interferência.

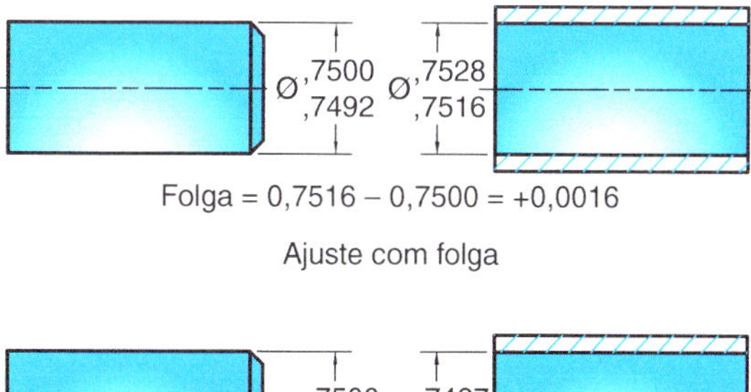

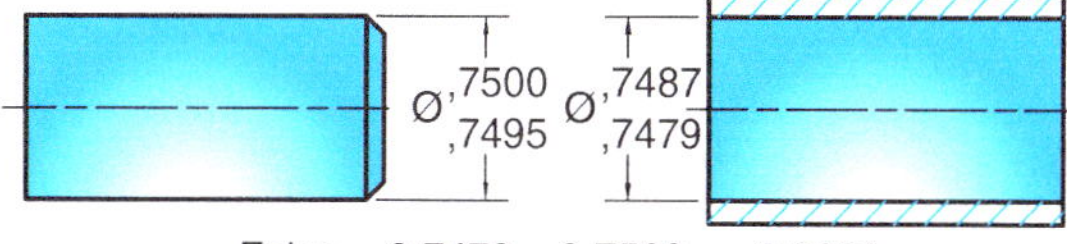

Figura 6-29 Uso do sistema eixo-base para um ajuste com folga e um ajuste com interferência.

Cálculo detalhado de um ajuste com folga usando o sistema eixo-base (veja a Figura 6-30)

Dados:

- Dimensão nominal: 8,0000
- Margem: +0,0150
- Tolerância do furo: 0,0120
- Tolerância do eixo: 0,0070

1. Máximo do eixo = dimensão nominal = 8,0000
2. Cálculo do limite inferior do furo:

   Margem = Mínimo do furo – Máximo do eixo

   e, portanto,

   Mínimo do furo = Máximo do eixo + Margem = 8,0000 + 0,0150 = 8,0150

3. Cálculo do limite superior do furo:

   Máximo do furo = Mínimo do furo + Tolerância do furo = 0,5000 + 0,0016 = 0,5016

4. Cálculo do limite inferior do eixo:

   Mínimo do eixo = Máximo do eixo – Tolerância do eixo = 8, 0000 – 0,0070 = 7,9930

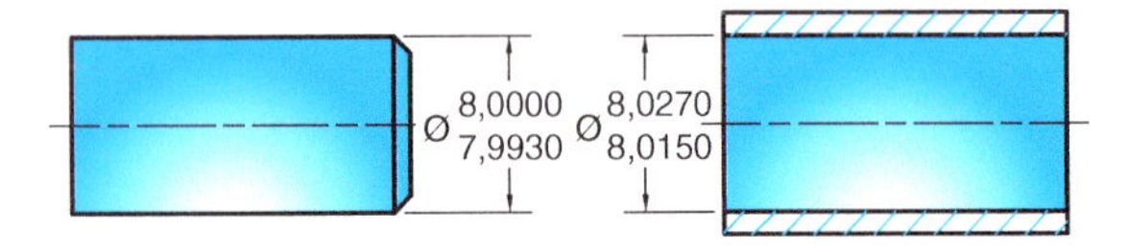

Figura 6-30 Cálculo detalhado de um ajuste com folga usando o sistema eixo-base.

Limites e Ajustes Recomendados em Unidades Inglesas

Para simplificar o cálculo das tolerâncias das peças acopladas, o ANSI* criou padrões e tabelas em unidades inglesas e em unidades do SI. As tolerâncias em unidades inglesas estão descritas na norma B4.1-1967 (R1994), "Preferred Limits and Fits for Cylindrical Parts". Embora tenham sido formulados para furos, cilindros e eixos, esses padrões também podem ser usados para ajustes entre superfícies paralelas (veja a Figura 6-25). As tabelas da norma B4.1 foram reproduzidas no Apêndice A. Para usar essas tabelas, basta conhecer a dimensão nominal e o tipo de ajuste. As tabelas empregam o sistema furo-base.

A norma B4.1 emprega cinco diferentes tipos de ajuste e diferentes classes para cada tipo de ajuste. Dentro de qualquer classe de ajuste (RC5, por exemplo), o ajuste entre as peças acopladas resulta das mesmas características de ajuste, qualquer que seja a dimensão nominal das peças. As características dos diferentes tipos de classes de ajuste são descritas a seguir.

AJUSTE COM FOLGA LIVRE OU DESLIZANTE (RC)

Ajuste com folga que permite um desempenho semelhante para uma larga faixa de dimensões. As folgas das primeiras duas classes (RC1 e RC2) permitem um movimento deslizante, enquanto as outras classes (RC3 a RC9) permitem um movimento livre. As folgas RC1 e RC2 aumentam mais lentamente com o diâmetro que as outras classes para manter a precisão da posição à custa da liberdade de movimento. As outras classes variam de alta precisão (RC3) até baixa precisão (RC9).

AJUSTE COM FOLGA FIXO (LC)

Ajuste mais apertado que o RC, destinado a peças que são normalmente estacionárias, mas podem ser livremente montadas e desmontadas. Varia desde ajustes firmes para peças cuja posição deve ser estabelecida precisamente até ajustes mais frouxos nos casos em que a facilidade de montagem é importante.

* ANSI: American National Standards Institute. (N.T.)

AJUSTE INCERTO COM FOLGA OU INTERFERÊNCIA (LT)

Ajuste intermediário entre folga e interferência, para aplicações em que a precisão da posição é importante, mas uma pequena folga ou interferência é admissível.

AJUSTE COM INTERFERÊNCIA FIXO (LN)

Ajuste com interferência usado nos casos em que a precisão da posição é importante e as peças devem permanecer fixas, sem especificações especiais para a pressão interna do furo. Não é recomendável para peças que se destinam a transmitir forças por atrito de uma peça para outra com base no aperto do ajuste.

AJUSTE COM INTERFERÊNCIA FORÇADO (FN)

Ajuste com interferência caracterizado para manutenção de uma pressão constante no interior do furo para todas as dimensões. A interferência varia quase linearmente com o diâmetro, com a diferença entre os valores máximo e mínimo mantida pequena para conservar as pressões resultantes dentro de limites razoáveis.

Cálculo detalhado de tolerâncias usando tabelas de ajuste para o sistema inglês, no sistema furo-base (veja a Figura 6-31)

Dados:

- Dimensão nominal : 2,0000
- Tipo de ajuste: RC8
- Método de cálculo: furo-base

1. Consultando o Apêndice A, Ajuste com Folga Livre ou Deslizante, com uma dimensão nominal de 2,0000 e um tipo de ajuste RC8, obtemos as seguintes informações:

Dimensões Nominais (Polegadas)	Classe RC8		
Intervalo	Limites de Folga	Limites-Padrão	
		Furo H10	Eixo c9
1,97 – 3,15	6	+4,5	–6,0
	13,5	0	–9,0

Uma nota no alto da tabela indica que os limites estão em milésimos de polegada. Assim, os limites superior e inferior do furo, +4,5 e 0, são, na verdade, 0,0045 e 0, enquanto os limites do eixo, –6,0 e –9,0, são –0,0060 e –0,0090. Esses limites-padrão são somados algebricamente à dimensão nominal para determinar os limites de tolerância. Os limites de folga fornecem o ajuste mais apertado (0 – (–0,0060) = +0,0060) e o ajuste mais frouxo (–0,0045 – (–0,0090) = +0,0135). Lembre-se de que o ajuste mais apertado é a folga.

2. Limites de tolerância do furo:

   Limite superior: 2,0000 + 0,0045 = 2,0045
   Limite inferior: 2,0000 (dimensão nominal)

3. Limites de tolerância do eixo:

   Limite superior: 2,0000 – 0,0060 = 1,9940
   Limite inferior: 2,0000 – 0,0090 = 1,9910

4. Folga = Mínimo do furo – Máximo do eixo = 2,0000 – 1,9940 = 0,0060

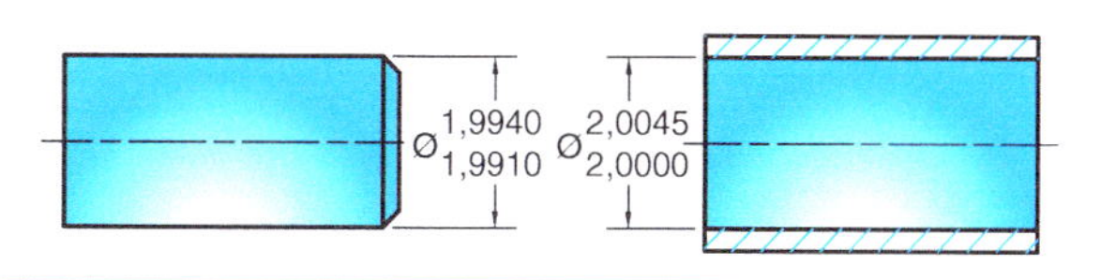

Figura 6-31 Cálculo detalhado de tolerâncias: LC3, furo-base, tabela de unidades inglesas.

Cálculo detalhado de tolerâncias usando tabelas de ajuste para o sistema inglês, no sistema eixo-base (veja a Figura 6-32)

Dados:

- Dimensão nominal: 1,0000
- Tipo de ajuste: LN2
- Método de cálculo: eixo-base

As tabelas da norma ANSI B4.1 valem apenas para o sistema furo-base. Para calcular as tolerâncias no sistema eixo-base, é preciso converter os limites de tolerância do sistema furo-base para o sistema eixo-base.

1. Consultando o Apêndice A, Ajuste com Interferência Fixo, com uma dimensão nominal de 1,0000 e um tipo de ajuste LN2, obtemos as seguintes informações:

Dimensões Nominais (Polegadas)	Classe LN2		
Intervalo	Limites de Folga	Limites-Padrão	
		Furo H7	Eixo p6
0,71 – 1,19	0	+0,8	+1,3
	1,3	–0	+0,8

2. Esses limites-padrão valem apenas para o sistema furo-base. No sistema eixo-base, o limite superior do eixo é considerado a dimensão nominal, o que significa que o limite superior do eixo deve ser 0 e não +1,3. Podemos, portanto, converter os limites-padrão do sistema furo-base para o sistema eixo-base subtraindo +1,3 de todos os limites-padrão:

	Furo	Eixo
Limite superior	+0,8 – 1,3 = –0,5	+1,3 – 1,3 = 0
Limite inferior	–0 – 1,3 = –1,3	+0,8 – 1,3 = –0,5

3. Limites de tolerância do furo:

   Limite superior: 1,0000 – 0,0005 = 0,9995
   Limite inferior: 1,0000 – 0,0013 = 0,9987

4. Limites de tolerância do eixo:

   Limite superior: 1,0000 (dimensão nominal)
   Limite inferior: 1,0000 – 0,0005 = 0,9995

5. Folga = Mínimo do furo – Máximo do eixo = 0,9987 – 1,0000 = –0,0013

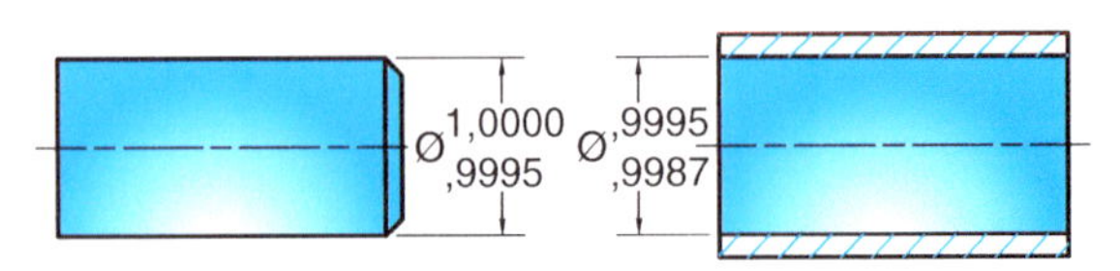

Figura 6-32 Cálculo detalhado de tolerâncias: LN2, eixo-base, tabela de unidades inglesas.

Limites e Ajustes Recomendados em Unidades do SI

As tolerâncias para unidades do SI estão descritas na norma ANSI B4.2-1978 (R1984), "Preferred Metric Limits and Fits".* Neste padrão, uma tolerância é especificada através de um código especial, como 40H7. A norma B4.2 começa com uma série de definições e uma ilustração semelhante à da Figura 6-33. Entre as definições estão as seguintes:

Dimensão nominal – Dimensão a partir da qual são calculadas as dimensões limites pela aplicação dos afastamentos superior e inferior. É designada pelo número 40 em 40H7.

Afastamento – Diferença algébrica entre uma dimensão e a dimensão nominal correspondente.

Afastamento superior – Diferença algébrica entre a dimensão máxima e a dimensão nominal correspondente.

Afastamento inferior – Diferença algébrica entre a dimensão mínima e a dimensão nominal correspondente.

Afastamento fundamental – Afastamento, superior ou inferior, que está mais próximo da dimensão nominal. É designado pela letra H em 40H7.

Tolerância – Diferença entre a dimensão máxima e a dimensão mínima de uma peça.

Campo de tolerância – Um campo que representa a tolerância e sua posição em relação à dimensão nominal.

Tolerância-padrão (*IT**) – Grupo de tolerâncias que variam de acordo com a dimensão nominal, mas proporcionam a mesma precisão relativa dentro de um dado grau. É designada pelo número 7 em 40H7.

Furo-base – Sistema de ajustes no qual a dimensão mínima do furo é igual à dimensão nominal. O afastamento fundamental para o sistema furo-base é "H".

Eixo-base – Sistema de ajustes no qual a dimensão máxima do eixo é igual à dimensão nominal. O afastamento fundamental para o sistema eixo-base é "h".

A Figura 6-34 mostra duas dimensões do SI com as respectivas tolerâncias. O grau de tolerância-padrão estabelece a largura do campo de tolerância (ou seja, a maior variação aceitável para a dimensão da peça) tanto para a dimensão interna (furo) como para a dimensão externa (eixo). É expresso por um número (7, por exemplo). Quanto menor o número, menor o campo de tolerância.

* A norma equivalente no Brasil é a NBR 6158 da ABNT, "Sistema de tolerâncias e ajustes". (N.T.)

* Do inglês *International Tolerance*, ou seja, Tolerância Internacional. (N.T.)

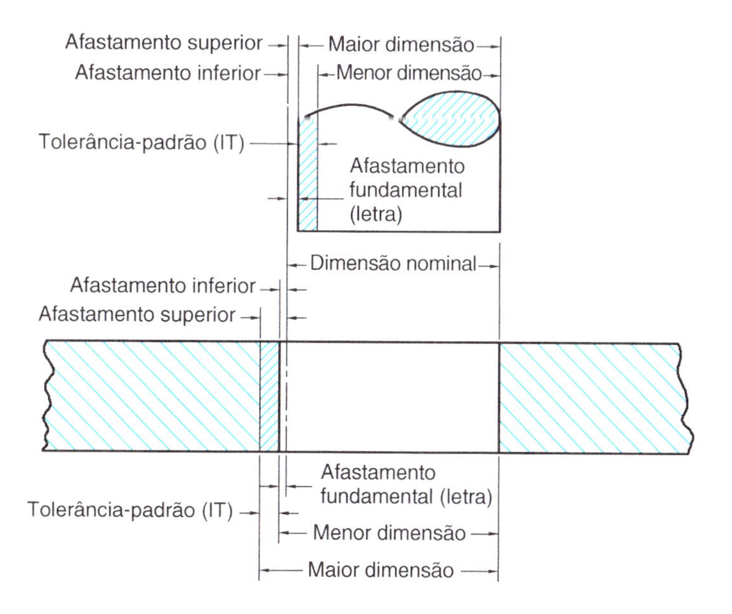

Figura 6-33 Ilustração das definições de limites e ajustes em unidades do SI.

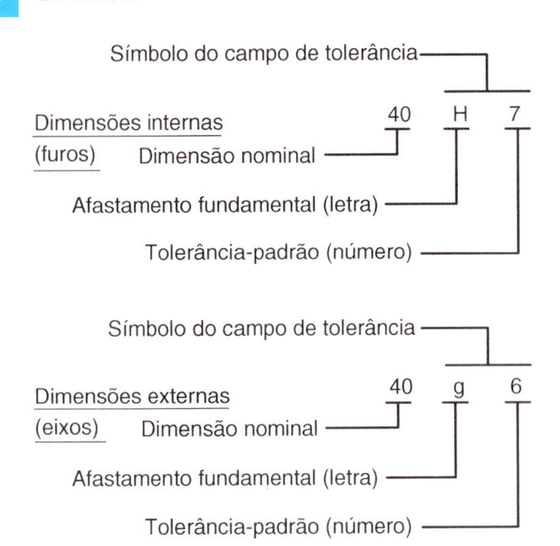

Figura 6-34 Duas dimensões em unidades do SI e suas tolerâncias.

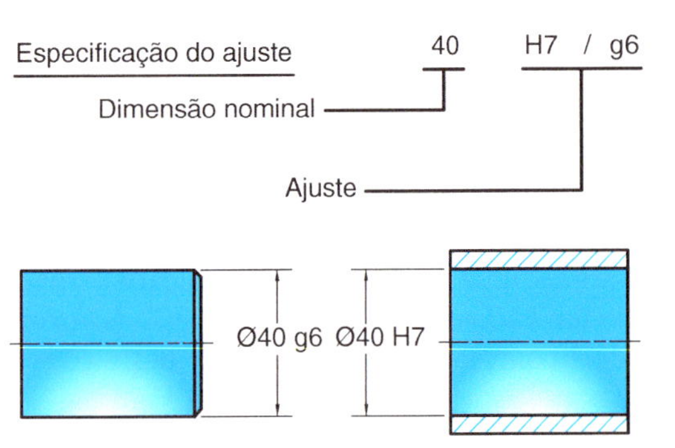

Figura 6-35 Especificação de um ajuste em unidades do SI.

O afastamento fundamental estabelece a posição do campo de tolerância em relação à dimensão nominal e é expresso por "letras de posição da tolerância", com letras maiúsculas (H, por exemplo) sendo usadas para furos e com letras minúsculas (h, por exemplo) sendo usadas para eixos.

Um símbolo de tolerância (H7, por exemplo) é formado combinando o grau de tolerância-padrão com a letra que expressa a posição da tolerância. O símbolo de tolerância estabelece os limites máximo e mínimo das dimensões da peça. As dimensões com tolerância (40H7, por exemplo) são expressas pela dimensão nominal seguida por um símbolo de tolerância.

Um ajuste entre peças acopladas (40 H8/f7, por exemplo) é indicado pela dimensão nominal comum às duas peças, seguida por um símbolo de tolerância para cada componente, com o símbolo da peça interna (furo) precedendo o símbolo da peça externa. A Figura 6-35 mostra um ajuste especificado de acordo com a norma B4.2.

Sempre que for possível, devem ser usadas dimensões nominais padronizadas ou recomendadas para peças metálicas redondas. A Tabela 6-1 mostra as dimensões nominais recomendadas. A dimensão nominal de peças casadas deve, se possível, ser escolhida entre os valores da tabela classificados como primeira opção.

Tabela 6-1 Dimensões nominais recomendadas

Dimensão Nominal (mm)		Dimensão Nominal (mm)		Dimensão Nominal (mm)	
1ª Opção	2ª Opção	1ª Opção	2ª Opção	1ª Opção	2ª Opção
1		1		100	
	1,1		11		100
1,2		12		120	
	1,4		14		140
1,6		16		160	
	1,8		18		180
2		20		200	
	2,2		22		220
2,5		25		250	
	2,8		28		280
3		30		300	
	3,5		35		350
4		40		400	
	4,5		45		450
5		50		500	
	5,5		55		550
6		60		600	
	7		70		700
8		80		800	
	9		90		900
				1000	

Como no caso dos ajustes em unidades inglesas, os ajustes em unidades do SI podem se basear no furo ou no eixo. Os ajustes recomendados são mostrados na Figura 6-36, para o sistema furo-base, e na Figura 6-37, para o sistema eixo-base. Os ajustes no sistema furo-base têm um afastamento fundamental

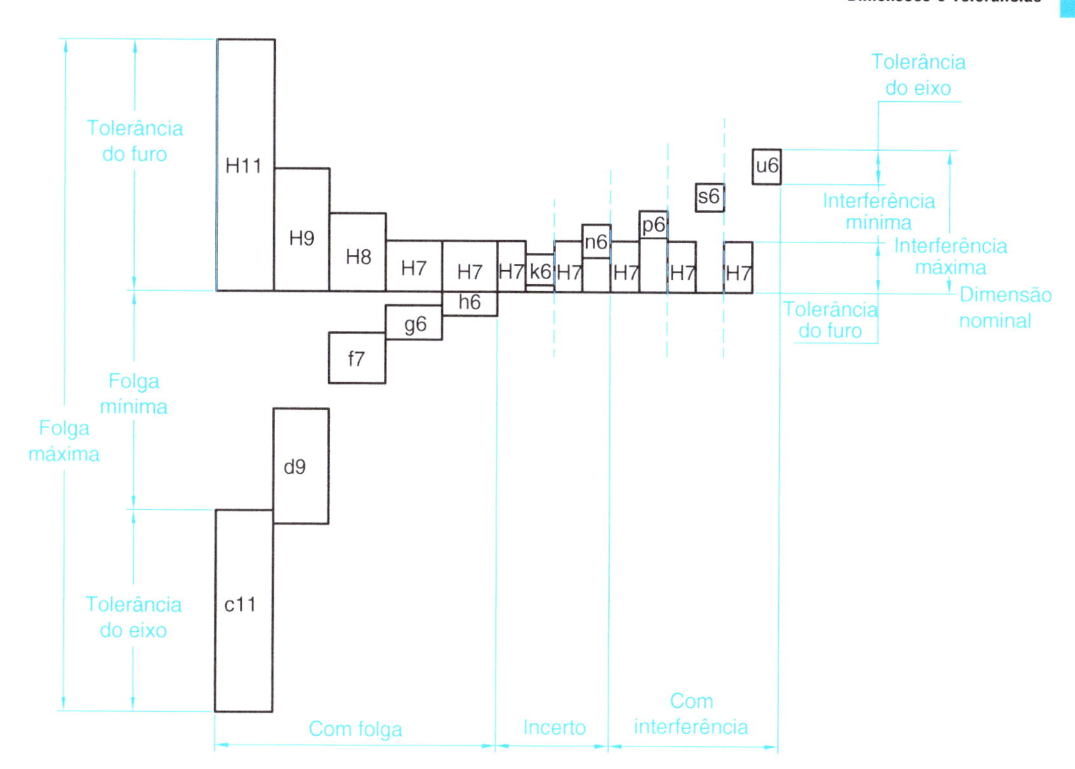

Figura 6-36 Ajustes recomendados no sistema furo-base.

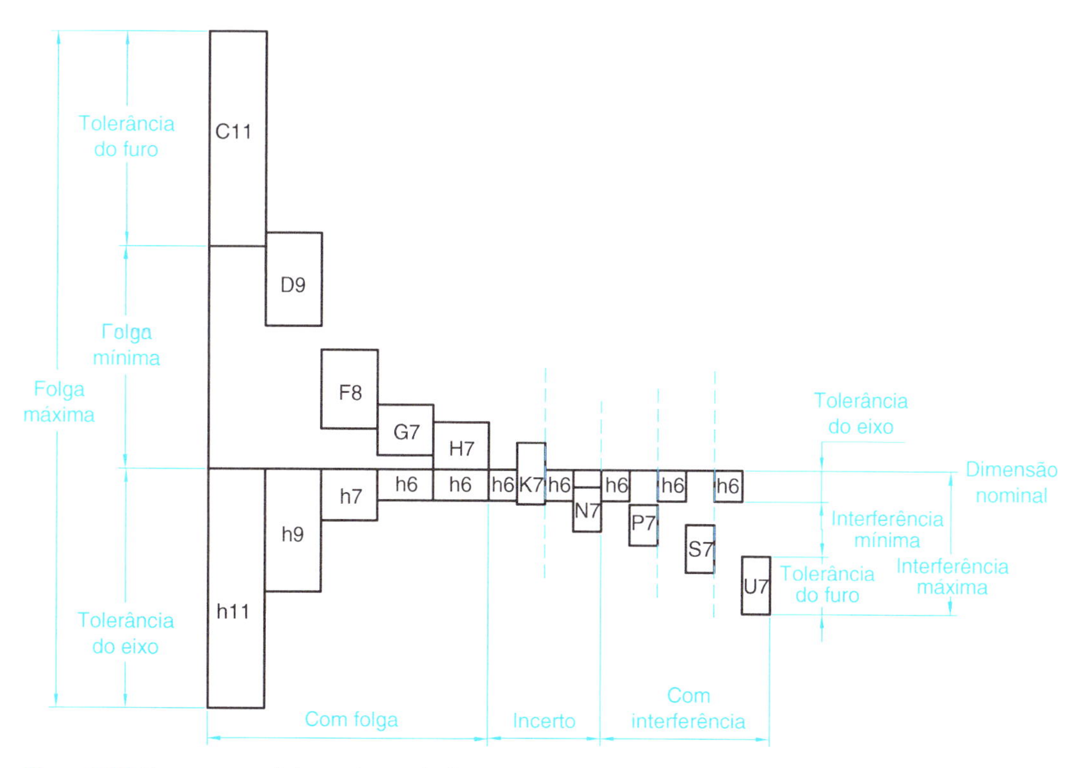

Figura 6-37 Ajustes recomendados no sistema eixo-base.

"H" para o furo, enquanto os ajustes no sistema eixo-base têm um afastamento fundamental "h" para o eixo. Embora na maioria dos casos seja preferível usar o sistema furo-base, o sistema eixo-base deve ser usado quando o mesmo eixo está acoplado a vários furos.

A Figura 6-38 mostra uma descrição dos ajustes furo-base e eixo-base recomendados que têm o mesmo tipo de ajuste. A tabela do Apêndice A mostra os limites e ajustes recomendados em unidades inglesas, e a tabela do Apêndice B mostra os limites e ajustes recomendados em unidades do SI.

	Símbolo			
	Furo-Base	**Eixo-Base**	**Descrição**	
Ajustes com folga	H11/c11	C11/h11	*Ajuste com muita folga* para grandes tolerâncias comerciais ou possibilidade de usar peças de outros fabricantes.	Mais folga
	H9/d9	D9/h9	*Ajuste com folga média* não recomendado para aplicações em que a precisão é essencial, mas apropriado para grandes variações de temperatura, altas velocidades ou altas tensões mecânicas.	
	H8/f7	F8/h7	*Ajuste com pouca folga* para máquinas de precisão e para localização precisa em velocidades e tensões moderadas.	
	H7/g6	G7/h6	*Ajuste deslizante* não recomendado para rotação livre, mas indicado para rotação forçada com alta precisão posicional.	
	H7/h6	H7/h6	*Ajuste fixo*, fácil de montar e desmontar.	
Ajustes incertos	H7/k6	K7/h6	*Ajuste incerto* para localização precisa, no limite entre folga e interferência.	
	H7/n6	N7/h6	*Ajuste incerto* para localização mais precisa, nos casos em que uma interferência maior é aceitável.	
Ajustes com interferência	H7/p6	P7/h6	*Ajuste com interferência* para peças que devem ser fixadas com grande precisão, mas não estarão sujeitas a grandes tensões mecânicas.	Mais interferência
	H7/s6	S7/h6	*Ajuste forçado* para peças de aço ou para ajustes por contração térmica de peças leves; o ajuste mais apertado que pode ser usado com ferro fundido.	
	H7/u6	U7/h6	*Ajuste muito forçado* para peças submetidas a grandes tensões mecânicas ou para ajustes por contração térmica nos casos em que grandes forças não podem ser aplicadas.	

Figura 6-38 Descrição dos ajustes recomendados.

Cálculo detalhado de tolerâncias usando tabelas de ajuste para o sistema SI, no sistema furo-base (veja a Figura 6-39)

Dados:

- Dimensão nominal: 50
- Tipo de ajuste: com folga média, H9/d9
- Método de cálculo: furo-base

1. Consultando a tabela do Apêndice B, Ajustes com Folga Base-Furo Recomendados, com uma dimensão nominal de 50 e um tipo de ajuste com folga média H9/d9, obtemos as seguintes informações:

DIMENSÃO NOMINAL		COM FOLGA MÉDIA		
		Furo H9	Eixo d9	Ajuste
50	Max	50,062	49,920	0,204
	Min	50,000	49,858	0,080

Continua

(*Continuação*)

2. Limites de tolerância do furo:

   Limite superior: 50,062
   Limite inferior: 50,000 (dimensão nominal)

3. Limites de tolerância do eixo:

   Limite superior: 49,920
   Limite inferior: 49,858

4. Margem = Mínimo do furo – Máximo do eixo = 50,000 – 49,920 = +0,080

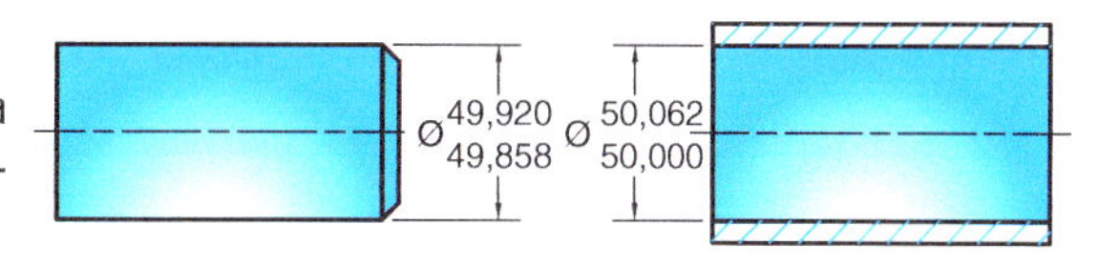

Figura 6-39 Cálculo detalhado de uma tolerância: folga média, furo-base, tabelas de ajustes recomendados do sistema SI.

Cálculo detalhado de tolerâncias usando tabelas de ajuste para o sistema SI, no sistema eixo-base (veja a Figura 6-40)

Dados:

- Dimensão nominal: 30
- Tipo de ajuste: forçado, S7/h6
- Método de cálculo: eixo-base

1. Consultando a tabela do Apêndice B, Ajustes com Interferência Base-Eixo Recomendados, com uma dimensão nominal de 30 e um tipo de ajuste forçado H9/d9, obtemos as seguintes informações:

DIMENSÃO NOMINAL		FORÇADO		
		Furo S7	Eixo h6	Ajuste
30	Max	29,973	30,000	–0,014
	Min	29,952	29,987	–0,048

2. Limites de tolerância do furo:

   Limite superior: 29,973
   Limite inferior: 29,952

3. Limites de tolerância do eixo:

   Limite superior: 30,000 (dimensão nominal)
   Limite inferior: 29,987

4. Margem = Mínimo do furo – Máximo do eixo = 29,952 – 30,000 = –0,048
   = 50.000 – 49.920 = 10.080

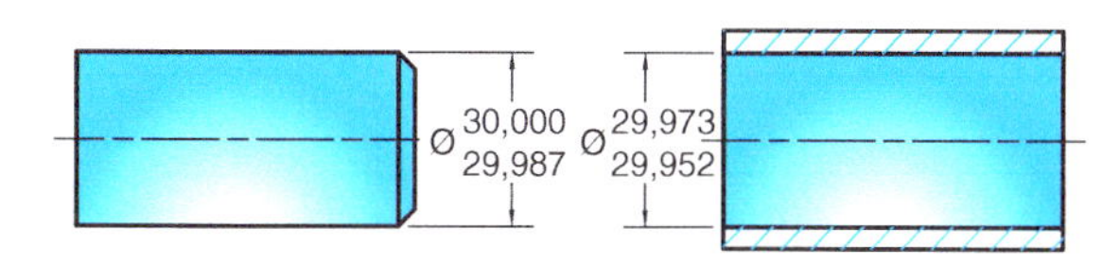

Figura 6-40 Cálculo detalhado de uma tolerância: ajuste forçado, eixo-base, tabelas de ajustes recomendados do sistema SI.

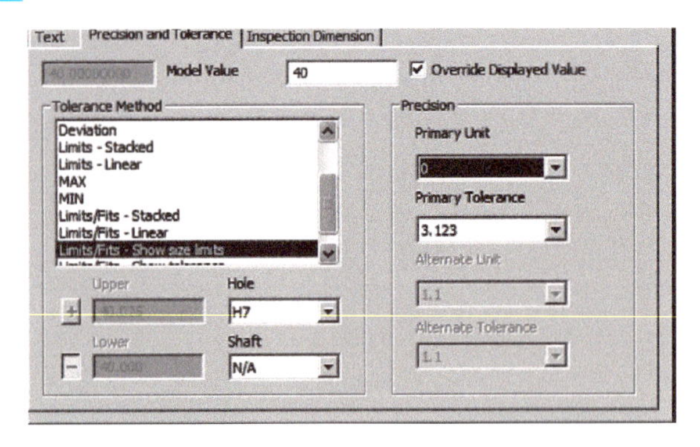

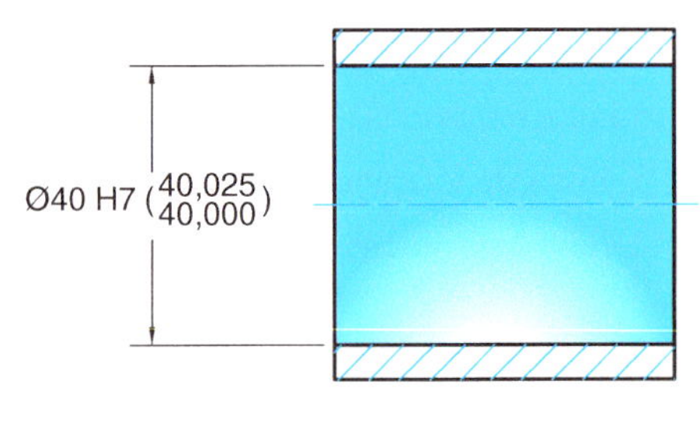

Figura 6-41 Especificação de tolerâncias usando CAD. (Cortesia de Autodesk, Inc.)

Tolerâncias em CAD

Os programas de CAD em geral oferecem uma série de ferramentas para especificar as tolerâncias em um desenho. A caixa de diálogo da Figura 6-41, por exemplo, permite que o projetista mostre as tolerâncias de várias formas. As opções escolhidas na tela que aparece no lado esquerdo da figura levam às tolerâncias indicadas no desenho do lado direito.

QUESTÕES

DIMENSÕES

1. Elimine todas as dimensões supérfluas das Figuras P6-1 e P6-2. Nos casos em que o mesmo detalhe estiver localizado ou dimensionado de duas formas diferentes, escolha a que está mais de acordo com as regras e diretrizes para o uso de dimensões e rejeite a outra.

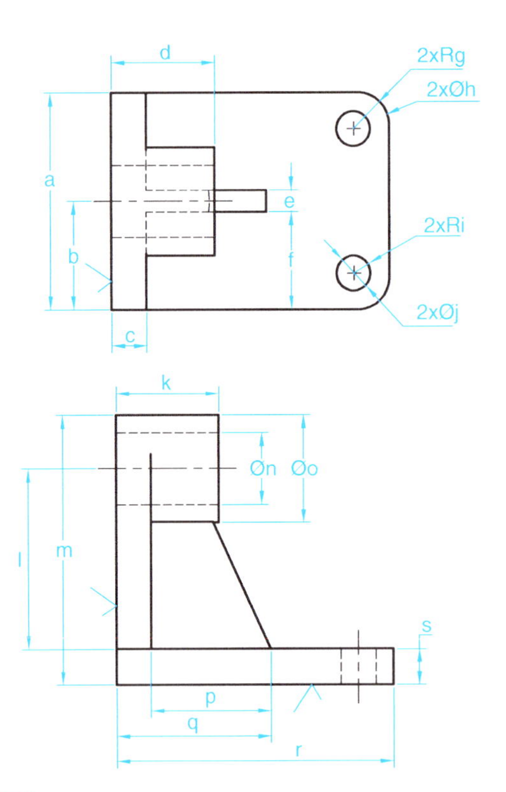

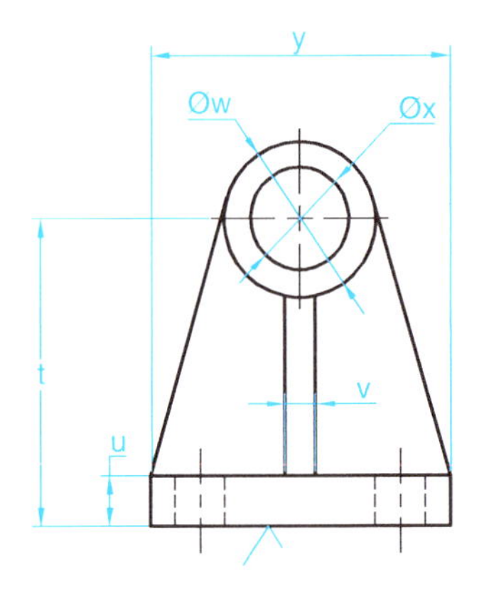

Figura P6-1

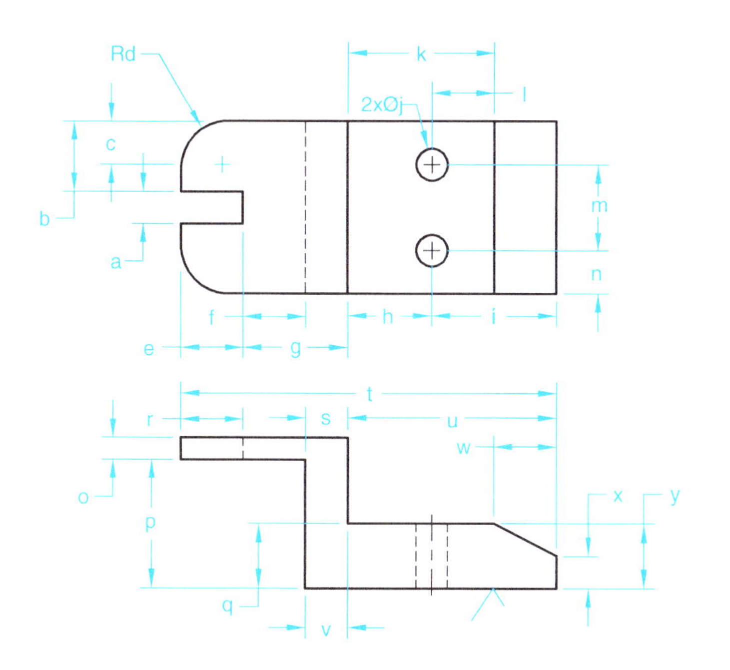

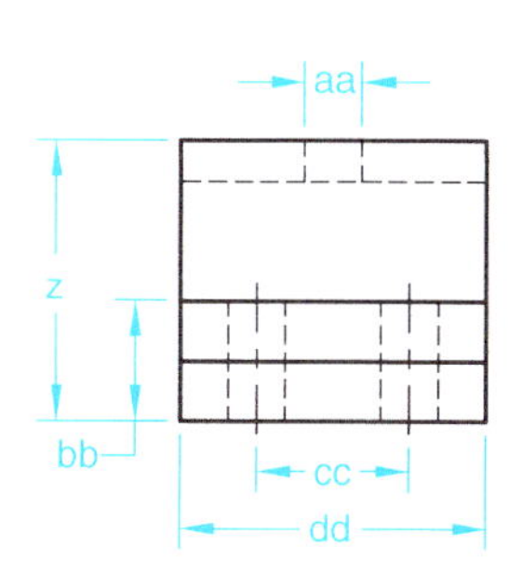

Figura P6-2

TOLERÂNCIAS

2. Dados o método de cálculo, a dimensão nominal, o ajuste (com folga, com interferência ou incerto), as tolerâncias e a margem, determine os limites das dimensões do furo e do eixo.

	a.	b.	c.	d.	e.
Dimensão Nominal	10,000	1,5000	0,5000	30,000	16,000
Tipo de Ajuste	Com folga	Com interferência	Com folga	Com interferência	Incerto
Método de Cálculo	Eixo	Furo	Furo	Eixo	Furo
Limites da Dimensão do Furo					
Limites da Dimensão do Eixo					
Tolerância do Furo	0,200	0,0015	0,0010	0,016	0,025
Tolerância do Eixo	0,100	0,0014	0,0007	0,014	0,024
Folga	0,150	–0,0030	0,0017	–0,032	–0,016

3. Use as tabelas de ajustes corretas para completar as tabelas abaixo.

	a.	b.	c.	d.
Dimensão Nominal	2,5000	1,5000	4,2500	10,0000
Tipo de Ajuste	RC1	LT4	LN1	FN2
Método de Cálculo	Furo-Base	Eixo-Base	Furo-Base	Furo-Base
Limites da Dimensão do Furo				
Limites da Dimensão do Eixo				
Tolerância do Furo				
Tolerância do Eixo				
Folga				

	e.	f.	g.	h.
Dimensão Nominal				3,7500
Tipo de Ajuste	RC7	LC8	LN3	FN5
Método de Cálculo	Furo-Base	Furo-Base	Eixo-Base	
Limites da Dimensão do Furo	0,7520	0,5028		3,7522
	0,7500	0,5000		3,7500
Limites da Dimensão do Eixo	0,7475		5,0000	
	0,7463		4,9990	
Tolerância do Furo				
Tolerância do Eixo		0,0016		0,0014
Folga			–0,0035	

4. Use as tabelas de ajustes corretas paras completar as tabelas abaixo.

	a.	b.	c.	d.
Dimensão Nominal	10	250	25	4
Tipo de Ajuste	Com Muita Folga H11/c11	Com Pouca Folga H8/f7	Fixo H7/h6	Forçado H7/s6
Método de Cálculo	Furo-Base	Furo-Base	Eixo-Base	Furo-Base
Limites da Dimensão do Furo				
Limites da Dimensão do Eixo				
Tolerância do Furo				
Tolerância do Eixo				
Folga				

	e.	f.	g.	h.
Dimensão Nominal	6			50
Tipo de Ajuste	Deslizante H7/g6	Incerto N7/h6	Com Interferência H7/p6	Muito Forçado U7/h6
Método de Cálculo		Eixo-Base	Furo-Base	
Limites da Dimensão do Furo	6,012		80,030	
	6,000		80,000	
Limites da Dimensão do Eixo		160,000		50,000
		159,975		49,984
Tolerância do Furo		0,040		
Tolerância do Eixo	0,008		0,019	0,016
Folga		–0,052		

Desenhe todas as linhas de extensão, linhas de dimensão, linhas de identificação e setas que forem necessárias para dimensionar adequadamente os objetos.

(A)

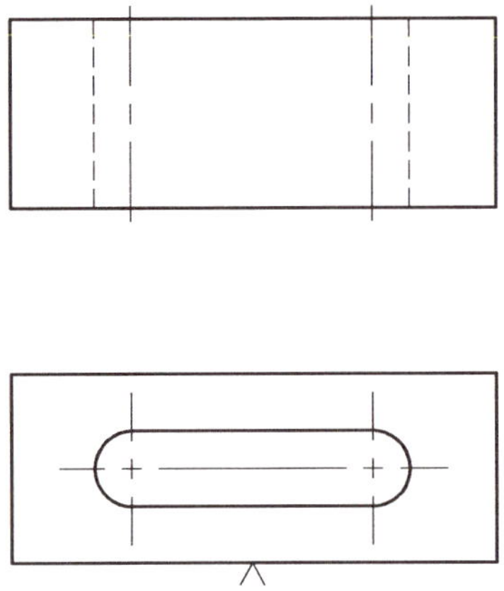

(B)

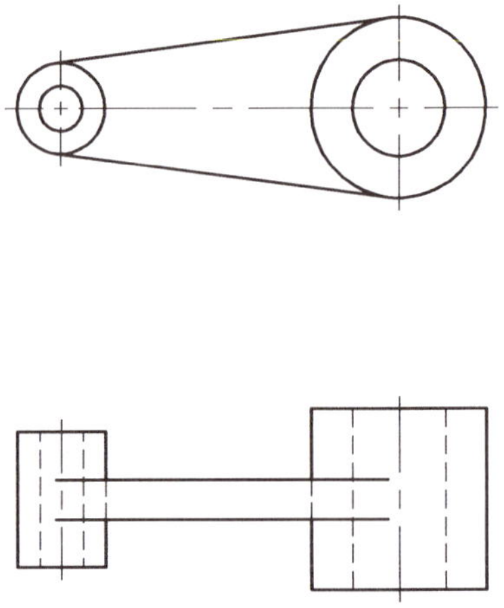

(C)

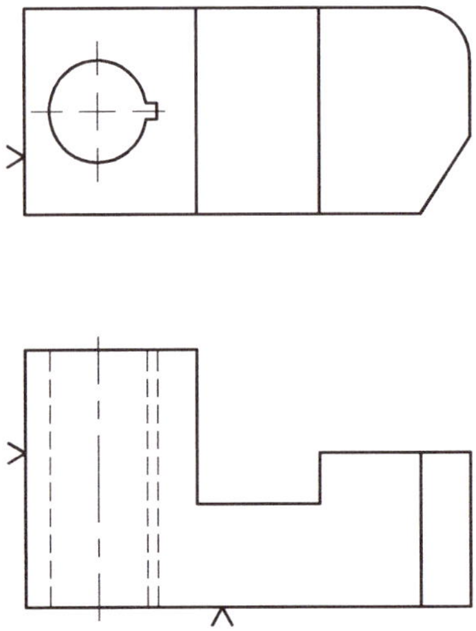

(D)

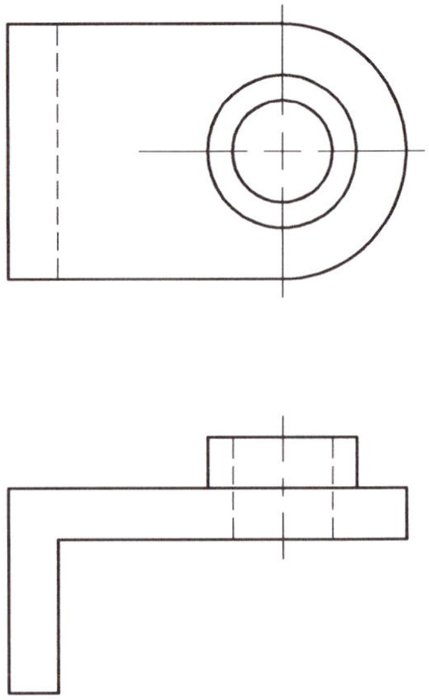

Desenho 6-1	Nome	Data

Desenhe todas as linhas de extensão, linhas de dimensão, linhas de identificação e setas que forem necessárias para dimensionar adequadamente os objetos.

(A)

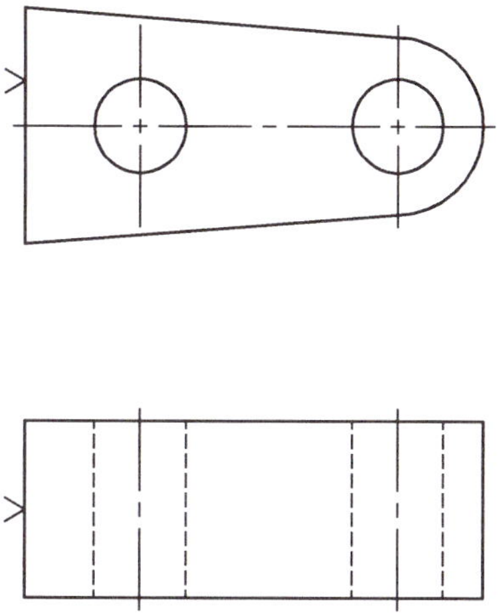

(B)

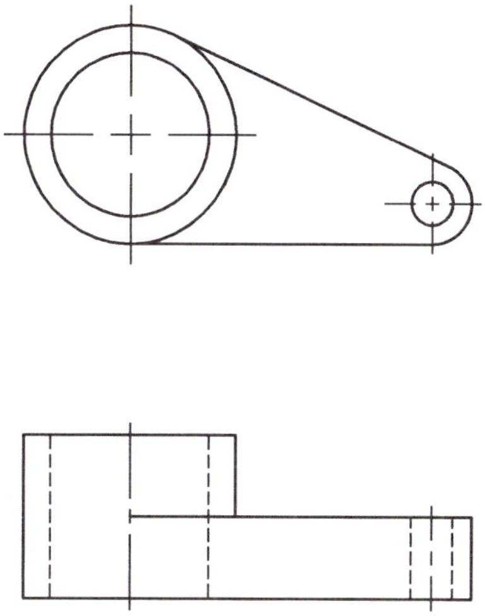

(C)

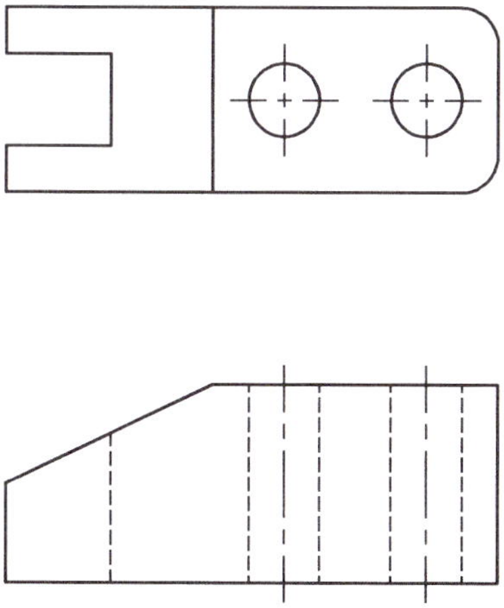

(D)

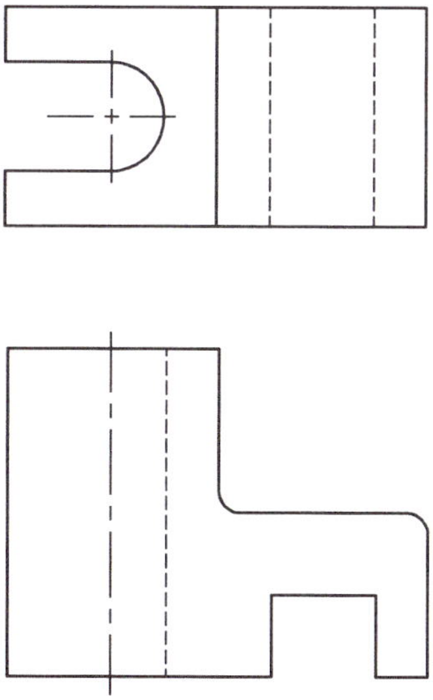

Desenho 6-2 | Nome ______ | Data ______

CAPÍTULO

7 USO DE COMPUTADORES NO DESENHO TÉCNICO

INTRODUÇÃO

Projeto Assistido por Computador

O projeto assistido por computador (CAD)* é uma tecnologia baseada em computadores. É empregada por engenheiros, arquitetos e outros profissionais na execução de projetos. O CAD pode ser usado para projetar objetos tão diferentes como ferramentas, máquinas e edifícios. Entre os aplicativos atuais de CAD estão programas de desenho bidimensional, de modelagem de superfícies (NURBS), de modelagem tridimensional (paramétrica e direta) e de modelagem de informações de construção (BIM). Embora o uso do CAD para criar desenhos bidimensionais continue popular, o potencial do CAD hoje em dia vai muito além da mera capacidade de fazer desenhos. Os programas de CAD baseados em modelos e orientados a objeto oferecem aos projetistas, engenheiros e arquitetos a oportunidade de capturar digitalmente a definição de um produto e integrar essa definição à base de informações da empresa.

Tipos de Sistemas de CAD

Nesta seção, vamos discutir brevemente os desenhos bidimensionais, a modelagem de superfícies e a modelagem tridimensional paramétrica (uma descrição da modelagem direta, outro tipo de modelagem paramétrica, será vista no Capítulo 11). A modelagem tridimensional paramétrica e a modelagem NURBS são examinadas com mais detalhes em outras seções deste capítulo. O capítulo termina com algumas palavras a respeito da modelagem de informações de construção.

DESENHO ASSISTIDO POR COMPUTADOR

Em 1982, a Autodesk lançou o AutoCAD®, o primeiro programa de desenho baseado em vetores a ser um sucesso comercial. Os gráficos vetoriais usam elementos geométricos, como pontos, segmentos de reta, curvas e polígonos, para representar imagens. Como esses elementos são definidos matematicamente, eles podem ser armazenados em uma base de dados e depois manipulados (ou seja, copiados, deslocados, ampliados, reduzidos e combinados). O CAD bidimensional é usado por engenheiros civis, arquitetos, agrônomos, decoradores e outros profissionais. O principal produto dos programas de CAD bidimensional são os próprios desenhos e não um modelo do qual os desenhos possam ser extraídos. A Figura 7-1

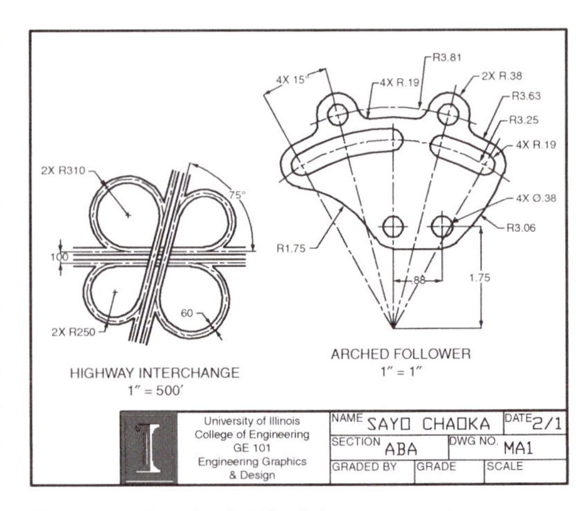

Figura 7-1 Desenho de CAD criado por um estudante. (Cortesia de Sayo Chaoka.)

* Do inglês, *Computer-Aided Design*. (N.T.)

mostra um desenho de CAD bidimensional criado por um aluno do primeiro ano do curso de engenharia, enquanto as Figuras 1-13, 1-15 e 1-16 do Capítulo 1 e as Figuras 8-1, 8-2 e 8-4 do Capítulo 8 são desenhos de CAD criados por especialistas.

Muitos programas de CAD também permitem criar desenhos tridimensionais. Um desenho tridimensional do tipo ***modelo de arame***, como o que aparece na Figura 7-2, é criado a partir dos mesmos elementos geométricos (segmentos de reta, circunferências, arcos de circunferência, polígonos, etc.) usados para fazer desenhos bidimensionais. Apesar de conterem apenas informações a respeito de arestas e vértices, os modelos de arame constituem um meio relativamente simples e rápido de representar a forma tridimensional de um objeto.

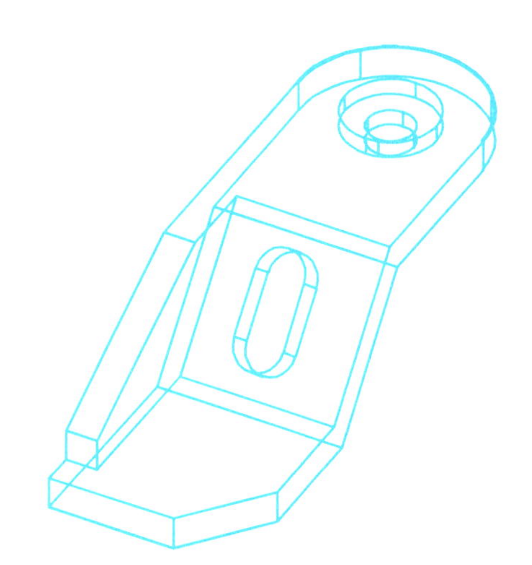

Figura 7-2 Desenho tridimensional do tipo modelo de arame.

MODELAGEM DE SUPERFÍCIES

A modelagem de superfícies é muito usada nas indústrias que trabalham com formas livres, esculpidas e orgânicas, como a indústria automotiva, a indústria aeroespacial, a indústria naval, a indústria eletroeletrônica e a indústria de efeitos especiais para jogo e filmes de cinema. As empresas de primeira linha usam a modelagem de superfícies para se destacar em relação aos competidores, criando produtos de aparência única, que se tornam objeto de desejo por parte dos consumidores.

Hoje em dia, a maioria dos aplicativos para gráficos e projetos assistidos por computador usa ***B-splines racionais não uniformes*** (***NURBS***) para modelar curvas e superfícies. A modelagem com NURBS permite uma representação matemática precisa tanto de ***curvas*** que possuem uma representação analítica padronizada (linhas retas, circunferências, elipses, etc.), como de formas livres. Algoritmos precisos e numericamente estáveis estão disponíveis nesses programas para calcular rapidamente os NURBS. Embora seja tecnicamente complexa, a modelagem com NURBS é altamente intuitiva, permitindo que o usuário a utilize, mesmo sem conhecer a matemática subjacente.

Entre os programas de ***projeto industrial assistido por computador*** baseados em NURBS estão aplicativos independentes, como o Rhinoceros, o Inspire e o Evolve, e programas desenvolvidos pelas grandes empresas de CAD, como o Alias da Autodesk, o Shape Design da CATIA e o Shape Studio da NX.

As superfícies não têm espessura. Ao contrário dos modelos sólidos, os modelos de superfícies não possuem massa nem volume, a menos que se trate de uma superfície totalmente fechada, caso em que é possível associar um volume à região envolvida pela superfície. A Figura 7-3 mostra o modelo de superfície de um Lamborghini criado por um grupo de estudantes de desenho industrial e engenharia. A modelagem de superfícies usando NURBS é discutida com detalhes em outra seção deste capítulo.

Figura 7-3 Modelo de superfície de um Lamborghini. (Cortesia de Jingwei Lin, Zhaohui Yuan e Zachary Alexander.)

MODELAGEM DE SÓLIDOS

A Figura 7-4 mostra um modelo sólido criado em AutoCAD® por um aluno do primeiro ano

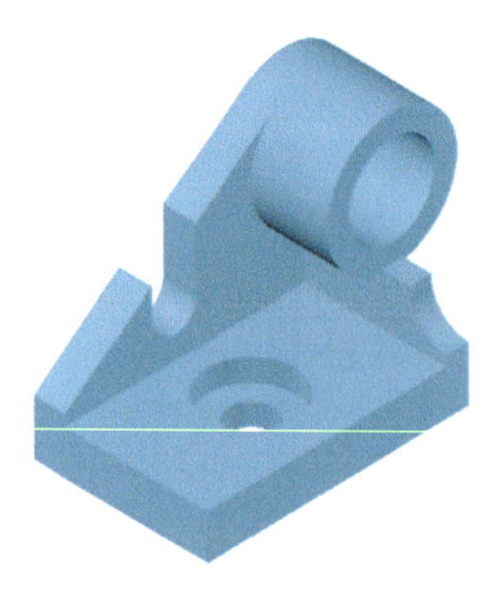

Figura 7-4 Modelo sólido criado por um estudante.

de engenharia. Observe que, ao contrário do modelo de superfície de um automóvel mostrado na Figura 7-3, o modelo sólido é composto por sólidos geométricos, como paralelepípedos e cilindros.

Os modelos sólidos são feitos de sólidos primitivos e varreduras. ***Sólidos primitivos*** são sólidos geométricos análogos às figuras geométricas bidimensionais usadas nos modelos de arame, como o quadrado e a circunferência. Entre os sólidos primitivos estão o paralelepípedo, a esfera, o cilindro, o cone, a cunha e o toro (veja a Figura 7-5).

As operações de varredura são a extrusão, a revolução e a varredura genérica. A ***extrusão***[1] é uma técnica de modelagem que envolve a criação de uma forma tridimensional deslocando um perfil fechado ao longo de uma trajetória retilínea. A ***revolução*** é a obtenção de uma forma tridimensional fazendo girar um perfil fechado em torno de um eixo. A ***varredura genérica*** consiste em deslocar um perfil fechado ao longo de uma trajetória qualquer. A Figura 7-6 mostra exemplos de sólidos gerados por extrusão, revolução e varredura genérica. Um ***perfil*** é simplesmente uma curva plana que não intercepta a si própria. A maioria das operações de modelagem sólida exige que o perfil seja fechado. Note que todos os primitivos podem ser criados por uma única operação de varredura.

Modelos sólidos mais complexos, conhecidos como ***sólidos compostos***, podem ser criados usando as operações boolianas de união, subtração e interseção para combinar sólidos primitivos e varreduras. A Figura 7-7 mostra o resultado da aplicação de diferentes operações boolianas a dois sólidos diferentes: um cilindro e um toro.

Os dois métodos mais usados para descrever modelos sólidos são a ***geometria sólida construtiva*** (***CSG****) e a ***representação por fronteira*** (***B-rep*****). Na representação CSG, os dados são armazenados em termos de sólidos primitivos e das operações boolianas usadas para combiná-los. Esta forma de armazenar os dados é chamada de ***árvore***, com os sólidos primitivos fazendo o papel de ***folhas*** e os operadores boolianos representando

[1] Na produção, extrusão é o processo que envolve a passagem forçada de um material por um orifício.

* Do inglês, *constructive solid geometry*. (N.T.)

** Do inglês, *boundary representation*. (N.T.)

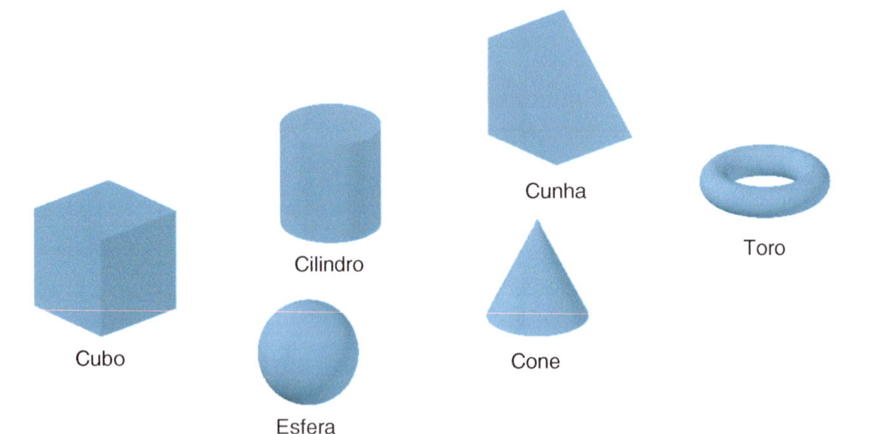

Figura 7-5 Alguns sólidos primitivos.

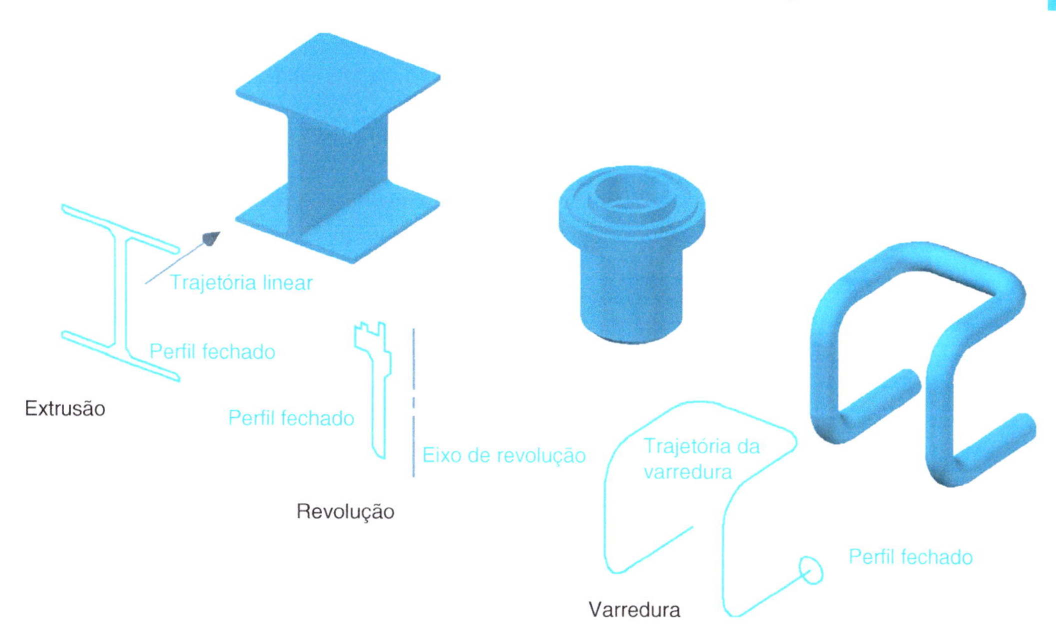

Figura 7-6 Sólidos gerados por extrusão, revolução e varredura genérica.

Figura 7-7 Operações boolianas.

os ***galhos***. A Figura 7-8 mostra um exemplo de árvore CSG.

Como organizam os dados apenas em termos de sólidos primitivos e operações boolianas, as estruturas de dados CSG são muito simples e compactas; entretanto, as informações relativas às faces, arestas e vértice do sólido resultante não estão prontamente disponíveis. Isso pode ser uma deficiência séria, já que essas informações frequentemente são necessárias nos trabalhos com modelos sólidos. Para fazer o sombreamento de um objeto, por exemplo, é preciso dispor de informações a respeito da superfície do objeto. Essas informações também são indispensáveis na hora de usinar uma peça, já que é preciso programar corretamente a máquina de controle numérico.

Na representação por fronteira, por outro lado, são armazenadas as fronteiras do sólido

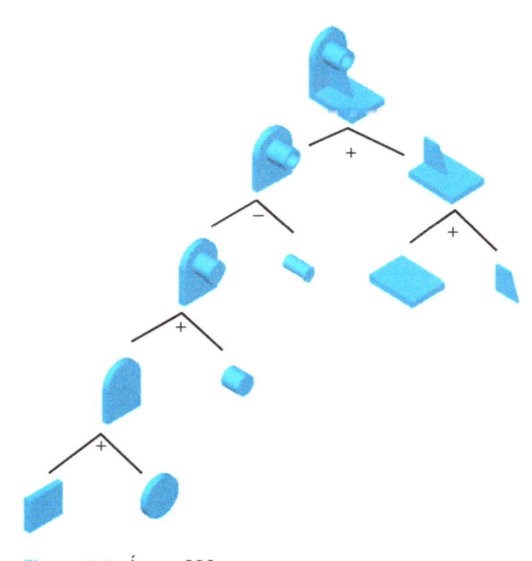

Figura 7-8 Árvore CSG.

(vértices, arestas e faces), juntamente com o modo como esses elementos devem ser conectados. A Figura 7-9 mostra um sólido simples com faces, arestas e vértices rotulados. Na figura, também aparecem tabelas que mostram como as informações geométricas são armazenadas. Na B-rep, o lado de fora de uma face é determinado pela ordem das arestas. As arestas são armazenadas na base de dados no sentido anti-horário para um observador que esteja do lado de fora do sólido. Assim, por

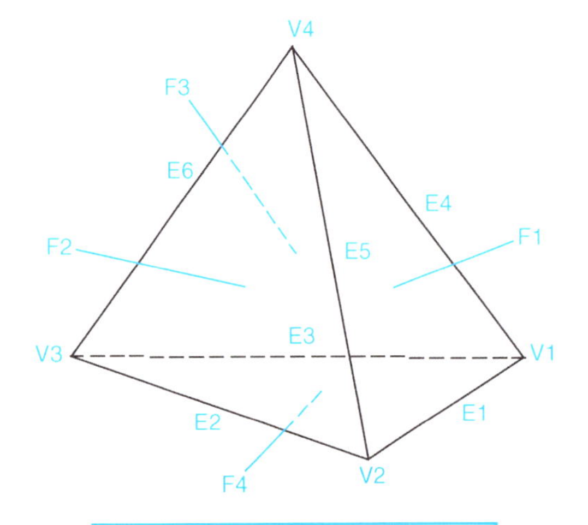

Tabela de Faces	
Face	Arestas
F1	E1, E4, E5
F2	E2, E5, E6
F3	E3, E6, E4
F4	E1, E2, E3

Tabela de Arestas	
Aresta	Vértices
E1	V1, V2
E2	V2, V3
E3	V3, V1
E4	V1, V4
E5	V2, V4
E6	V3, V4

Tabela de Vértices	
Vértice	Coordenadas
V1	x1, y1, z1
V2	x2, y2, z2
V3	x3, y3, z3
V4	x4, y4, z4

Figura 7-9 Representação por fronteira (B-rep) de um poliedro simples.

exemplo, as arestas da face F1 são armazenadas na ordem E1, E4, E5. Como as informações sobre as faces, arestas e vértices do sólido estão prontamente disponíveis, o sombreamento, a remoção de linhas ocultas e outras operações são mais fáceis de executar na representação B-rep do que na representação CSG.

A maioria dos programas comerciais de modelagem de sólidos usa uma combinação de CSG e B-rep para armazenar modelos. Esta abordagem híbrida permite aproveitar as vantagens dos dois sistemas. A desvantagem de armazenar modelos usando as duas representações é, como seria de se esperar, um aumento do tamanho dos arquivos.

A partir de modelos sólidos como os que foram descritos até agora, é possível determinar a massa e outras propriedades físicas da peça que está sendo modelada. É também possível mostrar esses sólidos de várias formas, como modelo de arame, com as linhas ocultas removidas, com sombreamento e com renderização. Existem, porém, algumas coisas que esses modelos não podem fazer, como as seguintes:

- É difícil mudar as dimensões. Os modelos permitem acrescentar sólidos primitivos e remover sólidos primitivos, mas não existe uma forma simples de mudar as dimensões de um sólido primitivo já existente.
- Os modelos contêm apenas informações geométricas. Por exemplo: um furo é criado em uma peça subtraindo um cilindro do modelo. O processo de fabricação e outras informações de ordem prática não são incluídos na base de dados do modelo.
- As dimensões são não paramétricas, ou seja, são incluídas depois que o modelo é criado. As dimensões não estão associadas à geometria; elas não *controlam* a geometria.
- A história do modelo não está disponível; ou seja, o usuário não conhece a ordem em que as operações foram executadas.
- Não existe um ambiente completo de modelagem, mas apenas um programa de modelagem de peças. Sem um ambiente de modelagem, não é possível, por exemplo, investigar o movimento de peças ou detectar interferências entre peças.

Para chamar a atenção para essas deficiências, os modelos discutidos nesta seção são às vezes chamados, na indústria, de sólidos *burros*.

MODELAGEM PARAMÉTRICA

A modelagem paramétrica tridimensional resolve todos os problemas dos sólidos burros mencionados na seção anterior. Em um modelador paramétrico, as dimensões são fáceis de mudar, informações sobre o processo de fabricação são incluídas no modelo, as dimensões são paramétricas, a história do modelo é conhecida, e existe um ambiente completo de modelagem. Na verdade, a modelagem paramétrica é tão importante que será discutida com detalhes na próxima seção.

As quatro principais empresas de MCAD (CAD mecânico), Autodesk, Dassault Systèmes, Parametric Technology Corporation (PTC) e UGS Corporation, incluem pelo menos um modelador paramétrico em sua linha de produtos. O mercado de programas comerciais de modelagem paramétrica oferece pacotes simples e pacotes avançados. Os pacotes simples mais importantes são o Autodesk Inventor, o SolidWorks (Dassault) e o Solid Edge (UGS). Entre os pacotes avançados mais usados estão o CATIA (Dassault), o Pro/ENGINEER (PTC) e o NX (UGS). Enquanto os pacotes simples rodam apenas na plataforma Windows, os pacotes avançados são fornecidos em versões para o Windows e para o UNIX.

Os pacotes avançados de modelagem paramétrica tendem a ser autossuficientes, com módulos para modelagem de superfícies, análise, fabricação, colaboração e outros. Graças à capacidade de trabalhar com superfícies e sólidos (modelagem híbrida), os pacotes avançados permitem que o projetista introduza mais características orgânicas e ergonômicas nos seus projetos.

Exibição e Visualização em CAD

Ferramentas de exibição do CAD como vista panorâmica, zoom e órbita são usadas para controlar a posição de onde é observado um objeto. Ao usar uma ferramenta de exibição, é importante ter em mente que é o observador que se move e não o objeto ou cenário.

Visualização é a forma como os objetos são mostrados na tela. Entre as visualizações disponíveis no CAD estão as quatro que aparecem na Figura 7-10: modelo de arame, supressão de linhas ocultas, sombreamento e renderização. No modelo de arame, todas as arestas e linhas de contorno do objeto são mostradas. É o modo mais simples e rápido de mostrar um objeto tridimensional e é muito usado para edição, já que todos os vértices e arestas estão disponíveis para seleção. Modelos sólidos, de superfície e de arame podem ser visualizados no modo modelo de arame.

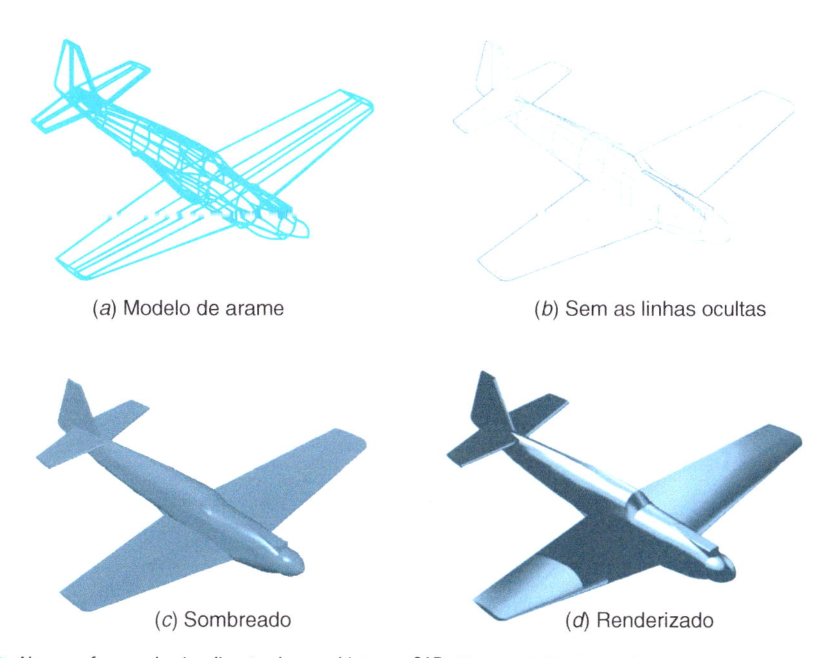
(*a*) Modelo de arame
(*b*) Sem as linhas ocultas
(*c*) Sombreado
(*d*) Renderizado

Figura 7-10 Algumas formas de visualização de um objeto em CAD. (Cortesia de Tim Lingner.)

O modo de supressão de linhas e superfícies ocultas utiliza algoritmos matemáticos para determinar quais são as arestas, superfícies e volumes visíveis de um certo ponto de vista. Neste modo, as faces de um objeto são consideradas opacas; assim, todas as partes de uma face ou aresta que fiquem atrás de outra face (quando observadas de um certo ponto de vista) são suprimidas. Modelos sólidos e de superfície podem ser visualizados no modo de supressão de linhas e superfícies ocultas.

Sombreamento é uma técnica que aplica cores uniformes a superfícies visíveis. Modelos sólidos e de superfície podem ser visualizados no modo de sombreamento.

Uma imagem renderizada é uma vista de um modelo tridimensional à qual são aplicadas cores, texturas e iluminação para criar uma imagem realista. Modelos sólidos e de superfície podem ser renderizados. Enquanto as visualizações no modelo de arame, no modelo de linhas e superfície ocultas e no modelo sombreado podem ser orbitadas em tempo real, as imagens renderizadas são imagens estáticas, a menos que uma cena completa seja renderizada quadro a quadro para criar uma animação.

PROGRAMAS DE MODELAGEM PARAMÉTRICA

Introdução

Os programas de modelagem paramétrica de sólidos refletem o modo como as empresas modernas desenvolvem seus produtos. Graças à natureza paramétrica, orientada a objeto, a modelagem paramétrica expandiu o papel tradicional do CAD para além da criação de formas geométricas, introduzindo-o na área de fabricação.

Ao contrário dos programas de modelagem de sólidos baseados em sólidos primitivos, como o AutoCAD®, os programas de modelagem paramétrica oferecem ao operador vários ambientes de trabalho, cada qual com um tipo de arquivo diferente. Entre os ambientes de trabalho disponíveis na maioria dos programas de modelagem paramétrica, estão os de peças, de montagem e desenho.[2] O ambiente de montagem, por exemplo, permite que o usuário combine várias peças para formar um modelo virtual de um produto. A Figura 7-11 mostra um ambiente de montagem típico.

[2] Outros exemplos de ambientes de trabalho especiais são o de chapas metálicas e o de peças soldadas.

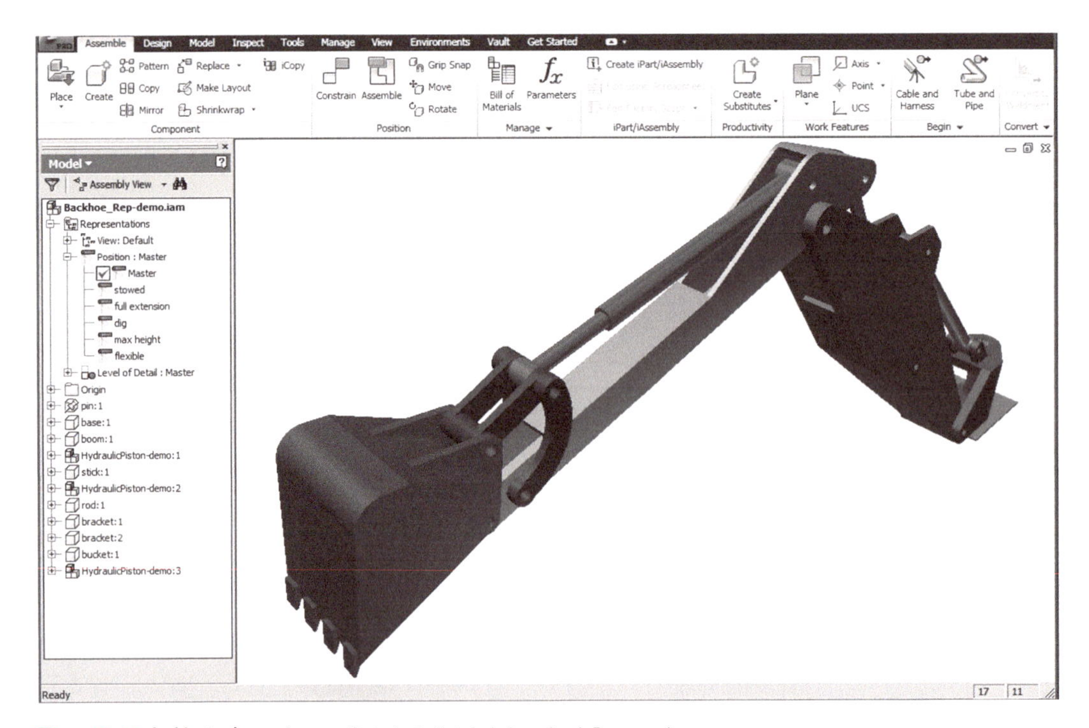

Figura 7-11 Ambiente de montagem. (Cortesia de Autodesk, Inc.; Jacob Borgerson.)

Quase todos os produtos comerciais são montados a partir de componentes. Em um produto moderadamente complexo, como uma bicicleta, alguns componentes podem ser peças simples, mas outros são submontagens. O desviador traseiro de uma bicicleta, por exemplo, é uma submontagem que contém muitas peças. Essa hierarquia natural de decomposição de um produto é reproduzida virtualmente na estrutura em árvore do ambiente de montagem. A Figura 7-12 mostra a estrutura de montagem de uma válvula de esfera.

Se o produto possui peças móveis, é possível usar a montagem virtual para simular o movimento das peças. O modelo virtual do produto também pode ser usado para identificar interferências entre as peças e determinar os limites de movimento das peças móveis do produto.

A mesma capacidade de simular a realidade existe no ambiente de cada peça. As peças são modeladas usando técnicas baseadas em processos de fabricação, com nomes como extrusão, furação, ângulo de saída, nervura, casca, filete e chanfro. Esses detalhes da modelagem paramétrica, como o nome sugere, envolvem, além de dados geométricos, dados de produção.

Figura 7-12 Estrutura em árvore de um ambiente de montagem.

Especificações geométricas são usadas para definir a forma das peças, reduzindo o número de medidas que precisam ser fornecidas ao programa. Essas especificações têm nomes como paralelo, perpendicular, concêntrico, colinear, tangente, igual e simétrico, que refletem a terminologia usada pelos operários para fabricar uma peça.

Ao criar os detalhes de modelos sólidos, os projetistas frequentemente usam uma geometria de trabalho ou de construção (planos, eixos e pontos) para definir a posição do detalhe. Essa geometria de trabalho é análoga aos dados de referência usados na fase de produção para fabricar peças.

Na modelagem paramétrica, as dimensões são associadas dinamicamente à geometria do modelo que descrevem. Quando uma dimensão muda, a geometria associada também muda. Isso oferece ao projetista uma liberdade considerável para experimentar projetos alternativos. Além disso, a base paramétrica das dimensões do modelo permite que o projetista desenvolva modelos integrados. Através de equações, uma dimensão paramétrica pode ser associada a outros parâmetros do mesmo detalhe, a outros detalhes da peça, ou mesmo a outras peças da mesma montagem. Essa flexibilidade facilita a criação de famílias de peças e de produtos, algo claramente desejável no mercado de hoje, que procura oferecer ao cliente um grande número de opções.

A ligação associativa é um dos aspectos mais importantes da modelagem paramétrica. Além da ligação já discutida entre uma dimensão e o tamanho (ou localização) de uma peça, são mantidas ligações associativas entre os ambientes de peça, de desenho e de montagem, entre uma montagem e a lista correspondente de peças, entre o texto descritivo de um arquivo e os campos dos dísticos dos gráficos, etc.

Os programas de CAD também podem estabelecer ligações associativas com modelos paramétricos. Assim, por exemplo, um modelo em CAD pode ser importado para um programa de análise de elementos finitos (AEF) para análise de tensões. Se os resultados mostram que as tensões são excessivas, não é difícil modificar o modelo em CAD, atualizar a geometria dentro do programa de AEF, e repetir a análise. A possibilidade de usar o modelo em CAD para análise, fabricação e outras aplicações posteriores ao projeto em si é uma das características principais do gerenciamento de ciclo de vida do produto e será discutida com mais detalhes em outra seção deste capítulo.

Terminologia

A ***modelagem paramétrica de sólidos*** utiliza dimensões paramétricas e dados geométricos para definir detalhes das peças e criar relações entre esses detalhes, de modo a estabelecer modelos dinâmicos para as peças. Em seguida, as peças podem ser combinadas para criar modelos de montagem virtuais. Desenhos de produção podem ser extraídos desses modelos de peças e montagens.

Detalhes são elementos básicos tridimensionais usados para criar peças. Os detalhes usados na modelagem paramétrica são análogos aos elementos reais de projeto e fabricação, tais como furo mandrilado, nervura, ângulo de saída. Existem três tipos de detalhes: gerados, fixos e de trabalho. Os detalhes gerados (por extrusão, por revolução, etc.) exigem a criação de uma curva bidimensional. Os detalhes fixos (furo, chanfro, filete, casca, face inclinada, etc.) podem ser criados diretamente. Os detalhes de trabalho são detalhes auxiliares. Os detalhes são tão importantes para o processo de modelagem de peças que a modelagem paramétrica também é conhecida como ***modelagem baseada em detalhes***.

Um ***parâmetro*** é uma grandeza definida cujo valor pode ser alterado, como, por exemplo, d0 = 10. Neste caso, d0 é o nome do parâmetro e 10 é o valor correspondente. O tamanho e posição dos detalhes são controlados por dimensões paramétricas. Quando o valor de um parâmetro é alterado, a geometria do detalhe também muda. Além disso, é possível estabelecer relações paramétricas entre detalhes, peças e montagens. Um exemplo simples seria a relação d0 = 2*d1. Se d1 = 5, d0 = 10. Se o valor de d1 é aumentado para 10, o valor de d0 passa a ser 20.

Restrições são limitações matemáticas impostas à geometria de um modelo tridimensional. Existem dois tipos de restrições aos modelos das peças: restrições dimensionais e restrições geométricas. As restrições dimensionais (também conhecidas como dimensões paramétricas) estabelecem limites para o tamanho ou posição de um detalhe. As restrições geométricas (como, por exemplo, paralelismo, tangência, concentricidade) estabelecem limites para a forma ou posição de um detalhe. Em alguns programas de computador, as restrições geométricas são chamadas de relações. Além das restrições das peças, existem as restrições de montagem, que determinam o modo como as diferentes peças devem ser posicionadas entre si. Acoplar e inserir, por exemplo, são restrições de montagem. A modelagem paramétrica é às vezes chamada de ***modelagem baseada em restrições***.

Modelagem de Peças

INTRODUÇÃO

O processo de criação de uma peça começa com um desenho bidimensional. Esse desenho, em geral uma curva fechada, é usado para criar o primeiro detalhe ou ***detalhe de base*** da peça. O detalhe de base é muitas vezes uma extrusão ou uma revolução. Em seguida, outros detalhes são acrescentados para completar a peça. Esses detalhes podem se basear em outro desenho, ou podem ser introduzidos diretamente no modelo, sem necessidade de criar uma geometria adicional.

Os arquivos de uma peça contêm inicialmente três planos de dados mutuamente perpendiculares, como os que aparecem na Figura 7-13. Um desses planos é selecionado e usado para desenhar o detalhe de base. A origem do arquivo da peça é definida como o ponto de interseção dos três planos de referência. Em alguns programas de modelagem paramétrica, três eixos de trabalho e um pon-

Figura 7-13 Planos de dados.

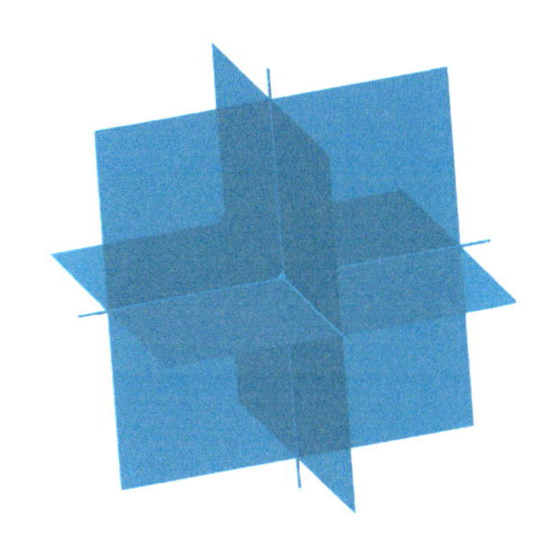

Figura 7-14 Eixos de trabalho.

to de origem também são fornecidos, como mostra a Figura 7-14.

MODO DE DESENHO

Como foi visto na seção anterior, os desenhos bidimensionais desempenham um papel importante na criação de modelos paramétricos tridimensionais. Para facilitar esta parte crucial da criação de peças, um modo de desenho, às vezes chamado de *sketcher*, é incluído no ambiente de modelagem de peças. A Figura 7-15 mostra uma interface de desenho típica.

Antes de entrar no ambiente de desenho, é preciso definir um plano de desenho. Este plano pode ser 1) um dos planos de dados, 2) o plano de uma das faces de uma peça já existente, ou 3) um novo plano de trabalho. A Figura 7-16 mostra exemplos dos três casos.

As ferramentas disponíveis no modo de desenho são semelhantes às dos programas de CAD bidimensional, como reta, circunferência, arco, corte, deslocamento, etc.

Dependendo do modo como é feito o desenho, algumas restrições geométricas podem ser presumidas. A Figura 7-17, por exemplo, mostra um segmento de reta sendo traçado a partir de um arco de circunferência. Quando uma reta parece ser aproximadamente tangente a um arco, um pequeno símbolo chamado *glifo* aparece na tela. Se a outra extremidade do segmento de reta é marcada, uma restrição do tipo tangente é aplicada à reta e ao arco.

Depois de preparado um esboço, é possível introduzir restrições geométricas adicionais. A Figura 7-18*a* mostra um desenho antes dos últimos retoques. A Figura 7-18*b* mostra o mesmo desenho depois de aplicadas restrições de concentricidade, tangência, colinearidade e simetria.

Uma vez aplicadas as restrições geométricas, podem ser acrescentadas as dimensões paramétricas para restringir ainda mais o desenho. A Figura 7-19 mostra um desenho depois de aplicadas todas as restrições.

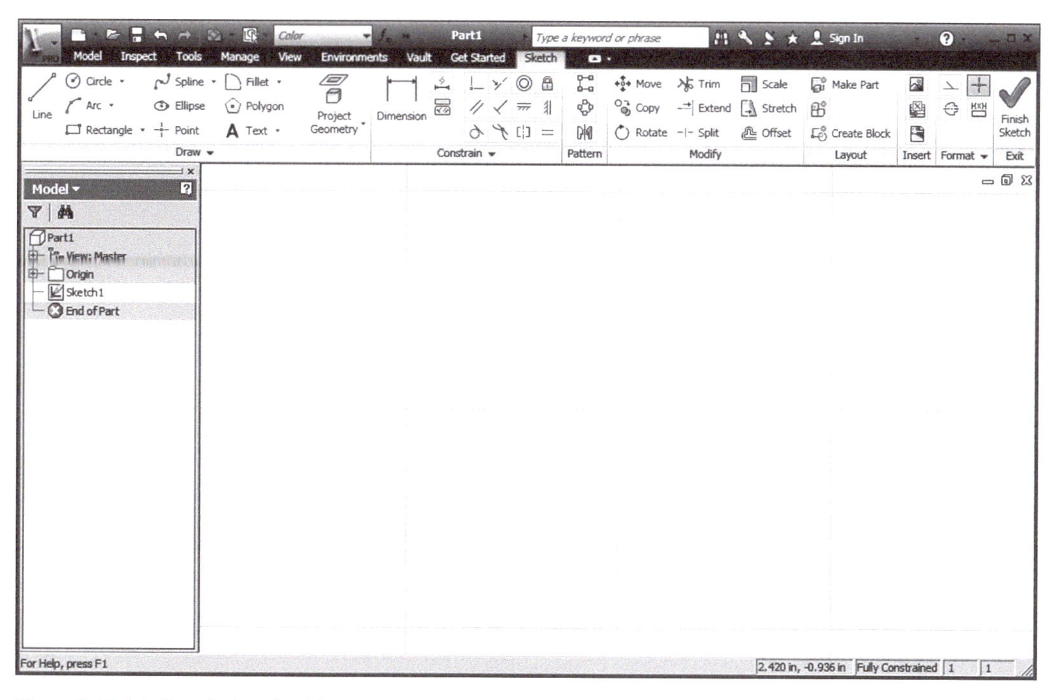

Figura 7-15 Interface de desenho típica. (Cortesia de Autodesk, Inc.)

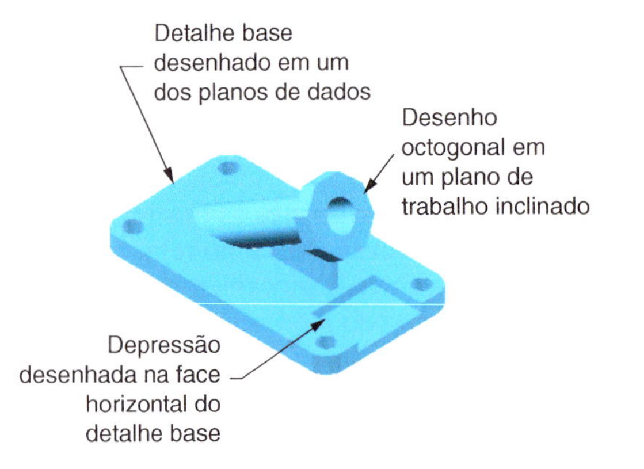

Figura 7-16 Tipos de planos de desenho.

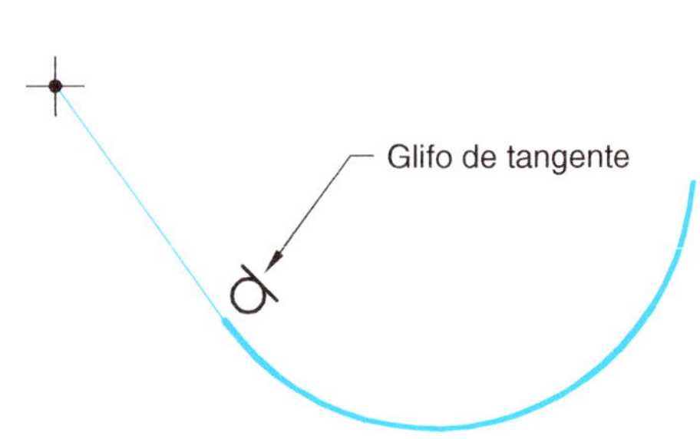

Figura 7-17 Restrição geométrica presumida.

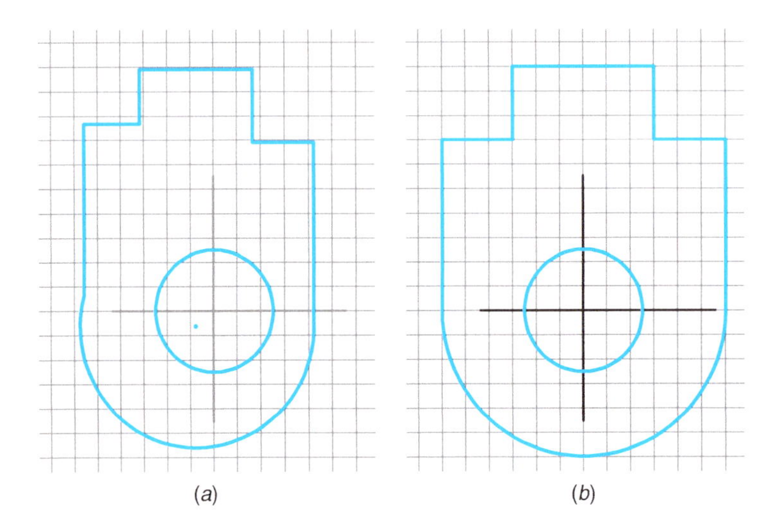

Figura 7-18 Uso de restrições geométricas adicionais.

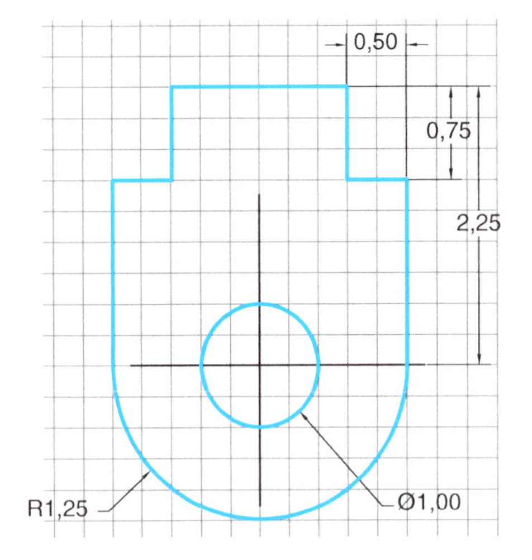

Figura 7-19 Desenho com todas as restrições.

CRIAÇÃO DE DETALHES

Uma vez criado o desenho definitivo, está na hora de sair do modo de desenho e começar a usar as ferramentas de criação de detalhes, como extrusão, revolução, varredura e *loft* (criação de envoltória). As operações de extrusão e revolução exigem apenas um desenho, mas para executar as operações de varredura e *loft* são necessários pelo menos dois desenhos.

A geometria do detalhe base é sempre aditiva. Os detalhes subsequentes podem ser combinados com o detalhe base através de operações de união, subtração ou interseção, dependendo do operador booliano escolhido: join (juntar), cut (cortar) ou intersect (determinar a interseção). A Figura 7-20 mostra os resultados da união, subtração e interseção

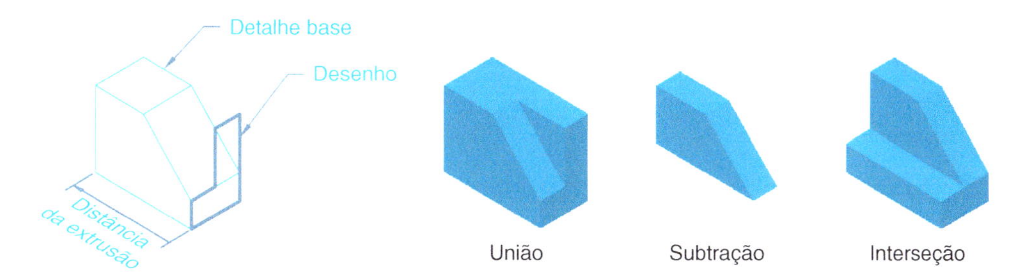

Figura 7-20 Aplicação de operações boolianas a um detalhe base.

de um desenho gerado por extrusão a partir de um detalhe base.

Para implementar um detalhe padronizado, basta que o usuário selecione uma geometria existente e forneça os dados paramétricos pertinentes; nenhum desenho é necessário. A Figura 7-21 mostra uma peça com vários detalhes padronizados, como um plano inclinado, uma casca, um furo mandrilado e um filete.

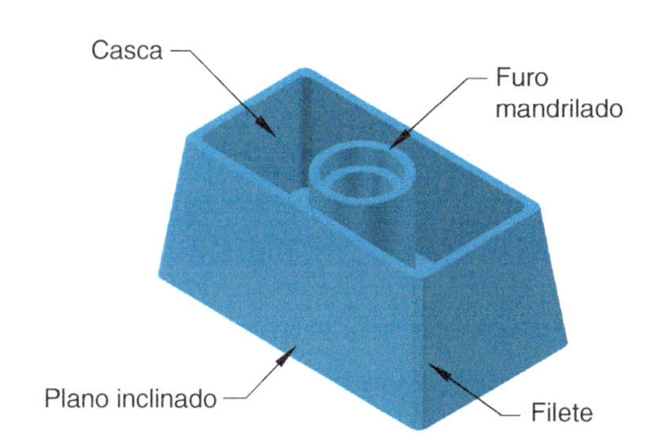

Figura 7-21 Detalhes padronizados.

Entre os detalhes de trabalho (também conhecidos como detalhes de construção) estão planos de trabalho, eixos de trabalho e pontos de trabalho. Ao contrário dos detalhes padronizados e dos detalhes gerados, os detalhes de trabalho não têm efeito direto sobre a geometria do modelo, mas servem apenas para facilitar a criação de outros detalhes. Assim, por exemplo, tanto a fuselagem como as asas da aeronave que aparece na Figura 7-22 foram criadas usando detalhes loft. A construção de um detalhe loft é feita a partir de vários desenhos planos. Assim, para criar cada loft, foram primeiro criados vários planos de trabalho por deslocamento a partir de um plano dado. Foram feitos desenhos nesses planos, que em seguida foram usados para criar um sólido usando a ferramenta loft.

Segue uma descrição do processo de criação de uma peça usando modelagem paramétrica.

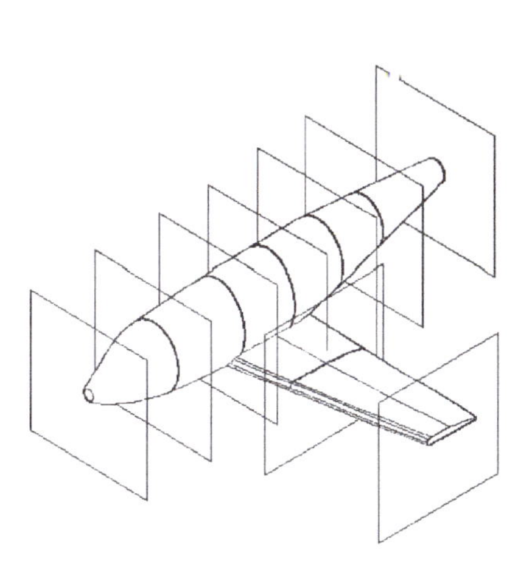

Figura 7-22 Uso de planos de trabalho para criar o modelo de uma aeronave usando a ferramenta loft. (Cortesia de Michael Rybalko, Rob Wille, Paul D. Arendt, Stephanie Schachtrup, Dominic Menoni e Daniel J. Weidner.)

Processo de criação de uma peça (veja a Figura 7-23)

1º passo

Defina um plano de desenho

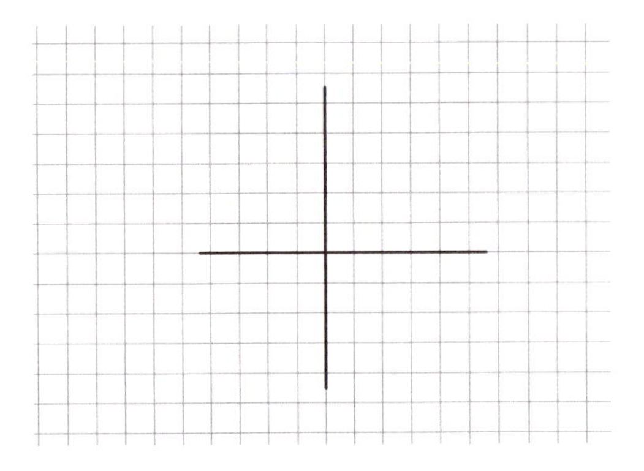

2º passo

Faça um esboço

- Algumas restrições geométricas são presumidas

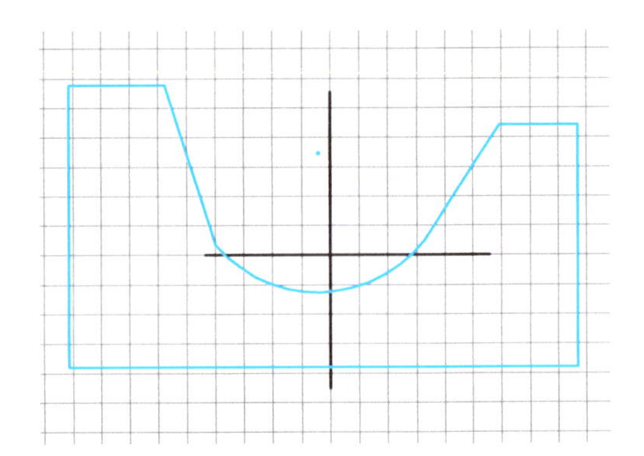

3º passo

Acrescente restrições geométricas

- Coincidência, tangência, simetria

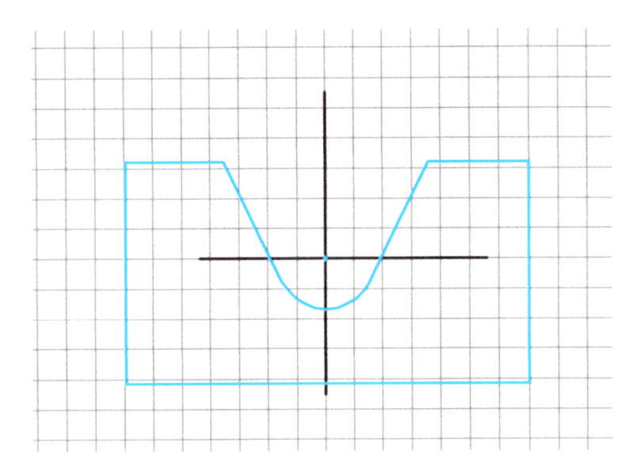

4º passo

Acrescente dimensões paramétricas

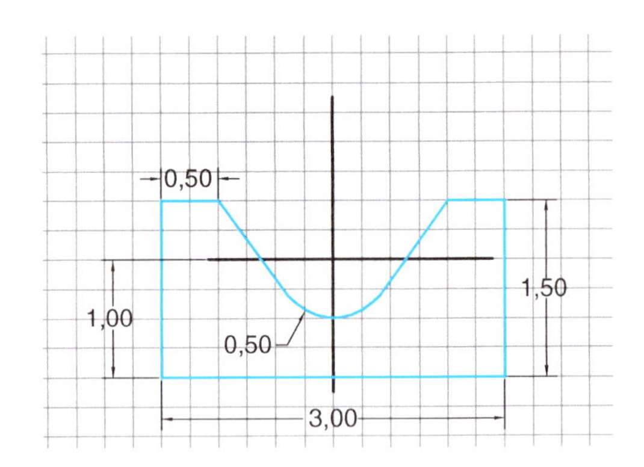

5º passo

Crie o detalhe base

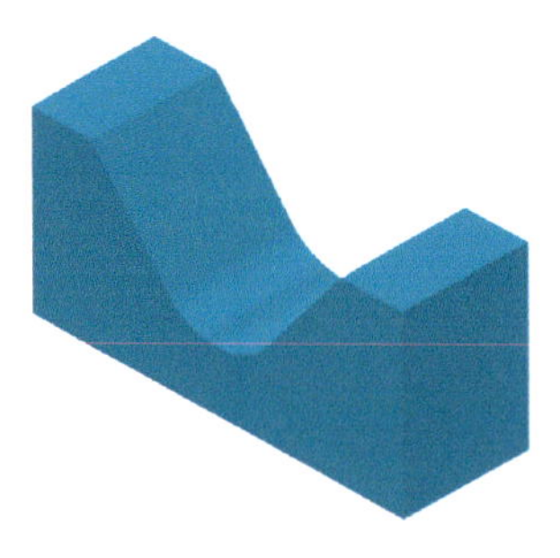

6º passo

Acrescente outros detalhes

- Extrusões, furos, filetes, chanfros

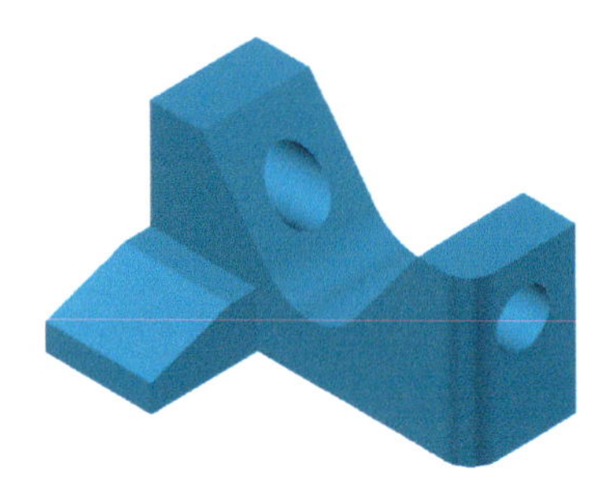

Figura 7-23 Processo de criação de uma peça.

EDIÇÃO DE PEÇAS

Uma vez criados, os detalhes de uma peça podem ser modificados a qualquer momento, seja por edição do ***desenho consumido***,[3] seja pela mudança dos valores dos dados de entrada ou dos parâmetros do detalhe. A Figura 7-24*a* mostra uma peça e seu detalhe base. A Figura 7-24*b* mostra a mesma peça depois que o detalhe base foi modificado, mudando o ângulo de 50 para 70°. A Figura 7-24*c* mostra a peça depois que a distância de extrusão da nova peça foi mudada de 60 para 80.

[3] Dizemos que um desenho foi consumido quando foi usado para criar um detalhe. Em alguns programas de modelagem paramétrica, o desenho consumido pode ser *compartilhado*, ou seja, pode ser usado para criar outros detalhes.

Os detalhes também podem ser ***suprimidos***. Isso significa que a operação que introduz o detalhe na peça deixa de ser executada. O lado direito da Figura 7-25 mostra o efeito da supressão dos furos e filetes de um espremedor de alho. Pode ser desejável suprimir certos detalhes antes de importar a geometria de uma peça para outro programa. Antes de importar uma peça para um programa de análise de elementos finitos, por exemplo, pode ser conveniente suprimir pequenos detalhes, para que não aumentem desnecessariamente o tempo de processamento.

O acesso aos detalhes das peças, para editá-los, suprimi-los, rebatizá-los ou para qualquer outro fim, pode ser feito facilmente com o auxílio da ***árvore de detalhes***. A Figura 7-26 mostra uma peça simples e a árvore de detalhes

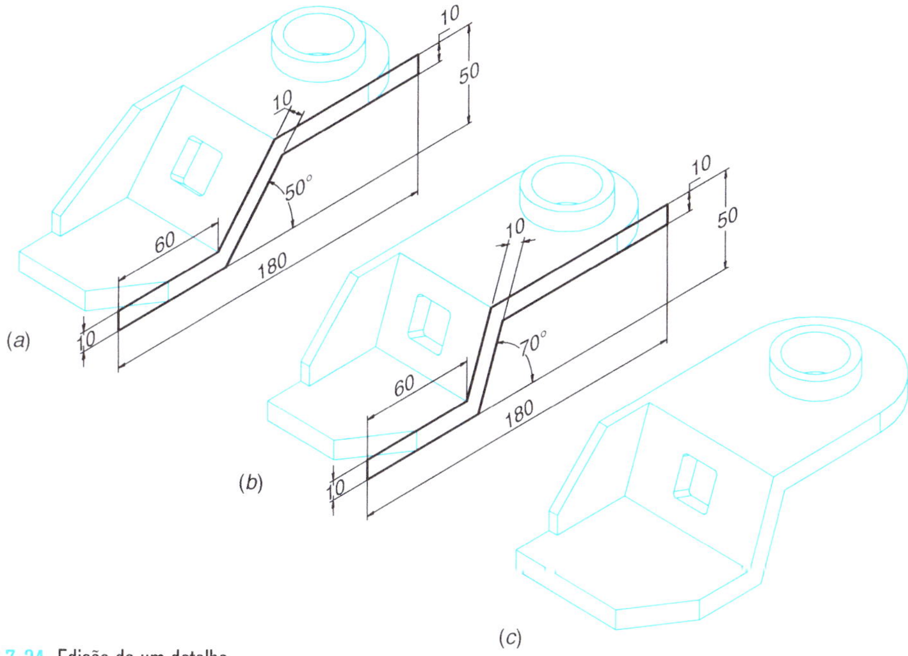

Figura 7-24 Edição de um detalhe.

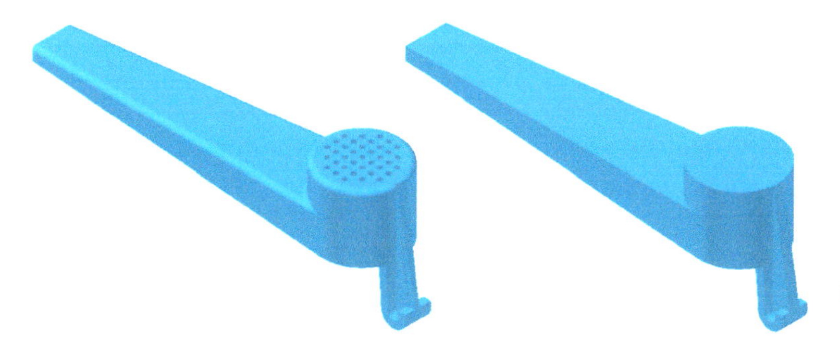

Figura 7-25 Supressão de detalhes.

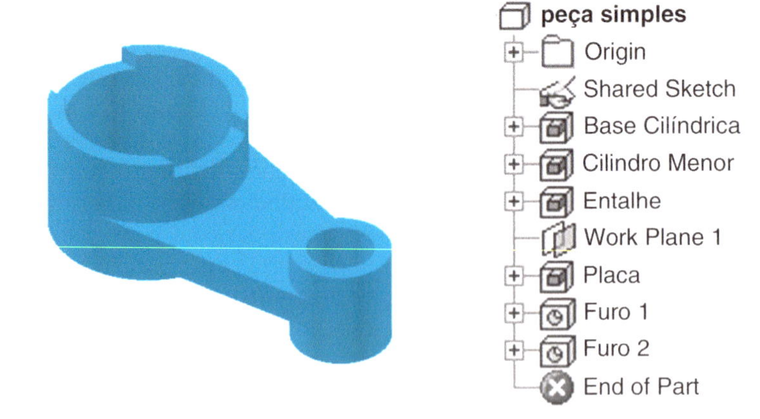

Figura 7-26 Árvore de detalhes de uma peça simples.

associada. Observe que os detalhes de trabalho (como, por exemplo, o Work Plane 1) são mostrados na árvore, juntamente com os detalhes desenhados, os detalhes padronizados e os detalhes não consumidos. Expandindo um detalhe desenhado, é possível conhecer o detalhe consumido correspondente. Quando um novo detalhe é introduzido, o nome do detalhe é colocado na base da árvore. Desta forma, a árvore de detalhes revela a história do modelo, mostrando a ordem em que os detalhes foram criados. Os programas de modelagem paramétrica dispõem de vários comandos para que o usuário examine a forma como o modelo foi construído.

Em alguns programas de modelagem, a posição de um detalhe na árvore de detalhes pode ser modificada arrastando-o para cima ou para baixo ao longo da árvore, a menos que isso não seja possível por causa de ligações com outros detalhes. Essas ligações são conhecidas como ***relações de pai e filho***. Uma relação desse tipo é criada quando a posição de um novo detalhe (o detalhe filho) é especificada em relação a um detalhe já existente (o detalhe pai). É possível evitar muitas dessas dependências especificando a posição dos detalhes em relação aos planos de dados e não a outros detalhes. Note que um detalhe filho deve sempre estar abaixo do detalhe pai na árvore de detalhes e que o detalhe base é, em geral, o pai de todos os outros detalhes. Quando um detalhe pai é removido, todos os detalhes filhos desse detalhe também são removidos. O cilindro saliente da Figura 7-27*a*, por exemplo, é pai do furo, do filete e do chanfro da Figura 7-27*b*.

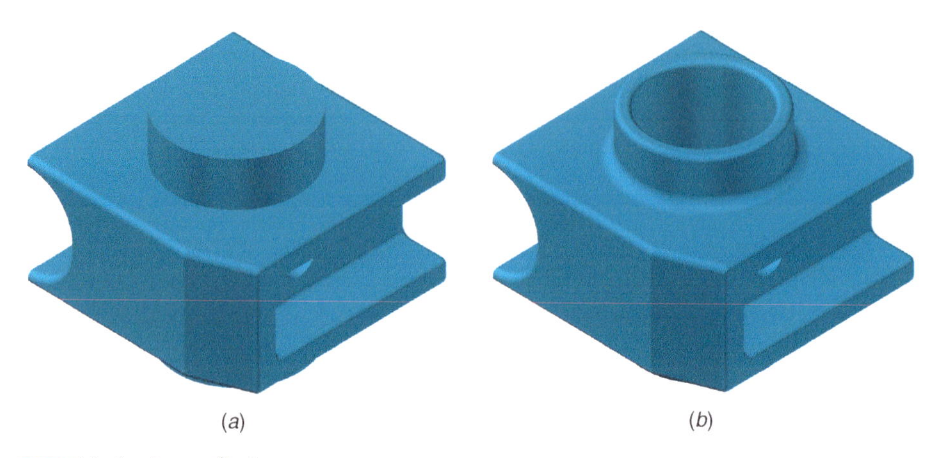

Figura 7-27 Relações de precedência.

Modelagem de Montagens

INTRODUÇÃO

Muito usada nas indústrias automotiva e aeroespacial, a modelagem de montagens é uma tecnologia relativamente nova que permite que o operador combine componentes para criar um modelo paramétrico tridimensional de uma montagem. A modelagem de montagens é uma ferramenta essencial para qualquer grupo de trabalho envolvido no desenvolvimento de um produto composto de várias peças. Entre as vantagens da modelagem de montagens estão as seguintes:

- A possibilidade de obter uma estrutura do produto (BOM*) completa.
- A possibilidade de atualizar automaticamente o peso, o centro de gravidade e outras propriedades inerciais da montagem.
- A possibilidade de detectar interferências entre as peças, evitando erros embaraçosos e dispendiosos.
- A possibilidade de executar uma análise cinética de peças móveis da montagem, incluindo a amplitude dos movimentos e a posição, velocidade e aceleração das peças.
- A possibilidade de criar cortes e vistas explodidas da montagem (para uma discussão detalhada, veja o Capítulo 8).

O primeiro passo a ser executado dentro do ambiente de modelagem de uma montagem é introduzir as peças. Entre as opções para introduzir uma peça em uma montagem estão as seguintes: 1) importar uma peça pronta; 2) criar a peça dentro do ambiente de montagem; 3) importar uma peça padronizada de um arquivo interno de peças.

Depois que todas as peças desejadas se encontram no ambiente de montagem, o passo seguinte é posicioná-las corretamente. A forma de fazer isso será discutida nas próximas duas seções.

GRAUS DE LIBERDADE

Os modelos sólidos são corpos rígidos e, portanto, possuem seis graus de liberdade: três de translação e três de rotação. Quando uma peça rígida é introduzida no ambiente de montagem, os seis graus de liberdade estão em aberto. A peça não tem restrições: está livre para se deslocar em qualquer direção e girar em torno de qualquer eixo. Removendo um ou mais desses graus de liberdade, é possível limitar, total ou parcialmente, a liberdade de movimento da peça.

RESTRIÇÕES DE MONTAGEM

Restrições de montagem são restrições paramétricas que limitam o movimento de uma peça em relação a outra. Isso é conseguido removendo graus de liberdade. Acoplar e inserir são duas restrições típicas, usadas na maioria dos programas de modelagem paramétrica. Quando uma peça é fixa em relação a outra, os seis graus de liberdade são removidos. No caso de uma peça móvel, a restrição é parcial, sendo mantidos os graus de liberdade associados aos movimentos permitidos.

Como as restrições de montagem são paramétricas, um valor é associado a cada restrição. O valor pode corresponder a uma distância ou a um ângulo. Na Figura 7-28, por exemplo, uma restrição de acoplamento é aplicada às superfícies de duas peças. Quando o valor do deslocamento paramétrico é zero (Figura 7-28*a*), as superfícies estão em contato. Quando o deslocamento tem um valor diferente de zero, as superfícies são mantidas a essa distância (veja a Figura 7-28*b*).

BIBLIOTECAS DE PEÇAS

A maioria dos programas de modelagem paramétrica dispõe de uma biblioteca de peças padronizadas associada ao ambiente de montagem. Essas peças podem ser pequenos elementos, como parafusos, arruelas, anéis de

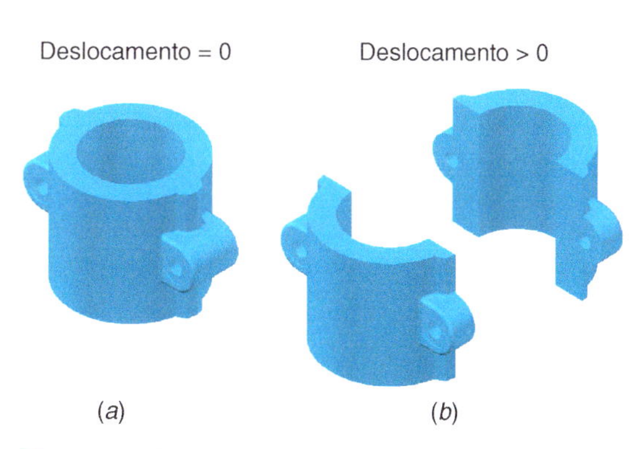

Figura 7-28 Restrições de acoplamento.

* Do inglês, *bill of materials*. (N.T.)

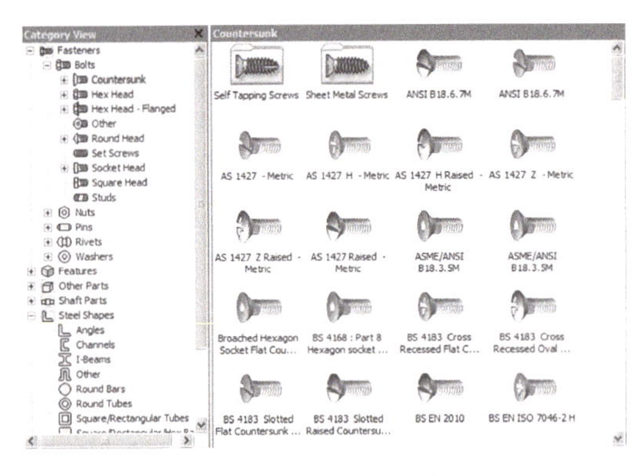

Figura 7-29 Interface de uma biblioteca de peças. (Cortesia de Autodesk, Inc.)

vedação, etc., ou peças maiores. A Figura 7-29 mostra a interface de uma biblioteca de peças típica. Além das bibliotecas internas, os programas de modelagem podem ter acesso a bibliotecas externas através da Internet.

Estratégias Avançadas de Modelagem

Qual é a abordagem ideal para a modelagem, dado que o modelo terá que ser modificado no futuro? Esta pergunta captura a essência da ***intenção do projeto***, um termo frequentemente usado no contexto da modelagem paramétrica. Enquanto os detalhes paramétricos podem ser facilmente ajustados, um modelo paramétrico montado com base nesses detalhes pode ser fácil, difícil ou quase impossível de modificar. Isso acontece por causa das interações dos detalhes, que tendem a se acumular durante a construção do modelo.

A meta da intenção do projeto é aumentar a versatilidade do modelo. Para isso, os projetistas devem avaliar criteriosamente as consequências de suas decisões com relação ao modelo. A solução fácil de hoje pode, infelizmente, tornar o modelo imprestável no futuro. Para que um modelo paramétrico funcione adequadamente, é necessário um planejamento cuidadoso.

Suponha, por exemplo, que seja necessário fazer furos uniformemente espaçados ao longo de uma barra metálica. São dadas as seguintes dimensões:

Comprimento da barra (L) = 48 cm
Número de furos (N) = 5
Distância entre a extremidade da barra e o centro do furo mais próximo (D) = 2 cm

Este modelo pode ser construído em três etapas:

1. Criação da barra.
2. Criação de um furo em uma extremidade da barra.
3. Uso de um método recursivo para criar os outros furos. Note que o espaçamento entre os furos deve ser especificado.

O resultado aparece na Figura 7-30*a*. Suponha agora que uma empresa pretenda fabricar uma família de peças do mesmo tipo, usando L, N e D como parâmetros. A intenção do projeto é permitir a produção de barras metálicas com diferentes especificações, bastando para isso entrar com o comprimento da barra, o número de furos e a distância entre a extremidade da barra e o furo mais próximo. A Figura 7-30*b* mostra uma peça semelhante com L = 36 cm, N = 8 e D = 1 cm. A Figura 7-30*c* mostra a caixa de diálogo usada para estabelecer as relações que permitem modificar as especificações da peça, simplesmente mudando os três parâmetros.

Outro exemplo aparece na Figura 7-31*a*. Uma empresa usa prateleiras de arame semelhantes à mostrada na figura. Segmentos longitudinais e transversais de arame são soldados para formar a prateleira. As dimensões relevantes são o diâmetro e comprimento dos segmentos de arame, o número de segmentos necessários, a distância entre os segmentos e o balanço, tanto dos segmentos longitudinais como dos segmentos transversais. É muito fácil criar este modelo como uma peça isolada, usando, por exemplo, a seguinte sequência de passos:

1. Criação de um segmento longitudinal.
2. Uso de um método recursivo para criar os outros segmentos longitudinais.
3. Criação de um segmento transversal, especificando que o segmento deve tocar os segmentos longitudinais.
4. Uso de um método recursivo para criar os outros segmentos transversais.

Caso, porém, a intenção seja permitir uma variação desses parâmetros (diâmetro, comprimento, número, espaçamento e balanço) para gerar uma família de prateleiras de arame (veja a Figura 7-31*b*), será necessário um planejamento mais cuidadoso.

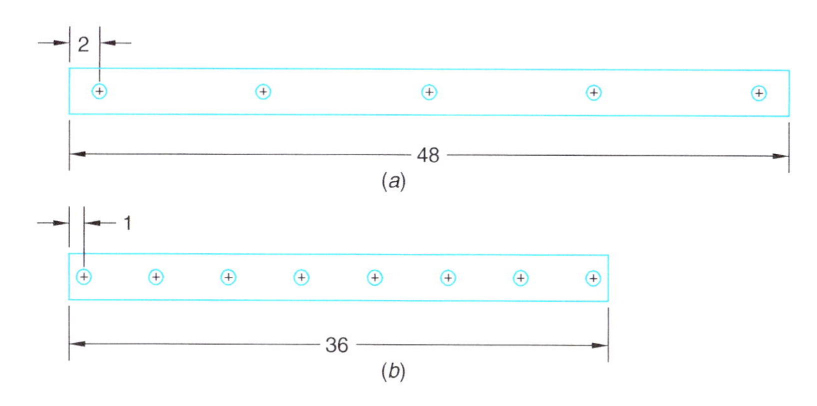

Nome do parâmetro	Unidade	Equação	Valor do parâmetro
L	cm	36 in	36,00000
D	cm	1 in	1,00000
N	–	8	8,00000
espaçamento	cm	(L – 2 * D)/(N – 1)	4,8571

(c)

Figura 7-30 Família de peças do tipo barra metálica com furos.

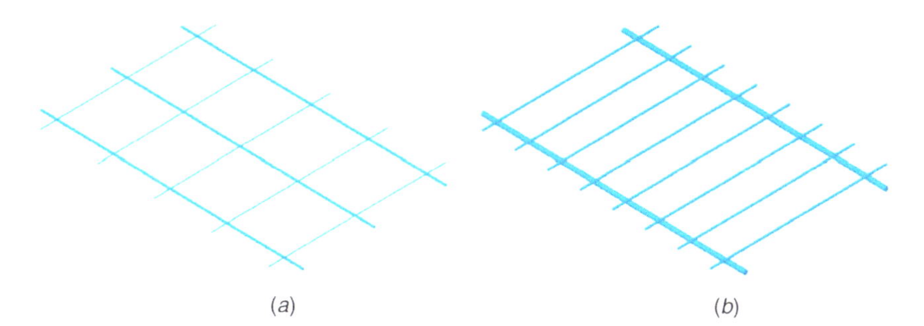

Figura 7-31 Família de prateleiras de arame.

A modelagem paramétrica também pode ser usada para criar famílias inteiras de produtos. A Figura 7-32 mostra uma misturadora usada na indústria de processamento de alimentos. A máquina é formada por várias submontagens e contém centenas de peças. Existem vários modelos, com diferentes capacidades. Além disso, muitos clientes exigem que o produto seja personalizado para atender às necessidades particulares de sua indústria, o que pode envolver, por exemplo, a modificação dos parâmetros mostrados na Figura 7-33.

Um grupo de projeto experiente recebeu a missão de criar uma família de misturadores para um cliente industrial. A solução en-

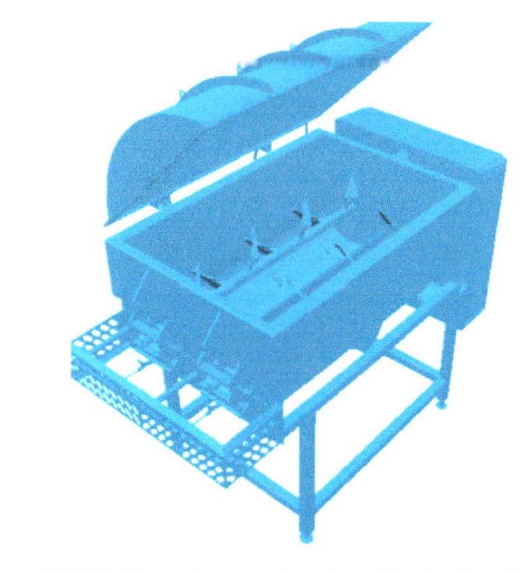

Figura 7-32 Misturadora usada na indústria de alimentos. (Cortesia de Cozzini Inc.; Adam R. Andrea, Katie Kopren, Philip Kunz.)

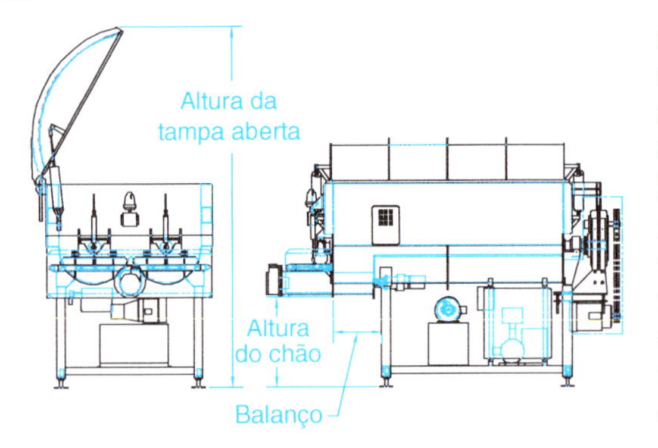

Figura 7-33 Dimensões especificadas por um cliente para uma misturadora. (Cortesia de Cozzini Inc.; Adam R. Andrea, Katie Kopren, Philip Kunz.)

contrada foi desenvolver um modelo de misturador com uma capacidade específica e usá-lo como base para a família de produtos. Como mostra a Figura 7-34, o grupo estabeleceu uma ligação entre os parâmetros de montagem do modelo e várias planilhas eletrônicas. Simplesmente especificando os parâmetros adequados em uma planilha mestra, o fabricante podia gerar um modelo de montagem de uma misturadora com a capacidade desejada.

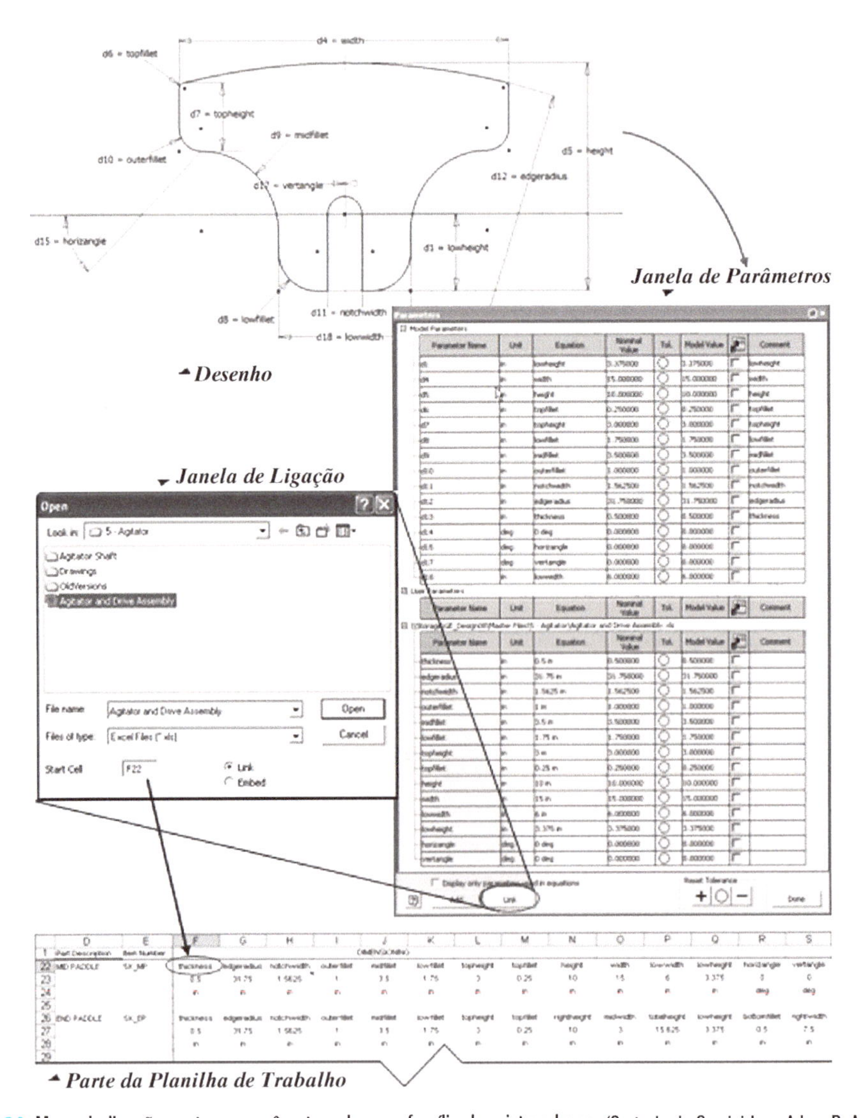

Figura 7-34 Mapa de ligações entre os parâmetros de uma família de misturadoras. (Cortesia de Cozzini Inc.; Adam R. Andrea, Katie Kopren, Philip Kunz.)

MODELAGEM DE SUPERFÍCIES COM NURBS

Introdução

Os B-splines racionais não uniformes (NURBS) são usados para modelar cascos de navio, carrocerias de automóvel, bens de consumo, e até mesmo personagens animados de jogos de computador e filmes de cinema. O método mais usado para criar modelos de superfícies usando NURBS consiste em construir primeiro um arcabouço composto por curvas e depois gerar as superfícies a partir dessas curvas. A Figura 7-35 mostra, do lado esquerdo, o arcabouço e, do lado direito, o modelo final de um Mini Cooper criado por um grupo de estudantes de desenho industrial e engenharia. Outra técnica de modelagem envolve a manipulação direta das superfícies. No lado esquerdo da Figura 7-36, uma superfície de revolução que representa o cabo de um joystick é criada. No lado direito, a superfície é submetida a uma deformação para torná-la mais ergonômica.

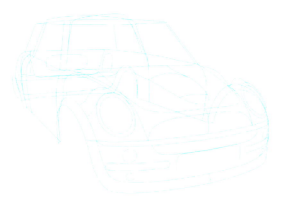

A história dos NURBS está ligada de perto à evolução da tecnologia dos computadores. Antes do surgimento dos computadores pessoais, curvas bidimensionais de formas livres eram desenhadas com réguas flexíveis chamadas ***splines***, feitas de madeira ou plástico. Essas réguas eram usadas nas salas de projetos dos estaleiros e nos escritórios dos arquitetos navais para criar as curvas que definem a forma do casco dos navios. Pesos de chumbo conhecidos como ***ducks*** mantinham o spline fixo em certos pontos definidos de antemão, e o spline era usado como guia para traçar uma curva suave de interpolação passando por esses pon-

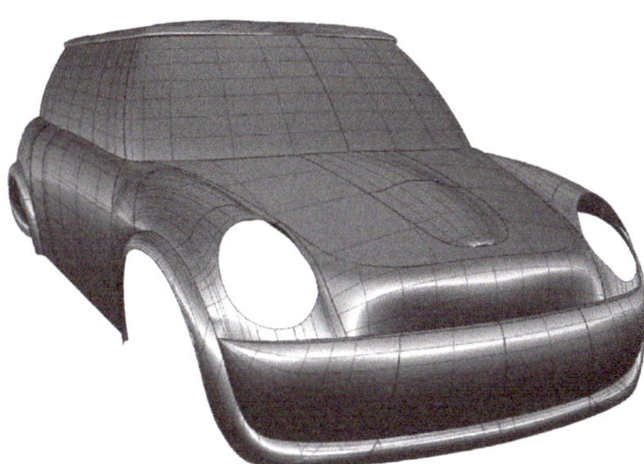

Figura 7-35 Curvas e superfícies de um Mini Cooper. (Cortesia de Todd Cao e William Bergen.)

Figura 7-36 Manipulação de uma superfície.

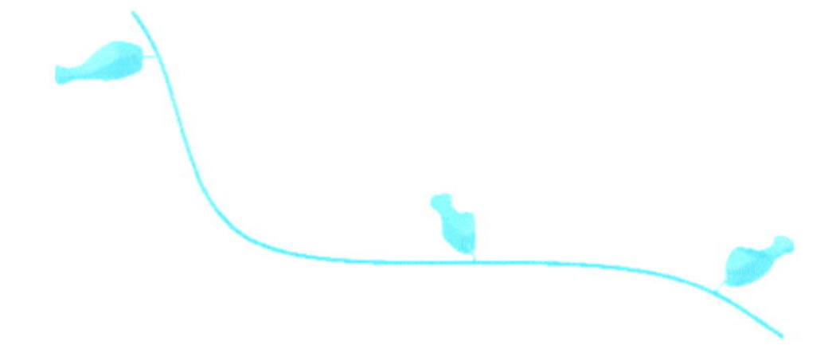

Figura 7-37 Spline com ducks.

tos. A Figura 7-37 mostra vários ducks e um spline na posição adequada para o traçado de uma curva. Tradicionalmente, um ***plano de linhas*** descrevendo a geometria do casco de um navio, como o que aparece na Figura 7-38, era criado com o auxílio de splines. Hoje em dia, esses desenhos são feitos em computador.

Na década de 1940, os matemáticos começaram a estudar o spline tradicional com o objetivo de modelar em computador esse instrumento de desenho. O spline físico se comporta como uma viga flexível, cujas deflexões formam uma curva suave. É possível demonstrar[4] que a forma do spline físico pode ser descrita matematicamente por polinômios do terceiro grau.

[4] David F. Rogers e J. Alan Adams, *Mathematical Elements for Computer Graphics*, 2d ed., McGraw-Hill, 1990, p. 252.

Curvas Paramétricas e Splines Cúbicos

O spline matemático pode ser descrito como "uma curva ***paramétrica*** polinomial por partes". Embora as curvas e superfícies possam ser representadas em forma paramétrica ou não paramétrica, a representação paramétrica é a mais usada em gráficos gerados em computador e em programas de CAD. No caso de curvas, um único parâmetro, normalmente representado pela letra u, é necessário. No caso de superfícies, são usados dois parâmetros, u e v. O valor dos dois parâmetros normalmente está compreendido entre 0 e 1, embora isso não seja estritamente necessário. A matemática das equações paramétricas serve de base para todas as curvas de formas livres que serão discutidas a seguir, como os splines cúbicos, as curvas de Bézier, os B-splines e os NURBS. A forma paramétrica também é usada para representar curvas analíticas, como linhas retas, seções cônicas, etc.

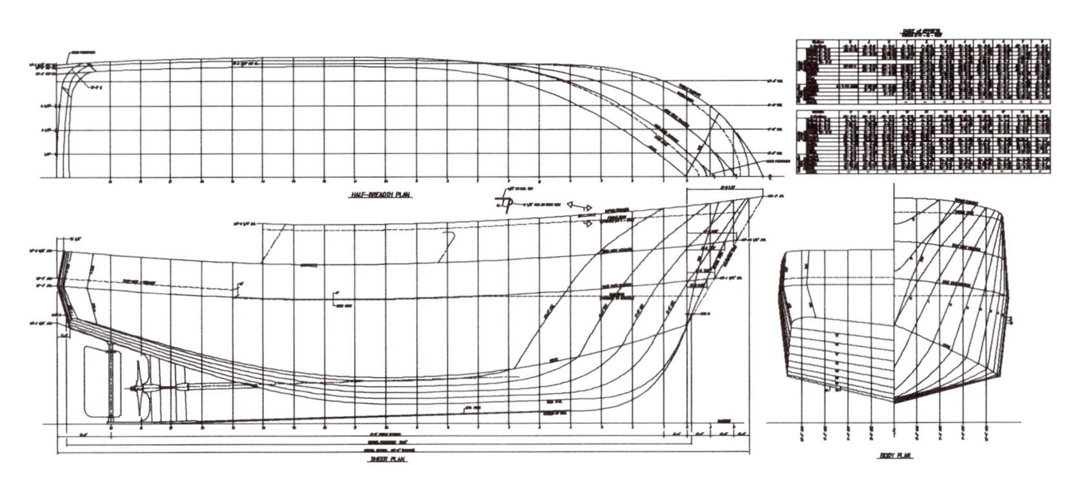

Figura 7-38 Plano de linhas. (Cortesia de Jensen Maritime Consultants, Inc.)

Representação paramétrica de uma curva

Na representação paramétrica de uma curva, cada ponto da curva é definido por um vetor posição **P** (veja a Figura 7-39) cujas componentes são

$$x = x(u),\ y = y(u),\ z = z(u)$$
$$\mathbf{P}(u) = [x(u)\ y(u)\ z(u)],\ 0 \le u \le 1$$

Continua

(*Continuação*)

em que x, y e z são polinômios e u é um parâmetro

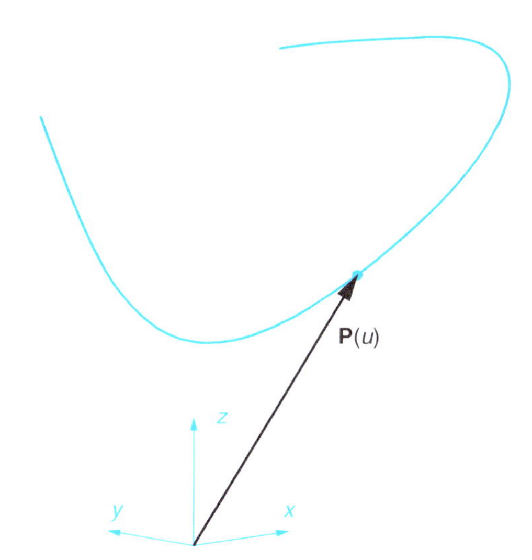

Figura 7-39 Representação paramétrica de uma curva.

Por exemplo: as coordenadas que definem a curva bidimensional da Figura 7-40 são geradas através das seguintes equações, com o parâmetro u variando de 0 a 1:

$$x(u) = 3u^2$$
$$y(u) = 2u$$
$$z(u) = 0$$

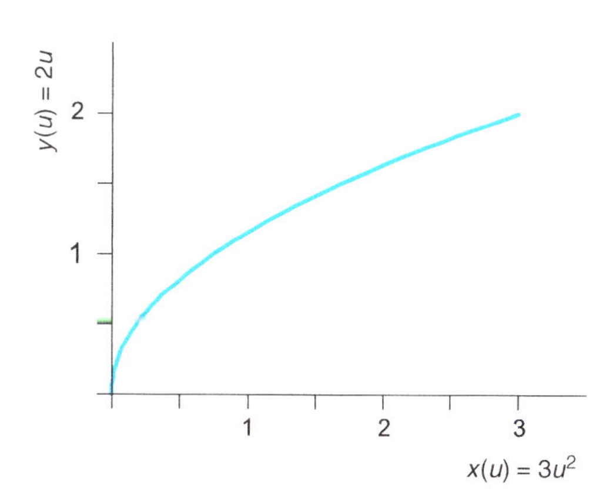

u	$x(u) = 3u^2$	$y(u) = 2u$
0	0	0
0,1	0,03	0,2
0,2	0,12	0,4
0,3	0,27	0,6
0,4	0,48	0,8
0,5	0,75	1,00
0,6	1,08	1,20
0,7	1,47	1,40
0,8	1,92	1,60
0,9	2,43	1,80
1	3,00	2,00

Figura 7-40 Exemplo de curva paramétrica bidimensional.

Um ***spline cúbico*** é um modelo matemático de um spline físico definido por quatro pontos, conhecidos como ***condições de contorno***. Se os pontos não estão todos no mesmo plano, a curva é tridimensional e recebe o nome de ***curva espacial***. Se os quatro pontos estão no mesmo plano, a curva pode ter um ponto de inflexão, como mostra a Figura 7-41.

Os splines costumam ser descritos por polinômios do terceiro grau, mas também é possível usar polinômios do segundo e do primeiro graus, caso em que os splines são chamados

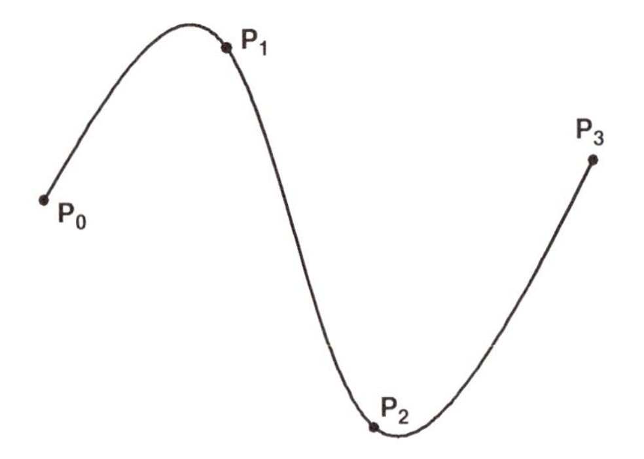

Figura 7-41 Spline cúbico com um ponto de inflexão.

de quadráticos e lineares, respectivamente. O spline quadrático é uma ***curva plana***, já que é definido por apenas três pontos, e três pontos sempre estão no mesmo plano. Além disso, o spline quadrático não pode ter um ponto de inflexão. A Figura 7-42 mostra um exemplo de spline quadrático definido por três pontos. O spline linear é um polinômio do primeiro grau, ou seja, uma ***linha reta***, já que é definido por apenas dois pontos.

Em vez de usar quatro pontos de uma curva como as condições de contorno que definem um spline cúbico, o ***spline cúbico de Hermite*** é definido pelos dois pontos extremos da curva e pelas tangentes à curva nesses pontos extremos. A Figura 7-43 mostra um spline cúbico de Hermite e suas condições de contorno.

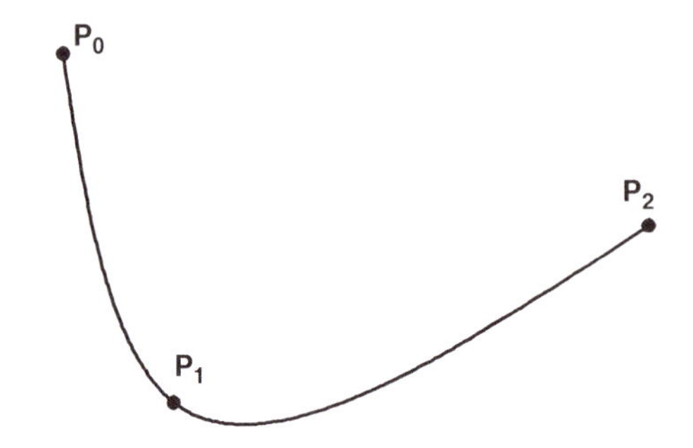

Figura 7-42 Spline quadrático.

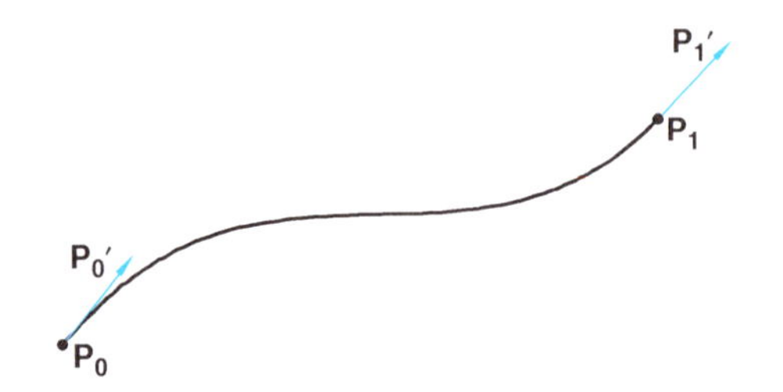

Figura 7-43 Spline cúbico de Hermite.

A forma de um spline matemático é determinada através da multiplicação de uma matriz de ***funções de mistura*** por uma matriz de condições de contorno. As funções de mistura são polinômios expressos em termos de parâmetro u, cujo valor está compreendido entre 0 e 1. A forma dos polinômios depende das condições de contorno usadas para definir a curva.

Curvas de Bézier

Os nomes ***curva de Bézier*** e ***superfície de Bézier*** se devem a Pierre Bézier (1910-1999), cuja fotografia aparece na Figura 7-44. Bézier foi um engenheiro francês que, no início da década de 1960, usou e aperfeiçoou essas curvas e superfícies paramétricas para projetar carrocerias de automóvel. Bézier trabalhou durante muitos anos na Renault, a fábrica de automóveis francesa, onde também desenvolveu um dos primeiros sistemas de CAD/CAM, o UNISURF. Na verdade, as curvas de Bézier foram criadas em 1959 por Paul de Casteljau, que na época trabalhava na Citroën, outra fábrica de automóveis francesa.

Embora seja relativamente simples, o spline cúbico é difícil de controlar. A curva de Bézier, por outro lado, oferece uma forma mais intuitiva de manipular uma curva. Isso se deve, em grande parte, ao fato de que os splines cúbicos passam por todos os pontos dados, enquanto as curvas de Bézier passam

Figura 7-44 Pierre Bézier. (Cortesia da família Bézier.)

exatamente pelos pontos das extremidades e a uma pequena distância dos outros pontos.

A Figura 7-45 mostra uma curva cúbica de Bézier. ***Pontos de controle***, também chamados de polos ou vértices de controle, são usados para manipular a curva. Uma curva de Bézier sempre passa pelo primeiro e pelo último ponto de controle e passa nas vizinhanças de todos os outros pontos de controle; a curva é atraída pelos pontos que não pertencem às extremidades, sem passar por eles. A tangente à curva no ponto $\mathbf{P}_0$ é dada por $\mathbf{P}_1 - \mathbf{P}_0$, e a tangente no ponto $\mathbf{P}_n$ é dada por $\mathbf{P}_n - \mathbf{P}_{n-1}$. O ***polígono de controle*** (que, na verdade, não é um polígono, e sim uma linha poligonal) é formado ligando em sequência os pontos de controle. Observe, na Figura 7-45, o modo como a forma da curva é sugerida pelo polígono de controle. O grau de uma curva de Bézier é uma unidade a menos que o número de pontos de controle. No caso da figura, existem quatro pontos de controle e, portanto, a curva é do terceiro grau, ou seja, é um polinômio cúbico.

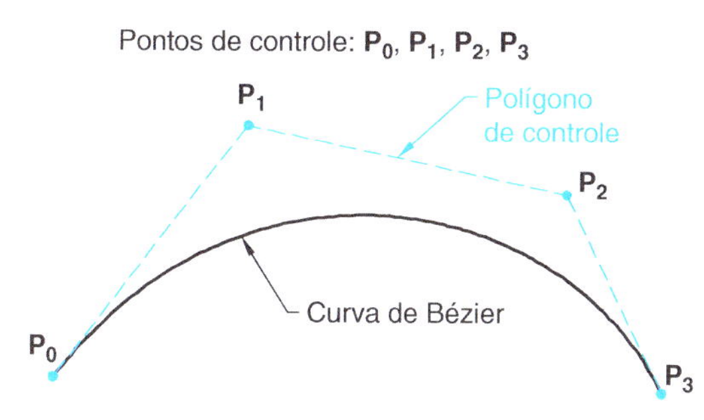

Figura 7-45 Curva de Bézier.

O ***casco convexo*** de um polígono é a superfície poliédrica formada prendendo uma tira de borracha aos vértices do polígono. A Figura 7-46 mostra uma curva de Bézier e seu polígono de controle, juntamente com o casco convexo do polígono. Note que a curva está inteiramente contida no casco convexo do polígono. Como duas curvas de Bézier não podem se interceptar caso os seus cascos convexos não se interceptem, a interseção dos cascos convexos é calculada primeiro. Caso não haja interseção, isso significa que as curvas de Bézier não se interceptam. Caso os cascos convexos se interceptem, é realizado um segundo cálculo para verificar se as curvas se interceptam.

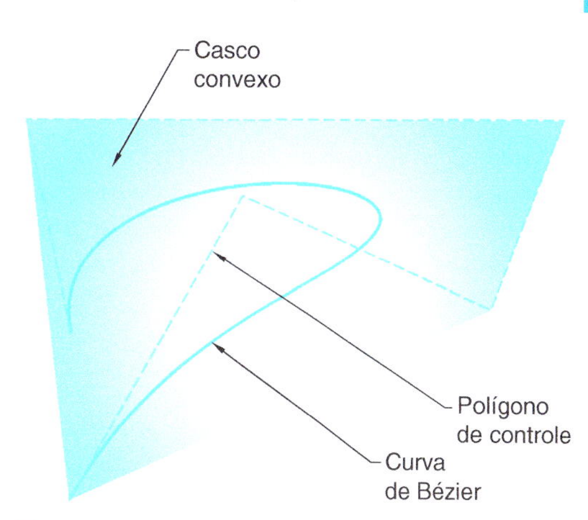

Figura 7-46 Casco convexo.

Como já foi dito, no caso das curvas de Bézier, existe uma relação entre o número de pontos de controle e o grau da curva: o grau da curva é uma unidade a menos que o número de pontos de controle. Isso significa que, se são necessários muitos pontos de controle para definir a curva, a curva de Bézier tem um grau elevado. As curvas de grau elevado são difíceis de controlar porque têm tendência para oscilar, além de serem difíceis de calcular. As curvas de Bézier mais usadas são as do segundo grau, do terceiro grau e do quinto grau. Um segundo problema das curvas de Bézier é o fato de que não existe controle local; se um ponto de controle é deslocado, toda a curva é afetada. A Tabela 7-1 mostra o nome, o grau e o número de pontos de controle de algumas curvas de Bézier.

Tabela 7-1 Algumas Curvas de Bézier

Curva	Grau	Pontos de Controle
Linear	1	2
Quadrática	2	3
Cúbica	3	4
Quártica	4	5
Quíntica	5	6

B-Splines

Os ***B-splines*** se propõem a resolver os dois problemas das curvas de Bézier mencionados no parágrafo anterior. Um B-spline é, na verdade, uma combinação de vários ***arcos*** que se unem em pontos chamados ***nós***. Para construir os arcos, é estipulado que apenas um certo número, k, dos pontos de controle será usado para calcular um arco de grau $k - 1$. Os primeiros k pontos são usados para calcular o primeiro arco. Em seguida, o primeiro ponto é desprezado e o segundo arco é calculado usando os k pontos seguintes. O processo continua até que todos os pontos de controle tenham sido usados.

A curva da Figura 7-47 possui cinco pontos de controle. Como $k = 3$, os arcos são curvas do segundo grau. Existem cinco arcos, separados por dois nós. A curva da Figura 7-48 usa os mesmos cinco pontos de controle que a curva da Figura 7-47, mas, neste caso, $k = 4$, de modo que os arcos são curvas do terceiro grau e existem dois arcos separados por um único nó. A Figura 7-49 usa os mesmos cinco pontos de controle, mas, neste caso, $k = 2$, de modo que os arcos são curvas do primeiro grau (linhas retas) e existem quatro arcos separados por quatro nós; a curva se confunde com o próprio polígono de controle.

Finalmente, na Figura 7-50, $k = 5$ e os arcos são curvas do quarto grau. Note que, neste caso, k é igual ao número de pontos de controle e a curva consiste em um único arco. Se o grau da curva é uma unidade a menos que o número de pontos de controle, o B-spline é igual à curva de Bézier. Em outras palavras, a curva de Bézier é um caso especial do B-spline.

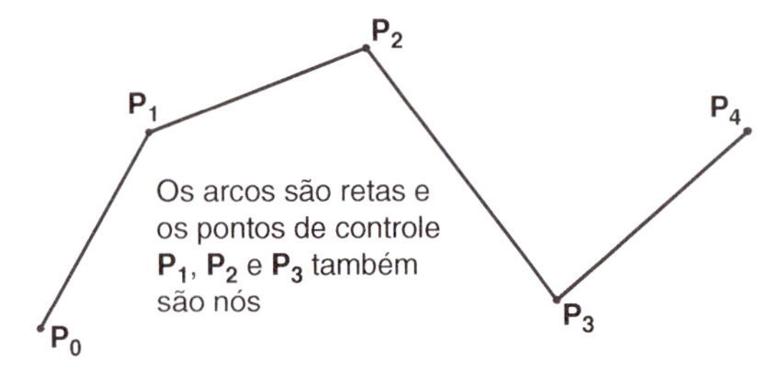

Figura 7-49 B-spline com 4 arcos de primeiro grau (polígono de controle).

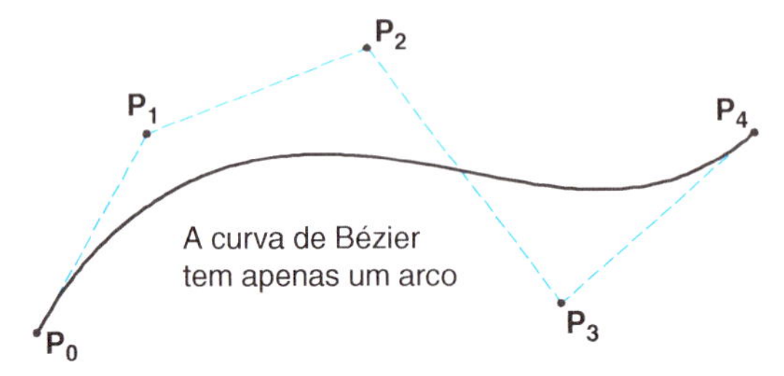

Figura 7-50 B-spline com 1 arco de quarto grau (curva de Bézier).

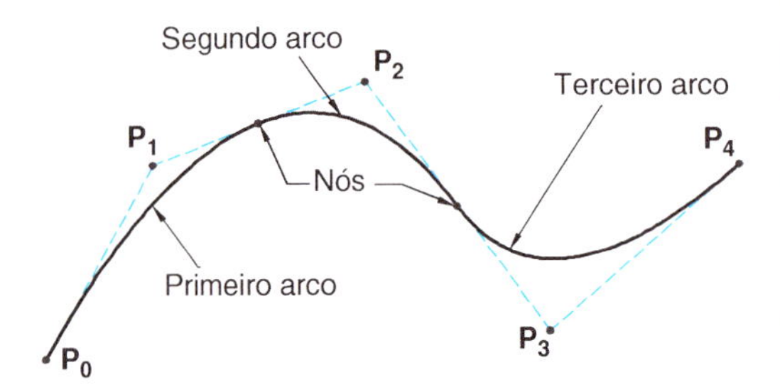

Figura 7-47 B-spline com 3 arcos de segundo grau.

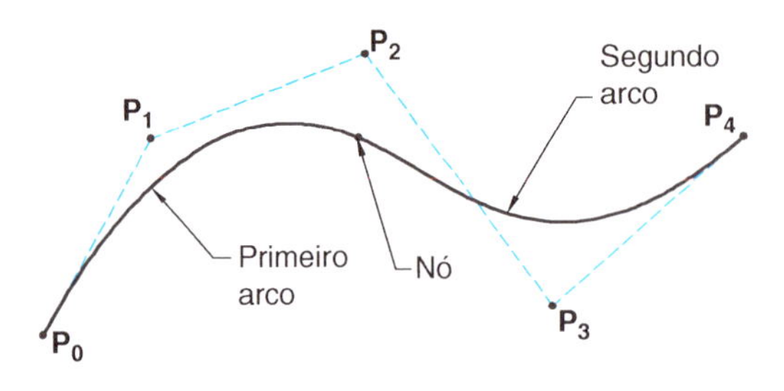

Figura 7-48 B-spline com 2 arcos de terceiro grau.

A Figura 7-51 mostra as quatro curvas no mesmo gráfico. Note que, em todos os casos, a soma do número de arcos com o grau da curva é igual a 5, o número de pontos de controle.

Todas as curvas descritas acima têm espaçamento ***uniforme*** dos nós, ou seja, a distância entre nós vizinhos é sempre a mesma. No caso geral, o espaçamento dos nós é ***não uniforme***. O espaçamento pode se tornar não uniforme por vários motivos, entre eles o processo de edição da curva, no qual alguns nós costumam ser acrescentados ou suprimidos. Note que se trata do mesmo "não uniforme" que aparece na expressão *B-spline racional não uniforme*.

Resumindo, como o número de pontos de controle usado para calcular os arcos que

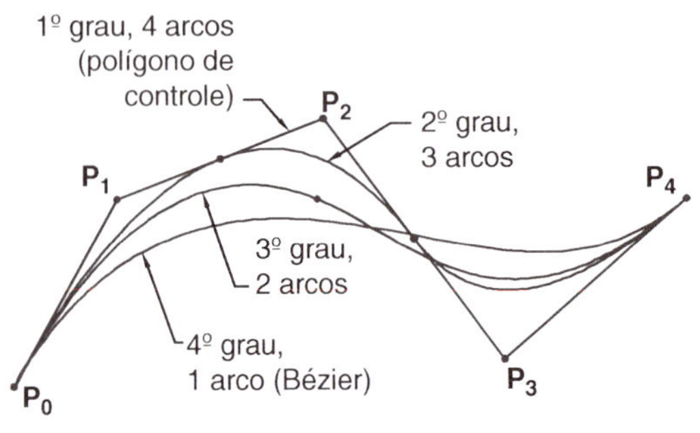

Figura 7-51 Quatro B-splines com os mesmos pontos de controle.

formam um B-spline não depende do número total de pontos de controle, cada ponto de controle afeta apenas localmente a forma da curva. Além disso, é possível mudar o grau dos polinômios usados para calcular os arcos sem mudar o número de pontos de controle.

NURBS

Até agora, a forma mais geral de curva que discutimos foi a do B-spline não uniforme. Para completar a definição de um B-spline racional não uniforme, falta apenas discutir o uso do termo ***racional***. Ao contrário do que acontece na definição do B-spline, a definição do NURBS é uma expressão racional que envolve as ***coordenadas homogêneas***, um tópico que foge ao escopo deste livro. O importante é que, na composição de uma curva usando NURBS, cada ponto de controle recebe um ***peso***. Esses pesos são usados para controlar a forma da curva. Quando o peso de um ponto de controle é aumentado, por exemplo, a curva tende a passar mais perto do ponto, chegando, em casos extremos, a passar exatamente pelo ponto. O efeito de peso de um ponto sobre a forma de uma curva calculada usando NURBS está ilustrado na Figura 7-52.

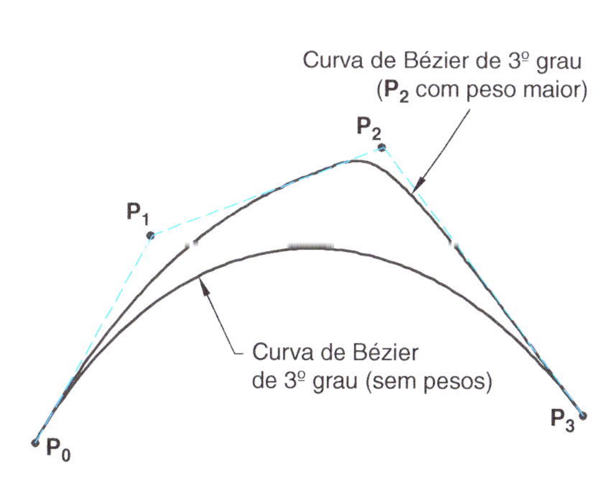

Figura 7-52 Efeito do peso de um ponto de controle sobre uma curva NURBS.

Uma propriedade importante dos NURBS é que permitem descrever matematicamente não só as curvas e superfícies que podem ser representadas por funções matemáticas, como retas, planos e circunferências, mas também as formas livres. Note que as NURBS também podem representar os B-splines e as curvas de Bézier.

Superfícies

Para descrever uma superfície paramétrica, são necessárias duas variáveis independentes, representadas em geral pelas letras u e v, cujo valor normalmente está compreendido entre 0 e 1. Fazendo uma dessas variáveis igual a uma constante ($u = 0{,}5$, por exemplo), obtemos uma curva na superfície conhecida como curva ***isoparamétrica***. A Figura 7-53 mostra várias *curvas isoparamétricas* em uma superfície.

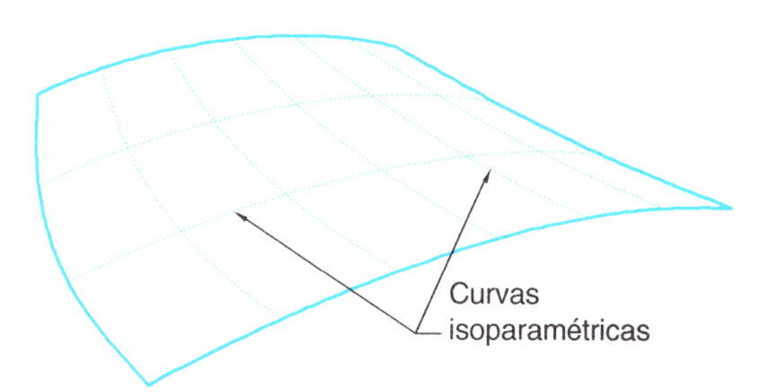

Figura 7-53 Curvas isoparamétricas.

O ***remendo de superfície*** é uma superfície paramétrica por partes. É possível descrever uma superfície complexa usando remendos de superfície. A Figura 7-54, por exemplo, mostra a carroceria de um automóvel modelada por muitos remendos de superfície.

Figura 7-54 Modelagem de um Volkswagen Fusca usando remendos de superfície. (Cortesia de Ian Bradley and Yujin Kim.)

A Figura 7-55 mostra um remendo de superfície de Bézier bicúbico 4 × 4. A forma da superfície é controlada pela *rede poligonal*, uma rede de pontos de controle análoga ao polígono de controle das curvas de Bézier. Apenas os vértices da rede poligonal pertencem à superfície, que está contida na cavidade criada pela rede poligonal. As quatro curvas que limitam a superfície de Bézier são curvas de Bézier.

Note que, por causa da topologia retangular da rede poligonal, todos os remendos de superfície são quadriláteros. Superfícies que não são quadriláteros exigem um tratamento especial, como, por exemplo, a remoção de parte da superfície, para serem modeladas por remendos de superfície. Antes de discutir as condições de continuidade usadas para modelar uma superfície complexa usando vários remendos de superfície, vamos discutir alguns conceitos ligados à ideia de curvatura.

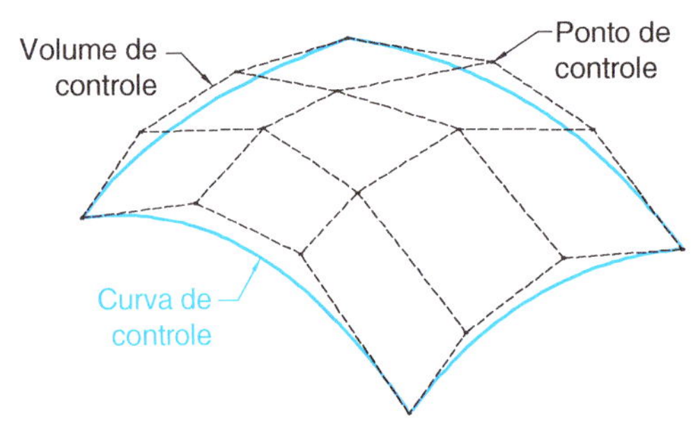

Figura 7-55 Remendo de superfície de Bézier (4 × 4).

Curvatura

A curvatura pode ser descrita intuitivamente como o grau de desvio de uma curva em relação à linha reta ou de uma superfície em relação ao plano. A curvatura de uma circunferência é definida como o recíproco do raio da circunferência. Assim, uma circunferência pequena tem uma grande curvatura, e uma circunferência grande tem uma pequena curvatura. A mesma definição pode ser aplicada a qualquer curva plana usando o conceito de ***circunferência osculatriz***. Circunferência osculatriz de uma curva em um dado ponto é a circunferência com centro na reta perpendicular à curva nesse ponto que melhor se ajusta à curva. O raio da circunferência osculatriz é chamado de ***raio de curvatura*** da curva nesse ponto. A Figura 7-56 mostra um exemplo de circunferência osculatriz.

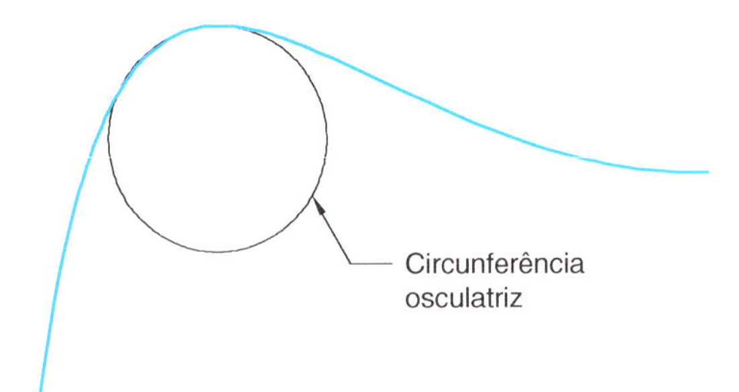

Figura 7-56 Circunferência osculatriz.

Outro conceito ligado à ideia de curvatura que é muito usado na modelagem de superfícies é o de ***pente de curvatura***, como o que aparece na Figura 7-57. O pente de curvatura é usado para facilitar a visualização da curvatura de um spline. O comprimento de cada *barba* representa a curvatura do spline nesse ponto. Quanto mais longa é a barba, maior a curvatura.

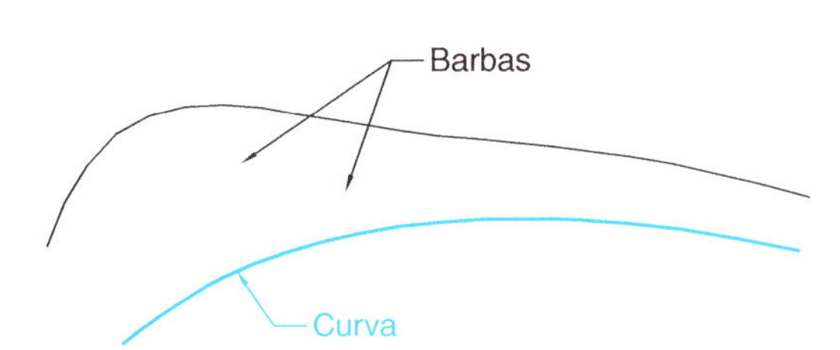

Figura 7-57 Pente de curvatura.

Continuidade

A possibilidade de controlar a ***continuidade*** das curvas e superfícies é importante para a aparência dos modelos. Todos os programas comerciais de modelagem de superfícies dispõem de ferramentas para controlar a continuidade. A continuidade é necessária quando várias curvas ou várias superfícies são usadas para modelar um objeto complexo.

O grau de continuidade de uma curva ou superfície é expresso por uma grandeza conhecida como ***continuidade geométrica***, representada pelo símbolo G^n, em que valores maiores de n indicam uma transição mais suave de um elemento para o outro. A Figura 7-58 mostra três graus de continuidade:

- ***Continuidade da posição*** (***G^0***), em que duas curvas têm uma extremidade em comum
- ***Continuidade da tangente*** (***G^1***), em que as duas curvas têm tangentes com a mesma inclinação no ponto comum
- ***Continuidade da curvatura*** (***G^2***), em que as duas curvas têm a mesma tangente e a mesma curvatura no ponto comum

Note que a continuidade geométrica exige apenas que as tangentes às duas curvas tenham a mesma inclinação, mas os módulos das tangentes podem ser diferentes. Existe outro tipo de continuidade, mais restritivo, chamado ***continuidade paramétrica*** e representado pelo símbolo ***C^n***, no qual tanto a inclinação quanto o módulo das tangentes às duas curvas devem ser iguais. Nos programas comerciais de modelagem de superfícies, em geral é usada continuidade geométrica.

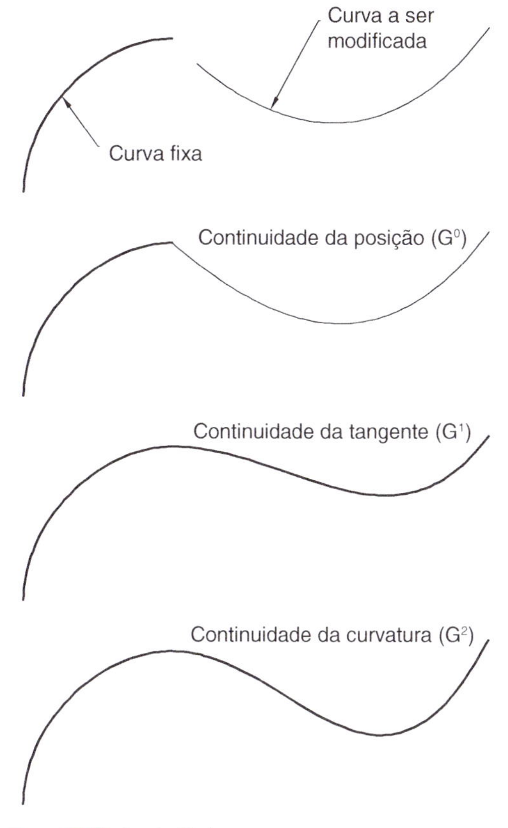

Figura 7-58 Continuidade entre curvas.

No caso de superfícies, a continuidade da posição significa que as duas superfícies se encontram em uma aresta. Ao representar um objeto tridimensional ou construir um modelo para prototipagem rápida, é necessário que haja no mínimo continuidade da posição entre todas as superfícies. A continuidade da tangente, observada, por exemplo, em um filete, cria uma transição suave entre as superfícies, mas é fácil perceber onde uma superfície termina e a outra começa. No caso da continuidade da curvatura, a transição entre as superfícies é suave e, além disso, é difícil perceber onde uma superfície termina e a outra começa. A Figura 7-59 mostra exemplos de ligações entre superfícies com os três tipos de continuidade.

Conhecer a influência da continuidade sobre os pontos de controle pode ser útil na hora de avaliar a suavidade de curvas e superfícies. Na continuidade da posição (curva de cima da Figura 7-60), o ponto da extremidade direita da curva da esquerda coincide com o ponto da extremidade esquerda da curva da direita. Na continuidade da tangente (curva do meio da Figura 7-60), os pontos das extremidades das curvas coincidem e estão alinhados com os pontos de controle mais próximos das duas curvas. Na continuidade da curvatura (curva de baixo da Figura 7-60), os pontos das extremidades das curvas coincidem, estão alinhados com os pon-

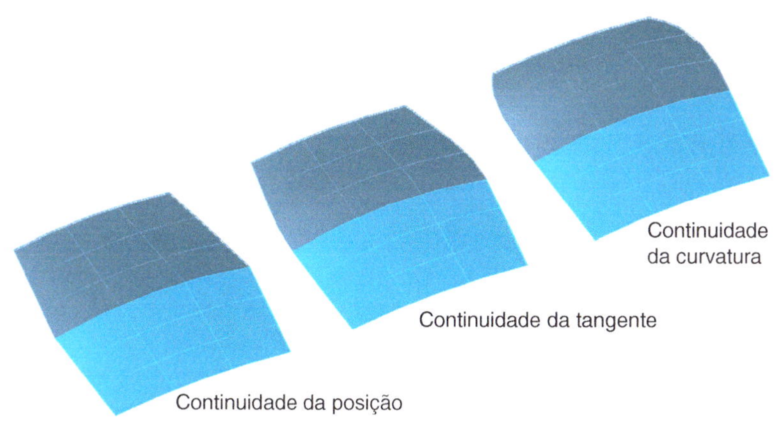

Figura 7-59 Continuidade entre superfícies.

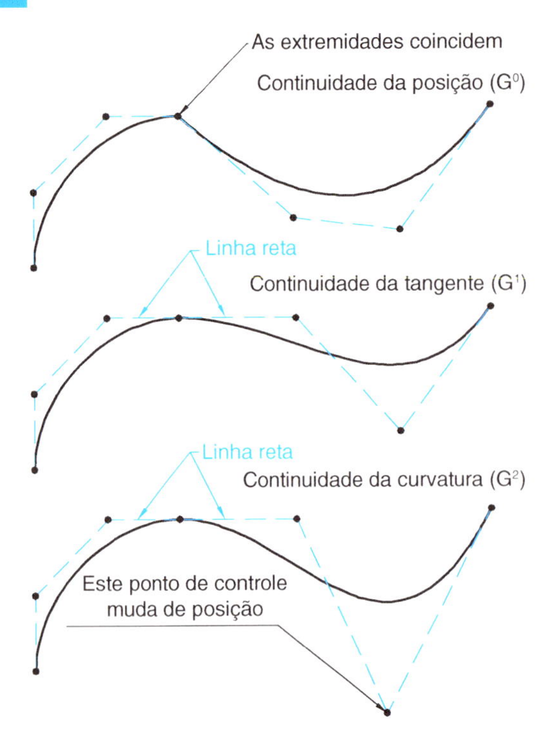

Figura 7-60 Continuidade e pontos de controle.

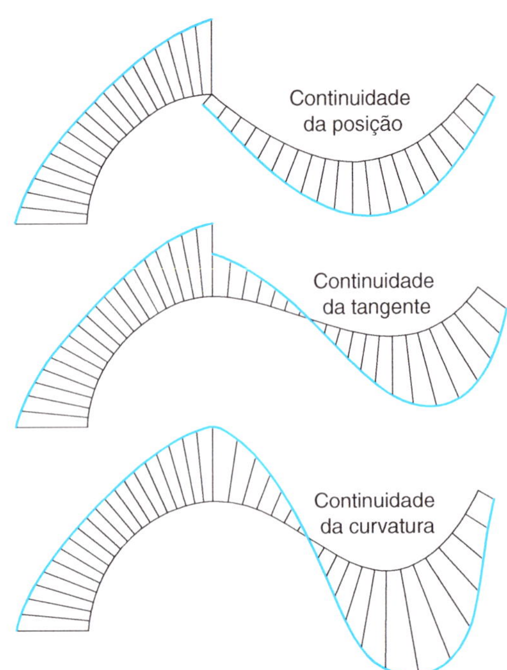

Figura 7-61 Uso do pente de curvatura para avaliar a continuidade de curvas.

tos de controle mais próximos das duas curvas, e outro ponto de controle de uma das curvas é ajustado para que as duas curvas tenham a mesma curvatura no ponto de contato.

O pente de curvatura é uma ferramenta útil para avaliar a continuidade das curvas, como mostra a Figura 7-61. No caso da continuidade da posição, embora as extremidades das curvas coincidam, as inclinações das curvas são diferentes no ponto de contato. No caso da continuidade da tangente, embora as inclinações das curvas sejam iguais, as curvaturas são diferentes no ponto de contato, o que é revelado por uma descontinuidade no comprimento das barbas. No caso da continuidade da curvatura, as curvaturas são iguais no ponto de contato, o que se reflete em uma variação suave do comprimento das barbas.

As listras de zebra são uma ferramenta para avaliar a suavidade das superfícies. Essa ferramenta está disponível na maioria dos programas de modelagem. O método é uma simulação do processo usado na indústria automotiva para avaliar a continuidade das superfícies da carroceria de um automóvel iluminando a carroceria com um padrão de listras pretas e brancas. Como mostra a Figura 7-62, as listras são descontínuas em superfícies com continuidade da posição. Em superfícies com continuidade da tangente, as listras são contínuas, mas a inclinação do contorno das listras muda bruscamente na linha de contato. Em superfície com continuidade da curvatura, as listras são contínuas, e a inclinação do contorno das listras varia suavemente na linha de contato.

Superfícies Classe A

O termo ***superfície classe A*** é usado pela indústria automotiva para descrever superfícies de alta qualidade e alta eficiência. O termo tende a ser mais qualitativo que quantitativo, embora uma continuidade G^2 (ou mesmo G^3) seja quase obrigatória. As superfícies classe A são perfeitamente suaves, agradáveis aos olhos e agradáveis ao tato. O termo também significa uma preocupação com elegância.

Quanto à eficiência, uma curva ou superfície com um só arco (ou seja, uma curva ou superfície de Bézier) é mais suave que curvas e superfícies compostas por vários arcos. Nos projetos da indústria automotiva, existe um esforço deliberado para dividir as superfícies em arcos simples para assegurar suavidade e controlabilidade. Assim, as superfícies classe A são praticamente sinônimo de superfícies de Bézier.

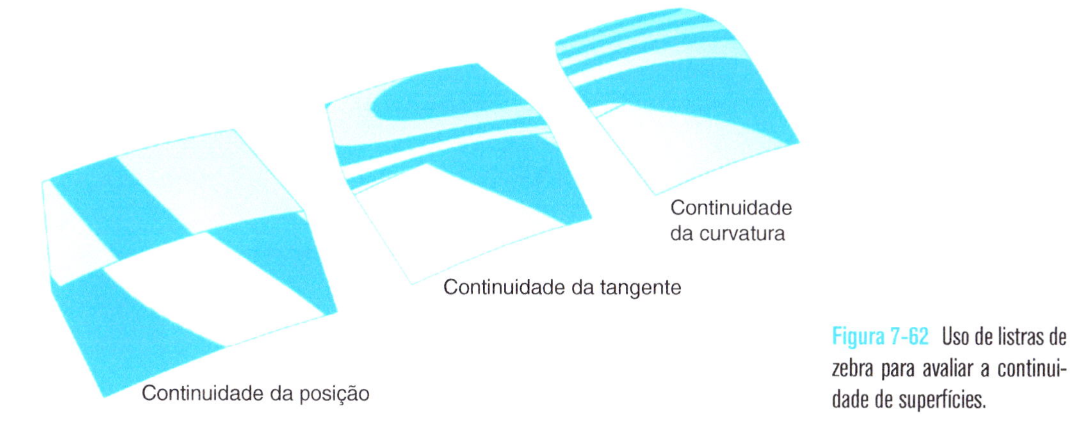

Figura 7-62 Uso de listras de zebra para avaliar a continuidade de superfícies.

Modelagem de informações de construção

Embora a indústria de arquitetura, engenharia e construção (AEC) tenha levado mais tempo que a indústria mecânica para adotar programas baseados em modelos paramétricos como o CAD, a situação parece estar mudando. A *modelagem de informações de construção* (BIM)* foi descrita sucintamente como "um CAD tridimensional, orientado a objeto, específico para a AEC". O American Institute of Architects definiu a BIM como "uma tecnologia baseada em modelos ligados a uma base de dados com informações sobre o projeto". A BIM proporciona uma representação digital do processo de construção para aumentar a compatibilidade e facilitar a troca de informações, e reflete a tendência geral no sentido de associar os modelos a uma base de dados. A Autodesk e a MicroStation lançaram programas de BIM. A Figura 7-63 mostra uma tela do programa de BIM Autodesk Revit.

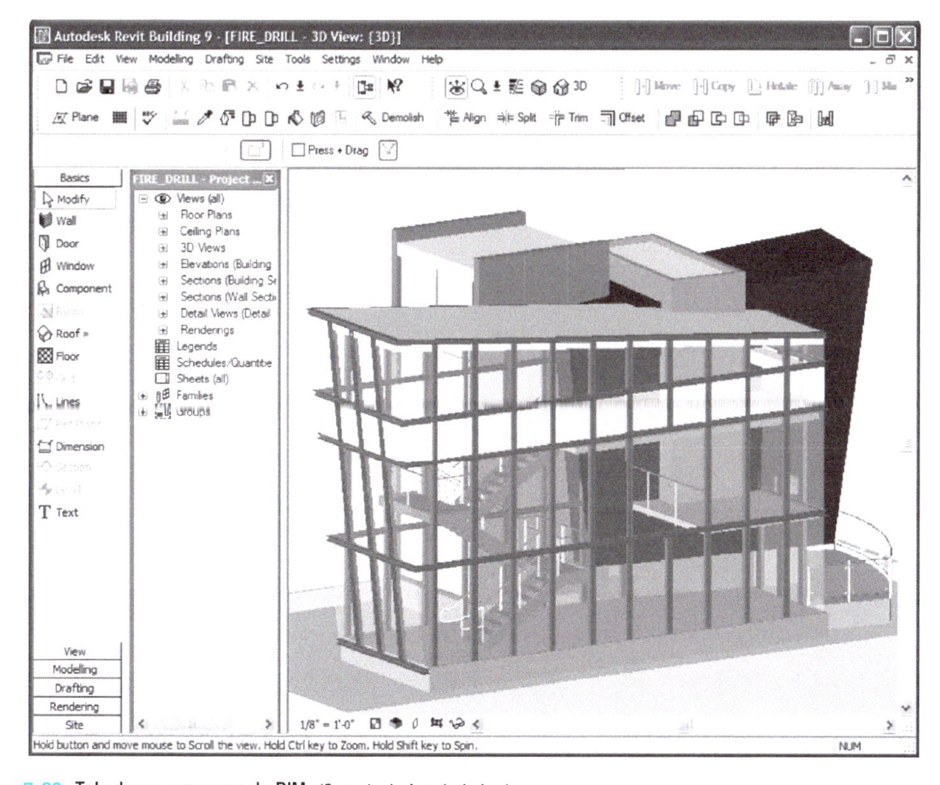

Figura 7-63 Tela de um programa de BIM. (Cortesia de Autodesk, Inc.)

* Do inglês, *building information modeling*. (N.T.)

QUESTÕES

1. A partir das perspectivas isométricas das Figuras P7-1 a P7-24, crie um modelo sólido do objeto.
2. A partir das vistas de montagem dimensionadas das Figuras P8-1 a P8-5 do Capítulo 8, crie um modelo sólido de montagem.

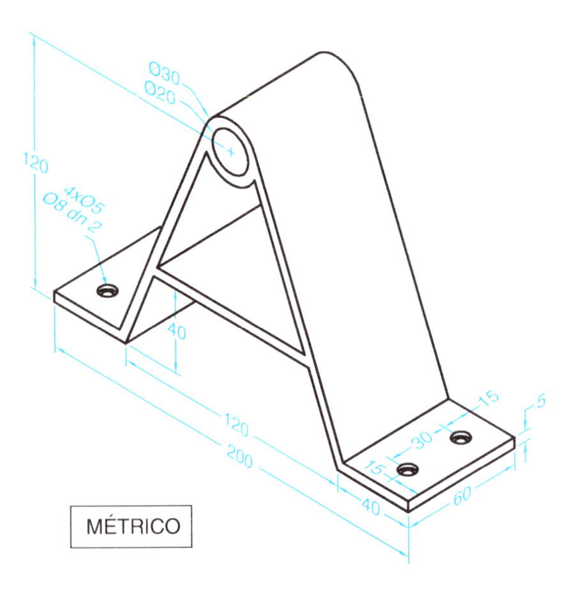

Figura P7-1 Estrutura em A.

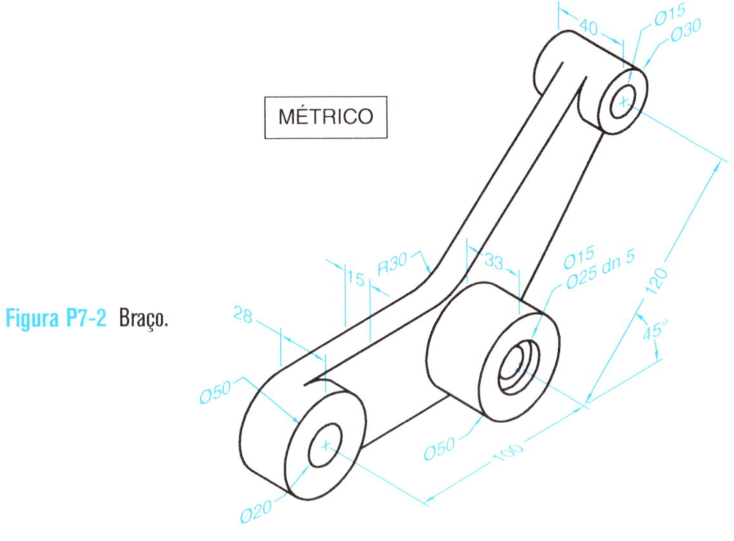

Figura P7-2 Braço.

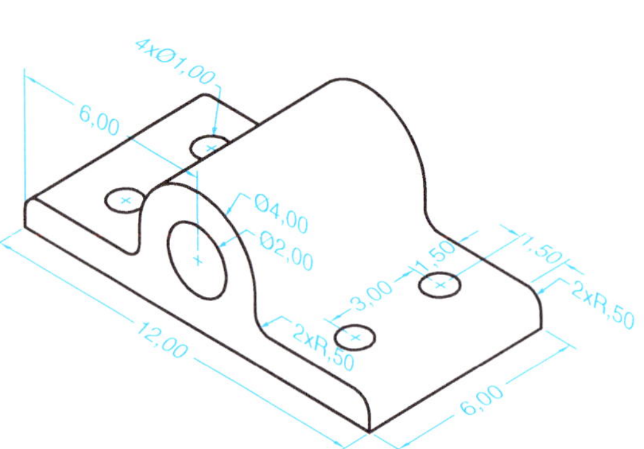

Figura P7-3 Caixa de rolamento.

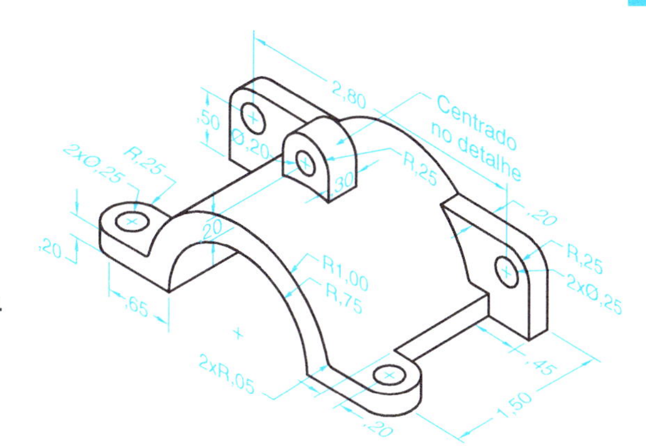

Figura P7-4 Tampa de caixa de rolamento.

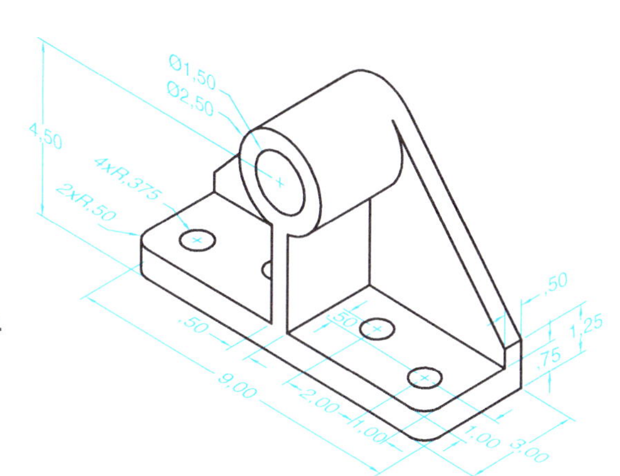

Figura P7-5 Suporte de rolamento.

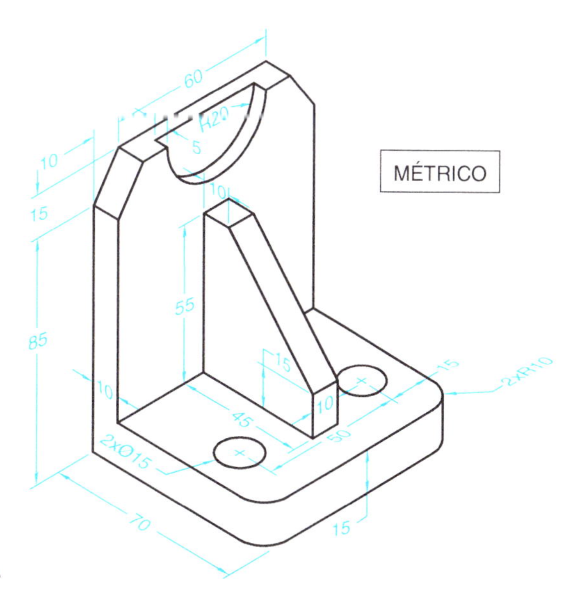

Figura P7-6 Bibliocanto.

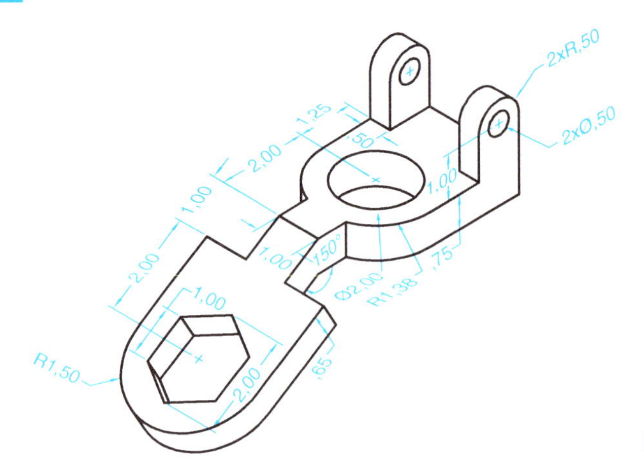

Figura P7-7 Suporte angular.

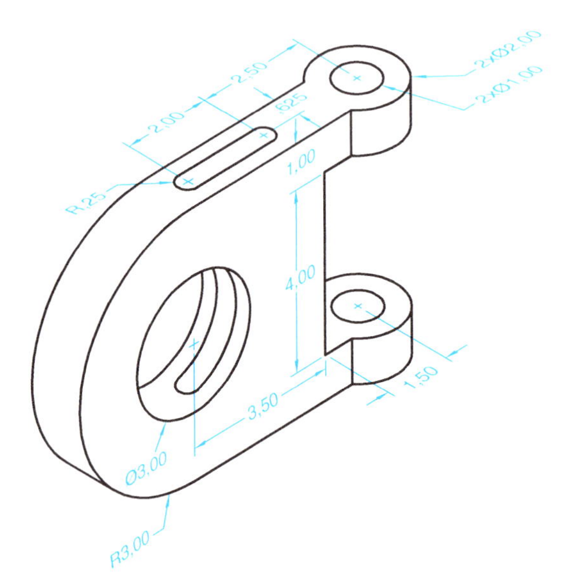

Figura P7-8 Grampo.

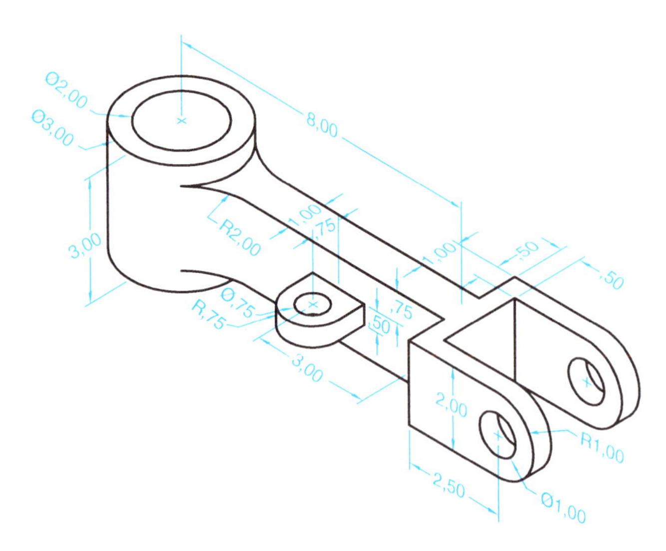

Figura P7-9 Biela.

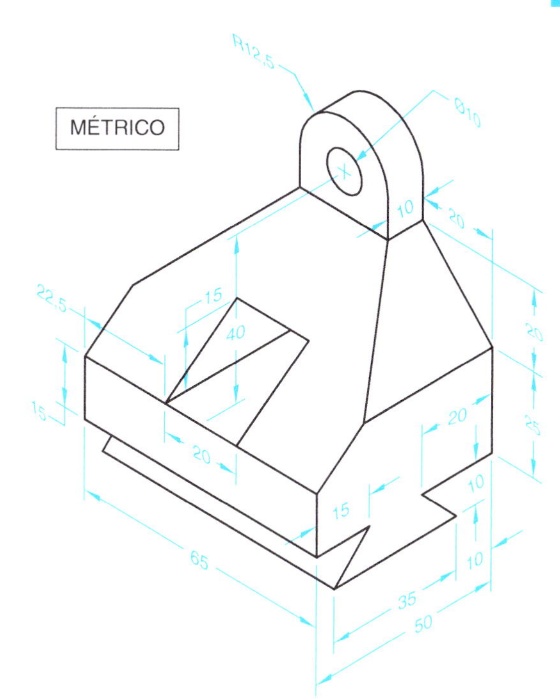

Figura P7-10 Bloco com rabo de andorinha.

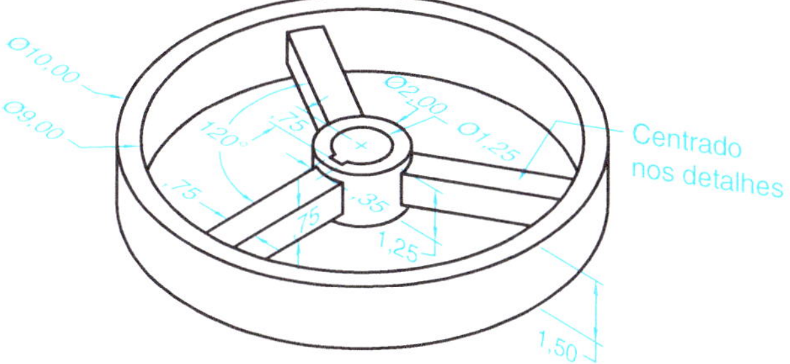

Figura P7-11 Volante.

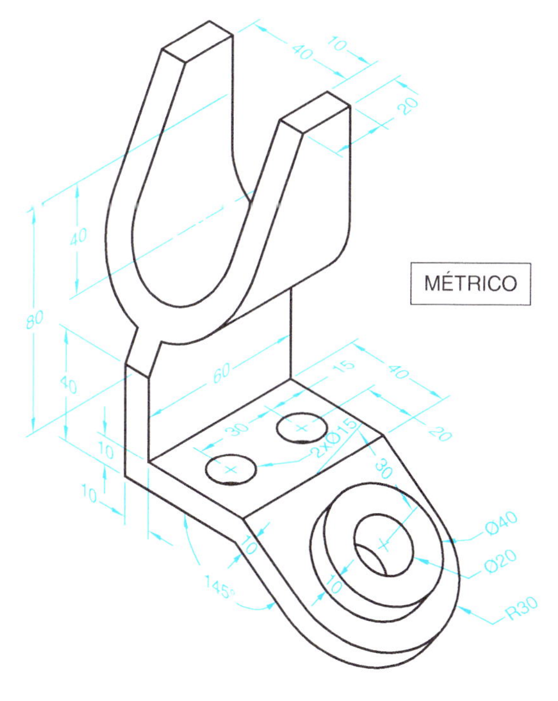

Figura P7-12 Garfo.

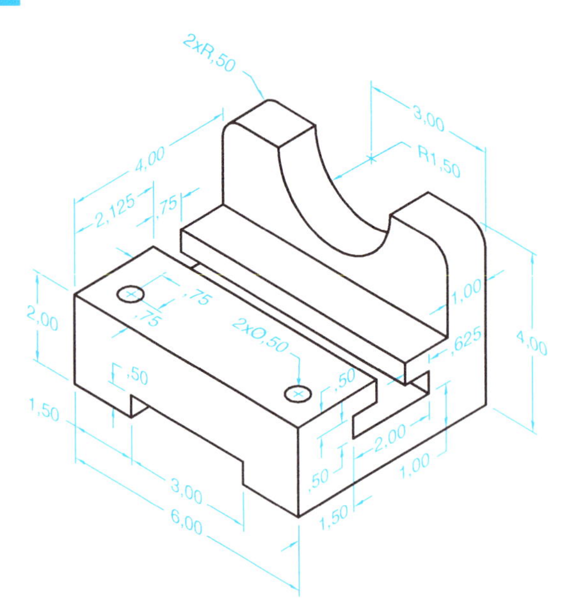

Figura P7-13 Guia.

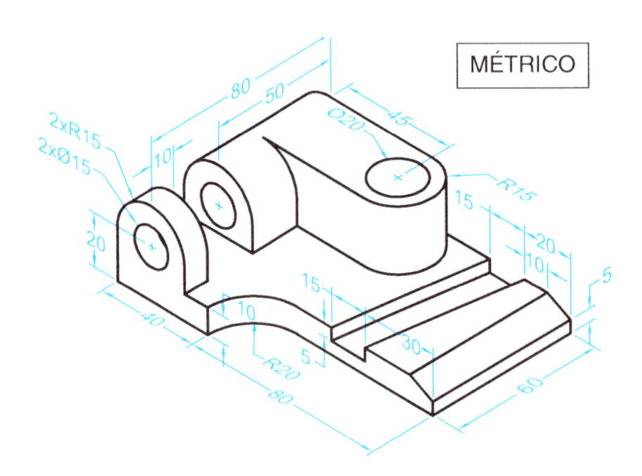

Figura P7-14 Dobradiça.

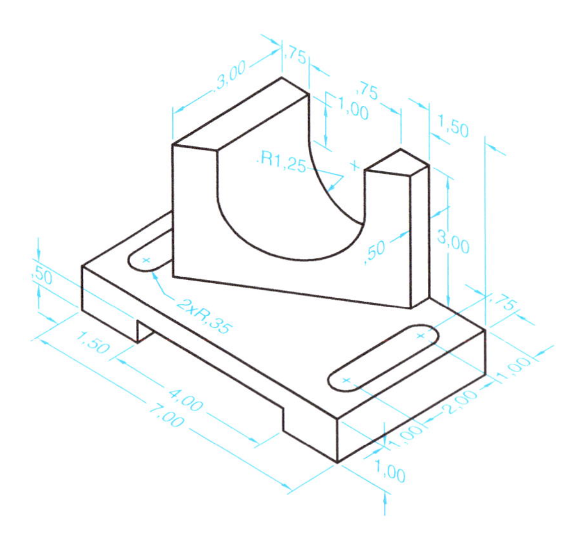

Figura P7-15 Suporte.

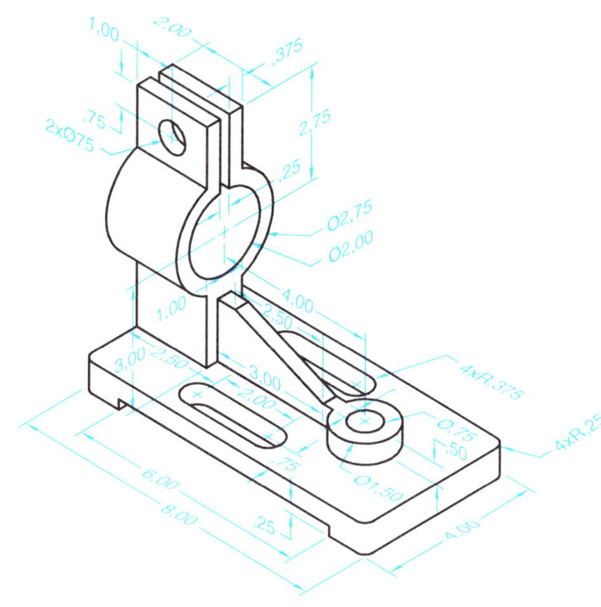

Figura P7-16 Abraçadeira.

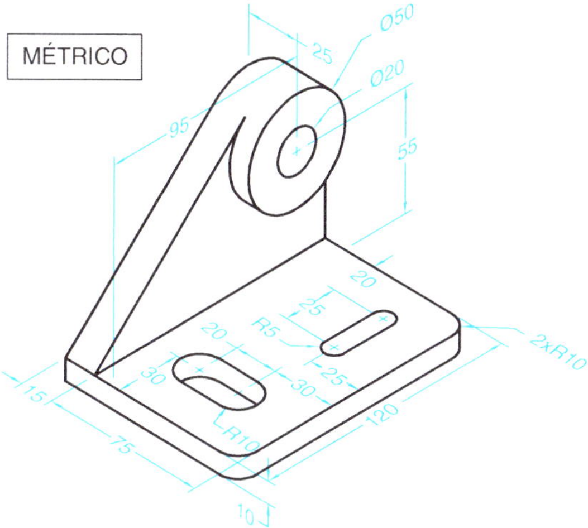

MÉTRICO

Figura P7-17 Suporte de eixo ajustável.

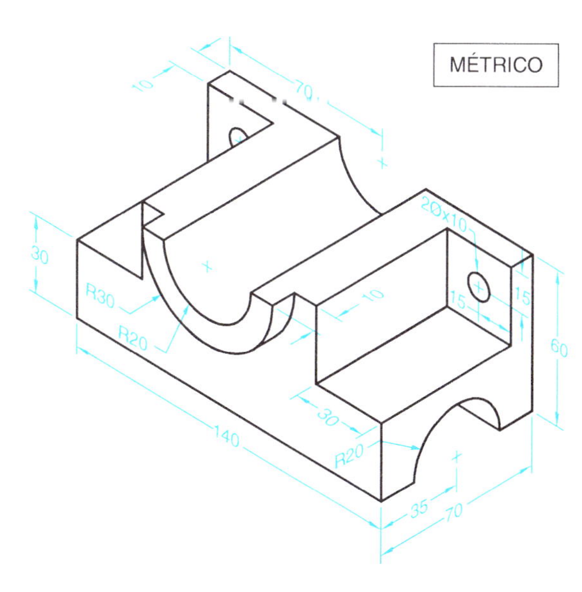

Figura P7-18 Berço.

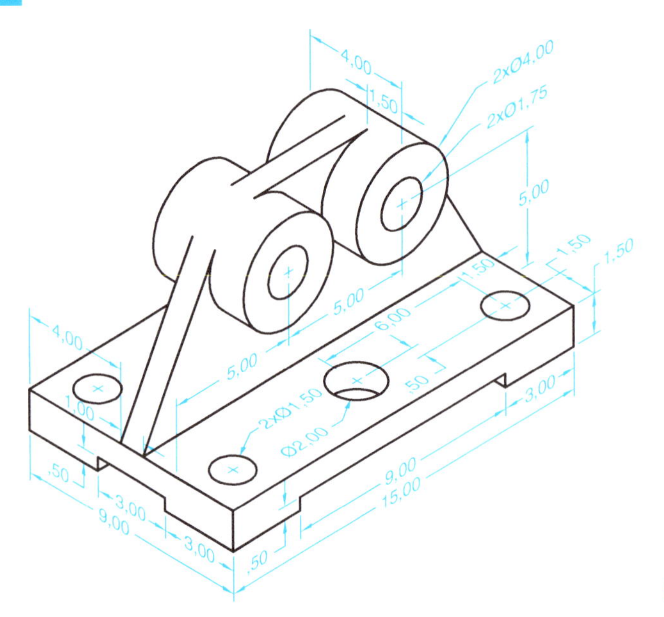

Figura P7-19 Suporte de eixo duplo.

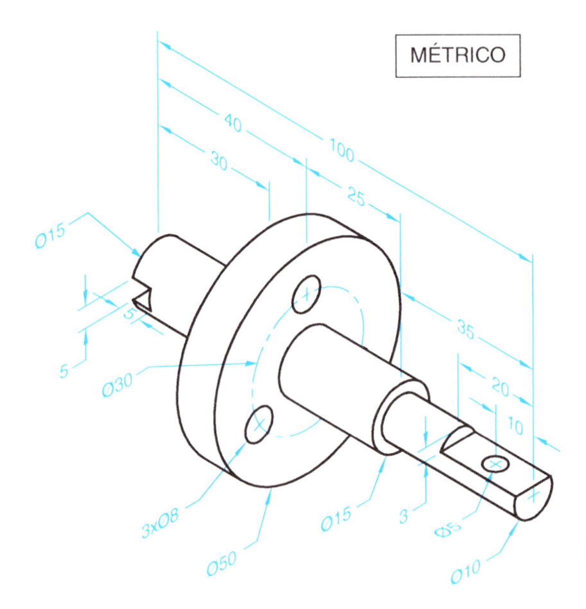

Figura P7-20 Eixo.

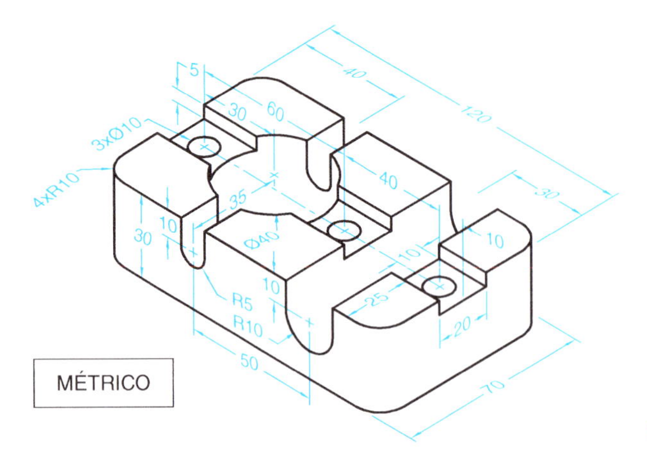

Figura P7-21 Berço duplo.

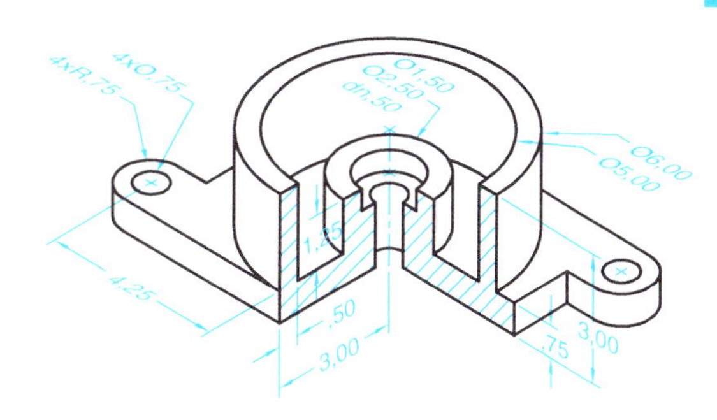

Figura P7-22 Base.

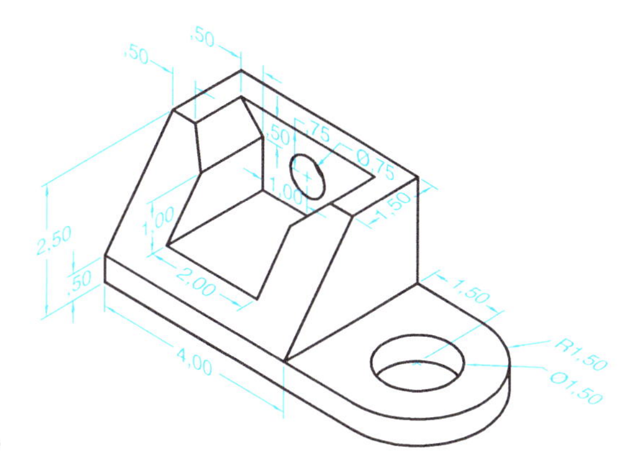

Figura P7-23 Cunha.

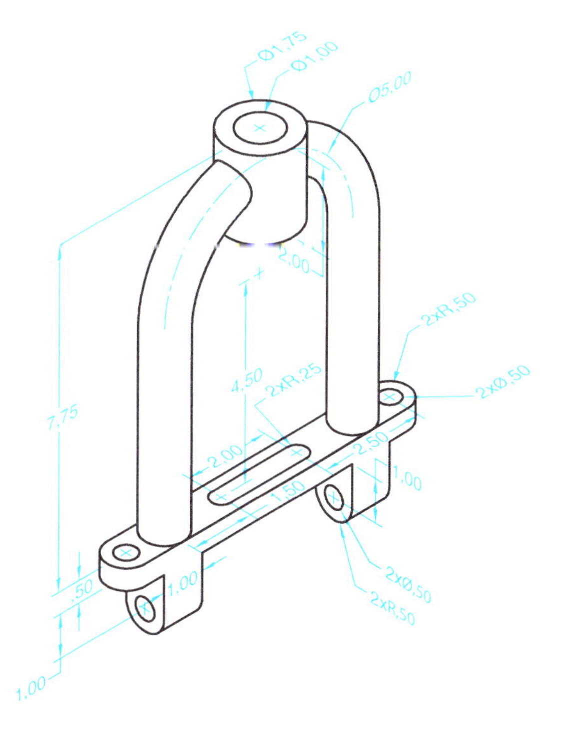

Figura P7-24 Forquilha.

CAPÍTULO

8 DESENHOS DEFINITIVOS

INTRODUÇÃO

No início de um projeto, não existem garantias de que um desenho será usado para fabricar uma peça ou um conjunto de peças. Nas concorrências públicas, por exemplo, apenas um dos projetos apresentados é escolhido. Mesmo nesse caso, a verba destinada ao projeto pode ser contingenciada. No caso de uma empresa que trabalhe com pesquisa e desenvolvimento, a própria administração pode cancelar o desenvolvimento de um novo produto.

Caso seja tomada a decisão de fabricar o produto, porém, o desenho preliminar existente deve ser aperfeiçoado e detalhado para servir como guia para a produção. O termo ***desenhos definitivos*** é usado para designar o conjunto completo de informações necessárias para a fabricação e montagem de um produto.

Como foi discutido no capítulo anterior, os produtos comerciais são quase sempre montagens de várias peças. Entre os desenhos definitivos, talvez o mais fácil de reconhecer seja o ***desenho de montagem***. O objetivo do desenho de montagem é mostrar como as diferentes peças devem ser montadas para formar o produto. A Figura 8-1 mostra um exemplo de desenho de montagem.

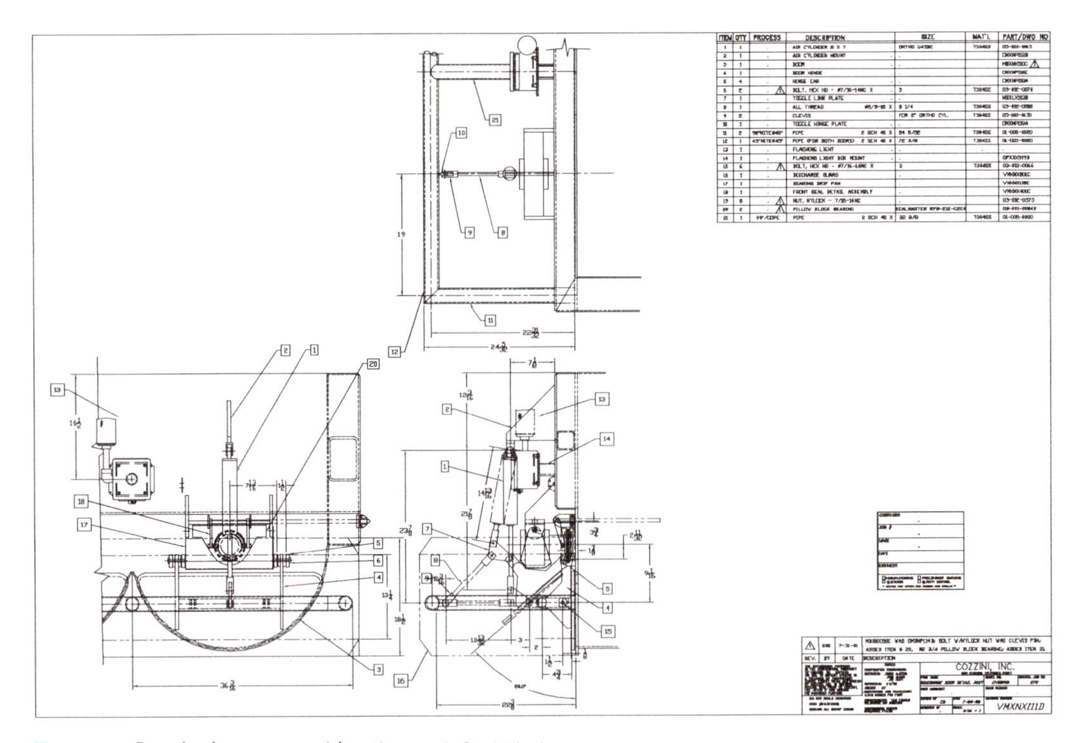

Figura 8-1 Desenho de montagem típico. (Cortesia de Cozzini Inc.)

Um elemento essencial de um desenho definitivo é a lista de peças, mais conhecida como ***estrutura do produto*** (abreviada como BOM).* O objetivo da BOM é descrever todas as peças usadas na montagem. A BOM do produto da Figura 8-1 aparece no canto superior direito da figura.

Além do desenho de montagem, o conjunto de desenhos definitivos inclui também ***desenhos detalhados*** de todas as peças que não sejam padronizadas. Como mostra a Figura 8-2, esses desenhos contêm vistas múltiplas, dimensões, notas, tolerâncias, especificações de materiais e outras informações necessárias para fabricar a peça.

Os desenhos definitivos em geral são acompanhados de instruções por escrito, chamadas ***especificações***, que servem para esclarecer detalhes da fabricação da peça. Uma parte das especificações da construção de um rebocador aparece na Figura 1-14 do Capítulo 1.

Além de descrever os detalhes do projeto e fabricação de um produto, os desenhos definitivos e especificações também servem como documentos legais. Se o projeto apresentar alguma falha, os desenhos definitivos podem ser usados para apurar responsabilidades. A Figura 8-3 mostra o carimbo de um engenheiro norte-americano, extraído de um desenho de engenharia. Ao carimbar e assinar um desenho, o engenheiro assume a responsabilidade pelo conteúdo do desenho.

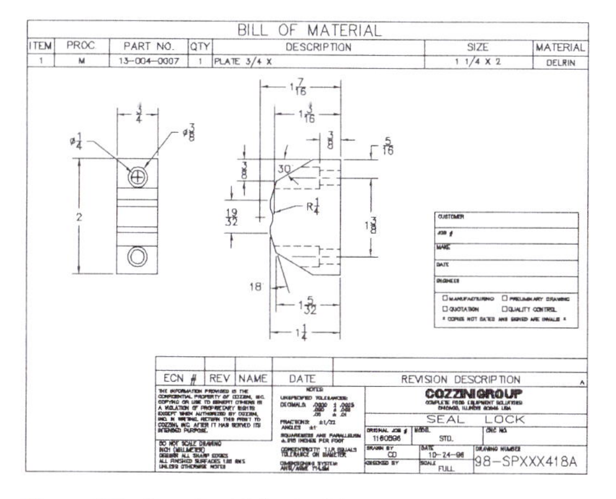

Figura 8-2 Desenho detalhado típico. (Cortesia de Cozzini Inc.)

YNGVE JOHN HVEDING
STATE OF WASHINGTON
30932
REGISTERED
PROFESSIONAL ENGINEER

EXPIRES 07/18/2008

NOT VALID WITHOUT SIGNATURE.

Figura 8-3 Carimbo de um engenheiro norte-americano. (Cortesia de Jansen Maritime Consultants, Inc.)

INFLUÊNCIA DA TECNOLOGIA SOBRE OS DESENHOS DEFINITIVOS

Com o aperfeiçoamento dos programas de CAD nos últimos 30 anos, muitos acreditam que em breve não haverá mais necessidade de desenhos de engenharia. Embora haja um certo exagero nessa previsão, a verdade é que a importância dos desenhos, pelo menos em certas áreas, certamente diminuiu. No CAD mecânico (MCAD), por exemplo, com o uso da modelagem sólida paramétrica, os modelos digitais assumiram o papel principal para a definição dos produtos, substituindo os desenhos. Mais adiante, vamos ver que é relativamente simples extrair desenhos bidimensionais de um modelo tridimensional de uma peça ou montagem baseado em restrições. Na indústria de arquitetura, engenharia e construção (AEC), progressos recentes na criação de programas de modelagem de informação de construção (BIM*) mostraram que a possibilidade de extrair desenhos bidimensionais de um modelo tridimensional não está restrita às indústrias mecânica e aeroespacial.

A norma ASME Y14.41-2003, "Digital Product Definition Practices" (Práticas de Definição Digital de Produtos), estabelece

* Do inglês, *bill of materials*. (N.T.)

* Do inglês, *building information modeling*. (N.T.)

padrões para o uso de dados digitais em lugar de desenhos definitivos. De acordo com a norma, a definição digital de um produto é um conjunto de arquivos de computador que descrevem, através de imagens ou textos, as características físicas ou funcionais do produto. A norma admite dois métodos alternativos para criar a definição de um produto: 1) o uso de apenas um modelo em formato digital; 2) o uso de um modelo e de um desenho em formato digital.

A tecnologia do CAD afetou o modo como os desenhos definitivos são usados, substituindo o arquivamento tradicional em pastas (com os riscos envolvidos,[3] além do uso de espaço físico) por armazenamento em arquivos eletrônicos. As redes de computadores e software associado permitem que indivíduos autorizados observem a versão mais recente de um desenho definitivo no momento em que desejarem.

DESENHOS DETALHADOS

Um conjunto de desenhos definitivos deve incluir desenhos detalhados de todas as peças não padronizadas que fazem parte do produto ou montagem. As peças padronizadas, quer sejam compradas de outro fabricante quer produzidas na própria empresa, dispensam desenhos detalhados. Um desenho detalhado é um desenho de vistas múltiplas totalmente dimensionado, que contém todas as informações necessárias para fabricar a peça. A Figura 8-4 mostra o desenho detalhado de um eixo.

Os desenhos de peças são criados diretamente em duas dimensões, ou extraídos de um modelo tridimensional. Um desenho típico contém as seguintes informações:

- Vistas múltiplas
- Dimensões
- Tolerâncias
- Materiais usados
- Acabamento das superfícies
- Notas
- Nome
- Legenda
- Tábua de revisão

Embora muitas peças sejam suficientemente simples para serem agrupadas com outras peças no mesmo desenho, existem boas razões para usar um desenho separado para cada peça. Isso nos permite usar o mesmo número para identificar a peça, o desenho e, possivelmente, o arquivo de CAD que contém a documentação da peça. Esta prática simplifica a tarefa de manter um inventário do grande número de peças, desenhos e arquivos que mesmo uma pequena empresa é obrigada a gerenciar. Além disso, facilita o uso das mesmas peças em diferentes montagens.

Em muitas empresas, as peças são identificadas por um número de código. Em geral, esse número contém informações a respeito da peça. Técnicas formais de classificação e codificação foram desenvolvidas e são usadas para agrupar peças semelhantes com base em características, como material, tamanho, forma, função, processo, etc.

DESENHOS DE MONTAGEM

O objetivo principal de um desenho de montagem é mostrar todas as peças de uma montagem e o modo como devem ser combinadas para criar o mecanismo, dispositivo, componente ou produto. Usando um programa de modelagem paramétrica, é relativamente fácil gerar as vistas necessárias. Duas das vistas de montagem mais usadas são o corte e a vista explodida.

O corte de uma montagem é usado quando a relação entre as peças não é evidente em uma vista externa, como acontece com a válvula esférica da Figura 8-5. Além do corte total, o meio-corte e o corte composto também são usados, como mostram as seções de uma válvula globo que aparecem nas Figuras 8-6 e 8-7.

Certas convenções em relação às linhas de corte devem ser obedecidas, como as que se seguem:

- As hachuras usadas em peças diferentes seccionadas pelo plano de corte devem ser diferentes. Se as peças forem feitas de ma-

[3] Todos os desenhos de uma firma onde um dos autores do livro (Leake) trabalhou, Nickum, Spaulding & Associates, em Seattle, Washington, foram destruídos em um incêndio. Em outra ocasião, uma grande coleção de desenhos originais em Mylar foi deixada temporariamente no cais de um grande estaleiro do noroeste do Pacífico. Os desenhos foram confundidos com lixo e levados embora. Os desenhos foram recuperados três dias depois em um depósito de lixo.

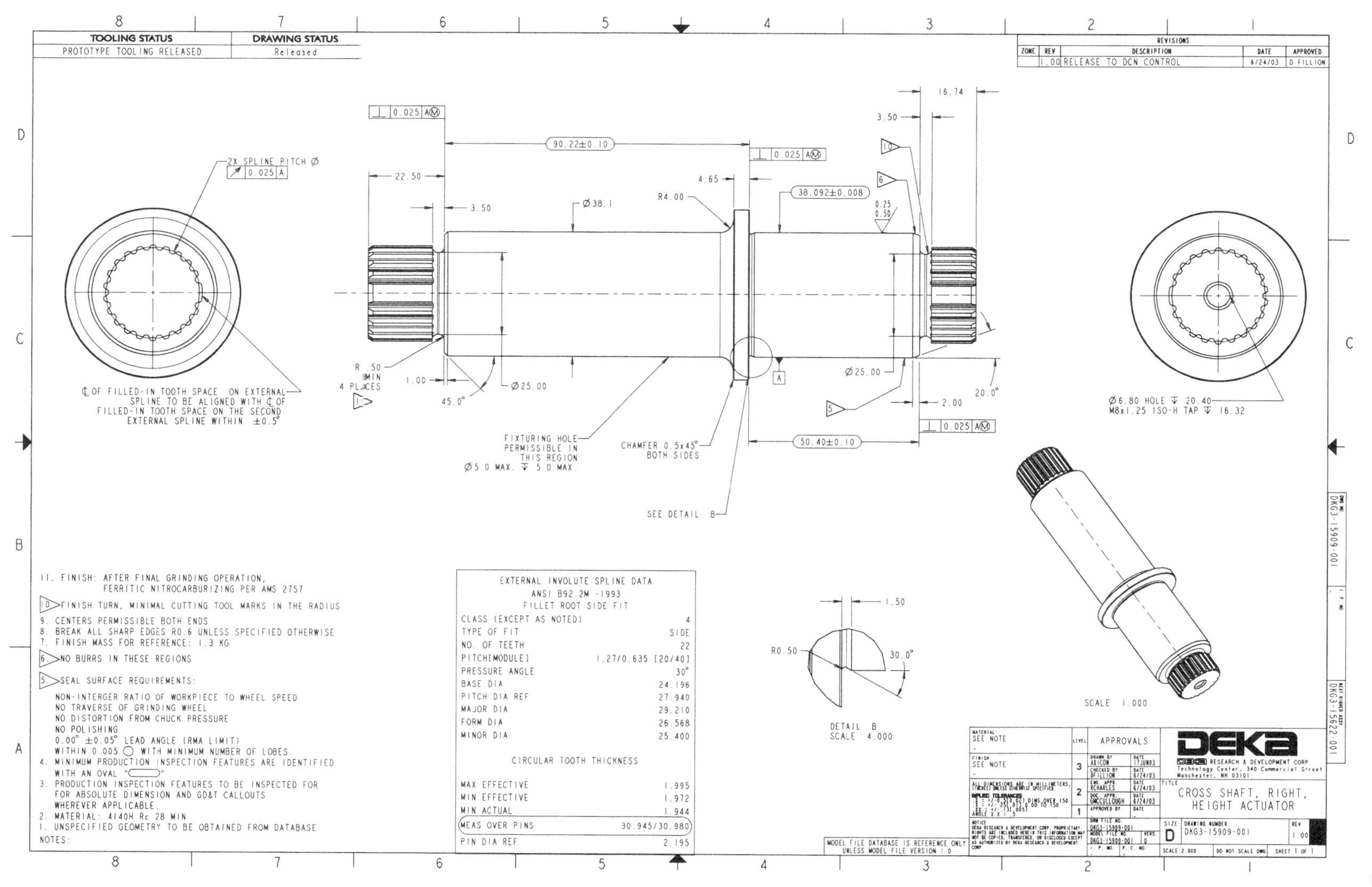

Figura 8-4 Desenho detalhado de um eixo.

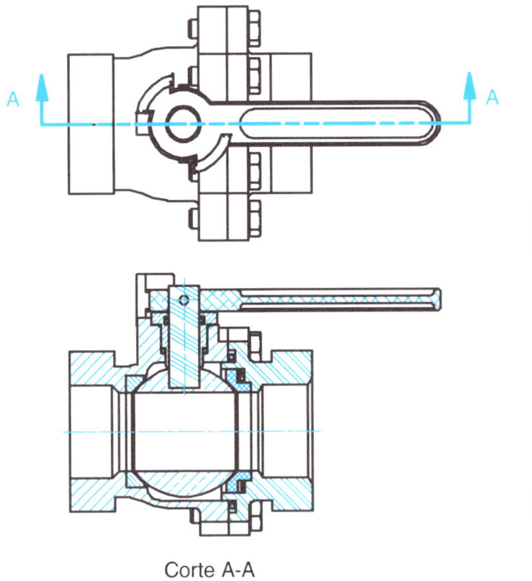

Figura 8-5 Corte total de uma válvula esférica.

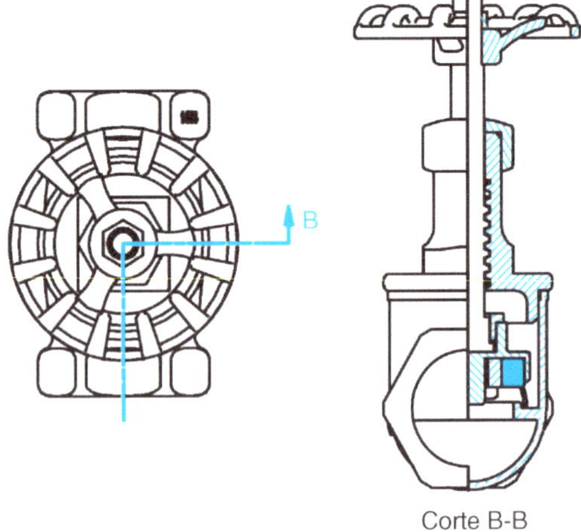

Figura 8-6 Meio-corte de uma válvula globo.

teriais diferentes, como na Figura 8.5, basta usar as hachuras correspondentes a cada material; se forem feitas do mesmo material, deve-se usar a hachura genérica (ferro fundido) em todas as peças, mas variar o ângulo para distinguir as peças, como nas Figuras 8-6 e 8-7.

- Peças padronizadas e peças maciças sem detalhes internos não devem ser cortadas. Isso se aplica a porcas, parafusos, eixos, pinos, chaves, rolamentos, raios e nervuras. O eixo e as porcas da válvula globo das Figuras 8-6 e 8-7, por exemplo, não são cortados.
- Peças extremamente finas, como gaxetas e lâminas metálicas, também não devem ser cortadas.

Vistas explodidas, como a vista de uma válvula esférica que aparece na Figura 8-8, também podem ser facilmente extraídas do modelo paramétrico de uma montagem. Como são fáceis de visualizar e mostram claramente a forma como as diferentes peças devem ser combinadas para formar uma montagem, as vistas explodidas são usadas com frequência em manuais de instalação e catálogos de peças.

Ao criar um desenho de montagem, use o menor número de vistas necessário para descrever a relação entre as peças. Muitas vezes, uma única vista é suficiente. Não é necessário mostrar as peças com detalhes, já que isso é

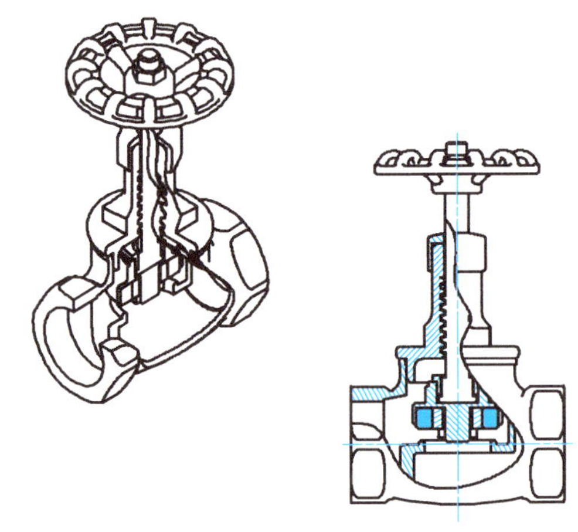

Figura 8-7 Corte composto de uma válvula globo.

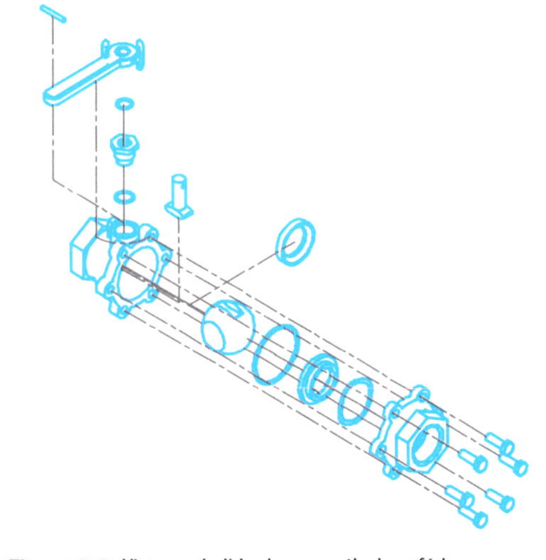

Figura 8-8 Vista explodida de uma válvula esférica.

feito nos desenhos detalhados. As peças-padrão também devem ser mostradas nos desenhos de montagem. As dimensões não devem ser mostradas, a menos que se refiram diretamente à montagem como um todo. As linhas ocultas também não são normalmente mostradas.

Além de um desenho que mostre todas as peças, um desenho de montagem deve incluir uma lista de peças com informações a respeito dessas peças e balões usados para identificar as peças e relacioná-las à lista de peças. A lista de peças e os balões são discutidos na próxima seção.

ESTRUTURA DO PRODUTO E BALÕES

A estrutura do produto (BOM), ou ***lista de peças***, é uma tabela com informações a respeito das peças de uma montagem. Como mostra a Figura 8-9, uma lista de peças contém o número de ordem da peça, o número de identificação da peça, uma descrição sucinta, o número de unidades usadas na montagem, o material e, eventualmente, outras informações, como peso ou número mínimo para aquisição. Observe que as peças padronizadas também devem fazer parte da lista.

A lista de peças em geral aparece do lado direito do desenho da montagem. As peças são listadas em ordem de importância e/ou tamanho. Se os títulos das colunas estão acima da lista de peças, as peças mais importantes estão no alto da lista. Em alguns desenhos, os títulos das colunas estão abaixo da lista, caso em que as peças mais importantes estão no final da lista. Esta prática permite que peças adicionais, presumivelmente menos importantes, sejam incluídas sem afetar a numeração da lista.

Balões, como os que aparecem na Figura 8-10, são usados para identificar as peças e relacioná-las à lista de peças. Cada balão é constituído por um número no interior de uma circunferência e uma linha de identificação. A linha de identificação aponta para uma peça. O número é o número de ordem da peça na lista de peças. Os balões devem ser dis-

ITEM	QTY	PROCESS	DESCRIPTION	SIZE	MAT'L	PART/DWG NO
1	1		AIR CYLINDER 2 X 7	ORTHO U45BC	T304SS	05-001-0015
2	1		AIR CYLINDER MOUNT			DMXNP112B
3	1		DOOR			MBXNX110C △1
4	1		DOOR HINGE			DMXNP116C
5	4		HINGE EAR			DMXNP118A
6	2	△1	BOLT, HEX HD - ⌀7/16-14NC X	3	T304SS	03-012-0070
7	1		TOGGLE LINK PLATE			MBXLX113B
8	1		ALL THREAD ⌀5/8-18 X	8 1/4	T304SS	03-012-0518
9	2		CLEVIS	FOR 2" ORTHO CYL	T304SS	05-001-0150
10	1		TOGGLE HINGE PLATE			DMXNP119A
11	2	90°MITER45°	PIPE 2 SCH 40 X	24 5/32	T304SS	01-005-0020
12	1	45°MITER45°	PIPE (FOR BOTH DOORS) 2 SCH 40 X	72 3/8	T304SS	01-005-0020
13	1		FLASHING LIGHT			
14	1		FLASHING LIGHT BOX MOUNT			SPXXX919B
15	6	△1	BOLT, HEX HD - ⌀7/16-14NC X	2	T304SS	03-012-0066
16	1		DISCHARGE GUARD			VNXNX801C
17	1		BEARING DRIP PAN			VNXNX118C
18	1		FRONT SEAL DETAIL ASSEMBLY			VNXNX400C
19	8	△1	NUT, NYLOCK - 7/16-14NC			03-012-0375
20	2	△1	PILLOW BLOCK BEARING	SEALMASTER RPB-212-C2CR		03-001-0084B
21	1	90°/COPE	PIPE 2 SCH 40 X	22 3/8	T304SS	01-005-0020

Figura 8-9 Lista de peças de um produto. (Cortesia de Cozzini Inc.)

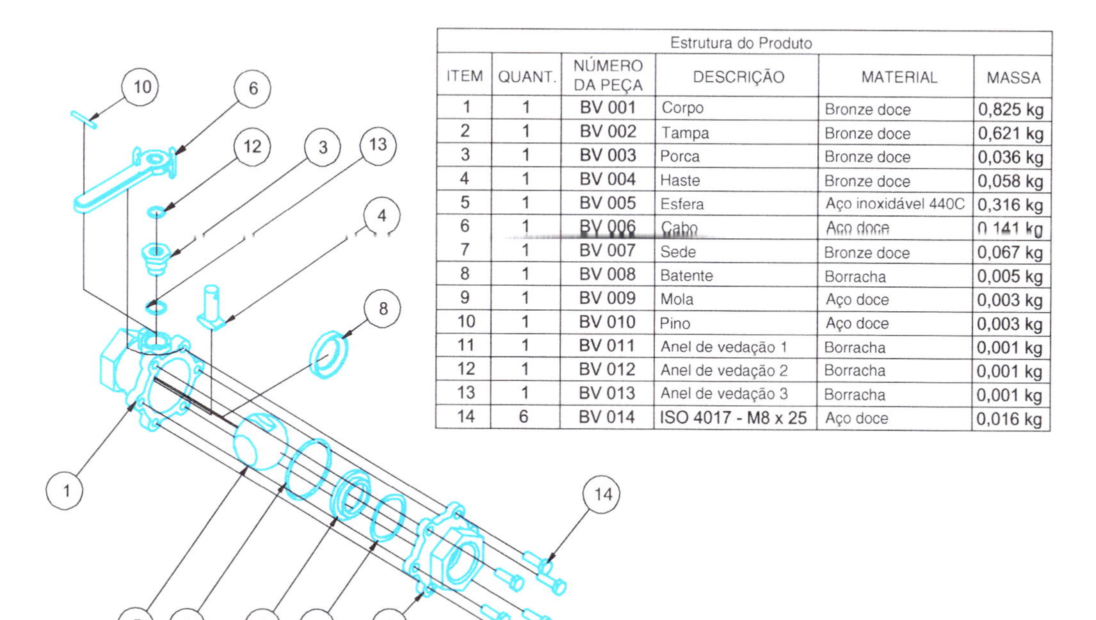

Estrutura do Produto					
ITEM	QUANT.	NÚMERO DA PEÇA	DESCRIÇÃO	MATERIAL	MASSA
1	1	BV 001	Corpo	Bronze doce	0,825 kg
2	1	BV 002	Tampa	Bronze doce	0,621 kg
3	1	BV 003	Porca	Bronze doce	0,036 kg
4	1	BV 004	Haste	Bronze doce	0,058 kg
5	1	BV 005	Esfera	Aço inoxidável 440C	0,316 kg
6	1	BV 006	Cabo	Aço doce	0,141 kg
7	1	BV 007	Sede	Bronze doce	0,067 kg
8	1	BV 008	Batente	Borracha	0,005 kg
9	1	BV 009	Mola	Aço doce	0,003 kg
10	1	BV 010	Pino	Aço doce	0,003 kg
11	1	BV 011	Anel de vedação 1	Borracha	0,001 kg
12	1	BV 012	Anel de vedação 2	Borracha	0,001 kg
13	1	BV 013	Anel de vedação 3	Borracha	0,001 kg
14	6	BV 014	ISO 4017 - M8 x 25	Aço doce	0,016 kg

Figura 8-10 BOM, com balões usados para identificar as peças.

postos de forma organizada, de preferência em filas horizontais ou verticais. As linhas de identificação dos balões não devem se cruzar, e linhas vizinhas devem ser paralelas.

Nos casos em que existe um modelo de montagem, uma lista de peças pode ser gerada automaticamente e personalizada usando um programa de modelagem paramétrica. Quase todos os programas de modelagem também dispõem de uma ferramenta para desenhar balões.

TAMANHOS DAS FOLHAS DE PAPEL

A Tabela 8-1 mostra os tamanhos das folhas de papel usadas para fazer desenhos técnicos, em unidades do SI e unidades inglesas. Nos Estados Unidos, esses e outros padrões e convenções para desenhos técnicos são divulgados em publicações da American Society of Mechanical Engineers e aprovados pelo American National Standards Institute (ANSI).*

Tabela 8-1 Tamanhos-padrão das folhas de papel

Em milímetros		Em polegadas	
A4	210 × 297	A	8,5 × 11,0
A3	297 × 420	B	11,0 × 17,0
A2	420 × 594	C	17,0 × 22,0
A1	594 × 841	D	22,0 × 34,0
A0	841 × 1189	E	34,0 × 44,0
ASME Y14.1M-1995		ASME Y14.1-1995	

LEGENDAS

Todo desenho técnico deve ter uma ***legenda*** como a que aparece na Figura 8-11. O objetivo da legenda é organizar as informações necessárias para identificar o desenho. A legenda também pode conter informações adicionais que não aparecem no desenho. Entre as informações contidas na legenda normalmente estão as seguintes:

- Nome e endereço da empresa
- Título do desenho
- Número do desenho
- Nomes, datas e assinaturas do projetista, revisor e supervisor
- Número da revisão
- Tamanho da folha

* O órgão equivalente no Brasil é a Associação Brasileira de Normas Técnicas (ABNT). (N.T.)

1 OUTBOARD PROFILE 103025-101-1
NO. TITLE DRAWING NO.
REFERENCES
PROJECT 96 FT TRACTOR TUG – HULL 798
CLIENT EASTERN SHIPBUILDING GROUP, PANAMA CITY, FLORIDA
TITLE GENERAL ARRANGEMENTS
JMC
Jensen Maritime Consultants Inc.
NAVAL ARCHITECTS MARINE ENGINEERS
4241 21st Ave West, Suite 404 Seattle, Washington 98199 www.jensenmaritime.com
Ph 206 284 1274 Fax 206 284 2556
DWN JCP/CSW DATE 5/13/03
CKD DATE
APP DATE
SCALE 1/4" = 1'- 0"
DWG NO. 103025-101-3 REV –
SHEET 1 OF 1

Figura 8-11 Legenda. (Cortesia de Jensen Maritime Consultants, Inc.)

- Número da folha
- Escala do desenho
- Outras informações: nome do projeto, nome do cliente, material, informações gerais sobre as tolerâncias, tratamentos térmicos, acabamento das superfícies, dureza, peso estimado

O logotipo da empresa também costuma ser colocado na legenda. Na maioria dos desenhos, a legenda fica no canto inferior direito.

A ANSI criou legendas padronizadas para unidades inglesas e do SI e para vários tamanhos de papel, mas a maioria das empresas prefere usar suas próprias legendas padronizadas. As legendas padronizadas podem ser armazenadas em uma biblioteca do CAD ou disponibilizadas na forma de um modelo, e podem ser facilmente inseridas em arquivos de CAD. Em muitos programas de CAD, os campos de texto da legenda já estão preenchidos ou foram preparados para serem completados com facilidade. Nos programas de modelagem sólida paramétrica, os campos de texto da legenda estão muitas vezes associados dinamicamente à base de dados do CAD.

Os desenhos frequentemente contêm mais informações do que é possível mostrar em uma única folha. Nesse caso, uma legenda de continuação pode ser usada em todas as folhas, exceto a primeira. Em geral, a legenda de continuação contém menos informações que a legenda principal. A Figura 8-12 mostra um exemplo.

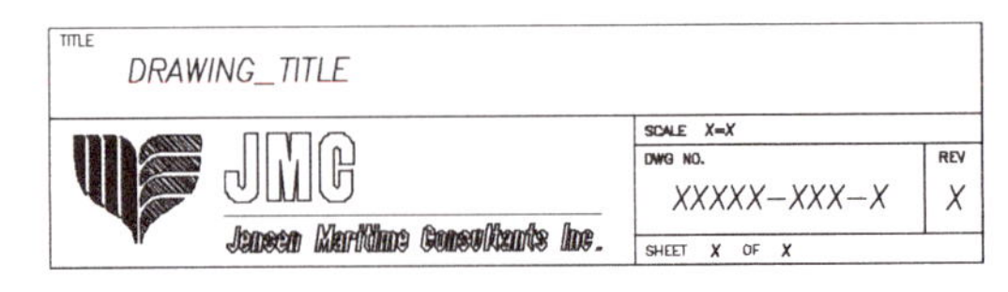

Figura 8-12 Legenda de continuação. (Cortesia de Jensen Maritime Consultants, Inc.)

MOLDURAS E ZONAS

Todos os desenhos têm uma moldura retangular. Alguns desenhos também possuem ***zonas***. Zonas são espaços regulares assinalados ao longo da moldura, que ajudam a localizar partes específicas de desenhos complexos. Essas zonas são semelhantes às usadas nos mapas rodoviários, com números na horizontal e letras na vertical. A Figura 8-13 mostra parte de um desenho no qual a vista de um detalhe é rotulada de acordo com a zona em que se encontra.

TÁBUAS DE REVISÃO

Os desenhos de engenharia muitas vezes têm que ser modificados por causa de mudanças no projeto, queixas dos clientes, erros, etc. Essas mudanças, ou ***revisões***, são registradas em uma ***tábua de revisão***, em geral localizada no canto superior direito do desenho. A Figura 8-14 mostra um exemplo. Cada modificação registrada na tábua de revisão deve conter, no mínimo, a data, o nome da pessoa responsável e uma breve descrição da mudança. Um número de revisão, em geral no interior de um círculo ou triângulo, é associado a cada revisão e colocado tanto na tábua de revisão como na região do desenho onde foi feita a mudança. Em um desenho com zonas, a zona que foi modificada também é indicada na tábua de revisão.

ESCALA DO DESENHO

Os modelos de CAD, tanto bidimensionais como tridimensionais, são normalmente criados em tamanho real, mesmo que a peça seja muito grande ou muito pequena. Assim, os dados iniciais do CAD correspondem ao tamanho real do objeto. As dimensões acrescentadas são dimensões reais, os comandos de consulta retornam valores reais, e a base de dados do CAD pode ser exportada para programas de análise e produção sem nenhuma correção.

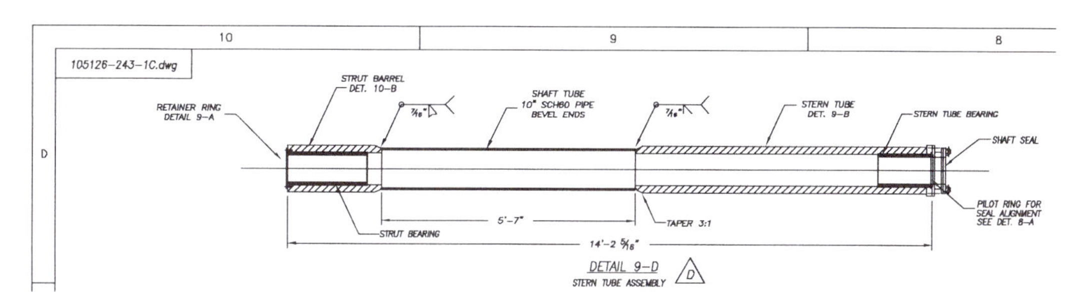

Figura 8-13 Detalhe de um desenho rotulado pela zona em que se encontra. (Cortesia de Jensen Maritime Consultants, Inc.)

REVISIONS				
SYM	ZONE	DESCRIPTION	BY	DATE
P0	ALL	INITIAL ISSUE	YH	4/20 06
P1		1) OVERALL SHAFT LENGTH ADJUSTED PER UNDER WATER SHIPCHECK 4-26-06. 2) RUDDER AND EXISTING STRUT BEARING LOCATED. 3) NEW PROPELLER AND NOZZLE LOCATED TO CLEAR EXISTING RUDDER. 4) TRIMMING OFF 9-½" OF AFT EDGE OF SKEG PLATE SHOWN, TO SUIT THE LONGER CP PROPELLER HUB.	YH	4/29 06
P2		1) NUMBER AND LOCATION OF SHAFT BEARING REVISED. 2) ONE PILLOW BEARING REMOVED. 3) STERN TUBE AND BULKHEAD STUFFING BOXES REPLACED WITH SHAFT SEALS. 4) INDIVIDUAL LENGTHS OF TAIL SHAFT AND LINE SHAFT REVISED (OVERALL LENGTH REMAINS UNCHANGED) 5) SHAFT LINE MATERIALS CHANGED TO CARBON STEEL GR. 4 WITH BRONZE LINERS IN WAY OF STRUT AND STERN TUBE/SHAFT SEAL. 6) SHAFT DIAMETER AND STERN TUBE/STRUT DIAMETERS INCREASED. 7) RESERVATION NOTE #3 REMOVED.	YH	5/3 06
–		1) NEW ENGINE BLOCK RECEIVED FROM CUMMINS INSERTED IN DRAWING. 2) CRAFT MODEL S1 BCH 508 FL PILLOW BLOCK SHOWN. 3) SHAFT LINE ELEVATION (HEIGHT ABOVE BASE LINE) CORRECTED. 4) RESERVATION NOTE #2 REMOVED. GEN. NOTE #2 & #3 REVISED. 5) PRELIMINARY STATUS REMOVED.	YH	5/12 06
A		REVISED PROPELLER HUB FROM HUNDESTED INSERTED.	YH	5/19 06
B		1. LINE SHAFT BEARING RELOCATED PER HUNDESTED SUGGESTION. 2. PROPELLER NOZZLE TILTED 2 DEGREES.	YH	5/31 06
C		1. LINE SHAFT BEARING RELOCATED TO FRAME #39. 2. TAIL SHAFT LENGTH INCREASED, LINE SHAFT LENGTH DECREASED. 3. STERN TUBE AND STRUT DETAILS ADDED (SHT #2).	YH	6/12 06

Figura 8-14 Tábua de revisão. (Cortesia de Jensen Maritime Consultants, Inc.)

Depois de completado o modelo em tamanho real, são preparados desenhos em uma escala compatível com o tamanho do papel. A Tabela 8-2 mostra alguns exemplos de escalas usadas em desenhos de engenharia.

Tabela 8-2 Algumas escalas comuns

1:1	1/8″ = 1′ – 0″
1:2	1/4″ = 1′ – 0″
1:4	3/8″ = 1′ – 0″
1:8	1/2″ = 1′ – 0″
1:10	1″ = 1′ – 0″
1:20	1″ = 10′
1:30	1″ = 20′
1:40	1/4″ = 1″
1:50	1/2″ = 1″
1:100	1″ = 1″

A escala do desenho é normalmente indicada na legenda. Quando o desenho mostra vistas com escalas diferentes, a escala de cada vista é indicada na respectiva legenda.

NOTAS SOBRE TOLERÂNCIAS

Muitas empresas colocam nos desenhos dos detalhes uma nota geral sobre as tolerâncias, como a que aparece na Figura 8-15. Essas notas se referem a dimensões cujas tolerâncias não foram especificadas no próprio desenho. As notas sobre tolerâncias ficam em geral no canto inferior direito do desenho.

PEÇAS PADRONIZADAS

Peças padronizadas como parafusos, buchas, rolamentos, pinos, chaves, bombas, válvulas, etc., podem ser compradas de outros fornecedores ou fabricadas na própria empresa. Embora não seja necessário preparar desenhos detalhados dessas peças, elas devem ser mostradas no desenho de montagem e incluídas na lista de peças. A maioria dos programas de modelagem paramétrica tridimensional dispõe de uma biblioteca nativa de peças padronizadas, a partir da qual modelos dessas peças podem ser introduzidos diretamente no modelo de montagem. A Figura 7-29 mostra uma tela da biblioteca de peças padronizadas de um programa de CAD.

CRIAÇÃO DE DESENHOS DEFINITIVOS USANDO PROGRAMAS DE MODELAGEM PARAMÉTRICA

Nas páginas seguintes deste capítulo, vamos descrever várias técnicas para preparar desenhos definitivos, que podem ser desenhos de peças, modelos de montagem, vistas em corte ou vistas explodidas com e sem balões e lista de peças.

NOTAS:

TOLERÂNCIAS NÃO ESPECIFICADAS:
DECIMAIS: 0,0000 ±0,0005
0,000 ±0,005
0,00 ±0,01

FRAÇÕES: ±1/32
ÂNGULOS: ±1°

PERPENDICULARIDADE E PARALELISMO: ± 0,015 POLEGADA POR PÉ

CONCENTRICIDADE: T.I.R. = TOLERÂNCIA DO DIÂMETRO

SISTEMA DE DIMENSIONAMENTO: ANSI/ASME Y14.5M

Figura 8-15 Nota geral sobre tolerâncias. (Cortesia de Cozzini Inc.)

Criação de um desenho detalhado a partir do modelo paramétrico de uma peça (veja a Figura 8-16)

Os passos necessários para criar um desenho detalhado de uma peça usando um programa de modelagem paramétrica são descritos a seguir.

1º Passo

Introduza uma das vistas principais do modelo da peça.

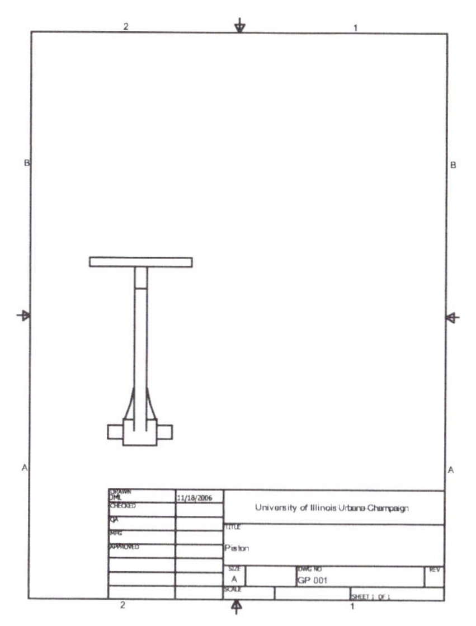

2º Passo

Crie as outras vistas a partir da vista do passo anterior.

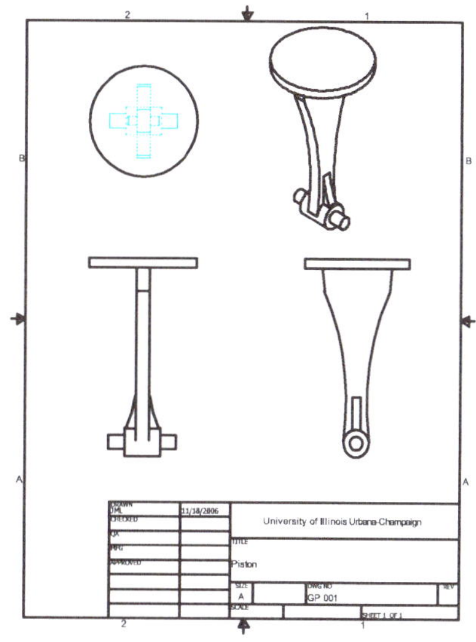

3º Passo

Acrescente as linhas de centro.

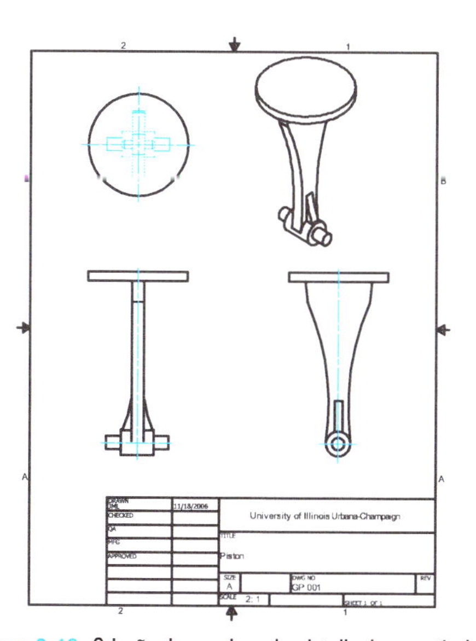

4º Passo

Importe as dimensões paramétricas do modelo da peça. Note que essas dimensões provavelmente terão que ser reposicionadas. Além disso, pelo menos algumas dessas dimensões paramétricas importadas não serão adequadas para fins de documentação e terão que ser substituídas.

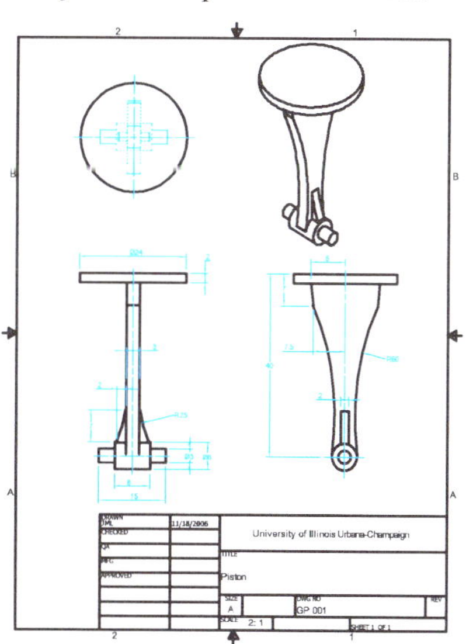

Figura 8-16 Criação de um desenho detalhado a partir de um modelo paramétrico.

Uso de modelos de peças já existentes para criar um modelo de montagem (veja a Figura 8-17)

Os passos necessários para criar um modelo de montagem paramétrico, supondo que os modelos das peças já foram criados, são descritos a seguir.

1º Passo

Importe a peça principal para o ambiente de montagem.

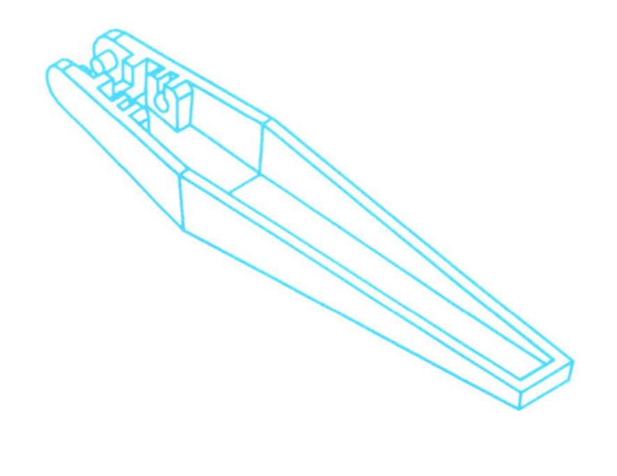

2º Passo

Importe as outras peças para o ambiente de montagem.

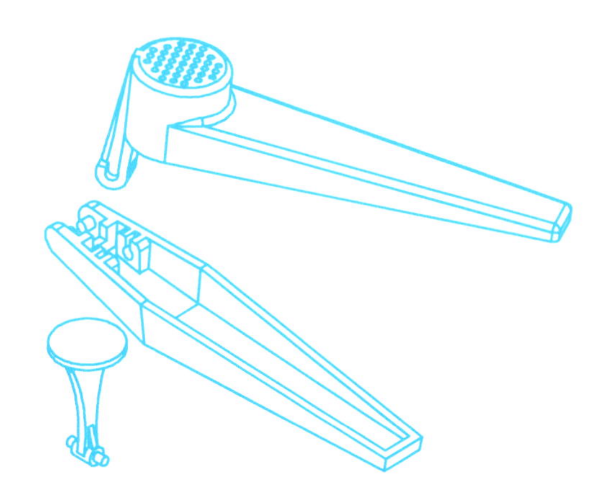

3º Passo

Usando restrições de montagem como acoplar e inserir, posicione corretamente as peças em relação às outras e à peça principal.

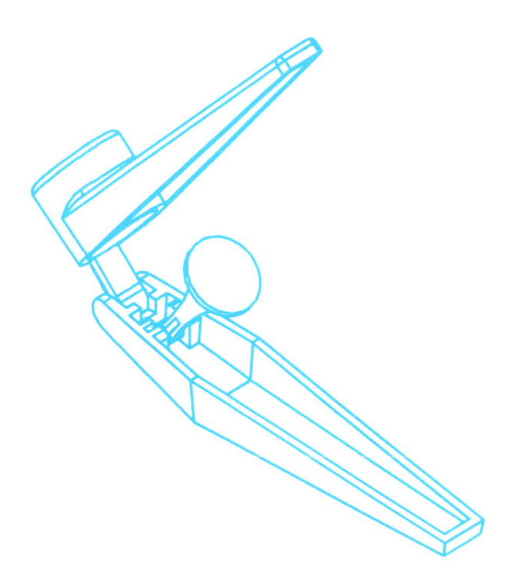

4º Passo

Se tiverem sido corretamente montadas, as peças móveis se comportarão como se fossem de verdade. O modelo de espremedor de alho pode ser aberto e fechado, simulando o comportamento do utensílio real.

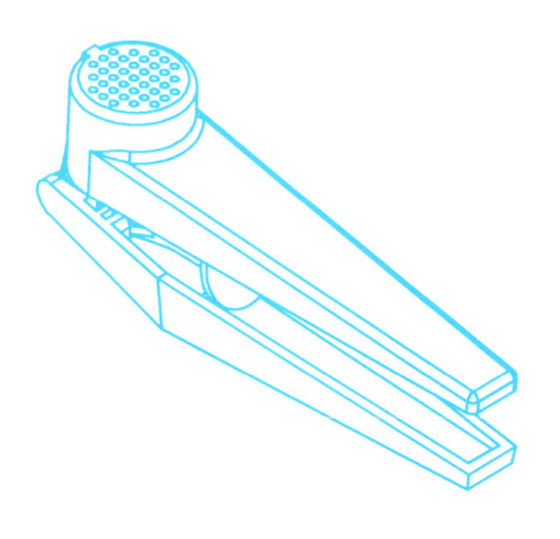

Figura 8-17 Criação de um modelo de montagem.

Criação de uma vista em corte de um desenho de montagem (veja a Figura 8-18)

Os passos necessários para criar uma vista em corte de um desenho de montagem a partir de um modelo de montagem paramétrico são descritos a seguir.

1º Passo

Importe uma das vistas principais da montagem para o ambiente de desenho.

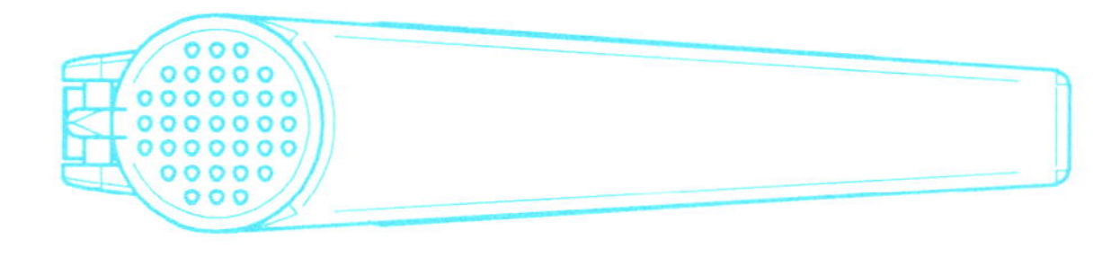

2º Passo

Use uma ferramenta de corte para criar uma vista de corte. Observe que o ângulo das hachuras genéricas (ANSI 31) é diferente em diferentes peças seccionadas pelo plano de corte. Observe também que algumas convenções (como, por exemplo, a de não aplicar hachuras a seções de peças muito finas) não são seguidas automaticamente.

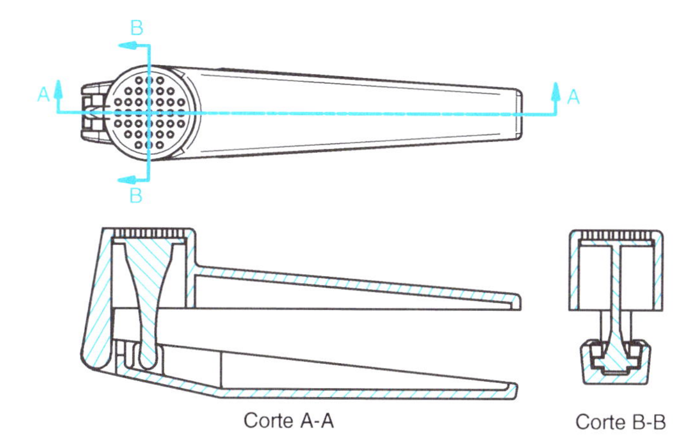

3º Passo

Modifique as hachuras para seguir as convenções. Observe também que os furos na parte cilíndrica de uma das peças foram suprimidos neste passo para simplificar o desenho.

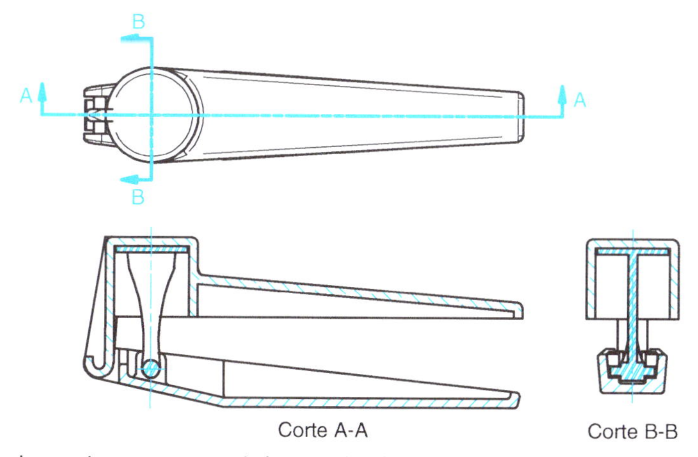

Figura 8-18 Criação de uma vista em corte a partir de um modelo de montagem.

Criação de uma vista explodida (veja a Figura 8-19)

Os passos necessários para criar uma vista explodida a partir de um modelo de montagem paramétrico são descritos a seguir.

1º Passo

Importe um modelo de montagem para o ambiente de criação de vistas explodidas.

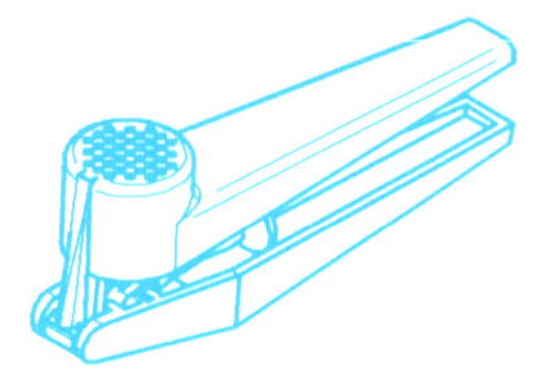

2º Passo

Faça o cabo girar 180°.

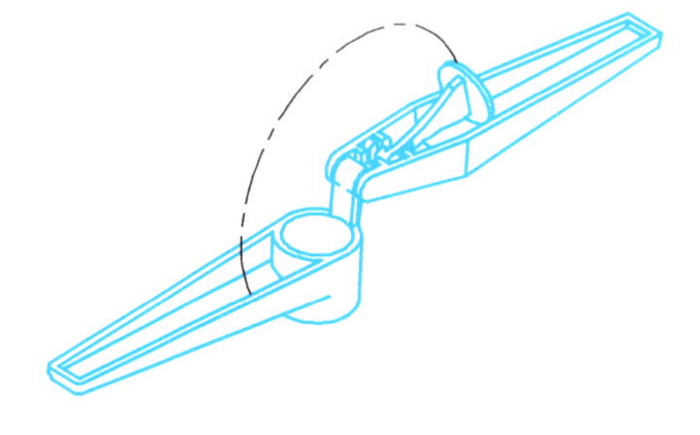

3º Passo

Desloque o cabo para baixo e para a direita.

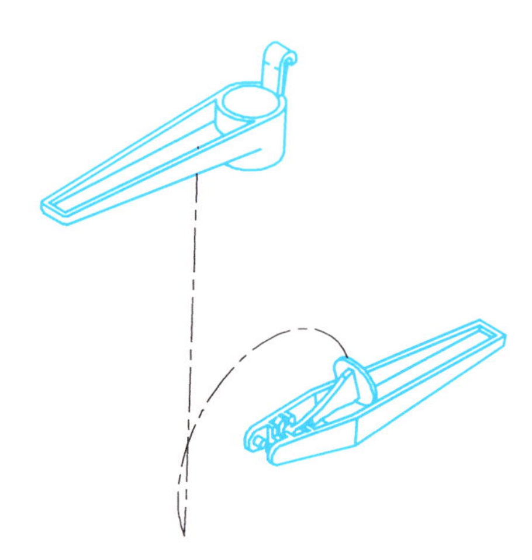

4º Passo

Faça o êmbolo girar 90°.

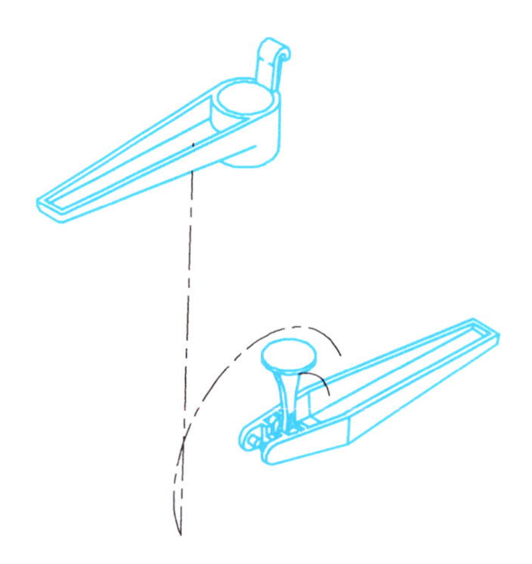

5º Passo

Desloque o êmbolo para cima.

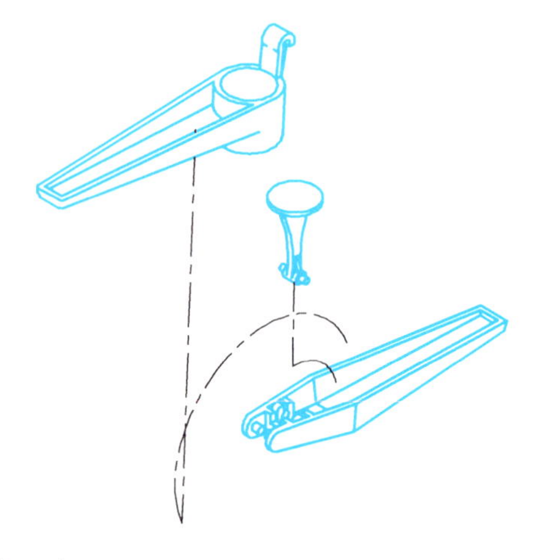

Figura 8-19 Criação de uma vista explodida a partir de um modelo de montagem.

Criação de uma vista explodida com uma lista de peças e balões (veja a Figura 8-20)

Os passos necessários para criar uma vista explodida com uma lista de peças e balões são descritos a seguir (veja a Figura 8-20).

1º Passo

Introduza uma vista explodida no ambiente de desenho.

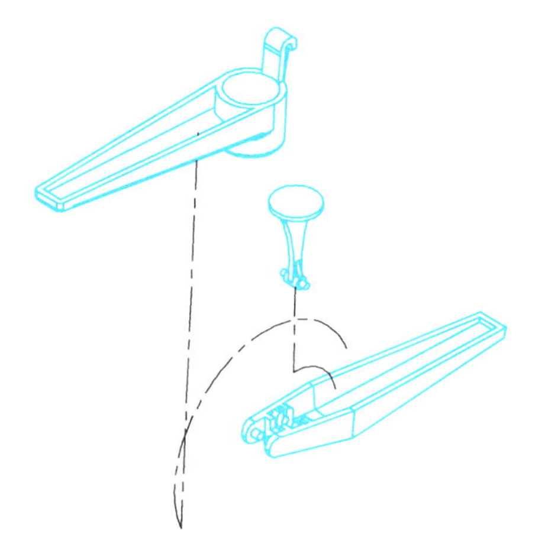

2º Passo

Introduza uma lista de peças ligada à vista explodida.

Estrutura do produto			
ITEM	QUANT.	NÚMERO DA PEÇA	Descrição
1	1	Corpo	
2	1	Êmbolo	
3	1	Cabo	

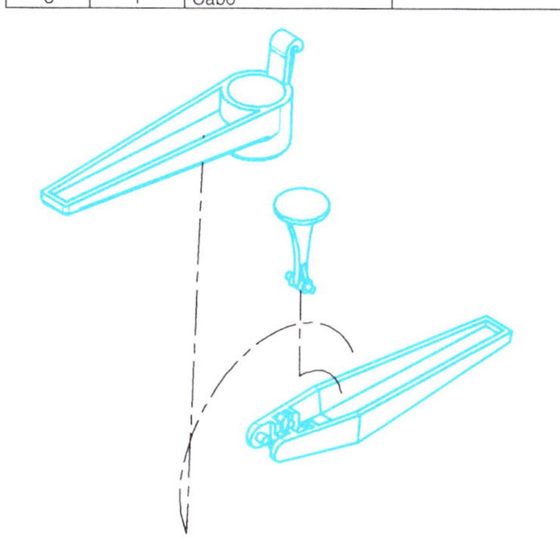

3º Passo

Personalize a lista de peças.

Estrutura do Produto					
ITEM	QUANT.	NÚMERO DA PEÇA	DESCRIÇÃO	MATERIAL	MASSA
1	1		Corpo	Alumínio – 6061	0,046 kg
2	1	GP 002	Êmbolo	Alumínio – 6061	0,006 kg
3	1	GP 003	Cabo	Alumínio – 6061	0,059 kg

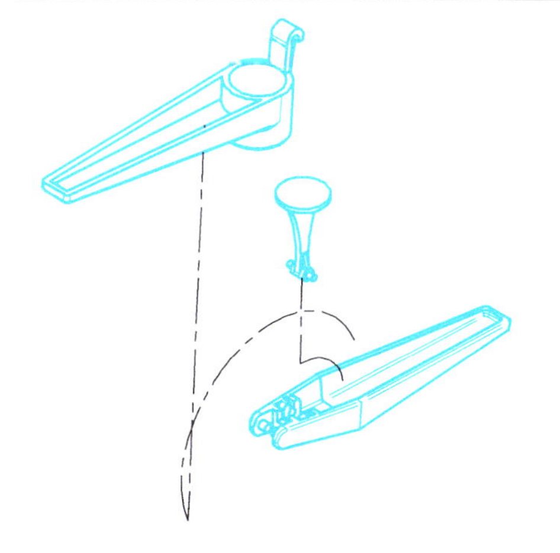

4º Passo

Acrescente balões.

Estrutura do produto					
ITEM	QUANT.	NÚMERO DA PEÇA	DESCRIÇÃO	MATERIAL	MASSA
1	1	GP 001	Corpo	Alumínio – 6061	0,046 kg
2	1	GP 002	Êmbolo	Alumínio – 6061	0,006 kg
3	1	GP 003	Cabo	Alumínio – 6061	0,059 kg

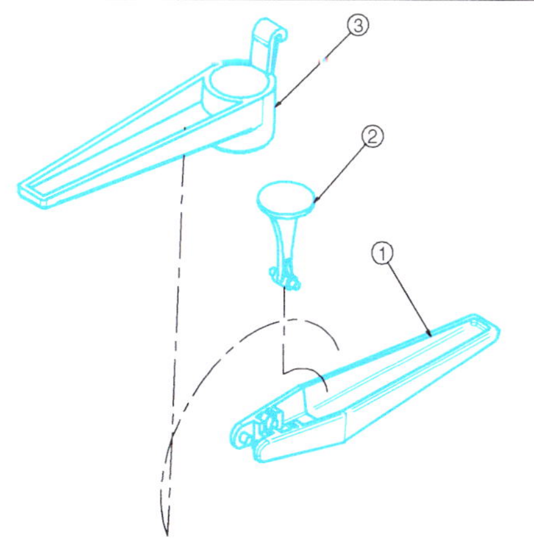

Figura 8-20 Criação de uma vista explodida com uma lista de peças e balões a partir de um modelo de montagem.

QUESTÕES

1. Dadas as perspectivas isométricas dimensionadas das Figuras P7-1 a P7-24, crie um desenho de vistas múltiplas dimensionado de cada peça.
2. Dadas as vistas de montagem dimensionadas das Figuras P8-1 a P8-5, crie um conjunto completo de desenhos definitivos.

a. Crie um desenho em perspectiva explodido das peças, incluindo cortes, quando for necessário, uma lista de peças e balões.

b. Crie um desenho de vistas múltiplas dimensionado de cada peça, incluindo vistas auxiliares e cortes quando for necessário.

(*a*) Suporte para automóvel

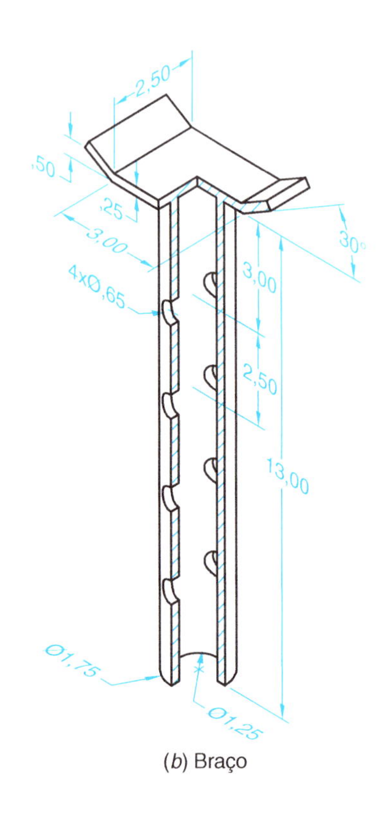

(*b*) Braço

(*c*) Base

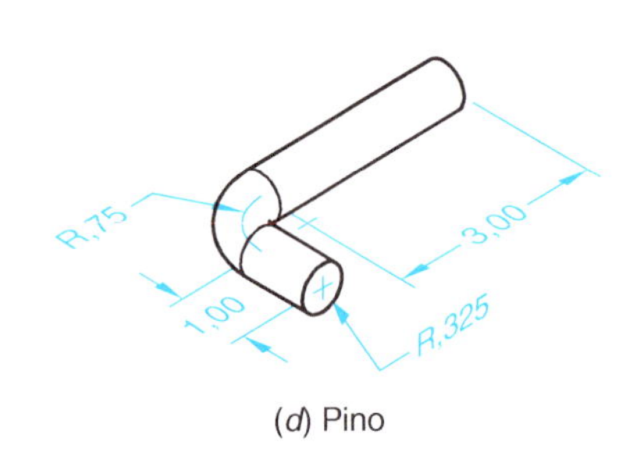

(*d*) Pino

Figura P8-1

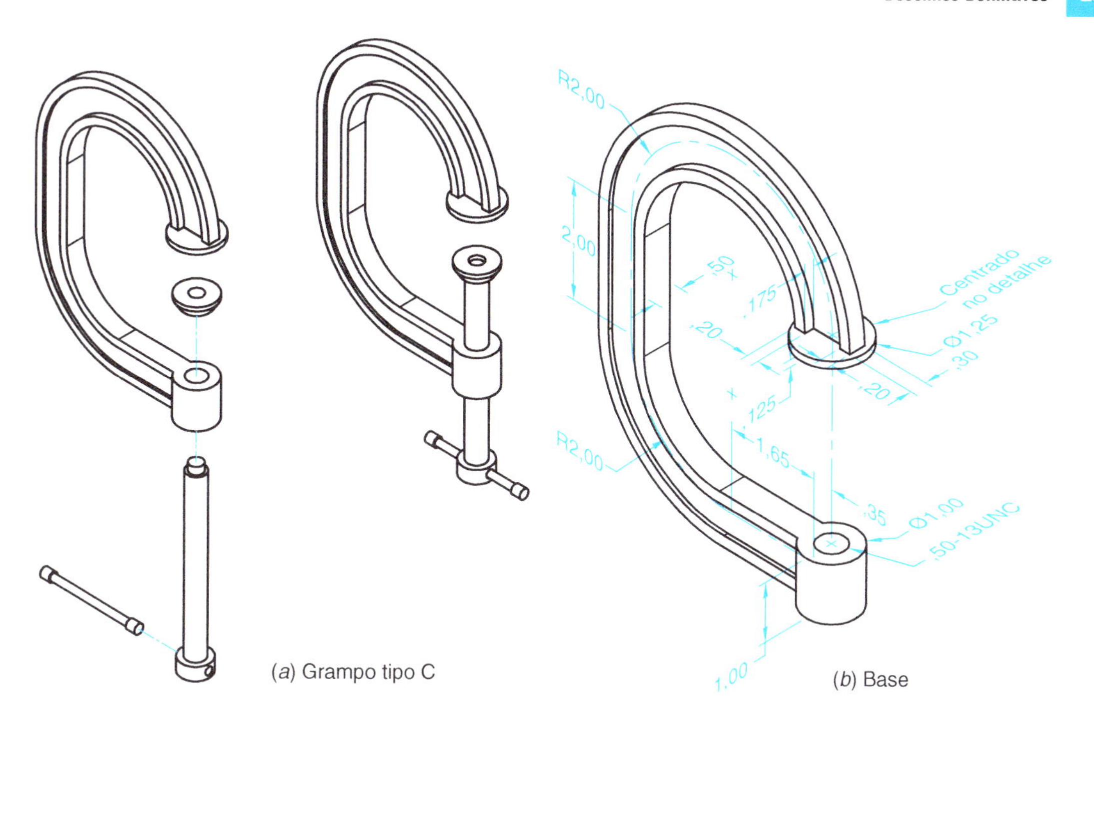

(a) Grampo tipo C

(b) Base

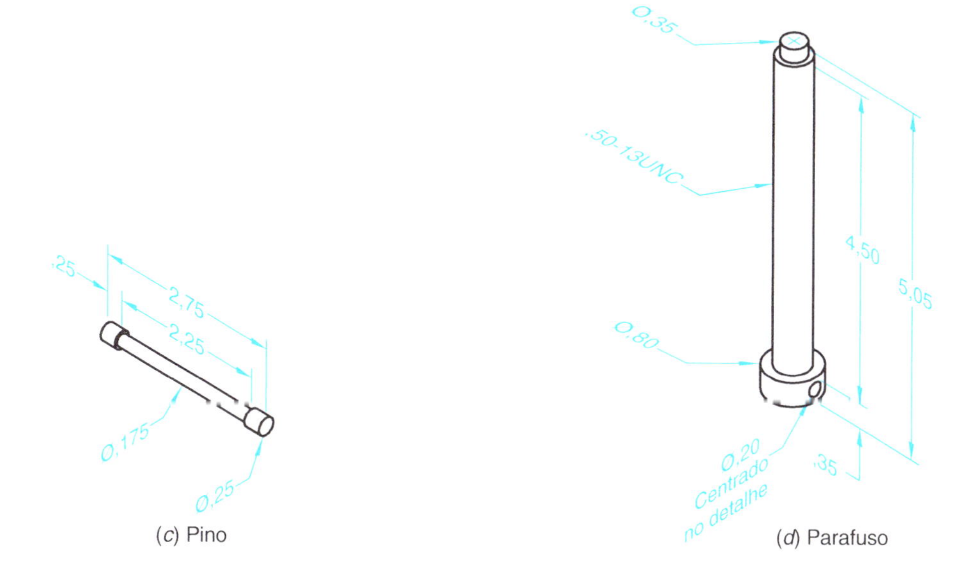

(c) Pino

(d) Parafuso

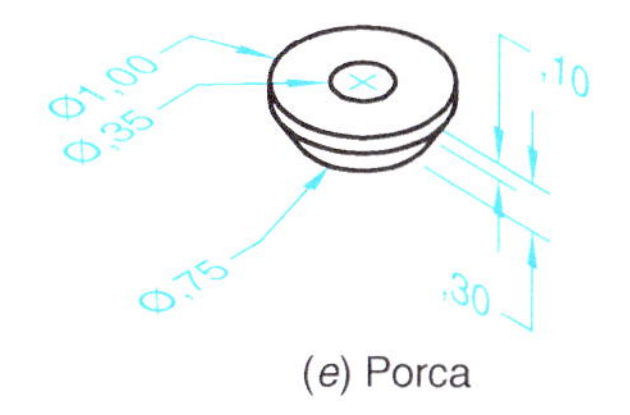

(e) Porca

Figura P8-2

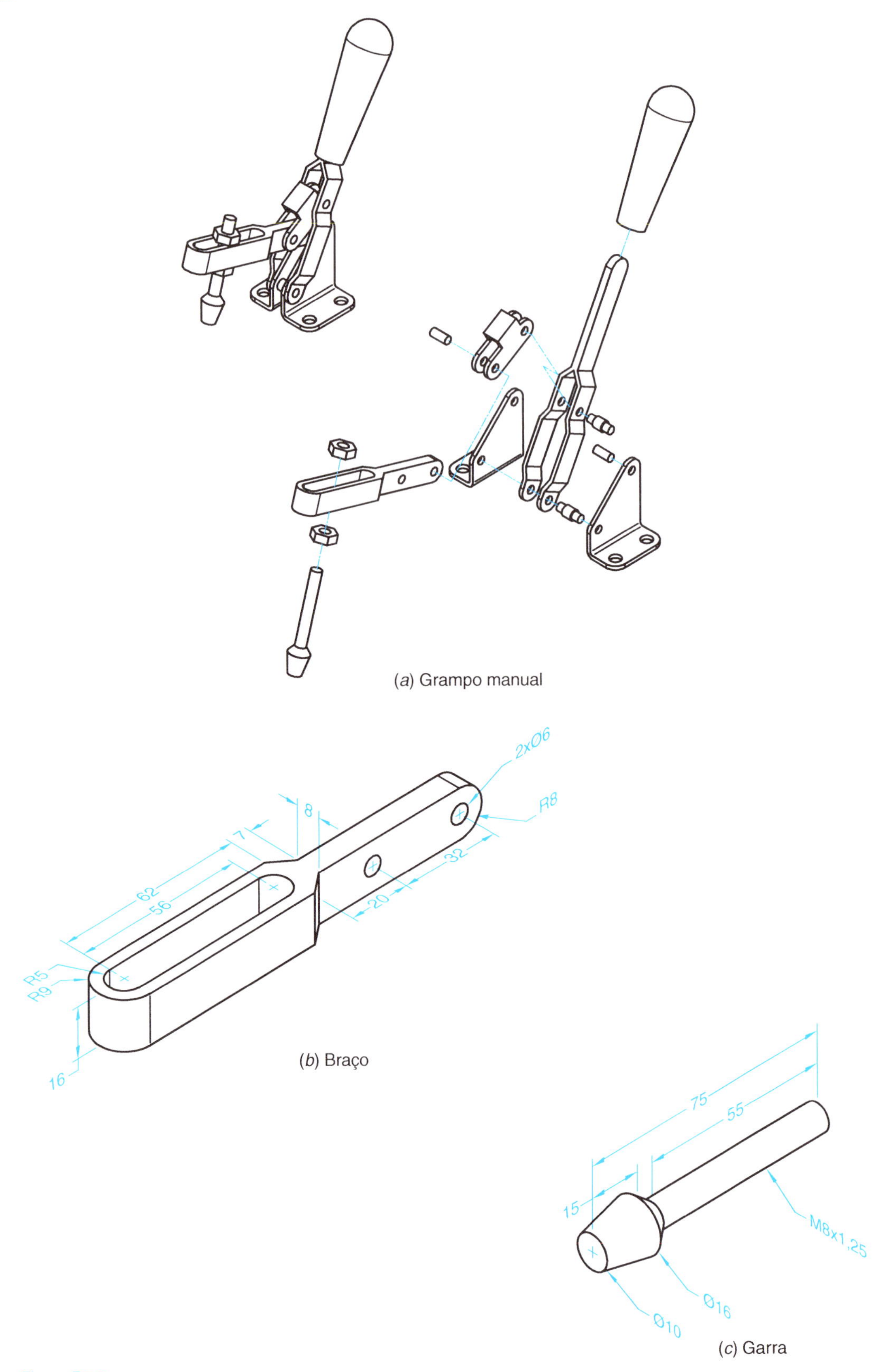

(*a*) Grampo manual

(*b*) Braço

(*c*) Garra

Figura P8-3

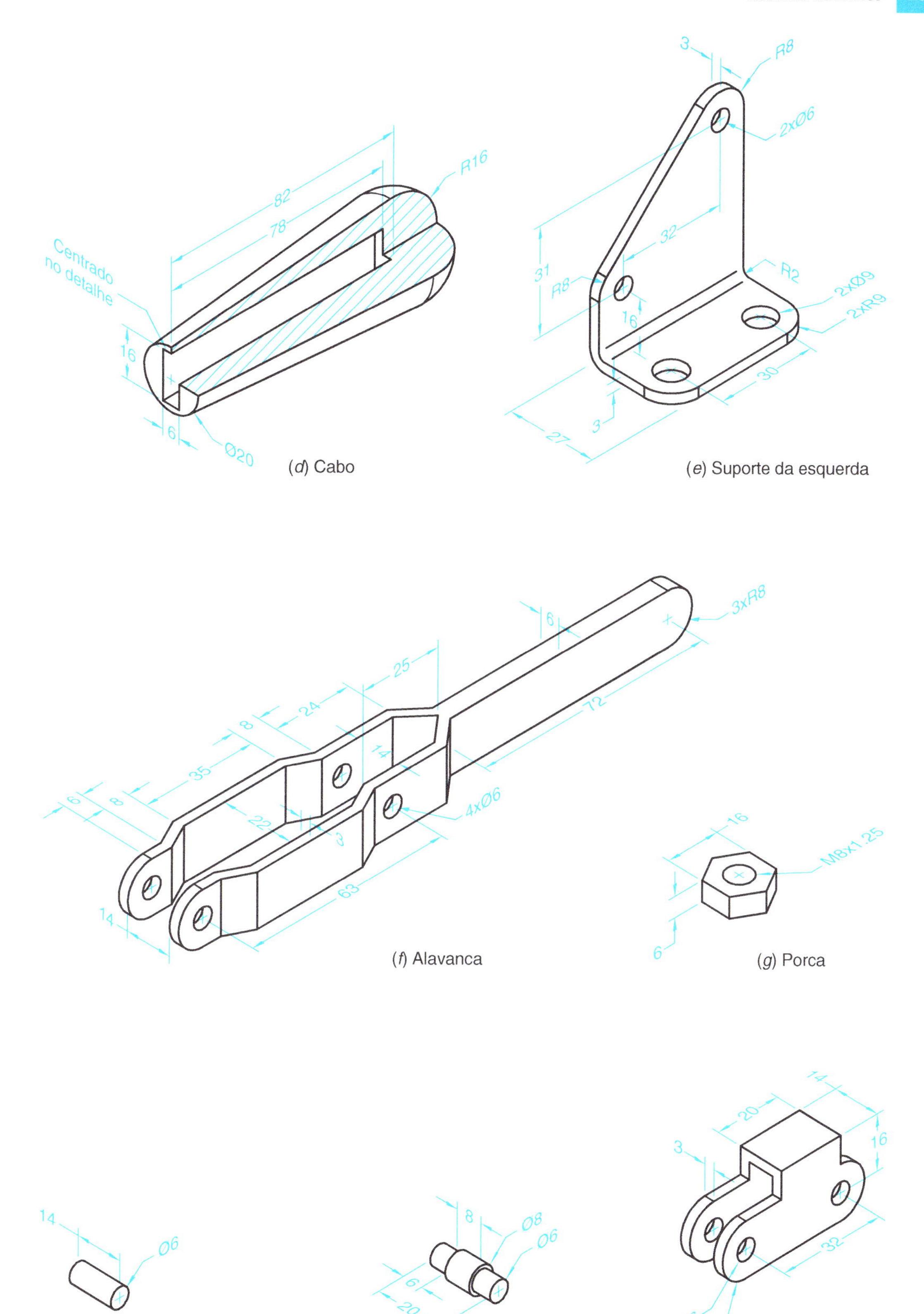

(*d*) Cabo

(*e*) Suporte da esquerda

(*f*) Alavanca

(*g*) Porca

(*h*) Pino A

(*i*) Pino B

(*j*) Batente

Figura P8-3 (Continuação)

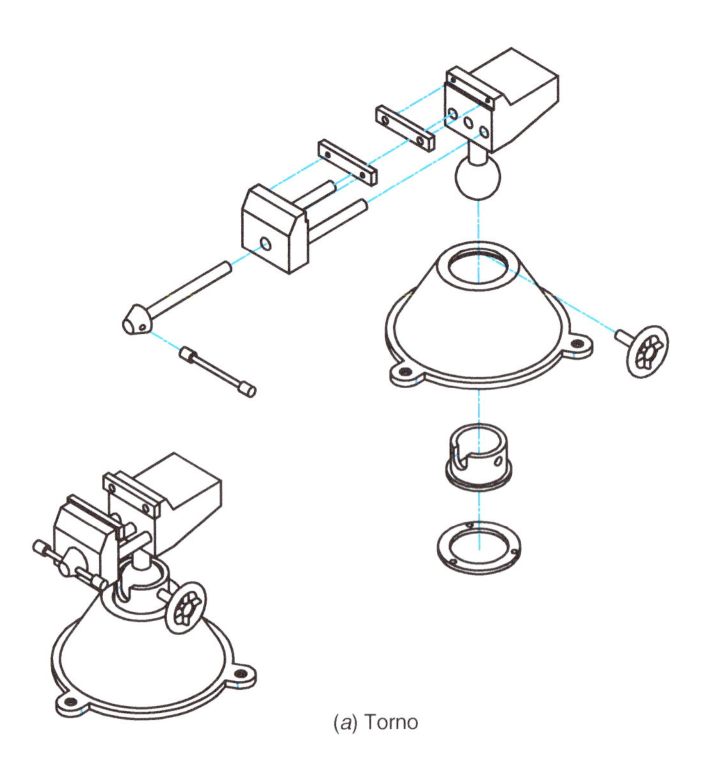

(*a*) Torno

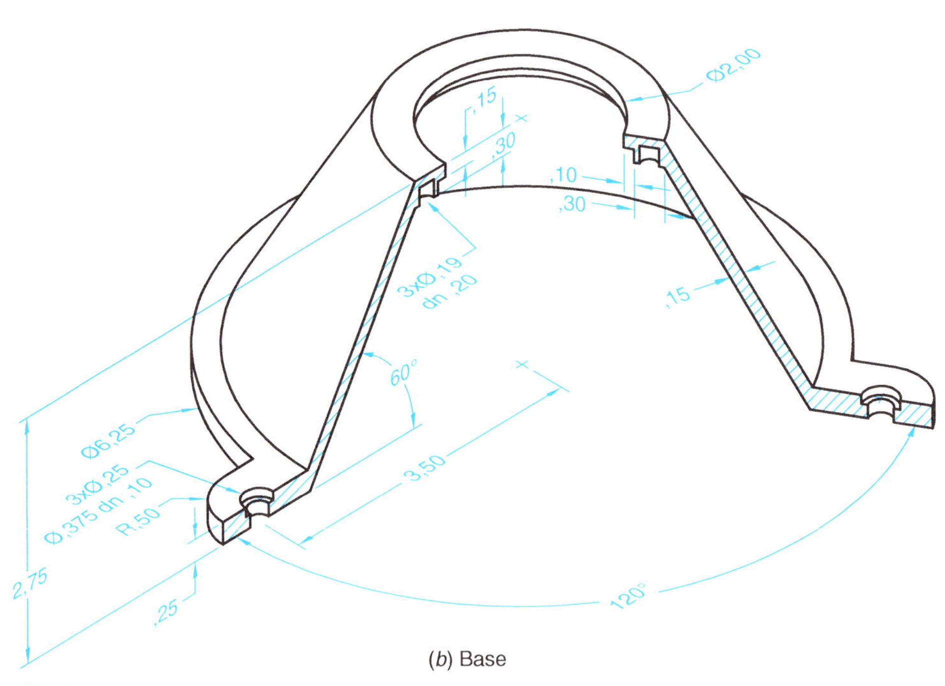

(*b*) Base

Figura P8-4

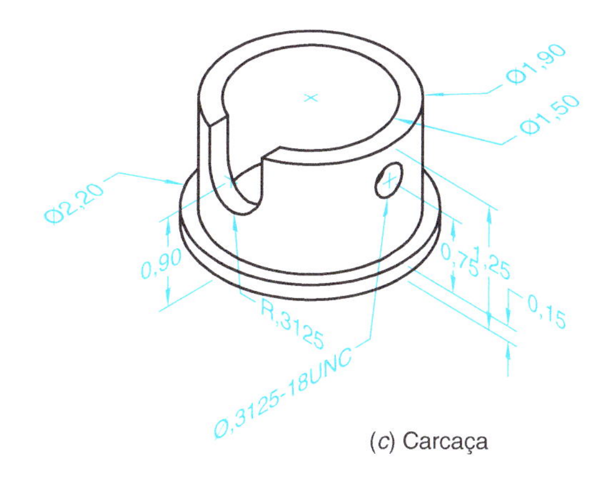

(*c*) Carcaça

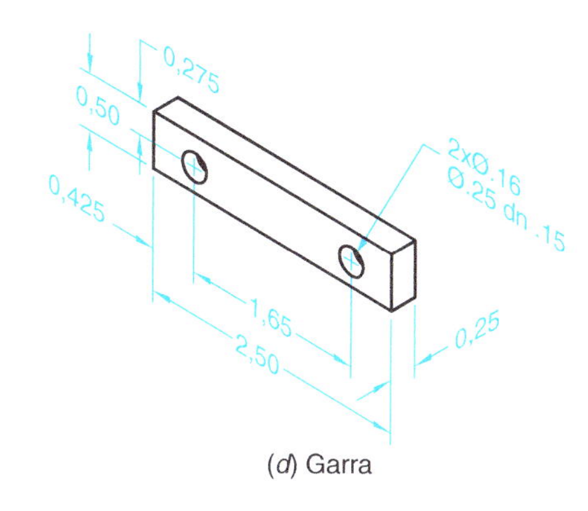

(*d*) Garra

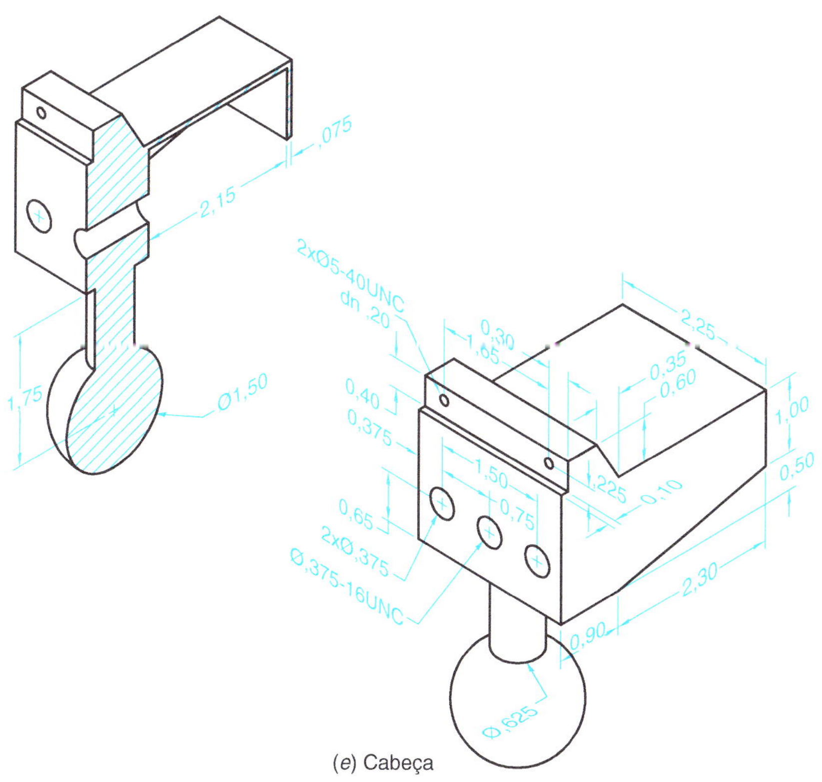

(*e*) Cabeça

Figura P8-4 (Continuação)

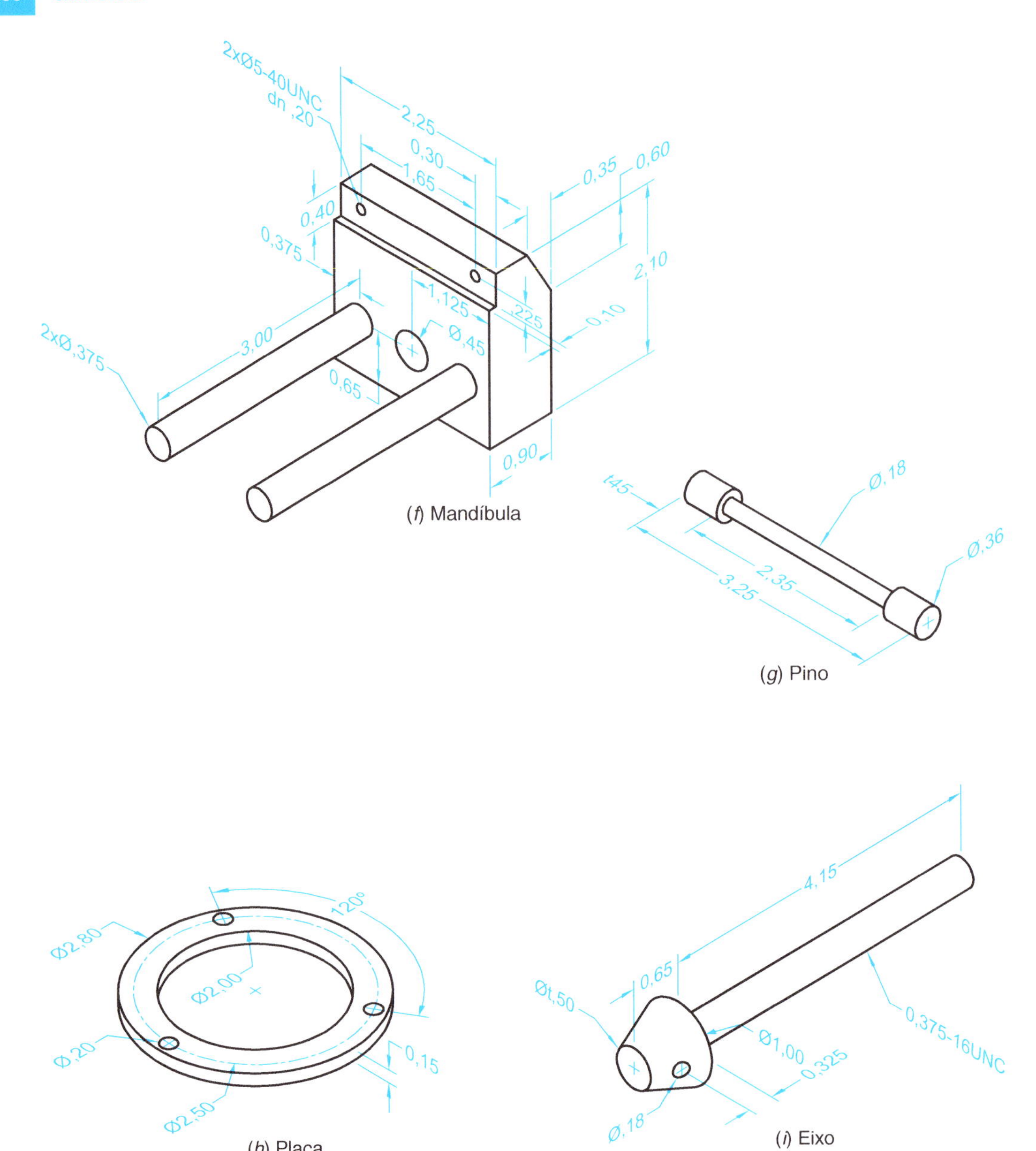
2xØ5-40UNC
dn ,20
2,25
0,30
1,65
0,35
0,60
0,40
0,375
2,10
1,125
,225
0,10
2xØ,375
3,00
Ø,45
0,65
0,90
(f) Mandíbula
t45
Ø,18
2,35
3,25
Ø,36
(g) Pino
120°
Ø2,80
Ø2,00
Ø,20
0,15
Ø2,50
(h) Placa
4,15
0,65
Øt,50
Ø1,00
0,325
0,375-16UNC
Ø,18
(i) Eixo

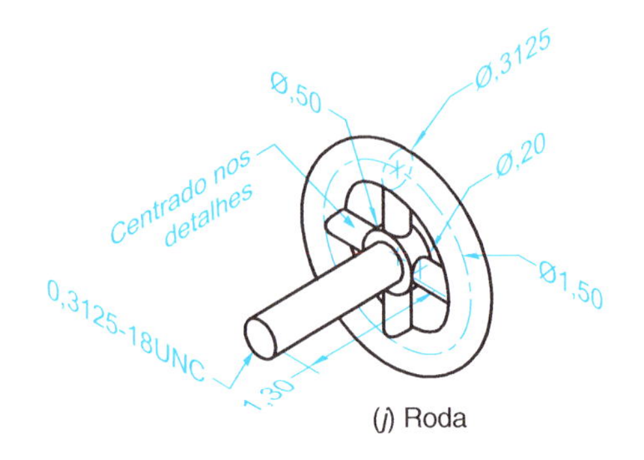
Ø,3125
Ø,50
Centrado nos detalhes
Ø,20
Ø1,50
0,3125-18UNC
1,30
(j) Roda

Figura P8-4

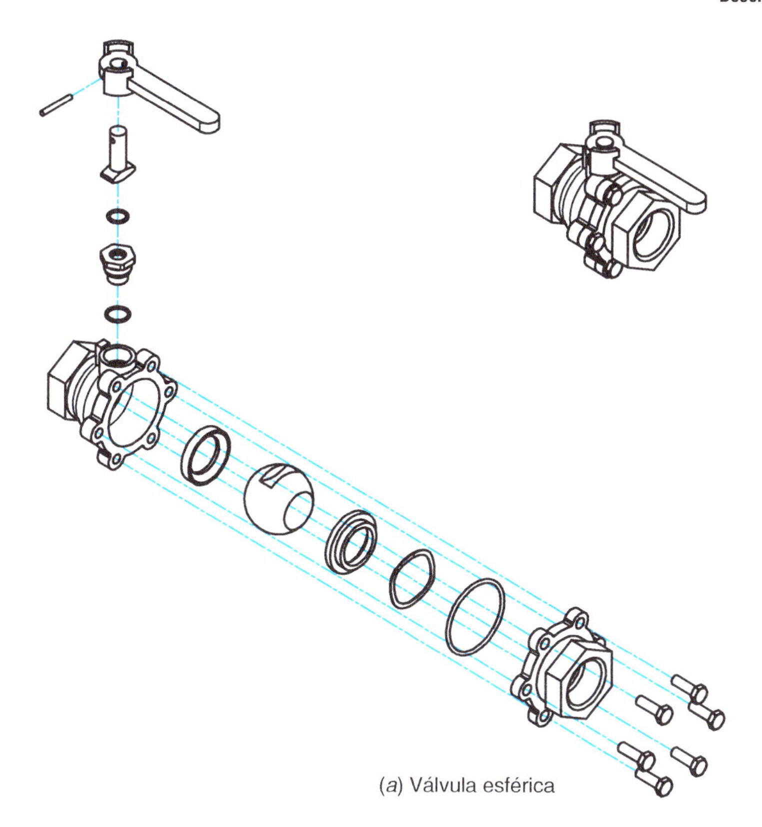
(*a*) Válvula esférica

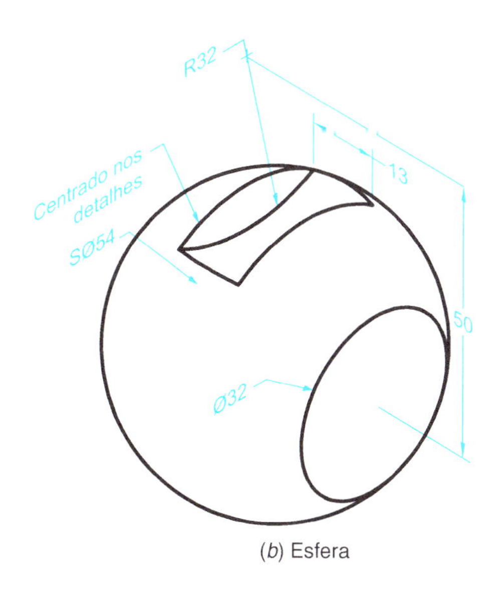

(*b*) Esfera

Figura P8-5

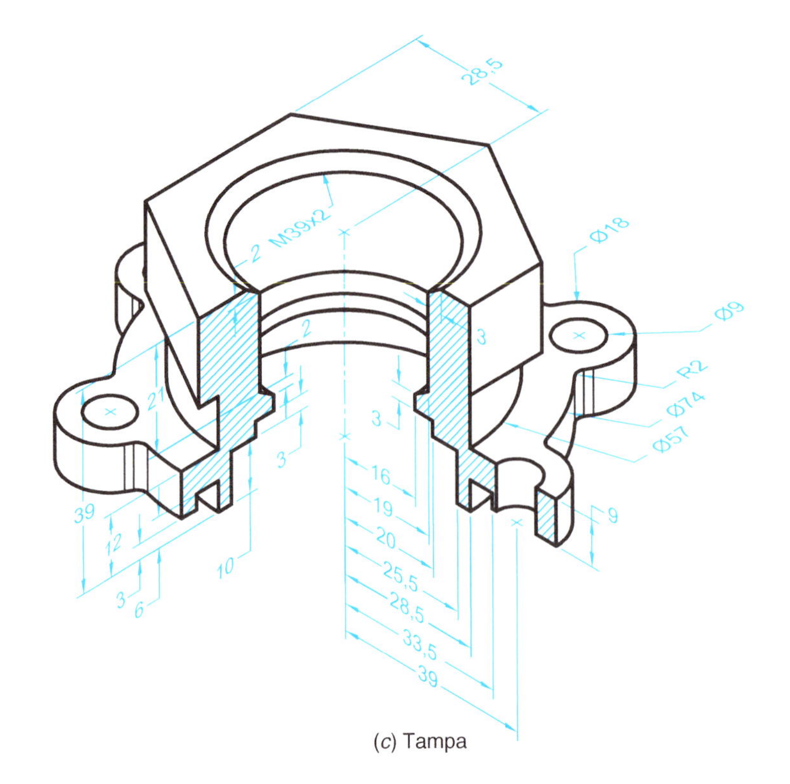

(*c*) Tampa

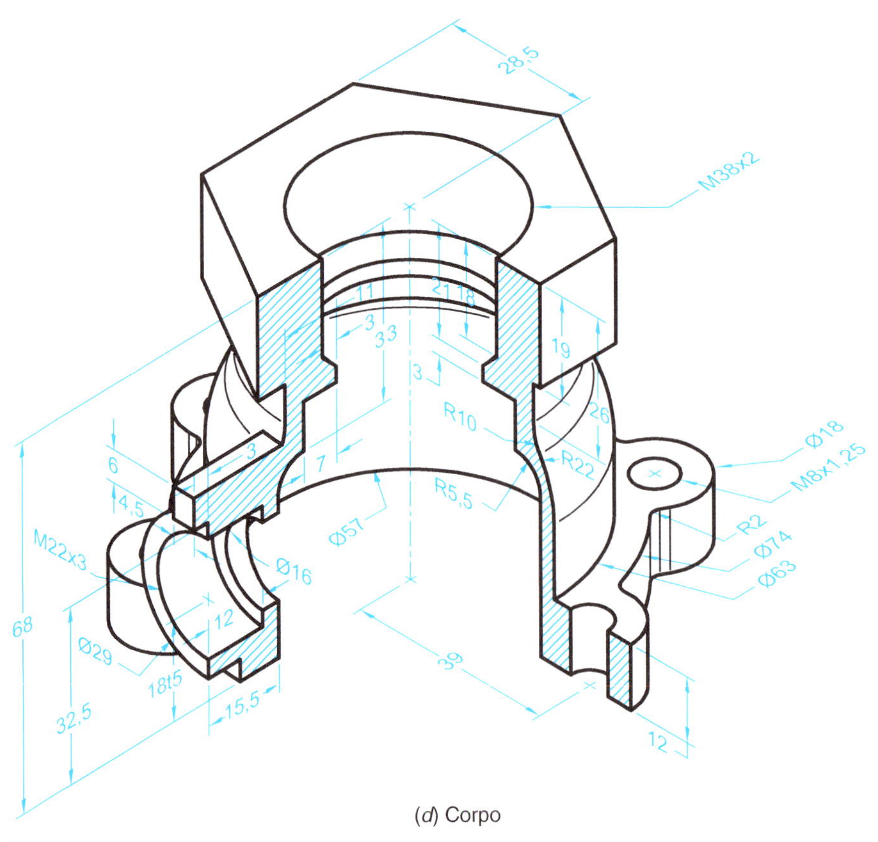

(*d*) Corpo

Figura P8-5

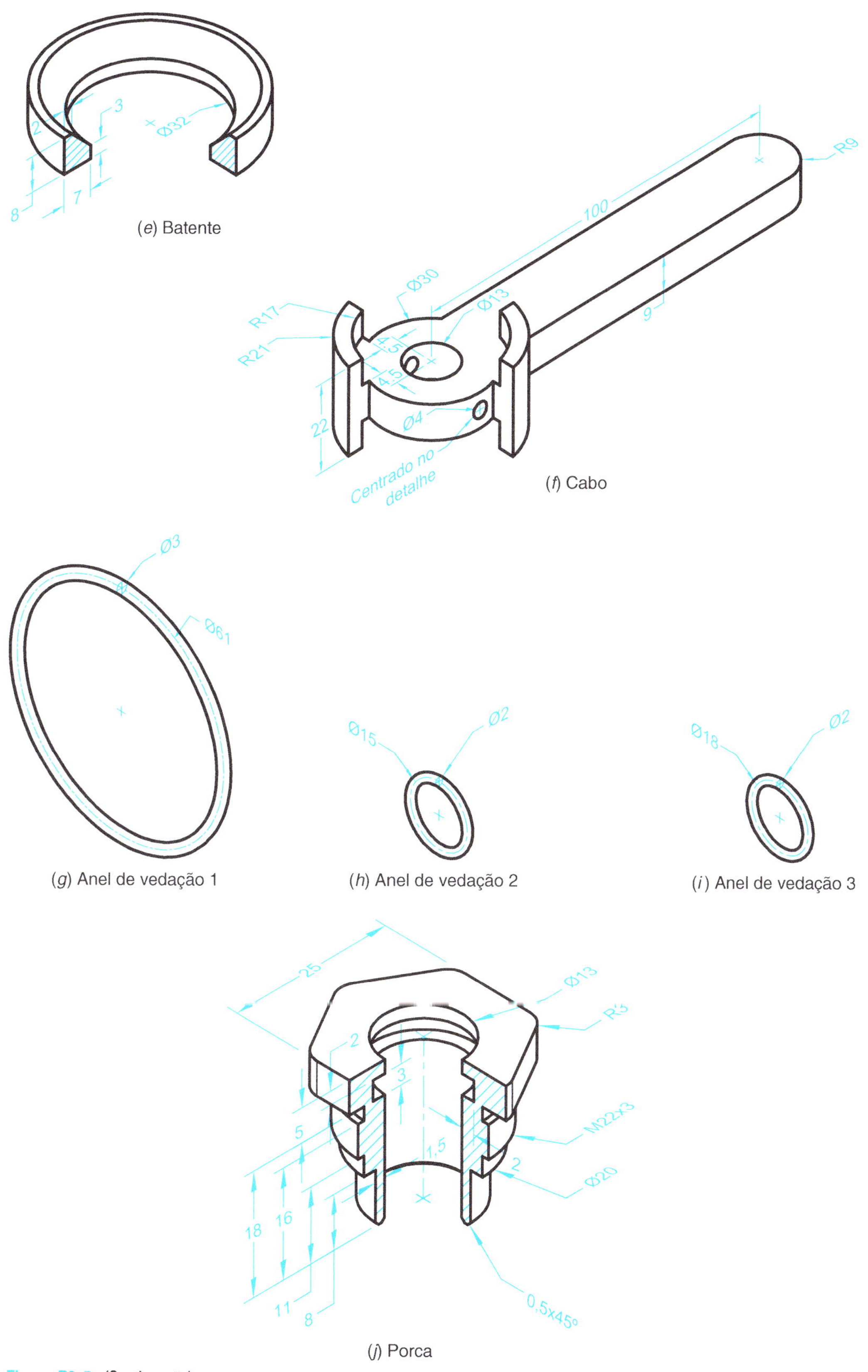

Figura P8-5 (Continuação)

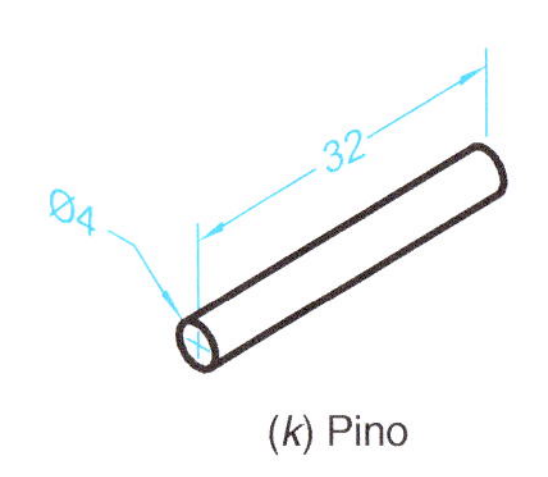

(*k*) Pino

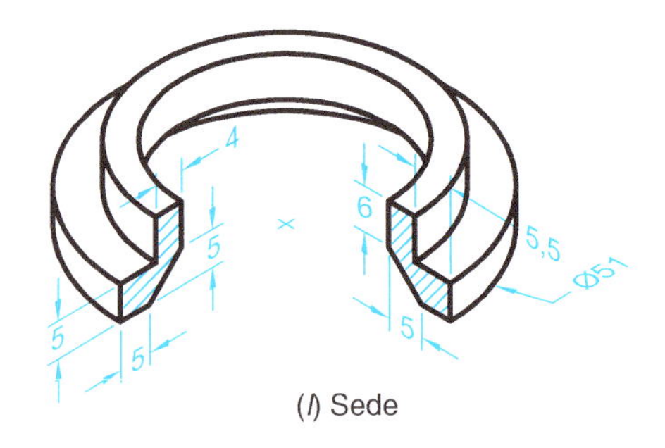

(*l*) Sede

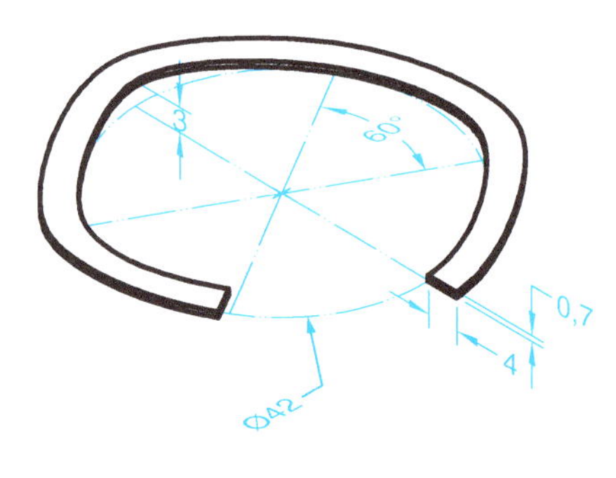

A altura relaxada é 7
A altura comprimida é 3

(*m*) Mola

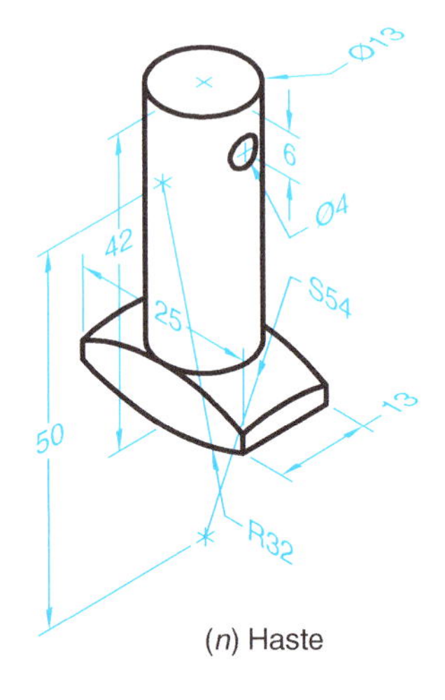

(*n*) Haste

Figura P8-5

CAPÍTULO

9 FERRAMENTAS DE ENGENHARIA REVERSA

INTRODUÇÃO

Engenharia reversa é o processo de analisar o projeto de um produto comercial de forma sistemática. As técnicas de engenharia reversa[1] são muito usadas pelas empresas, seja para avaliar a qualidade de produtos de outras empresas, seja para aperfeiçoar produtos da própria empresa.

O termo *engenharia reversa* também é aplicado ao uso do escaneamento tridimensional para obter um modelo digital de um produto. Uma vez criado o modelo digital, a prototipagem rápida pode ser usada para produzir um modelo físico do produto. O capítulo começa com uma discussão do escaneamento tridimensional e termina com uma discussão da prototipagem rápida.

ESCANEAMENTO TRIDIMENSIONAL

Introdução

Nesta seção será discutida a forma como os modelos do CAD são gerados a partir dos dados de um escaneamento tridimensional.[2] Do ponto de vista do escaneamento tridimensional, engenharia reversa é o processo de obter um modelo geométrico a partir das coordenadas tridimensionais resultantes do escaneamento ou digitalização de uma peça real. Essa conversão de um objeto físico em um modelo digital é executada com vários objetivos:

- Comparar a peça fabricada com o modelo da peça no CAD
- Melhorar o produto
- Criar, escalonar ou reproduzir obras de arte
- Produzir animações para filmes ou jogos de computador a partir de modelos reais
- Produzir os documentos necessários para projetos de arquitetura, engenharia e construção
- Obter os dados necessários para a fabricação de próteses dentárias e ortopédicas

O processo de escaneamento tridimensional está ligado de perto a eventos marcantes da arte e da ciência, como o filme *Avatar* e a tecnologia de visão tridimensional usada pelos robôs de exploração de Marte, da série *Mars Rover*, além de técnicas de varredura, como a Ressonância Magnética e a Tomografia Computadorizada. Neste livro, porém, a discussão será limitada às aplicações do escaneamento tridimensional na engenharia mecânica.

A engenharia reversa por escaneamento tridimensional está representada esquematicamente na Figura 9-1. Na primeira fase, que é a de coleta de dados, um escaneador tridimensional é usado para obter uma ***nuvem de pontos***.[3] As fases seguintes são exe-

[1] No caso dos programas de computador, o termo *engenharia reversa* é usado para designar o processo de converter o programa de uma versão em linguagem de máquina (que, presumivelmente, é a única disponível) para uma versão na linguagem de alto nível, em que o programa foi escrito originalmente.

[2] Para mais informações a respeito do escaneamento tridimensional, veja *Reverse Engineering: an Industrial Perspective* (*Springer Series on Advanced Manufacturing*), uma coleção de ensaios editada por Vinesh Raja e Kiran J. Fernandes, Springer-Verlag, Londres, 2008.

[3] Muitos escaneadores produzem arquivos de coordenadas no formato STL, caso em que a segunda fase pode ser dispensada.

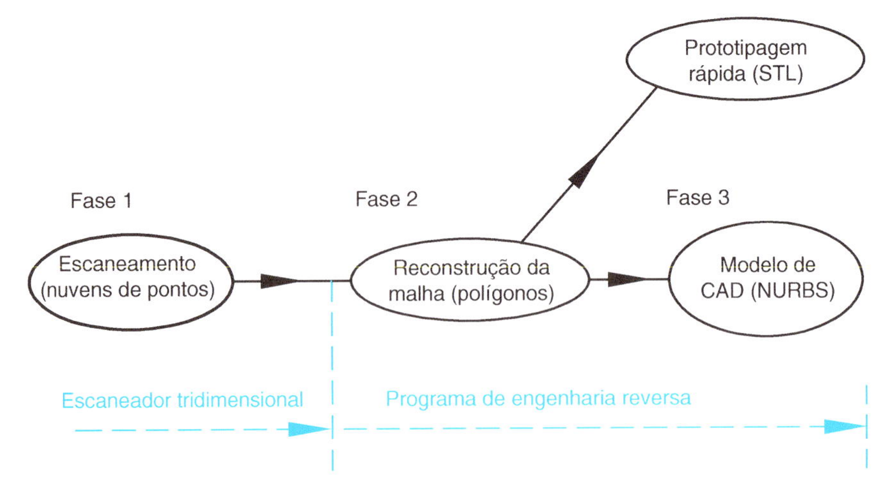

Figura 9-1 Escaneamento tridimensional.

cutadas por programas de computador, como o Geomagic e o Rapidform. Na segunda fase, a de reconstrução da malha, os dados do escaneador são combinados, processados e otimizados para gerar um arquivo STL apropriado para prototipagem rápida. Os arquivos STL serão discutidos mais adiante. Na terceira fase, que é a mais complexa, a malha é usada para gerar um modelo de CAD baseado em NURBS.

Escaneadores Tridimensionais

Existem dois tipos de escaneadores tridimensionais: com contato e sem contato.

ESCANEADOR COM CONTATO

O escaneador com contato, também chamado de digitalizador, usa sondas mecânicas que acompanham automaticamente (ou manualmente) o contorno de uma superfície; também é conhecido como CMM.* A Figura 9-2 mostra um CMM portátil. O CMM é constituído por uma sonda sustentada por três eixos mutuamente perpendiculares, cada eixo com um padrão de referência. A sonda permite realizar medições precisas ao longo de cada eixo em relação ao padrão. Um digitalizador gera coordenadas tridimensionais enquanto a sonda é deslocada sobre a superfície, com uma precisão típica de 0,01 a 0,02 mm.

Figura 9-2 Máquina portátil para medir coordenadas. (Reproduzida com permissão de Revware, Inc. Copyright © 2014, Revware, Inc. Todos os direitos reservados.)

Entre as vantagens dos escaneadores com contato estão a alta precisão, a capacidade de medir fendas e cavidades profundas e a insensibilidade a cores, transparências e refletâncias. Entre as desvantagens estão a baixa velocidade e a dificuldade para medir materiais macios, como a borracha, os quais se deformam ao serem pressionados pela sonda.

ESCANEADOR SEM CONTATO

O escaneador sem contato utiliza um laser, um sistema ótico e sensores do tipo CCD para

* Do inglês, *coordinate measuring machine*, ou seja, máquina para medir coordenadas. (N.T.)

obter as coordenadas dos pontos da superfície do objeto, com uma precisão típica de 0,025 a 0,2 mm.

Entre as vantagens dos escaneadores sem contato estão a rapidez, a capacidade de medir pequenos detalhes e a insensibilidade à rigidez do material. Entre as desvantagens estão a baixa precisão e a sensibilidade a cores, transparências e refletâncias. Em alguns casos, basta aspergir o objeto com um pó fino para resolver o problema.

TRIANGULAÇÃO

A maioria dos escaneadores sem contato utiliza o método de ***triangulação*** para obter as coordenadas dos pontos da superfície de um objeto. Neste método, mostrado na Figura 9-3, uma câmara do tipo CCD detecta a luz do laser refletida pelo objeto e, usando equações trigonométricas, calcula a distância entre o objeto e a câmara.

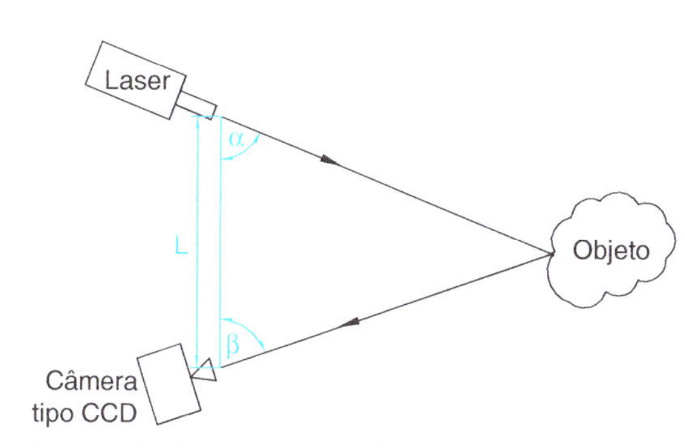

Figura 9-3 O método de triangulação.

A fonte de luz empregada no método de triangulação pode ser um ponto luminoso ou um plano luminoso. O ***laser planar*** projeta um plano de luz no objeto. Quando o plano de luz atinge o objeto, forma uma linha luminosa que pode ser escaneada rapidamente pelo detector. Os escaneadores que usam um laser planar são mais velozes que os que usam um laser pontual. A Figura 9-4 mostra um laser planar em operação.

Um problema frequente dos sistemas de escaneamento sem contato é a ***oclusão***, em que parte do objeto bloqueia a luz, impedindo que atinja outra parte do objeto. A Figura 9-5 ilustra uma situação na qual uma saliência do objeto impede que a luz do laser atinja parte

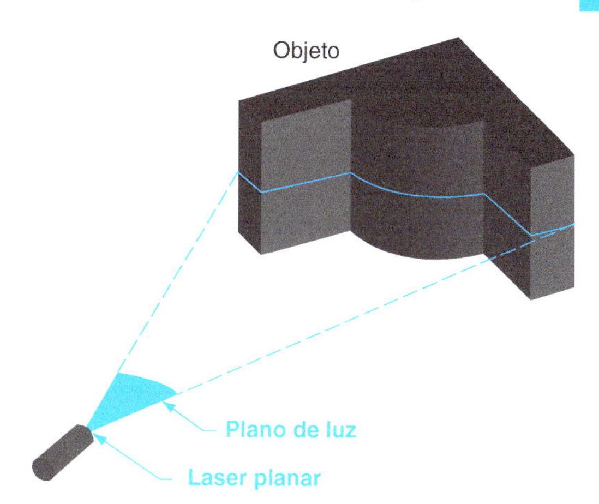

Figura 9-4 Objeto sendo iluminado por um laser planar.

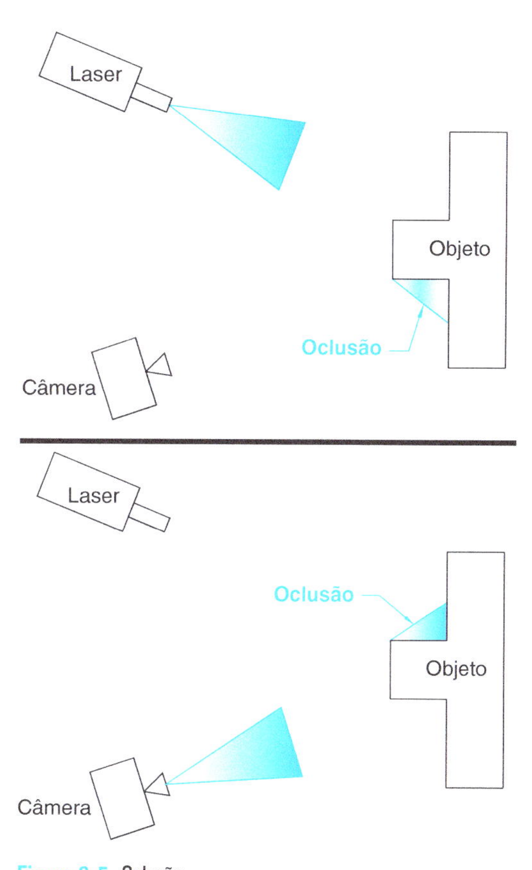

Figura 9-5 Oclusão.

da superfície e, ao mesmo tempo, impede que a luz refletida por parte da superfície atinja o detector. O problema da oclusão pode ser resolvido escaneando o objeto em várias orientações diferentes e combinando os resultados.

Alguns aparelhos de escaneamento tridimensional a laser são manuais, como o que aparece na Figura 9-6, com o laser e o detector montados em uma peça única. Para que um escaneador manual possa registrar corretamente os dados, é preciso que a posição do aparelho em relação ao objeto seja conhecida. Isso pode ser feito usando um sistema externo de rastreamento ou usando pontos de referência nas proximidades da peça que está sendo escaneada, como os adesivos refletores da Figura 9-7.

A Figura 9-8 mostra uma tela gerada pelo programa de escaneamento durante o escaneamento da trena mostrada na Figura 9.7. Enquanto o aparelho é usado para escanear o objeto, a nuvem de pontos é mostrada em

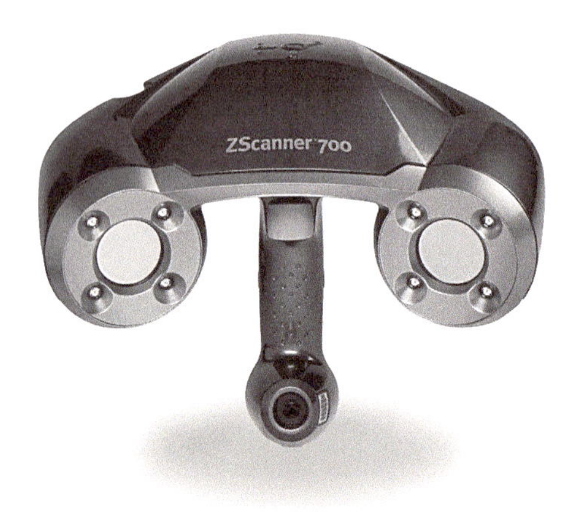

Figura 9-6 Aparelho manual de escaneamento a laser. (Cortesia de 3D Systems Corporation.)

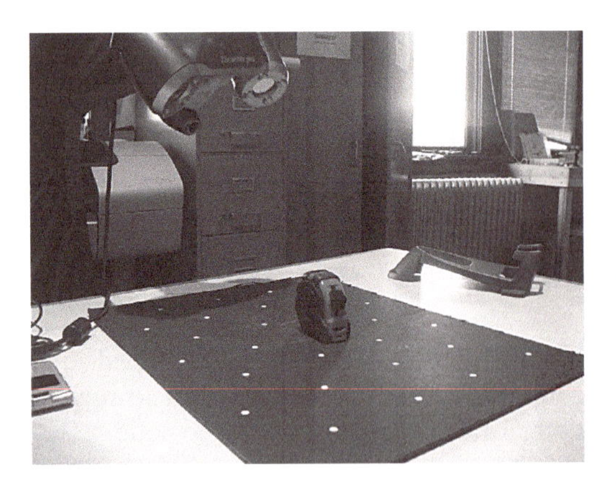

Figura 9-7 Adesivos refletores usados como pontos de referência para um aparelho manual de escaneamento a laser. (Cortesia de Adam Fabianski.)

Figura 9-8 Nuvem de pontos com adesivos refletores e linhas luminosas. (Cortesia de Adam Fabianski.)

tempo real na tela do computador. Observe os adesivos refletores usados como pontos de referência e as linhas luminosas produzidas pelo laser planar.

OUTRAS TÉCNICAS DE ESCANEAMENTO SEM CONTATO

Outras duas técnicas de escaneamento sem contato são a de tempo de percurso e a de luz estruturada. Os ***escaneadores de tempo de percurso*** determinam a nuvem de pontos medindo o tempo de percurso total da luz do laser ao objeto e do objeto ao detector. Esses escaneadores são usados para digitalizar estruturas distantes, de grande porte, como edifícios, pontes e represas em projetos de arquitetura e engenharia civil.

Os ***escaneadores de luz estruturada*** utilizam o método de triangulação sem necessidade de recorrer a lasers. O que esses aparelhos fazem é projetar uma série de padrões em um objeto. A partir das distorções sofridas pelos padrões ao serem observados de diferentes pontos de vista, é possível calcular a nuvem de pontos. Este método é usado principalmente para escanear seres vivos.

Programas de Engenharia Reversa

Depois que um objeto é escaneado (Fase 1 da Figura 9-1), a nuvem de pontos resultante é processada por um programa de engenharia reversa. As saídas do programa são uma malha triangular fechada para prototipagem rápida (Fase 2) e um modelo do objeto baseado em NURBS (Fase 3).

RECONSTRUÇÃO DA MALHA

A Fase 2, reconstrução da malha, envolve os seguintes passos: (1) importação da nuvem de pontos; (2) combinação de vários conjuntos de dados, se necessário; (3) redução do ruído; (4) *amostragem* dos dados para definir o número ótimo de pontos e sua densidade relativa. A amostragem é uma solução de compromisso entre o tamanho da base de dados e a representação correta do objeto. Uma pequena base de dados é fácil de processar, mas uma grande base de dados representa o objeto com mais precisão. Algoritmos de processamento de pontos são usados para estabelecer os critérios de amostragem e gerar a malha poligonal mais adequada.

A Figura 9-9 mostra uma nuvem de pontos importada pelo Rapidform, um dos programas mais populares de engenharia reversa. A Figura 9-10 mostra a mesma nuvem de pontos depois da remoção do ruído. A Figura 9-11 mostra dois conjuntos de dados no processo de serem combinados.

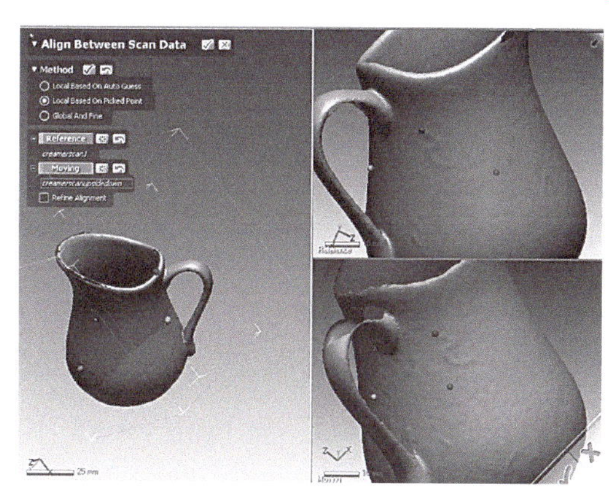

Figura 9-11 Combinação de dois conjuntos de dados. (Cortesia de Omkar Shetty.)

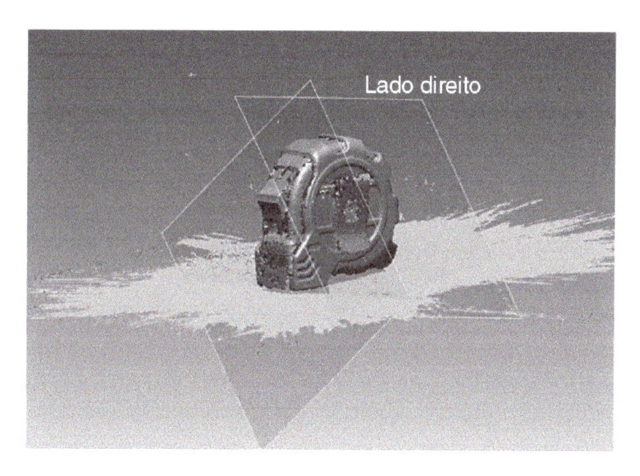

Figura 9-9 Nuvem de pontos importada. (Cortesia de Adam Fabianski.)

A esta altura, a malha poligonal provavelmente ainda contém muitos defeitos. Os programas de construção de malhas poligonais dispõem de ferramentas para preencher vazios (Figura 9-12), eliminar irregularidades (Figura 9-13), suavizar contornos e para executar operações básicas com polígonos, como *offset*, *trim*, *shell* e *thicken*. Outras ferramentas permitem editar a malha poligonal e trabalhar com transições abruptas, que os escaneadores têm dificuldade para captar.

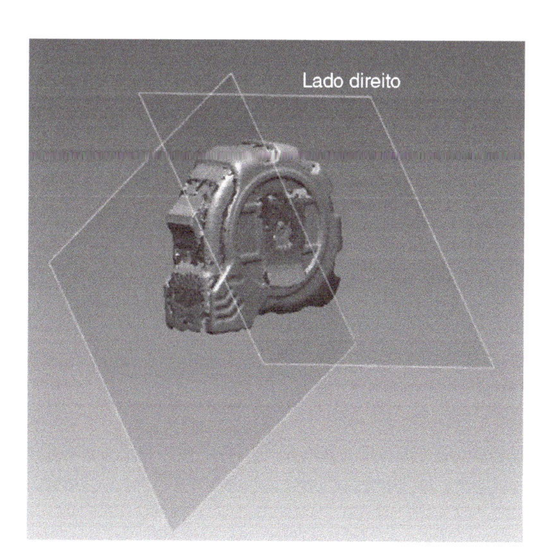

Figura 9-10 Nuvem de pontos depois da remoção do ruído. (Cortesia de Adam Fabianski.)

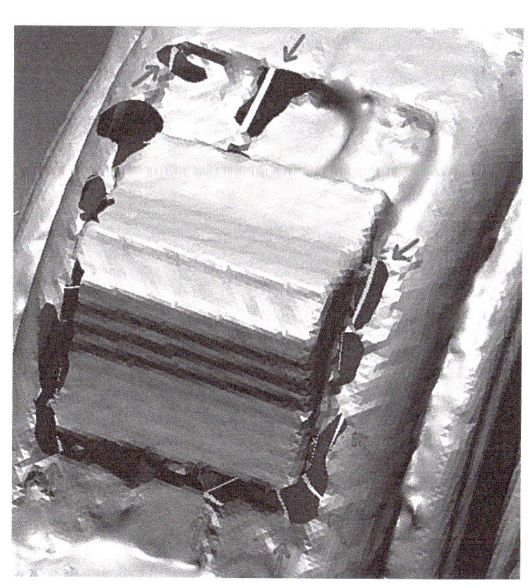

Figura 9-12 Preenchimento de vazios. (Cortesia de Adam Fabianski.)

Figura 9-13 Eliminação de irregularidades. (Cortesia de Omkar Shetty.)

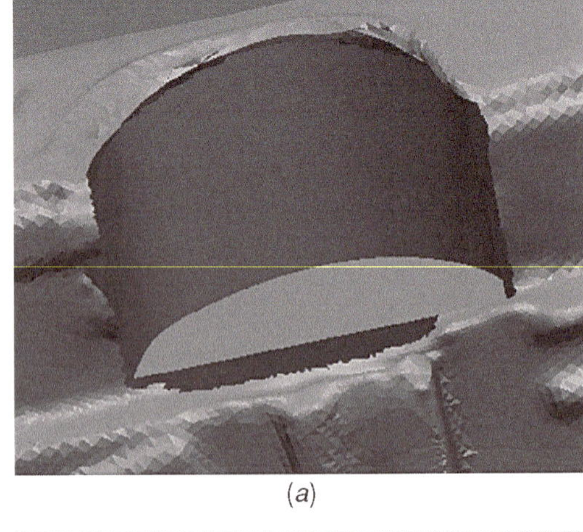

(*a*)

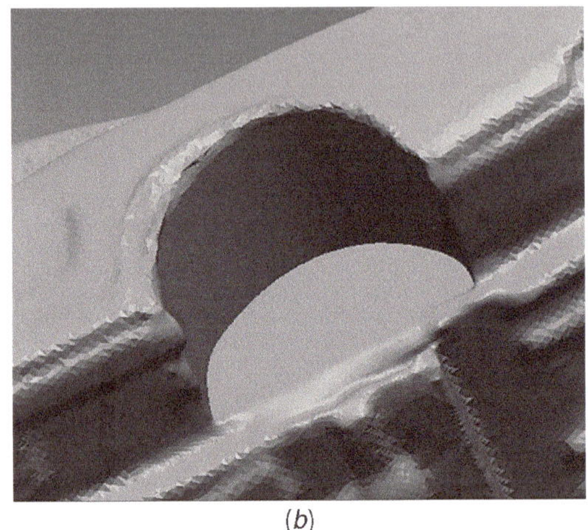

(*b*)

Figura 9-14 Criação de uma superfície. (Cortesia de Michael Stegeman.)

Os programas de engenharia reversa também dispõem de ferramentas convencionais de modelagem de superfícies que permitem criar formas geométricas. Na Figura 9-14*a*, foram criadas superfícies para formar os encaixes das rodas de um carro de brinquedo que tinha sido escaneado. Na Figura 9-14*b*, um dos encaixes está totalmente integrado ao modelo.

O resultado da fase de reconstrução da malha é uma nuvem de dados definitiva em um formato conveniente, como um arquivo STL. A rede poligonal resultante pode ser usada diretamente para prototipagem rápida (como mostra a Figura 9-15) e para a produção de gráficos e animações tridimensionais. Além disso, a rede poligonal é o primeiro passo para criar modelos do CAD usando NURBS, como será discutido na próxima seção.

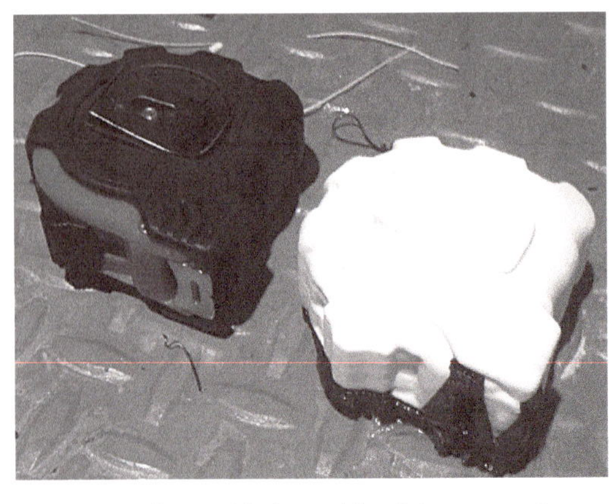

Figura 9-15 Trena original e modelo criado por prototipagem rápida. (Cortesia de Adam Fabianski.)

MODELAGEM COM NURBS

A terceira e última fase do processo de escaneamento tridimensional, a criação de um modelo do CAD usando NURBS, é provavelmente a parte mais difícil do processo. Algoritmos sofisticados de ajuste são necessários para gerar curvas e superfícies baseadas em NURBS. No caso de objetos complexos, não é viável trabalhar com uma única superfície parametrizada. Assim, a primeira coisa a fazer é dividir a malha poligonal em retalhos de superfície. Os NURBS são usados para modelar superfícies de formas livres.

Existem três abordagens possíveis para criar os retalhos de superfície usando NURBS: criação manual de NURBS para cada retalho, criação manual de NURBS a partir de entidades básicas do CAD e criação automática de NURBS a partir da malha poligonal. A última opção só é viável no caso de objetos relativamente simples, como a jarra da Figura 9-16. Seja qual for a abordagem escolhida, o objetivo é o mesmo: preparar um conjunto de superfícies em forma de quadrilátero, usando NURBS, a partir de uma malha triangular.

Figura 9-16 Criação automática da superfície de um objeto usando NURBS. (Cortesia de Omkar Shetty.)

PROTOTIPAGEM RÁPIDA

Introdução

O termo ***prototipagem rápida*** é usado para designar a criação automática de objetos materiais a partir de modelos matemáticos. Embora várias tecnologias de prototipagem rápida (PR) tenham surgido desde a década de 1980, todas começam com um modelo virtual em CAD. A geometria do modelo é transformada em cortes, e o protótipo é fabricado aditivamente, um corte de cada vez.

Ao contrário de produção de peças usando máquinas-ferramenta de controle numérico (CN), a prototipagem rápida é simples e direta: não requer planejamento de operações, ferramentas especiais ou manipulação de matérias-primas. Enquanto as máquinas-ferramentas de CN podem trabalhar com materiais de todos os tipos, incluindo metais, a prototipagem rápida atualmente está limitada ao uso de certos materiais, como, por exemplo, o plástico ABS. Por esse motivo, os objetos fabricados por PR em geral são usados como protótipos ou matrizes para outros processos de fabricação.

A prototipagem rápida é usada para (1) avaliar projetos, (2) verificar o funcionamento de montagens, (3) criar modelos para processos de fabricação e (4) produzir peças funcionais em quantidade relativamente pequena. Um modelo físico, especialmente um modelo que pode ser gerado rapidamente, permite que todos os engenheiros e técnicos envolvidos no processo de desenvolvimento visualizem, discutam e avaliem de forma racional um projeto específico. Isso permite que erros e omissões sejam descobertos e resolvidos em fases iniciais do projeto, evitando assim que defeitos onerosos passem despercebidos até uma fase adiantada do ciclo de desenvolvimento do produto.

Protótipos rápidos também são usados para investigar se uma montagem funciona da forma planejada. Entre os exames mais comuns estão os seguintes:

- Verificar se o processo de montagem é viável e prático. O produto pode ser difícil ou mesmo impossível de montar.
- Investigar o desempenho cinemático do produto. As peças móveis se comportam

da forma prevista? Existem interferências indesejáveis?

- Avaliar o desempenho aerodinâmico do produto. Nesse caso, a ênfase está na forma geométrica; um protótipo feito de um material diferente pode ser adequado.

Nos casos em que se pretende testar características como resistência mecânica, fadiga, estabilidade térmica e resistência à corrosão, o protótipo deve ser feito do mesmo material que o produto final. Nesse caso, os protótipos fabricados por PR são às vezes usados como matrizes para outros processos de fabricação.

As vantagens mais importantes da tecnologia de PR são a redução do tempo de desenvolvimento e a melhoria da qualidade dos produtos. Além de diminuir substancialmente o tempo e o custo envolvidos no processo de levar um novo produto do conceito inicial até a produção final, a prototipagem rápida também ajuda a detectar e corrigir falhas de projeto.

Tecnologias Disponíveis

No momento, as tecnologias de PR mais populares são a estereolitografia, a modelagem por deposição de material fundido (FDM)* e a sinterização seletiva a laser (SLS).**

A estereolitografia, desenvolvida pela 3D Systems, Inc., é até hoje o método mais usado de PR. Além disso, o formato de arquivo STL, criado pela 3D Systems, tornou-se o padrão da indústria para a interface de modelos virtuais com máquinas de prototipagem rápida. Como mostra a Figura 9-17, uma máquina de estereolitografia (SLA)*** fabrica peças de plástico, camada por camada, fazendo o feixe de um laser varrer a superfície de um tanque que contém um líquido que se polimeriza ao ser exposto à luz. No interior do tanque existe uma plataforma que pode ser deslocada para cima e para baixo. Depois que uma camada do líquido é totalmente varrida, a plataforma desce ligeiramente, permitindo que o líquido cubra a superfície sólida recém-formada. A estereolitografia exige uma estrutura de apoio quando a seção reta da parte superior da peça que está sendo fabricada é maior que a seção reta da parte inferior. Existe uma grande variedade de líquidos fotossensíveis disponíveis no mercado, alguns dos quais produzem peças transparentes, resistentes à água ou flexíveis.

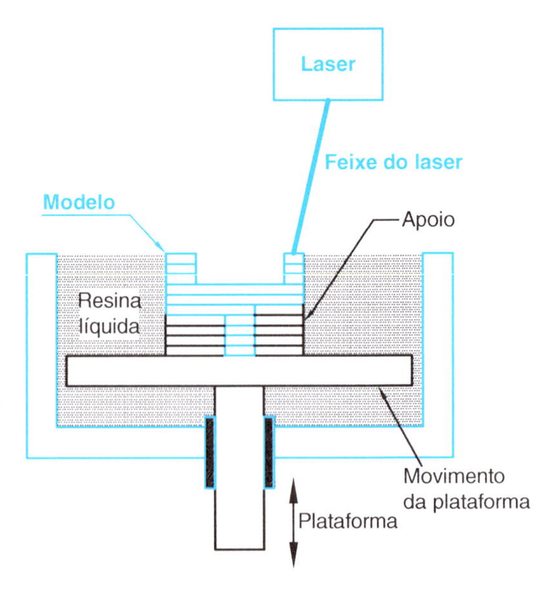

Figura 9-17 Estereolitografia.

A modelagem por deposição de material fundido (FDM) foi desenvolvida pela Stratasys, Inc. Na FDM (Figura 9-18), as camadas

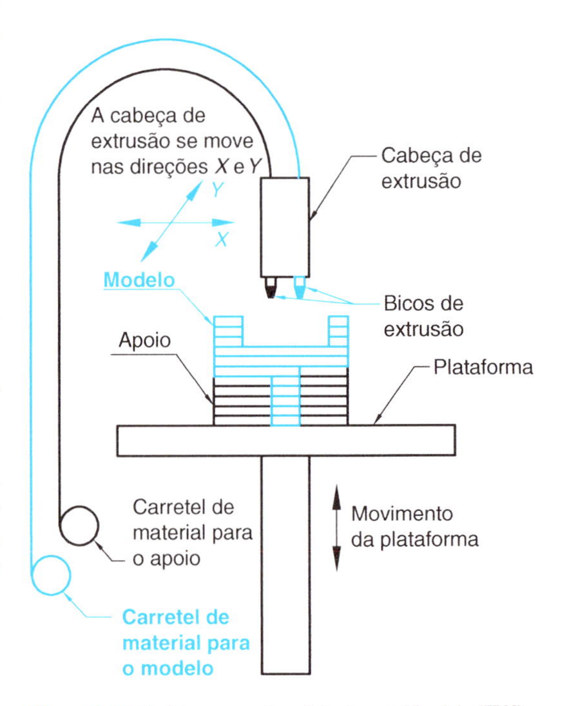

Figura 9-18 Modelagem por deposição de metal fundido (FDM).

* Do inglês, *fused deposition modeling*. (N.T.)
** Do inglês, *selective laser sintering*. (N.T.)
*** Do inglês, *stereolithography apparatus*. (N.T.)

são produzidas por extrusão de um material termoplástico no estado líquido. Como na estereolitografia, as peças são fabricadas em uma plataforma que pode se mover para cima e para baixo. Depois que uma camada completa é depositada, a plataforma é deslocada para baixo e uma nova camada é iniciada. A estrutura de apoio, nos casos em que é necessária, é gerada automaticamente durante a fabricação da peça. O processo FDM pode ser usado em equipamentos de pequeno porte e é rápido quando as peças são pequenas; os objetos têm boas propriedades mecânicas, a tal ponto que é possível produzir peças funcionais.

A sinterização seletiva a laser (SLS) utiliza um material em pó que é fundido por um laser, como mostra a Figura 9-19. Depois que um rolo espalha o pó, o laser é usado para solidificar uma fina camada do material. O processo é repetido até que a peça esteja completa. O processo SLS não exige uma estrutura de apoio, já que o pó não processado desempenha esse papel. Além disso, as peças podem ser produzidas a partir de uma grande variedade de materiais em pó que estão disponíveis comercialmente, como náilon e poliestireno. Uma vantagem importante da SLS é o fato de que permite produzir peças funcionais.

Arquivos STL

O formato-padrão para passar informações aos aparelhos de PR é o STL, desenvolvido originalmente para as máquinas de estereolitografia. Praticamente todos os programas de CAD podem salvar os dados de um objeto diretamente no formato STL. Nos arquivos STL, a superfície externa de um objeto é representada por uma rede de triângulos. A Figura 9-20 mostra o arquivo STL de um *joystick*. Os vértices de cada triângulo são ordenados de tal forma que, quando são percorridos no sentido anti-horário, a normal à superfície definida por essa operação identifica o lado de fora do objeto.

A simplicidade do formato STL, que nada mais é que uma lista de triângulos, torna particularmente fácil a conversão de outros formatos para o STL e do STL para outros formatos. Muitos algoritmos de triangulação de superfícies foram desenvolvidos para as rotinas de conversão. Além disso, a precisão com a qual um arquivo STL representa a superfície do objeto pode ser controlada através do número de triângulos. Qualquer forma tridimensional pode ser representada no formato STL, e existe um algoritmo de corte simples para converter a rede de triângulos em cortes paralelos.

Entre as desvantagens do formato STL estão a redundância de dados, os erros de aproximação e a perda de informação. Em um arquivo STL, a normal ao plano de cada triângulo é armazenada explicitamente, a despeito do fato de que essa informação pode ser

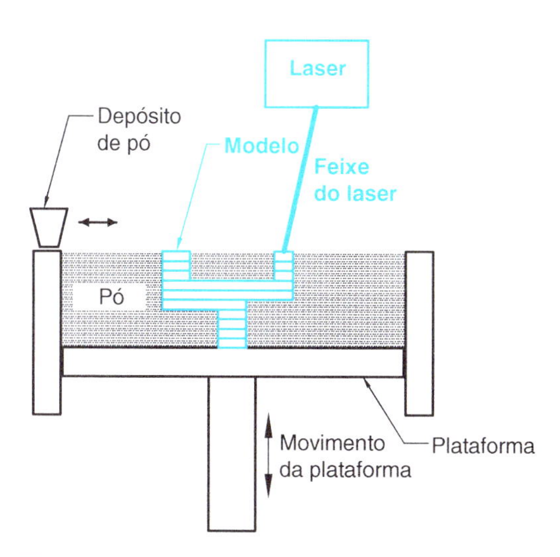

Figura 9-19 Sinterização seletiva a laser (SLS).

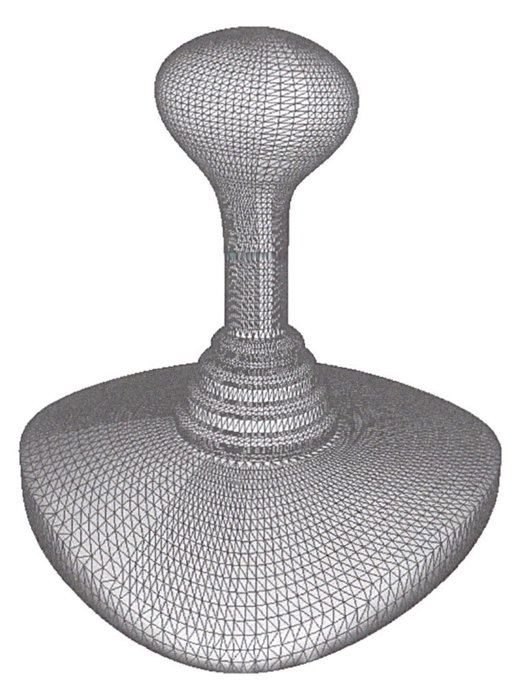

Figura 9-20 Arquivo STL.

obtida a partir da posição e ordem dos vértices. Além disso, os vértices são armazenados mais de uma vez, já que são comuns a mais de um triângulo, e os triângulos são armazenados individualmente. Como se baseiam em triângulos planos, os arquivos STL não representam adequadamente superfícies com um alto grau de curvatura. Finalmente, na conversão de um modelo geométrico para o formato STL, informações relativas à geometria, topografia e material do modelo são perdidas.

Os arquivos STL podem ser salvos no formato ASCII ou na forma binária. No processo de conversão para o formato STL, o usuário em geral pode controlar a precisão da representação especificando o número total de triângulos a serem usados. A desvantagem de trabalhar com um grande número de triângulos é o aumento do tamanho dos arquivos.

Opções Disponíveis nos Sistemas de PR

Entre as opções disponíveis na maioria dos sistemas de PR estão a orientação das peças, as estruturas de apoio e a estrutura interna.

ORIENTAÇÃO DAS PEÇAS

Antes de converter um arquivo STL em seções retas paralelas, o usuário precisa escolher uma orientação para o modelo. A orientação do modelo pode afetar o tempo de fabricação, a qualidade da reprodução e o acabamento da superfície. Uma melhor resolução das superfícies curvas pode ser conseguida escolhendo uma orientação tal que a curvatura mais significativa do objeto esteja contida nos cortes.

Considere, por exemplo, o caso de um cilindro maciço. Se o cilindro for orientado de tal forma que o eixo do cilindro seja perpendicular à plataforma de trabalho (veja a Figura 9-21*a*), todas as seções retas serão círculos, e a superfície curva do protótipo resultante será praticamente lisa. Por outro lado, se o cilindro for orientado com o eixo paralelo à plataforma de trabalho (Figura 9-21*b*), as seções retas serão retângulos, e a superfície curva ficará escalonada.

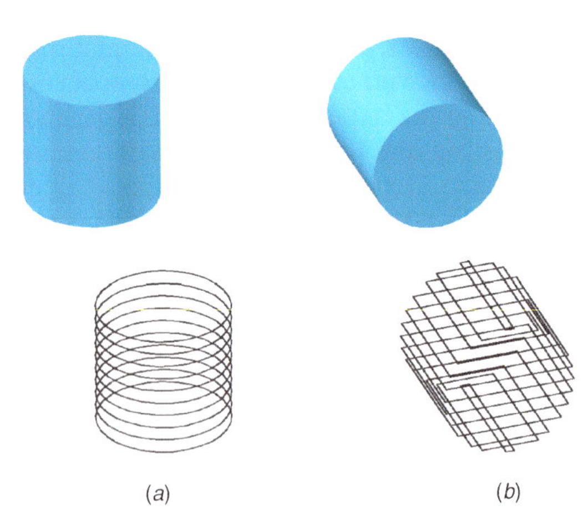

Figura 9-21 Cortes circulares e retangulares de um cilindro.

ESTRUTURAS DE APOIO

Muitas técnicas de PR exigem o uso de estruturas de apoio. Na maioria dos casos, essas estruturas são automaticamente geradas pelo programa que controla a fabricação da peça. Estruturas de apoio são necessárias tanto para facilitar a remoção da peça da plataforma de trabalho como para permitir a fabricação de ilhas e pontes. Uma ilha é uma parte de um corte que não está ligada a nenhuma outra parte do mesmo corte. Exemplos de pontes são vigas em balanço e arcos. Nos dois casos, existem situações em que a seção reta da parte superior da peça que está sendo fabricada é maior que a seção reta da parte inferior. A Figura 9-22 mostra uma peça antes (lado esquerdo) e depois (lado direito) da remoção das estruturas de apoio.

Figura 9-22 Estruturas de apoio.

ESTRUTURA INTERNA

Na maioria dos métodos de RP, o usuário tem pelo menos um controle limitado sobre a estrutura interna das peças. Assim, por exemplo, é possível especificar uma estrutura interna esparsa, constituída por células semelhantes às de um favo de mel. Os modelos esparsos utilizam menos material, são fabri-

Figura 9-23 Estrutura interna esparsa.

cados em menos tempo e são mais leves que os modelos maciços. A Figura 9-23 mostra um cubo fabricado com uma estrutura interna esparsa.

Impressão Tridimensional

Embora a prototipagem rápida tenha tido uma influência significativa no modo como os produtos modernos são desenvolvidos, a tecnologia apresenta algumas desvantagens. Em primeiro lugar, a PR é simplesmente muito dispendiosa para ser adotada pela maioria das empresas de médio porte. O preço mínimo de uma máquina de prototipagem rápida é 100.000 dólares; os modelos mais sofisticados chegam a custar 500.000 dólares. Além disso, as máquinas de PR não foram planejadas para operar em um ambiente de escritório. Em resposta a esses problemas, foram criadas, nos últimos anos, várias empresas especializadas em PR que se comprometem a fornecer aos clientes peças prontas em um prazo relativamente curto.

Outra possibilidade, que interessa particularmente às firmas de projetos e às instituições de ensino, é o uso de impressoras tridimensionais. A impressão tridimensional é uma forma menos dispendiosa de prototipagem rápida que pode ser executada em um ambiente de escritório. A tecnologia de impressão tridimensional oferece melhor relação custo-benefício que os outros métodos de PR. O preço de uma impressora tridimensional está atualmente entre 10.000 e 60.000 dólares, mas deverá cair no futuro. As vendas de impressoras tridimensionais representam o setor de maior crescimento do mercado de PR, e a tendência deve continuar. Além disso, as impressoras tridimensionais oferecem atualmente quase todos os recursos da tecnologia de PR.

Embora as peças produzidas usando as máquinas de PR sejam mais fiéis ao original do que as peças produzidas nas impressoras tridimensionais, a diferença não é muito grande. As máquinas de PR têm uma capacidade volumétrica[4] um pouco maior que as impressoras tridimensionais. Além disso, o software das máquinas de PR permite ao usuário maior controle sobre o produto final que o software das impressoras tridimensionais. Talvez a maior vantagem das máquinas de PR seja a possibilidade de usar diferentes materiais. A grande maioria das impressoras tridimensionais trabalha apenas com um material.

Embora sejam mais complexas que as impressoras comuns, as impressoras tridimensionais não exigem um treinamento especial do operador. Como podem ser instaladas em qualquer escritório, as impressoras tridimensionais estão sendo cada vez mais encaradas como um equipamento-padrão, talvez comparável a uma impressora multifuncional. As impressoras tridimensionais são mais rápidas que a maioria das máquinas de PR; um protótipo típico pode ser construído em menos de um dia.

Como outros equipamentos de prototipagem rápida, as impressoras tridimensionais são usadas tanto para avaliação de projetos (visualização, comunicação, cooperação) como para verificação de funcionamento (forma, ajustes, validação, detecção de interferências). As impressoras tridimensionais também são usadas, em menor escala, para fabricar protótipos funcionais e matrizes para outros processos de produção.

Duas empresas que controlam uma parcela significativa do mercado de impressoras tridimensionais são a Z Corporation e a Stratasys. A Z Corporation produz atualmente três modelos diferentes de impressora tridimensional.

---

[4] *Capacidade volumétrica* é o volume do maior objeto que pode ser produzido em uma máquina de PR. A capacidade volumétrica de uma impressora tridimensional típica é 8 × 8 × 12 polegadas (20 × 20 × 30 cm).

Figura 9-24 Impressora tridimensional Z Printer® 450. (Cortesia da Z Corporation.)

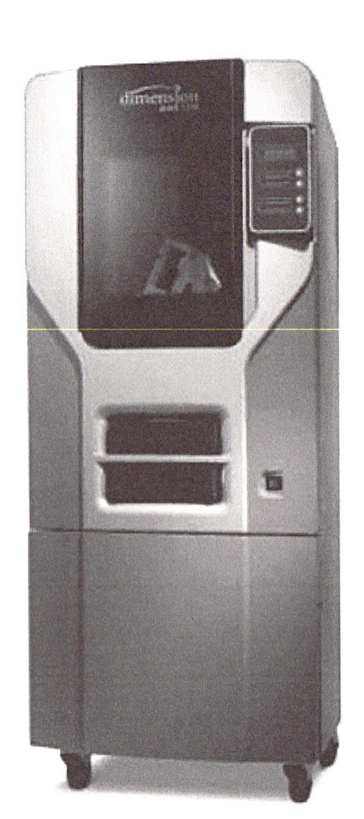

Figura 9-25 Impressora tridimensional Dimension. (Cortesia da Stratasys, Inc.)

Todos esses modelos utilizam uma cabeça de impressão do tipo jato de tinta que deposita um líquido ligante em um pó. O pó é um composto de baixo custo à base de amido ou gesso. As impressoras tridimensionais da Z Corporation (veja a Figura 9-24) são provavelmente as mais rápidas do mercado, e o pó que usam é bem mais barato que o das concorrentes. Embora as peças fabricadas pelo aparelho da Z Corporation tenham uma superfície áspera e porosa, podem ser impregnadas com uma resina à base de epóxi que lhes confere um acabamento liso, além de aumentar a resistência mecânica. Outra desvantagem é que, por se tratar de um sistema baseado em um pó, produz muita poeira. O modelo mais barato da Z Corporation é monocromático, mas um modelo mais caro pode produzir peças coloridas.

A Stratasys fabrica duas versões da impressora Dimension. A Dimension utiliza o método FDM: uma cabeça móvel funde e deposita um filamento de plástico ABS para formar as camadas do objeto. As camadas são depositadas em uma plataforma que se desloca para baixo depois que cada camada é completada. O plástico ABS tem propriedades comparáveis às de muitos plásticos comerciais. As peças fabricadas por essas máquinas são resistentes e duráveis. Como as impressoras da Stratasys são também muito precisas, constituem uma boa escolha quando o objetivo é testar a forma e o desempenho de um produto. O plástico ABS é fabricado em várias cores. Um modelo da Dimension usa uma estrutura de apoio destacável que pode exigir um tempo considerável de pós-processamento. Na versão mais cara, a estrutura de apoio é solúvel em água e é removida colocando a peça em um banho com um agitador. A Figura 9-25 mostra uma impressora tridimensional Dimension.

QUESTÕES

1. Quais são as duas razões pelas quais as empresas usam engenharia reversa?

VERDADEIRO OU FALSO

2. Na prototipagem rápida por deposição de material fundido (FDM), as peças são fabricadas camada por camada, fazendo o feixe de um laser varrer a superfície de

um tanque que contém um líquido que se polimeriza ao ser exposto à luz.

3. O escaneador sem contato também é chamado de digitalizador.
4. Escolhendo uma orientação adequada, é possível usar a prototipagem rápida por estereolitografia para produzir uma réplica do objeto mostrado na Figura P9-1 sem necessidade de uma estrutura de apoio.
5. Usando o processo de estereolitografia, é possível produzir uma réplica tridimensional de uma peça, sem necessidade de um arquivo de CAD.
6. Na prototipagem rápida por sinterização seletiva a laser (SLS), não há necessidade de usar estruturas de apoio.

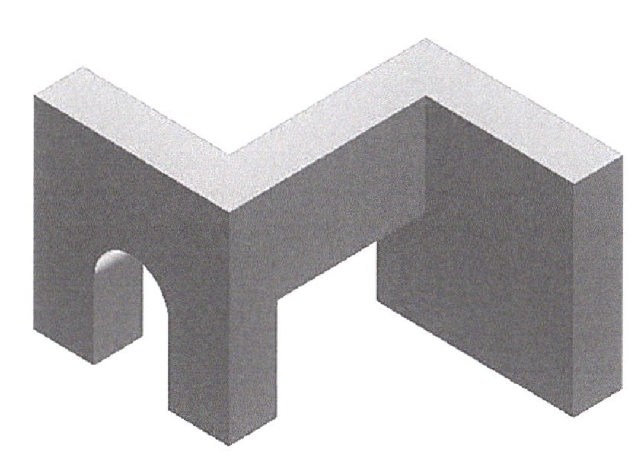

Figura P9-1 Objeto a ser copiado.

MÚLTIPLA ESCOLHA

7. Qual das opções abaixo não é uma das vantagens dos escaneadores com contato?
   a. Alta precisão
   b. Alta velocidade
   c. Baixo custo
   d. Capacidade de medir fendas e cavidades profundas
8. Qual das opções abaixo não é verdadeira no caso dos arquivos STL?
   a. São uma lista de triângulos
   b. Podem ser convertidos com facilidade para outros formatos
   c. Podem representar com precisão superfícies curvas
   d. Registram os dados de forma redundante
   e. A precisão dos dados depende do número de triângulos
9. Qual dos dispositivos abaixo é uma fonte luminosa muito usada em escaneadores sem contato?
   a. Laser planar
   b. Lâmpada fluorescente
   c. LED
   d. CCD
10. Qual das técnicas abaixo não é usada em escaneadores sem contato?
    a. Triangulação
    b. CMM
    c. Tempo de percurso
    d. Luz estruturada

CAPÍTULO 10 FERRAMENTAS DE SIMULAÇÃO DIGITAL

ANÁLISE PRÉVIA

Na última década, os programas de simulação tiveram uma evolução impressionante. Também conhecidos como programas de engenharia assistida por computador CAE),* esses programas realizam análise por elementos finitos (AEF), simulação dinâmica, dinâmica computacional de fluidos (DCF) e análise de fabricação, que inclui a moldagem de plásticos por injeção. Entre os melhoramentos dos programas de simulação estão (1) a integração com programas de CAD, (2) uma interface moderna com o usuário, (3) funções automáticas e (4) uma tecnologia robusta de apoio. Hoje em dia, os programas de simulação fazem parte de todos os pacotes de modelagem paramétrica de médio porte, o que permite que os projetistas usem essas poderosas ferramentas de análise em um ambiente familiar. Mesmo os programas de análise isolados podem operar em um ambiente de CAD. A interface dos programas modernos de simulação orienta o usuário, antecipando os passos seguintes e informando a respeito do progresso da análise. As tarefas mais trabalhosas, como a construção de malhas na AEF, são executadas automaticamente. Problemas clássicos bem documentados permitem comparar os resultados de AEF com resultados conhecidos e podem ser usados para verificar a confiabilidade dos programas. Muitos pacotes de simulação vêm sendo desenvolvidos há mais de 40 anos, o que permitiu que seus criadores os aperfeiçoassem continuamente e pudessem demonstrar a qualidade dos resultados.

* Do inglês, *computer-aided engineering*. (N.T.)

Como consequência direta desses aperfeiçoamentos, os fabricantes hoje utilizam a simulação desde o início dos projetos, com o objetivo de desenvolver novos produtos no menor tempo possível e reduzir o tempo gasto com verificação e testes. Os custos também podem ser reduzidos quando possíveis problemas são identificados e resolvidos nas fases iniciais do projeto. Usando simulações desde o início do projeto, em vez de esperar até as fases finais, é possível eliminar algumas rodadas de prototipagem e testes. Os grandes fabricantes:

1. Usam mais simulações e fabricam menos protótipos que os concorrentes
2. Usam ferramentas de simulação a intervalos regulares para tomar decisões importantes relativas aos seus produtos.
3. Proporcionam acesso direto dos engenheiros da empresa aos programas de simulação através do ambiente de CAD e, quando necessário, através de pré-processadores independentes.

ANÁLISE POR ELEMENTOS FINITOS

Alguns problemas têm uma solução exata, mas para outros, mais complexos, não existe uma solução analítica, e é preciso recorrer a soluções numéricas aproximadas. Essas soluções, quase sempre de natureza iterativa, podem ser implementadas com facilidade em um computador. A ***análise por elementos finitos*** (**AEF**) é uma técnica numérica usada para resolver problemas de engenharia que não podem ser resolvidos analiticamente. A AEF foi criada na década de 1940 para resolver problemas de análise estrutural na engenharia civil e aeronáutica, mas hoje em dia é usada para estudar fenômenos como transferência de calor, vazão de líquidos e eletromagnetismo. Neste livro, a discussão da AEF será limitada a problemas estruturais de ***análise de tensões***.

O método de AEF se baseia na Lei de Hooke, uma aproximação segundo a qual a variação do comprimento de uma mola é diretamente proporcional à força aplicada. Muitos materiais, como o alumínio e o aço, obedecem a essa lei, contanto que o limite de elasticidade do material não seja ultrapassado. Matematicamente, a Lei de Hooke é expressa pela equação

$$F = kx$$

em que F é a força aplicada, k é uma constante e x é a variação de comprimento da mola.

A Lei de Hooke também pode ser expressa em termos de tensão e deformação, ou seja, abaixo do limite de elasticidade do material, a deformação é diretamente proporcional à tensão. ***Tensão*** (σ) é a força média por unidade de área (F/A) a que o material experimenta ao ser submetido a uma força. **Deformação** (ε) é a variação de comprimento relativa ($\Delta\ell/\ell$) produzida pela tensão. Combinando as equações $\sigma = F/A$ e $\varepsilon = \Delta\ell/\ell$ e supondo que o material obedece à lei de Hooke, obtemos a seguinte equação:

$$F = \left(\frac{EA}{\ell}\right)\Delta\ell$$

em que E é uma constante conhecida como ***módulo de elasticidade***.

Suponha que uma peça que não pode se mover em nenhuma direção é submetida a uma força (ou uma combinação de força, pressão e momento). Se a força é muito grande, a peça pode quebrar. Nesse caso, dizemos que a tensão a que a peça foi submetida foi maior que a ***tensão de ruptura*** do material.

As forças, pressões e momentos que agem sobre uma peça recebem o nome de ***cargas***. Os suportes usados para manter a peça no lugar são chamadas de apoios ou vínculos. As cargas e os apoios constituem as chamadas ***condições de contorno***.

A menos que a geometria, o material e as condições de contorno sejam extremamente simples, não é possível calcular diretamente o comportamento de uma peça ao ser submetida a uma carga. Entretanto, é possível determinar os valores aproximados de tensão e deformação usando a análise por elementos finitos.

O componente, seja ele feito de aço, plástico ou outro material qualquer, pode, em geral, ser considerado uma estrutura elástica contínua. Na análise por elementos finitos, essa estrutura é dividida em um número muito grande, mas finita, de ***elementos***, e o comportamento individual de cada elemento é analisado separadamente.

Os elementos estão ligados por ***nós***, e cada nó tem um certo número de graus de liberdade (GDL). Os nós de uma barra fina têm apenas um GDL, enquanto uma peça hexaédrica complexa pode ter até seis GDL.

O comportamento (tensão, deformação) dos elementos de uma peça pode ser descrito por equações matemáticas, e a combinação do comportamento de todos os elementos pode ser usada para prever o comportamento da peça. O processo de dividir uma peça em elementos e nós é chamado de ***geração da malha***.

A AEF é normalmente dividida em três fases: (1) pré-processamento, (2) resolução, (3) pós-processamento. O pré-processamento envolve os seguintes passos:

- Geometria, em que a geometria da peça é importada de um programa de CAD ou, em alguns casos, criada a partir do zero.
- Modelagem, em que a peça é modelada usando uma das várias técnicas disponíveis, como análise unidimensional, análise de tensões bidimensionais, análise de deformações bidimensionais, análise de cascas e análise tridimensional. Neste livro, vamos discutir apenas a modelagem por análise tridimensional.
- Geração da malha, que pode ser manual ou automática.
- Especificação dos materiais de que é feita a peça.
- Especificação das condições de contorno (cargas e apoios).

Na fase de resolução, o programa de AEF é usado para resolver um sistema de equações e calcular os deslocamentos sofridos pelos nós quando a peça é submetida à carga. Note que o tempo de processamento é proporcional ao número de elementos e nós.

No passado, o pós-processamento consistia em calcular as tensões e deformações a partir da posição final dos nós. Nos programas modernos de AEF, porém, as tensões, as deformações e até mesmo os coeficientes de segurança estão disponíveis no momento em que a solução do sistema de equações é obtida. Assim, hoje em dia, o termo *pós-processamento* se refere mais à visualização dos resultados e à geração de relatórios.

Modelagem e Geração da Malha

Os elementos finitos podem ser produzidos com várias formas e dimensões, como vigas unidimensionais, planos bidimensionais e tetraedros e hexaedros tridimensionais. Para melhores resultados, a forma dos elementos deve estar de acordo com a geometria da peça que está sendo analisada. As vigas unidimensionais podem ser usadas para modelar vigas ou estruturas em forma de treliça, como o chassi de automóvel mostrado na Figura 10-1. No caso de estruturas feitas de placas finas, como a braçadeira da Figura 10-2, é aconselhável usar planos bidimensionais. Quando o objeto tem uma forma que se estende consideravelmente nas três dimensões, como a peça da Figura 10-3, convém usar um modelo tridimensional.

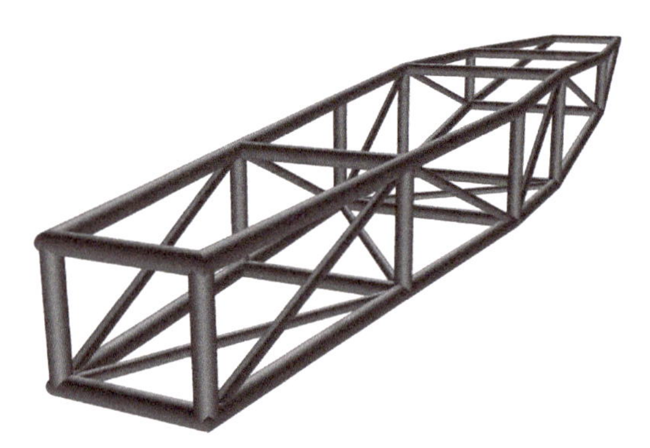

Figura 10-1 As vigas unidimensionais podem ser usadas para modelar vigas e treliças.

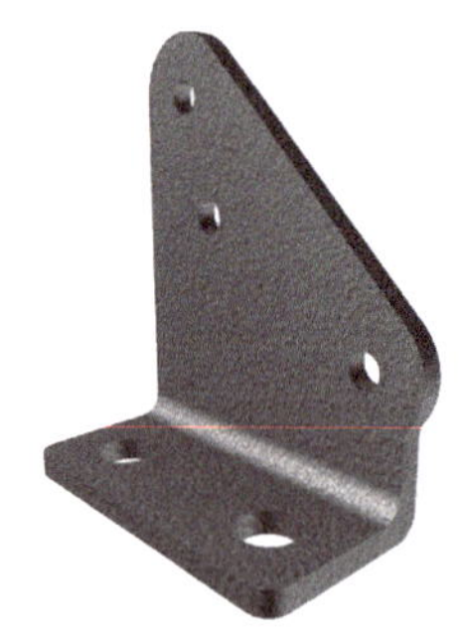

Figura 10-2 Os planos bidimensionais podem ser usados para modelar peças feitas de placas finas.

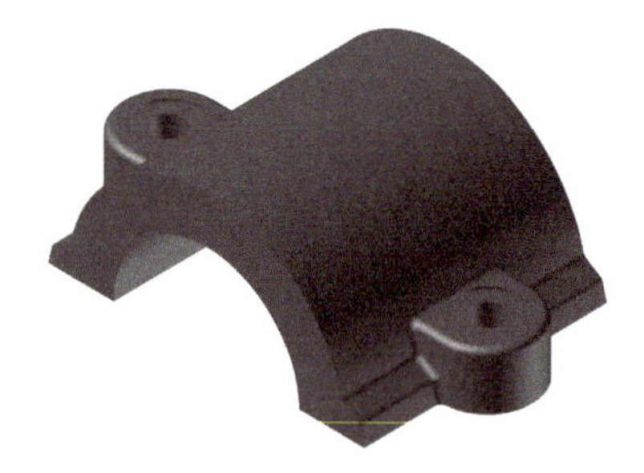

Figura 10-3 Peças como esta exigem um modelo tridimensional.

Outro parâmetro dos elementos é o grau das curvas usadas para representá-los. Normalmente, são usados elementos lineares, representados por curvas do primeiro grau, quadráticos, representados por curvas do segundo grau, e cúbicos, representados por curvas do terceiro grau. Um elemento linear pode ter apenas arestas retilíneas, enquanto elementos quadráticos e cúbicos podem ter arestas curvas que representem melhor a geometria da peça.

Finalmente, os nós de um elemento podem ter de um a seis graus de liberdade. Os graus de liberdade representam a capacidade de um elemento de transmitir ou reagir a uma carga. O número de graus de liberdade de um modelo determina o número de equações necessárias para definir o modelo. Na verdade, o número de graus de liberdade dos nós é a melhor indicação da complexidade do modelo.

Os elementos tridimensionais podem ser hexaédricos ou tetraédricos. A geração automática das malhas, que será discutida mais adiante, em geral utiliza elementos tetraédricos. Os elementos hexaédricos levam a resultados mais precisos, mas a geração automática de malhas com elementos hexaédricos funciona apenas para certas geometrias, como extrusões e revoluções. Na maioria dos casos, as malhas tetraédricas quadráticas proporcionam resultados satisfatórios.

A boa qualidade da malha é essencial para que uma peça seja representada adequadamente por um modelo matemático. Frequentemente, é possível avaliar a qualidade da malha por mera inspeção visual. Entre as características de uma malha de boa qualidade estão elementos de forma regular, cujo número

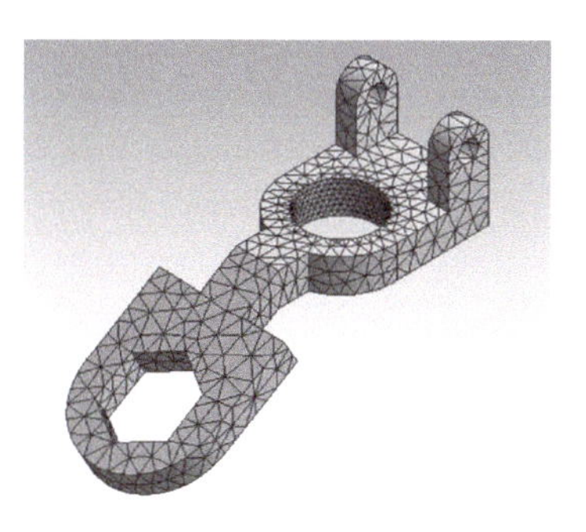
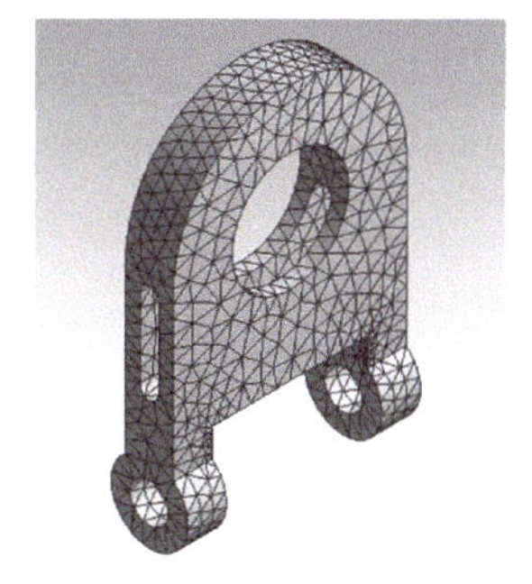
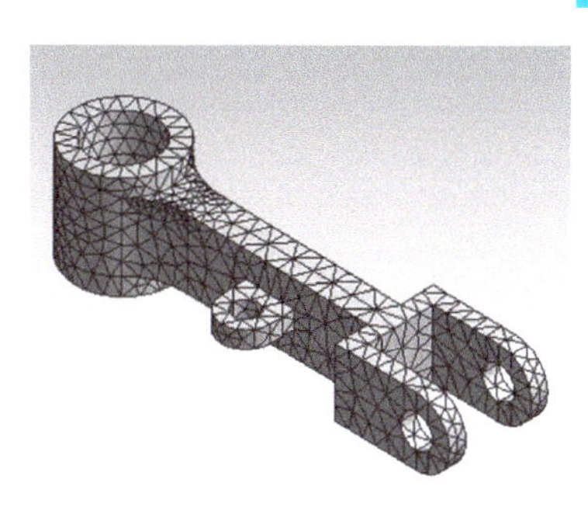

Figura 10-4 Exemplos de malhas tetraédricas.

varia de forma suave ao longo da peça. As melhores formas dos elementos bidimensionais são triângulos equiláteros, quadrados e hexágonos. Em qualquer caso, os elementos não devem ter um comprimento muito maior que a largura. Os elementos da malha têm dificuldade para reproduzir curvas acentuadas e regiões em que a deformação varia rapidamente. Nessas regiões, é necessário usar elementos menores para representar corretamente o comportamento do material.

Também é importante que os elementos sejam suficientemente pequenos para reproduzir corretamente o comportamento da estrutura elástica contínua que está sendo modelada. ***Convergência***, um tópico que não será discutido neste livro, é o processo de refinar a malha até produzir resultados satisfatórios.

Como tanto o tempo de processamento como a precisão aumentam com o número de elementos usados para representar a peça, a escolha desse número é uma solução de compromisso que exige boa dose de experiência por parte do usuário do programa de AEF. Alguns recursos, como o uso de simetria, podem reduzir o número de elementos.

Hoje em dia, a geração da malha costuma ser realizada automaticamente pelo programa. A malha inicial é criada com um tamanho de elemento-padrão, mas existem ferramentas para reduzir manualmente o tamanho dos elementos em regiões críticas da peça, como nas proximidades de arestas e vértices. A Figura 10-4 mostra algumas malhas tetraédricas.

Condições de Contorno

Condições de contorno são as tensões e apoios que agem sobre o modelo e representam todas as condições do ambiente em que a peça se encontra e que não são modeladas explicitamente. No caso de sistemas complexos, as condições de contorno são a parte mais difícil de uma análise por elementos finitos. É necessária uma experiência considerável para modelar corretamente as tensões e vínculos que agem sobre uma peça.

Se um modelo não se comporta da forma prevista, é provável que isso se deva a uma rigidez maior ou menor que o normal.[1] O uso de vínculos redundantes pode resultar em uma rigidez excessiva, enquanto a falta de vínculos pode levar a um deslocamento anormal da peça. A falta de rigidez também pode ocorrer quando uma carga é usada para substituir um componente de uma montagem que não faz parte do modelo; ao contrário do componente, a carga não contribui para a rigidez.

As entradas do modelo são as forças, os momentos, as pressões, as temperaturas e as acelerações a que a peça está submetida. Ao definir uma força, pode ser necessário definir o módulo, a direção, a distribuição ao longo da peça e a variação com o tempo.

Os apoios devem ser suficientes para remover todos os seis graus de liberdade da peça; caso contrário, a análise não terá sucesso. Naturalmente, as forças aplicadas pelos apoios dependem das cargas. Os apoios podem ser fixos, articulados ou deslizantes.

[1] *Rigidez* é uma medida da resistência de um corpo elástico a deformações, e depende da geometria da peça e do material de que é feita. Para descrever corretamente o comportamento de uma peça em uma análise por elementos finitos, é essencial que a rigidez da peça seja especificada corretamente.

Gráfico de cores

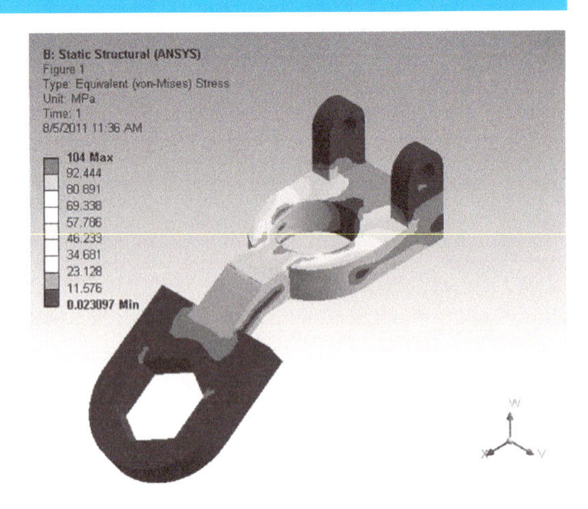

Figura 10-5 Mapa de cores das tensões em uma peça.

Os resultados de uma análise por elementos finitos podem ser mostrados em um gráfico de cores como o da Figura 10-5. Esse tipo de gráfico usa cores para representar diferentes valores da grandeza considerada (deslocamento, tensão ou deformação, na maioria dos casos). Em geral, os gráficos usam cores diferentes para intervalos diferentes, em vez de gradações contínuas de coloração, para não dar a ideia falsa de que os resultados foram obtidos de forma contínua, e não a partir de uma malha. Quanto às cores, embora o vermelho seja usado para representar regiões que a tensão (ou outro parâmetro qualquer) é elevada, e o azul signifique baixos valores de tensão, a faixa de valores associada a cada cor varia de gráfico para gráfico e é sempre indicada em uma legenda, na qual cada cor é associada a um intervalo de valores do parâmetro que está sendo representado. Assim, mesmo que todas as tensões representadas sejam relativamente pequenas, pode haver regiões vermelhas no gráfico. Além disso, a correspondência entre as cores e os intervalos pode ser modificada pelo usuário, o que modifica automaticamente as cores mostradas no gráfico.

Os gráficos de cores também podem ser animados, para mostrar a resposta da peça a variações das condições de contorno. Note que os programas ajustam automaticamente a velocidade da animação à velocidade da variação das condições de contorno, para que as mudanças possam ser observadas claramente. Essa velocidade pode ser ajustada pelo usuário e permite, inclusive, que as variações sejam observadas em tempo real.

Resultados

Em uma análise por elementos finitos, são determinadas grandezas básicas, como os deslocamentos e as temperaturas dos nós, a partir das quais podem ser calculadas outras grandezas, como tensões, deformações, fluxos de calor e fatores de segurança. Isso significa que os valores das grandezas básicas são mais confiáveis que os valores obtidos para as grandezas secundárias.

Em uma análise de tensões, o deslocamento dos nós é a grandeza básica, e, por esse motivo, o gráfico de deslocamento (ou seja, de deformação) deve ser o primeiro a ser analisado. Uma boa prática é gerar uma animação do gráfico de deslocamento para verificar se a peça se comporta da forma esperada quando a carga é aplicada. Se o comportamento é muito diferente do esperado, observe o gráfico final dos deslocamentos. Os módulos dos deslocamentos parecem razoáveis? Se a resposta for negativa, examine os valores das cargas, as propriedades do material e as unidades em que as grandezas estão sendo medidas.

Em seguida, examine o gráfico das tensões. A resolução do gráfico é adequada? Um gráfico de baixa resolução, ou seja, com variações bruscas, pode indicar que o tamanho dos elementos foi mal escolhido. Lembre-se de que uma malha de boa qualidade é composta por elementos de forma regular, cujo número varia de forma suave ao longo da peça. Talvez seja necessário refinar a malha aumentando o número de elementos, especialmente nas regiões críticas, como arestas e vértices. Finalmente, examine alguns resultados específicos, como os módulos das tensões e os fatores de segurança.

Existem vários tipos de tensões, como tensão normal e cisalhante, tensão axial, tensão fletora e tensão de torção, tensão trativa e tensão compressiva. A tensão equivalente, ou ***tensão de von Mises***, é muito usada em projetos porque permite que qualquer estado arbitrário de tensão tridimensional seja representado por um único valor positivo de tensão. A tensão equivalente faz parte da teoria de falhas de máxima tensão equivalente.

Várias ***teorias de falhas*** são usadas para descrever o comportamento de materiais dúcteis e frágeis, e muitos programas comerciais de análise por elementos finitos permitem fazer previsões com base nessas teorias. As teorias de falhas mais usadas são as seguintes:

- Teoria da máxima tensão equivalente
- Teoria da máxima tensão cisalhante
- Teoria da tensão de Mohr-Coulomb
- Teoria da máxima tensão trativa

As teorias da máxima tensão equivalente e da máxima tensão cisalhante são usadas principalmente no caso de materiais dúcteis, como o aço, o alumínio e o latão, enquanto as teorias da tensão de Mohr-Coulomb e da máxima tensão trativa são usadas no caso de materiais frágeis. Em todas essas teorias de falhas, uma certa tensão é calculada e comparada com a tensão máxima permissível. Em geral, o resultado da comparação é expresso na forma de um ***fator de segurança***, que é a tensão calculada dividida pela tensão máxima permissível. Para que uma peça seja considerada segura, o fator de segurança deve ser maior que 1.

Fluxo de trabalho em uma análise por elementos finitos

Como exemplo típico de uma análise por elementos finitos, vamos discutir o estudo da resistência mecânica do cabo de uma válvula de esfera. A válvula de esfera é mostrada na Figura 10-6. Note que, por causa dos batentes, o cabo pode girar apenas 90 graus. A Figura 10-7 mostra um detalhe da válvula, com o cabo em contato com um dos batentes. A resistência do cabo, que é feito de aço, será analisada com o cabo no final do curso e uma pessoa fazendo força na extremidade.

Figura 10-6 Válvula de esfera.

Figura 10-7 Detalhe da válvula de esfera.

O cabo, mostrado separadamente na Figura 10-8, é importado para o ANSYS Workbench, um importante programa de análise por elementos finitos que pode ser integrado a programas de CAD. A Figura 10-9 mostra a malha da peça gerada pelo programa.

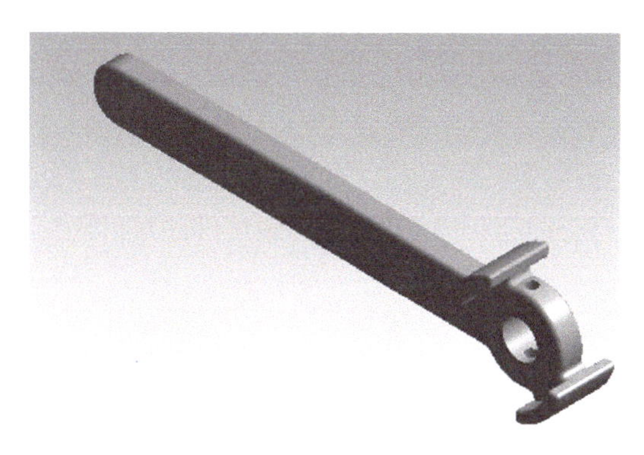

Figura 10-8 Cabo da válvula de esfera.

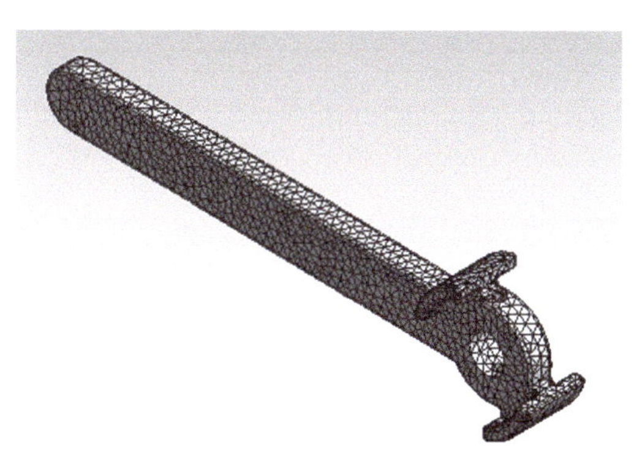

Figura 10-9 Malha do cabo da válvula de esfera.

Continua

(*Continuação*)

O passo seguinte é definir as condições de contorno, como mostra a Figura 10-10. Em primeiro lugar, um apoio cilíndrico é introduzido na superfície do furo rotulado como A. Apoios cilíndricos impedem que uma face cilíndrica se mova ou se deforme na direção radial e na direção axial; a direção tangencial é deixada livre para que o cabo possa girar e se deformar tangencialmente, enquanto os outros movimentos são impedidos. Para limitar este último grau de liberdade, um apoio de deslocamento, rotulado como B na Figura 10-10, é aplicado no local do batente. A superfície B é impedida de se mover (deslocamento = 0) em uma direção perpendicular à superfície. Com isso, todos os seis graus de liberdade do cabo estão definidos.

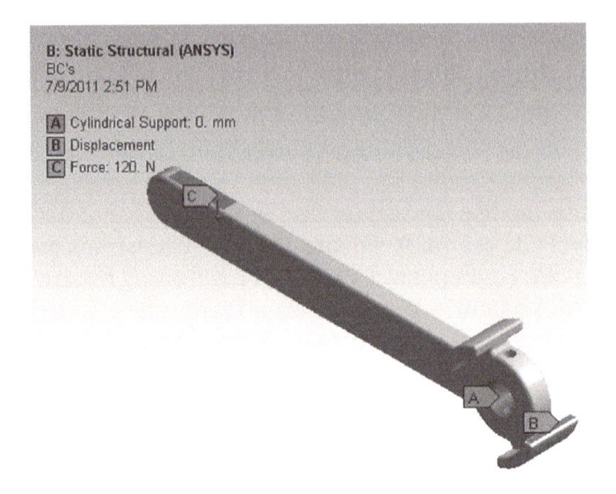

Figura 10-10 Condições de contorno do cabo.

Uma força de 120 newtons (120 N) é aplicada a uma pequena região da extremidade do cabo para simular a força exercida por uma pessoa quando o cabo está em contato com um dos batentes. Cargas e apoios são normalmente aplicados a superfícies da peça. Se a área da superfície disponível no modelo é muito grande, o programa de CAD permite criar uma pequena região usando uma ferramenta especial. A ferramenta foi usada para criar a região C que aparece na Figura 10-10.

No programa ANSYS Workbench, é preciso especificar os parâmetros cujo valor se deseja calcular. Neste caso, optou-se por escolher a deformação total e a tensão equivalente (tensão de von Mises); os resultados são mostrados, respectivamente, nas Figuras 10-11 e 10-12. A deformação máxima é aproximadamente 0,15 mm, e a tensão máxima equivalente é aproximadamente 112,5 Mpa.

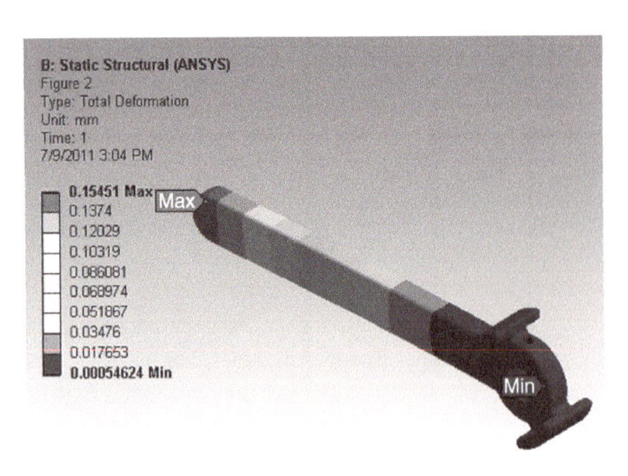

Figura 10-11 Deformação total.

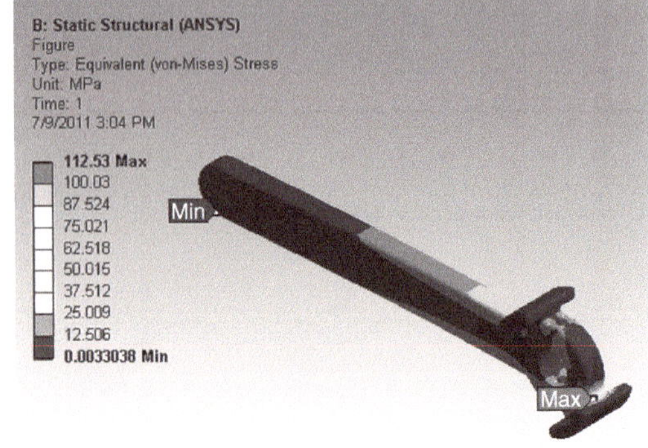

Figura 10-12 Tensão de von Mises.

Continua

(*Continuação*)

Além disso, um fator de segurança foi calculado com base na teoria da máxima tensão equivalente, como mostra a Figura 10-13. O fator de segurança é aproximadamente 2,2.

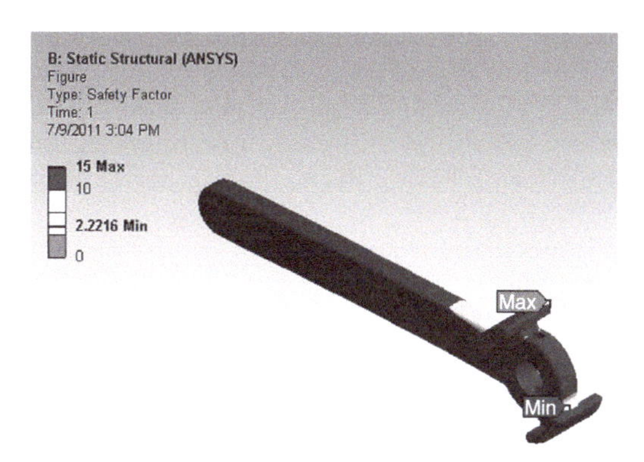

Figura 10-13 Fator de segurança.

Para economizar material, o arquivo original do CAD é modificado para incluir depressões dos dois lados do cabo, como mostra a Figura 10-14, e a análise é repetida. De acordo com a Figura 10-15, o fator de segurança diminui para aproximadamente 1,8, um valor considerado aceitável, e a mudança é aprovada.

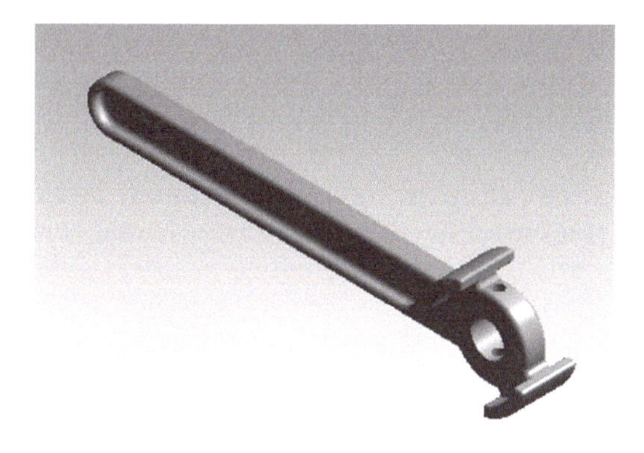

Figura 10-14 Cabo da válvula de esfera com depressões.

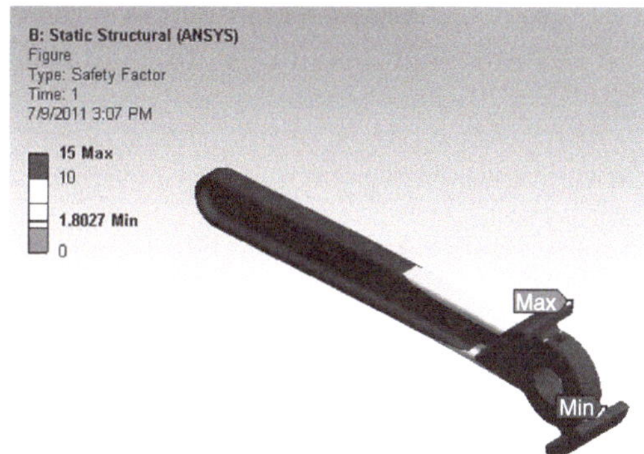

Figura 10-15 Fator de segurança do cabo com depressões.

PROGRAMAS DE SIMULAÇÃO DINÂMICA

Os programas de simulação dinâmica, também conhecidos como programas de análise de movimento, têm por objetivo modelar o comportamento de uma montagem em função do tempo sob a influência de várias cargas. Essas simulações são usadas para investigar a dinâmica das peças móveis, determinar a distribuição de forças nos sistemas mecânicos e melhorar o desempenho dos produtos. Os programas de análise de movimento simulam rotações e outros movimentos não lineares que seriam difíceis de modelar usando a análise por elementos finitos. A simulação dinâmica usa como ponto de partida a segunda lei de Newton, $F = ma$. A dinâmica de qualquer sistema mecânico pode, em princípio, ser descrita por um sistema de equações diferenciais ordinárias ou parciais. Em geral, é preciso usar métodos numéricos para resolver esse sistema de equações. A simulação numérica é executada dividindo o tempo em pequenos intervalos e calculando o equilíbrio dinâmico do sistema em cada intervalo.

As indústrias automotiva, aeroespacial e de máquinas pesadas recorrem frequentemente a programas de simulação dinâmica. Ao projetar um produto, é importante saber como os componentes móveis irão se comportar em serviço. A simulação dinâmica é usada no projeto de veículos com seis graus de liberdade, turbinas a vapor, braços robóticos, e muitos outros produtos. Também é usada em jogos tridimensionais de computador, nos quais um ***motor de física*** controla os movimentos para que ocorram de acordo com as leis da física.

Entre os programas de simulação dinâmica mais populares estão o MSC Adams, um pacote sofisticado de ferramentas de análise de movimentos, e Working Model, um programa mais simples destinado a engenheiros e estudantes de engenharia. Opções de simulação dinâmica também estão disponíveis em programas da MCAD Technologies, como o Solid Works e o Autodesk Inventor. Os ambientes de simulação dinâmica desses dois programas de modelagem paramétrica foram adquiridos de outras empresas.

Entre outras coisas, os programas de análise de movimento podem fazer o seguinte:

- Converter os vínculos das montagens em juntas
- Introduzir no modelo vários tipos de juntas
- Definir forças e momentos externos
- Criar simulações de movimento com base em dados de posição, velocidade, aceleração e torque
- Permitir a visualização tridimensional do movimento das peças
- Exportar resultados para o Microsoft Excel
- Exportar as condições de carregamento para um programa de AEF em qualquer instante da simulação
- Calcular as forças necessárias para manter uma simulação dinâmica em equilíbrio estático
- Definir juntas nas quais o atrito, o amortecimento, a rigidez e a elasticidade variam com o tempo

Em um ambiente de modelagem paramétrica, o movimento das peças é controlado através de ***vínculos*** (como, por exemplo, peças mantidas fixas). Ao serem introduzidos em uma montagem, os componentes possuem seis graus de liberdade, e os vínculos têm a função de eliminar ou limitar esses graus de liberdade. Em ambiente de simulação dinâmica, por outro lado, o movimento das peças é controlado através de ***juntas***. Nesse caso, ao serem introduzidos em uma montagem, os componentes não possuem nenhuma liberdade, e as juntas têm a função de introduzir os graus de liberdade. Para eliminar a diferença, o primeiro passo da análise dinâmica de um sistema costuma ser o de substituir os vínculos por juntas, o que pode ser feito convertendo os vínculos em juntas, de forma automática ou manual, ou removendo todos os vínculos e criando juntas a partir do zero; os três métodos apresentam vantagens e desvantagens. A Figura 10-16 mostra uma tabela de equivalência entre juntas e vínculos.

Junta	Nome da Junta	GDLs Suprimidos	Vínculo Equivalente	GDLs Livres
	Rotativa	5	Inserir (bordas circulares)	1 de rotação
	Prismática	5	Combinar 2 superposições (plano, plano) não paralelas	1 de translação
	Cilíndrica	4	Superpor (reta, reta)	1 de translação e 1 de rotação
	Esférica	3	Superpor (ponto, ponto)	3 de rotação
	Plana	3	Superpor (plano, plano)	2 de translação e 1 de rotação
	Linear Pontual	2	Superpor (reta, ponto)	1 de translação e 3 de rotação
	Plana Linear	2	Superpor (plano, reta)	2 de translação e 2 de rotação
	Planta Pontual	1	Superpor (plano, ponto)	2 de translação e 3 de rotação
	Espacial	0	NENHUMA	TODOS
	Soldada	6	Combinar 3 vínculos ou 2 inserções	NENHUM

Figura 10-16 Tabela de equivalência entre juntas e vínculos. (Cortesia de Fernando Class-Morales.)

A Kinematic Models for Design Digital Library[2] (Biblioteca de Modelos Cinemáticos para Projetos Digitais), mantida pela Universidade de Cornell, é "uma coleção de modelos mecânicos e recursos correlatos para o ensino dos princípios da cinemática – a geometria do movimento puro". Um dos modelos mais importantes da coleção é o mecanismo de Peaucellier-Lipkin, que representa a solução, obtida na segunda metade do século XIX, do problema de converter movimento circular em movimento retilíneo. A Figura 10-17 mostra uma imagem desse mecanismo produzida por programa de análise de movimento. Na figura, ***traços*** são usados para ajudar a visualizar a conversão de movimento circular em movimento linear. A Figura 10-18 mostra outra função importante dos programas de simulação dinâmica: representar graficamente a variação, com o tempo, de grandezas como posição, velocidade, aceleração, força e torque.

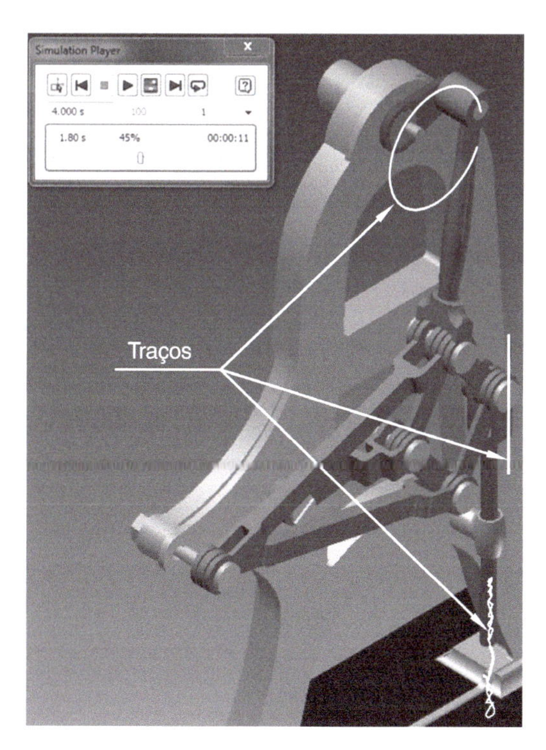

Figura 10-17 Mecanismo de Peaucellier-Lipkin com traços. (Cortesia de Zanxi An.)

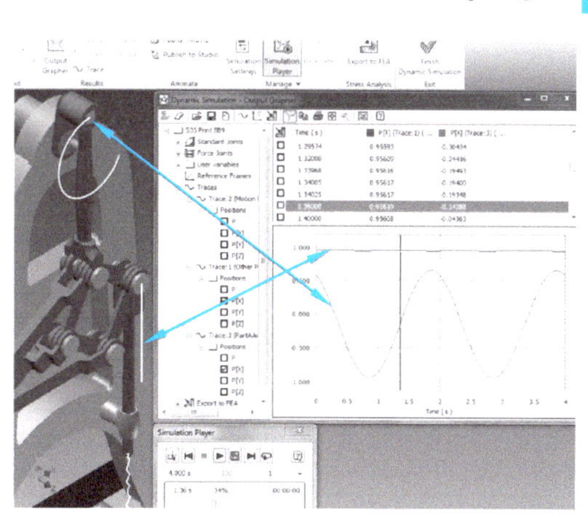

Figura 10-18 Gráficos associados a um mecanismo de Peaucellier-Lipkin. (Cortesia de Zanxi An.)

O fluxo de trabalho de uma simulação de movimento típica consiste nos seguintes passos:

1. Criar juntas mecânicas entre os componentes, o que é feito em duas etapas:
   a. Criar juntas padronizadas, ou seja, juntas que podem ser criadas a partir de vínculos, como as que aparecem na Figura 10-16. Como foi dito anteriormente, existem três possibilidades:
      i. Converter automaticamente os vínculos em juntas padronizadas.
      ii. Converter manualmente os vínculos em juntas padronizadas.
      iii. Criar as juntas padronizadas a partir do zero.
   b. Criar juntas não padronizadas, ou seja, juntas que não correspondem a vínculos, como engrenagens e molas.
2. Criar condições ambientais que simulem a realidade. Eis algumas possibilidades:
   a. Definir a posição inicial de uma junta.
   b. Definir juntas com atrito.
   c. Aplicar cargas externas, como forças e torques.
   d. Impor movimento a certas juntas, o que equivale a supor a existência de um motor.
3. Analisar os resultados.

Entre os resultados podem estar forças de reação, velocidades e acelerações. Uma simulação dinâmica revela de que forma as peças de uma montagem respondem a cargas que variam com o tempo. A seção a seguir é uma demonstração prática do uso das simulações dinâmicas.

[2] O endereço na Internet é http://kmoddl.library.cornell.edu.

Demonstração do Uso das Simulações Dinâmicas

Nesta demonstração, o alicate de pressão mostrado na Figura 10-19 será analisado por um programa de simulação dinâmica para determinar a força necessária para abrir e fechar a ferramenta. Note que as forças são pequenas, já que o alicate de pressão é projetado para ser aberto e fechado com facilidade.

A montagem com vínculos é importada para o ambiente do programa de simulação dinâmica. Os vínculos são convertidos automaticamente em juntas; as partes que não se movem entre si são unidas por juntas soldadas.

Uma junta do tipo mola é introduzida no modelo, ligando o cabo fixo à mandíbula superior. Os parâmetros de comprimento e rigidez usados para a junta são os de uma mola de verdade.

Seis juntas de contato tridimensionais são acrescentadas manualmente entre peças que podem estar em contato, como mostra a Figura 10-20.

A primeira força externa a ser introduzida é a força da gravidade, representada na Figura 10-21 por uma seta vertical. A segunda é a força usada para abrir e fechar o alicate, representada por uma seta inclinada. Nas especificações é incluído o fato de que a segunda força é sempre perpendicular ao eixo do cabo.

Um coeficiente de atrito de 0,5 é introduzido para as quatro juntas rotativas. Com isso, a simulação está pronta para ser executada.

A simulação é executada várias vezes, para diferentes forças aplicadas. Cada execução, com 200 posições diferentes, leva 0,2 segundo. Como mostra a Figura 10-22, o alicate não fecha quando uma força de 10 N é aplicada.

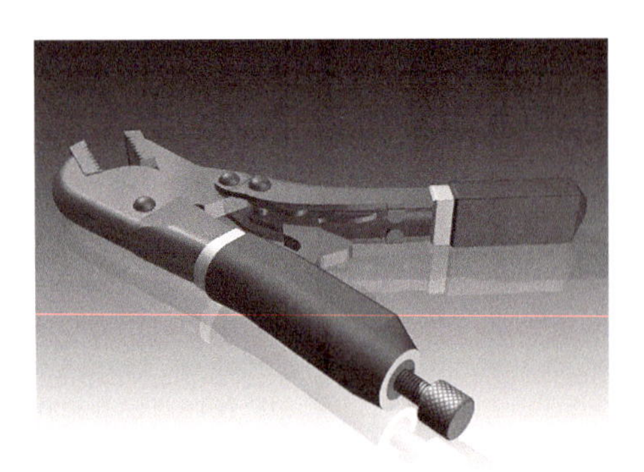

Figura 10-19 Imagem renderizada de um alicate de pressão.

Quando a força é aumentada para 15 N, o alicate fecha, como mostra a Figura 10-23.

Em seguida, o alicate é fechado, e o sentido da força aplicada é invertido para determinar a força necessária para abrir o alicate.

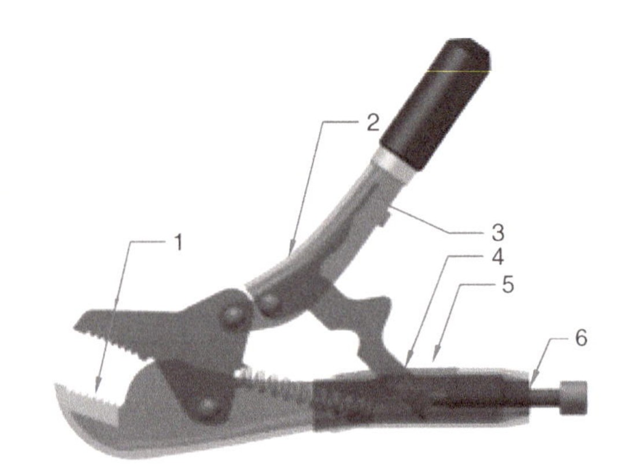

Figura 10-20 Juntas de contato tridimensionais. (Cortesia de Yinye Yang.)

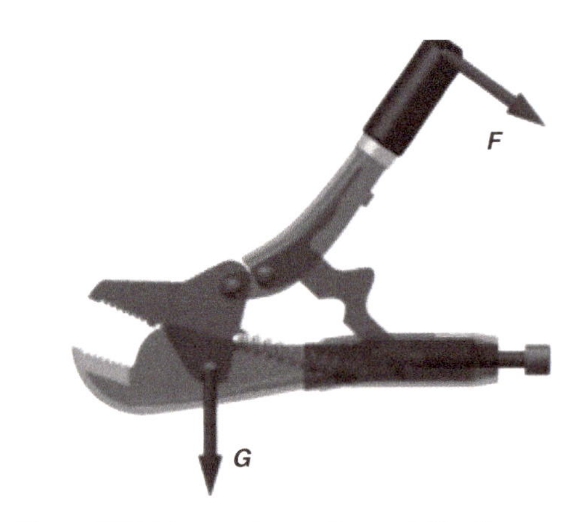

Figura 10-21 Forças externas. (Cortesia de Yinye Yang.)

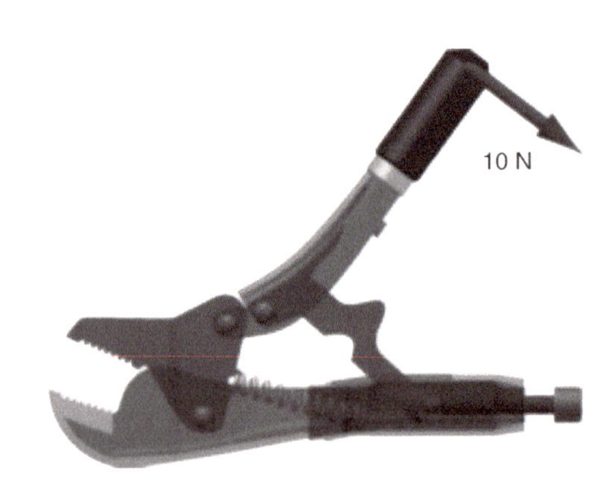

Figura 10-22 Uma força de 10 N não é suficiente para fechar o alicate. (Cortesia de Yinye Yang.)

Como mostra a Figura 10-24, uma força de 3 N é suficiente para abrir o alicate.

Os resultados obtidos são razoáveis, já que sabemos de antemão que as forças envolvidas são pequenas e que a força necessária para abrir o alicate é menor que a força necessária para fechá-lo.

Finalmente, a Figura 10-25 mostra um gráfico do comprimento da mola em função do tempo quando o alicate passa da posição fechada para a posição aberta.

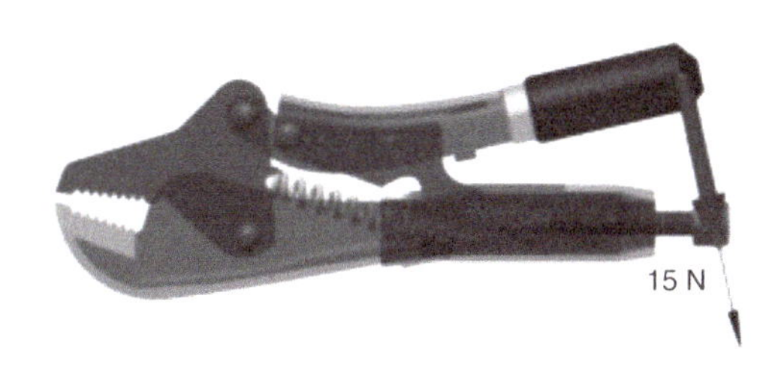

Figura 10-23 Uma força de 15 N é suficiente para fechar o alicate. (Cortesia de Yinye Yang.)

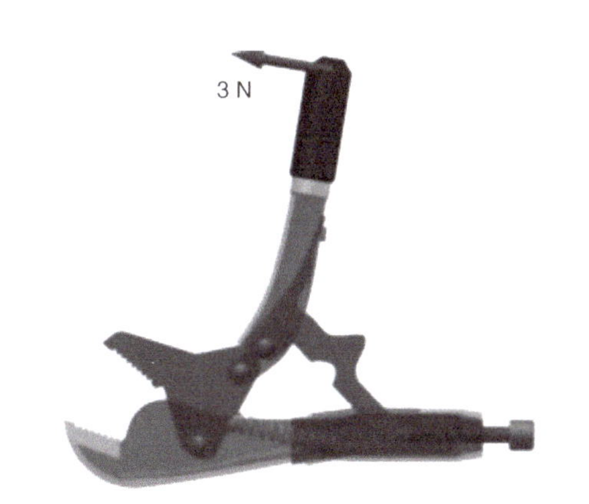

Figura 10-24 Uma força de 3 N é suficiente para abrir o alicate. (Cortesia de Yinye Yang.)

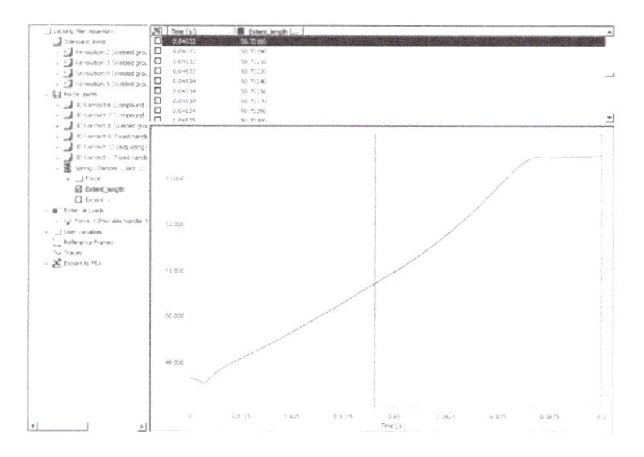

Figura 10-25 Gráfico do comprimento da mola em função do tempo quando o alicate é aberto. (Cortesia de Yinye Yang.)

QUESTÕES

VERDADEIRO OU FALSO

1. Os programas de simulação também são conhecidos como programas de engenharia assistida por computador (CAE).
2. Os primeiros programas de análise por elementos finitos foram criados na década de 1960.
3. Se o fator de segurança é positivo, a tensão calculada é menor que a tensão máxima permissível.
4. A tensão de von Mises é sempre positiva.
5. A análise por elementos finitos não pode ser aplicada a montagens.
6. Os programas de simulação dinâmica também são conhecidos como programas de análise de movimento.
7. As juntas de uma simulação dinâmica são a mesma coisa que os vínculos de uma montagem.

MÚLTIPLA ESCOLHA

8. Qual das opções abaixo não é uma das fases de uma análise por elementos finitos?
   a. Pré-processamento
   b. Geração da malha
   c. Resolução
   d. Pós-processamento
9. Quais dos sólidos geométricos abaixo são usados em programas de análise por elementos finitos?
   a. Tetraedros
   b. Hexaedros
   c. Octaedros
   d. Poliedros
   e. Tanto a como b
   f. Tanto c como d
10. Qual é a primeira grandeza a ser calculada no processo de análise de tensões por elementos finitos?
    a. Deslocamento
    b. Tensão
    c. Deformação
    d. Fator de segurança
11. Qual dos seguintes parâmetros pode ser especificado para uma junta em um programa de análise dinâmica?
    a. Posição inicial
    b. Atrito
    c. Cargas externas
    d. Movimento imposto
    e. Todas as opções anteriores

CAPÍTULO

11 FERRAMENTAS DE PROJETO CONCEITUAL

INOVAÇÃO

Em 2002, a revista *The Economist*[1] declarou o seguinte: "A ***inovação*** hoje é reconhecida como o ingrediente mais importante de todas as economias modernas". Durante a primeira década deste século, projetos e inovação foram matérias de capa de revistas de finanças como *Fortune*, *Business Week* e *Fast Company*.[2] O melhor exemplo de projetos inovadores talvez seja o de Steve Jobs na Apple, mas também merecem menção a firma de consultoria americana IDEO e o inventor inglês James Dyson.

Steve Jobs via a si próprio como vivendo na fronteira das humanidades com a tecnologia e passou essa visão para sua empresa, a Apple. Desde o início, a atenção dedicada por Jobs às artes liberais ajudou a equilibrar a visão tecnológica do sócio, Steve Wozniak. Através dos anos, a Apple tem usado o projeto industrial para adaptar a tecnologia aos usuários. Jonathan Ive, vice-presidente sênior de projeto industrial, foi um dos amigos mais próximos de Jobs. No lançamento do iPad 2, em 2011, Jobs declarou: "Está no DNA da Apple o fato de que a tecnologia, sozinha, não é suficiente. Acreditamos que foi a combinação da tecnologia com as humanidades que nos proporcionou o resultado que faz nossos corações cantarem."

IDEO é uma firma de projetos globais com sede em Palo Alto, Califórnia, que já ganhou vários prêmios. O fundador da IDEO, David Kelley, é professor de engenharia na Universidade de Stanford. A empresa usa uma abordagem centrada no homem, baseada em projetos, para ajudar as empresas a inovar e crescer. A IDEO defende o ***design thinking*** (pensamento baseado em projetos) como forma de ajudar os clientes a se transformarem. O principal executivo da IDEO é Tim Brown, um projetista industrial. Vários livros a respeito de inovação que se tornaram *best sellers* foram escritos por funcionários da IDEO.[3]

Sir James Dyson é um projetista industrial e engenheiro inglês. É responsável por várias inovações tecnológicas importantes, como o aspirador de pó de duplo ciclone, que usa o princípio da separação ciclônica para criar um aspirador que não perde poder de sucção com o acúmulo de poeira. Dyson construiu mais de cinco mil protótipos antes de chegar ao projeto final do aspirador.

Note que todos esses inovadores têm algum tipo de ligação com o desenho industrial. Assim como Leonardo da Vinci e Michelangelo, esses renascentistas da atualidade são igualmente competentes na engenharia e nas artes liberais. No livro *A Whole New Mind: Why Right-Brainers Will Rule the Future* (*A Nova Inteligência: Treinar o Lado Direito do*

[1] DIALOGUE: The Thanksgiving for Innovation, *The Economist*, September 19, 2002.

[2] The Power of Design, *Business Week*, May 16, 2004; Masters of Design, *Fast Company*, June 2005; Innovation Champions, *Business Week*, June 18, 2006.

[3] *The Art of Innovation* (*A Arte da Inovação*, Editora Futura, 2001) e *The Ten Faces of Innovation* (*As Dez Faces da Inovação*, Editorial Presença, 2007), de autoria de Tom Kelley (gerente geral da IDEO) e Jonathan Littman; *Change of Design*, de autoria de Tim Brown e Barry Katz.

Cérebro É o Novo Caminho para o Sucesso, Academia do Livro, 2006), Daniel Pink afirma que estamos vivendo em uma era conceitual na qual a criatividade é o diferencial mais importante, tanto para o sucesso profissional como para a realização pessoal.

FERRAMENTAS DE INOVAÇÃO

Empresas como a Apple e a IDEO usam muitas técnicas para fomentar a inovação, mas as três mais importantes são (1) projeto voltado para o usuário; (2) tempestade cerebral; (3) prototipagem.

O ***projeto voltado para o usuário*** (**PVU**) é uma nova abordagem do desenvolvimento de produtos, na qual o usuário se torna o foco principal. Também conhecido como projeto centrado no homem, o PVU defende a observação atenta e o engajamento das pessoas envolvidas como a melhor forma de obter uma compreensão plena de um problema, produto, situação ou atividade. A observação direta das interações usuário-produto leva muitas vezes a novas ideias. Muitas das competências necessárias para a realização de um projeto voltado para o usuário estão relacionadas à antropologia, como, por exemplo, a capacidade de realizar trabalhos de campo e o poder de observação.

A ***tempestade cerebral***, já discutida no Capítulo 1, é uma técnica importante de inovação, que, apesar do nome, possui regras bem definidas. Como escreve Tom Kelley em *A Arte da Inovação*, "A tempestade cerebral é quase uma religião na IDEO, onde é praticada todos os dias". Kelley observa que, como muitas pessoas já estão acostumadas com a ideia de tempestade cerebral, a prática tende a se trivializar. Entretanto, quando usada corretamente, pode ser extremamente útil, tanto no início dos projetos como para resolver problemas urgentes que apareçam durante a execução dos projetos. Algumas diretrizes que devem ser seguidas para que uma tempestade cerebral seja bem-sucedida são as seguintes:

- Comece com uma definição clara do problema, que não seja nem muito restritiva nem excessivamente ampla.
- Procure obter o maior número possível de opiniões, encoraje ideias criativas, e evite críticas apressadas.
- A presença de executivos do primeiro escalão é contraproducente.
- Evite conversas paralelas.
- Estimule os participantes a aproveitarem ideias dos outros.
- O tempo de duração deve ser da ordem de uma hora.
- Use canetas coloridas em um cavalete com folhas soltas para anotar as ideias.
- Use modelos feitos de isopor, fita adesiva, tubos de plástico e outros materiais simples.
- Numere as ideias – isso estabelece uma meta (100 ideias por sessão é um número razoável) e ajuda a avaliar o progresso da sessão.
- Mude o enfoque quando as ideias estiverem começando a escassear; para isso, é aconselhável dispor de uma pessoa experiente para conduzir as sessões.
- Use o espaço disponível – cubra as paredes e as mesas com ideias.
- Faça exercícios de alongamento e aquecimento antes de iniciar a sessão.

As grandes firmas de projetos, como a IDEO, recorrem à ***prototipagem*** para acelerar o processo de inovação. A prototipagem consiste em construir um modelo para avaliar melhor uma ideia. Com isso, o projeto assume uma forma concreta. Ao examinar o modelo, pode-se aprender mais a respeito do produto, suas vantagens e desvantagens, e descobrir novos rumos de investigação. Prototipagem também é uma forma de economizar tempo. Quanto mais cedo as falhas são descobertas, mais fácil é corrigi-las. Os protótipos são baratos e fáceis de fabricar.

DESENHO INDUSTRIAL

A Industrial Designers Society of America (IDSA) define ***desenho industrial*** como a atividade profissional de criar e desenvolver conceitos e especificações que otimizem a função, o valor e a aparência de produtos e serviços para benefício mútuo de usuário e fabricante. O desenho industrial começou com a industrialização dos produtos de consumo, no início do século XX. Como mostra a Figura 1-1, o desenho industrial é parte importante do processo de desenvolvimento dos produtos. O desenho industrial pode aumentar o valor de um

Desenho industrial assistido por computador (CAID)

Desenho industrial é uma arte aplicada que procura melhorar a estética e a facilidade de uso dos produtos. O desenho industrial assistido por computador é uma subárea do CAD que usa programas de computador para facilitar o projeto conceitual de novos produtos. No CAID, o interesse principal está na modelagem de formas livres. A Figura 11-1 mostra a interface do programa Alias Design da Autodesk, um programa de CAID para modelagem de superfícies. O resultado final de um programa de CAID é, normalmente, um modelo de superfície tridimensional que pode ser importado por um programa de modelagem de sólidos para desenvolvimento. A diferença entre o CAID e o CAD é que o CAID é mais conceitual e menos técnico.

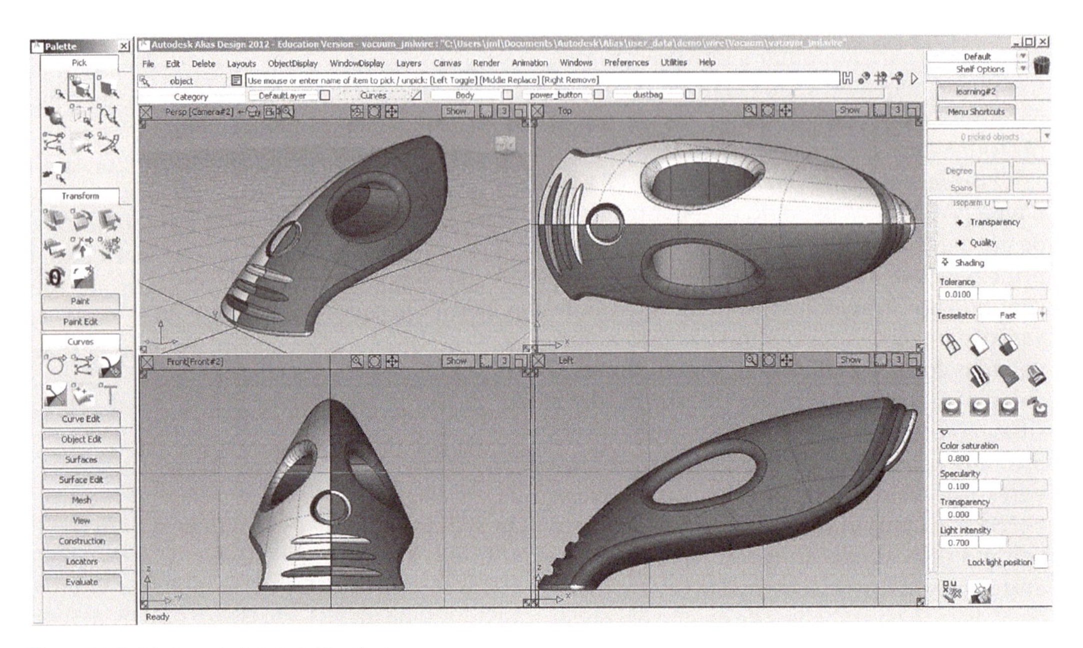

Figura 11-1 Interface do Autodesk Alias Design.

produto na forma de maior facilidade de uso, menor custo de produção e melhor aparência.

Inicialmente, o desenho industrial era visto como uma tarefa trivial, a ser executada internamente ou por uma firma de consultoria, e não como um recurso de importância estratégica. Na verdade, era como se fosse uma ideia de última hora, algo a ser acrescentado no final do processo para tornar o produto mais atraente, mais fácil de usar, etc. Com o reconhecimento de que a aparência e a facilidade de uso são diferenciais importantes na escolha de um produto, o desenho industrial assumiu um papel de destaque no processo de desenvolvimento do produto adotado pelas grandes indústrias.

Os desenhistas industriais contribuem de várias formas para o desenvolvimento de um produto. Entre as atividades mais comuns estão o levantamento das necessidades do usuário, a busca de novas oportunidades, a geração de ideias, a prototipagem, a visualização, a estilização e a integração das contribuições dos outros membros do grupo.

Os desenhistas industriais utilizam programas de modelagem tridimensional em seu dia a dia. Entre as ferramentas de desenho industrial assistido por computador (CAID)* estão programas, como o Rhinoceros e o Alias, e ambientes de CAD paramétrico como o Solid Works. Os desenhistas industriais também usam aplicativos de desenho para tablets, como o Wacom Cintiq, e programas de renderização com qualidade fotográfica.

O desenho industrial contribui para aumentar a facilidade de uso, reduzir os custos

* Do inglês, *computer-aided industrial design.* (N.T.)

e melhorar a aparência dos produtos, tornando-os assim mais valiosos. Mais do que qualquer outro profissional envolvido no processo de desenvolvimento de um produto, o desenhista industrial é responsável pela forma, estilo e aparência do produto.

Os desenhistas industriais costumam trabalhar em colaboração com outros membros do grupo de desenvolvimento de um produto, que também conta com representantes das áreas de engenharia, produção, gerência e comercialização. O papel dos desenhistas industriais dentro do grupo é contribuir para a geração de conceitos inovadores e, em uma fase posterior, usar suas habilidades de desenho e prototipagem para concretizar as sugestões do grupo – e, no processo, estimular novas ideias criativas.

PROJETO CONCEITUAL E INOVAÇÃO

Todos concordam que a melhor tática para desenvolver um produto consiste em pensar primeiro em termos amplos e considerar várias soluções no estágio de projeto conceitual. Como foi visto no Capítulo 1, ***projeto conceitual*** é um dos primeiros estágios do processo de desenvolvimento, no qual é examinado um leque muito grande de ideias. Alternativas de projeto são discutidas, combinadas e refinadas, muitas vezes em sessões de tempestade cerebral. Quando, finalmente, os participantes chegam a um consenso, está na hora de passar ao estágio seguinte, que é o de detalhamento.

O projeto conceitual normalmente tem a forma de um modelo tridimensional ou um desenho bidimensional. Em uma pesquisa de opinião recente,[4] 27% dos entrevistados se revelaram favoráveis a um modelo tridimensional, enquanto 21% preferiam usar um desenho bidimensional. Caso seja necessário, é possível construir um protótipo digital ou físico para simular o funcionamento, o movimento ou a aparência do produto.

O projeto conceitual é importante porque, como se trata de um dos primeiros estágios do desenvolvimento do produto, as decisões tomadas nessa fase têm uma influência muito grande sobre o projeto e a fabricação do produto; boa parte do custo total de desenvolvimento do produto está concentrada no projeto conceitual.

"Para ter sucesso nos negócios, é preciso inovar em matéria de produtos, e isso depende de um bom projeto conceitual." Esta afirmação aparece na pesquisa de opinião já mencionada, *Trends in Concept Design*, executada pela Parametric Technology Corporation. Na pesquisa, 83% dos entrevistados concordaram com a afirmação e 45% concordaram fortemente. Assim, podemos ver que um dos segredos para criar produtos inovadores é dispor de um bom projeto conceitual.

FERRAMENTAS DE PROJETO CONCEITUAL

Nesta seção, vamos discutir ferramentas recentes de desenho digital, modelagem digital e manipulação de formas livres que podem contribuir para a elaboração de um projeto conceitual.

Desenho Digital

Desenho digital é uma tecnologia relativamente nova que é utilizada no desenho industrial e outras atividades de criação. Os desenhos digitais são executados em uma prancheta digital com uma caneta digital. Entre as pranchetas digitais que podem ser usadas para desenhar estão o tablet Wacom Cintiq, mostrado na Figura 11-2, modelos de tablet mais baratos e até mesmo o iPad.

Figura 11-2 Prancheta digital Wacom Cintiq 21UX. (Cortesia de Wacom Technologies.)

[4] *Trends in Concept Design*, Parametric Technology Corporation, July 2011.

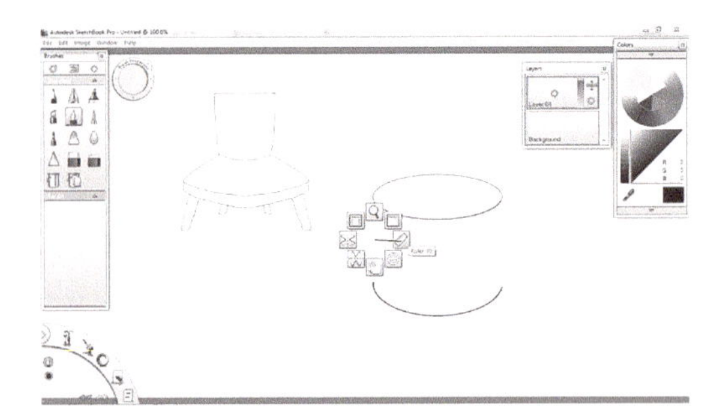

Figura 11-3 Interface do programa SketchBook Pro. (Cortesia de Aram Cho, Baozhen Li e Colon Lake.)

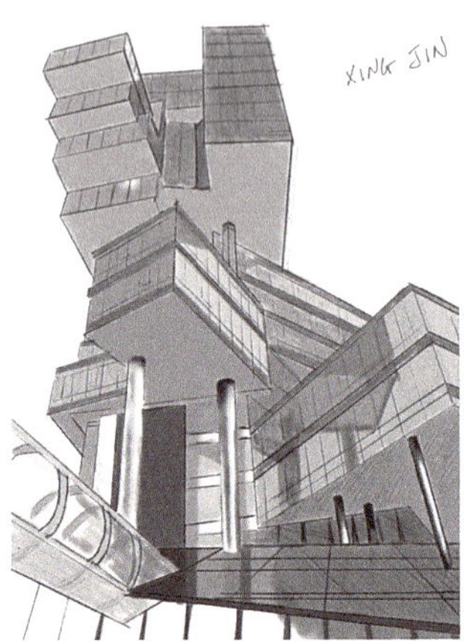

Figura 11-4 Desenhos arquitetônicos digitais. (Cortesia de Matthew Murphy, Jim Xing e Michael Wang.)

Também é necessário um programa de desenho como o Autodesk SketchBook Pro e o Corel Painter Sketch Pad. A Figura 11-3 mostra a interface do SketchBook Pro. Os programas de desenho incluem ferramentas, como pincéis e tintas, além de formas geométricas como retas, circunferências e elipses. Além disso, os programas permitem o uso de camadas para organizar os desenhos. Uma ***camada*** pode ser vista como uma folha de papel transparente na qual se pode desenhar. Diferentes elementos do desenho, como contornos, sombras e textos, podem ser colocados em camadas separadas. Como as camadas podem ser introduzidas e removidas livremente, um desenho digital pode ser mostrado com qualquer combinação de camadas. Existe também uma ferramenta para controlar a transparência de cada camada.

Os desenhos digitais são salvos em um formato de imagem, como, por exemplo, TIFF, BMP ou JPEG. Qualquer arquivo salvo em um formato de imagem (a fotografia de um objeto ou a tela de um programa de CAD, por exemplo) pode ser aberto no programa de desenho como uma camada adicional e usado como guia para fazer um desenho. A Figura 11-4 mostra alguns desenhos arquitetônicos preparados usando essa técnica. A Figura 11-5 mostra um desenho digital para demonstrar o funcionamento de uma catapulta, preparado a partir de um modelo gerado por um programa de CAD. Finalmente, a Figura 11-6 mostra um desenho conceitual executado por um estudante de desenho industrial mostrando um carregador de baterias acionado por manivela.

Um fluxo de trabalho muito usado no projeto de produtos consiste em usar um desenho digital bidimensional como ponto de partida para criar um modelo tridimensional do produto. A Figura 11-7*b* mostra uma imagem tridimensional renderizada de uma furadeira elétrica, enquanto o desenho bidimensional usado para criar essa imagem aparece na Figura 11-7*a*.

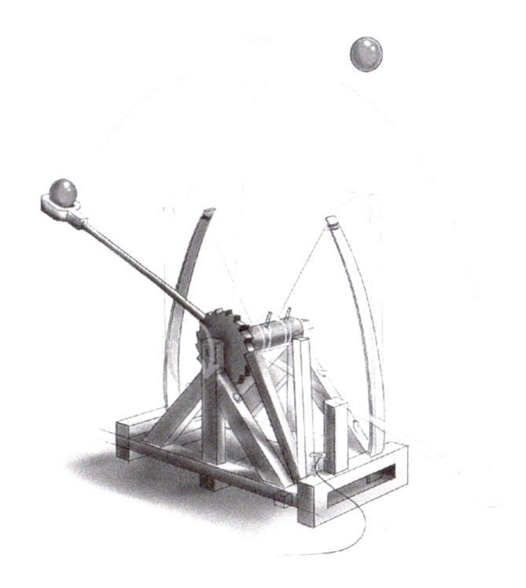

Figura 11-5 Desenho digital de uma catapulta. (Cortesia de Adam Fabianski.)

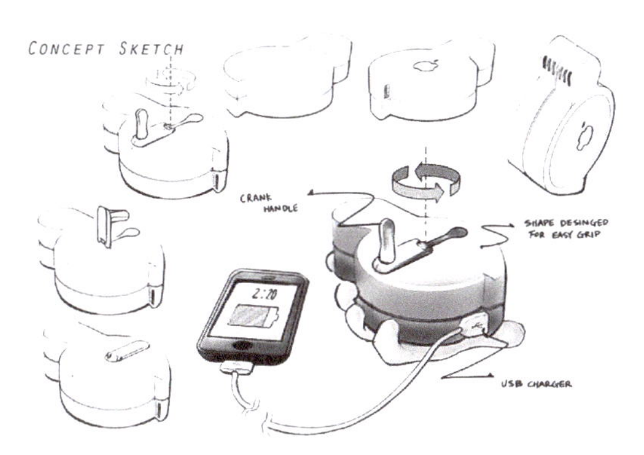

Figura 11-6 Desenho digital de um carregador de baterias acionado por manivela. (Cortesia de Aram Cho, Baozhen Li e Colin Lake.)

(*a*)

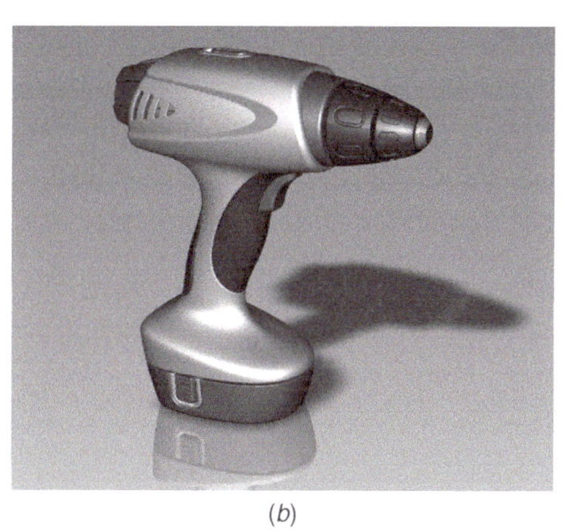

(*b*)

Figura 11-7 (*a*) Desenho digital e (*b*) desenho tridimensional de uma furadeira. (Cortesia de Autodesk, Inc.)

Modelagem Direta

A modelagem paramétrica baseada em histórico passou a dominar o mercado do CAD mecânico (MCAD) a partir da década de 1980. Uma das razões para o sucesso dessa tecnologia foi o fato de que a árvore histórica ajuda a organizar o processo de construção dos modelos. A modelagem paramétrica é especialmente útil quando se trata de modelos complexos, grandes montagens e famílias de produtos. É caracterizada por uma árvore de detalhes e relações de pai e filho entre os detalhes, com os detalhes mais recentes dependendo de detalhes introduzidos anteriormente. Esse tipo de modelagem se comporta como as instruções de um programa de computador, que devem ser executadas na ordem correta para produzir o resultado que se deseja. Mudanças nas instruções iniciais podem fazer com que o processo deixe de funcionar adequadamente.

A ***modelagem direta***, também conhecida como modelagem explícita, é uma técnica alternativa que vem sendo praticada pelo menos há tanto tempo quanto a modelagem baseada em histórico. Nos últimos anos, a modelagem direta experimentou um aumento de popularidade, graças a avanços da tecnologia de modelagem e do desempenho dos computadores. Ao contrário dos modelos paramétricos, os modelos diretos não são baseados em instruções, mas oferecem uma interação direta com a geometria. Os programas de modelagem direta são ferramentas altamente interativas, que permitem que o usuário construa um modelo sem se preocupar com a história.

Devido à complexidade da árvore de detalhes, a construção de um modelo baseado em histórico exige um planejamento cuidadoso para assegurar que o resultado que se deseja seja alcançado, mesmo que as instruções originais sofram algumas mudanças. Sem essa precaução, outros usuários podem ter dificuldade para introduzir modificações em um modelo baseado em histórico. A inflexibilidade da estrutura baseada em históricos também impõe certas limitações à modelagem paramétrica, que também não interage facilmente com o CAM, o CAE e outros sistemas de CAD.

A modelagem direta, por outro lado, é relativamente fácil de aprender e de aplicar. Modelos explícitos, independentes da história, são mais adequados para engenheiros e desenhistas que não são especialistas em CAD. Para esses usuários, a versatilidade das ferramentas paramétricas pode ser desnecessária. A modelagem direta atende satisfatoriamente às necessidades de um projeto conceitual e à preparação de modelos em CAD para análise. Graças à capacidade de interagir com vários sistemas de CAD, os modelos diretos representam uma solução para os problemas de portabilidade da indústria.

Entre os programas de modelagem direta mais usados estão o SpaceClaim e o KeyCreator. O CoCreate, outro programa de modelagem explícita, foi comprado pela Parametric Technology Corporation em 2007. Na verdade, a maioria das empresas que trabalham com programas de gerenciamento do ciclo de vida dos produtos oferece algum tipo de programa de modelagem direta, incluindo alguns programas híbridos, como o Synchronous Technology da Siemens, um programa de modelagem baseado em detalhes, mas independente da história, que faz parte tanto do NX como do SolidEdge. Outro programa híbrido, o Fusion da Autodesk, combina fluxos de trabalho direto e paramétrico em um único modelo digital. A SolidWorks não oferece um produto separado, mas acrescenta regularmente novas ferramentas diretas ao seu programa paramétrico.

Demonstração de Modelagem Direta

A Figura 11-8 mostra um exemplo do fluxo de trabalho de uma modelagem direta. Começando com um paralelepípedo, o 1º passo mostra a ferramenta Push/Pull sendo usada para fazer um filete. No 2º passo, a ferramenta Move/Rotate é usada para deslocar uma face. No 3º e 4º passos, a mesma ferramenta Move/Rotate é usada para chanfrar a mesma face, primeiro em relação a um eixo e depois em relação a outro eixo. Finalmente, no 5º passo, a ferramenta Push/Pull é usada para fazer outro filete.

Modelagem de Formas Livres

No passado, o termo modelagem de formas livres se referia apenas ao uso de programas sofisticados de modelagem de superfícies para criar superfícies complexas através de um processo de "escultura". Recentemente, porém, alguns programas de CAD passaram a dispor de ferramentas para converter as faces de um sólido paramétrico em superfícies descritas por NURBS. Essas superfícies podem ser deformadas através do deslocamento de pontos de controle e usadas para criar um novo sólido.

Entre os programas que permitem esse novo tipo de modelagem de formas livres estão o NX, da Siemens, e o Inventor Fusion, da Autodesk. Usando o NX, é possível esculpir formas livres diretamente a partir de um sólido geométrico. As ferramentas avançadas de modelagem disponíveis no NX permitem introduzir as curvas isoparamétricas que definem as superfícies e modificá-las usando um método de deformação de pontos de controle semelhante ao de programas de modelagem como o Alias e o Rhinoceros. A continuidade entre superfícies pode ser controlada, e existem ferramentas de diagnóstico para avaliar a suavidade das transições.

No Inventor Fusion, as arestas de um sólido são convertidas em splines. A forma de cada spline pode ser manipulada através dos

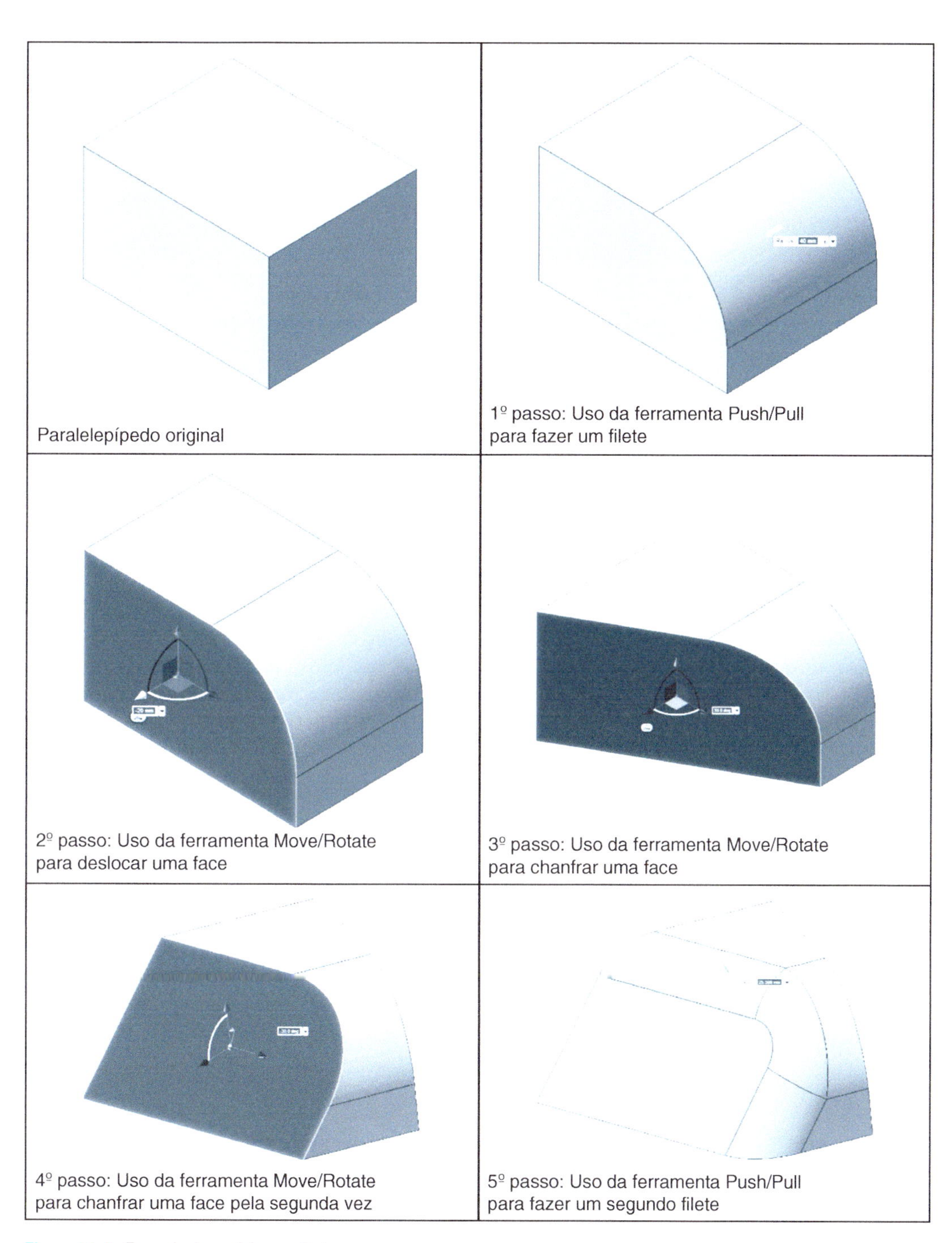

Figura 11-8 Exemplo de modelagem direta.

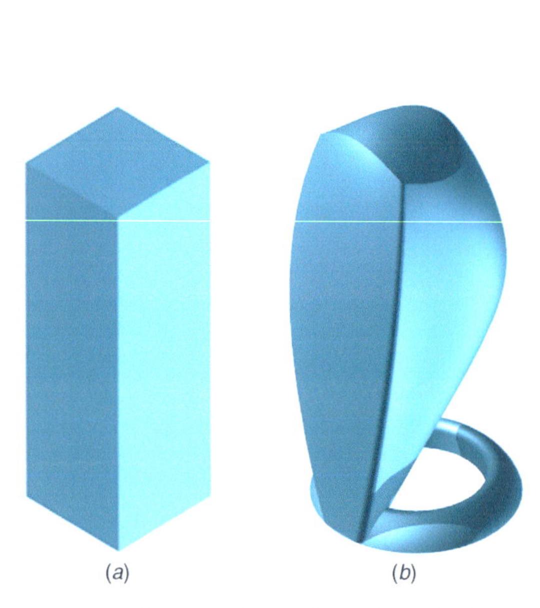

Figura 11-9 Modelagem de um alto-falante a partir de um paralelepípedo.

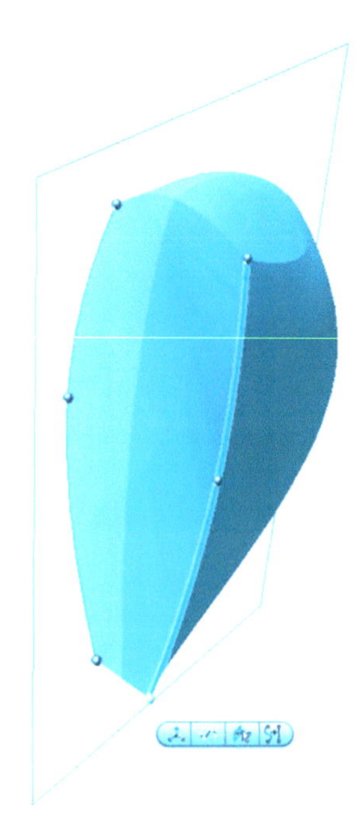

Figura 11-10 Uso do Fusion para esculpir um paralelepípedo.

pontos de controle. A Figura 11.9*a* mostra um sólido criado pelo Inventor, e a Figura 11-10 mostra o mesmo sólido no processo de ser modificado pelo Fusion.[5] O Fusion permite especificar planos de simetria para que as modificações executadas em um lado do plano sejam reproduzidas automaticamente no outro lado, como na Figura 11-10. O resultado é a forma esculpida de um alto-falante que aparece na Figura 11-9*b*.

QUESTÕES

1. Cite três técnicas importantes para fomentar a inovação.

VERDADEIRO OU FALSO

2. Um desenho digital bidimensional pode ser usado como ponto de partida para criar um modelo tridimensional de um produto.
3. As camadas são usadas para organizar desenhos.
4. Os modelos diretos são mais difíceis de criar que os modelos paramétricos.
5. O termo modelagem de formas livres pode ser usado para descrever o uso de programas de modelagem de superfícies para criar superfícies complexas.

MÚLTIPLA ESCOLHA

6. Qual das opções abaixo não é uma atividade usual dos desenhistas industriais?
   a. Levantamento das necessidades do usuário
   b. Busca de novas oportunidades
   c. Geração de ideias
   d. Simulação
   e. Prototipagem
   f. Visualização
   g. Estilização
   h. Integração das contribuições dos outros membros do grupo
7. Qual das opções abaixo é um recurso usado pelos desenhistas industriais?
   a. Ambientes de CAD paramétrico
   b. Aplicativos de desenho para tablets
   c. Programas de renderização
   d. Todas as opções anteriores

---

[5] O Inventor e o Fusion fazem parte do mesmo pacote. Quando a ferramenta Edit Form do Inventor é selecionada, o controle é transferido para o Fusion, onde o sólido pode ser modificado antes de ser devolvido para o Inventor.

CAPÍTULO

12 DESMONTE DE PRODUTOS

INTRODUÇÃO

O Capítulo 1 começou com a observação de que a execução de projetos é a atividade principal da profissão de engenheiro. Em seguida, o capítulo tratou dos projetos de engenharia: o que são, como são executados, etc. Um projeto de engenharia é o processo de encontrar uma solução para um problema *prático*. A execução de um bom projeto de engenharia exige o uso de habilidades verbais (argumentação), gráficas (desenho à mão livre, programas de CAD), sociais (comunicação, colaboração) e analíticas (matemática, física, ciência dos materiais) para encontrar soluções criativas para um problema que, em geral, está definido de forma imprecisa.

A arte de criar projetos de engenharia é difícil de ensinar. Não existe uma *receita de bolo* para executar projetos. Felizmente, como dizem os projetistas experientes, "todo projeto é um reprojeto". Isso oferece outro meio de aprender a arte que não o de simplesmente "arregaçar as mangas e pôr mãos à obra". Muitos engenheiros novatos ficam surpresos (e talvez desapontados) ao descobrir que os projetos realmente originais são muito raros. Poucos projetos começam com uma folha de papel em branco; a maioria começa com um projeto ou produto já existente, que serve de base para o novo projeto. Nos últimos anos, com a globalização, essa realidade se tornou ainda mais evidente. Para permanecerem competitivas, as empresas modernas precisam lançar novos produtos (câmeras digitais, computadores, telefones celulares) com uma frequência assustadora.

Neste capítulo, vamos tratar do desmonte de produtos. As técnicas de desmonte de produtos e de engenharia reversa (veja o Capítulo 9) se baseiam na ideia de que, depois de desmontar e estudar aparelhos mecânicos e elétricos, podemos compreender melhor, não só o produto em si, mas o projeto responsável pela existência do produto. Afinal, um dos maiores obstáculos ao aprendizado da arte de projetar é sermos forçados a começar com uma folha de papel em branco. Começando com um produto já existente, que pode ser desmontado, analisado, desenhado, modelado e, finalmente, aperfeiçoado, podemos acrescentar uma experiência prática ao aprendizado teórico.

Desmonte do produto é o uso de um produto acabado para ensinar conceitos de engenharia e princípios de elaboração de projetos. Nesse processo, a relação entre a forma e a função de um produto é discutida a fundo. Também conhecido como dissecção mecânica, o desmonte do produto permite observar de que forma outros engenheiros resolveram com sucesso um problema específico de projeto.

Em um exercício de desmonte típico, grupos de estudantes desmontam, estudam e tornam a montar produtos comerciais, como bicicletas, ferramentas elétricas e cafeteiras. Entre as vantagens mais citadas desta abordagem estão as seguintes: (1) desenvolver a habilidade manual; (2) adquirir um conhecimento básico dos processos de fabricação, escolha de materiais e hierarquia de composição de um produto; (3) familiarizar-se com o processo de projeto; (4) apreciar o modo como a ergonomia influencia o projeto de um produto; (5) conhecer o modo como as necessidades do consumidor são traduzidas em funções desejadas que, por sua vez, são convertidas em produtos comerciais.

ADEQUABILIDADE DO PRODUTO

Os critérios que se seguem podem ser usados para avaliar se um produto ou mecanismo é adequado para ser desmontado.

- Produtos com 10 a 15 peças são os mais adequados, mas uma faixa de 5 a 30 peças é aceitável.
- Procure escolher produtos com peças móveis, já que isso possibilita o uso das rotinas de animação e análise de movimentos do CAD.
- Os produtos devem ser fáceis de montar e desmontar à mão ou com o uso de ferramentas simples. Evite produtos com peças soldadas ou coladas.
- O produto deve ser barato, para que o prejuízo não seja grande se o produto for inutilizado durante o desmonte.
- O produto deve estar em boas condições de funcionamento, para que seja possível relacionar os mecanismos internos ao desempenho global.
- Procure escolher produtos que não sejam muito grandes ou muito pesados, mas que também não sejam muito pequenos.
- O produto não deve exigir instruções complicadas para a montagem.
- Deve haver *interesse* em desmontar o produto.
- É preferível que o funcionamento interno do produto não seja óbvio.
- O produto deve dar margem a melhoramentos.

A Figura 12-1 mostra alguns produtos comerciais que satisfazem esses requisitos.

O PROCESSO DE DESMONTE DO PRODUTO

Além de proporcionar conhecimento dos mecanismos e dos métodos usados para projetar produtos, o desmonte também oferece muitas oportunidades de desenvolver habilidades de desenho e visualização. As atividades de desmonte podem ser expandidas para incluir desenho à mão livre, desenho com instrumentos e modelagem em CAD. Supondo que um modelo paramétrico de montagem do produto tenha sido criado, o protótipo virtual pode ser documentado (através de desenhos definitivos, desenhos em perspectiva e protótipos físicos) e analisado (através de estimativas de peso e de tolerâncias, análise de movimento e análise de tensões). No esforço para melhorar continuamente os produtos, as empresas utilizam as práticas de engenharia reversa de forma rotineira. Em um ambiente acadêmico, o objetivo de aperfeiçoar o produto também pode ser incorporado à experiência de desmonte. Finalmente, como em outros tipos de projeto, é importante que o grupo de desmonte prepare um relatório dos resultados obtidos. Os principais itens de um projeto de desmonte são os seguintes:

- Análise preliminar
- Desmonte
- Documentação do produto
- Análise do produto
- Aperfeiçoamento do produto
- Remontagem do produto
- Divulgação dos resultados

Na discussão que se segue, um alicate de pressão fabricado pela Craftsman Tools (veja a Figura 12-2) será usado para ilustrar o pro-

Figura 12-1 Produtos comerciais que podem ser usados em projetos de desmonte: cubo da roda dianteira de bicicleta, utensílio de cozinha, brinquedo.

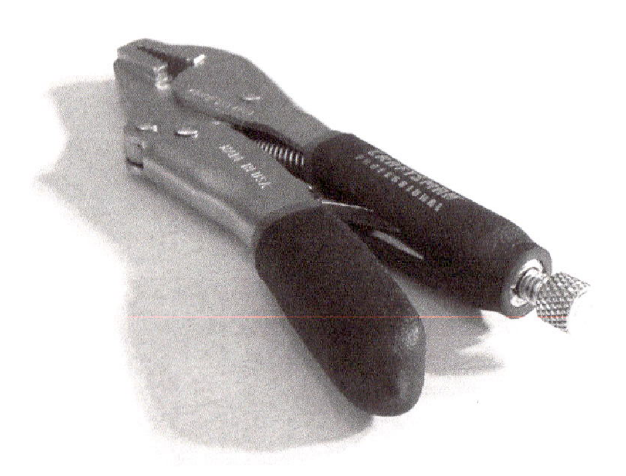

Figura 12-2 Alicate de pressão. (Cortesia de Craftsman Tools, Inc.)

cesso de desmonte. Os alicates de pressão são usados por profissionais e amadores para apertar, desapertar, torcer e entortar.

ANÁLISE PRELIMINAR

Antes de iniciar o desmonte, vale a pena analisar o funcionamento do produto e o segmento do mercado a que atende. Com relação ao funcionamento, o produto deve ser observado em operação. O que o produto faz? Faça algumas previsões com relação ao modo como o produto opera. Quantas peças o produto contém? Que tipo de mecanismo é responsável pelo funcionamento? Quais foram os princípios científicos usados para projetar o produto?

Alicates de pressão, como a versão de 7 polegadas e bico reto da Crafstman Professional, são muito usados em trabalhos de soldagem, conformação mecânica e outros serviços profissionais. Também são encontrados em caixa de ferramentas para amadores. Esta ferramenta manual polivalente se comporta como uma chave-inglesa, mas também pode ser usada como grampo ou torno para prender uma peça que está sendo trabalhada. O funcionamento do alicate de pressão se baseia no chamado ***mecanismo de quatro barras***, embora o princípio da ***alavanca*** também seja usado. A ferramenta contém cerca de dez peças.

É interessante criar um diagrama funcional para representar o desempenho esperado do produto. As entradas e saídas podem ser classificadas em termos de materiais, energia ou sinais (informações). A Figura 12-3 mostra o diagrama funcional do alicate de pressão.

Para definir o segmento do mercado atendido pelo produto, é preciso fazer uma lista das qualidades desejadas pelos usuários. Qual é o público-alvo? Quais são os principais concorrentes? Convém examinar algumas características dos produtos concorrentes. Quais são as vantagens e desvantagens do produto que será dissecado em relação a produtos similares?

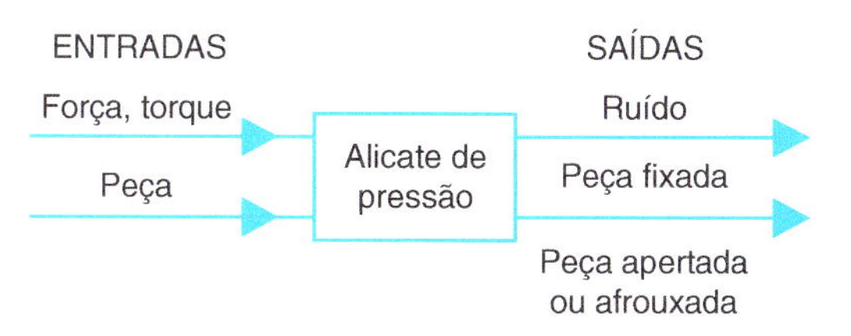

Figura 12-3 Diagrama funcional do alicate de pressão.

Uma lista das qualidades desejadas pelos usuários de alicates de pressão inclui itens como:

- Robusto, durável
- Confiável
- Fácil de ajustar
- Fácil de usar
- Pode ser travado em qualquer posição
- Fácil de destravar
- Fácil de manipular
- Preço acessível

Embora os principais usuários de alicates de pressão sejam soldadores e outros profissionais da área metalúrgica, o projeto básico pode ser modificado para atender a outros segmentos do mercado, o que vem sendo feito com sucesso. O alicate de pressão da Craftsman parece ter um concorrente principal e vários concorrentes menores, que, em geral, fabricam modelos mais simples e mais baratos. A maioria dos outros fabricantes usa um gatilho para destravar o alicate, mas a Craftsman dispõe de um mecanismo patenteado que permite destravar a ferramenta sem necessidade de um gatilho. A ferramenta da Craftsman também conta com um cabo acolchoado, antiderrapante, que oferece maior conforto e confiabilidade.

DESMONTE

O principal objetivo do desmonte é compreender como o produto funciona. Um objetivo secundário é identificar possíveis melhoramentos.

Como foi dito anteriormente, o produto escolhido para desmonte deve ser fácil de montar e desmontar à mão ou com o uso de ferramentas simples, como chave de fenda, chave-inglesa e alicate. Em casos mais complicados, talvez seja necessário usar uma furadeira elétrica, um alicate de corte, um martelo ou uma serra manual. O alicate de pressão Craftsman foi difícil de desmontar, por ser uma peça extremamente robusta. Rebites de aço, usados para unir vários componentes, tiveram que ser removidos.

O trabalho de desmonte deve ser realizado em um local bem iluminado. Uma bancada equipada com um torno é uma boa opção. Uma câmara fotográfica pode ser usada para documentar o processo de desmonte, especialmente para mostrar a ordem e orientação das peças (ou seja, uma vista explodida do conjunto). As Figuras 12-4 a 12-12 mostram fotografias do processo de desmonte do alicate de corte.

É aconselhável fazer um registro por escrito do processo de desmonte, que pode ser usado mais tarde para criar uma vista explodida e uma animação dos processos de montagem e desmonte. Sempre que possível, evite danificar as peças. Caso isso seja inevitável e o produto não seja muito caro, compre uma segunda unidade para poder dispor de um exemplar que esteja funcionando.

Passos para o desmonte de um alicate de pressão Craftsman

Os passos a seguir mostram a sequência de desmonte do alicate de pressão da Figura 12-2.

1. Remova o parafuso de ajuste do cabo fixo. Observe que, quando o parafuso é removido, as garras do alicate se afastam (Figura 12-4).

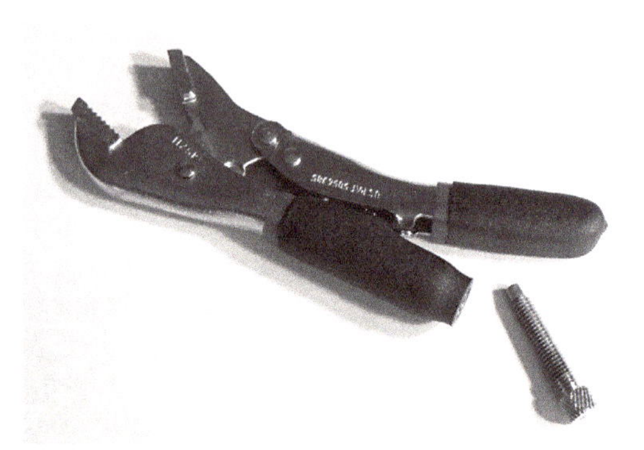

Figura 12-4 Parafuso de ajuste removido.

2. Desacople a barra de travamento e destravamento da ranhura do cabo fixo empurrando para baixo a protuberância da barra (o que aproxima as garras) e fazendo girar a extremidade da peça para fora do encaixe (Figura 12-5).

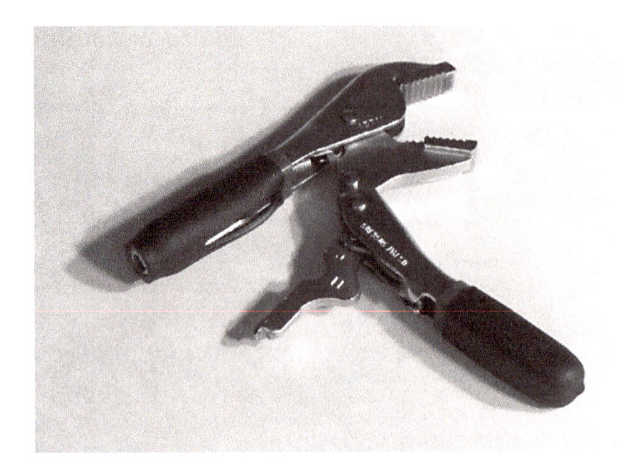

Figura 12-5 Barra de travamento e destravamento desacoplada do cabo fixo.

3. Usando uma chave de fenda pequena ou outra ferramenta, remova a mola que liga o cabo fixo à garra. Note que a mola serve para se opor à aproximação das garras.
4. Usando uma chave de fenda ou outra ferramenta, remova as capas dos dois cabos. A Figura 12-6 mostra as capas e a mola.

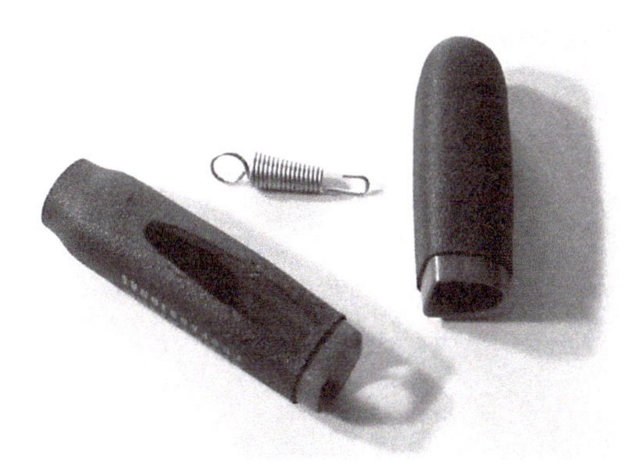

Figura 12-6 Capas dos cabos e mola.

5. Depois de prender o cabo fixo em um torno, use uma furadeira elétrica, uma ferramenta de remoção de rebites (veja a Figura 12-7) e pontas comuns de broca para remover a cabeça do rebite que prende o cabo fixo à garra móvel (Figura 12-8). Depois de removida a cabeça do rebite, use um punção e um martelo para remover totalmente o rebite. A Figura 12-9 mostra os componentes da submontagem do cabo fixo.

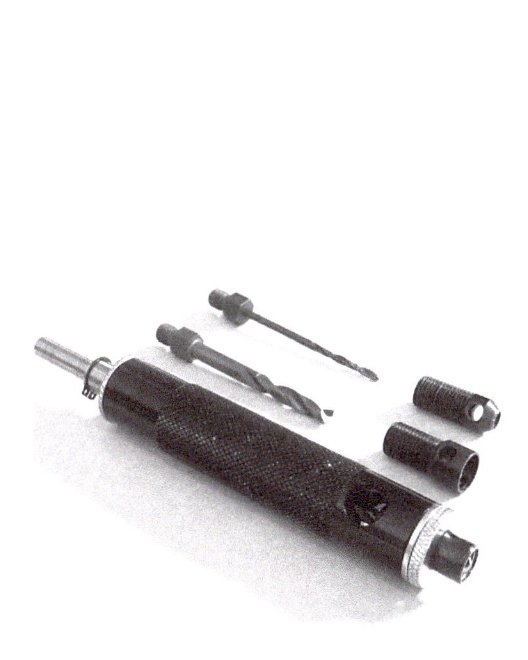

Figura 12-7 Ferramentas para remoção de rebites.

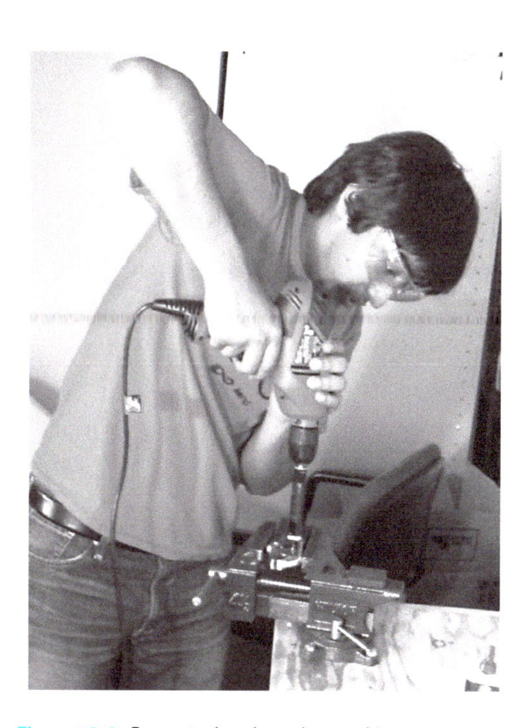

Figura 12-8 Remoção da cabeça de um rebite.

Continua

(Continuação)

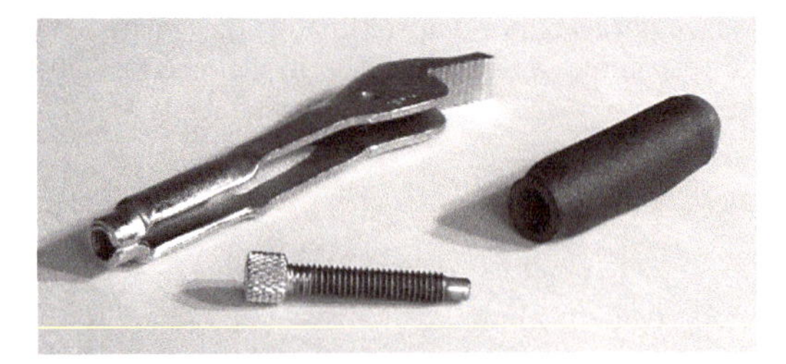

Figura 12-9 Componentes da submontagem do cabo fixo.

6. Use o mesmo processo do passo 5 para remover o rebite que prende a garra móvel ao cabo móvel.
7. Use o mesmo processo do passo 5 para remover o rebite que prende o cabo móvel à barra de travamento e destravamento. A Figura 12-10 mostra os componentes da submontagem do cabo móvel.

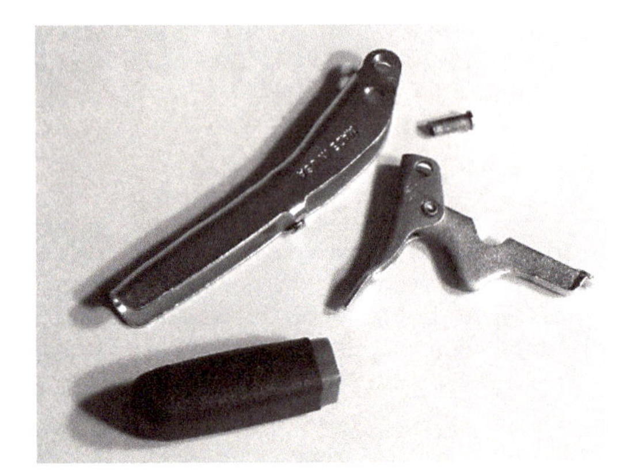

Figura 12-10 Componentes da submontagem do cabo móvel.

8. A Figura 12-11 mostra a submontagem de travamento e destravamento. Para completar o desmonte, seria necessário remover o rebite de cabeça chata que prende as duas peças da submontagem, usando o mesmo processo do passo 5. Na prática, foi muito difícil remover esse rebite. Entretanto, as duas peças puderam ser medidas sem que houvesse necessidade de separá-las (a Figura 12-16 mostra uma vista de perfil da submontagem). As peças do alicate de pressão são mostradas, depois do desmonte, na Figura 12-12.

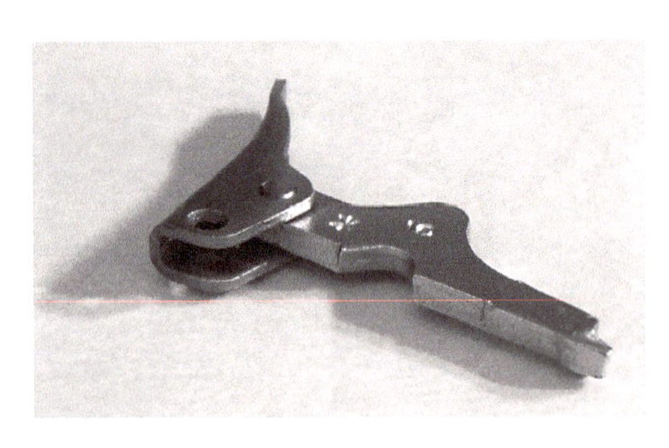

Figura 12-11 Submontagem de travamento e destravamento.

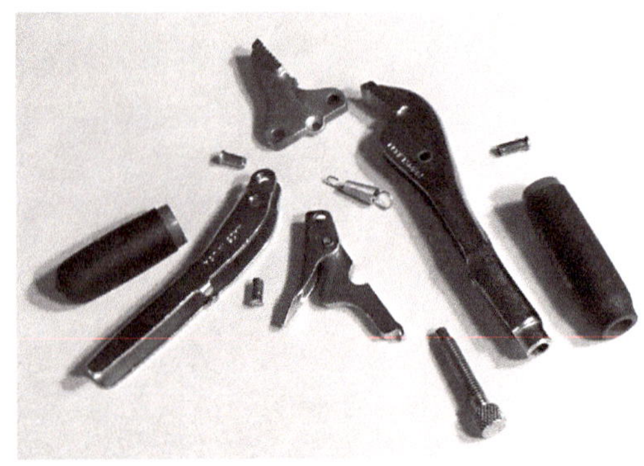

Figura 12-12 Peças do alicate de pressão desmontado.

DOCUMENTAÇÃO DO PRODUTO

Entre os elementos da documentação de um produto podem estar um diagrama de desmonte, esboços à mão livre das peças e do produto montado, e um modelo paramétrico. Se o produto foi modelado, a documentação pode ser aumentada para incluir desenhos definitivos, protótipos tridimensionais e imagens renderizadas.

Um diagrama de desmonte, como o que aparece na Figura 12-13, pode ser usado para descrever a relação entre as peças, as submontagens e a montagem final. Note que, para construir o diagrama, é preciso dar nomes às peças – outra atividade importante.

Os exercícios de desmonte consistem em uma oportunidade de usar as técnicas de desenho discutidas em capítulos anteriores. Dependendo do produto, vários tipos de desenhos podem ser apropriados, como vistas múltiplas, perspectivas (isométricas, oblíquas, cônicas), cortes (totais, compostos, parciais, rebatidos, removidos, meios-cortes) e vistas auxiliares. Desenhos à mão do produto montado (cortes parciais, por exemplo) podem também ser executados, mas as vistas explodidas são mais fáceis de criar nos programas de CAD. A Figura 12-14 mostra, por exemplo, vários cortes de uma peça de um filtro de água potável, preparados durante o desmonte do produto.

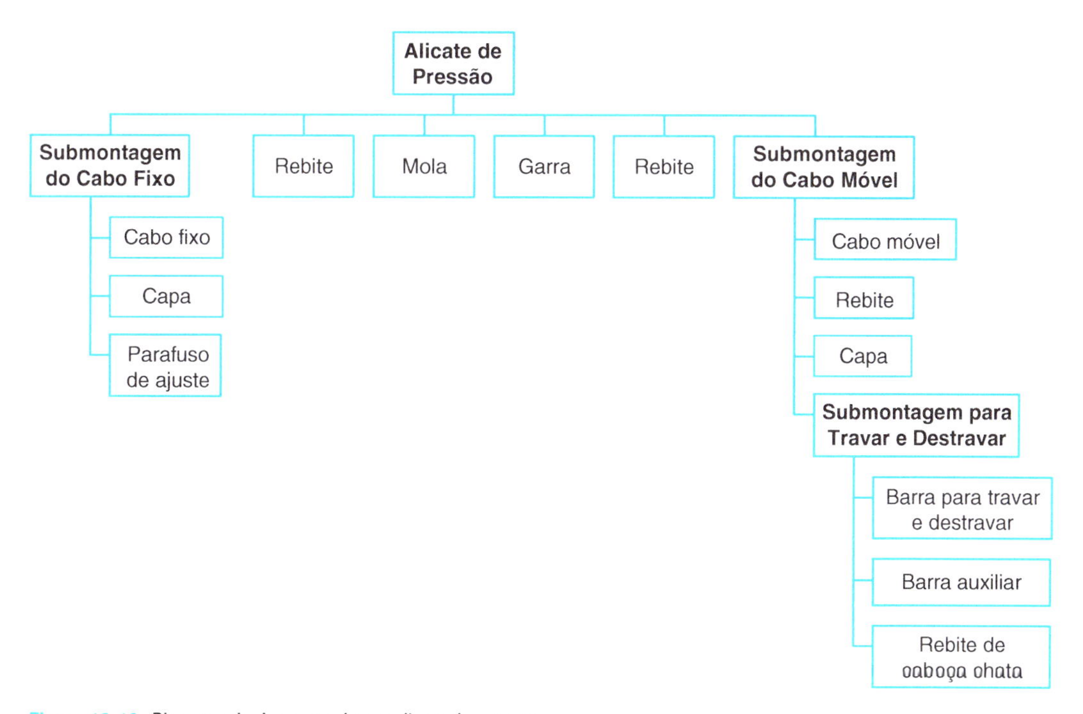

Figura 12-13 Diagrama de desmonte de um alicate de pressão.

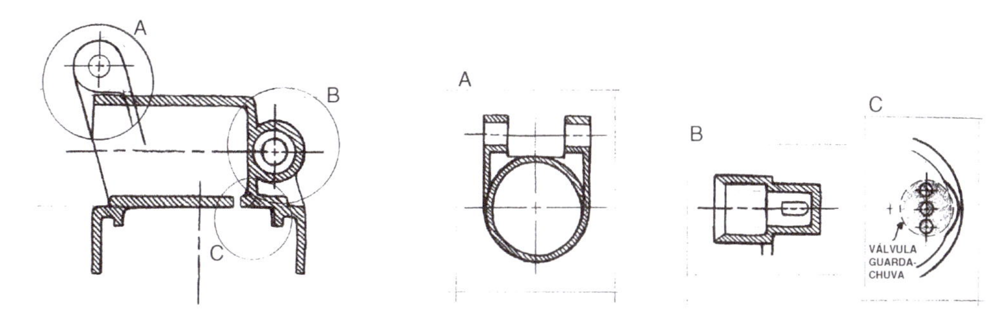

Figura 12-14 Cortes de uma peça de um filtro de água potável. (Cortesia de Andrew Block.)

Embora os instrumentos normalmente usados para desenhar as peças sejam apenas lápis e papel, paquímetros digitais (veja a Figura 12-15) são necessários se existe a intenção de incluir as dimensões para criar um modelo do produto em CAD. Nesse caso, existe também a oportunidade de pôr em prática os conceitos previamente discutidos de dimensionamento e até mesmo de tolerância.

A Figura 12-16 mostra os esboços de três peças de um alicate de pressão, usados no processo de dimensionamento. Note que um compasso e um par de esquadros foram usados na execução dos desenhos. Note também que os furos foram usados como origem em dois dos desenhos. Compare o esboço da garra com o desenho paramétrico da mesma peça, que aparece na Figura 12-17. O centro de um dos furos está situado na origem, e o centro do outro está no eixo *y*.

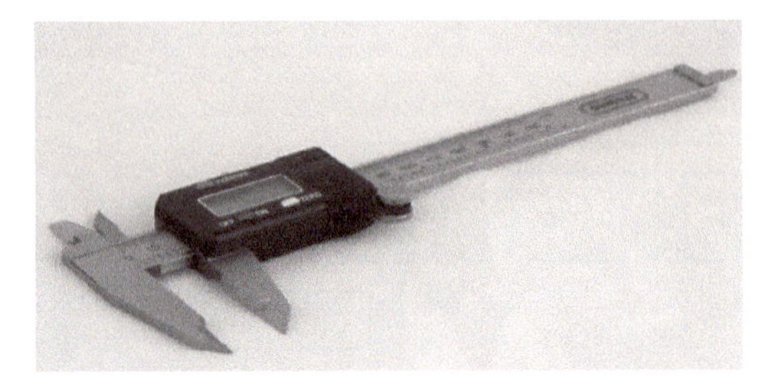

Figura 12-15 Paquímetro digital.

Depois que as peças são modeladas, submontagens e um modelo de montagem do produto final também podem ser criados, supondo que um programa de modelagem paramétrica de sólidos esteja sendo usado. No caso de peças com uma superfície irregular, pode-se usar um digitalizador mecânico (veja a Figura 9-2) ou um escaneador a laser (veja a Figura 9-6) para obter as coordenadas da superfície com precisão adequada. A Figura 12-18 mostra modelos em CAD de várias peças de um alicate de pressão.

Supondo que o produto que foi desmontado tenha sido totalmente modelado (peças, submontagens, montagem final do produto), desenhos definitivos também podem ser obtidos. Além de desenhos dimensionados e anotados de cada peça, como o da Figura 12-19, um desenho do conjunto, incluindo cortes (Figura 12-20), e uma vista explodida (Figura 12-21) podem ser criados. Observe que, no processo de criar uma vista explodida, a maioria dos programas de modelagem paramétri-

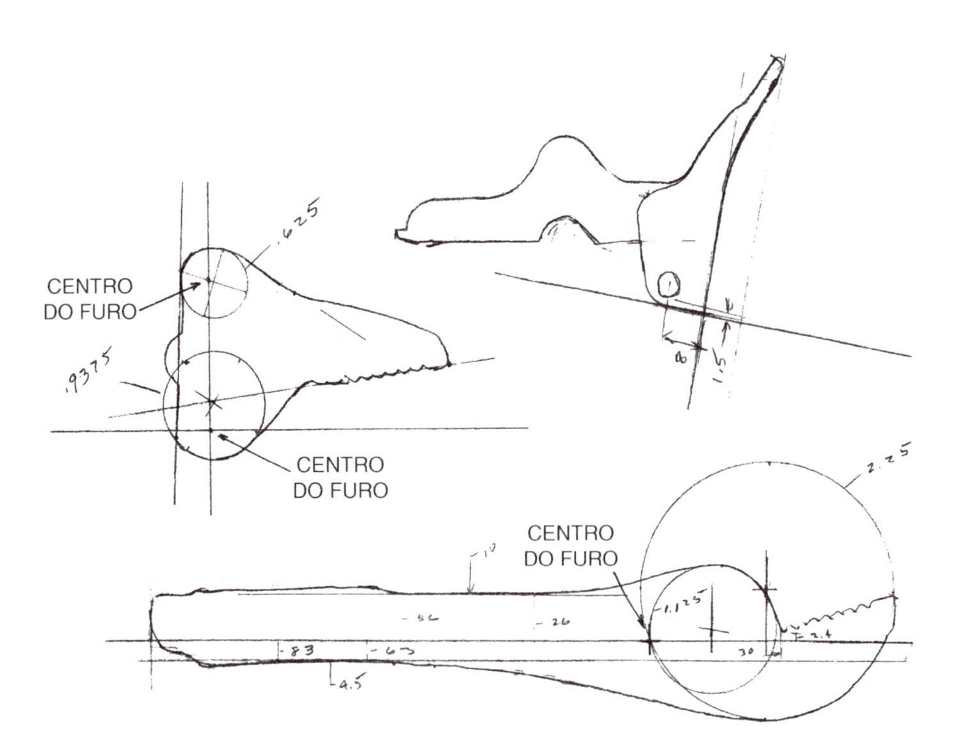

Figura 12-16 Esboços de três peças de um alicate de pressão.

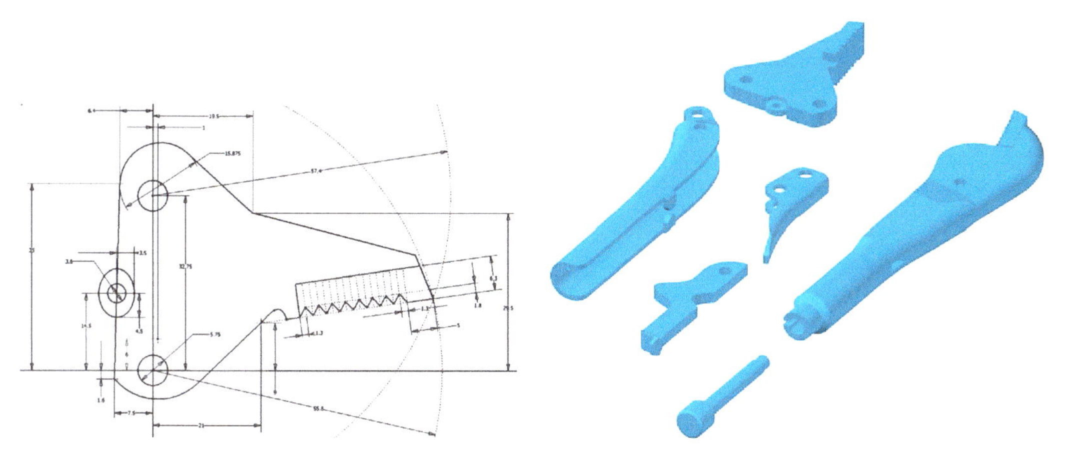

Figura 12-17 Desenho paramétrico da garra de um alicate de pressão.

Figura 12-18 Modelos em CAD de peças de um alicate de pressão.

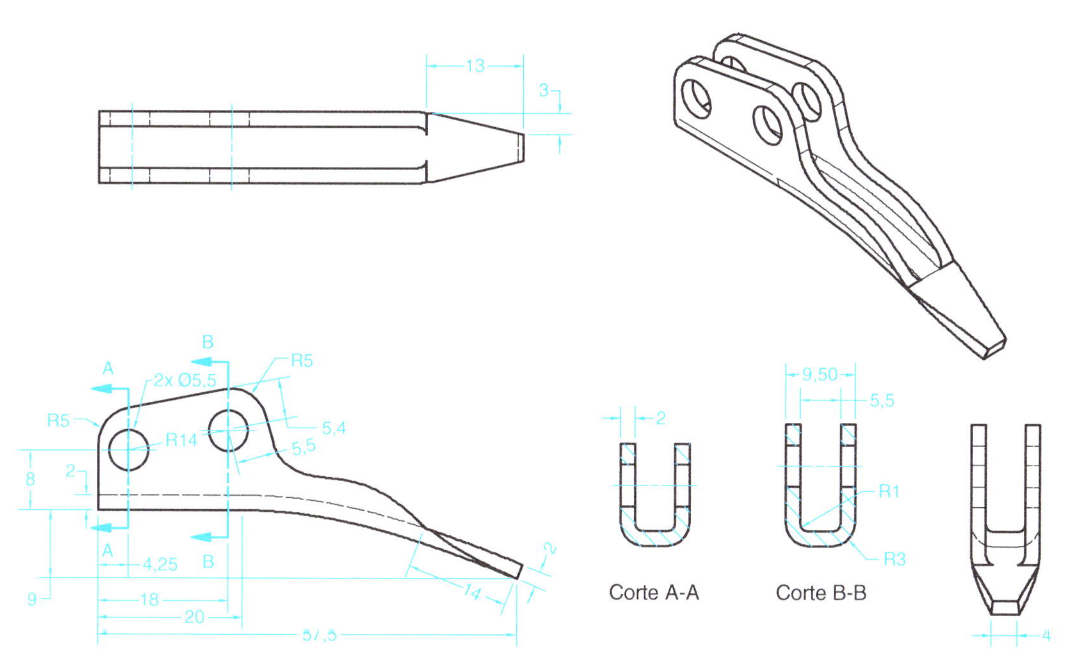

Figura 12-19 Desenho dimensionado da barra auxiliar do alicate de pressão.

ca produz também um arquivo de animação. Esse arquivo documenta a montagem do produto, com os passos do desmonte mostrados em ordem invertida. Uma lista de peças (BOM) também pode ser criada e associada à vista explodida ou a outras vistas (veja a Figura 12-22).

Se houver possibilidade de usar uma impressora tridimensional, a documentação pode incluir protótipos das peças, de uma submontagem ou mesmo do produto completo. A Figura 12-23 mostra uma impressão tridimensional do alicate de pressão, com as peças já montadas. Supondo que um módulo de renderização faça parte do programa de CAD ou possa ser usado separadamente, uma vista renderizada do produto, com realismo fotográfico, também pode ser criada. A Figura 9-24 mostra uma vista renderizada do alicate de pressão.

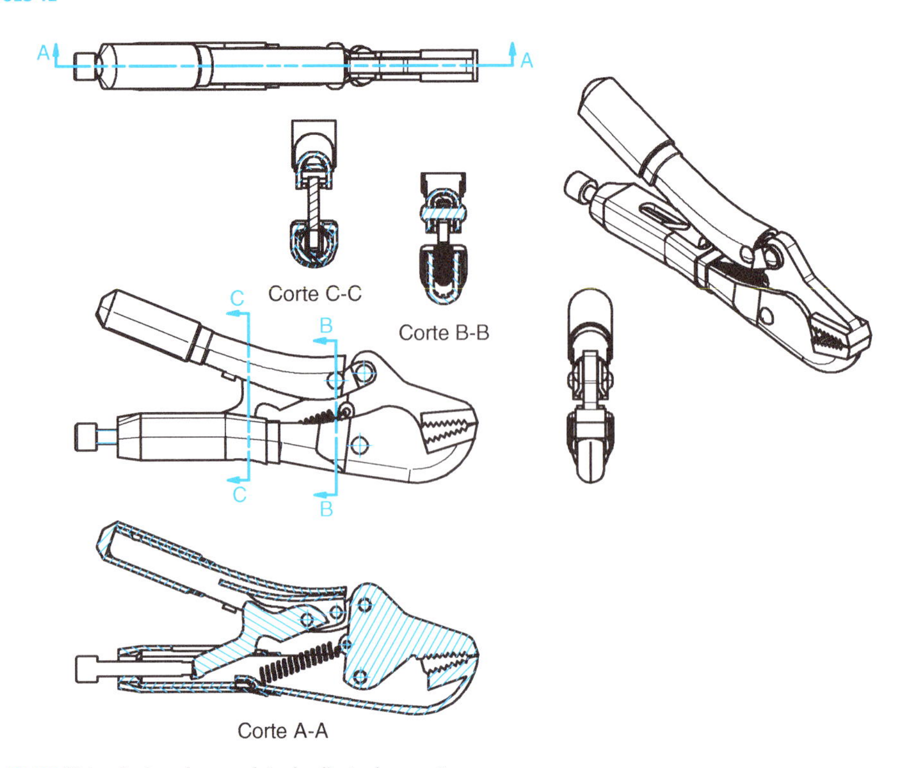

Figura 12-20 Vistas do desenho completo do alicate de pressão.

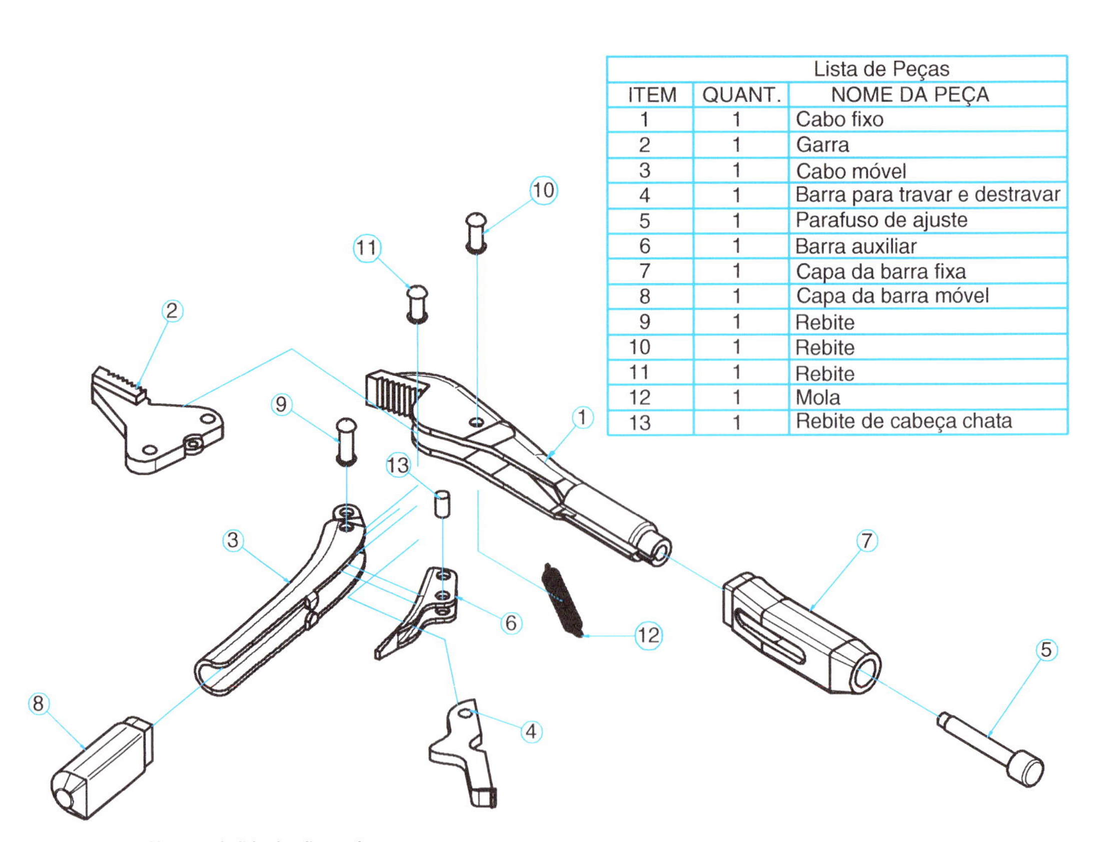

Lista de Peças

ITEM	QUANT.	NOME DA PEÇA
1	1	Cabo fixo
2	1	Garra
3	1	Cabo móvel
4	1	Barra para travar e destravar
5	1	Parafuso de ajuste
6	1	Barra auxiliar
7	1	Capa da barra fixa
8	1	Capa da barra móvel
9	1	Rebite
10	1	Rebite
11	1	Rebite
12	1	Mola
13	1	Rebite de cabeça chata

Figura 12-21 Vista explodida do alicate de pressão.

Lista de Peças		
ITEM	QUANT.	NOME DA PEÇA
1	1	Cabo fixo
2	1	Garra
3	1	Cabo móvel
4	1	Barra para travar e destravar
5	1	Parafuso de ajuste
6	1	Barra auxiliar
7	1	Capa da barra fixa
8	1	Capa da barra móvel
9	1	Rebite
10	1	Rebite
11	1	Rebite
12	1	Mola
13	1	Rebite de cabeça chata

Figura 12-22 Lista de peças do alicate de pressão.

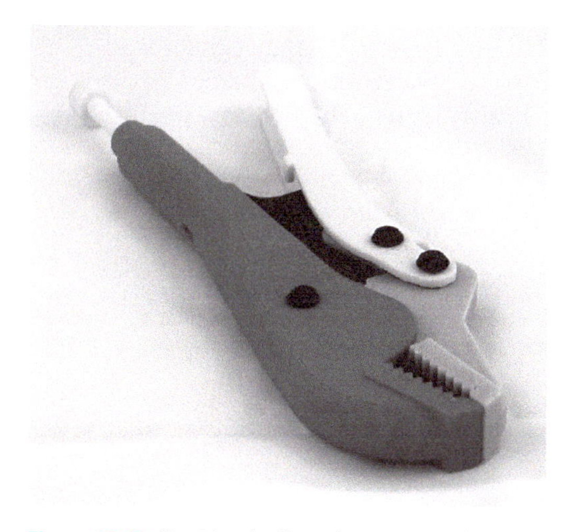

Figura 12-23 Protótipo do alicate de pressão produzido por uma impressora tridimensional.

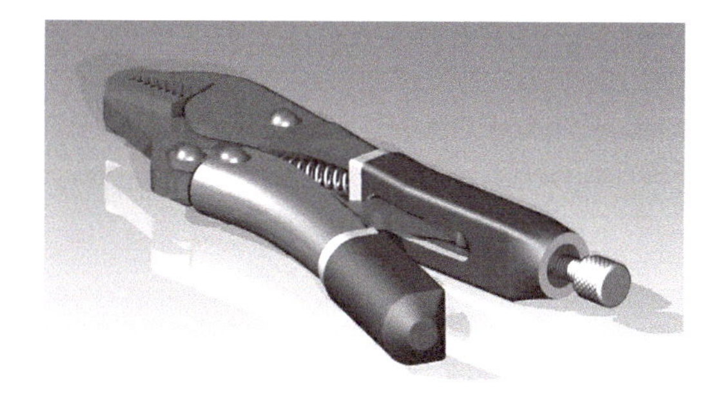

Figura 12-24 Vista renderizada do alicate de pressão.

ANÁLISE DO PRODUTO

Depois que o produto é documentado (através de diagramas de desmonte, esboços, modelos, impressões tridimensionais e vistas renderizadas), ele pode também ser analisado. Existem vários tipos possíveis de análise: decomposição funcional, estimativa de peso, estudo do processo de fabricação, análise cinemática, levantamento de esforços mecânicos, etc.

O objetivo da decomposição funcional é dividir hierarquicamente a função básica do produto em várias subfunções. A função básica pode ser descrita através de uma relação entre as entradas e saídas do produto. Como mostra a Figura 12-3, a função do produto pode ser representada graficamente através de um diagrama funcional. As entradas são representadas por setas do lado esquerdo do diagrama, que apontam para o produto, e as saídas por setas do lado direito, que apontam para fora do produto. Em termos linguísticos, as funções do produto assumem a forma de uma combinação de um verbo com um substantivo. Assim, por exemplo, a função de um alicate de pressão é *segurar uma peça* ou *apertar* (ou *afrouxar*) *uma peça*.

Para que o produto possa desempenhar satisfatoriamente sua função, várias funções secundárias, ou ***subfunções***, devem ser executadas. Como a função básica do produto, essas subfunções podem ser expressas como uma combinação de um verbo com um substantivo. Uma observação atenta do funcionamento do alicate de pressão, por exemplo, revela a existência das seguintes subfunções:

1. Ajustar as garras – o parafuso de ajuste é usado para regular a distância entre as garras para um valor ligeiramente menor que o da largura da peça a ser manipulada.
2. Abrir as garras – o alicate é aberto afastando o cabo móvel do cabo fixo.
3. Prender a peça – depois que a peça é colocada entre as garras, o alicate é fechado, aproximando o cabo móvel do cabo fixo, o que trava o alicate e mantém a peça presa.
4. Apertar ou afrouxar a peça – de acordo com as necessidades, a peça pode ser apertada, afrouxada, torcida ou girada.
5. Abrir as garras – para soltar a peça, o cabo móvel é novamente afastado do cabo fixo, o que destrava o alicate.

Na estrutura funcional do alicate de pressão mostrada na Figura 12-25, essas ***subfunções do caminho crítico*** aparecem em sequência no meio do diagrama, ligadas por setas.

Além dessas subfunções do caminho crítico, existem funções secundárias que também devem ser executadas. Algumas dessas funções secundárias servem para apoiar as funções do caminho crítico. Assim, por exemplo, para que seja possível abrir as garras do alicate depois de travado, é preciso limitar o curso da peça de travamento e destravamento para que desarme o mecanismo de travamento quando o alicate é aberto.

Outras subfunções, que aparecem acima do caminho crítico na Figura 12-25, são chamadas de funções permanentes porque estão presentes em todos os estágios de operação do produto. No caso do alicate de pressão, os componentes principais, que constituem um mecanismo de quatro barras, devem estar ligados de forma permanente e devem ter liberdade para girar uns em relação aos outros.

Observe que existem várias formas de representar graficamente a estrutura funcional de um produto, das quais a Figura 12-25 é apenas um exemplo. A decomposição funcional permite conhecer melhor de que forma a função básica de um produto é executada. Dividindo a função global em várias subfunções, o problema de projeto se torna mais tratável.

Observe também que tende a haver uma correspondência entre subfunções e componentes. Em complemento ou em substituição ao diagrama de decomposição funcional, as funções dos vários componentes podem ser determinadas. Assim, por exemplo, no alicate de pressão os rebites são usados para unir algumas peças, a mola que liga a garra móvel ao cabo fixo tende a manter as garras separadas e os cabos são os meios através dos quais o usuário manipula a ferramenta.

As peças principais do alicate de pressão são ***forjadas*** em aço temperado. O parafuso de ajuste é ***rosqueado***. As capas dos cabos são feitas de borracha e ***moldadas por injeção***.

Usando um modelo tridimensional, é possível estimar o peso do produto virtual e compará-lo com o peso do produto real. Uma estimativa de peso baseada em um modelo em CAD do alicate de pressão, obtido por engenharia reversa, aparece na Tabela 12-1. O peso* estimado total de cerca de 408 gramas está razoavelmente próximo do peso real de 372 gramas; a diferença, que não chega a 10%,

* O que o autor chama de peso é, na verdade, massa; essa é uma prática relativamente comum, tanto na vida cotidiana como nos textos de engenharia. (N.T.)

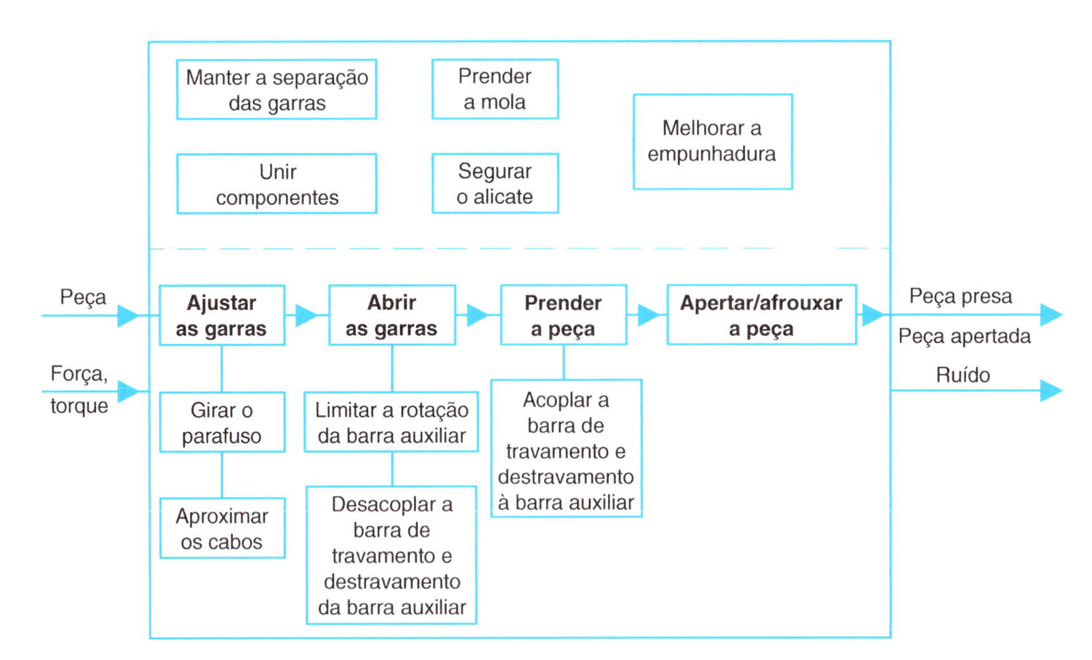

Figura 12-25 Decomposição funcional do alicate de pressão.

Tabela 12-1 Estimativa de peso do alicate de pressão

Item	Quantidade	Nome da peça	Material	Peso (gramas)
1	1	Cabo fixo	Aço de Alta Resistência e Baixa Liga	156,06
2	1	Garra	Aço de Alta Resistência e Baixa Liga	79,32
3	1	Cabo móvel	Aço de Alta Resistência e Baixa Liga	77,70
4	1	Barra para travar e destravar	Aço de Alta Resistência e Baixa Liga	27,48
5	1	Parafuso de ajuste	Aço Doce	20,20
6	1	Barra auxiliar	Aço de Alta Resistência e Baixa Liga	16,70
7	1	Capa do cabo fixo	Borracha	9,82
8	1	Capa do cabo móvel	Borracha	6,42
9	1	Rebite	Aço de Alta Resistência e Baixa Liga	4,22
10	1	Rebite	Aço de Alta Resistência e Baixa Liga	3,61
11	1	Rebite	Aço de Alta Resistência e Baixa Liga	3,27
12	1	Mola	Aço	1,80
13	1	Rebite de cabeça chata	Aço de Alta Resistência e Baixa Liga	1,77
			Peso estimado	**408,35 gramas**

provavelmente se deve a imprecisões do modelo e do valor adotado para a massa específica dos vários materiais. A estimativa de peso mostrada na Tabela 12-1 foi calculada exportando a lista de peças do modelo em CAD para uma planilha eletrônica, na qual foram introduzidas modificações.

Supondo que um modelo de montagem virtual tenha sido criado e que as restrições de montagem tenham sido definidas adequadamente, animações mostrando o movimento das peças podem ser criadas. A amplitude do movimento das peças também pode ser calculada. A Figura 12-26 mostra o alicate de pressão (*a*) com as garras fechadas, (*b*) com as garras abertas usando o parafuso de ajuste e (*c*) com as garras abertas usando o cabo móvel.

Basicamente, um alicate de pressão utiliza um mecanismo de quatro barras com um grau de liberdade semelhante ao que aparece na Figura 12-27. Como se pode ver na Figura 12-28, quando as garras estão fechadas, a barra do cabo fixo e a barra da garra móvel fazem um ângulo reto, e a barra do cabo móvel e a barra de travamento e destravamento estão alinhadas. As garras podem ser abertas afastando a barra do cabo móvel da barra do cabo fixo (Figura 12-29) ou usando o parafuso de ajuste, que pode mudar o comprimento da barra do cabo fixo (Figura 12-30).

Na verdade, o alicate de pressão Craftsman é mais complexo, pois utiliza uma quinta barra entre a barra do cabo móvel e a barra de travamento e destravamento. Essa barra auxiliar foi introduzida para facilitar o destrava-

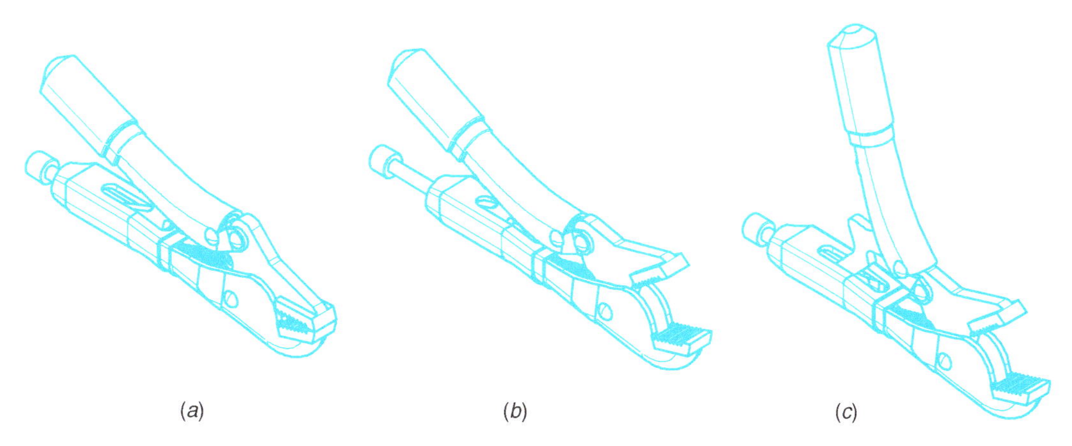

Figura 12-26 Alicate de pressão nas posições fechada (*a*) e aberta (*b*) e (*c*).

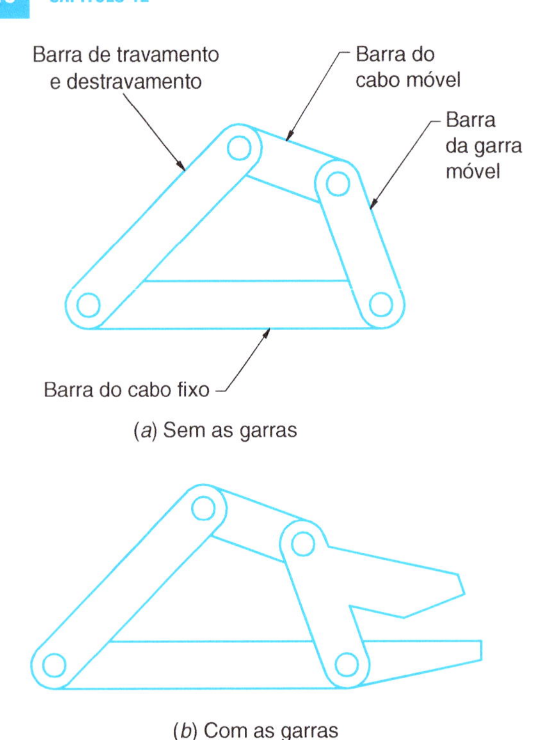

(*a*) Sem as garras

(*b*) Com as garras

Figura 12-27 Modelo de um alicate de pressão como um mecanismo de quatro barras.

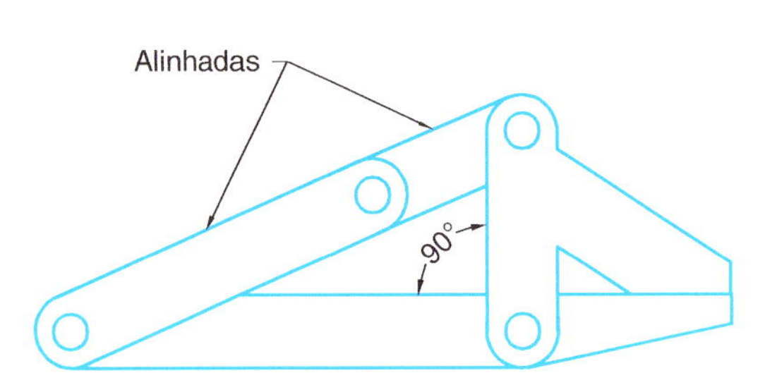

Figura 12-28 Alicate de pressão com as garras fechadas.

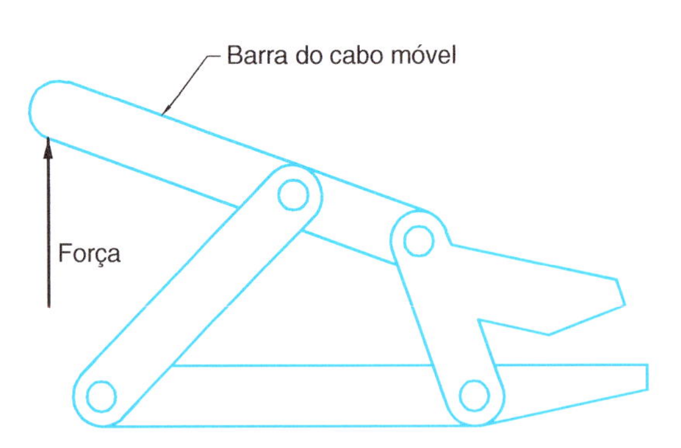

Figura 12-29 Alicate de pressão com as garras abertas por movimento do cabo móvel.

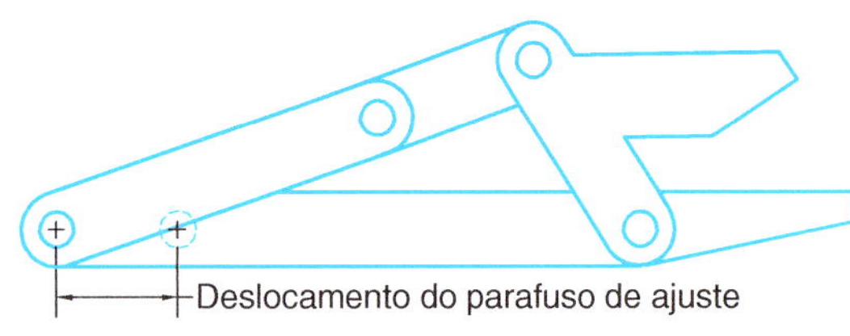

Figura 12-30 Alicate de pressão com as garras abertas por rotação do parafuso de ajuste.

mento do alicate, e é a razão pela qual a empresa patenteou este modelo de alicate de pressão.

Caso o programa de CAD usado para criar o modelo virtual do produto disponha de um módulo de análise de elementos finitos, é possível estimar as tensões, deformações e deflexões das peças, e mesmo de conjuntos de peças. Para isso, é preciso modelar as forças que agem sobre a peça e o modo como a peça é sustentada. A Figura 12-31*a* mostra o carregamento (cargas, suportes)

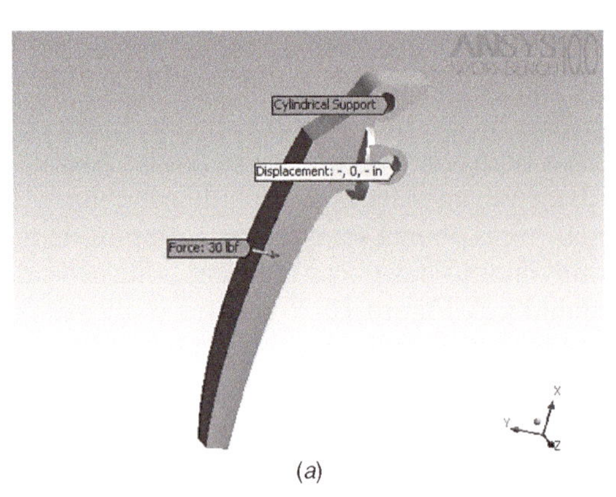

(*a*)

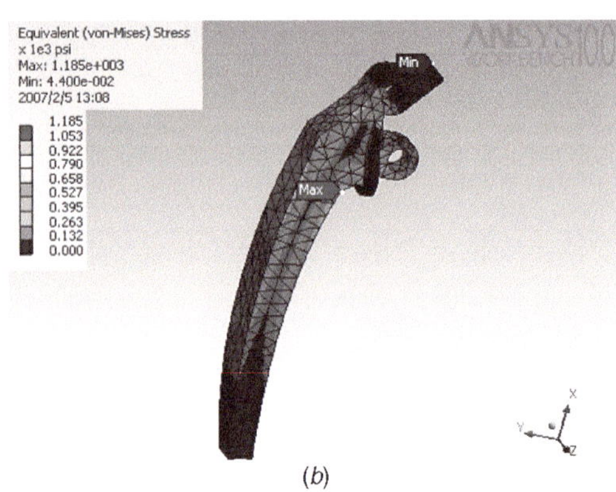

(*b*)

Figura 12-31 Carregamento e tensões no cabo de um filtro de água potável.

do cabo de um filtro de água potável, supondo que o filtro fique entupido. A Figura 12-31*b* mostra a distribuição de tensões para esse carregamento, com base no critério de von Mises. Para mais detalhes, veja a discussão de análise de elementos finitos no Capítulo 10.

APERFEIÇOAMENTO DO PRODUTO

Pode-se dizer que o objetivo final da engenharia reversa é o aperfeiçoamento do produto. No processo de desmonte, enquanto o produto está sendo usado, desmontado, documentado e analisado de várias formas para melhor compreensão de seu princípio de funcionamento, ideias para melhorá-lo podem surgir.

É mais fácil introduzir melhoramentos em alguns produtos do que em outros; isso depende, em grande parte, do grau de maturidade do produto e da tecnologia em que se baseia. As inovações da tecnologia e dos produtos tendem a seguir uma "curva em forma de S"; o gráfico de um indicador importante da qualidade de um produto em função do tempo costuma ter a forma mostrada na Figura 12-32. Quando um novo tipo de produto começa a ser desenvolvido, as inovações ocorrem devagar, já que o mercado é relativamente novo. Quando a demanda do novo produto começa a crescer, as inovações acompanham esse crescimento. Mais tarde, quando o produto atinge a maturidade, o número de inovações volta a diminuir. Isso significa que, na maioria dos casos, é mais fácil aperfeiçoar novos produtos e novas tecnologias.

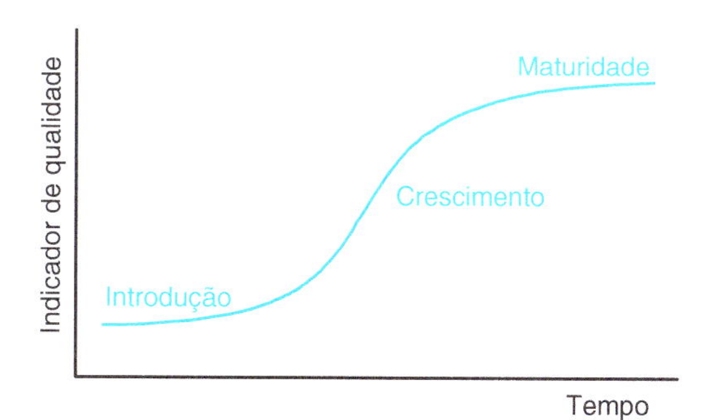

Figura 12-32 Curva em forma de S da qualidade de um produto em função do tempo.

O alicate de pressão é um produto extremamente maduro, pois é produzido comercialmente pelo menos desde 1924. Dezenas de patentes foram concedidas nos Estados Unidos para inventos relacionados ao alicate de pressão, a mais recente em 2003. O modelo da Craftsman descrito neste capítulo está coberto por uma patente que foi concedida em 1991.

Assim, em vez de tentar prever novas ideias para o aperfeiçoamento do alicate de pressão, vamos apresentar algumas inovações que foram introduzidas no passado. Uma foi mudar a configuração das garras para criar ferramentas mais especializadas. Entre essas variações estão modelos com garras curvas e com garras retas, modelos com uma cabeça longa e com uma cabeça curva, modelos projetados para serem usados como chave-inglesa e modelos projetados para serem usados como torno, além de ferramentas especiais para soldagem e conformação mecânica. Outra inovação de sucesso foi a modificação da garra para transformar a ferramenta em um cortador e em um descascador de fios elétricos. O uso de cabos acolchoados melhorou o produto do ponto de vista ergonômico e proporcionou uma pega melhor. Muitas das patentes relativas aos alicates de pressão dizem respeito à introdução de melhores mecanismos para travar e destravar.

Benchmarking é o processo sistemático de comparar produtos e serviços com os dos principais concorrentes. O benchmarking é praticado rotineiramente pela indústria para identificar *boas práticas*. No caso do alicate de pressão, a avaliação de produtos rivais ajuda a revelar características desejáveis que podem ser implementadas.

Finalmente, os princípios do Projeto para Produção (DFM) e do Projeto para Montagem (DFA), discutidos no Capítulo 1, oferecem muitas ideias para o aperfeiçoamento de produtos. Talvez o princípio mais importante de DFA/DFM seja o de minimizar o número de peças. Nas últimas décadas, a fabricação e montagem de milhares de produtos tornou-se mais fácil, graças à aplicação criteriosa desses princípios.

REMONTAGEM DO PRODUTO

Supondo que todas as peças tenham sobrevivido intactas ao processo de desmontagem, o passo seguinte consiste em remontar e testar o produto. Este penúltimo passo serve para fechar o ciclo de investigação, contribuindo para um melhor conhecimento do produto. O plano de desmonte, a vista explodida e o arquivo de animação do desmonte podem ajudar no processo de remontagem do produto.

DIVULGAÇÃO DOS RESULTADOS

Como acontece em qualquer trabalho de grupo, a experiência de desmontagem de um produto oferece excelentes oportunidades para desenvolver habilidades de comunicação oral e escrita. Para informações adicionais, veja as seções sobre relatórios escritos e apresentações orais do Capítulo 1.

QUESTÕES

VERDADEIRO OU FALSO

1. Existe uma *receita de bolo* bem documentada para criar projetos de engenharia.
2. A avaliação de produtos rivais não é importante para identificar o segmento do mercado a que deve ser destinado um produto.
3. Benchmarking é o processo de comparar produtos e serviços com os dos concorrentes.
4. É mais fácil introduzir inovações em produtos maduros.

MÚLTIPLA ESCOLHA

5. Um dos princípios mais importantes de DFA/DFM é
   a. Facilitar a desmontagem do produto
   b. Diminuir o peso das peças
   c. Aumentar a durabilidade do produto
   d. Minimizar o número de peças

EXEMPLOS DE PROJETOS

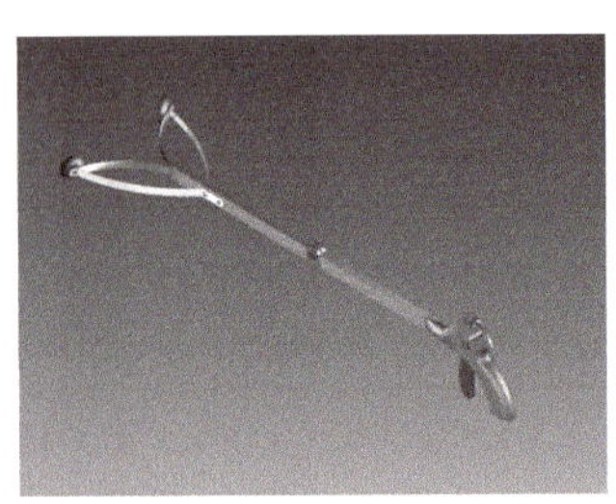

Mãozinha
Caitlin Connolly, Travis Constantine, Matt Kirby, Nolan Lock, John Zhao

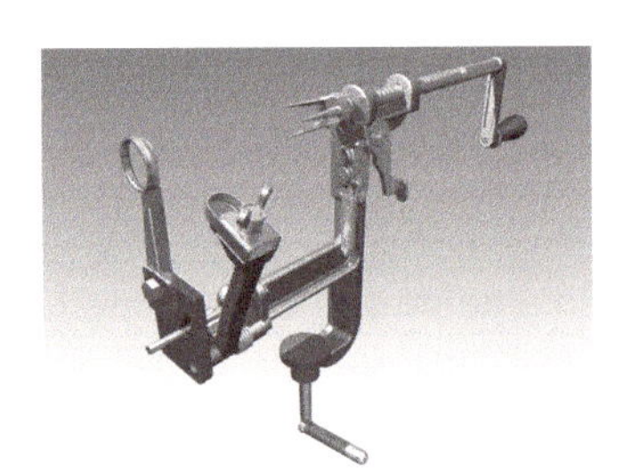

Descascador de maçãs
Danielle Malone, Henry Wolf, Qiongyu Lou, Usman Bhatti

Pistola de brinquedo
Brenden O'Donnell, Erik Babcock, Levente Taganyi, Jordan Bohmbach

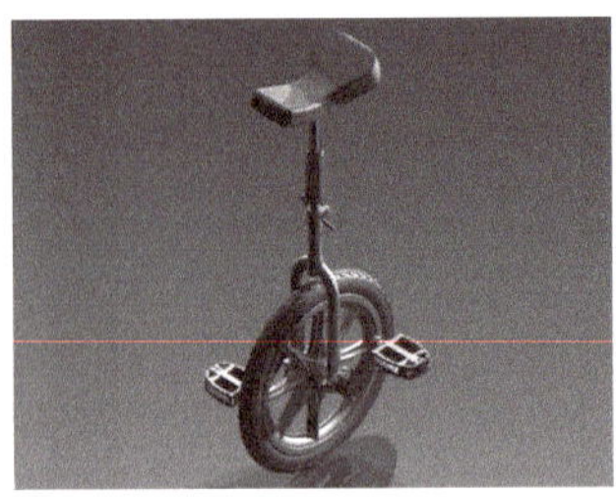

Uniciclo
Kevin Dineen, Jeremy Bertoni, Rachel Marshall, Taylor Colclasure

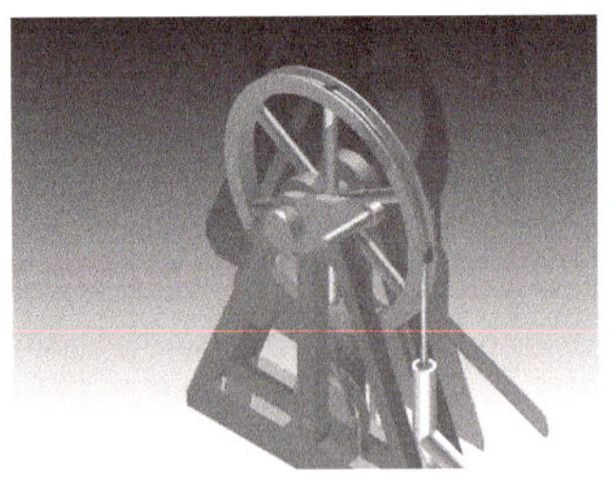

Bomba manual
Alex Wiss-Wolferding, Leo Xing, Donnie Manhard

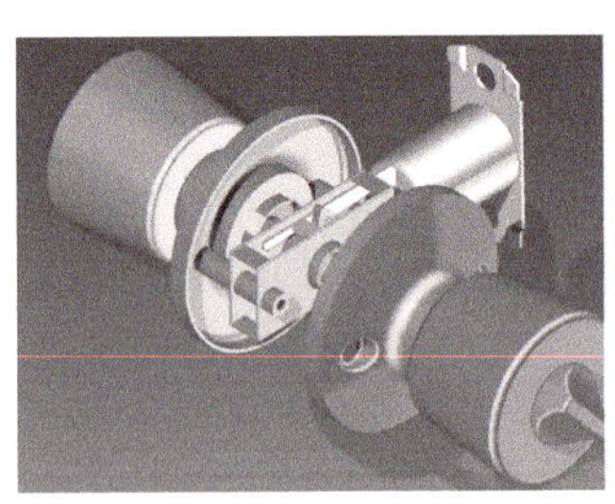

Maçaneta de porta
Max Affrunti, Kevin Chua, Ben Chui, Zak Bertolino

EXEMPLOS DE PROJETOS

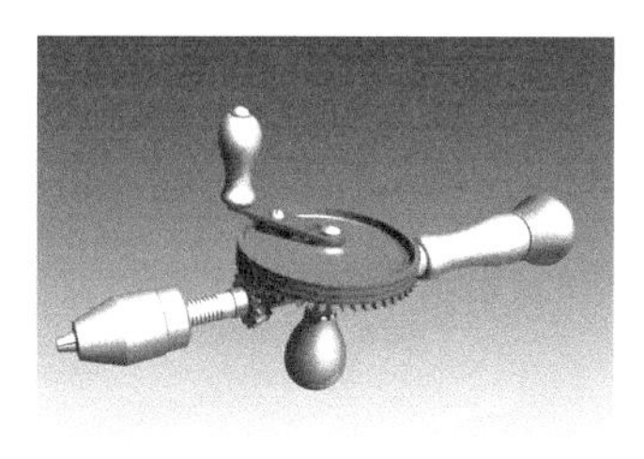

Furadeira manual
Peter Ensinger, Richard Li, Kevin Lill, Ryan Moser

Mira de rifle
Kendall Rak, Dayton Brenner, Joshua Simmons, Josh Ellis, Peter Zich

Guindaste medieval
Awnye Taylor, Christine Rhoades, Katherine Mathews, Silas Tappendorf

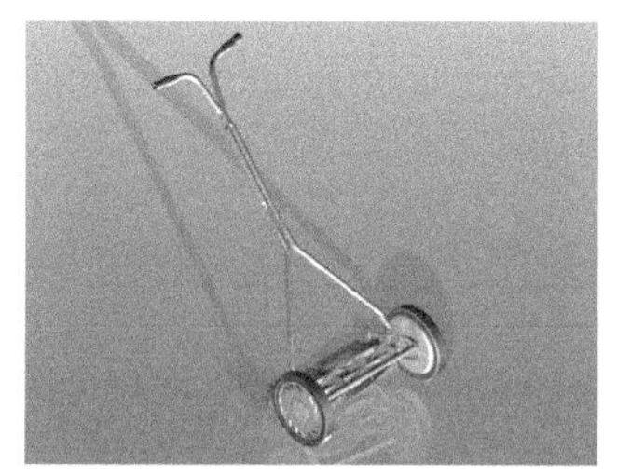

Cortador de grama
Matthew Davis, Nigam Shah, Tony Cohen

Catapulta de Leonardo da Vinci
Derek Wagner, Nimit Bhatia, Rahul Prabhakran, Rui Li

Catapulta
Adam Fabianski, Eric Mason, Alyssa Cast, Haotian Wu

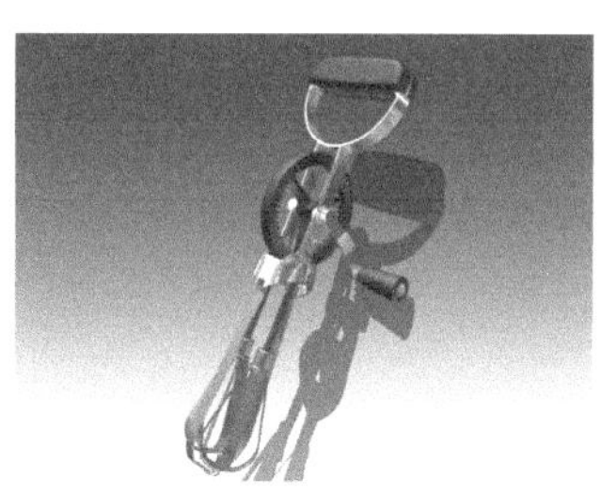

Batedor de ovos
Mike Kuo, Daniel Levitus, Monica Mingione, Brian Spencer, Janice Yoshimura

Prensa de cidra
Loren Anliker, Matthew Murphy, Josh Jochem

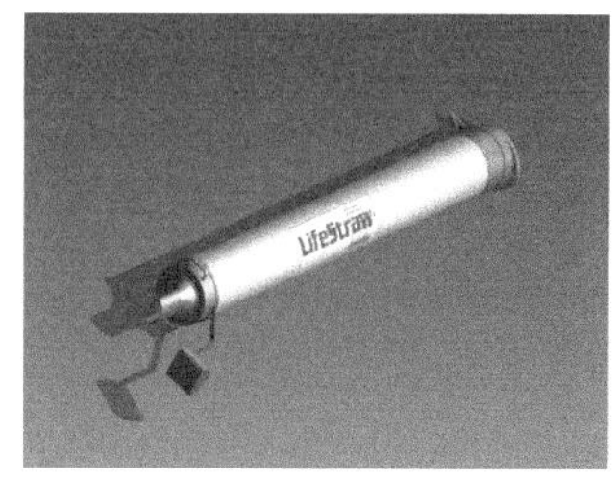

Filtro de água
Jackson Kontny, Allen Chang, Siyi Tu

Furadeira de percussão
Yi Duan, Jeff Joutras, Xingan Kan, Hong Kim

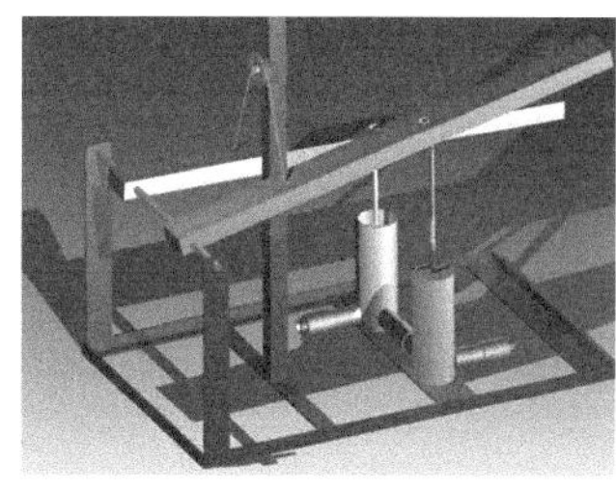

Bomba de pedal
Tyler Hill, Esther Kim

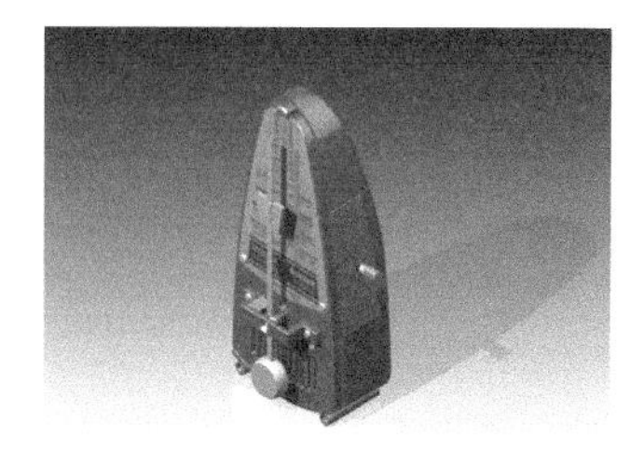

Metrônomo
Kevin Anderson, Kathryn Beyer, Tim Corcoran, Matthew Gill, Cameron Sarfarazi

Continua

EXEMPLOS DE PROJETOS *(Continuação)*

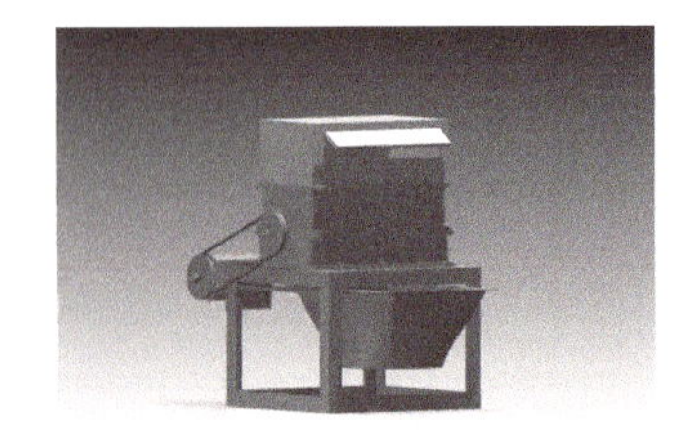

Fragmentador de plástico
Marian Domanski, Nigel Li, Zelong Qiu, Meng Wang

Sorteador de bolas de bingo
Cody Suba, Lauren Shaw, Nick Henry, Allison Falkin

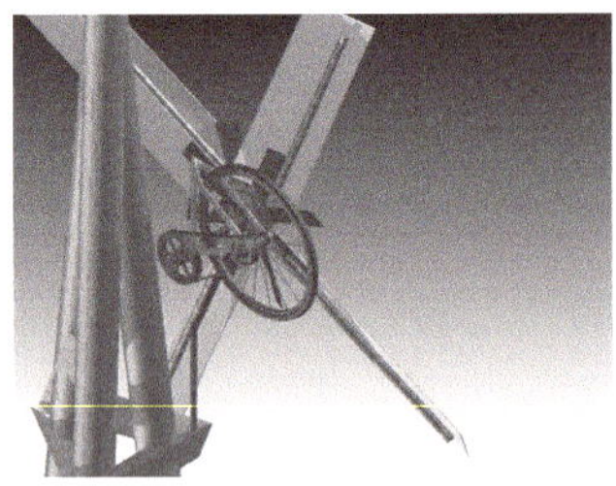

Moinho de vento
Tori Ammon, Siddhant Anand, Augusto Canario, Dan Malsom, Matthew McClone

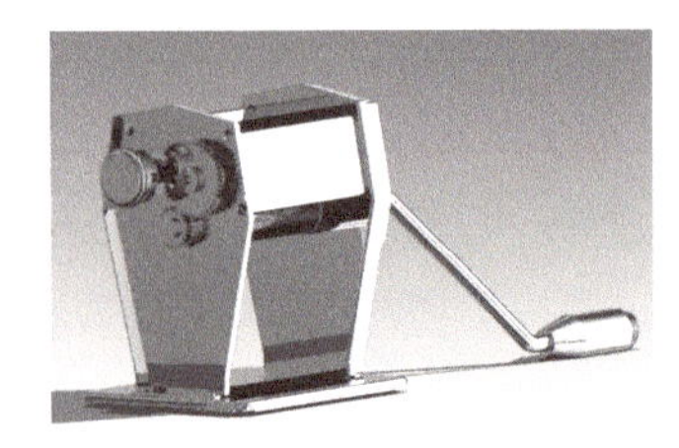

Moedor de grãos
Adam Cornell, Michael Fischer, Kshitij Malik, Bo Xu

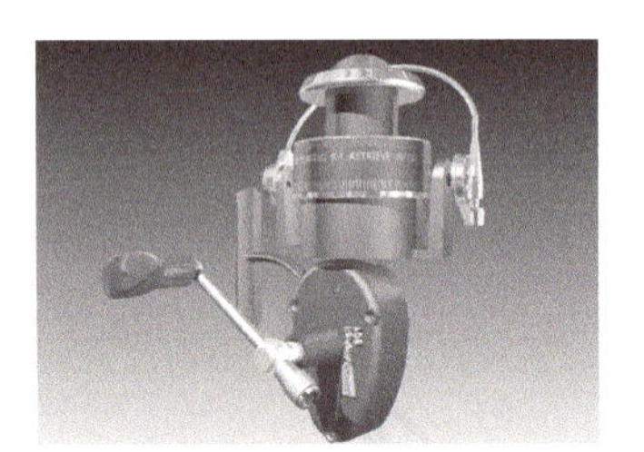

Molinete de pesca
Dave Bartalone, Drew Bishop, Mingyo Jung, Joe Martinez, Matt Wright

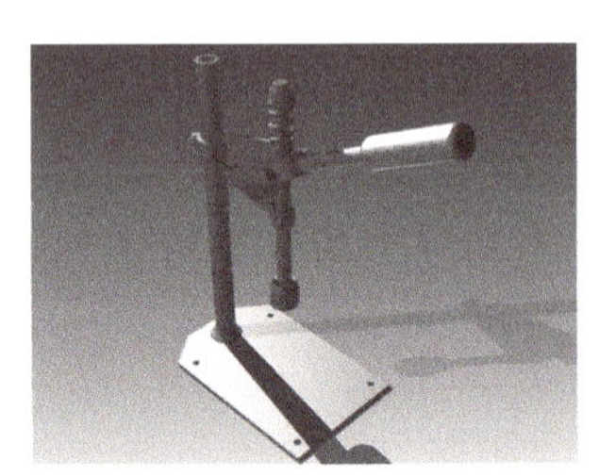

Máquina de tampinhas
Justin Cruce, Scott Lunardini, Matt Magill, Clare Roman, Derek Vann

IDEIAS PARA PROJETOS DE DESMONTE DE PRODUTOS

Produtos do lar		
Abridor de latas	Bico de mangueira	Chave de fenda elétrica
Acendedor de fogão	Boleador de melão	Chave de fenda múltipla
Alarme de incêndio	Bomba de drenagem	Chopeira
Alicate	Bomba manual	Chuveiro de incêndio
Alicate de pressão	Borrifador de grama	Cinto de segurança
Antena de televisão	Cadeado	Concha de sorvete
Aparador de cabelo	Cadeado com segredo	Contador de moedas
Aspersor	Cafeteira elétrica	Cortador de grama manual
Batedor de ovos manual	Canivete suíço	Descascador de frutas
Batente de porta	Catraca e correia	Descascador de maçãs
Bebedouro de água gelada	CD player	Ducha higiênica

IDEIAS PARA PROJETOS DE DESMONTE DE PRODUTOS

Produtos do lar		
Embaralhador de cartas	Macaco hidráulico	Relógio de água
Escova de dentes	Maçaneta de porta	Relógio de parede
Esmagador de latas	Máquina de fazer waffle	Relógio despertador
Espelho de maquiagem	Modelador de cílios	Removedor de bolinhas
Estilete automático	Moedor de pimenta	Saca-rolhas
Extintor de incêndio	Parquímetro	Secador de cabelo
Fechadura de segurança	Pegador de biscoito	Secador de verduras
Furadeira manual	Peneira	Semeadeira
Guarda-chuva	Peneira de farinha	Telefone de disco
Lanterna de manivela	Pescador de peças	Temporizador de cozinha
Lanterna de pilha	Picador de alimentos	Torneira de cozinha
Lanterna sem pilha	Pincel recarregável	Torradeira
Lata de lixo com pedal	Pistola mata-moscas	Umidificador de ar
Limpador de barbeador	Processador de alimentos	Válvula de alimentação de vaso sanitário
Limpador de chão	Purificador de ar	Válvula de descarga dupla
Liquidificador	Ralo de pia	Ventilador de mesa
Luminária de mesa	Ratoeira	Ventoinha de computador
Luminária de piso	Relógio analógico	Virabrequim de cortador de grama
Esporte/Diversão		
Aeromodelo	Braçadeira de catraca	Controlador de videogame
Anilha para haltere	Brinquedo Tickle-Me-Ernie	Controle remoto de computador
Aparelho abdominal Ab Slide	Bússola	Cubo mágico
Bicicleta de cross	Caixa registradora de brinquedo	Desviador de bicicleta
Binóculo	Caixinha de música	Engrenagens de bicicleta
Bomba de bicicleta	Caminhão Tonka	Fogareiro
Bomba de encher	Carrinho de controle remoto	Foguete de brinquedo
Bomba de quadro	Carro de brinquedo	Freio grigri
Boneco de ação	Carro solar de brinquedo	Giroflex
Boneco Transformer	Carroça de brinquedo	Helicóptero de brinquedo

Continua

Esporte/Diversão (*Continuação*)		
Irrigador de jardim	Metrônomo	Pistola de espoleta
Isqueiro Bic	Mira de rifle	Pistola de paintball
Isqueiro Zippo	Modificador de voz	Pistola Nerf
Jogo da Ratoeira	Motoneta	Pistola Nerf Maverick
Jogo Hipopótamos Comilões	Motor elétrico para aeromodelos	Pistola Popzooka
Jogo Rock' em Sock' em Robots	Multiferramenta Leatherman	Pula-pula Pogo Stick
Lançador de bolhas de sabão	Ônibus espacial de brinquedo	Skate
Longboard	Partida para cortador de grama Honda	Sorteador de bolas de bingo
Macaco tesoura	Patinete	Tambor
Máquina de fazer pipoca de brinquedo	Patinete elétrica	Torno
Máquina de goma de mascar	Peças de Lego	Traço mágico
Máquina de pinball de brinquedo	Pistola de água	Trem elétrico de brinquedo
Máquina fotográfica digital	Pistola de água Super Soaker	Uniciclo
Máquina fotográfica Polaroid	Pistola de airsoft	Vagão de brinquedo
Máquina para arrumar peças de dominó	Pistola de brinquedo	Vara de pescar
Mesa de hóquei	Pistola de dardos	Violão
Escritório/Escola/Laboratório		
Aplicador de fita adesiva	Bomba de vácuo para laboratório	Lapiseira
Aplicador de fita corretora	Cadeira de escritório giratória	Mouse de computador
Aplicador de produtos químicos	Carimbo de data	Perfurador de papel de três furos
Apontador elétrico	Grampeador	Perfurador de papel de um furo
Apontador manual	Grampeador sem grampo	

IDEIAS PARA PROJETOS DE DESMONTE DE PRODUTOS

Tecnologia Apropriada		
Bomba d'água eólica	Espremedor de maçã	Lanterna de manivela
Bomba d'água manual	Filtro de água Lifestraw	Moedor de grãos manual
Bomba d'água solar	Fogão solar	Moinho de vento
Bomba de pedal	Fragmentador de plástico	Quebra-nozes universal
Bomba manual	Furadeira de percussão	Triturador sem peneira
Carneiro hidráulico		
História da Tecnologia		
Catapulta	Besta de Leonardo da Vinci	Guindaste medieval
Catapulta de Leonardo da Vinci	Trebuchet	

ONDE PROCURAR – LOJAS ONDE PRODUTOS, APARELHOS E MECANISMOS ADEQUADOS PODEM SER ENCONTRADOS

Loja de ferragens	Lojas de bicicletas	Lojas de jardinagem
Lojas de artigos de escritório	Lojas de brinquedos	Lojas de peças de automóveis
Lojas de artigos esportivos	Lojas de departamentos	Lojas de produtos para artesanato
Lojas de artigos para o lar	Lojas de eletrodomésticos	Lojas de produtos para atividades ao ar livre (acampamentos, caminhadas, escaladas, caça, pesca)
Lojas de barcos	Lojas de eletrônica	

CAPÍTULO

13 PERSPECTIVA CÔNICA E DESENHOS EM PERSPECTIVA CÔNICA

PERSPECTIVA CÔNICA

Introdução Histórica

A inovação mais importante da arte renascentista foi provavelmente o uso da perspectiva cônica.[1] Pouco antes desse período, pinturas como as de Duccio di Buoninsegna (1255-1319) eram planas, bidimensionais (veja a Figura 13-1). Os artistas ainda não dispunham de técnicas, como o uso de sombras e perspectiva, que permitissem criar uma ilusão de profundidade. Giotto (1267-1337), um contemporâneo de Duccio, é considerado o primeiro pintor renascentista. No quadro da Figura 13-2, Giotto usou retas convergentes para sugerir profundidade, embora as retas não convirjam para um único ponto de fuga.

No trabalho de artistas posteriores do Renascimento italiano, como Leonardo da Vinci (1452-1519) e Rafael Sanzio (1483-1520), encontramos pinturas que empregam a perspectiva cônica de um ponto para chamar a atenção do observador para detalhes importantes (veja, por exemplo, as Figuras 13-3 e 13-4). As regras matemáticas da perspectiva foram descobertas e documentadas por pintores como o alemão Dürer (1471-1528) e os italianos Brunnelleschi e Alberti. No início do século XV, Filippo Brunelleschi (1377-1446), um florentino, inventou um método sistemático para determinar projeções cônicas. O primeiro tratado sobre perspectiva cônica, *Da Pintura*, foi escrito pelo genovês Leon Battista Alberti (1404-1472).

Figura 13-1 Duccio di Buoninsegna, *Maestà*, Siena, 1308-1311. (Cortesia de The Bridgeman Art Library International.)

Figura 13-2 Giotto, *São Francisco Recebe do Papa Inocêncio III a Aprovação da "Regula Prima"*, Assis, c.1297-1300. (Cortesia de The Bridgeman Art Library International.)

[1] A criação da perspectiva cônica no Renascimento foi recentemente escolhida pela revista *Time* como uma das "100 Ideias que Mudaram o Mundo".

Figura 13-3 Leonardo da Vinci, *A Última Ceia*, Milão, 1498. (Cortesia de The Bridgeman Art Library International.)

Figura 13-4 Rafael Sanzio, *Escola de Atenas*, Vaticano, 1509. (Cortesia de The Bridgeman Art Library International.)

Características da Perspectiva Cônica

Como vimos no Capítulo 3, a diferença entre a perspectiva cônica e as perspectivas paralelas é que, na perspectiva cônica, o centro de projeção está a uma distância finita do objeto. As retas projetantes são, portanto, raios não paralelos, que convergem para o centro de projeção. Em consequência, as arestas paralelas de um objeto que não são paralelas ao plano de projeção convergem para um *ponto de fuga* ao serem projetadas. Além disso, objetos ou detalhes mais afastados do plano de projeção são mais *encurtados* que os mais próximos.

A principal vantagem da perspectiva cônica é que produz uma imagem mais realista, ou seja, mais parecida com a imagem vista por um observador humano. A desvantagem é que, nesse tipo de perspectiva, a forma e a escala do objeto não são preservadas, o que, muitas vezes, torna impossível extrair informações dimensionais do desenho. Além disso, as perspectivas cônicas são, em geral, mais difíceis de desenhar que as perspectivas paralelas.

Tipos de Perspectiva Cônica

As perspectivas cônicas são classificadas de acordo com a orientação do objeto em relação ao plano de projeção. É essa orientação que determina o número de eixos principais (veja a Figura 3-4) paralelos ao plano de projeção. Se um eixo não é paralelo ao plano de projeção, as projeções das arestas do objeto paralelas a esse eixo não são paralelas, mas convergem para um ponto conhecido como ponto de fuga. Existem três casos possíveis:

1. Perspectiva de um ponto (um ponto de fuga)
2. Perspectiva de dois pontos (dois pontos de fuga)
3. Perspectiva de três pontos (três pontos de fuga)

A Figura 13-5 mostra, em uma vista de cima, a orientação de três cubos iguais (ou, de modo mais geral, de três paralelepípedos envolventes em forma de cubo) em relação a um plano de projeção vertical. Observe que, como a cena é vista de cima, o plano de projeção vertical aparece como uma linha reta, pois é visto de perfil. Observe ainda que os eixos principais de cada cubo também estão representados.

O cubo da esquerda da Figura 13-5 está orientado com uma das faces paralela ao plano de projeção. Se os eixos principais desse paralelepípedo envolvente forem prolongados indefinidamente, apenas um dos três interceptará o plano de projeção, já que os outros dois eixos (um horizontal, e o outro vertical) são paralelos ao plano de projeção. Se o paralelepípedo envolvente de um objeto está orientado desta forma, temos uma perspectiva cônica de um ponto.

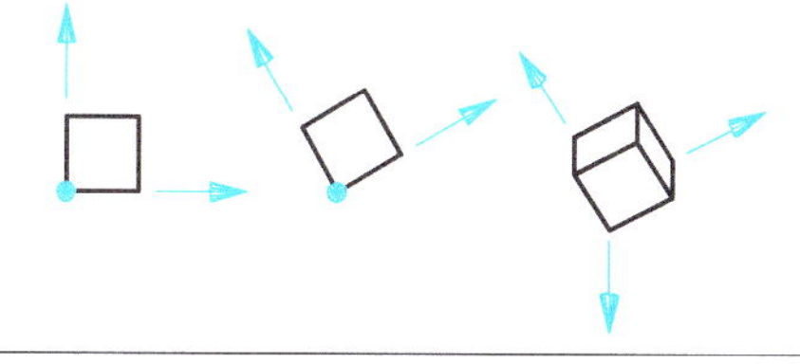

Figura 13-5 Tipos de perspectiva cônica.

O cubo do meio da Figura 13-5 foi girado em torno de um eixo vertical, o que fez com que apenas o eixo principal vertical permanecesse paralelo ao plano de projeção; os outros dois eixos ficaram inclinados em relação ao plano de projeção. Nesse caso, temos uma perspectiva cônica de dois pontos.

Finalmente, imagine que o cubo do meio seja girado para fora do plano do papel por uma rotação em torno de um eixo horizontal. Essa é a posição do cubo da direita da Figura 13-5. Observe que, nesse caso, os três eixos principais, ao serem prolongados, interceptam o plano de projeção, ou seja, nenhum dos eixos principais é paralelo ao plano de projeção. Nesse caso, temos uma perspectiva cônica de três pontos.

Pontos de Fuga

Antes de discutir os três casos com mais detalhes, vale a pena lembrar que, em uma perspectiva cônica, se arestas paralelas do objeto são

- paralelas ao plano de projeção, as arestas projetadas também são paralelas;
- inclinadas em relação ao plano de projeção, as arestas projetadas não são paralelas, mas convergem para um ***ponto de fuga***.

Voltando à Figura 13-5, vemos que a perspectiva cônica de um ponto de um paralelepípedo envolvente possui um ponto de fuga, a perspectiva cônica de dois pontos possui dois pontos de fuga, e a perspectiva cônica de três pontos possui três pontos de fuga. Esses pontos de fuga são chamados ***pontos de fuga principais***, já que estão associados aos eixos principais do objeto. A Tabela 13-1 mostra um resumo dos três tipos de perspectiva cônica, juntamente com o número de pontos de fuga principais de cada um.

A Figura 13-6 ilustra o processo usado para localizar os pontos de fuga principais (PFP) no caso de uma perspectiva cônica de dois pontos. A Figura 13-6*a* mostra o objeto, o plano de projeção e o centro de projeção (CP) vistos de uma posição qualquer; a Figura 13-6*b* mostra os mesmos elementos vistos de cima. Podemos observar que essa orientação do objeto em relação ao plano de projeção resulta em uma perspectiva de dois pontos, já que dois eixos principais estão inclinados em relação ao plano de projeção. Duas linhas de construção tracejadas, paralelas aos eixos inclinados, foram traçadas a partir do CP em direção ao plano de projeção. As interseções dessas linhas com o plano de projeção definem os dois pontos de fuga principais. Cada linha de construção é paralela a uma família de arestas do objeto paralelas a um dos eixos principais. Resumindo, o ponto de fuga correspondente a uma aresta do objeto é o ponto em que uma reta paralela a essa aresta, passando pelo centro de projeção, intercepta o plano de projeção.

A Figura 13-6*c* mostra o plano de projeção e a imagem do objeto visto de lado. Para simplificar o desenho, o objeto em si não foi representado. Observe que os prolongamentos das arestas se encontram nos PFP.

As Figuras 13-6*a* e 13-6*c* mostram a linha de terra (LT) e a linha do horizonte (LH). Essas linhas serão usadas mais adiante, quando falarmos dos desenhos em perspectiva cônica. A ***linha de terra*** é uma reta horizontal formada pela interseção do plano de projeção com o plano de terra, ou seja, o plano no qual o objeto repousa. A ***linha do horizonte*** representa a altura do olho do observador em rela-

Tabela 13-1 Tipos de perspectiva cônica

Tipo de Perspectiva Cônica	Pontos de Fuga Principais (PFP)	Orientação dos Eixos Principais
De um ponto	1	• Um eixo principal perpendicular ao plano de projeção (PP) • Dois eixos principais paralelos ao PP
De dois pontos	2	• Dois eixos principais inclinados em relação ao PP • Um eixo principal paralelo ao PP
De três pontos	3	• Os três eixos principais inclinados em relação ao PP • Nenhum eixo principal paralelo ao PP

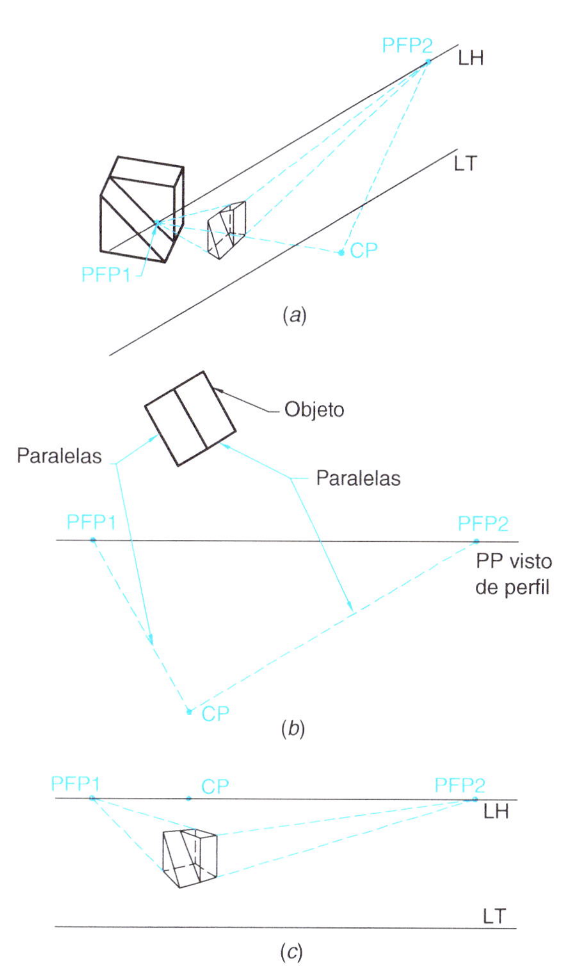

Figura 13-6 Localização dos pontos de fuga principais.

ção à linha de terra. A linha do horizonte é a interseção do plano de projeção com um plano horizontal passando pelo centro de projeção.

Observe na Figura 13-6*c* que os dois pontos de fuga principais estão na linha do horizonte. Cada um desses pontos de fuga resulta da projeção de uma família de arestas paralelas do objeto. As arestas das duas famílias são paralelas ao plano de terra. Os pontos de fuga de arestas paralelas a um plano estão sempre em uma reta paralela ao plano de projeção. Neste caso, o plano de projeção é o plano de terra, e a reta que passa pelos pontos de fuga é a reta do horizonte.

Em uma perspectiva cônica, não são apenas as arestas paralelas aos eixos principais que convergem em pontos de fuga; isso acontece com qualquer família de arestas inclinadas. Assim, por exemplo, como mostra a Figura 13-7, o objeto representado na perspectiva de dois pontos da Figura 13-6*c* possui na verdade três pontos de fuga. As arestas da face inclinada do objeto não são paralelas a um dos eixos principais, ou seja, são inclinadas em relação ao plano de projeção. Em consequência, ao serem projetadas, essas arestas convergem em outro ponto de fuga.

Perspectiva Cônica de um Ponto

Em uma perspectiva cônica de um ponto, uma das faces do objeto é paralela ao plano de projeção. Um dos eixos principais é perpendicular ao eixo de projeção, enquanto os outros dois eixos principais (um horizontal e o outro vertical) são paralelos ao plano de projeção.

A Figura 13-8 mostra uma perspectiva cônica de um ponto de um cubo. Note que as arestas verticais do cubo projetado são paralelas entre si, e o mesmo acontece com as arestas horizontais. Observe também que as arestas de profundidade[2] não são paralelas entre si, mas convergem para um ponto de fuga.

A construção usada para obter a perspectiva cônica da Figura 13-8 aparece na Figura

[2] As arestas do objeto que não são paralelas ao plano de projeção parecem se aprofundar ao serem projetadas.

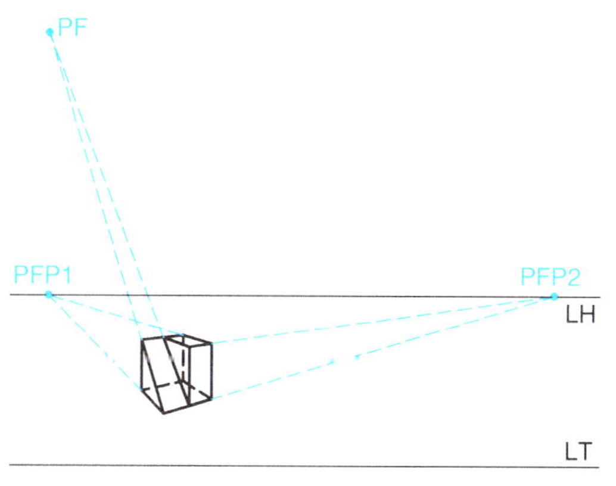

Figura 13-7 Um terceiro ponto de fuga.

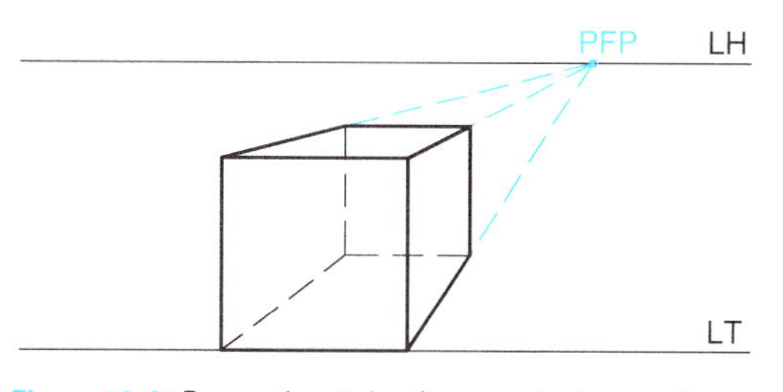

Figura 13-8 Perspectiva cônica de um ponto de um cubo.

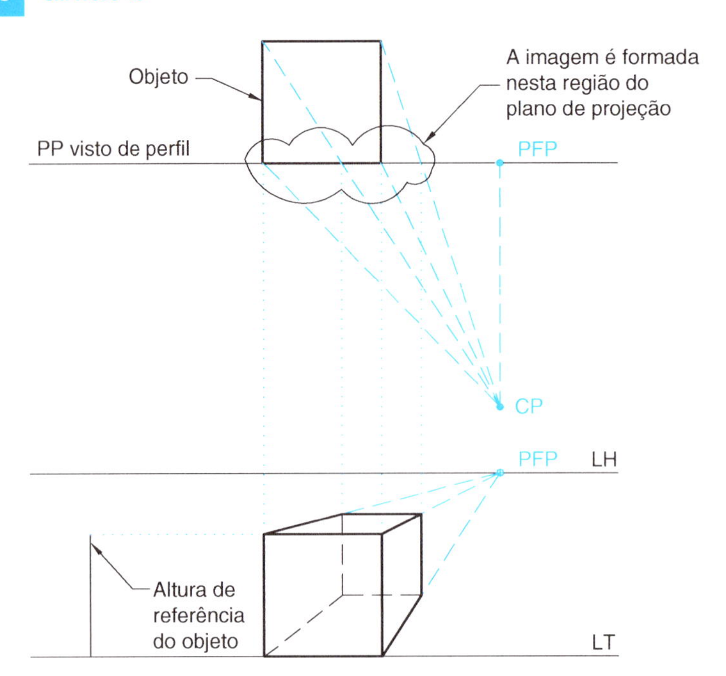

Figura 13-9 Construção de uma perspectiva cônica de um ponto.

13-9. A parte superior da figura corresponde a uma vista de cima. São mostrados o objeto, o plano de projeção, o centro de projeção, as projetantes e as linhas de construção usadas para localizar o PFP. Note que a face frontal do objeto está no plano de projeção. A imagem projetada aparece no interior da região assinalada no plano de projeção.

A parte inferior da Figura 13-9 mostra a perspectiva cônica de um ponto correspondente a uma vista lateral (para simplificar o desenho, o objeto não foi representado). As retas verticais pontilhadas que ligam as duas partes da figura são usadas para mostrar a localização da imagem projetada no plano de projeção. Como a face frontal do cubo está no plano de projeção, é projetada em verdadeira grandeza.

A Figura 13-10 mostra outro exemplo de perspectiva cônica de um ponto, desta vez envolvendo um objeto que se encontra total-

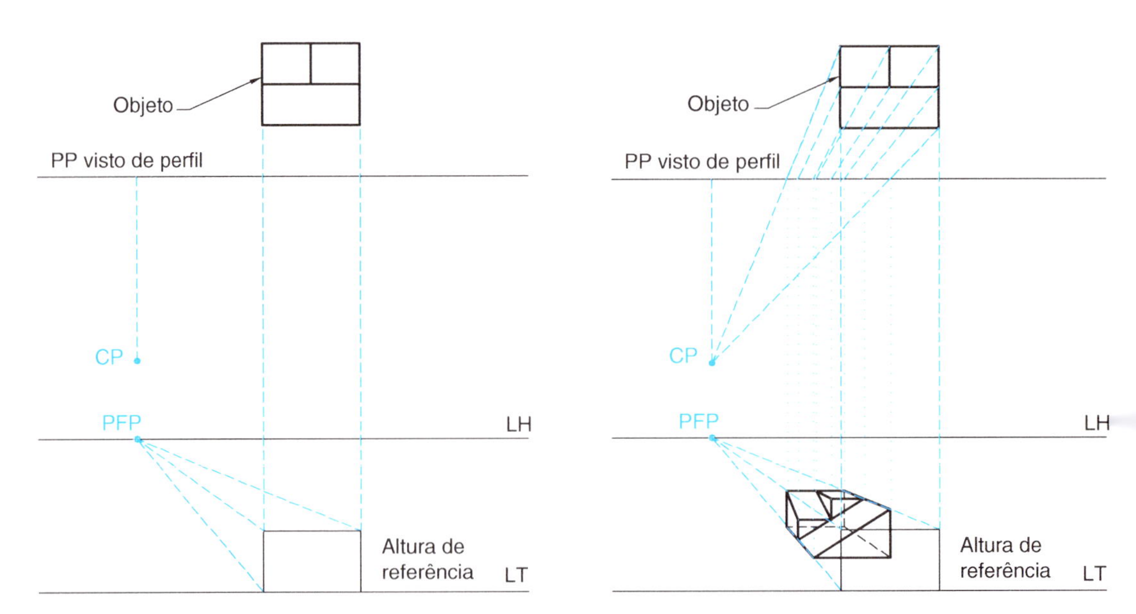

Figura 13-10 Perspectiva cônica de um ponto com o objeto atrás do plano de projeção.

mente atrás do plano de projeção. Observe que, nesse caso, a face frontal do objeto não é projetada em verdadeira grandeza.

Perspectiva Cônica de Dois Pontos

Um exemplo de perspectiva cônica de dois pontos foi mostrado na Figura 13-6. Vamos recordar algumas características deste tipo de projeção:

- Uma família de arestas principais (as arestas verticais, na maioria dos casos) é paralela ao plano de projeção, o que faz com que as arestas projetadas também sejam verticais.
- As outras duas famílias de arestas verticais são inclinadas em relação ao plano de projeção, o que faz com que convirjam em pontos de fuga ao serem projetadas. Esses pontos de fuga principais estão na linha do horizonte.
- Se a aresta frontal do objeto está atrás do plano de projeção (como na Figura 13-6), nenhuma aresta é projetada em verdadeira grandeza.

A Figura 13-11 mostra um exemplo de perspectiva cônica de dois pontos, na qual a aresta frontal do objeto está no plano de projeção. Nesse caso, a aresta frontal é projetada em verdadeira grandeza.

Perspectiva Cônica de Três Pontos

As perspectivas cônicas de três pontos raramente são usadas, porque são muito difíceis de desenhar. A Figura 13-12 mostra um exemplo. Observe que os três eixos principais são inclinados em relação ao plano de projeção e que, ao serem projetadas, as três famílias de arestas convergem em três pontos de fuga principais diferentes. Apenas dois desses pontos de fuga estão na linha do horizonte.

Variáveis de uma Perspectiva Cônica

Existem muitas variáveis que afetam a aparência de uma perspectiva cônica. Algumas dessas variáveis serão discutidas mais adiante.

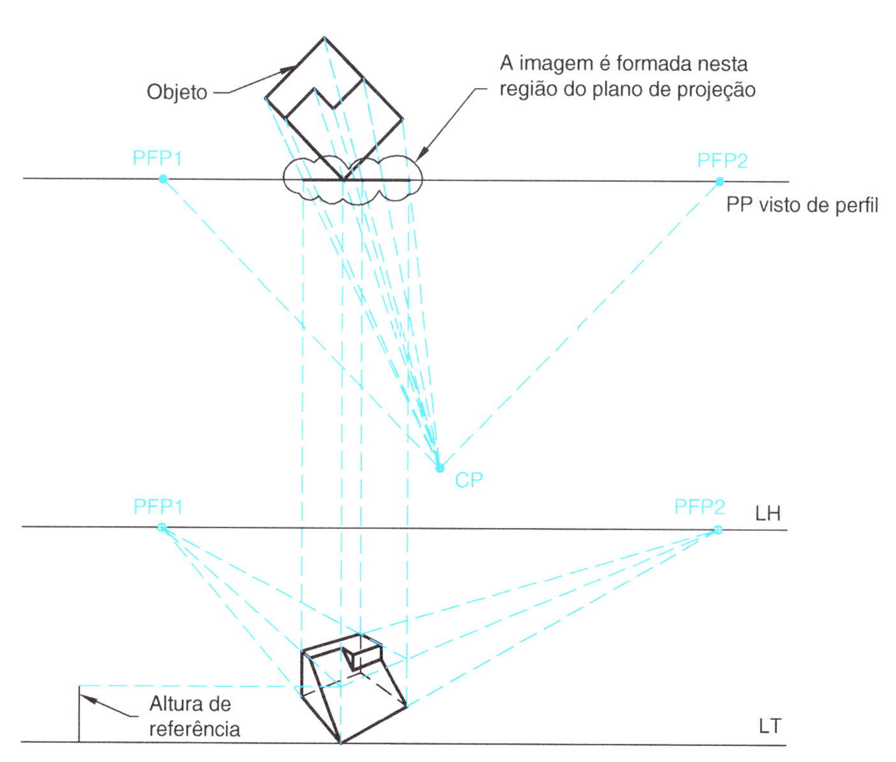

Figura 13-11 Perspectiva cônica de dois pontos de um objeto com uma aresta no plano de projeção.

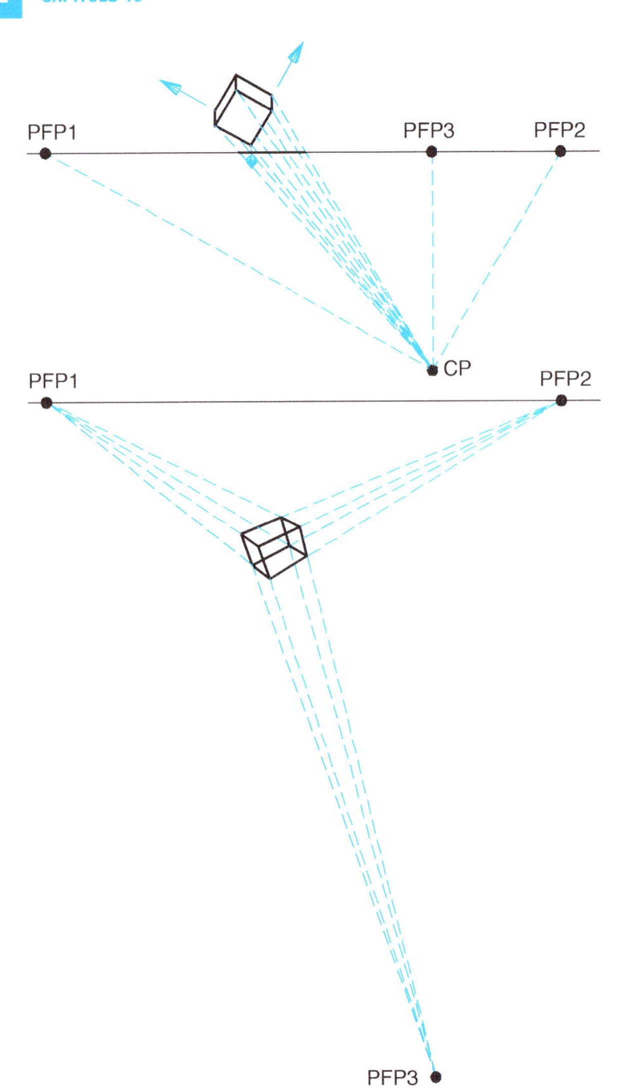

Figura 13-12 Construção de uma perspectiva cônica de três pontos.

Construção de uma perspectiva cônica usando um programa de CAD tridimensional

O método descrito a seguir[3] pode ser usado para criar uma perspectiva cônica (ou melhor, qualquer das projeções planas descritas no Capítulo 3) usando um programa de CAD tridimensional como o AutoCAD®. Nesse método, todos os elementos convencionais de um sistema de projeção (objeto, plano de projeção, centro de projeção, projetantes), além da projeção em si, são modelados.

1. Comece por criar o objeto, o plano de projeção e o centro de projeção. Na Figura 13-13:
   a. O objeto é modelado como um sólido;
   b. O plano de projeção é representado usando segmentos de reta para criar um retângulo orientado verticalmente;
   c. O centro de projeção é modelado como um ponto ou uma pequena esfera.
2. Use o comando ***line*** do programa e as coordenadas do objeto para traçar projetantes entre os vértices do objeto e o CP.

[3] Esta seção foi baseada no trabalho de Michael H. Pleck, que desenvolveu a técnica na Universidade de Illinois em Urbana-Champaign.

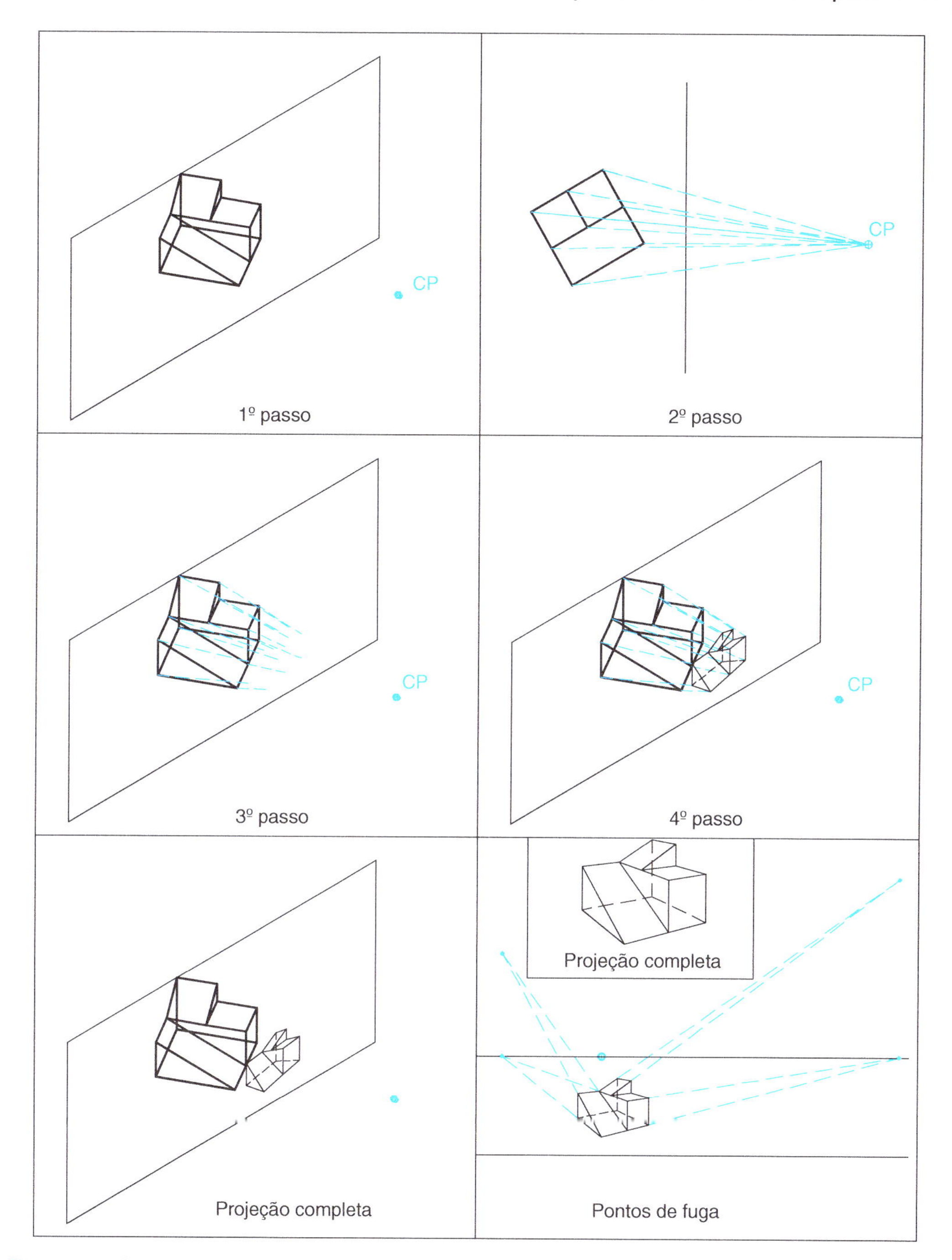

Figura 13-13 Construção de uma perspectiva cônica usando um programa de CAD tridimensional.

3. Use o comando ***trim*** do programa para remover os trechos das projetantes situados entre o plano de projeção e o CP.
4. Use o comando ***line*** para ligar as interseções das projetantes com o plano de projeção, traçando assim as projeções das arestas do objeto.

A projeção completa aparece no canto inferior esquerdo da figura (depois de suprimir as projetantes). No canto inferior direito, as arestas de outra perspectiva cônica do mesmo objeto foram prolongadas até se encontrarem nos pontos de fuga.

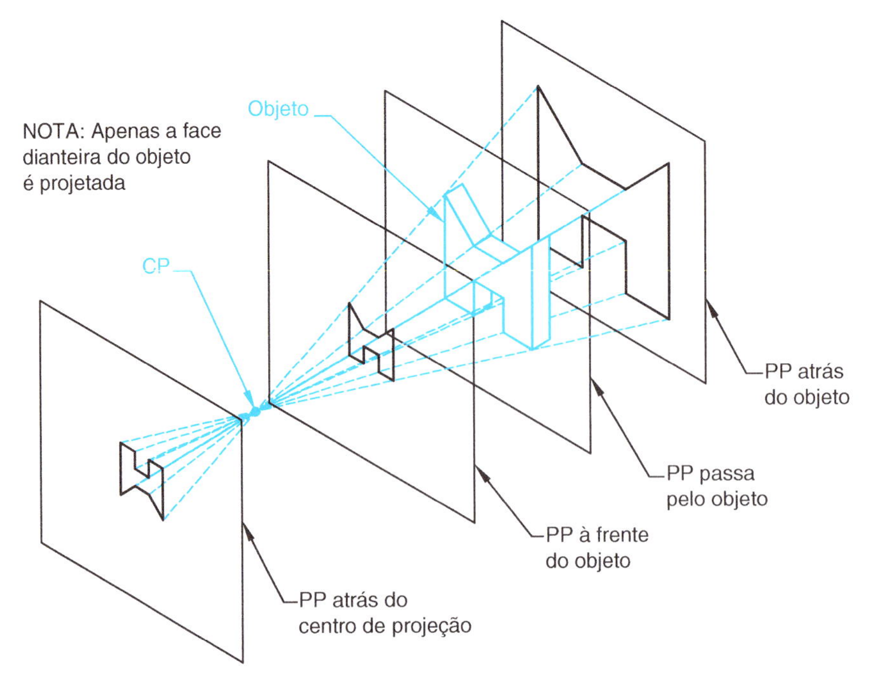

Figura 13-14 Projeções cônicas de um objeto simples.

LOCALIZAÇÃO DO PLANO DE PROJEÇÃO

Em uma perspectiva cônica, o tamanho da imagem projetada depende da localização do plano de projeção em relação ao objeto e ao centro de projeção. Como se pode ver na Figura 13-14 (que é uma reprodução da Figura 3-13), a posição do plano de projeção afeta o tamanho e até mesmo a orientação da imagem projetada. As possibilidades são as seguintes:

1. O plano de projeção está atrás do objeto, caso em que a imagem projetada é maior que o objeto.
2. O plano de projeção atravessa o objeto, caso em que a imagem projetada é do mesmo tamanho que o objeto.
3. O plano de projeção está na frente do objeto, caso em que a imagem projetada é menor que o objeto.
4. O plano de projeção está atrás do centro de projeção, caso em que a imagem projetada é invertida.

DESLOCAMENTO LATERAL DO CP

Se o centro de projeção é deslocado lateralmente em relação ao plano de projeção (ou, o que dá no mesmo, se o objeto é deslocado lateralmente em relação ao centro de projeção), a projeção muda, como mostra a Figura 13-15.

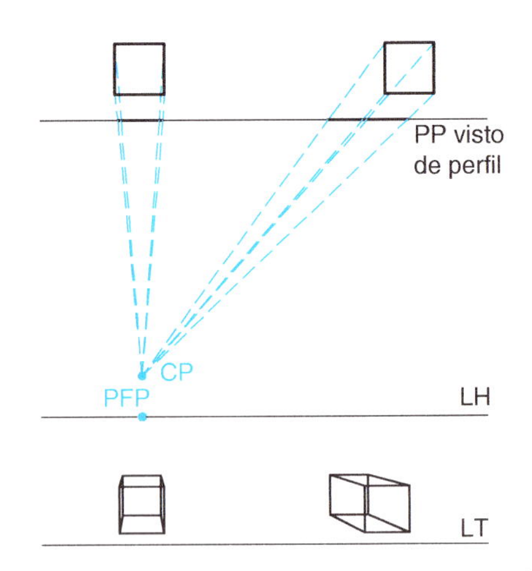

Figura 13-15 Deslocamento lateral de um objeto em relação ao centro de projeção.

Na maioria dos casos, é recomendável que o centro de projeção esteja na frente do objeto, um pouco deslocado em relação ao centro do objeto.

DESLOCAMENTO VERTICAL DO CP

A Figura 13-16 mostra como varia a projeção de um objeto com a posição vertical do centro de projeção em relação ao plano de terra. Na Figura 13-16*a*, o centro de projeção está acima do objeto. A Figura 13-16*b* mostra uma

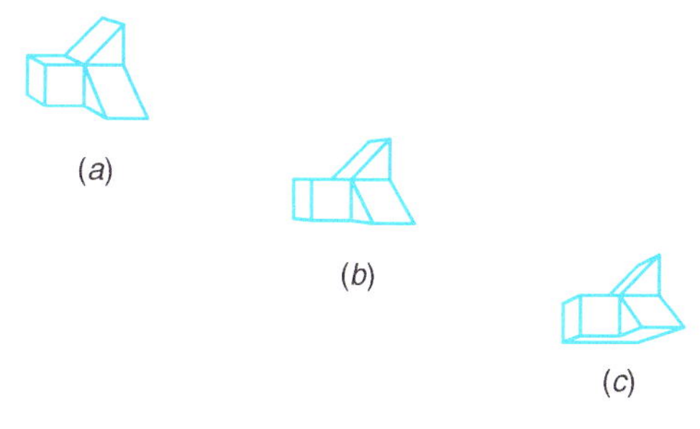

Figura 13-16 Deslocamento vertical do centro de projeção em relação a um objeto.

projeção do mesmo objeto com o centro de projeção à mesma distância do plano de terra que o objeto. Finalmente, na Figura 13-16*c*, o centro de projeção está abaixo do objeto.

EFEITO DA DISTÂNCIA DO CP

Uma das vantagens da projeção cônica é que ela produz uma imagem mais realista que a projeção paralela. Isso se deve ao fato de que, como acontece com a nossa visão, o tamanho da imagem criada usando uma projeção cônica depende da distância entre o objeto e o centro de projeção. A Figura 13-17 mostra três perspectivas cônicas de um ponto do mesmo cubo para três distâncias diferentes entre o cubo e o centro de projeção. Note que, quanto mais longe o objeto se encontra do centro de projeção, menor é a imagem projetada.

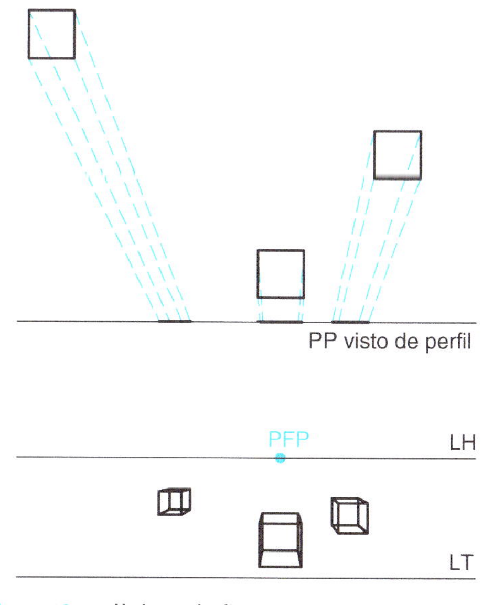

Figura 13-17 Variação da distância entre o objeto e o centro de projeção.

DESENHOS EM PERSPECTIVA CÔNICA

Introdução

Os desenhos em perspectiva cônica proporcionam uma representação mais realista de um objeto que as técnicas de projeção paralela, mas deixam de lado a maior parte das informações dimensionais. Os desenhos em perspectiva cônica também são mais difíceis de construir que os desenhos oblíquos e isométricos.

Um desenho em perspectiva cônica representa um objeto da forma como um observador o veria de um certo ponto de vista. Nesse tipo de desenho, as projeções de arestas paralelas do objeto que não são paralelas ao plano de projeção são convergentes, o que faz com que objetos distantes pareçam menores. Na projeção paralela, por outro lado, arestas paralelas permanecem paralelas na imagem projetada, o que faz com que os objetos sejam projetados com o mesmo tamanho, qualquer que seja a distância a que se encontram do plano de projeção.

Terminologia

A Figura 13-18 mostra os elementos básicos de um desenho em perspectiva cônica. Como vimos no início deste capítulo, esses elementos são a linha de terra, a linha do horizonte e os pontos de fuga. A linha de terra representa o plano no qual o objeto repousa e é formada pela interseção do plano de terra com o plano de projeção. A linha do horizonte representa a altura do olho do observador em relação à linha de terra.[4] Ponto de fuga é um ponto (em geral na linha do horizonte) para o qual convergem projetantes inclinadas em relação ao plano de projeção.[5]

Desenhos em Perspectiva Cônica de um Ponto

Como vimos no início do capítulo, em uma perspectiva cônica de um ponto, uma das faces do objeto é paralela ao plano de projeção.

[4] Como vimos no início do capítulo, a linha do horizonte está à mesma altura que o centro de projeção.

[5] Em uma perspectiva cônica, arestas paralelas de um objeto, inclinadas em relação ao plano de projeção, convergem quando são projetadas. Se as arestas são paralelas ao plano de terra, elas são projetadas na linha do horizonte.

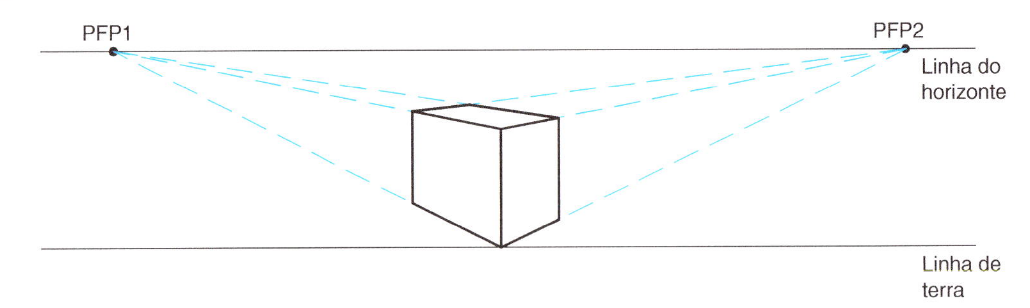

Figura 13-18 Terminologia dos desenhos em perspectiva cônica: perspectiva cônica de dois pontos.

Isso explica a semelhança entre os desenhos em perspectiva cônica de um ponto e os desenhos baseados em uma projeção oblíqua, na qual dois eixos principais também estão paralelos ao plano de projeção. A Figura 13-19 mostra uma comparação entre um desenho em perspectiva cônica de um ponto e o mesmo desenho em perspectiva oblíqua.

A principal diferença entre as duas perspectivas é que as arestas paralelas inclinadas em relação ao plano de projeção permanecem paralelas na perspectiva oblíqua, enquanto, na perspectiva cônica de um ponto, as mesmas arestas convergem para um ponto de fuga.

Em uma perspectiva cônica de um ponto, se a face frontal de um objeto coincide com o plano de projeção, essa face é projetada em verdadeira grandeza (veja a Figura 13-14). Se a face está atrás (na frente) do plano de projeção, a face projetada é menor (maior) que a face do objeto. Na prática, porém, quando fazemos um desenho em perspectiva cônica de um ponto, à distância vertical que corresponde, no desenho, à altura da face frontal é atribuída a altura real do objeto, independentemente da distância a que o objeto se encontra do plano de projeção, e o valor atribuído à dimensão horizontal é escalonado de acordo com a dimensão vertical.

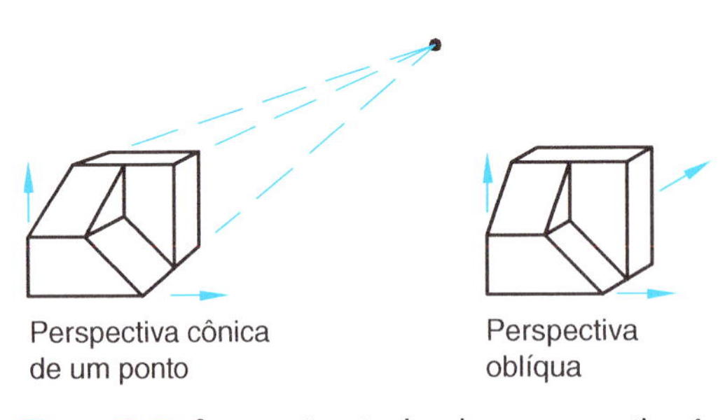

Figura 13-19 Comparação entre desenhos em perspectiva cônica de um ponto e perspectiva oblíqua.

O escalonamento ao longo do eixo de profundidade envolve uma certa aproximação visual. A Figura 13-20 mostra dois desenhos em perspectiva cônica de um ponto do mesmo cubo. No desenho da esquerda, o cubo foi desenhado usando a mesma distância L para os eixos horizontal, vertical e de profundidade. O resultado é que o desenho parece representar um paralelepípedo alongado no sentido de profundidade. Essa distorção acontece porque o encurtamento no sentido de profundidade não foi levado em consideração. No desenho da direita, a dimensão no sentido de profundidade foi reduzida, o que torna o desenho mais parecido com a visão que temos de um cubo. Embora o grau de encurtamento dependa de muitas variáveis, uma regra de bolso é a de que, no caso da perspectiva de um ponto, a dimensão do eixo de profundidade deve ser aproximadamente dois terços das outras dimensões.

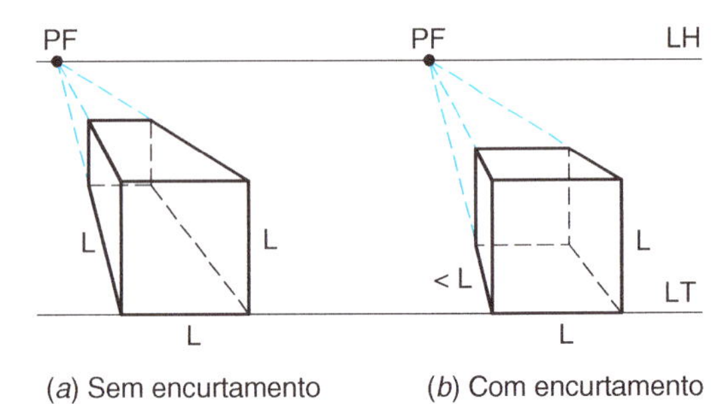

Figura 13-20 Perspectiva cônica de um ponto de um cubo, sem e com encurtamento.

Desenhos em Perspectiva Cônica de Dois Pontos

Em um desenho em perspectiva cônica de dois pontos, o objeto é orientado com apenas um eixo principal, quase sempre o eixo vertical, paralelo ao plano de projeção. Os outros dois eixos principais estão inclinados em relação ao plano de projeção. Em consequência, as arestas verticais do objeto permanecem paralelas ao serem projetadas, enquanto as outras duas famílias de arestas principais convergem para dois pontos de fuga diferentes. Esses dois pontos de fuga principais estão na linha do horizonte (veja a Figura 13-21).

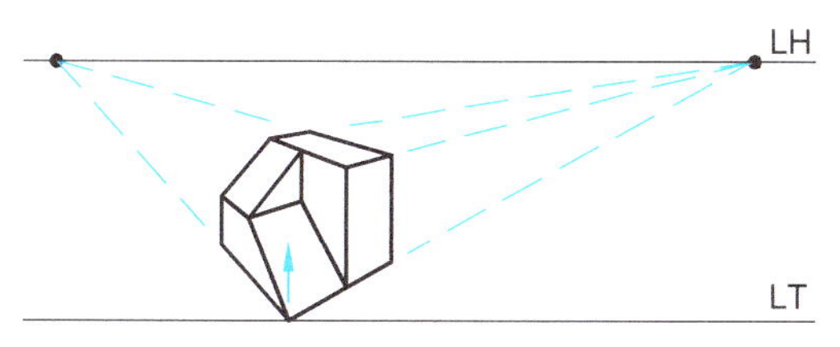

Figura 13-21 Desenho em perspectiva cônica de dois pontos.

Se o plano de projeção passa pela aresta vertical frontal do objeto, essa aresta é projetada em verdadeira grandeza (veja a Figura 13-14). Se a aresta está atrás (na frente) do plano de projeção, a projeção da aresta vertical é menor (maior) que a aresta vertical do objeto. Na prática, porém, quando fazemos um desenho em perspectiva cônica de dois pontos, à distância no desenho que representa a altura da aresta frontal do paralelogramo envolvente é atribuída a altura real do paralelogramo envolvente, sem levar em conta a posição da aresta em relação ao plano de projeção. Em seguida, retas convergentes são traçadas entre as extremidades da aresta e os dois pontos de fuga principais.

Como no caso da perspectiva cônica de um ponto, o grau de encurtamento no sentido da profundidade deve ser estimado de modo a fazer com que o desenho fique bem proporcionado. A diferença é que, na perspectiva cônica de dois pontos, existem dois eixos de profundidade.

A Figura 13-22 mostra o desenho de um cubo em perspectiva cônica de dois pontos, com as arestas de profundidade do cubo fazendo um ângulo de 45° com o plano de projeção. Se as distâncias horizontais da aresta frontal aos dois pontos de fuga principais forem iguais, como na Figura 13-22, o grau de encurtamento deverá ser o mesmo para os dois eixos de profundidade. A figura mostra uma boa estimativa do grau de encurtamento.

No caso da Figura 13-23, a situação é diferente, já que duas arestas de profundidade fazem um ângulo de 30° com o plano de projeção, e as outras duas fazem um ângulo de 60°. O cubo está posicionado lateralmente de tal forma que a aresta dianteira está a um quarto da distância entre os dois pontos de fuga. Os encurtamentos mais indicados nesse caso são diferentes para os dois eixos de profundidade, como mostra a Figura 13-23. Observe que o encurtamento deve ser maior para as arestas que convergem para o ponto de fuga mais próximo.

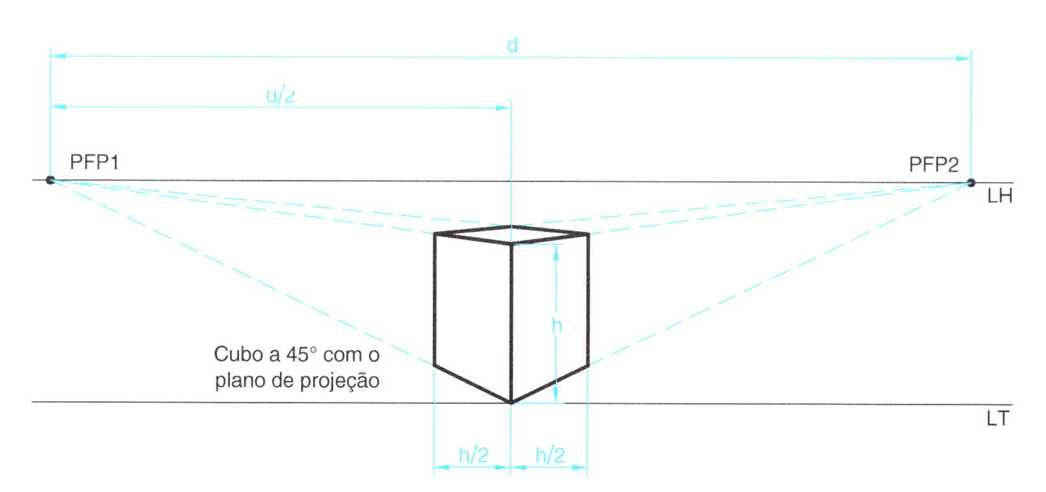

Figura 13-22 Desenho em perspectiva cônica de dois pontos de um cubo cujas arestas de profundidade fazem ângulos de 45° com o plano de projeção. (Extraído do livro de Jerry Dobrovolny e David O'Bryant, *Graphics for Engineers*, 2nd Edition, John Wiley & Sons, 1984.)

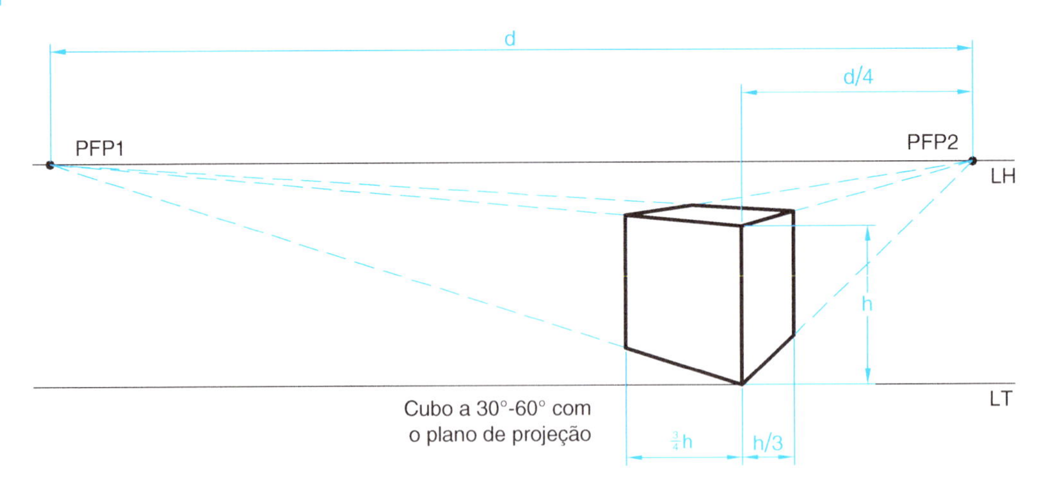

Figura 13-23 Desenho em perspectiva cônica de dois pontos de um cubo cujas arestas de profundidade fazem ângulos de 30° e 60° com o plano de projeção. (Extraído do livro de Jerry Dobrovolny e David O'Bryant, *Graphics for Engineers*, 2nd Edition, John Wiley & Sons, 1984.)

Técnicas de Desenho

Uma técnica útil para fazer desenhos bem proporcionados em perspectiva cônica é desenhar as diagonais de uma face inclinada para trás e localizar o ponto central da face. Projetando esse ponto nas arestas mais próximas, é fácil determinar a localização de vértices importantes do desenho. A Figura 13-24 ilustra a aplicação da técnica a desenhos em perspectiva cônica de um ponto e de dois pontos.

Na Figura 13-25, a mesma técnica foi usada para dividir uma área trapezoidal em duas, três e quatro partes. Para outras informações, veja a seção do Capítulo 2 a respeito da divisão de linhas.

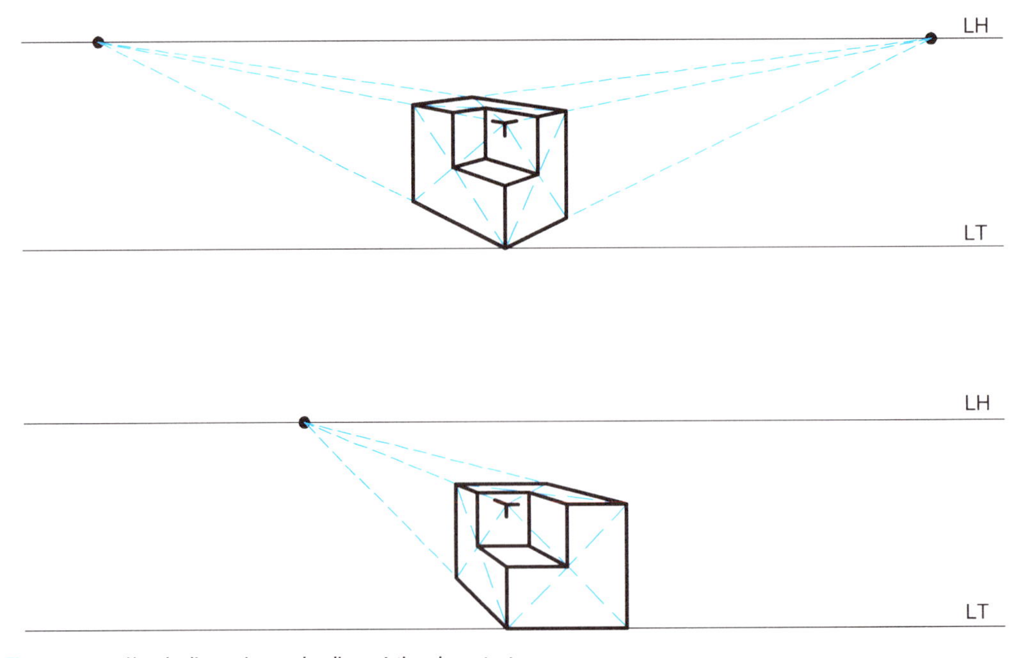

Figura 13-24 Uso de diagonais para localizar vértices importantes.

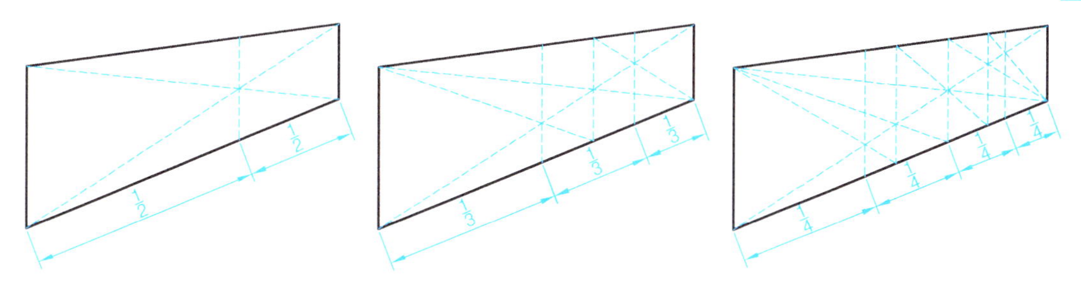

Figura 13-25 Divisão de uma área trapezoidal em duas, três e quatro partes.

Exemplo detalhado de construção de um desenho em perspectiva cônica de um ponto (veja a Figura 13-26)

A partir de um desenho em perspectiva cavaleira (o paralelepípedo envolvente é um cubo), da altura e localização de uma aresta de referência e da posição de um ponto de fuga principal, construa um desenho em perspectiva cônica de um ponto do objeto.

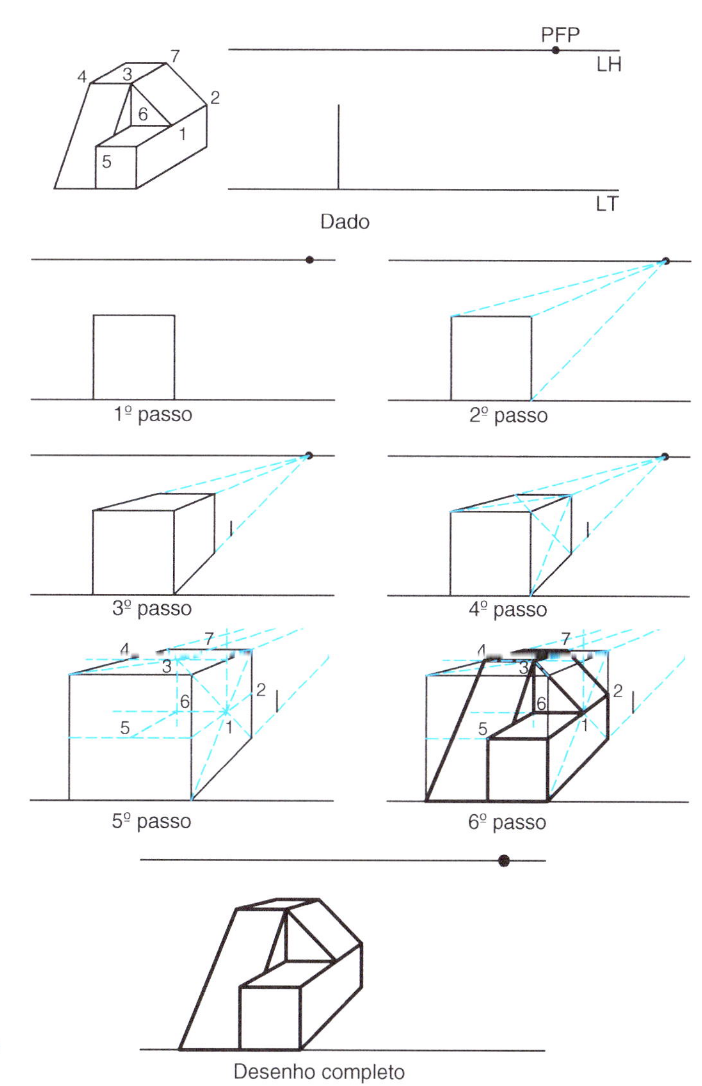

Figura 13-26 Construção de um desenho em perspectiva cônica de um ponto.

Continua

(*Continuação*)

1. Complete a face frontal do paralelepípedo envolvente.
2. Trace retas convergentes ligando vértices da face frontal ao ponto de fuga.
3. Estime o grau de encurtamento das arestas de profundidade e complete o paralelepípedo envolvente.
4. Trace as diagonais das faces de profundidade superior e direita do paralelepípedo envolvente.
5. Localize os vértices importantes. Os pontos médios das arestas horizontais e verticais podem ser usados para localizar os pontos 2, 5 e 7. As interseções das diagonais podem ser usadas para localizar os vértices 1 e 3. Os vértices restantes, 4 e 6, podem ser localizados fazendo passar retas horizontais e/ou verticais pelos vértices já localizados para determinar interseções.
6. Reforce as linhas definitivas e apague as linhas auxiliares.

Exemplo detalhado de construção de um desenho em perspectiva de dois pontos (veja a Figura 13-27)

A partir de um desenho em perspectiva cavaleira, da altura e localização de uma aresta de referência e da posição de dois pontos de fuga principais, construa um desenho em perspectiva cônica de um ponto do objeto.

1. Trace retas convergentes ligando os dois vértices da face frontal aos pontos de fuga. Assinale as dimensões não encurtadas do paralelepípedo envolvente do objeto.
2. Depois de estimar as dimensões encurtadas, complete o paralelepípedo envolvente.
3. Trace as diagonais da face frontal. Trace uma reta vertical passando pelo ponto de interseção das diagonais.
4. Para dividir a face dianteira em três segmentos, trace as retas diagonais mostradas no 4º passo.
5. Trace mais duas retas verticais na face dianteira, passando pelas interseções das retas diagonais traçadas no 3º e 4º passos.
6. Trace as diagonais das faces esquerda e superior.
7. Trace uma reta vertical passando pela interseção das diagonais da face esquerda. Determine o ponto de interseção da reta com a aresta superior da face esquerda. A partir desse ponto, trace uma reta horizontal passando pela interseção das diagonais da face superior. Determine o ponto de interseção da reta com a aresta direita da face superior.
8. Reforce as linhas definitivas e apague as linhas auxiliares.

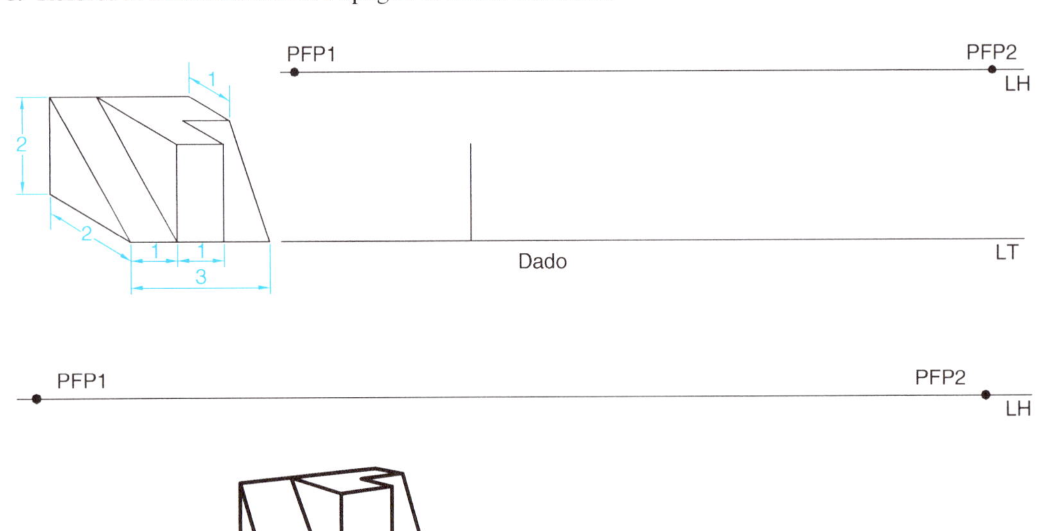

Figura A-27 Construção de um desenho em perspectiva cônica de dois pontos.

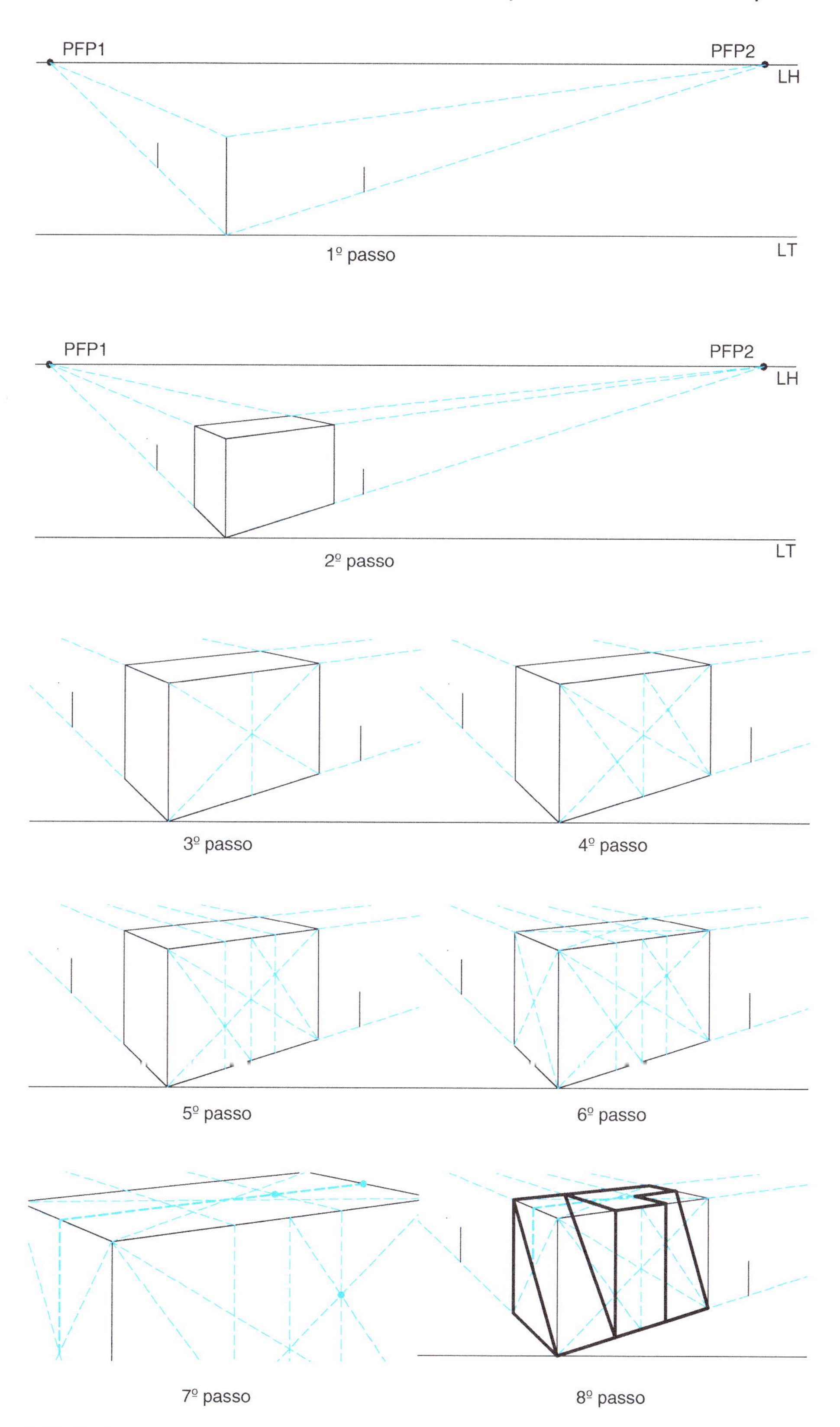

Figura A-27 *Continuação*

Resumo: orientações dos eixos em desenhos em perspectiva (veja a Figura 13-28)

(a) Perspectiva oblíqua
- As três famílias de arestas do paralelogramo envolvente (horizontais, verticais e de profundidade) permanecem paralelas

(b) Perspectiva isométrica
- As três famílias de arestas do paralelogramo envolvente (verticais, 30° à direita e 30° à esquerda) permanecem paralelas

(c) Perspectiva de um ponto
- Duas famílias de arestas do paralelogramo envolvente (horizontais e verticais) permanecem paralelas
- Uma família de arestas converge em um ponto de fuga

(d) Perspectiva de dois pontos
- Uma família de arestas do paralelogramo envolvente (verticais) permanece paralela
- Duas famílias de arestas convergem em pontos de fuga

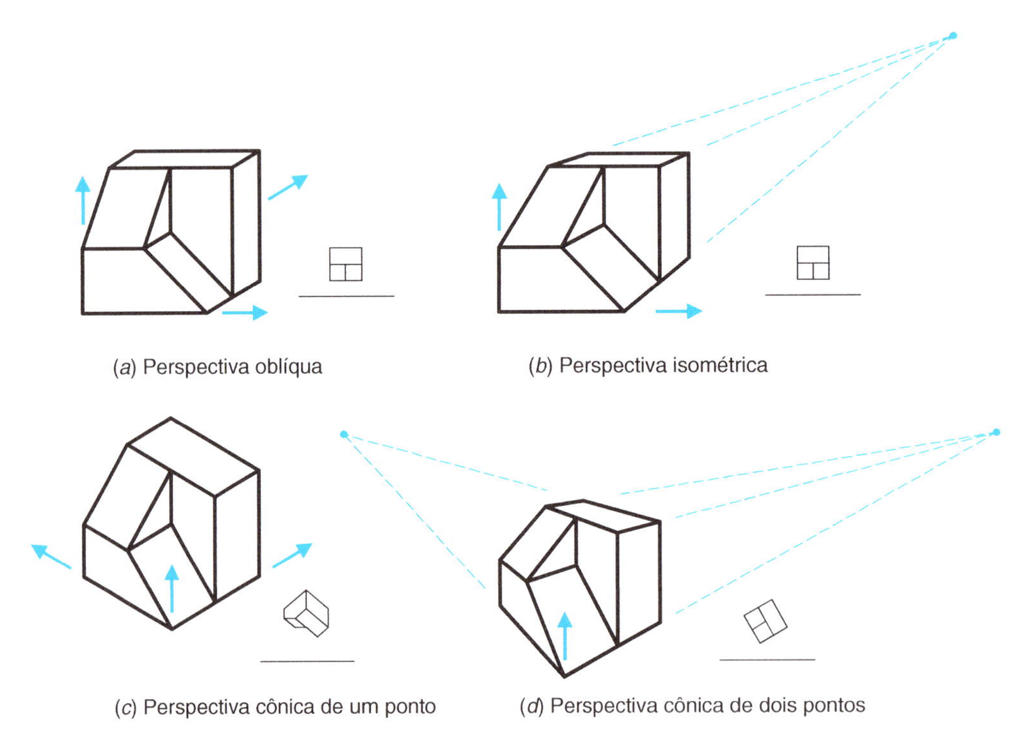

(*a*) Perspectiva oblíqua (*b*) Perspectiva isométrica

(*c*) Perspectiva cônica de um ponto (*d*) Perspectiva cônica de dois pontos

Figura 13-28 Orientações dos eixos em desenhos em perspectiva.

QUESTÕES

VERDADEIRO OU FALSO

1. Em uma perspectiva cônica de dois pontos, dois eixos principais são paralelos ao plano de projeção.
2. A perspectiva cônica de dois pontos e a perspectiva oblíqua têm o mesmo número de eixos principais inclinados em relação ao plano de projeção.
3. Em uma perspectiva cônica, se o plano de projeção está situado à frente do objeto, a imagem projetada é menor que o objeto.

MÚLTIPLA ESCOLHA

4. A Figura P13-1 mostra um desenho em perspectiva cônica de um poste vertical projetado em um plano de projeção. Se o poste tem 9 m de altura, qual é a altura apro-

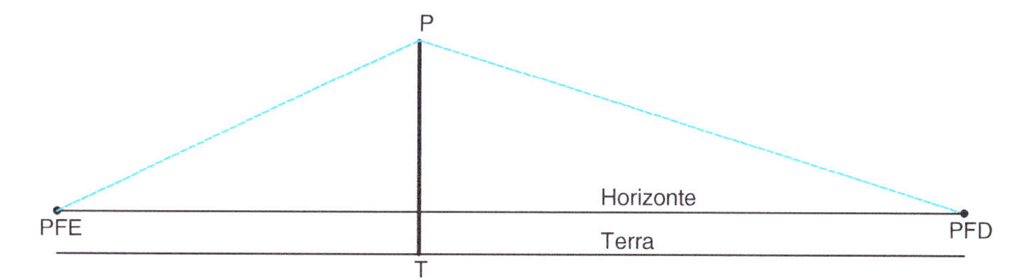

Figura P13-1 (Figura adaptada do trabalho de Michael H. Pleck.)

ximada do observador (ou seja, a distância entre o solo e os olhos do observador)?

a. 0
b. 90 cm
c. 1,5 m
d. 3 m
e. 4,5 m
f. 9 m
g. Não há dados suficientes para responder

DESENHOS

5. Dadas as perspectivas isométricas das Figuras P3-4 a P3-65, use cópias do papel de perspectiva cônica de um ponto (no final do livro) ou cópias baixadas do material disponível no site da LTC Editora para este livro para fazer desenhos em perspectiva cônica de um ponto dos objetos.
6. Dadas as perspectivas isométricas das Figuras P3-4 a P3-65, use cópias do papel de perspectiva cônica de dois pontos (no final do livro) ou cópias baixadas do material disponível no site da LTC Editora para este livro para fazer desenhos em perspectiva cônica de dois pontos dos objetos.

Ⓐ Dada uma perspectiva isométrica do objeto, desenhe uma perspectiva cônica de um ponto.

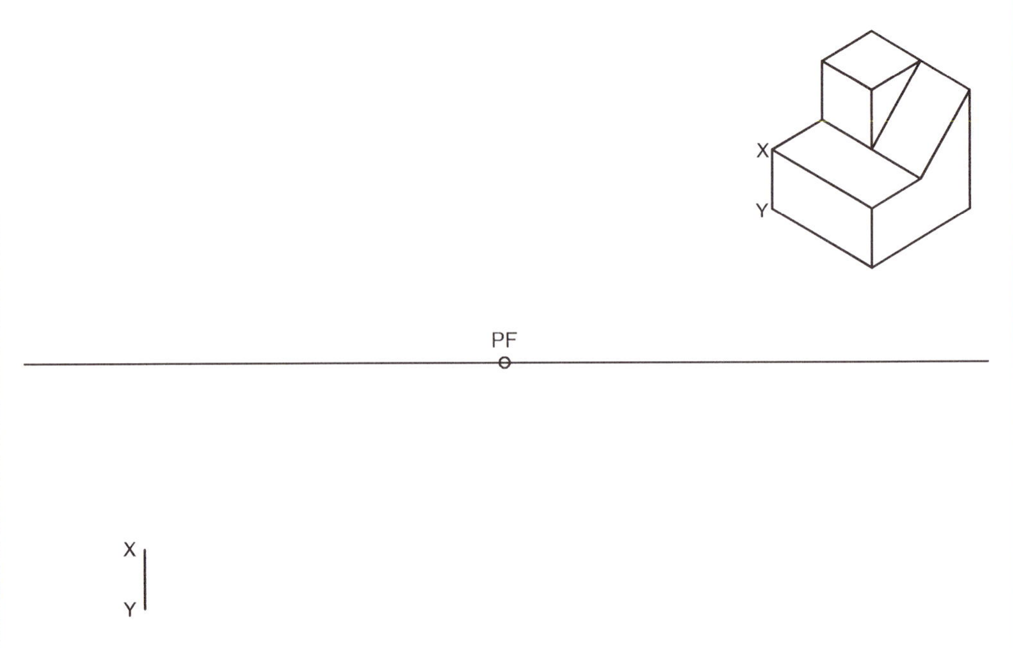

X
Y

PF

X
Y

Ⓑ Dada uma perspectiva isométrica do objeto, desenhe uma perspectiva cônica de dois pontos.

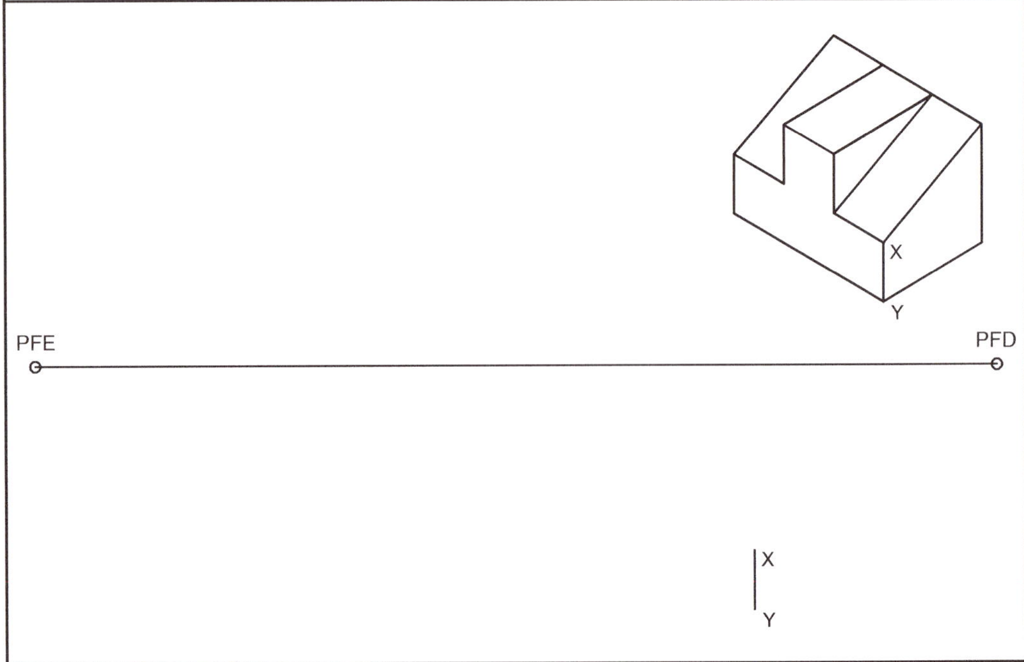

X
Y

PFE PFD

X
Y

Desenho 13-1	Nome ______________	Data ________

Ⓐ Dada uma perspectiva isométrica do objeto, desenhe uma perspectiva cônica de um ponto.

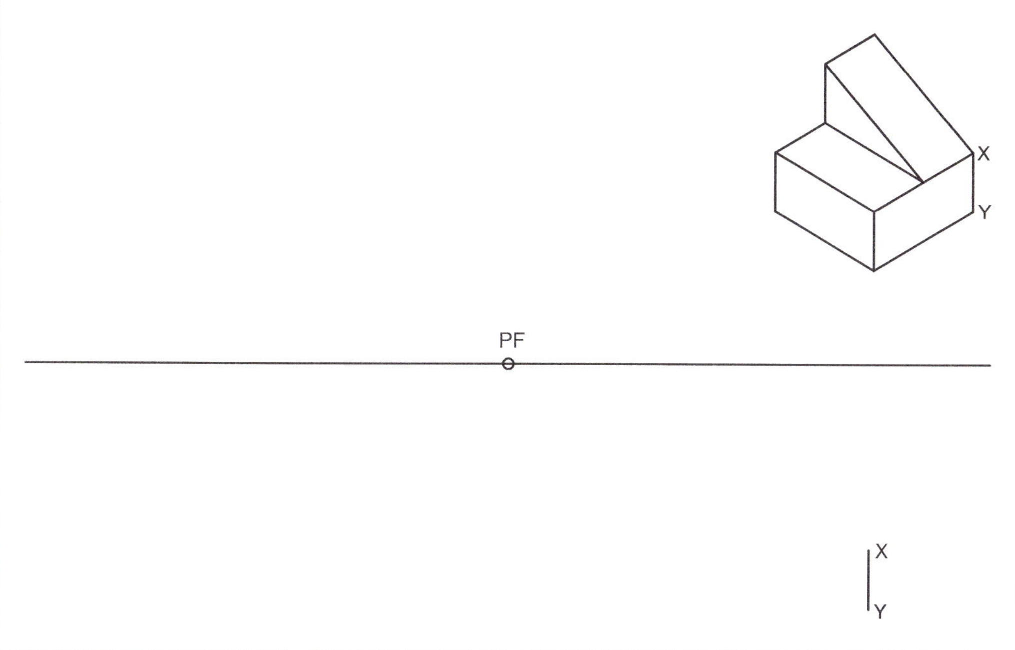

X
Y

PF

X
Y

Ⓑ Dada uma perspectiva isométrica do objeto, desenhe uma perspectiva cônica de dois pontos.

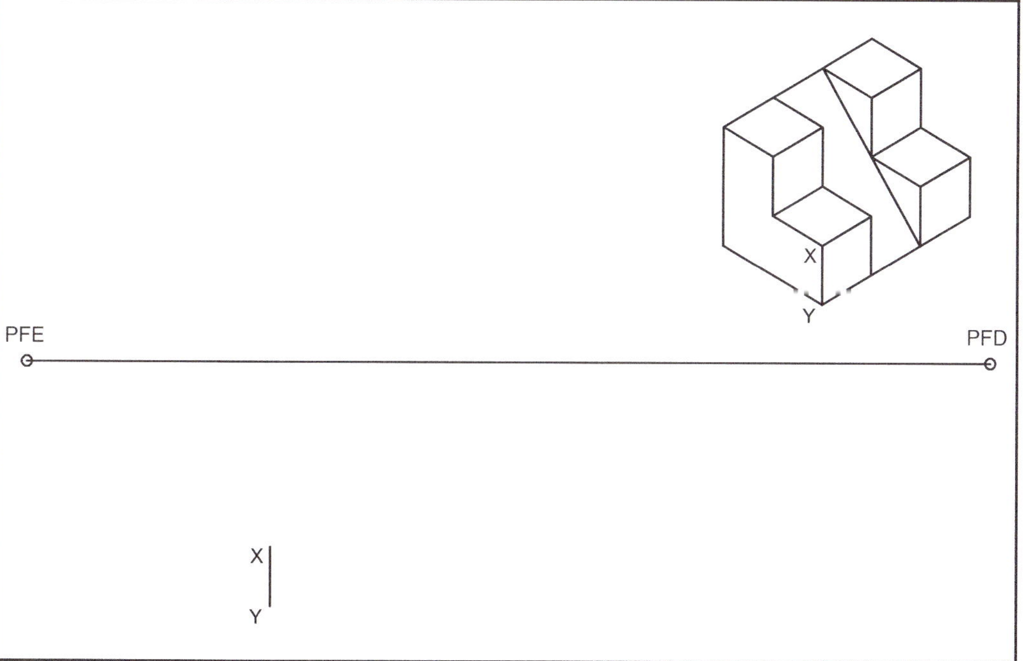

X
Y

PFE

PFD

X
Y

Desenho 13-2	Nome	Data

APÊNDICE

LIMITES E AJUSTES RECOMENDADOS EM UNIDADES INGLESAS

AJUSTES COM FOLGA LIVRES E DESLIZANTES (RC) – UNIDADES INGLESAS

American National Standard Running and Sliding Fits (ANSI B4.1-1967, R1979)

Os limites de tolerância dados no corpo da tabela devem ser somados ou subtraídos da dimensão nominal (de acordo com o sinal + ou –) para obter as dimensões máxima e mínima das peças acopladas.

Dimensão Nominal, Polegadas Intervalo	Classe RC1			Classe RC2			Classe RC3			Classe RC4		
		Limites de Tolerância Padrão			Limites de Tolerância Padrão			Limites de Tolerância Padrão			Limites de Tolerância Padrão	
	Folga*	Furo H5	Eixo g4	Folga*	Furo H6	Eixo g5	Folga*	Furo H7	Eixo f6	Folga*	Furo H8	Eixo f7
	Todos os valores abaixo estão em milésimos de polegada.											
0–0,12	0,1 0,45	+0,2 0	−0,1 −0,25	0,1 0,55	+0,25 0	−0,1 −0,3	0,3 0,95	+0,4 0	−0,3 −0,55	0,3 1,3	+0,6 0	−0,3 −0,7
0,12–0,24	0,15 0,5	+0,2 0	−0,15 −0,3	0,15 0,65	+0,3 0	−0,15 −0,35	0,4 1,12	+0,5 0	−0,4 −0,7	0,4 1,6	+0,7 0	−0,4 −0,9
0,24–0,40	0,2 0,6	+0,25 0	−0,2 −0,35	0,2 0,85	+0,4 0	−0,2 −0,45	0,5 1,5	+0,6 0	−0,5 −0,9	0,5 1,0	+0,9 0	−0,5 −1,1
0,40–0,71	0,25 0,75	+0,3 0	−0,25 −0,45	0,25 0,95	+0,4 0	−0,25 −0,55	0,6 1,7	+0,7 0	−0,6 −1,0	0,6 2,3	+1,0 0	−0,6 −1,3
0,71–1,19	0,3 0,95	+0,4 0	−0,3 −0,55	0,3 1,2	+0,5 0	−0,3 −0,7	0,8 2,1	+0,8 0	−0,8 −1,3	0,8 2,8	+1,2 0	−0,8 −1,6
1,19–1,97	0,4 1,1	+0,4 0	−0,4 −0,7	0,4 1,4	+0,6 0	−0,4 −0,8	1,0 2,6	+1,0 0	−1,0 −1,6	1,0 3,6	+1,6 0	−1,0 −2,0
1,97–3,15	0,4 1,2	+0,5 0	−0,4 −0,7	0,4 1,6	+0,7 0	−0,4 −0,9	1,2 3,1	+1,2 0	−1,2 −1,9	1,2 4,2	+1,8 0	−1,2 −2,4
3,15–4,73	0,5 1,5	+0,6 0	−0,5 −0,9	0,5 2,0	+0,9 0	−0,5 −1,1	1,4 3,7	+1,4 0	−1,4 −2,3	1,4 5,0	+2,2 0	−1,4 −2,8
4,73–7,09	0,6 1,8	+0,7 0	−0,6 −1,1	0,6 2,3	+1,0 0	−0,6 −1,3	1,6 4,2	+1,6 0	−1,6 −2,6	1,6 5,7	+2,5 0	−1,6 −3,2
7,09–9,85	0,6 2,0	+0,8 0	−0,6 −1,2	0,6 2,6	+1,2 0	−0,6 −1,4	2,0 5,0	+1,8 0	−2,0 −3,2	2,0 6,6	+2,8 0	−2,0 −3,8
9,85–12,41	0,8 2,3	+0,9 0	−0,8 −1,4	0,8 2,9	+1,2 0	−0,8 −1,7	2,5 5,7	+2,0 0	−2,5 −3,7	2,5 7,5	+3,0 0	−2,5 −4,5
12,41–15,75	1,0 2,7	+1,0 0	−1,0 −1,7	1,0 3,4	+1,4 0	−1,0 −2,0	3,0 6,6	+2,2 0	−3,0 −4,4	3,0 8,7	+3,5 0	−3,0 −5,2
15,75–19,69	1,2 3,0	+1,0 0	−1,2 −2,0	1,2 3,8	+1,6 0	−1,2 −2,2	4,0 8,1	+2,5 0	−4,0 −5,6	4,0 10,5	+4,0 0	−4,0 −6,5

Veja as notas no fim da tabela.

Dimensão Nominal, Polegadas Intervalo	Classe RC5			Classe RC6			Classe RC7			Classe RC8			Classe RC9		
		Limites de Tolerância Padrão			Limites de Tolerância Padrão			Limites de Tolerância Padrão			Limites de Tolerância Padrão			Limites de Tolerância Padrão	
	Folga*	Furo H8	Eixo e7	Folga*	Furo H9	Eixo e8	Folga*	Furo H9	Eixo d8	Folga*	Furo H10	Eixo c9	Folga*	Furo H11	Eixo
	Todos os valores abaixo estão em milésimos de polegada.														
0–0,12	**0,6** **1,6**	**+0,6** **0**	**−0,6** **−1,0**	**0,6** **2,2**	**+1,0** **0**	**−0,6** **−1,2**	**1,0** **2,6**	**+1,0** **0**	**−1,0** **−1,6**	**2,5** **5,1**	+1,6 **0**	**−2,5** **−3,5**	4,0 8,1	**+2,5** **0**	−4,0 −5,6
0,12–0,24	**0,8** **2,0**	**+0,7** **0**	**−0,8** **−1,3**	**0,8** **2,7**	**+1,2** **0**	**−0,8** **−1,5**	**1,2** **3,1**	**+1,2** 0	**−1,2** **−1,9**	**2,8** **5,8**	+1,8 **0**	**−2,8** **−4,0**	4,5 9,0	**+3,0** **0**	−4,5 −6,0
0,24–0,40	**1,0** **2,5**	**+0,9** **0**	**−1,0** **−1,6**	**1,0** **3,3**	**+1,4** **0**	**−1,0** **−1,9**	**1,6** **3,9**	**+1,4** **0**	**−1,6** **−2,5**	**3,0** **6,6**	+2,2 **0**	**−3,0** **−4,4**	5,0 10,7	**+3,5** **0**	−5,0 −7,2
0,40–0,71	**1,2** **2,9**	**+1,0** **0**	**−1,2** **−1,9**	**1,2** **3,8**	**+1,6** **0**	**−1,2** **−2,2**	**2,0** **4,6**	**+1,6** **0**	**−2,0** **−3,0**	**3,5** **7,9**	+2,8 **0**	**−3,5** **−5,1**	6,0 12,8	**+4,0** **0**	−6,0 −8,8
0,71–1,19	**−1,6** **3,6**	**+1,2** **0**	**−1,6** **−2,4**	**1,6** **4,8**	**+2,0** **0**	**−1,6** **−2,8**	**2,5** **5,7**	**+2,0** **0**	**−2,5** **−3,7**	**4,5** **10,0**	+3,5 **0**	**−4,5** **−6,5**	7,0 15,5	**+5,0** **0**	−7,0 −10,5
1,19–1,97	**2,0** **4,6**	**+1,6** **0**	**−2,0** **−3,0**	**2,0** **6,1**	**+2,5** **0**	**−2,0** **−3,6**	**3,0** **7,1**	**+2,5** **0**	**−3,0** **−4,6**	**5,0** **11,5**	+4,0 **0**	**−5,0** **−7,5**	8,0 18,0	**+6,0** **0**	−8,0 −12,0
1,97–3,15	**2,5** **5,5**	**+1,8** **0**	**−2,5** **−3,7**	**2,5** **7,3**	**+3,0** **0**	**−2,5** **−4,3**	**4,0** **8,8**	**+3,0** **0**	**−4,0** **−5,8**	**6,0** **13,5**	+4,5 **0**	**−6,0** **−9,0**	9,0 20,5	**+7,0** **0**	−9,0 −13,5
3,15–4,73	**3,0** **6,6**	**+2,2** **0**	**−3,0** **−4,4**	**3,0** **8,7**	**+3,5** **0**	**−3,0** **−5,2**	**5,0** **10,7**	**+3,5** **0**	**−5,0** **−7,2**	**7,0** **15,5**	+5,0 **0**	**−7,0** **−10,5**	10,0 24,0	**+9,0** **0**	−10,0 −15,0
4,73–7,09	**3,5** **7,6**	**+2,5** **0**	**−3,5** **−5,1**	**3,5** **10,0**	**+4,0** **0**	**−3,5** **−6,0**	**6,0** **12,5**	**+4,0** **0**	**−6,0** **−8,5**	**8,0** **18,0**	+6,0 **0**	**−8,0** **−12,0**	12,0 28,0	**+10,0** **0**	−12,0 −18,0
7,09–9,85	**4,0** **8,6**	**+2,8** **0**	**−4,0** **−5,8**	**4,0** **11,3**	**+4,5** **0**	**−4,0** **−6,8**	**7,0** **14,3**	**+4,5** **0**	**−7,0** **−9,8**	**10,0** **21,5**	+7,0 **0**	**−10,0** **−14,5**	15,0 34,0	**+12,0** **0**	−15,0 −22,0
9,85–12,41	5,0 10,0	**+3,0** **0**	−5,0 −7,0	5,0 13,0	**+5,0** **0**	−5,0 −8,0	8,0 16,0	**+5,0** **0**	−8,0 −11,0	**12,0** **25,0**	**+8,0** **0**	**−12,0** **−17,0**	18,0 38,0	**+12,0** **0**	−18,0 −26,0
12,41–15,75	6,0 11,7	**+3,5** **0**	−6,0 −8,2	6,0 15,5	**+6,0** **0**	−6,0 −9,5	10,0 19,5	**+6,0** **0**	−10,0 −13,5	**14,0** **29,0**	**+9,0** **0**	**−14,0** **−20,0**	22,0 45,0	**+14,0** **0**	−22,0 −31,0
15,75–19,69	8,0 14,5	**+4,0** **0**	−8,0 −10,5	8,0 18,0	**+6,0** **0**	−8,0 −12,0	12,0 22,0	**+6,0** **0**	−12,0 −16,0	**16,0** **32,0**	**+10,0** **0**	**−16,0** **−22,0**	25,0 51,0	**+16,0** **0**	−25,0 −35,0

Os números em negrito fazem parte do Acordo Americano-Britânico-Canadense (ABC). Os símbolos H5, g4, etc., são designações de furos e eixos no sistema ABC.
Os limites para dimensões maiores que 19,69 polegadas também são fornecidos na Norma ANSI.
*Os pares de valores representam as folgas mínima e máxima resultantes da aplicação dos limites de tolerância padrão.
Fonte: Reproduzido por cortesia de The American Society of Mechanical Engineers.

AJUSTES COM FOLGA FIXOS (LC) - UNIDADES INGLESAS

American National Standard Clearance Locational Fits (ANSI B4.1-1967, R1979)

Os limites de tolerância dados no corpo da tabela devem ser somados ou subtraídos da dimensão nominal (de acordo com o sinal + ou –) para obter as dimensões máxima e mínima das peças acopladas.

Dimensão Nominal, Polegadas	Classe LC1			Classe LC2			Classe LC3			Classe LC4			Classe LC5		
		Limites de Tolerância Padrão			Limites de Tolerância Padrão			Limites de Tolerância Padrão			Limites de Tolerância Padrão			Limites de Tolerância Padrão	
	Folga*	Furo H6	Eixo h5	Folga*	Furo H7	Eixo h6	Folga*	Furo H8	Eixo h7	Folga*	Furo H10	Eixo h9	Folga*	Furo H7	Eixo g6
Intervalo	Todos os valores abaixo estão em milésimos de polegada.														
0–0,12	0 0,45	+0,25 0	0 −0,2	0 0,65	+0,4 0	0 −0,25	0 1	+0,6 0	0 −0,4	0 2,6	+1,6 0	0 −1,0	0,1 0,75	+0,4 0	−0,1 −0,35
0,12–0,24	0 0,5	+0,3 0	0 −0,2	0 0,8	+0,5 0	0 −0,3	0 1,2	+0,7 0	0 −0,5	0 3,0	+1,8 0	0 −1,2	0,15 0,95	+0,5 0	−0,15 −0,45
0,24–0,40	0 0,65	+0,4 0	0 −0,25	0 1,0	+0,6 0	0 −0,4	0 1,5	+0,9 0	0 −0,6	0 3,6	+2,2 0	0 −1,4	0,2 1,2	+0,6 0	−0,2 −0,6
0,40–0,71	0 0,7	+0,4 0	0 −0,3	0 1,1	+0,7 0	0 −0,4	0 1,7	+1,0 0	0 −0,7	0 4,4	+2,8 0	0 −1,6	0,25 1,35	+0,7 0	−0,25 −0,65
0,71–1,19	0 0,9	+0,5 0	0 −0,4	0 1,3	+0,8 0	0 −0,5	0 2	+1,2 0	0 −0,8	0 5,5	+3,5 0	0 −2,0	0,3 1,6	+0,8 0	−0,3 −0,8
1,19–1,97	0 1,0	+0,6 0	0 −0,4	0 1,6	+1,0 0	0 −0,6	0 2,6	+1,6 0	0 −1	0 6,5	+4,0 0	0 −2,5	0,4 2,0	+1,0 0	−0,4 −1,0
1,97–3,15	0 1,2	+0,7 0	0 −0,5	0 1,9	+1,2 0	0 −0,7	0 3	+1,8 0	0 −1,2	0 7,5	+4,5 0	0 −3	0,4 2,3	+1,2 0	−0,4 −1,1
3,15–4,73	0 1,5	+0,9 0	0 −0,6	0 2,3	+1,4 0	0 −0,9	0 3,6	+2,2 0	0 −1,4	0 8,5	+5,0 0	0 −3,5	0,5 2,8	+1,4 0	−0,5 −1,4
4,73–7,09	0 1,7	+1,0 0	0 −0,7	0 2,6	+1,6 0	0 −1,0	0 4,1	+2,5 0	0 −1,6	0 10,0	+6,0 0	0 −4	0,6 −3,2	+1,6 0	−0,6 −1,6
7,09–9,85	0 2,0	+1,2 0	0 −0,8	0 3,0	+1,8 0	0 −1,2	0 4,6	+2,8 0	0 −1,8	0 11,5	+7,0 0	0 −4,5	0,6 3,6	+1,8 0	−0,6 −1,8
9,85–12,41	0 2,1	+1,2 0	0 −0,9	0 3,2	+2,0 0	0 −1,2	0 5	+3,0 0	0 −2,0	0 13,0	+8,0 0	0 −5	0,7 3,9	+2,0 0	−0,7 −1,9
12,41–15,75	0 2,4	+1,4 0	0 −1,0	0 3,6	+2,2 0	0 −1,4	0 5,7	+3,5 0	0 −2,2	0 15,0	+9,0 0	0 −6	0,7 4,3	+2,2 0	−0,7 −2,1
15,75–19,69	0 2,6	+1,6 0	0 −1,0	0 4,1	+2,5 0	0 −1,6	0 6,5	+4 0	0 −2,5	0 16,0	+10,0 0	0 −6	0,8 4,9	+2,5 0	−0,8 −2,4

Veja as notas no fim da tabela.

Dimensão Nominal, Polegadas Intervalo	Classe LC6			Classe LC7			Classe LC8			Clases LC9			Classe LC10			Classe LC11		
		Limites de Tolerância Padrão			Limites de Tolerância Padrão			Limites de Tolerância Padrão			Limites de Tolerância Padrão			Limites de Tolerância Padrão			Limites de Tolerância Padrão	
	Folga*	Furo H9	Eixo f8	Folga*	Furo H10	Eixo e9	Folga*	Furo H10	Eixo d9	Folga*	Furo H11	Eixo c10	Folga*	Furo H12	Eixo	Folga*	Furo H13	Eixo
	Todos os valores abaixo estão em milésimos de polegada.																	
0–0,12	0,3 1,9	+1,0 0	−0,3 −0,9	0,6 3,2	+1,6 0	−0,6 −1,6	1,0 2,0	+1,6 0	−1,0 −2,0	2,5 6,6	+2,5 0	−2,5 −4,1	4 12	+4 0	−4 −8	5 17	+6 0	−5 −11
0,12–0,24	0,4 2,3	+1,2 0	−0,4 −1,1	0,8 3,8	+1,8 0	−0,8 −2,0	1,2 4,2	+1,8 0	−1,2 −2,4	2,8 7,6	+3,0 0	−2,8 −4,6	4,5 14,5	+5 0	−4,5 −9,5	6 20	+7 0	−6 −13
0,24–0,40	0,5 1,8	+1,4 0	−0,5 −1,4	1,0 4,6	+2,3 0	−1,0 −2,4	1,6 5,2	+2,2 0	−1,6 −3,0	3,0 8,7	+3,5 0	−3,0 −5,2	5 17	+6 0	−5 −11	7 25	+9 0	−7 −16
0,40–0,71	0,6 3,2	+1,6 0	−0,6 −1,6	1,3 5,6	+2,8 0	−1,2 −2,8	2,0 6,4	+2,8 0	−2,0 −3,6	3,5 10,3	+4,0 0	−3,5 −6,3	6 20	+7 0	−6 −13	8 28	+10 0	−8 −18
0,71–1,19	0,8 4,0	+2,0 0	−0,8 −2,0	1,6 7,1	+3,5 0	−1,6 −3,6	3,5 8,0	+3,5 0	−2,5 −4,5	4,5 13,0	+5,0 0	−4,5 −8,0	7 23	+8 0	−7 −15	10 34	+12 0	−10 −22
1,19–1,97	1,0 5,1	+2,5 0	−1,0 −2,6	1,0 8,5	+4,0 0	−2,0 −4,5	3,6 9,5	+4,0 0	−3,0 −5,5	5,0 15,0	+6 0	−5,0 −9,0	8 28	+10 0	−8 −18	12 44	+16 0	−12 −28
1,97–3,15	1,2 6,0	+3,0 0	−1,0 −3,0	2,5 10,0	+4,5 0	−2,5 −5,5	4,0 11,5	+4,5 0	−4,0 −7,0	6,0 17,5	+7 0	−6,0 −10,5	10 34	+12 0	−10 −22	14 50	+18 0	−14 −32
3,15–4,73	1,4 7,1	+3,5 0	−1,4 −3,6	3,0 11,5	+5,0 0	−3,0 −6,5	5,0 13,5	+5,0 0	−5,0 −8,5	7 21	+9 0	−7 −12	11 39	+14 0	−11 −25	16 60	+22 0	−16 −38
4,73–7,09	1,6 8,1	+4,0 0	−1,6 −4,1	3,5 13,5	+6,0 0	−3,5 −7,5	6 16	+6 0	−6 −10	8 24	+10 0	−8 −14	12 44	+16 0	−12 −28	18 68	+25 0	−18 −43
7,09–9,85	2,0 9,3	+4,5 0	−2,0 −4,8	4,0 15,5	+7,0 0	−4,0 −8,5	7 18,5	+7 0	−7 −11,5	10 29	+12 0	−10 −17	16 52	+18 0	−16 −34	22 78	+28 0	−22 −50
9,85–12,41	2,2 10,2	+5,0 0	−2,2 −5,2	4,5 17,5	+8,0 0	−4,5 −9,5	7 20	+8 0	−7 −12	12 32	+12 0	−12 −20	20 60	+20 0	−30 −40	28 88	+30 0	−28 −58
12,41–15,75	2,5 12,0	+6,0 0	−2,5 −6,0	5,0 20,0	+9,0 0	−5 −11	8 23	+9 0	−8 −14	14 37	+14 0	−14 −23	22 66	+22 0	−22 −44	30 100	+35 0	−30 −65
15,75–19,69	2,8 12,8	+6,0 0	−2,8 −6,8	5,0 31,0	+10,0 0	−5 −11	9 25	+10 0	−9 −15	16 42	+16 0	−16 −26	25 75	+25 0	−25 −50	35 115	+40 0	−35 −75

Os números em negrito fazem parte do Acordo Americano-Britânico-Canadense (ABC). Os símbolos H6, H7, s6, etc., são designações de furos e eixos no sistema ABC.
Os limites para dimensões maiores que 19,69 polegadas não são cobertos pelo acordo ABC, mas são fornecidos na Norma ANSI.
*Os pares de valores representam as folgas mínima e máxima resultantes da aplicação dos limites de tolerância padrão.
Fonte: Reproduzido por cortesia de The American Society of Mechanical Engineers.

AJUSTES INCERTOS (LT) - UNIDADES INGLESAS

American National Standard Clearance Locational Fits (ANSI B4.1-1967, R1979)

Dimensão Nominal, Polegadas Intervalo	Classe LT1			Classe LT2			Classe LT3			Classe LT4			Classe LT5			Classe LT6		
		Limites de Tolerância Padrão			Limites de Tolerância Padrão			Limites de Tolerância Padrão			Limites de Tolerância Padrão			Limites de Tolerância Padrão			Limites de Tolerância Padrão	
	Ajuste*	Furo H7	Eixo js6	Ajuste*	Furo H8	Eixo js7	Ajuste*	Furo H7	Eixo k6	Ajuste*	Furo H7	Eixo n6	Ajuste*	Furo H7	Eixo n6	Ajuste*	Furo H7	Eixo n7
	Todos os valores abaixo estão em milésimos de polegada.																	
0–0,12	−0,12 +0,52	+0,4 0	+0,12 −0,12	−0,2 +0,8	+0,6 0	+0,2 −0,2							−0,5 +0,15	+0,4 0	+0,5 +0,25	−0,65 +0,15	+0,4 0	+0,65 +0,25
0,12–0,24	−0,15 +0,65	+0,5 0	+0,15 −0,15	−0,25 +0,95	+0,7 0	+0,25 −0,25							−0,6 +0,2	+0,5 0	+0,6 +0,3	−0,8 +0,2	+0,5 0	+0,8 +0,3
0,24–0,40	−0,2 +0,8	+0,6 0	+0,2 −0,2	−0,3 +1,2	+0,9 0	+0,3 −0,3	−0,5 +0,5	+0,6 0	+0,5 +0,1	−0,7 +0,8	+0,9 0	+0,7 +0,1	−0,8 +0,2	+0,6 0	+0,8 +0,4	−1,0 +0,2	+0,6 0	+1,0 +0,4
0,40–0,71	−0,2 +0,9	+0,7 0	+0,2 −0,2	−0,35 +1,35	+1,0 0	+0,35 −0,35	−0,5 +0,6	+0,7 0	+0,5 +0,1	−0,8 +0,9	+1,0 0	+0,8 +0,1	−0,9 +0,2	+0,7 0	+0,9 +0,5	−1,2 +0,2	+0,7 0	+1,2 +0,5
0,71–1,19	−0,25 +1,05	+0,8 0	+0,25 −0,25	−0,4 +1,6	+1,2 0	+0,4 −0,4	−0,6 +0,7	+0,8 0	+0,6 +0,1	−0,9 +1,1	+1,2 0	+0,9 +0,1	−1,1 +0,2	+0,8 0	+1,1 +0,6	−1,4 +0,2	+0,8 0	+1,4 +0,6
1,19–1,97	−0,3 +1,3	+1,0 0	+0,3 −0,3	−0,5 +2,1	+1,6 0	+0,5 −0,5	−0,7 +0,9	+1,0 0	+0,7 +0,1	−1,1 +1,5	+1,6 0	+1,1 +0,1	−1,3 +0,3	+1,0 0	+1,3 +0,7	−1,7 +0,3	+1,0 0	+1,7 +0,7
1,97–3,15	−0,3 +1,5	+1,2 0	+0,3 −0,3	−0,6 +2,4	+1,8 0	+0,6 −0,6	−0,8 +1,1	+1,2 0	+0,8 +0,1	−1,3 +1,7	+1,8 0	+1,3 +0,1	−1,5 +0,4	+1,2 0	+1,5 +0,8	−2,0 +0,4	+1,2 0	+2,0 +0,8
3,15–4,73	−0,4 +1,8	+1,4 0	+0,4 −0,4	−0,7 +2,9	+2,2 0	+0,7 −0,7	−1,0 +1,3	+1,4 0	+1,0 +0,1	−1,5 +2,1	+2,2 0	+1,5 +0,1	−1,9 +0,4	+1,4 0	+1,9 +1,0	−2,4 +0,4	+1,4 0	+2,4 +1,0
4,73–7,09	−0,5 +2,1	+1,6 0	+0,5 −0,5	−0,8 +3,3	+2,5 0	+0,8 −0,8	−1,1 +1,5	+1,6 0	+1,1 +0,1	−1,7 +2,4	+2,5 0	+1,7 +0,1	−2,2 +0,4	+1,6 0	+2,2 +1,2	−2,8 +0,4	+1,6 0	+2,8 +1,2
7,09–9,85	−0,6 +2,4	+1,8 0	+0,6 −0,6	−0,9 +3,7	+2,8 0	+0,9 −0,9	−1,4 +1,6	+1,8 0	+1,4 +0,2	+2,0 +2,6	+2,8 0	+2,0 +0,2	−2,6 +0,4	+1,8 0	+2,6 +1,4	−3,2 +0,4	+1,8 0	+3,2 +1,4
9,85–12,41	−0,6 +2,6	+2,0 0	+0,6 −0,6	−1,0 +4,0	+3,0 0	+1,0 −1,0	−1,4 +1,8	+2,0 0	+1,4 +0,2	−2,2 +2,8	+3,0 0	+2,2 +0,2	+2,6 +0,6	+2,0 0	+2,6 +1,4	−3,4 +0,6	+2,0 0	+3,4 +1,4
12,41–15,75	−0,7 +2,9	+2,2 0	+0,7 −0,7	−1,0 +4,5	+3,5 0	+1,0 −1,0	−1,6 +2,0	+2,2 0	+1,6 +0,2	−2,4 +3,3	+3,5 0	+2,4 +0,2	−3,0 +0,6	+2,2 0	+3,0 +1,6	−3,8 +0,6	+2,2 0	+3,8 +1,6
15,75–19,69	−0,8 +3,3	+2,5 0	+0,8 −0,8	−1,2 +5,2	+4,0 0	+1,2 −1,2	−1,8 +2,3	+2,5 0	+1,8 +0,2	−2,7 +3,8	+4,0 0	+2,7 +0,2	−3,4 +0,7	+2,5 0	+3,4 +1,8	−4,3 +0,7	+2,5 0	+4,3 +1,8

Os números em negrito fazem parte do Acordo Americano-Britânico-Canadense (ABC). Os símbolos H7, js6, etc., são designações de furos e eixos no sistema ABC.
*Os pares de valores representam a interferência máxima (–) e a folga máxima (+) resultantes da aplicação dos limites de tolerância padrão.
Fonte: Reproduzido por cortesia de The American Society of Mechanical Engineers.

AJUSTES COM INTERFERÊNCIA (LN) - UNIDADES INGLESAS

Dimensão Nominal, Polegadas Intervalo	Limites-Padrão da Classe LN1			Limites-Padrão da Classe LN2			Limites-Padrão da Classe LN3		
	Limites de Interferência*	Furo H6	Eixo n5	Limites de Interferência*	Furo H7	Eixo p6	Limites de Interferência*	Furo H7	Eixo r6
	Todos os valores abaixo estão em milésimos de polegada.								
0–0,12	0 0,45	+0,25 0	+0,45 +0,25	0 0,65	+0,4 0	+0,65 +0,4	0,1 0,75	+0,4 0	+0,75 +0,5
0,12–0,24	0 0,5	+0,3 0	+0,5 +0,3	0 0,8	+0,5 0	+0,8 +0,5	0,1 0,9	+0,5 0	+0,9 +0,6
0,24–0,40	0 0,65	+0,4 0	+0,65 +0,4	0 1,0	+0,6 0	+1,0 +0,6	0,2 1,2	+0,6 0	+1,2 +0,8
0,40–0,71	0 0,8	+0,4 0	+0,8 +0,4	0 1,1	+0,7 0	+1,1 +0,7	0,3 1,4	+0,7 0	+1,4 +1,0
0,71–1,19	0 1,0	+0,5 0	+1,0 +0,5	0 1,3	+0,8 0	+1,3 +0,8	0,4 1,7	+0,8 0	+1,7 +1,2
1,19–1,97	0 1,1	+0,6 0	+1,1 +0,6	0 1,6	+1,0 0	+1,6 +1,0	0,4 2,0	+1,0 0	+2,0 +1,4
1,97–3,15	0,1 1,3	+0,7 0	+1,3 +0,8	0,2 2,1	+1,2 0	+2,1 +1,4	0,4 2,3	+1,2 0	+2,3 +1,6
3,15–4,73	0,1 1,6	+0,9 0	+1,6 +1,0	0,2 2,5	+1,4 0	+2,5 +1,6	0,6 2,9	+1,4 0	+2,9 +2,0
4,73–7,09	0,2 1,9	+1,0 0	+1,9 +1,2	0,2 2,8	+1,6 0	+2,8 +1,8	0,9 3,5	+1,6 0	+3,5 +2,5
7,09–9,85	0,1 2,2	+1,2 0	+2,2 +1,4	0,2 3,2	+1,8 0	+3,2 +2,0	1,2 4,2	+1,8 0	+4,2 +3,0
9,85–12,41	0,2 2,3	+1,2 0	+2,3 +1,4	0,2 3,4	+2,0 0	+3,4 +2,2	1,5 4,7	+2,0 0	+4,7 +3,5
12,41–15,75	0,2 2,6	+1,4 0	+2,6 +1,6	0,3 3,9	+2,2 0	+3,9 +2,5	2,3 5,9	+2,2 0	+5,9 +4,5
15,75–19,69	0,2 1,8	+1,6 0	+2,8 +1,8	0,3 4,4	+2,5 0	+4,4 +2,8	2,5 6,6	+2,5 0	+6,6 +5,0

Todos os números desta tabela fazem parte do Acordo Americano-Britânico-Canadense (ABC).
Os limites para dimensões maiores que 19,69 polegadas não fazem parte do acordo ABC, mas são fornecidos na Norma ANSI. Os símbolos H7, p6, etc., são designações de furos e eixos no sistema ABC.
*Os pares de valores representam as interferências mínima e máxima resultantes da aplicação dos limites de tolerância padrão.
Fonte: Reproduzido por cortesia de The American Society of Mechanical Engineers.

AJUSTES FORÇADOS (FN) - UNIDADES INGLESAS

American Standard Force and Shrink Fits (ANSI B4.1-1967, R1979)

Dimensão Nominal, Polegadas Intervalo	Classe FN1			Classe FN2			Classe FN3			Classe FN4			Classe FN5		
		Limites de Tolerância Padrão			Limites de Tolerância Padrão			Limites de Tolerância Padrão			Limites de Tolerância Padrão			Limites de Tolerância Padrão	
	Interferência*	Furo H6	Eixo	Interferência*	Furo H7	Eixo s6	Interferência*	Furo H7	Eixo 16	Interferência*	Furo H7	Eixo u6	Interferência*	Furo H8	Eixo x7
	Todos os valores abaixo estão em milésimos de polegada.														
0–0,12	0,05 0,5	+0,25 0	+0,5 +0,3	0,2 0,85	+0,4 0	+0,85 +0,6				0,3 0,95	+0,4 0	+0,95 +0,7	0,3 1,3	+0,6 0	+1,3 +0,9
0,12–0,24	0,1 0,6	+0,3 0	+0,6 +0,4	0,2 1,0	+0,5 0	+1,0 +0,7				0,4 1,2	+0,5 0	+1,2 +0,9	0,5 1,7	+0,7 0	+1,7 +1,2
0,24–0,40	0,1 0,75	+0,4 0	+0,75 +0,5	0,4 1,4	+0,6 0	+1,4 +1,0				0,6 1,6	+0,6 0	+1,6 +1,2	0,5 2,0	+0,9 0	+2,0 +1,4
0,40–0,56	0,1 0,8	+0,4 0	+0,8 +0,5	0,5 1,6	+0,7 0	+1,6 +1,2				0,7 1,8	+0,7 0	+1,8 +1,4	0,6 2,3	+1,0 0	+2,3 +1,6
0,56–0,71	0,2 0,9	+0,4 0	+0,9 +0,6	0,5 1,6	+0,7 0	+1,6 +1,2				0,7 1,8	+0,7 0	+1,8 +1,4	0,8 2,5	+1,0 0	+2,5 +1,8
0,71–0,95	0,2 1,1	+0,5 0	+1,1 +0,7	0,6 1,9	+0,8 0	+1,9 +1,4				0,8 2,1	+0,8 0	+2,1 +1,6	1,0 3,0	+1,2 0	+3,0 +2,2
0,95–1,19	0,3 1,2	+0,5 0	+1,2 +0,8	0,6 1,9	+0,8 0	+1,9 +1,4	0,8 2,1	+0,8 0	+2,1 +1,6	1,0 2,3	+0,8 0	+2,3 +1,8	1,3 3,3	+1,2 0	+3,3 +2,5
1,19–1,58	0,3 1,3	+0,6 0	+1,3 +0,9	0,8 2,4	+1,0 0	+2,4 +1,8	1,0 2,6	+1,0 0	+2,6 +2,0	1,5 3,1	+1,0 0	+3,1 +2,5	1,4 4,0	+1,6 0	+4,0 +3,0
1,58–1,97	0,4 1,4	+0,6 0	+1,4 +1,0	0,8 2,4	+1,0 0	+2,4 +1,8	1,2 2,8	+1,0 0	+2,8 +2,2	1,8 3,4	+1,0 0	+3,4 +2,8	2,4 5,0	+1,6 0	+5,0 +4,0
1,97–2,56	0,6 1,8	+0,7 0	+1,8 +1,3	0,8 2,7	+1,2 0	+2,7 +2,0	1,3 3,2	+1,2 0	+3,2 +2,5	2,3 4,2	+1,2 0	+4,2 +3,5	3,2 6,2	+1,8 0	+6,2 +5,0
2,56–3,15	0,7 1,9	+0,7 0	+1,9 +1,4	1,0 2,9	+1,2 0	+2,9 +2,2	1,8 3,7	+1,2 0	+3,7 +3,0	2,8 4,7	+1,2 0	+4,7 +4,0	4,2 7,2	+1,8 0	+7,2 +6,0
3,15–3,94	0,9 2,4	+0,9 0	+2,4 +1,8	1,4 3,7	+1,4 0	+3,7 +2,8	2,1 4,4	+1,4 0	+4,4 +3,5	3,6 5,9	+1,4 0	+5,9 +5,0	4,8 8,4	+2,2 0	+8,4 +7,0
3,94–4,73	1,1 2,6	+0,9 0	+2,6 +2,0	1,6 3,9	+1,4 0	+3,9 +3,0	2,6 4,9	+1,4 0	+4,9 +4,0	4,6 6,9	+1,4 0	+6,9 +6,0	5,8 9,4	+2,2 0	+9,4 +8,0

Veja as notas no fim da tabela.

Dimensão Nominal, Polegadas Intervalo	Classe FN			Classe FN			Classe FN			Classe FN			Classe FN		
		Limites de Tolerância Padrão			Limites de Tolerância Padrão			Limites de Tolerância Padrão			Limites de Tolerância Padrão			Limites de Tolerância Padrão	
	Interferência*	Furo H6	Eixo	Interferência*	Furo H7	Eixo s6	Interferência*	Furo H7	Eixo 16	Interferência*	Furo H7	Eixo u6	Interferência*	Furo H8	Eixo x7
	Todos os valores abaixo estão em milésimos de polegada.														
4,73–5,52	1,2 2,9	+1,0 0	+2,9 +2,2	1,9 4,5	+1,6 0	+4,5 +3,5	3,4 6,0	+1,6 0	+6,0 +5,0	5,4 8,0	+1,6 0	+8,0 +7,0	7,5 11,6	+2,5 0	+11,6 +10,0
5,52–6,30	1,5 3,2	+1,0 0	+3,2 +2,5	2,4 5,0	+1,6 0	+5,0 +4,0	3,4 6,0	+1,6 0	+6,0 +5,0	5,4 8,0	+1,6 0	+8,0 +7,0	9,5 13,6	+2,5 0	+13,6 +12,0
6,30–7,09	1,8 3,5	+1,0 0	+3,5 +2,8	2,9 5,5	+1,6 0	+5,5 +4,5	4,4 7,0	+1,6 0	+7,0 +6,0	6,4 9,0	+1,6 0	+9,0 +8,0	9,5 13,6	+2,5 0	+13,6 +12,0
7,09–7,88	1,8 3,8	+1,2 0	+3,8 +3,0	3,2 6,2	+1,8 0	+6,2 +5,0	5,2 8,2	+1,8 0	+8,2 +7,0	7,2 10,2	+1,8 0	+10,2 +9,0	11,2 15,8	+2,8 0	+15,8 +14,0
7,88–8,86	2,3 4,3	+1,2 0	+4,3 +3,5	3,2 6,2	+1,8 0	+6,2 +5,0	5,2 6,2	+1,8 0	+8,2 +7,0	8,2 11,2	+1,8 0	+11,2 +10,0	13,2 17,8	+2,8 0	+17,8 +16,0
8,86–9,85	2,3 4,3	+1,2 0	+4,3 +3,5	4,2 7,2	+1,8 0	+7,2 +6,0	6,2 9,2	+1,8 0	+9,2 +8,0	10,2 13,2	+1,8 0	+13,2 +12,0	13,2 17,8	+2,8 0	+17,8 +16,0
9,85–11,03	2,8 4,9	+1,2 0	+4,9 +4,0	4,0 7,2	+2,0 0	+7,2 +6,0	7,0 10,2	+2,0 0	+10,2 +9,0	10,0 13,2	+2,0 0	+13,2 +12,0	15,0 20,0	+3,0 0	+20,0 +18,0
11,03–12,41	2,8 4,9	+1,2 0	+4,9 +4,0	5,0 8,2	+2,0 0	+8,2 +7,2	7,0 10,2	+2,0 0	+10,2 +9,0	12,0 15,2	+2,0 0	+15,2 +14,0	17,0 22,0	+3,0 0	+22,0 +20,0
12,41–13,98	3,1 5,5	+1,4 0	+5,5 +4,5	5,8 9,4	+2,2 0	+9,4 +8,0	7,8 11,4	+2,2 0	+11,4 +10,0	13,8 17,4	+2,2 0	+17,4 +16,0	18,5 24,2	+3,5 0	+24,2 +22,0
13,98–15,75	3,6 6,1	+1,4 0	+6,1 +5,0	5,8 9,4	+2,2 0	+9,4 +8,0	9,8 13,4	+2,2 0	+13,4 +12,0	15,8 19,4	+2,2 0	+19,4 +18,0	21,5 27,2	+3,5 0	+27,2 +25,0
15,75–17,72	4,4 7,0	+1,6 0	+7,0 +6,0	6,5 10,6	+2,5 0	+10,6 +9,0	9,5 13,6	+2,5 0	+13,6 +12,0	17,5 21,6	+2,5 0	+21,6 +20,0	24,0 30,5	+4,0 0	+30,5 +28,0
17,72–19,69	4,4 7,0	+1,6 0	+7,0 +6,0	7,5 11,6	+2,5 0	+11,6 +10,0	11,5 15,6	+2,5 0	+15,6 +14,0	19,5 23,6	+2,5 0	+23,6 +22,0	26,0 32,5	+4,0 0	+32,5 +30,0

Os números em negrito fazem parte do Acordo Americano-Britânico-Canadense (ABC). Os símbolos H6, H7, s6, etc., são designações de furos e eixos no sistema ABC.
Os limites para dimensões maiores que 19,69 polegadas não fazem parte do acordo ABC, mas são fornecidos na Norma ANSI.
*Os pares de valores representam as interferências mínima e máxima resultantes da aplicação dos limites de tolerância padrão.
Fonte: Reproduzido por cortesia de The American Society of Mechanical Engineers.

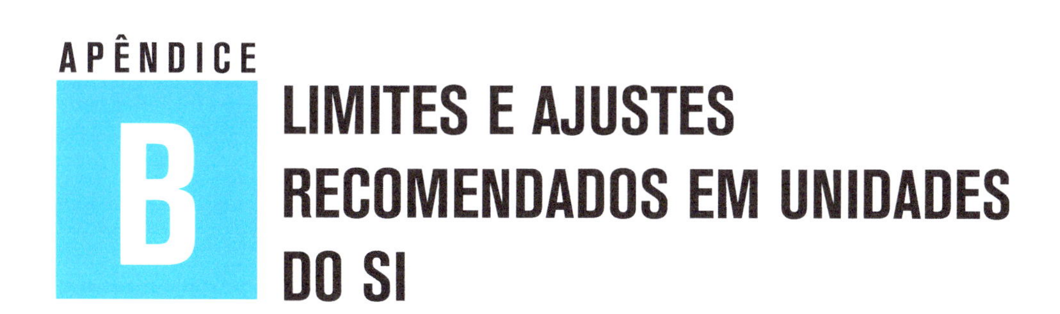

APÊNDICE B

LIMITES E AJUSTES RECOMENDADOS EM UNIDADES DO SI

AJUSTES COM FOLGA FURO BASE - UNIDADES DO SI

American National Standard Preferred Hole Basis Metric Clearance Fits (ANSI B4.2-1978, R1984)

Dimensão Nominal		Com Muita Folga			Com Folga Média			Com Pouca Folga			Deslizante			Fixo		
		Furo H11	Eixo c11	Ajuste[†]	Furo H9	Eixo d9	Ajuste[†]	Furo H8	Eixo f7	Ajuste[†]	Furo H7	Eixo g6	Ajuste[†]	Furo H7	Eixo h6	Ajuste[†]
1	Max	1,060	0,940	0,180	1,025	0,980	0,070	1,014	0,994	0,030	1,010	0,998	0,018	1,010	1,000	0,016
	Min	1,000	0,880	0,060	1,000	0,955	0,020	1,000	0,984	0,006	1,000	0,992	0,002	1,000	0,994	0,000
1,2	Max	1,260	1,140	0,180	1,225	1,180	0,070	1,214	1,194	0,030	1,210	1,198	0,018	1,210	1,200	0,016
	Min	1,200	1,080	0,060	1,200	1,155	0,020	1,200	1,184	0,006	1,200	1,192	0,002	1,200	1,194	0,000
1,6	Max	1,660	1,540	0,180	1,625	1,580	0,070	1,614	1,594	0,030	1,610	1,598	0,018	1,610	1,600	0,016
	Min	1,600	1,480	0,060	1,600	1,555	0,020	1,600	1,584	0,006	1,600	1,592	0,002	1,600	1,594	0,000
2	Max	2,060	1,940	0,180	2,025	1,980	0,070	2,014	1,994	0,030	2,010	1,998	0,018	2,010	2,000	0,016
	Min	2,000	1,880	0,060	2,000	1,955	0,020	2,000	1,984	0,006	2,000	1,992	0,002	2,000	1,994	0,000
2,5	Max	2,560	2,440	0,180	2,525	2,480	0,070	2,514	2,494	0,030	2,510	2,498	0,018	2,510	2,500	0,016
	Min	2,500	2,380	0,060	2,500	2,455	0,020	2,500	2,484	0,006	2,500	2,492	0,002	2,500	2,494	0,000
3	Max	3,060	2,940	0,180	3,025	2,980	0,070	3,014	2,994	0,050	3,010	2,998	0,018	3,010	3,000	0,016
	Min	3,000	2,880	0,060	3,000	2,955	0,020	3,000	2,984	0,006	3,000	2,992	0,002	3,000	2,994	0,000
4	Max	4,075	3,930	0,220	4,030	3,970	0,090	4,018	3,990	0,040	4,012	3,996	0,024	4,012	4,000	0,020
	Min	4,000	3,855	0,070	4,000	3,940	0,030	4,000	3,978	0,010	4,000	3,988	0,004	4,000	3,992	0,000
5	Max	5,075	4,930	0,220	5,030	4,970	0,090	5,018	4,990	0,040	5,012	4,996	0,024	5,012	5,000	0,020
	Min	5,000	4,855	0,070	5,000	4,940	0,030	5,000	4,978	0,010	5,000	4,988	0,004	5,000	4,992	0,000
6	Max	6,075	5,930	0,220	6,030	5,970	0,090	6,018	5,990	0,040	6,012	5,996	0,024	6,012	6,000	0,020
	Min	6,000	5,855	0,070	6,000	5,940	0,030	6,000	5,978	0,010	6,000	5,988	0,004	6,000	5,992	0,000
8	Max	8,090	7,920	0,260	8,036	7,960	0,112	8,022	7,987	0,050	8,015	7,995	0,029	8,015	8,000	0,024
	Min	8,000	7,830	0,080	8,000	7,924	0,040	8,000	7,972	0,013	8,000	7,986	0,005	8,000	7,991	0,000
10	Max	10,090	9,920	0,260	10,036	9,960	0,112	10,022	9,987	0,050	10,015	9,995	0,029	10,015	10,000	0,024
	Min	10,000	9,830	0,080	10,000	9,924	0,040	10,000	9,972	0,013	10,000	9,986	0,005	10,000	9,991	0,000
12	Max	12,110	11,905	0,315	12,043	11,956	0,136	12,027	11,984	0,061	12,018	11,994	0,035	12,018	12,000	0,029
	Min	12,000	11,795	0,095	12,000	11,907	0,050	12,000	11,966	0,016	12,000	11,983	0,006	12,000	11,989	0,000
16	Max	16,110	15,905	0,315	16,043	15,950	0,136	16,027	15,984	0,061	16,018	15,994	0,035	16,018	16,000	0,029
	Min	16,000	15,795	0,095	16,000	15,907	0,050	16,000	15,966	0,016	16,000	15,983	0,006	16,000	15,989	0,060
20	Max	20,130	19,890	0,370	20,052	19,935	0,169	20,033	19,980	0,074	20,021	19,993	0,042	20,021	20,000	0,034
	Min	20,000	19,760	0,110	20,000	19,883	0,065	20,000	19,959	0,020	20,000	19,980	0,007	20,000	19,987	0,000

Dimensão Nominal		Com Muita Folga			Com Folga Média			Com Pouca Folga			Deslizante			Fixo		
		Furo H11	Eixo c11	Ajuste†	Furo H9	Eixo d9	Ajuste†	Furo H8	Eixo f7	Ajuste†	Furo H7	Eixo g6	Ajuste†	Furo H7	Eixo h6	Ajuste†
25	Max	25,130	24,890	0,370	25,052	24,935	0,169	25,033	24,980	0,074	25,021	24,993	0,041	25,021	25,000	0,034
	Min	25,000	24,760	0,110	25,000	24,883	0,065	25,000	24,959	0,010	25,000	24,980	0,007	25,000	24,987	0,000
30	Max	30,130	29,890	0,370	30,052	29,935	0,169	30,033	29,980	0,074	30,021	29,993	0,041	30,021	30,000	0,034
	Min	30,000	29,760	0,110	30,000	19,883	0,065	30,000	29,959	0,020	30,000	29,980	0,007	30,000	29,987	0,000
40	Max	40,160	39,880	0,440	40,062	39,920	0,204	40,039	39,975	0,089	40,025	39,991	0,050	40,025	40,000	0,041
	Min	40,000	39,720	0,120	40,000	39,858	0,080	40,000	39,950	0,025	40,000	39,975	0,009	40,000	39,984	0,000
50	Max	50,160	49,870	0,450	50,062	49,920	0,204	50,039	49,975	0,089	50,025	49,991	0,050	50,025	50,000	0,041
	Min	50,000	49,710	0,130	50,000	49,858	0,080	50,000	49,950	0,025	50,000	49,975	0,009	50,000	49,984	0,000
60	Max	60,190	59,860	0,520	60,074	59,900	0,248	60,046	59,970	0,106	60,030	59,990	0,059	60,030	60,000	0,049
	Min	60,000	59,670	0,140	60,000	59,826	0,100	60,000	59,940	0,030	60,000	59,971	0,010	60,000	59,981	0,000
80	Max	80,190	79,850	0,530	80,074	79,900	0,248	80,046	79,970	0,106	80,030	79,990	0,059	80,030	80,000	0,049
	Min	80,000	79,660	0,150	80,000	79,826	0,100	80,000	79,940	0,030	80,000	79,971	0,010	80,000	79,981	0,000
100	Max	100,220	99,830	0,640	100,087	99,880	0,294	100,054	99,964	0,125	100,035	99,988	0,069	100,035	100,000	0,057
	Min	100,000	99,610	0,170	100,000	99,793	0,120	100,000	99,929	0,036	100,000	99,966	0,012	100,000	99,978	0,000
120	Max	120,220	119,820	0,620	120,087	119,880	0,294	120,054	119,964	0,125	120,035	119,988	0,069	120,035	120,000	0,057
	Min	110,000	119,600	0,130	120,000	119,793	0,120	120,000	119,929	0,036	120,000	119,966	0,012	120,000	119,978	0,000
160	Max	160,250	159,790	0,710	160,100	159,855	0,345	160,063	159,957	0,146	160,040	159,986	0,079	160,040	160,000	0,065
	Min	160,000	159,540	0,210	160,000	159,755	0,145	160,000	159,917	0,043	160,000	159,961	0,014	160,000	159,975	0,000
200	Max	200,290	199,760	0,820	200,115	119,830	0,400	200,072	199,950	0,168	200,046	199,985	0,090	200,046	200,000	0,071
	Min	200,000	199,470	0,240	200,000	199,715	0,170	200,000	199,904	0,050	200,000	199,956	0,015	200,000	199,971	0,000
250	Max	250,290	249,720	0,850	250,115	249,830	0,400	250,072	249,950	0,168	250,046	249,985	0,090	250,046	250,000	0,075
	Min	250,000	249,430	0,230	250,000	249,115	0,170	250,000	249,904	0,050	250,000	249,956	0,015	250,000	249,971	0,000
300	Max	300,320	299,670	0,970	300,130	299,810	0,450	300,081	299,944	0,189	300,052	299,983	0,101	300,052	300,000	0,084
	Min	300,000	299,350	0,330	300,000	299,680	0,190	300,000	299,892	0,056	300,000	299,951	0,017	300,000	299,968	0,000
400	Max	400,360	399,600	1,120	400,140	399,790	0,490	400,089	399,938	0,208	400,057	399,982	0,111	400,057	400,000	0,093
	Min	400,000	399,240	0,430	400,000	399,650	0,210	400,000	399,881	0,063	400,000	399,946	0,018	400,000	399,964	0,000
500	Max	500,400	499,520	1,230	500,155	499,770	0,540	500,097	499,932	0,228	500,063	499,980	0,123	500,063	500,000	0,103
	Min	500,000	499,120	0,430	500,000	499,615	0,230	500,000	499,869	0,068	500,000	499,940	0,020	500,000	499,960	0,000

Todas as dimensões estão em milímetros.
Os ajustes recomendados para outros tamanhos podem ser calculados a partir dos dados fornecidos na norma ANSI B4.2-1978 (R1984).
†Todos os ajustes desta tabela são com folga.
Fonte: Reproduzido por cortesia de The American Society of Mechanical Engineers.

AJUSTES INCERTOS E COM INTERFERÊNCIA FURO BASE - UNIDADES DO SI

American National Standard Preferred Hole Basis Metric Transition and Interference Fits (ANSI B4.2-1978, R1984)

Dimensão Nominal		Incerto			Incerto			Com Interferência			Forçado			Muito Forçado		
		Furo H7	Eixo k6	Ajuste[†]	Furo H7	Eixo n6	Ajuste[†]	Furo H7	Eixo p6	Ajuste[†]	Furo H7	Eixo s6	Ajuste[†]	Furo H7	Eixo u6	Ajuste[†]
1	Max	1,010	1,006	+0,010	1,010	1,010	+0,006	1,010	1,012	+0,004	1,010	1,020	−0,004	1,010	1,014	−0,008
	Min	1,000	1,000	−0,006	1,000	1,004	−0,010	1,000	1,006	−0,012	1,000	1,014	−0,020	1,000	1,018	−0,024
1,2	Max	2,210	1,206	+0,010	1,210	1,210	+0,006	1,210	1,212	+0,004	1,210	1,220	−0,004	1,210	1,224	−0,008
	Min	1,200	1,200	−0,006	1,200	1,204	−0,010	1,200	1,206	−0,012	1,200	1,214	−0,020	1,200	1,328	−0,024
1,6	Max	1,610	1,606	+0,010	1,610	1,610	+0,006	1,610	1,612	+0,004	1,610	1,620	−0,004	1,610	1,624	−0,008
	Min	1,600	1,600	−0,006	1,600	1,604	−0,010	1,600	1,606	−0,012	1,600	1,614	−0,020	1,600	1,618	−0,024
2	Max	2,010	2,006	+0,010	2,010	2,010	+0,006	2,010	2,012	+0,004	2,010	2,020	−0,004	2,010	2,024	−0,008
	Min	2,000	2,000	−0,006	2,000	2,004	−0,010	2,000	2,006	0,012	2,000	2,014	−0,030	2,000	2,018	−0,024
2,5	Max	2,510	2,506	+0,010	2,510	2,510	+0,006	2,510	2,512	+0,004	2,510	2,520	−0,004	2,510	2,524	−0,008
	Min	2,500	3,500	−0,006	2,500	2,504	−0,010	2,500	2,506	−0,012	2,500	2,514	−0,020	2,500	2,518	−0,024
3	Max	3,010	3,006	+0,010	3,010	3,010	+0,006	3,010	3,012	+0,004	3,010	3,020	−0,004	3,010	3,024	−0,008
	Min	3,000	3,000	−0,006	3,000	3,004	−0,010	3,000	3,006	−0,012	3,000	3,014	−0,020	3,000	3,018	−0,024
4	Max	4,012	4,009	+0,011	4,012	4,016	+0,004	4,012	4,020	0,000	4,012	4,027	−0,007	4,012	4,031	−0,011
	Min	4,000	4,001	−0,009	4,000	4,008	−0,016	4,000	4,012	−0,020	4,000	4,019	−0,027	4,000	4,023	−0,031
5	Max	5,012	5,009	+0,011	5,012	5,016	+0,004	5,012	5,020	0,000	5,012	5,027	−0,007	5,012	5,031	−0,011
	Min	5,000	5,001	−0,009	5,000	5,008	−0,016	5,000	5,012	−0,020	5,000	5,019	−0,027	5,000	5,023	−0,031
6	Max	6,012	6,009	+0,011	6,012	6,016	+0,004	6,012	6,020	0,000	6,012	6,027	−0,007	6,012	6,031	−0,011
	Min	6,000	6,001	−0,009	6,000	6,008	−0,016	6,000	6,012	−0,020	6,000	6,019	−0,027	6,000	6,023	−0,031
8	Max	8,015	8,010	+0,014	8,015	8,019	+0,005	8,015	8,024	0,000	8,015	8,032	−0,008	8,015	8,037	−0,013
	Min	8,000	8,001	−0,010	8,000	8,010	−0,019	8,000	8,015	−0,024	8,000	8,023	−0,032	8,000	8,028	−0,037
10	Max	10,015	10,010	+0,014	10,015	10,019	+0,005	10,015	10,024	0,000	10,015	10,032	−0,008	10,015	10,037	−0,013
	Min	10,000	10,001	−0,010	10,000	10,010	−0,019	10,000	10,015	−0,024	10,000	10,023	0,037	10,000	10,028	−0,037
12	Max	12,018	12,012	+0,017	12,018	12,023	+0,006	12,018	12,029	0,000	12,018	12,039	−0,010	12,018	12,044	−0,015
	Min	11,000	12,001	−0,012	12,000	12,012	−0,023	12,000	12,018	−0,029	12,000	12,028	−0,039	12,000	12,033	−0,044
16	Max	16,018	16,012	+0,017	16,018	16,023	+0,006	16,018	16,029	0,000	16,018	16,039	−0,010	16,018	16,044	−0,015
	Min	16,000	16,001	−0,012	16,000	16,012	−0,023	16,000	16,018	−0,029	16,000	16,028	−0,039	16,000	16,033	−0,044
20	Max	20,021	20,015	+0,019	20,021	20,028	+0,005	20,021	20,035	−0,001	20,021	20,048	−0,014	20,021	20,054	−0,020
	Min	20,000	20,002	−0,015	20,000	20,015	−0,028	20,000	20,022	−0,035	20,000	20,035	−0,048	20,000	20,041	−0,054

Dimensão Nominal		Incerto			Incerto			Com Interferência			Forçado			Muito Forçado		
		Furo H7	Eixo k6	Ajuste†	Furo H7	Eixo n6	Ajuste†	Furo H7	Eixo p6	Ajuste†	Furo H7	Eixo s6	Ajuste†	Furo H7	Eixo u6	Ajuste†
25	Max	25,021	25,015	+0,019	25,021	25,028	+0,006	25,021	25,035	−0,001	25,021	25,048	−0,014	25,021	25,061	−0,027
	Min	25,000	25,002	−0,015	25,000	25,015	−0,028	25,000	25,022	−0,035	25,000	25,035	−0,048	25,000	25,048	−0,061
30	Max	30,021	30,015	+0,019	30,021	30,028	+0,006	30,021	30,035	−0,001	30,021	30,048	−0,014	30,021	30,061	−0,027
	Min	30,000	30,002	−0,015	30,000	30,015	−0,028	30,000	30,022	−0,035	30,000	30,035	−0,048	30,000	30,048	−0,061
40	Max	40,025	40,018	+0,023	40,025	40,033	+0,008	40,025	40,042	−0,001	40,025	40,059	−0,018	40,025	40,076	−0,035
	Min	40,000	40,002	−0,018	40,000	40,017	−0,033	40,000	40,026	−0,042	40,000	40,043	−0,059	40,000	40,060	−0,076
50	Max	50,025	50,018	+0,023	50,025	50,033	+0,008	50,025	50,042	−0,002	50,025	50,059	−0,018	50,025	50,086	−0,045
	Min	50,000	50,002	−0,018	50,000	50,017	−0,033	50,000	50,026	−0,042	50,000	50,043	−0,059	50,000	50,070	−0,086
60	Max	60,030	60,021	+0,028	60,030	60,039	+0,010	60,030	60,051	−0,002	60,030	60,072	−0,023	60,030	60,106	−0,057
	Min	60,000	60,002	−0,021	60,000	60,020	−0,039	60,000	60,032	−0,052	60,000	60,053	−0,072	60,000	60,087	−0,106
80	Max	80,030	80,021	+0,028	80,030	80,039	+0,010	80,030	80,051	−0,002	80,030	80,078	−0,029	80,030	80,121	−0,072
	Min	80,000	80,002	−0,021	80,000	80,020	−0,039	80,000	80,032	−0,051	80,000	80,059	−0,078	80,000	80,102	−0,121
100	Max	100,035	100,025	+0,032	100,035	100,045	+0,012	100,035	100,059	−0,002	100,035	100,093	−0,036	100,035	100,146	−0,089
	Min	100,000	100,003	−0,025	100,000	100,023	−0,045	100,000	100,037	−0,059	100,000	100,071	−0,093	100,000	100,124	−0,146
120	Max	120,035	120,025	+0,032	120,035	120,045	+0,012	120,035	120,059	−0,002	120,035	120,101	−0,044	120,035	120,166	−0,109
	Min	120,000	120,003	−0,025	120,000	120,023	−0,045	120,000	120,037	−0,059	120,000	120,079	−0,101	120,000	120,144	−0,166
160	Max	160,040	160,028	+0,037	160,040	160,052	+0,013	160,040	160,068	−0,003	160,040	160,125	−0,060	160,040	160,215	−0,150
	Min	160,000	160,003	−0,028	160,000	160,027	−0,052	160,000	160,043	−0,068	160,000	160,100	−0,125	160,000	160,190	−0,215
200	Max	200,046	200,033	+0,042	200,046	200,060	+0,015	200,046	200,079	−0,004	200,046	200,151	−0,076	200,046	200,265	−0,190
	Min	200,000	200,004	−0,033	200,000	200,031	−0,060	200,000	200,050	−0,079	200,000	200,122	−0,151	200,000	200,236	−0,265
250	Max	250,046	250,033	+0,042	250,046	250,060	+0,015	250,046	250,079	−0,004	250,046	250,169	−0,094	250,046	250,313	−0,238
	Min	250,000	250,004	−0,033	250,000	250,031	−0,060	250,000	250,050	−0,079	250,000	250,140	−0,169	250,000	250,284	−0,313
300	Max	300,052	300,036	+0,048	300,052	300,066	+0,018	300,052	300,088	−0,004	300,052	300,202	−0,118	300,052	300,382	−0,298
	Min	300,000	300,004	−0,036	300,000	300,034	−0,066	300,000	300,056	−0,088	300,000	300,170	−0,102	300,000	300,350	−0,382
400	Max	400,057	400,040	0,053	400,057	400,073	+0,020	400,057	400,098	−0,005	400,057	400,244	−0,151	400,057	400,471	−0,378
	Min	400,000	400,004	−0,040	400,000	400,037	−0,073	400,000	400,062	−0,098	400,000	400,208	−0,244	400,000	400,435	−0,471
500	Max	500,063	500,045	+0,058	500,063	500,080	+0,023	500,063	500,108	−0,005	500,063	500,292	−0,189	500,063	500,580	−0,477
	Min	500,000	500,005	−0,045	500,000	500,040	−0,080	500,000	500,068	−0,108	500,000	500,252	−0,292	500,000	500,540	−0,580

Todas as dimensões estão em milímetros.
Os ajustes recomendados para outros tamanhos podem ser calculados a partir dos dados fornecidos na norma ANSI B4.2-1978 (R1984).
†Um sinal positivo indica ajuste com folga; um sinal negativo indica ajuste com interferência.
Fonte: Reproduzido por cortesia de The American Society of Mechanical Engineers.

AJUSTES COM FOLGA EIXO BASE - UNIDADES DO SI

American National Standard Preferred Shaft Basis Metric Clearance Fits (ANSI B4.2-1978, R1984)

Dimensão Nominal		Com Muita Folga			Com Folga Média			Com Pouca Folga			Deslizante			Fixo		
		Furo C11	Eixo h11	Ajuste†	Furo D9	Eixo h9	Ajuste†	Furo F5	Eixo h7	Ajuste†	Furo G7	Eixo h6	Ajuste†	Furo H7	Eixo h6	Ajuste†
1	Max	1,120	1,000	0,180	1,045	1,000	0,070	1,020	1,000	0,030	1,012	1,000	0,018	1,010	1,000	0,016
	Min	1,060	0,940	0,060	1,020	0,975	0,020	1,006	0,990	0,006	1,002	0,994	0,002	1,000	0,994	0,000
1,2	Max	1,320	1,200	0,180	1,245	1,200	0,070	1,220	1,200	0,030	1,212	1,200	0,018	1,210	1,200	0,016
	Min	1,260	1,140	0,060	1,220	1,175	0,020	1,206	1,190	0,006	1,202	1,194	0,002	1,200	1,194	0,000
1,6	Max	1,720	1,600	0,180	1,645	1,600	0,070	1,620	1,600	0,030	1,612	1,600	0,018	1,610	1,600	0,016
	Min	1,660	1,540	0,060	1,620	1,575	0,020	1,606	1,590	0,006	1,602	1,594	0,002	1,600	1,594	0,000
2	Max	2,120	2,000	0,180	2,045	2,000	0,070	2,020	2,000	0,030	2,012	2,000	0,018	2,010	2,000	0,016
	Min	2,060	1,940	0,060	2,020	1,975	0,020	2,006	1,990	0,006	2,007	1,994	0,002	2,000	1,994	0,000
2,5	Max	2,620	2,500	0,180	2,545	2,500	0,070	2,520	2,500	0,030	2,512	2,500	0,018	2,510	2,500	0,016
	Min	2,560	2,440	0,060	2,520	2,475	0,020	2,506	2,490	0,006	2,502	2,494	0,002	2,500	2,494	0,000
3	Max	3,120	3,000	0,180	3,045	3,000	0,070	3,020	3,000	0,030	3,012	3,000	0,018	3,010	3,000	0,016
	Min	3,060	2,940	0,060	3,020	2,975	0,020	3,006	2,990	0,006	3,002	2,994	0,002	3,000	2,994	0,000
4	Max	4,145	4,000	0,220	4,060	4,000	0,090	4,028	4,000	0,040	4,016	4,000	0,024	4,012	4,000	0,020
	Min	4,070	3,925	0,070	4,030	3,970	0,030	4,010	3,988	0,010	4,004	3,992	0,004	4,000	3,992	0,000
5	Max	5,145	5,000	0,220	5,060	5,000	0,090	5,028	5,000	0,040	5,016	5,000	0,024	5,012	5,000	0,020
	Min	5,070	4,925	0,070	5,030	4,970	0,030	5,010	4,988	0,010	5,004	4,992	0,004	5,000	4,992	0,000
6	Max	6,145	6,000	0,220	6,060	6,000	0,090	6,028	6,000	0,040	6,016	6,000	0,024	6,012	6,000	0,020
	Min	6,070	5,925	0,070	6,030	5,970	0,030	6,010	5,988	0,010	6,004	5,992	0,004	6,000	5,992	0,000
8	Max	8,170	8,000	0,260	8,076	8,000	0,112	8,035	8,000	0,050	8,020	8,000	0,029	8,015	8,000	0,024
	Min	8,080	7,910	0,080	8,040	7,964	0,040	8,013	7,985	0,013	8,005	7,991	0,005	8,000	7,991	0,000
10	Max	10,170	10,000	0,260	10,076	10,000	0,112	10,035	10,000	0,050	10,020	10,000	0,029	10,015	10,000	0,024
	Min	10,080	9,910	0,080	10,040	9,964	0,040	10,013	9,985	0,013	10,005	9,991	0,005	10,000	9,991	0,000
12	Max	12,205	12,000	0,315	12,093	12,000	0,136	12,043	12,000	0,061	12,024	12,000	0,035	12,018	12,000	0,029
	Min	12,095	11,890	0,095	12,050	11,957	0,050	12,016	11,982	0,026	12,006	11,989	0,006	12,000	11,989	0,000
16	Max	16,205	16,000	0,315	16,093	16,000	0,136	16,043	16,000	0,061	16,024	16,000	0,035	16,018	16,000	0,029
	Min	16,095	15,890	0,095	16,050	15,957	0,050	16,016	15,982	0,016	16,006	15,989	0,006	16,000	15,989	0,000
20	Max	20,240	20,000	0,370	20,117	20,000	0,169	20,053	20,000	0,074	20,028	20,000	0,041	20,021	20,000	0,034
	Min	20,110	19,870	0,110	20,065	19,948	0,065	20,020	19,979	0,020	20,007	19,987	0,007	20,000	19,987	0,000

Dimensão Nominal		Com Muita Folga			Com Folga Média			Com Pouca Folga			Deslizante			Fixo		
		Furo C11	Eixo h11	Ajuste[†]	Furo D9	Eixo h9	Ajuste[†]	Furo F8	Eixo h7	Ajuste[†]	Furo G7	Eixo h6	Ajuste[†]	Furo H7	Eixo h6	Ajuste[†]
25	Max	25,240	25,000	0,370	25,117	25,000	0,169	25,053	25,000	0,074	25,028	25,000	0,041	25,021	25,000	0,034
	Min	25,110	24,870	0,110	25,065	24,948	0,065	25,020	24,979	0,020	25,007	24,987	0,007	25,000	24,987	0,000
30	Max	30,240	30,000	0,370	30,117	30,000	0,169	30,053	30,000	0,074	30,028	30,000	0,041	30,021	30,000	0,034
	Min	30,110	29,870	0,110	30,065	29,948	0,065	30,020	29,979	0,020	30,007	29,987	0,007	30,000	29,987	0,000
40	Max	40,280	40,000	0,440	40,142	40,000	0,204	40,064	40,000	0,089	40,034	40,000	0,050	40,025	40,000	0,041
	Min	40,120	39,840	0,120	40,080	39,938	0,080	40,025	39,975	0,025	40,009	39,984	0,009	40,000	39,984	0,000
50	Max	50,290	50,000	0,450	50,142	50,000	0,204	50,064	50,000	0,089	50,034	50,000	0,050	50,025	50,000	0,041
	Min	50,130	49,840	0,130	50,080	49,938	0,080	50,025	49,975	0,025	50,009	49,984	0,009	50,000	49,984	0,000
60	Max	60,330	60,000	0,520	60,174	60,000	0,248	60,076	60,000	0,106	60,040	60,000	0,059	60,030	60,000	0,049
	Min	60,140	59,810	0,140	60,100	59,926	0,100	60,030	59,970	0,030	60,010	59,981	0,010	60,000	59,981	0,000
80	Max	80,340	80,000	0,530	80,174	80,000	0,248	80,076	80,000	0,106	80,040	80,000	0,059	80,030	80,000	0,049
	Min	80,150	79,810	0,150	80,100	79,926	0,100	80,030	79,970	0,030	80,010	79,981	0,010	80,000	79,981	0,000
100	Max	100,390	100,000	0,610	100,207	100,000	0,294	100,090	100,000	0,125	100,047	100,000	0,069	100,035	100,000	0,057
	Min	100,270	99,780	0,170	100,120	99,913	0,120	100,036	99,965	0,036	100,012	99,978	0,012	100,000	99,978	0,000
120	Max	120,400	120,000	0,620	120,207	120,000	0,294	120,090	120,000	0,125	120,047	120,000	0,069	120,035	120,000	0,057
	Min	120,180	119,780	0,180	120,120	119,913	0,120	120,036	119,965	0,036	120,012	119,978	0,012	120,000	119,978	0,000
160	Max	160,460	160,000	0,710	160,245	160,000	0,345	160,106	160,000	0,146	160,054	160,000	0,079	160,040	160,000	0,063
	Min	160,210	159,750	0,210	160,145	159,900	0,145	160,043	159,960	0,043	160,014	159,975	0,014	160,000	159,975	0,000
200	Max	200,530	200,000	0,820	200,285	200,000	0,400	200,122	200,000	0,168	200,061	200,000	0,090	200,046	200,000	0,075
	Min	200,240	199,710	0,240	200,170	199,885	0,170	200,050	199,954	0,050	200,015	199,971	0,015	200,000	199,911	0,000
250	Max	250,570	250,000	0,860	250,285	250,000	0,400	250,122	250,000	0,168	250,061	250,000	0,090	250,046	250,000	0,075
	Min	250,280	249,710	0,280	250,170	249,885	0,170	250,050	249,954	0,050	250,015	249,971	0,015	250,000	249,971	0,000
300	Max	300,650	300,000	0,970	300,320	300,000	0,450	300,137	300,000	0,189	300,069	300,000	0,101	300,052	300,000	0,084
	Min	300,330	299,680	0,330	300,190	299,870	0,190	300,056	299,948	0,056	300,017	299,968	0,017	300,000	299,968	0,000
400	Max	400,760	400,000	1,120	400,350	400,000	0,490	400,151	400,000	0,208	400,075	400,000	0,111	400,057	400,000	0,093
	Min	400,400	399,640	0,400	400,210	399,860	0,210	400,062	399,943	0,062	400,018	399,964	0,018	400,000	399,964	0,000
500	Max	500,880	500,000	1,280	500,385	500,000	0,540	500,165	500,000	0,228	500,083	500,000	0,123	500,063	500,000	0,103
	Min	500,480	499,600	0,480	500,230	499,845	0,230	500,068	499,937	0,068	500,020	499,960	0,020	500,000	499,960	0,000

Todas as dimensões estão em milímetros.
Os ajustes recomendados para outros tamanhos podem ser calculados a partir dos dados fornecidos na norma ANSI B4.2-1978 (R1984).
[†]Todos os ajustes desta tabela são com folga.
Fonte: Reproduzido por cortesia de The American Society of Mechanical Engineers.

■ AJUSTES INCERTOS E COM INTERFERÊNCIA EIXO BASE - UNIDADES DO SI

American National Standard Preferred Shaft Basis Metric Transition and Interference Fits (ANSI B4.2-1978, R1984)

Dimensão Nominal		Incerto			Incerto			Com Interferência			Forçado			Muito Forçado		
		Furo K7	Eixo h6	Ajuste†	Furo N7	Eixo h6	Ajuste†	Furo P7	Eixo h6	Ajuste†	Furo S7	Eixo h6	Ajuste†	Furo U7	Eixo h6	Ajuste†
1	Max	1,000	1,000	+0,006	0,996	1,000	+0,002	0,994	1,000	0,000	0,986	1,000	−0,008	0,982	1,000	−0,012
	Min	0,990	0,994	−0,010	0,986	0,954	−0,014	0,984	0,994	−0,016	0,976	0,994	−0,024	0,972	0,994	−0,028
1,2	Max	1,200	1,200	+0,006	1,196	1,200	+0,002	1,194	1,200	0,000	1,186	1,200	−0,008	1,182	1,200	−0,012
	Min	1,190	1,194	−0,010	1,186	1,194	−0,014	1,184	1,194	−0,016	1,176	1,194	−0,024	1,172	1,194	−0,028
1,6	Max	1,600	1,600	+0,006	1,596	1,600	+0,002	1,594	1,600	0,000	1,586	1,600	0,008	1,582	1,600	−0,012
	Min	1,590	1,594	−0,010	1,586	1,594	−0,014	1,584	1,594	−0,016	1,576	1,594	−0,024	1,572	1,594	−0,028
2	Max	2,000	2,000	+0,006	1,996	2,000	+0,002	1,994	2,000	0,000	1,986	2,000	0,008	1,982	2,000	−0,012
	Min	1,990	1,994	−0,010	1,986	1,994	−0,014	1,984	1,994	−0,016	1,976	1,994	−0,024	1,972	1,994	−0,028
2,5	Max	2,500	2,500	+0,006	2,496	2,500	+0,002	2,494	2,500	0,000	2,486	2,500	−0,008	2,482	2,500	−0,012
	Min	2,490	2,494	−0,010	2,486	2,494	−0,024	2,484	2,494	−0,016	2,476	2,494	−0,024	2,472	2,494	−0,028
3	Max	3,000	3,000	+0,006	2,996	3,000	+0,002	2,994	3,000	0,000	2,986	3,000	−0,008	2,982	3,000	−0,012
	Min	2,990	2,994	−0,010	2,986	2,994	−0,014	2,984	2,994	−0,016	2,976	2,994	−0,024	2,972	2,994	−0,028
4	Max	4,003	4,000	+0,011	3,996	4,000	+0,004	3,992	4,000	0,000	3,985	4,000	−0,007	3,981	4,000	−0,011
	Min	3,991	3,992	−0,009	3,984	3,992	−0,016	3,980	3,992	−0,020	3,973	3,992	−0,027	3,969	3,992	−0,031
5	Max	5,003	5,000	+0,011	4,996	5,000	+0,004	4,992	5,000	0,000	4,985	5,000	−0,007	4,981	5,000	−0,011
	Min	4,991	4,992	−0,009	4,984	4,992	−0,016	4,980	4,992	−0,020	4,973	4,992	−0,027	4,969	4,992	−0,031
6	Max	6,003	6,000	+0,011	5,996	6,000	+0,004	5,992	6,000	0,000	5,985	6,000	−0,007	5,981	6,000	−0,011
	Min	5,991	5,992	−0,009	5,984	5,992	−0,016	5,980	5,992	−0,020	5,973	5,992	−0,027	5,969	5,992	−0,031
8	Max	8,005	8,000	+0,014	7,996	8,000	+0,005	7,991	8,000	0,000	7,983	8,000	−0,008	7,978	8,000	−0,013
	Min	7,990	7,991	−0,010	7,981	7,991	−0,019	7,976	7,991	−0,024	7,968	7,991	−0,032	7,963	7,991	−0,037
10	Max	10,005	10,000	+0,014	9,996	10,000	+0,005	9,991	10,000	0,000	9,083	10,000	−0,008	9,978	10,000	−0,013
	Min	9,990	9,991	−0,010	9,981	9,991	−0,019	9,976	9,991	−0,024	9,968	9,991	−0,032	9,963	9,991	−0,037
12	Max	12,006	12,000	+0,017	11,995	12,000	+0,006	11,989	12,000	0,000	11,979	12,000	−0,010	11,974	12,000	−0,015
	Min	11,988	11,989	−0,012	11,977	11,989	−0,023	11,971	11,989	−0,029	11,961	11,989	−0,039	11,956	12,989	−0,044
16	Max	16,006	16,000	+0,017	15,995	16,000	+0,006	15,989	16,000	0,000	15,979	16,000	−0,010	15,974	16,000	−0,015
	Min	15,988	15,989	−0,012	15,977	15,989	−0,023	15,971	15,989	−0,019	15,961	15,989	−0,039	15,956	15,989	−0,044
20	Max	20,006	20,000	+0,019	19,993	20,000	+0,006	19,986	20,000	0,001	19,973	20,000	−0,014	19,967	20,000	−0,020
	Min	19,985	19,987	−0,015	19,972	19,987	−0,028	19,965	19,987	−0,035	19,952	19,987	−0,045	19,946	19,987	−0,054

Dimensão Nominal		Incerto			Incerto			Com Interferência			Forçado			Muito Forçado		
		Furo K7	Eixo h6	Ajuste[†]	Furo N7	Eixo h6	Ajuste[†]	Furo P7	Eixo h6	Ajuste[†]	Furo S7	Eixo h6	Ajuste[†]	Furo U7	Eixo h6	Ajuste[†]
25	Max	25,006	25,000	+0,019	24,993	25,000	+0,006	24,986	25,000	−0,001	24,973	25,000	−0,014	24,960	25,000	−0,027
	Min	24,985	24,987	−0,015	24,972	24,987	−0,028	24,965	24,987	−0,035	24,952	24,987	−0,048	24,939	24,987	−0,061
30	Max	30,006	30,000	+0,019	29,993	30,000	+0,006	29,986	30,000	−0,001	29,973	30,000	−0,014	29,960	30,000	−0,027
	Min	29,985	29,987	−0,015	29,972	29,987	−0,028	29,965	29,987	−0,035	29,952	29,987	−0,028	29,939	29,987	−0,061
40	Max	40,007	40,000	+0,023	39,992	40,000	+0,008	39,983	40,000	−0,001	39,966	40,000	−0,018	39,949	40,000	−0,035
	Min	39,982	39,984	−0,018	39,967	39,984	−0,033	39,958	39,984	−0,042	39,941	39,984	−0,059	39,914	39,984	−0,076
50	Max	50,007	50,000	+0,023	49,992	50,000	+0,008	49,983	30,000	−0,001	49,966	50,000	−0,018	49,939	50,000	−0,055
	Min	49,982	49,984	−0,018	49,967	49,984	−0,033	49,938	49,984	−0,042	49,941	49,984	−0,059	49,914	49,984	−0,086
60	Max	60,009	60,000	+0,028	59,991	60,000	+0,010	59,979	60,000	−0,002	59,958	60,000	−0,023	59,924	60,000	−0,087
	Min	59,979	59,981	−0,021	59,961	59,981	−0,039	59,949	59,981	−0,051	59,928	59,981	−0,072	59,894	59,981	−0,106
80	Max	80,009	80,000	+0,028	79,991	80,000	+0,010	79,979	80,000	−0,002	79,952	80,000	−0,029	79,909	80,000	−0,072
	Min	79,979	79,981	−0,021	79,961	79,981	−0,039	79,949	79,981	−0,051	79,922	79,981	−0,078	79,879	79,981	−0,121
100	Max	100,010	100,000	+0,032	99,990	100,000	+0,012	99,976	100,000	−0,002	99,942	100,000	−0,036	99,889	100,000	−0,089
	Min	99,975	99,978	−0,025	99,955	99,978	−0,045	99,941	99,978	−0,059	99,907	99,978	−0,093	99,854	99,978	−0,146
120	Max	120,010	120,000	+0,032	119,990	120,000	+0,012	119,976	120,000	−0,002	119,934	120,000	−0,044	119,869	120,000	−0,109
	Min	119,975	119,978	−0,025	119,955	119,978	−0,045	119,941	119,978	−0,059	119,899	119,978	−0,101	119,834	119,978	−0,166
160	Max	160,012	160,000	+0,037	159,988	160,000	+0,013	159,972	160,000	−0,003	159,915	160,000	−0,060	159,825	160,000	−0,150
	Min	159,972	159,975	−0,028	159,948	159,975	−0,053	159,932	159,975	−0,068	159,875	159,975	−0,125	159,785	159,975	−0,213
200	Max	200,013	200,000	+0,042	199,986	200,000	+0,015	199,967	200,000	−0,004	199,895	200,000	−0,076	199,781	200,000	−0,190
	Min	199,967	199,971	−0,033	199,940	199,971	−0,060	199,921	199,971	−0,079	199,849	199,971	−0,151	199,735	199,971	−0,265
250	Max	250,013	250,000	+0,042	249,986	250,000	+0,015	149,967	250,000	−0,004	249,877	250,000	−0,094	249,733	250,000	−0,238
	Min	249,967	249,971	−0,033	249,940	249,971	−0,060	249,921	249,971	−0,079	249,831	249,971	−0,169	249,687	249,971	−0,313
300	Max	300,016	300,000	+0,048	299,986	300,000	+0,018	299,964	300,000	−0,004	299,850	300,000	−0,118	299,670	300,000	−0,298
	Min	299,964	299,968	−0,036	299,934	299,968	−0,066	299,912	299,968	−0,088	299,798	299,968	−0,202	299,618	299,968	−0,382
400	Max	400,017	400,000	+0,053	399,984	400,000	+0,020	399,959	400,000	−0,005	399,813	400,000	−0,151	399,586	400,000	−0,378
	Min	399,960	399,964	−0,040	399,927	399,964	−0,073	399,902	399,964	−0,098	399,756	399,964	−0,244	399,529	399,954	−0,471
500	Max	500,018	500,000	+0,058	499,983	500,000	+0,023	499,955	500,000	−0,005	499,771	500,000	−0,189	499,483	500,000	−0,477
	Min	499,955	499,960	−0,045	499,920	499,960	−0,080	499,892	499,960	−0,108	499,708	499,960	−0,292	499,420	499,960	−0,580

Todas as dimensões estão em milímetros.
Os ajustes recomendados para outros tamanhos podem ser calculados a partir dos dados fornecidos na norma ANSI B4.2-1978 (R1984).
[†]Um sinal positivo indica ajuste com folga; um sinal negativo indica ajuste com interferência.
Fonte: Reproduzido por cortesia de The American Society of Mechanical Engineers.

ÍNDICE

D

E

F

R

S

Rede isométrica

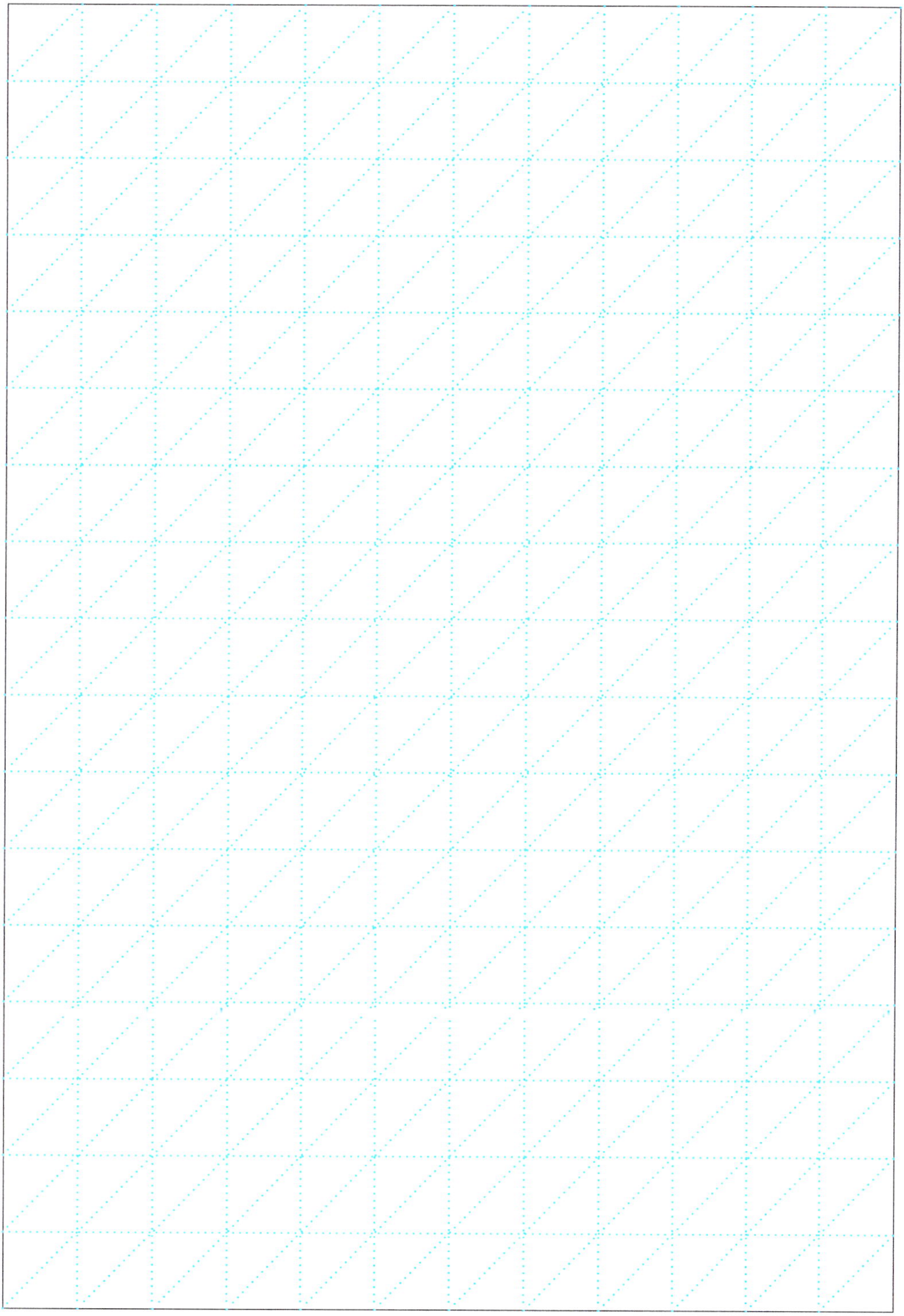

Rede oblíqua para a direita

Rede oblíqua para a esquerda

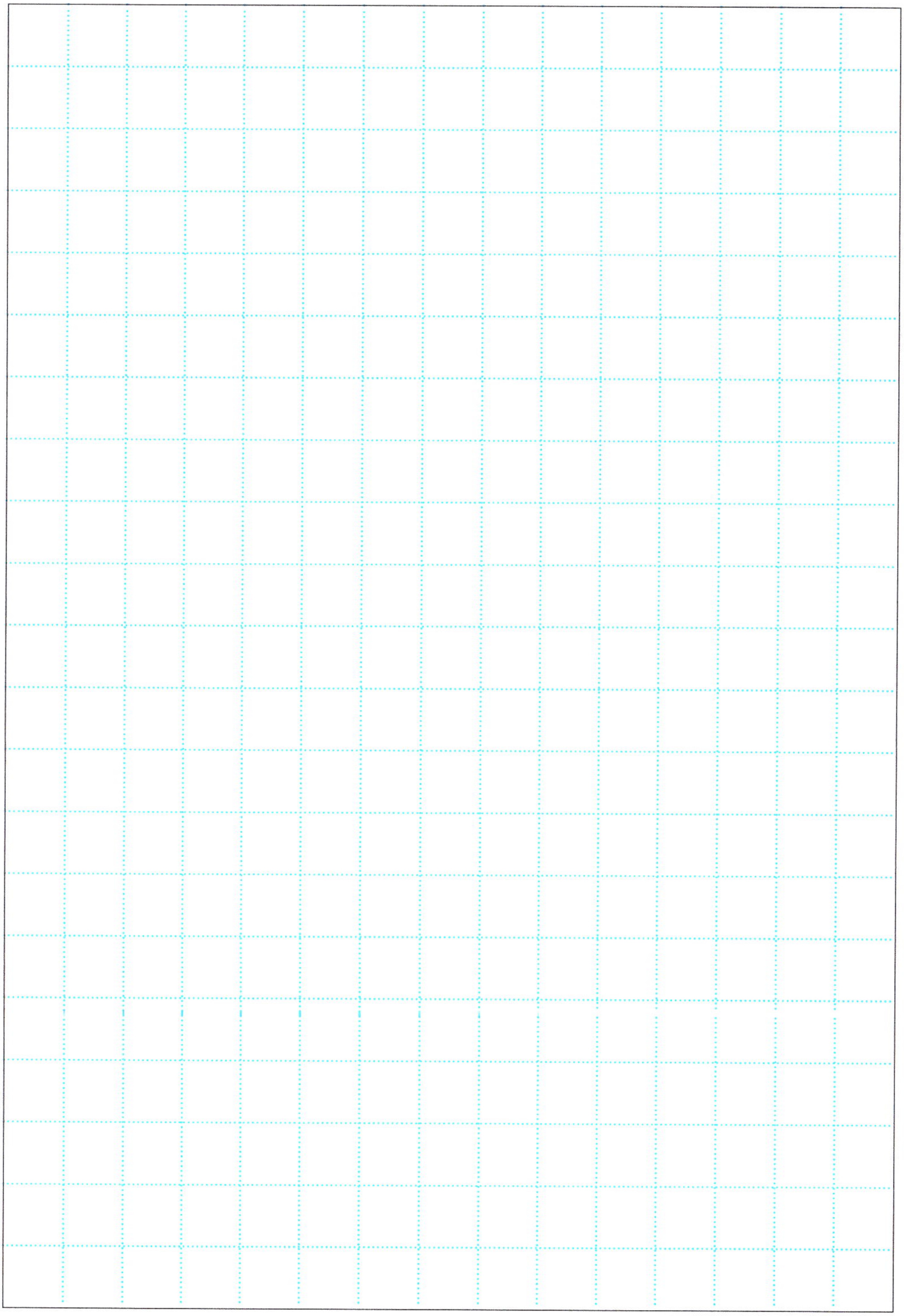

Rede retangular

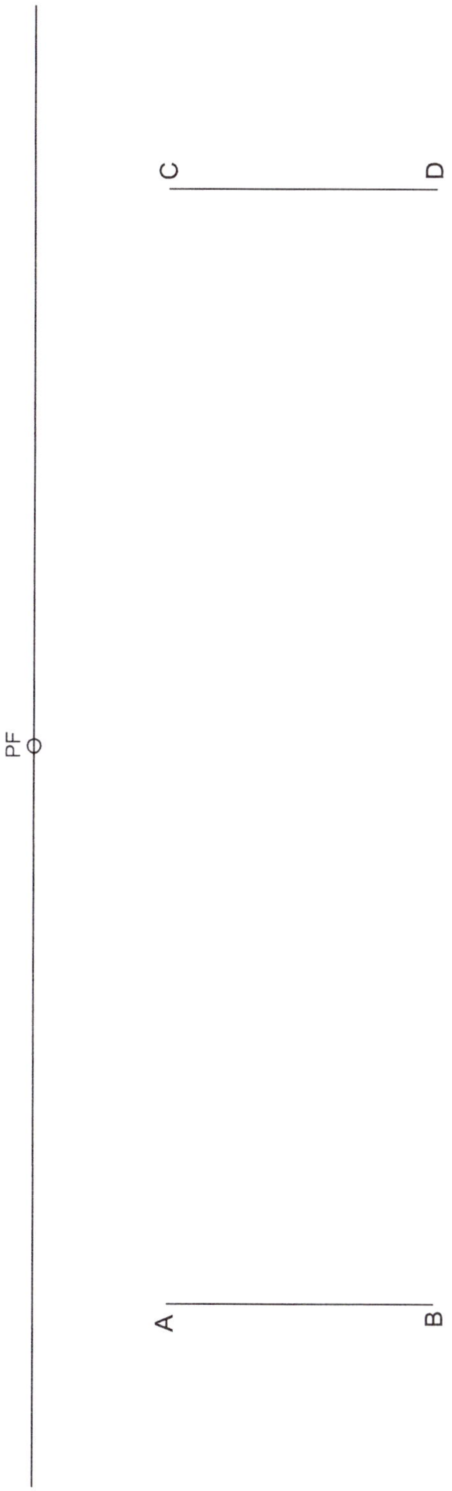

Perspectiva cônica de um ponto

PFE

C D

A B

PFD

Perspectiva cônica de dois pontos

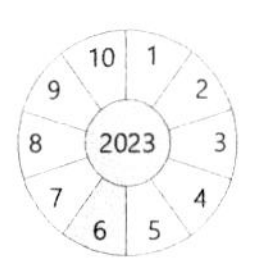
2023
1
2
3
4
5
6
7
8
9
10